计算机科学与技术丛书

LabVIEW虚拟仪器设计

郝丽 赵伟◎编著

清華大學出版社
北京

内 容 简 介

本书以 LabVIEW 2019 为基础，讲述 LabVIEW 图形化编程语言的原理，以及如何利用 LabVIEW 完成虚拟仪器设计。

全书共 15 章，包括基础知识部分（第 1～13 章）和实际应用部分（第 14 和 15 章）。第 1 章，综述虚拟仪器技术的构建思想和方法论。第 2～7 章，讲述 LabVIEW 图形化编程语言的基本原理以及编程方法，内容包括 LabVIEW 入门、基本数据类型、程序结构、复合数据类型、文件 I/O、图形显示及其他技巧。第 8～12 章，阐述如何利用 LabVIEW 控制仪器硬件以实现对被测信号的数据采集，内容包括选择专用的数据采集卡进行数据采集；利用计算机自带的声卡实现数据采集；利用摄像头完成图像采集；仪器控制和控制单片机。第 13 章，讲述用 LabVIEW 实现仪器应用的若干算法和信号分析处理的相关知识。第 14 和 15 章，介绍利用 LabVIEW 完成有实际应用背景的两个虚拟仪器项目，分别是用 LabVIEW 构建函数发生器和频率计。

本书可作为大专院校“虚拟仪器技术”及相关课程的教材或教学参考书，也可供从事计算机化测量仪器及系统构建工作的工程技术人员使用。

图书在版编目（CIP）数据

LabVIEW 虚拟仪器设计/郝丽，赵伟编著. —北京：清华大学出版社，2021.9
（计算机科学与技术丛书）
ISBN 978-7-302-57464-4

Ⅰ. ①L… Ⅱ. ①郝… ②赵… Ⅲ. ①软件工具—程序设计 Ⅳ. ①TP311.561

中国版本图书馆 CIP 数据核字（2021）第 022714 号

责任编辑：盛东亮　钟志芳
封面设计：吴　刚
责任校对：时翠兰
责任印制：沈　露

出版发行：清华大学出版社
网　　址：http://www.tup.com.cn，http://www.wqbook.com
地　　址：北京清华大学学研大厦 A 座　　**邮　　编**：100084
社 总 机：010-62770175　　**邮　　购**：010-83470235
投稿与读者服务：010-62776969，c-service@tup.tsinghua.edu.cn
质量反馈：010-62772015，zhiliang@tup.tsinghua.edu.cn
课件下载：http://www.tup.com.cn，010-83470236
印 装 者：三河市铭诚印务有限公司
经　　销：全国新华书店
开　　本：186mm×240mm　**印　张**：25.5　　**字　　数**：576 千字
版　　次：2021 年 9 月第 1 版　　**印　　次**：2021 年 9 月第 1 次印刷
印　　数：1～1500
定　　价：89.00 元

产品编号：090190-01

推荐序

FOREWORD

虚拟仪器技术自从诞生到现在，经历了30多年的发展，从最初的GPIB控制已发展成为工业上广泛使用的一项通用的技术构架，在众多的行业应用中得到了认可。目前在新技术革新趋势下，虚拟仪器涌现出非常多的应用领域，比如信息技术在工业制造上的引入、未来通信的革新、新能源、机器智能等，虚拟仪器的概念从单一的仪器概念扩展到一种通用的技术构架，已经演变成了一种图形化系统设计的理念。无论是SpaceX的航天飞船，还是基于5G的未来通信、自主汽车的驾驶等，虚拟仪器技术一直践行创立时的理念，那就是加速科学家和工程师的工程技术创新。

国内最早的虚拟仪器技术实验室和第一本教材就出现于本书作者所在单位，同时，这里也是虚拟仪器教学中非常具有引领作用的示范性基地。虚拟仪器是一门技术，学校的目的终归是培养人才，而且培养目标不单纯是培养一名学知识、掌握技术的学生，而是培养未来的工程人才，是可以成为未来产业的中流砥柱甚至引领未来产业发展的工程人才。在与本书作者的多年合作中，我们从产业需求出发，结合社会和工业界关注的一些复杂工程问题，让学生通过“虚拟仪器”这个课程和平台学会真正解决一些实际的问题。同时，通过这样的一个过程，去积极探索如何让学生不单单掌握一门工具，而是引导他们学会解决复杂工程问题的方法。

本书并没有完全局限于知识点的讲解，同时也介绍了虚拟仪器目前在各个行业的应用，并融合了很多工程应用以及基于项目的思想，而这些都来源于长期的教学实践，所以无论是对于知识的学习还是课程的设置，这本书都具有一定的参考价值。

刘　洋

NI(美国国家仪器)中国有限公司原院校合作经理

前言
PREFACE

虚拟仪器即基于计算机的仪器，是利用软件和硬件建立的测量或测控系统。用户可以自己灵活地定义、修正或增加虚拟仪器的功能，以借助计算机的强大计算能力实现对各种物理量的测量或测控。目前，基于计算机构建的虚拟仪器，已成为主要的测量工具和新型测量仪器的研发方向，传统单一功能、固定不变式的测量仪表正逐步被淘汰。虚拟仪器作为计算机技术与测量或测控技术相结合的新兴技术，正越来越多地应用于各行各业。从前沿的科学研究到广泛的工程应用，再到大学生的科技创新活动，在有很多需要实施测量或测控的场合，都少不了虚拟仪器技术的应用。

清华大学电机工程与应用电子技术系虚拟仪器教学组，从1995年起开始研究虚拟仪器的原理、技术及应用，2000年建成了虚拟仪器教学实验室，为全校多个院系的本科生和研究生开设多门设计型虚拟仪器原理及实验技术课程。

本书作者长期讲授虚拟仪器课程，于2018年11月出版了教材《LabVIEW虚拟仪器设计及应用——程序设计、数据采集、硬件控制与信号处理》。该书出版后，读者反馈良好。清华大学出版社建议作者在此基础上，再编写一本新的虚拟仪器教材，以满足高校学生和工程技术人员的学习、使用及参考需求。

作者在上一本教材的基础上，根据使用LabVIEW设计功能更强大虚拟仪器的新需求，增加了一些更深入的内容，并对全书做了认真审核和调整，力求原理表述更准确，选用案例更鲜明，遣词造句更规范，编写了这本新教材《LabVIEW虚拟仪器设计》。

相对于前一本书《LabVIEW虚拟仪器设计及应用——程序设计、数据采集、硬件控制与信号处理》，本书主要新增和新编的内容如下：

① 重新编写了“事件结构”部分；

② 增加了“全局变量”；

③ 增加了“单进程共享变量”；

④ 增加了“变体”；

⑤ 重新编写了数据采集一章中的第1小节；

⑥ 增加了“数字输入/输出”；

⑦ 增加了“计数器”。

另外，本书还新增了15个示例，添加了常见问题11个；并在附录部分增加了示例和常见问题索引，以方便读者查询。

内容框架

本书共有15章，内容介绍如下。

第1章：有用又有趣的虚拟仪器技术。阐述虚拟仪器技术的构建思想和方法论，帮助读者首先从整体上准确把握这门技术。

第2章：LabVIEW入门。讲授图形化编程语言LabVIEW的编程环境、数据流、调试工具等基础知识，并指导读者编写出自己的第一个虚拟仪器程序(VI)。

第3章：基本数据类型。讲授LabVIEW中常用的5种基本数据类型，具体是数值、字符串、布尔量、枚举与下拉列表，以及路径。

第4章：程序结构。讲授利用LabVIEW设计虚拟仪器程序要用到的多种程序结构，包括顺序结构、条件结构、循环结构和事件结构等。

第5章：复合数据类型。讲授LabVIEW中的5种复合数据类型，包括数组、簇、波形、DDT(动态数据类型)和变体。

第6章：文件I/O。讲授LabVIEW中文件I/O的基本操作。

第7章：图形显示及其他技巧。讲授如何利用LabVIEW中的图和图表控件去显示被测对象的波形或特性曲线，以及如何使所编制的虚拟仪器界面更美观。

第8章：数据采集。讲授数据采集的基本概念，以及如何利用LabVIEW编程操作相关测量硬件完成数据采集。辅助本章内容阐述需要用到的硬件是NI公司生产的数据采集卡。

第9章：利用声卡实现数据采集。讲授如何利用计算机自带的声卡完成数据采集，包括基本原理、LabVIEW中的声卡函数以及具体案例等。

第10章：利用摄像头实现图像采集。讲授图像采集的基本原理、LabVIEW中提供的图像采集相关函数，以及实际案例等。辅助本章内容阐述利用到的硬件，是生活中常见的USB摄像头。

第11章：仪器控制。讲授如何利用LabVIEW编程去控制测量仪器，以满足自动化测量的需求。

第12章：利用LabVIEW控制单片机。讲授如何利用LabVIEW编程控制单片机，以实现数据采集。

第13章：算法及信号处理。讲授如何利用LabVIEW编程对测得数据进行分析处理。根据实际问题需求，读者可以自己编写虚拟仪器算法，也可利用LabVIEW中提供的函数去分析处理测得的信号。

第14章：实际应用1——函数发生器。讲授利用LabVIEW设计制作任意波形发生器的全过程，辅助本章内容阐述利用到的硬件是NI公司生产的数据采集卡MyDAQ。

第15章：实际应用2——频率计。讲授如何利用LabVIEW设计制作频率计，具体提供了时域和频域共10种频率测量算法原理及实现，用到的硬件是数据采集卡MyDAQ。

使用建议

本书第2～7章，讲授如何利用LabVIEW进行虚拟仪器程序设计，其中每章都设计了多道例题。对初学者来说，刚开始入门时，可以按照书中讲解的步骤，自己动手编写 VI。当对 LabVIEW 的语法有所掌握后，再碰到例题时，可先不看例题的解答，而是自己先独立思考并动手编写出 VI 后，再与书中例题的解答进行比对。

本书第 8～12 章，讲授如何利用 LabVIEW 操控各种硬件，以完成对真实世界中某种物理量的测量或测控。学习者可根据自己选用的具体硬件，学习相应章节的内容。在学习与硬件相关的内容时，也要多动手，即到了这个阶段，不仅要自己动手编写 VI，还要学会硬件连线。

本书第 14 和第 15 章，提供两个实际的应用项目案例，供感兴趣的读者学习、借鉴和参考。

本书特点

本书主要特点如下：

① 系统化讲授，由浅入深、逻辑性强。

在本书的编写过程中，作者遵循学习的一般规律，按照由浅入深、由简单到复杂的原则，力求科学合理地编排、组织学习内容，并系统阐述如何利用 LabVIEW 实现虚拟仪器设计。

② 内容全面、实例丰富。

本书对如何利用 LabVIEW 设计虚拟仪器进行了较细致的讲解，涉及程序设计、数据采集、硬件控制和信号处理等多方面知识。全书共有 126 个基础案例、2 个综合应用案例和 45 个常见问题总结。

③ 讲解清楚可靠、通俗易懂。

本书由虚拟仪器教学一线教师编写。基于长期教学积累的经验，作者深知初学者的痛点、难点在哪里；作者将经验融汇于本教材内容的选定与具体编写上，包括对例题的设计，以及对常见问题的总结上，都力求以通俗易懂的阐述将复杂问题交代清楚，以帮助初学者更快掌握虚拟仪器设计方法。同时，书稿经过多次修改和调整，力求提供给读者一本可靠、好用的学习资料。

本书由郝丽高级工程师编写，由赵伟教授修改和审阅。

感谢侯国屏教授、黄松岭教授和王珅副研究员在虚拟仪器教学方面给予的帮助。感谢董甲瑞高级工程师帮助解决了虚拟仪器实验教学环境建设中的很多实际问题。感谢汪芙平副研究员对本书中有关信号处理知识写作上提出的宝贵意见。感谢袁建生教授对本书第一作者多年的培养。感谢邹军教授的帮助。感谢这些年所教过以及辅导过的学生。

感谢 NI 中国有限公司原院校合作部刘洋经理和刘晋东经理的帮助。感谢清华大学出版社盛东亮编辑的鼓励和建议。

限于作者水平，书中难免存在不当之处，敬请读者批评指正。

编　者

2021 年 6 月于清华园

目录

CONTENTS

第1章 有用又有趣的虚拟仪器技术

在很多谍战影片中，经常看到神通广大的谍报人员如何破译对方的密码。其实，对密码的破译，就是谍报人员用随身携带的传感器测取到敌方的情报，并及时将这些情报传回到助手的计算机中，在计算机里进行破译，之后，助手再将破译出的密码传回给谍报人员。虽然计算机的计算能力十分强大，但破译密码通常还是需要时间的。尤其是在执行紧急任务时，时间就显得更加宝贵。所以，计算机中相应算法能力的强弱，就显得非常重要。而这些算法功能的实现，都是依托着虚拟仪器技术的。

这里，再讲几个与大家密切相关的虚拟仪器技术应用的例子。例如说，现在人们的生活水平提高了，大家都很注重身体健康，定期会去医院体检。在做心电图时，医生会在体检者身体的相关部位布设若干个探头，然后轻轻单击鼠标，一会儿就采集好了体检者的心电数据等信息，并将它们以随时间变化的波形形式打印出来。再例如，人们经常用计算机播放一段音乐或一段视频，还有上网聊天，等等。在享受计算机给自己生活带来诸多便利的同时，有没有思考过，这些功能究竟是如何实现的？即计算机是如何将声音、视频播放出来的？我们说话的声音又是如何传到计算机里去的？其实，这些功能的实现，都包含着对虚拟仪器技术的运用。如此可见，虚拟仪器技术这个看似较为陌生的名词，其实距离我们的生活是如此之近，且已经给我们的生活带来了很多的乐趣和便利。

显然，有关虚拟仪器技术有趣的例子远不止上述这些。想学习、了解、掌握虚拟仪器技术的同学们和朋友们，下面就跟我们一起进入虚拟仪器技术的世界去看个究竟吧！

1.1 虚拟仪器技术的起源与发展

首先回顾一下虚拟仪器技术的发展历史。谈到虚拟仪器这门技术的产生，应该将思绪拉回到20世纪50年代，看看当时的世界已具备了怎样的科学技术基础，同时，也回顾一下当时出现了怎样的需求，从而才诞生了虚拟仪器技术。

20世纪50年代初期，数字技术的出现使仪器仪表技术取得了重大突破，各种数字化的仪器仪表应运而生。相比于之前的模拟式仪器仪表，数字化仪器仪表的测量准确度、分辨率和测量速度等分别提高了几个数量级，为实现测量、测试的自动化打下了良好基础。

虚拟仪器技术最大的特点，即，它就是基于计算机的仪器。鉴于此，有必要简单回顾一下计算机技术的发展历程。第一台电子计算机诞生于1946年。截至目前，计算机技术的发展已经历了4代。第1代计算机是电子管数字机（1946—1958年），从现在视角看，其特点是体积大、功耗高、可靠性差，计算速度慢，而且价格昂贵。第2代计算机是晶体管数字机（1958—1964年），相比于第1代，其特点是体积缩小、功耗降低、可靠性和运算速度提高。第3代计算机是集成电路数字机（1964—1970年），特点是速度更快，价格进一步下降，产品走向了通用化、系列化和标准化。第4代计算机是大规模机（1970年至今），其应用领域，已从科学计算、事务管理、过程控制，逐步走向整个社会发展和人们生活的每个角落[1]。

从计算机技术的发展历程可以看出，20世纪70年代，个人计算机（PC）已经出现并逐渐走进家庭。在PC出现之前，工程师使用传统仪器进行数据采集和处理，但这些仪器昂贵且功能较为单一；或者要手工进行测得数据的采集、分析与处理。随着PC的出现，工程师和科学工作者开始寻找使用成本低并且通用的计算机来控制仪器，从而实现对测得数据的分析、计算和处理[2]。而想实现利用计算机控制仪器，应从软件和硬件两方面去开展研发。

在软件方面，截至1983年，仪器控制程序都是使用BASIC语言开发的。像其他文本式编程语言一样，BASIC语言要求使用者必须将仪器开发使用方面的知识，转化为用于编制测试程序的文本行，编程工作繁重且单调乏味。美国国家仪器公司（National Instrument公司，简称NI公司）的创始人Jim Truchard、Jeff Kodosky和Jack MacCrisken注意到这一需求，便着手开发一种新的软件工具——可以帮助工程师快速地开发出满足自己需求的仪器应用程序，使他们能从繁杂的底层代码编写中解脱出来。NI公司将这种新的软件工具命名为LabVIEW，并于1986年推出了它的第一个版本LabVIEW 1.0[2]。与常规的文本编程语言不同，LabVIEW是一种图形化的编程语言，是专门为工程师开发设计的，使用它，可以大大节省程序开发时间。

随后，NI公司对LabVIEW的编辑器、图形显示及其他细节进行了重大改进，并于1990年1月发布了LabVIEW 2.0。1996年4月，LabVIEW 4.0问世，实现了应用程序编制器（LabVIEW Application Builder）的单独执行，并向数据采集DAQ通道方向进行了延伸。1999年6月，NI公司发布了LabVIEW RT版（实时应用程序）。2000年6月，LabVIEW 6发布。LabVIEW 6拥有新的用户界面（如3D形式显示）、扩展功能及优化的各层内存，且还增加了强大的VI服务器。2003年5月发布的LabVIEW 7 Express，引入了波形数据类型和一些交互性更强、基于配置的函数，在很大程度上简化了测量和自动化应用任务的开发，并对LabVIEW的使用范围加以扩充，实现了对PDA和FPGA等硬件的支持。2006年10月发布的LabVIEW 8.2版本，又增加了仿真框图和MathScript节点两大功能；同时，第一次推出了简体中文版，为中国工程师的学习和使用降低了难度。

经过不断改进和更新，LabVIEW已经从最初只是一种简单的数据采集和仪器控制的工具，发展成为科研人员用来设计、发布虚拟仪器软件的图形化平台，成为测试、测量和测控的标准软件平台。目前，LabVIEW可支持数百家厂商生产的数千种仪器设备，并为各种数字化仪器提供一致的编程框架，从而帮助工程师大幅缩短虚拟仪器软件的开发时间。

从硬件方面看，20 世纪 70 年代产生了 GPIB 技术，也就是 IEEE-488 总线技术，后来又改进为 IEEE 488.2 标准[3]。但 GPIB 总线的通信带宽很窄，无法实现数据向计算机的实时传输，所以大量的数据处理工作仍然要依靠仪器自身所具有的功能来完成。到了 20 世纪 80 年代，个人计算机可增加扩展槽，随即就出现了可插在计算机 PCI 槽上的数据采集卡。利用数据采集卡，可以进行数据采集，然后利用计算机及相关软件对采集获得的数据进行后处理并输出显示。这就是虚拟仪器技术的雏形。

随着计算机总线通信速度的进一步加快，1996 年，美国国家仪器公司在 PCI 数据总线基础上，又提出了第一代 PXI 系统技术规范。PXI 系统是由模块化的仪器根据需要组合成的系统，其中，模块化的仪器可以是数字示波器、数字万用表、函数发生器、频谱分析仪，等等[2]。目前，虚拟仪器技术已经逐步延伸到嵌入式系统和便携式系统中。

为加深印象，接下来再将虚拟仪器技术的基本概念加以总结和梳理。

1.2　什么是虚拟仪器

何谓虚拟仪器？NI 公司给出了如下解释。虚拟仪器，就是由计算机硬件资源、模块化仪器硬件，以及用于数据分析、过程通信以及图形用户界面的软件组成的测控系统，是一种计算机操纵的模块化仪器系统[4]。可以看出，虚拟仪器包含软件和硬件两部分。虚拟仪器是基于计算机的仪器，就是给计算机配上相应的实施测量或测控的硬件和软件，来帮助人们更高效、更便捷、更准确地完成各种测试、测量或测控等任务。

虚拟仪器技术体现了一种开放式的仪器设计思想，它提供的是一种方法、一个平台，而不再是一台传统意义上的仪器。传统测量仪器均是由厂家定义好的，厂家设计制造成什么样子就是什么样子，一旦制成，其具体功能便不可能改变。而虚拟仪器提供的是一种开发环境，用户可以定义、开发、构建一个自己所需的测量或测控仪器。也就是说，虚拟仪器可以有各种各样的形式，具体为何种形式，完全取决于使用者的实际需要和所选用的具体实现技术和方法等；但有一点是相同的，那就是它们都离不开计算机的控制，而且用户按自己需求、以自己选用的技术和方法等实现的功能软件，在虚拟仪器中发挥着非常重要的作用[5]。而传统测量仪器基本是由硬件构成的，其中即使含有软件，也是固化的，不允许用户再去更改。

图 1.1 和图 1.2 给出了虚拟仪器与传统仪器对比的示意图，其中，图 1.1 代表的是虚拟仪器，图 1.2 是传统仪器。虚拟仪器的前面板（图形化的用户界面），相当于传统仪器的硬件面板；而虚拟仪器的程序框图（亦即图形化的代码），则相当于传统仪器中被封装在机箱内的硬件电路。

需要说明的是，这里所说的传统仪器，是特指虚拟仪器出现之前的测量仪器。随着技术的不断发展，不少具有特定功能的现代仪器（例如示波器、函数发生器，等等）也不再仅仅只是由硬件构成的，其内部都会带有微控制器，也可以理解成是计算机已植入仪器内部，所以也出现了所谓智能仪器。

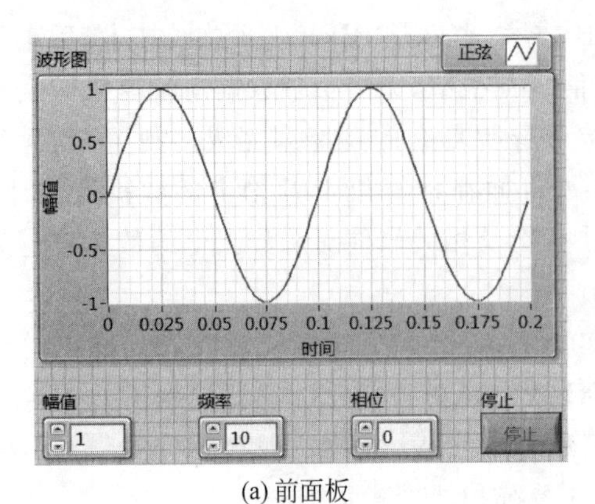

(a) 前面板

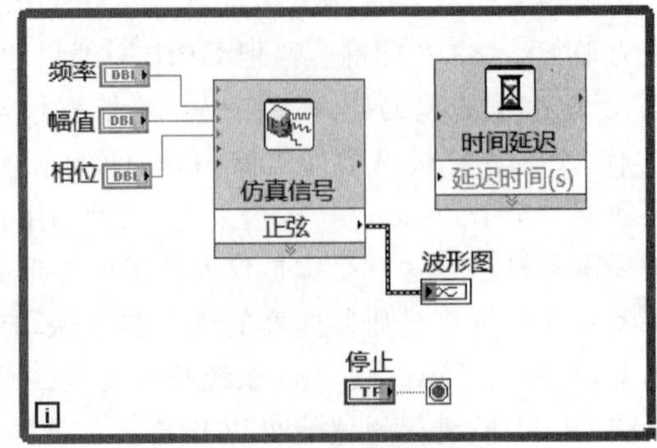

(b) 程序框图

图 1.1 虚拟仪器举例

(a) 硬件面板

(b) 硬件电路

图 1.2 传统仪器举例

怎样才能构建出一款虚拟仪器呢？下面介绍常见的一款虚拟仪器大致应包含哪些组成部分(功能单元)。

1.3 虚拟仪器的构成

利用虚拟仪器技术去测量真实世界物理量的过程如图 1.3 所示。各种不同的被测物理量，首先要经相应的传感器获取后被转换成电信号，然后再经过适当的信号调理，即经过放大、滤波、衰减、隔离等处理(将传感器送来的电信号转换成采集设备易于读取的信号)后，被送给数据采集卡，经过模数(AD)转换，即将传感器输出的模拟量转变成数字量，随后再送入计算机进行相应的运算、分析和处理，最终结果将在计算机屏幕上显示出来。

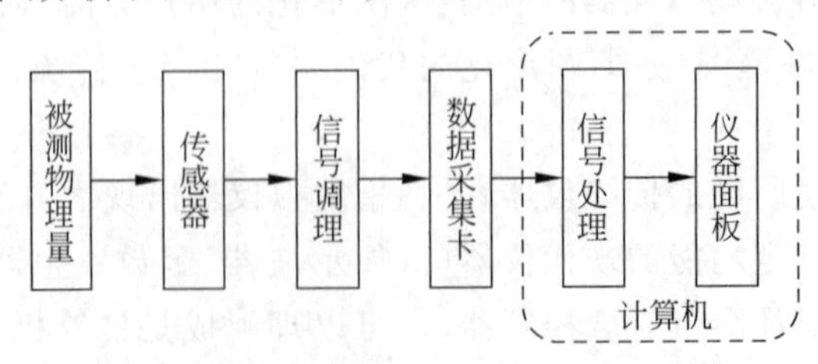

图 1.3 利用虚拟仪器技术测量真实世界的物理量

从上述过程可以看出，从传感器之后，虚拟仪器对各个学科所涉及的物理量的测量问题的处理方法是完全类似的。即虚拟仪器技术统一了众多学科领域测量问题数字化技术实现的硬件模式——计算机是通用的，数据采集卡也是通用的；另外，它还提供了标准的测量用分析、计算及处理软件的开发环境，例如 LabVIEW。如此，虚拟仪器技术为众多学科领域所需测量仪器的研发和构建提供了统一的模式，而各种不同测量仪器的差别，主要是传感器以及测量用分析、计算及处理应用软件功能上的不同[6]。

上述介绍的是利用数据采集卡测量各种真实物理信号的过程，其中利用到了数据采集卡的最基本功能，即模数转换功能。实际的数据采集卡，不仅可实现模数转换，同时还具备数模转换、数字 IO(输入输出)和定时触发等多种功能。利用数据采集卡的数模转换功能，可以将计算机中由应用软件按需要生成的一段数据，线性地转换成随时间连续变化的模拟信号并输出到计算机外，可以作为基于虚拟仪器所构建的测量或测控系统的激励信号或比对信号。利用虚拟仪器技术产生模拟信号的原理，如图 1.4 所示。

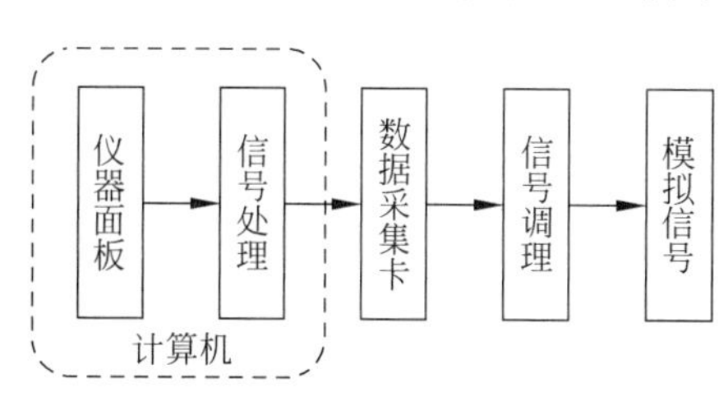

图 1.4 利用虚拟仪器技术产生模拟信号

1.4 虚拟仪器的种类

虚拟仪器发展到今天，根据构建其所选用硬件的不同，大致可分为以下四种。

第一种是 DAQ 类型(Data AcQuisition)，即数据采集型的虚拟仪器，如图 1.5 所示。它的主要硬件构成是计算机加数据采集卡。早期的这种类型的虚拟仪器，是将数据采集卡直接插到计算机的 PCI 槽上；而目前更常见的，则是通过 USB 口将计算机与数据采集卡相连。这种类型虚拟仪器的优点是简单、硬件通用性强，因而成本较低(这里的低成本，是相对其他三种类型的虚拟仪器而言的)；缺点是技术性能指标不高，且电磁兼容性差，并发性能弱。与其他三种类型的虚拟仪器相比，这种类型虚拟仪器所用的数据采集卡的采样率较低(一般最高为 2MHz)，但分辨率较高(一般为 14 位，最高可达 16 位)。

第二种是仪器控制型的虚拟仪器，如图 1.6 所示。所谓“仪器控制型虚拟仪器”，是指将台式智能仪器(或设备)与计算机连接起来协同工作，具体地，是通过在台式智能仪器与计算机之间传送控制命令和数据，以实现计算机对台式智能仪器的控制。为实现计算机对仪器的控制，在硬件方面要具备相应的通路；而在软件方面，计算机中应安装有相应的硬件驱动程序和应用程序。对于实际台式智能仪器而言，一般具有采样率高(能达到上吉赫兹)，但分辨率不高(一般为 12 位)的特点。

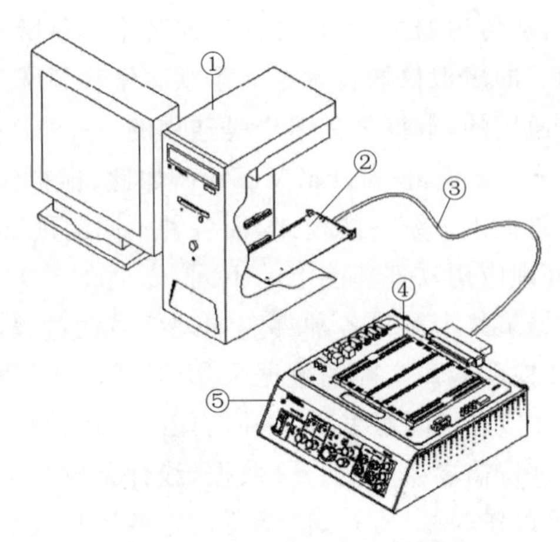

图 1.5　DAQ 类型的虚拟仪器

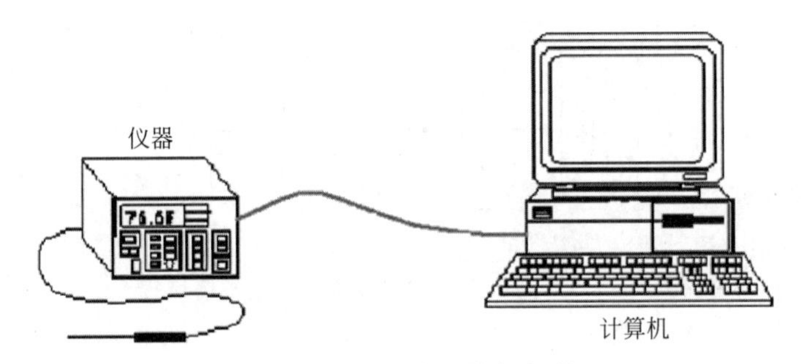

图 1.6　仪器控制型虚拟仪器

第三种是模块化的虚拟仪器，如图 1.7 所示。目前，使用较多的有 VXI、PXI 及 LXI 等仪器。PXI 仪器集合了前两种仪器(DAQ 仪器和控制型仪器)的特点，是由一台计算机与可插入多块不同测量仪器硬件板卡的仪器机箱共同构成的虚拟仪器。其中，计算机与仪器机箱之间是通过专有的仪器总线加以连接并实现通信的。PXI 仪器有自己专门的机箱和主板，每种仪器都做成一块硬件功能板卡，插在专门的可接入多块仪器功能硬件板卡的机箱内。

图 1.7　PXI 仪器

PXI 仪器具有以下特点：是插卡式的，没有硬件的仪器面板，各种仪器的功能操控和输出显示，都利用相应软件在计算机屏幕上实现；结构紧凑，便于多台测量仪器的系统集成和连网；技术性能好，能更好地实现并行操作；价格相对较高。

第四种是嵌入式虚拟仪器。构建这种虚拟仪器，测量应用程序的大部分功能例如采集、运算、分析、处理以及数据信息传输等，均在下位机即嵌入式仪器中实现，而计算机基本仅起到显示测量结果的作用。利用嵌入式虚拟仪器，可以更好地实现实时测量。图 1.8 所示为一种具体的嵌入式虚拟仪器。

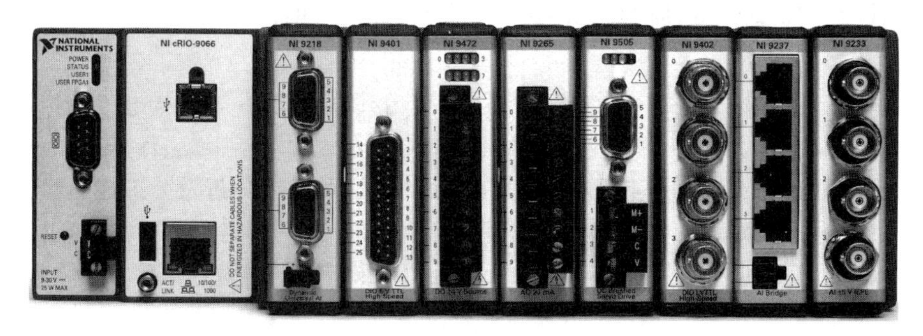

图 1.8　嵌入式虚拟仪器(CompactRIO)(非计算机部分)

此外，随着数字化、智能化测量技术的不断发展，以及实际测量或测控需求的不断扩展，还出现了上面几种类型虚拟仪器技术的融合。例如，出现了模块化仪器与嵌入式虚拟仪器的结合，如图 1.9 所示的 ELVIS Ⅲ。它既具备模块化仪器的功能，可以当作示波器、函数发生器和逻辑分析仪等使用，也具备嵌入式仪器的功能。

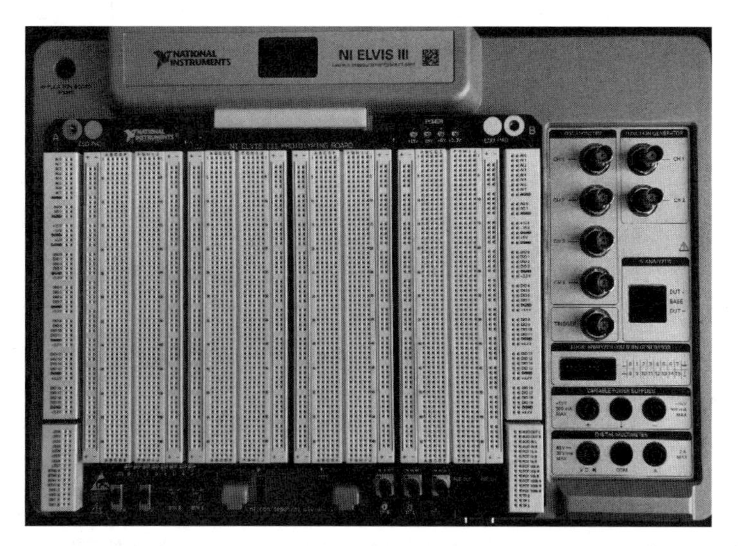

图 1.9　ELVIS Ⅲ

根据前面的介绍，从使用的硬件角度看，虚拟仪器可大致分为以上四种类型。而要构建一台完整的虚拟仪器，不仅需要硬件，软件更是其关键部分。虚拟仪器应用软件的编程开发环境也有很多种。根据所采用编程语言的特点，虚拟仪器应用软件的开发环境大致可以分为两类，一类是文本式编程语言，例如 CVI/Lab Windows、MATLAB、VC 和 VB 等；另一类是图形化编程语言，其中最具代表性的就是 LabVIEW。鉴于此，本教材就讲述如何利用 LabVIEW 来设计和构建虚拟仪器。

1.5 虚拟仪器对测量观念及技术的影响

在虚拟仪器技术出现之前，传统测量仪器主要由硬件构成，一个测量过程包括检测和显示。现在的虚拟仪器，由硬件和软件共同组成，一个测量过程包括采集、计算和显示三部分，并且与计算机紧密融合，充分利用计算机具有的强大数据计算、分析及处理能力。

虚拟仪器为测量观念和技术带来了哪些变化呢？首先，利用虚拟仪器技术，可以减轻测量、测控工作中繁重和重复性的劳动。普及型计算机出现之前，为保证测量数据的准确无误，往往要求工作人员连续数小时、精神高度集中地进行许多复杂的测量操作；为得到一条测量曲线，需要人工重复进行很多次测量甚至实验。普及型计算机出现后，人们逐渐在越来越多的场合和相关测量工作中应用计算机进行测量数据的分析、处理和存储，并根据实际测量应用需求，构建测量或测控系统，以使得测量任务可以自动地完成。

其次，虚拟仪器技术已经使测量的技术手段、方法、准确性、范围等均发生了很大变化，引起了测量方法和测量概念的变革。虚拟仪器技术充分利用计算机强大的数据分析、计算及处理能力，推动了间接测量以及软测量技术的发展。一些过去长期未能得到很好解决的测量问题，也由于合理地应用了计算机技术而得到了成功、有效的解决。

例如在测量过程中，由于周围环境的湿度、振动、噪声、电磁场等的影响，以及测量仪器本身性能存在局限性，测量结果中常夹杂着多种多样的干扰成分。当测量结果中混杂有各种不稳定的干扰信号时，这样的测量结果是很难直接被利用的，因为它已不是被测的真实信号本身。利用计算机对这样的测得信号进行滤波、降噪、相关等处理，就可能将其中夹杂的干扰、污染等成分去除掉，从而恢复出被测有用信号的本来面目。在极端情况下，有用信号甚至可能十分微弱，以至于完全淹没在干扰信号之中。这种情况下，充分利用计算机技术去实现相应的数学算法，也不难实现“沙里淘金”——将被干扰信号淹没的微弱有用信号几乎无损失、较准确地检测、提取出来。又例如，利用计算机也很容易完成统计性实验，即可以将大量的重复性测量问题转化为概率模型，应用蒙特卡罗等方法去实现。

另外，在工业生产中存在大量需要了解、知晓、把握的所谓过程参数，因为它们往往与生产的效率、产品的质量等密切相关，需要加以严格控制。然而，由于技术、工艺或控制成本等原因，目前还无法或难以用传感器直接对它们加以检测[8]。而将计算机引入测量领域后，就使得对这些过去难以测量的过程参数的获取成为可能。目前的解决办法是，利用传感器采集一些容易检测到的且承载着难以直接测得信号的特征参数，如温度、流量或压力等等，建立合适的数学模型，然后采用间接的方法，计算或推断出难测的参数。这类问题一般都属于逆问题，即要由已知所关注系统的激励和所能得到的响应来反求出系统的参数。一般情况下，这类问题没有唯一解。通常，给所关注系统建立的数学模型是微分方程或微分方程组，所面临的问题与系统参数辨识类似，需要借助软件和算法来解决问题[9]。而这正是虚拟仪器技术的强项，对这类问题的解决，大大扩展了虚拟仪器技术的应用范围。

1.6　虚拟仪器技术在各行业的应用情况

经过30多年的发展，虚拟仪器作为计算机技术与测量仪器技术相结合的创新技术，应用领域日益广泛，已经由航空航天、军工，国防科研扩展到一般工业领域中，例如有电力、通信、能源、环境、汽车、建筑、生医、光学以及物联网，等等。下面列举4个虚拟仪器技术的应用示例。

1）虚拟仪器技术在无线通信领域中的应用

新一代移动通信网络即“第五代移动通信技术”（也称为“5G”），需要突破容量传输限制以及现有的许多挑战。目前一个新的想法是采用毫米波频段，因为它能够提供更高的数据速率和更大的带宽。图1.10所示的是NI公司研发的软件无线电（SDR）平台，该平台结合LabVIEW通信系统设计套件，可以帮助工程师迅速开发原型以及部署实时无线通信系统。图1.11为虚拟仪器技术在无线通信领域中的应用示例图。

图1.10　软件无线电（SDR）平台

图1.11　虚拟仪器技术在无线通信领域中的应用

2）虚拟仪器技术在半导体技术领域中的应用

随着半导体技术发展的日新月异，半导体制造商必须在提高所采集和分析的数据可靠性的同时降低测试成本。如图1.12所示，基于PXI模块化仪器的测试系统包含高性能源测量单元(SMU)、示波器、任意波形发生器和数字万用表，可以满足IC验证、特性分析和生产测试的各种测量需求。利用虚拟仪器技术，工程师可通过升级特定硬件和软件来满足未来需求，而无须花费大代价更换整套测试系统。

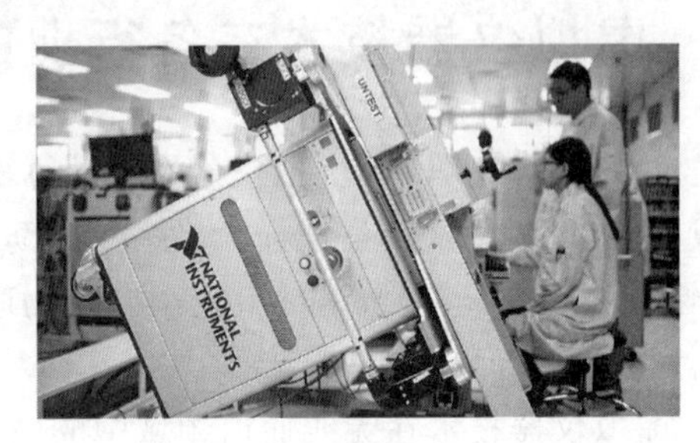

图1.12 虚拟仪器技术在半导体行业的应用

3）虚拟仪器技术在国防和航空航天领域中的应用

在国防和航空航天领域，为了完成对航空电子设备、飞行控制、情报侦察系统等的测试和维修，往往需要花费大量的时间和经费。目前，传统机架堆叠的台式仪器和基于封闭架构的自动化测试设备(ATE)系统正逐渐被淘汰。为了满足当前和未来的测试需求，工程师们正逐渐转向研发并采用基于模块化平台的智能测试系统。图1.13所示的是利用PXI仪器和LabVIEW软件开发的军工通用自动化测试系统。

(a) 用户界面

(b) PXI仪器

(c) 雷达测试系统

图1.13 虚拟仪器技术在国防和航空航天领域中的应用

4）虚拟仪器技术在汽车领域中的应用

随着车辆开始朝自主驾驶方向发展，工程师不仅面临着日益增长的系统复杂性测试需求，而且还需要尽可能降低测试成本和缩短试验时间。先进驾驶辅助系统（ADAS）是一项新兴的汽车特性分析和测试技术，它除了包含传统的倒车摄像头和停车辅助系统外，还与其他子系统融合在一起，并结合新技术来提供紧急制动等安全功能。所以，对先进驾驶辅助系统的测试变得愈加严格。图1.14显示的是利用PXI仪器和LabVIEW软件开发的ADAS测试平台，该平台采用模块化硬件和开放性的软件，可实现更轻松的集成和更准确的测试；且一个平台就适用于系统设计的各个方面，包括特性分析、验证以及生产测试，等等。

图1.14　虚拟仪器技术在汽车领域中的应用

1.7　掌握虚拟仪器技术需具备的条件和相关知识

如果想更好地掌握并会运用虚拟仪器技术，亲手构建一个基于计算机即PC的虚拟仪器则是最现实的选择。为此，需要具备的条件是：一块数据采集卡、一台计算机；计算机上应装有虚拟仪器编程软件LabVIEW，并装有数据采集卡的驱动程序（关于LabVIEW软件和驱动程序的安装说明，请见附录A）。专业的数据采集卡，需要从一些仪器商家购买（例如，NI公司）。使用者应根据自己经常面对的实际测量任务需求去选择相应的数据采集卡。如果要测量的信号频率是音频范围的，且对测量准确度的要求并不高，则也可以使用计算机上自带的声卡，而无须再购置另外的数据采集卡。

从图1.3可以看出，要构建一台虚拟仪器去测量实际的物理量，首先要选取传感器并搭建信号调理电路。实际中，要根据被测对象的不同来选择合适的传感器，再根据传感器输出信号的大小去设计合适的调理电路。对于这两部分内容，本书不做具体介绍。本书主要讲授信号调理后的相关知识。按这种划分来考虑，要构建一台虚拟仪器的主要工作，就是要完成以下两方面的内容：①利用LabVIEW控制仪器硬件（数据采集卡等），获取测量数据；②利用LabVIEW编写应用算法，以对采集到的测量数据进行分析、计算及处理，并将结果按需要的形式显示出来。

首先，LabVIEW作为一种图形化的编程语言，学习者需要掌握以下基本知识：①什么是LabVIEW；②基本数据类型；③程序结构；④复合数据类型（数组、簇和波形等）；⑤文件I/O；⑥图形显示。

然后，要掌握如何利用 LabVIEW 控制仪器硬件，实现数据采集。本教材会根据学习者可能使用到的硬件，从以下5方面进行阐述：①利用专业的数据采集卡进行数据采集；②利用计算机自带的声卡进行数据采集；③利用摄像头进行图像采集；④利用 LabVIEW 控制实际的仪器；⑤利用 LabVIEW 控制单片机。

本章习题

1.1 以“虚拟仪器”为关键字进行网络搜索，浏览、学习相关文献，结合自己的学科知识背景，写一篇学习心得。

1.2 以自己过去利用传统测量仪器做过的某个或某些实验测试课题为例，设想构建一个基于虚拟仪器的自动测试方案。

参考文献

[1] 胡守仁. 计算机技术发展史[M]. 北京：国防科技大学出版社，2006.

[2] Gary W Johnson，Richard Jennings. LabVIEW 图形编程[M]. 武嘉澍，陆劲昆，译. 北京：北京大学出版社，2002.

[3] 高向东. 虚拟仪器综述[J]. 中国计量，2004(4)：15-16.

[4] 黄松岭，吴静. 虚拟仪器设计基础教程[M]. 北京：清华大学出版社，2008.

[5] 杨乐平，李海涛，肖凯，等. 虚拟仪器技术概论[M]. 北京：电子工业出版社，2003.

[6] 侯国屏，王珅，叶齐鑫. LabVIEW 7.1 编程与虚拟仪器设计[M]. 北京：清华大学出版社，2006.

[7] National Instruments. 虚拟仪器技术概述[J/OL]. http://www.ni.com/white-paper/2964/zhs/.

[8] 李勇，邵诚. 软测量技术及其应用与发展[J]. 工业仪表与自动化装置，2005(5)：6-10.

[9] 卢达溶. 实验室科研探究——基于广泛科研资源和人文资源的工程文化体验[M]. 北京：清华大学出版社，2009.

第2章 LabVIEW入门

LabVIEW(Laboratory Virtual Instrument Engineering Workbench)是美国国家仪器公司即NI公司1986年推出的一款虚拟仪器开发工具软件。NI公司长期致力于使工程技术人员(用户)从烦琐的程序设计、编写中解脱出来,进而将注意力集中于所要解决的测量、测控直至设计等问题本身的研究上去。历经30多年的不懈努力,NI公司使LabVIEW不断翻新进步,功能越来越强大,目前推出的最新版本是LabVIEW 2021,已成为最被认可的虚拟仪器开发工具。

2.1 LabVIEW简介

LabVIEW是一种图形化的编程语言和虚拟仪器开发环境,它已广泛被工业界、学术界以及高等学校的教学实验室所接受,被公认为是一种标准的数据采集和仪器控制软件。LabVIEW可支持数百家不同厂商生产的数千种数字化、智能化仪器设备(包括遵从GPIB、VXI、RS-232C和RS-485通信标准的仪器硬件板卡和数据采集板卡等)的使用,内置有支持TCP/IP、ActiveX等软件标准的十分丰富的函数库,而且其提供的图形化编程界面,能使虚拟仪器的编程过程变得生动有趣、简单易行。可以肯定地说,利用LabVIEW,用户可以十分方便地构建自己所需要的虚拟仪器[1-4]。

与传统的文本式编程语言不同,LabVIEW是一种图形化的程序设计语言,也称G语言(Graphical Programming)。LabVIEW用流程图代替传统文本式的程序代码[1-4]。LabVIEW中使用的各种图标,与工程技术人员完成相关工程设计过程中习惯使用的大部分图标基本一致,这使得虚拟仪器的编程过程与实施工程的思维过程十分相似。

利用LabVIEW开发的一个虚拟仪器程序被称为一个VI(Virtual Instrument),利用LabVIEW所开发程序的后缀名均为.vi。所有的LabVIEW程序即所有的VI,都包含"前面板"(Front Panel)、"程序框图"(Block Diagram,也称后面板)以及"图标/连接器"(Icon and Connector Pane)三个部分。其中,前面板如图2.1所示,是一种图形化的用户界面。前面板上的控件分为两种类型,一种是输入控件(Control),用于输入参数;另一种是显示控件(Indicator),用来输出结果。输入控件和显示控件都有很多种具体的表现形式,例如有各种各样的旋钮、多种的开关、不同的图表和指示灯，等等，使用者可根据实际需求进行选择。不同的输入控件或显示控件，均是以形状、样式不同的图标来体现的。

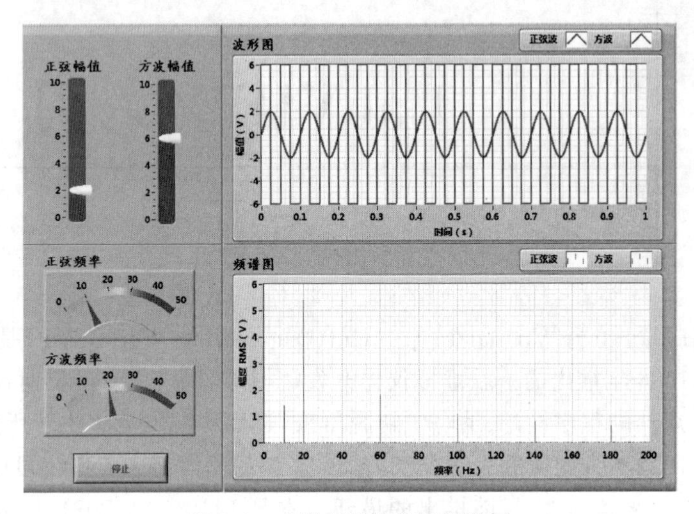

图 2.1 虚拟仪器的前面板举例

程序框图是定义 VI 功能的图形化代码，图 2.2 给出了一个 VI 的程序框图示例。不同于传统的文本式编程语言，程序框图中的各个部分，要使用连线连接起来。

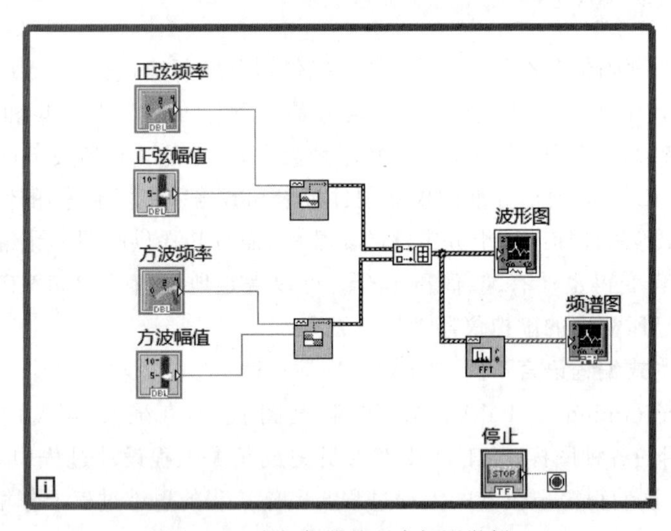

图 2.2 虚拟仪器的程序框图举例

图标/连接器，位于前面板和程序框图面板的右上角，在建立子程序时会用到它们。其中，图标相当于子程序的函数名称；连接器则对应于子程序的输入输出参数。

前面板和程序框图面板上都有工具条，前面板上的工具条及其部分工具的功能介绍如图 2.3 所示。相比于前面板，程序框图面板上增加有调试程序用的工具，对此，将在

2.3 节做具体介绍。

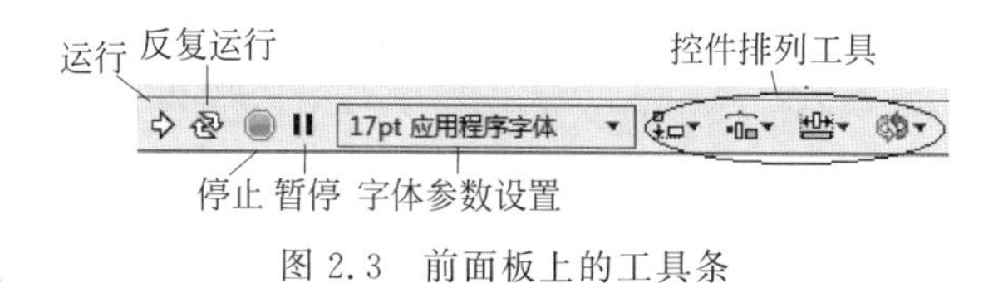

图 2.3 前面板上的工具条

2.2 操作选板

利用 LabVIEW 进行虚拟仪器 VI 的编程，要经常用到 3 个操作选板，分别是工具选板、控件选板和函数选板。

工具选板如图 2.4 所示，它提供各种用于创建、修改和调试程序即 VI 的工具。例如，常用的有选择工具、编辑文本的工具、连线的工具，以及调试程序时要用到的加载断点和探针的工具，等等。

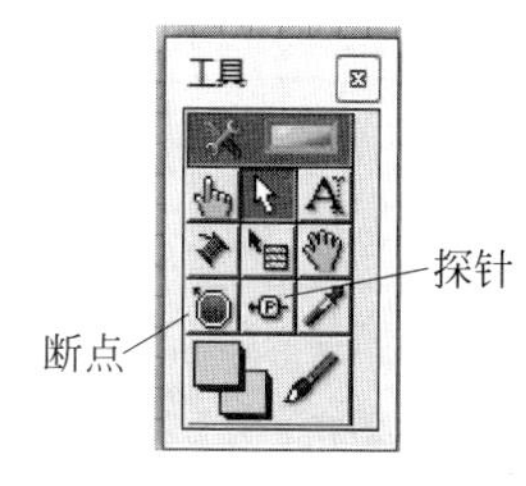

图 2.4 工具选板

控件选板如图 2.5 所示，它位于前面板上，用于向前面板添加输入控件和显示控件。

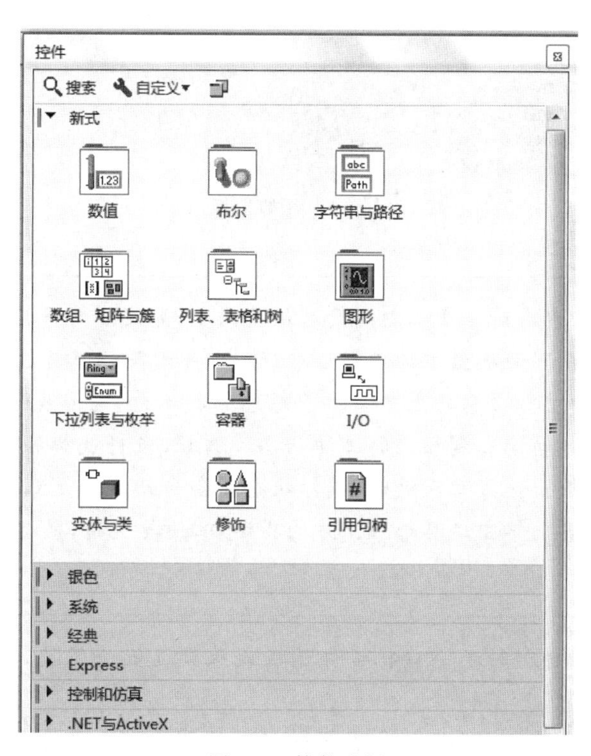

图 2.5 控件选板

函数选板如图2.6所示，它为VI编程提供图形化的各种函数。当然，不同的函数均是以不同的图标表征的。只有打开了程序框图窗口即后面板，才能显示出函数选板。

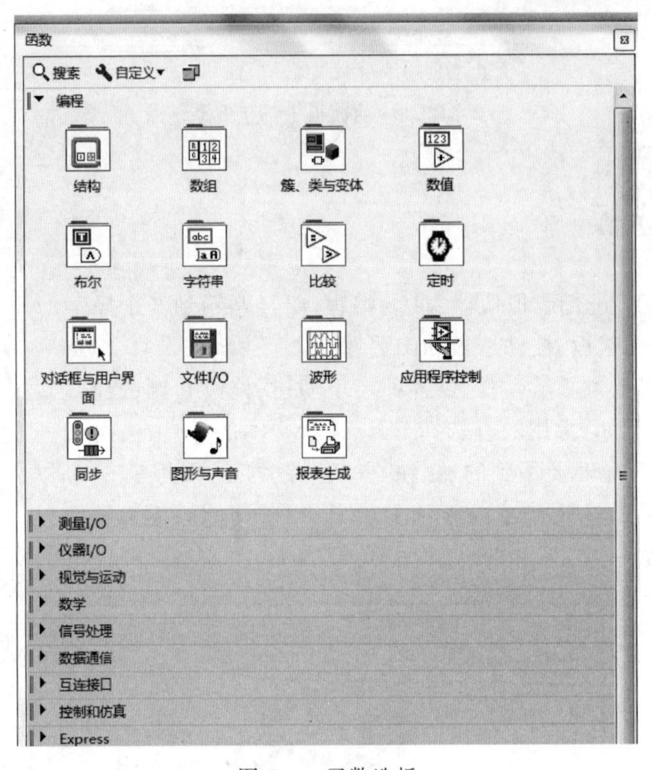

图2.6　函数选板

常见问题1：初学者有时不小心把工具选板关闭了，那该如何将其再调出来呢？

在前面板和程序框图面板上方的工具栏中，选择"查看"→"工具选板"，即可调出工具选板。在使用工具选板时，要注意其上方有一个绿色的指示灯，它点亮时，表示LabVIEW会根据鼠标当前的位置自动调整到相应的工具状态。例如，当将鼠标移到某个控件或某个函数图标的某个输入或输出接线端附近时，鼠标状态便会自动变成连线工具，而移开后，鼠标又会自动变成选择工具。单击工具选板上方的指示灯，使其变暗，鼠标便不能自动进行工具状态的转换。

常见问题2：初学者有时不小心把控件选板或函数选板关闭了，那该如何将其再调出来呢？

当在LabVIEW中新建一个VI时，控件选板和函数选板的默认状态都是打开的。当将鼠标放置在前面板上时，会弹出控件选板；当把鼠标移至程序框图面板上，则弹出的便是函数选板。如果不小心将它们关闭了，可通过以下方法将其再调出来。

(1) 将鼠标放在前面板上,右击,弹出控件选板。单击控件选板上左上角的按钮,可将活动的控件选板固定下来。

(2) 将鼠标放在程序框图面板上,右击,弹出函数选板。与固定控件选板的方式相类似,单击函数选板上左上角的按钮,便可将活动的函数选板固定下来。

2.3 调试工具

LabVIEW 是一个编程环境,提供有用于程序调试的多种工具。LabVIEW 的程序调试工具位于两处,一处是在工具选板中提供有加载断点和探针工具,如图 2.4 所示;另外一处是在程序框图面板上方的工具条中提供高亮显示、单步执行等程序调试工具,如图 2.7 所示。下面分别简要介绍这些调试工具。

图 2.7 程序框图面板上的工具条

(1) 探针工具:用于检查 VI 运行过程中的即时数据,必须在数据流动之前加设。具体地,在认为可疑的数据连线上右击鼠标,弹出快捷菜单,选择探针;或使用工具选板上的探针工具,单击数据连线增加探针。

(2) 断点:选用工具选板上的断点工具,可为 VI(即虚拟仪器程序)中的子 VI、节点和连线等添加断点;VI 运行到断点处,会自动停止,可以从此处开始,让 VI 改为单步运行,使用探针工具探测即时数据等。

(3) 高亮显示:单击程序框图面板上方工具条中的高亮显示按钮,会将所关注的两节点之间的数据流动,以在连线上移动的气泡来表征。

(4) 单步执行:单击程序框图面板上方工具条中的“开始单步执行”或“单步步出”按钮,可以观察 VI 运行的每个动作。它通常与断点工具相结合使用。

关于调试工具的使用,将在 2.5.4 节中结合一个具体示例做详细介绍。

2.4 数据流的编程机制

学习 LabVIEW 这种图形化编程语言,首先就需要理解其具有的数据流编程机制。

对于文本式的编程语言,例如,C、Fortran 等,默认的程序执行机制是程序语句按照排列顺序逐句执行。而对于图形化的数据流式编程语言,其执行的规则是,任何一个节点只有在所有输入数据均有效时才会执行。如图 2.8 所示,对节点 D 而言,只有当输入端子 A、B、C 的输入数据都有效时,D 才会执行。

在 LabVIEW 的程序框图中,各节点是靠连线连接起来的。连线是不同节点之间的数据通道。在 LabVIEW 中,数据是单向流动的,即从源端口流向一个或多个目的端口。而且在 LabVIEW 中,是通过连线的粗细、形状以及颜色的不同来表征所传输的数据是不同类型的。例如,如图 2.9 所示,连线的蓝色,代表传输的是整型数;橙色代表的是浮点数;绿色代表传输的是逻辑量；粉色代表的是字符串；而细连线则代表连线传输的是标量，等等。

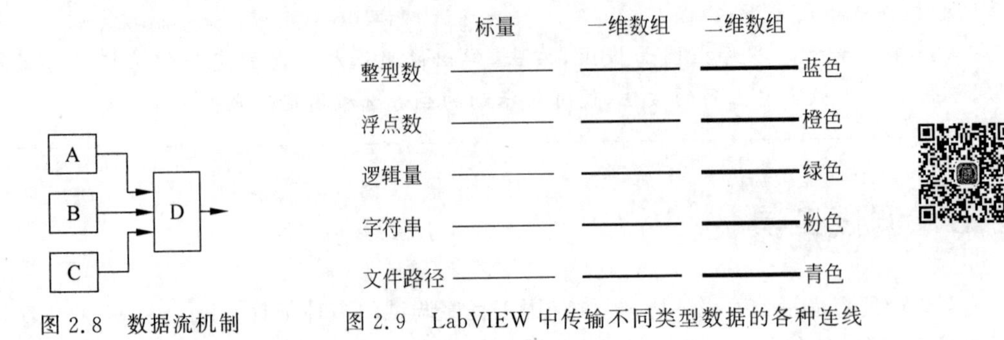

图 2.8 数据流机制　　图 2.9 LabVIEW 中传输不同类型数据的各种连线

【例 2.1】 理解数据流机制，判断函数执行的先后顺序。一个 VI 的程序框图如图 2.10 所示，观察它后，回答下面两个问题：(1) 其中的加函数和减函数，哪个先执行？(2)加函数和除函数哪个先执行？

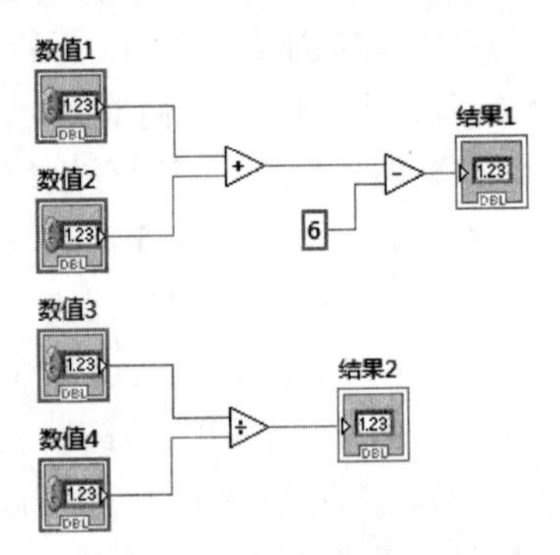

图 2.10 数据流机制举例

解：(1) 加函数先执行，因为减函数只有当加函数的运算结果传给它后才能执行。

(2) 答案是未知的，因为加函数与除函数之间没有任何关联，是并行运行的，其运行顺序是随机的。如果要控制它们的执行顺序，可以使用第 4 章中介绍的顺序结构或其他程序设计技巧。

2.5 LabVIEW 的初步操作

具备了有关 LabVIEW 的上述基础知识后，就可以开始编写简单的 VI 了。

2.5.1 创建第一个 VI

【例 2.2】 输入两个参数 A 和 B，求其平均数(简单起见，仅以求两个数的平均数为例)，并将求得的结果显示在名称为 Result 的输出控件中。

解：按照下面的步骤，建立一个求平均数的 VI。

(1) 在装有 LabVIEW 编程语言的计算机(台式机、工控机、笔记本电脑、平板电脑)屏幕上，双击 LabVIEW 的图标，选择“文件”→“新建 VI”，就会弹出两层界面，一个是前面板，另一个就是程序框图面板即后面板。如此，就已进入了 LabVIEW 的编程环境。

(2) 首先进行前面板的设计，为此，将鼠标放到前面板上，选择“控件”选板→“新式”→“数值”→“数值输入控件”，选中“数值输入控件”，将其拖曳到前面板上，再将鼠标移至该控件图标的标签处，选中标签，将其改写为“A”。

(3) 重复第(2)步，创建第二个“数值输入控件”，并将其标签改写为“B”。

(4) 选择“控件”选板→“新式”→“数值”→“数值显示控件”,选中“数值显示控件”,将其拖曳到前面板上,再将鼠标移至该控件图标的标签处,选中标签,将其改写为“Result”。经过上述操作,前面板就已设计好了。

(5) 接下来设计程序框图。将鼠标放到程序框图面板即后面板上,选择“函数”选板→“编程”→“数值”→“加函数”,选中“加函数”图标,并将其拖曳到框图面板上。

(6) 重复第(5)步,在“函数”选板,经过“编程”→“数值”途径,找到“除函数”,并将其图标拖曳到程序框图面板上。

(7) 经“函数”选板→“编程”→“数值”途径,找到“数值常量”(注意选择橙色的,即浮点数类型的“数值常量”),将其图标拖曳到程序框图面板上。

(8) 用连线将各函数的图标连接起来。在程序框图面板上,将鼠标放到控件A的输出端处,当鼠标自动变成连线轴的形状时,单击,拉出一根线,一直连到“加函数”图标的一个输入端上,然后释放鼠标左键,如此,就用一根连线为实现这两个函数之间的数据传输建立了通路。

(9) 同第(8)步的操作方法,按图2.12所示,连接好其他所有的连线。

(10) 连接好所有的连线后,VI即程序就已编写好,便可以运行这个VI了。此时,返回到前面板,单击工具条中的运行按钮即可。如图2.11所示,在前面板,可以改变控件A和B中的数值,再次运行该VI,以观察并验证Result输出的运算结果是否正确。

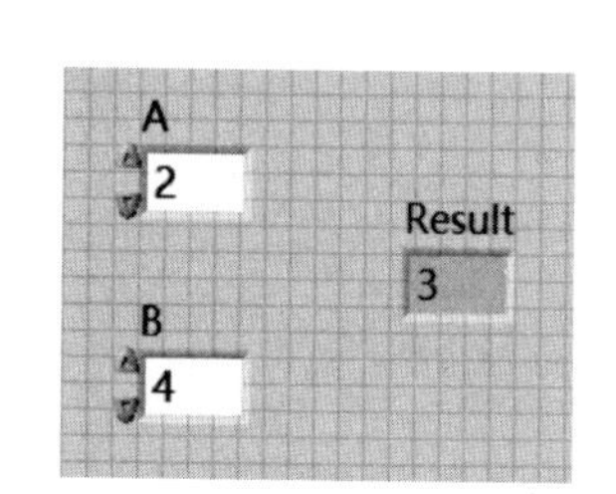

图2.11 求平均数VI的前面板

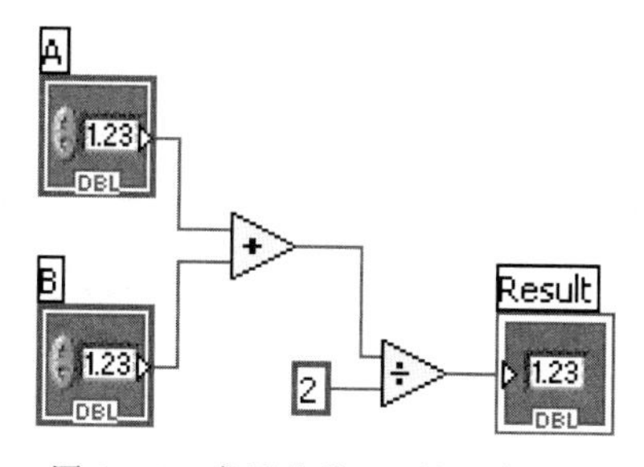

图2.12 求平均数VI的程序框图

(11) 保存该VI,并将其命名为“求平均数”。

在这个VI中,A和B是输入控件,用于输入参数;Result是显示控件,用于输出结果;除数2是数值常量。

常见问题3:如何创建一个空白VI?

首先在计算机屏幕上双击LabVIEW的图标,来到如图2.13所示的初始界面。有两个途径可以创建新的VI。一个途径是选择“文件”→“新建VI”,随后会弹出两层界面,一个是前面板,另一个是程序框图即后面板,这样就创建了一个空白VI。另外一个途径是,在图2.13所示的初始界面上,单击“Create New Project(创建项目)”,来到图2.14所示的界面,选择“VI”模板,单击“完成”按钮,随后,也会弹出两层界面,如此,也可以创建一个空白VI。

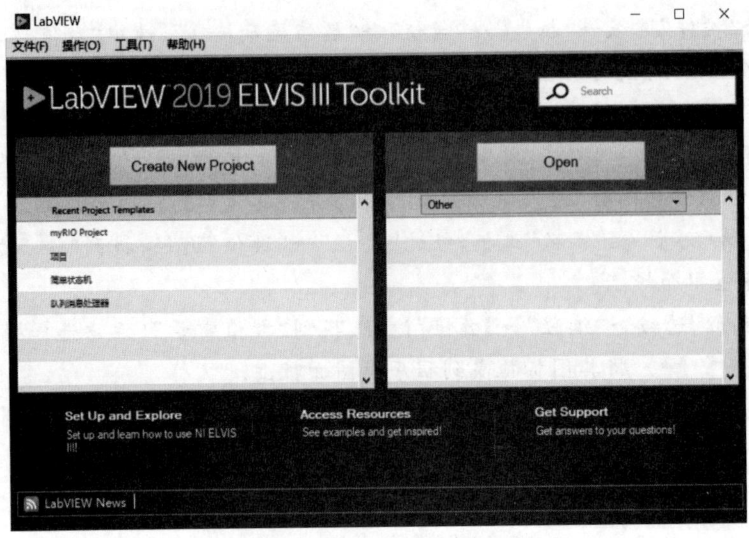

图 2.13 LabVIEW 初始进入界面 1

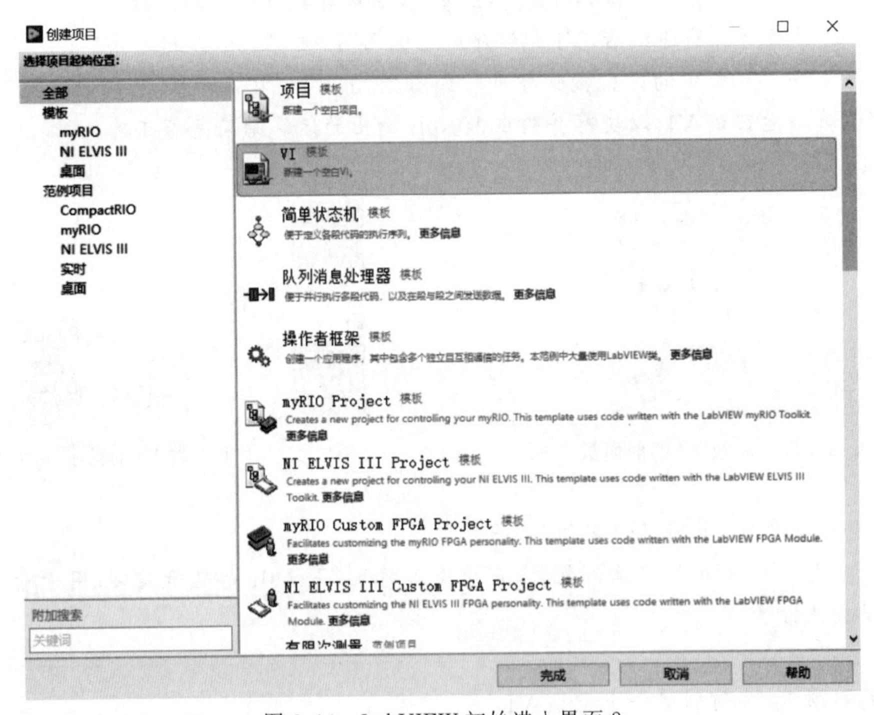

图 2.14 LabVIEW 初始进入界面 2

常见问题 4：如何在 LabVIEW 中查找控件或函数？

为了方便使用者快速找到想选用的控件或函数，LabVIEW 已经将控件和函数进行了分类。如图 2.5 所示，LabVIEW 的控件选板，先按照控件显示风格的不同，分为“新式”“银色”“系统”和“经典”等子选板。在每个控件子选板中，又按照数据类型的不同，分为下一级不同的子选板。例如，在“新式”子选板中，有“数值”“布尔”“字符串与路径”和“图形”等下一级子选板。类似地，对于函数选板，是根据函数功能的不同，分为“编程”“测量 I/O”“仪器 I/O”和“信号处理”等子选板，如图 2.6 所示。

LabVIEW 中提供的控件和函数很多。虽然已经按照不同功能和用途进行了分类，但对于初学者来说，由于对 LabVIEW 还不够熟悉，要找到某个所需的控件和函数，真可能要花费较长时间。这时，可以利用 LabVIEW 中提供的搜索功能，快速找到想使用的控件或函数。在控件选板、函数选板、前面板工具栏和程序框图面板的工具栏上，都提供有搜索功能，如图 2.15～图 2.18 所示。其中，控件选板上的搜索栏，可用于查找控件；函数选板上的搜索栏，可以查找函数；而前面板和程序框图面板的工具栏上的搜索栏，则具有全局搜索功能，即搜索的范围包括控件选板、函数选板、帮助系统以及 ni.com 网站。

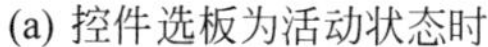
(a) 控件选板为活动状态时

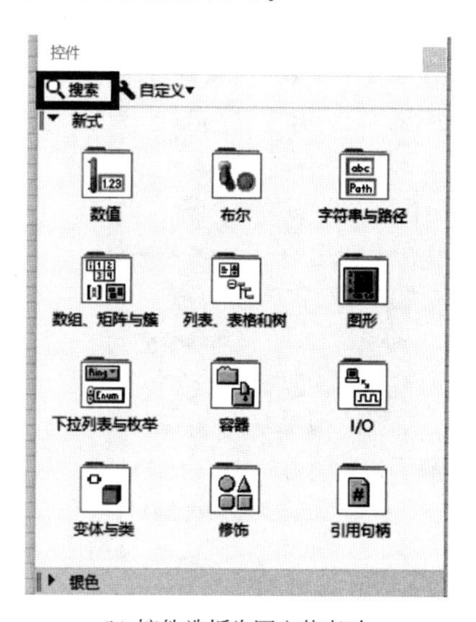

(b) 控件选板为固定状态时

图 2.15　控件选板上的搜索栏

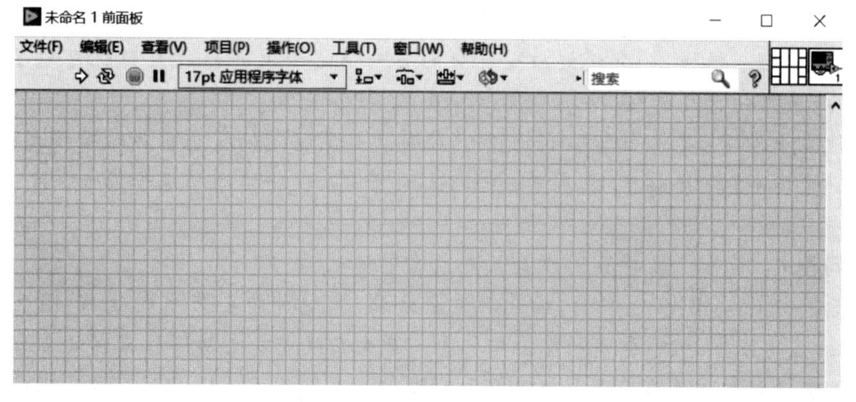

图 2.16　前面板上的搜索栏

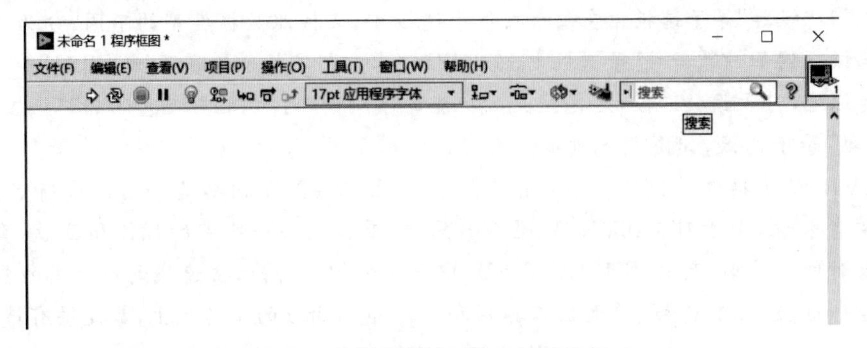

图 2.17　程序框图面板上的搜索栏

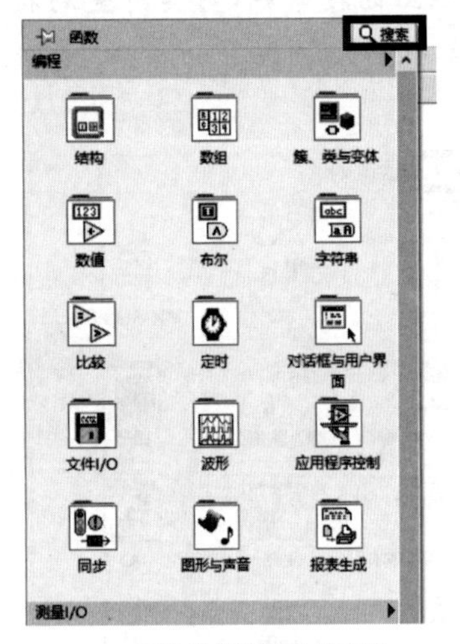

(a) 函数选板为活动状态时

(b) 函数选板为固定状态时

图 2.18　函数选板上的搜索栏

常见问题 5：在 LabVIEW 编程中，如何进行连线？

针对如何用一根线将两个端子连接起来，LabVIEW 中提供有两种方法。一种方法的具体操作如下：将鼠标放在需要连接的两个端子中的任一个上，此时，鼠标会变成连线轴状态，然后单击拉出一根线，一直连到希望连接的另一个端子上并释放鼠标就可以了。例 2.2 中所介绍的，采用的就是这种方法。

另一种方法是：在其中一个端子上单击(此时鼠标呈连线轴状态)，然后释放鼠标，并将鼠标移至希望连接的另一个端子上，再单击，如此，也可以实现将这两个端子用一根线连接起来。

常见问题 6：断线产生的原因以及如何处理？

在实际进行 LabVIEW 编程时，由于存在语法错误，就可能会产生断线，如图 2.19 所示。此时，连线处呈虚线状，同时中间标有出错标志。产生断线即发生错误的原因通常有两类。一类是将数据组织形式一样的若干个功能单元的输出端连接在了一起，例如，错误地将两个输出控件的输出端相连了,如图 2.19(a)所示。很容易理解,由于"数值 1"和"数值 2"都是输出控件,它们的数据组织形式一样,若将它们的输出端相连,则连线上的数据会发生冲突,向后输出提供的数据便不确定。所以,LabVIEW 会呈现断线,表示此处存在语法错误。同样的原理,如果将若干个输入控件的输出端相连,也会产生断线,即如此的连接也是错误的、不允许的。另一类是数据类型不一致,例如,将数值控件连至布尔控件上,如图 2.19(b)所示。

当出现断线后,可以用鼠标选中该断线,按 Delete 键,将该断线删除掉。LabVIEW 还提供有快捷操作,即按下 Ctrl+B 组合键,即可将当前 VI 中的所有断线同时都删除掉。

(a)"组织形式相同"导致的错误　　(b)"数据类型不一致"导致的错误

图 2.19　断线示例

常见问题 7:如何快速整理连线?

LabVIEW 中还提供有快速整理连线的功能,具体方法是:用鼠标选中需要整理的某根连线(如图 2.20(a)所示,走线过长,不便于再画其他连线;不便于核查连接关系),右击,在弹出的快捷菜单中选择"整理连线",如图 2.20(b)所示。整理后的结果如图 2.20(c)所示。这个功能很实用,在实际编程中经常用到。

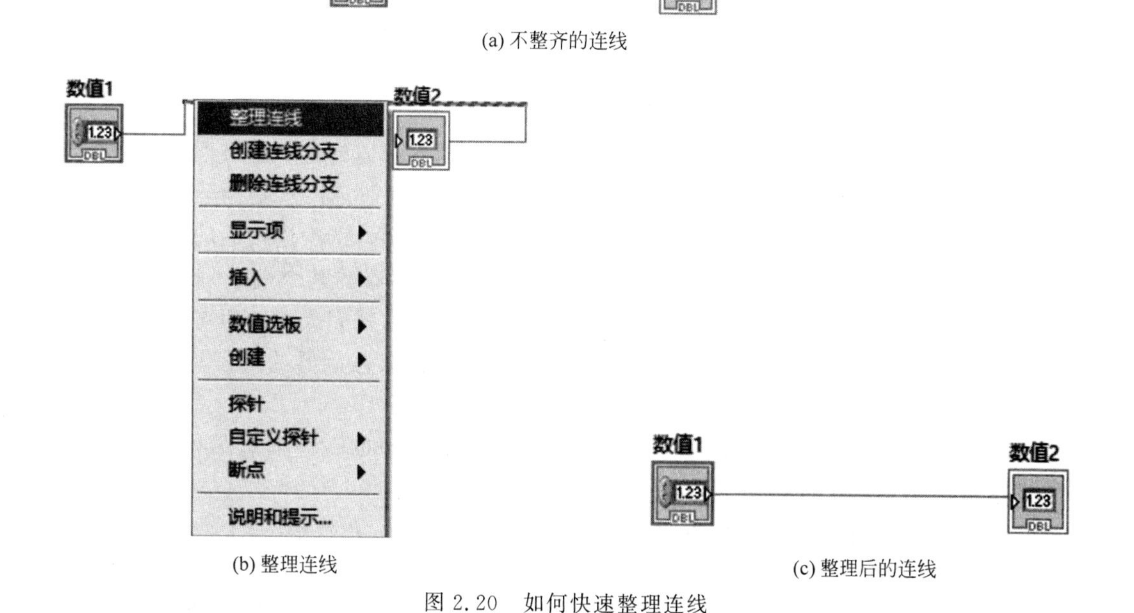

(a) 不整齐的连线

(b) 整理连线　　(c) 整理后的连线

图 2.20　如何快速整理连线

2.5.2 建立并调用子 VI

在 LabVIEW 中，建立子 VI 有两个步骤：修改图标和建立连接器。下面以“求平均数”为例（即这里将“求平均数”作为某个 VI 中的一个子 VI），介绍如何建立子 VI。

1）修改默认的 VI 图标

双击前面板或程序框图面板右上角的默认图标，在弹出的界面中，先利用选择工具选中默认的图标，按下 Delete 键将其删除，然后，在“图标文本”中输入“平均数”，即对求平均数这个 VI 赋予专有名称。如图 2.21 所示，单击“确定”按钮，退出该界面。

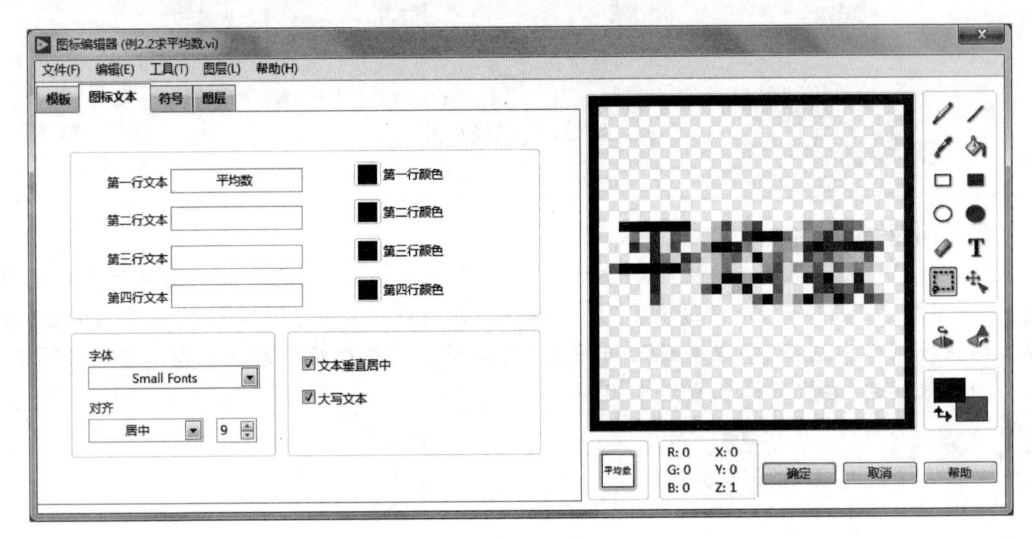

图 2.21 修改图标

2）建立连接器

右击前面板右上角的连接器，在弹出的快捷菜单上选择合适的逻辑连接模式。此处，可根据 VI 的输入输出参数个数来选择合适的逻辑连接模式，例如，对“求平均数”这个子 VI，就应选择有 3 个端口的逻辑连接模式，如图 2.22(a)所示；然后，选中连接器的各个端子，让其与前面板上的控件依次建立连接。具体方法是：单击连接器的某个端子，此时鼠标变成连线轴状态，再将鼠标在前面板的某个控件上单击一下，如此，就完成了这两者之间的连接，如图 2.22(b)所示。按照上述方法，将前面板上的其他控件与连接器的端子都相应关联起来，最后完成的情况，如图 2.22(c)所示。

完成了上述步骤，一个子 VI 就建立好了。随后，在新构建的 VI 中，就可以调用这个之前编写好的“求平均数”的子 VI 了。

那么，如何在一个新的 VI 中调用子 VI 呢？方法很简单，在新建 VI 的程序框图面板上，打开“函数”选板→“选择 VI…”，这时，LabVIEW 会弹出对话框，找到保存在计算机中的“求平均数”VI，单击“确定”按钮后，就可实现在新建 VI 中调用“求平均数”这个子 VI 了。

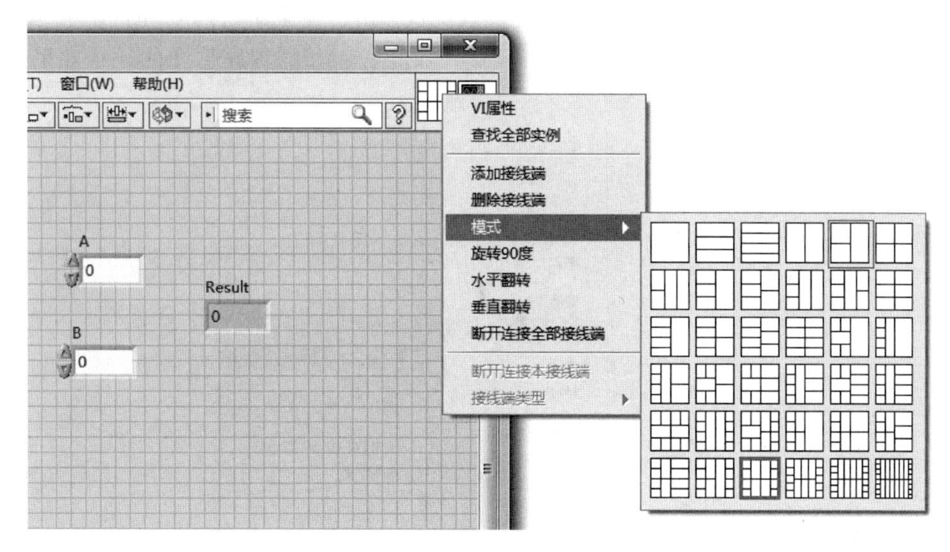

(a) 选择合适的逻辑连接模式

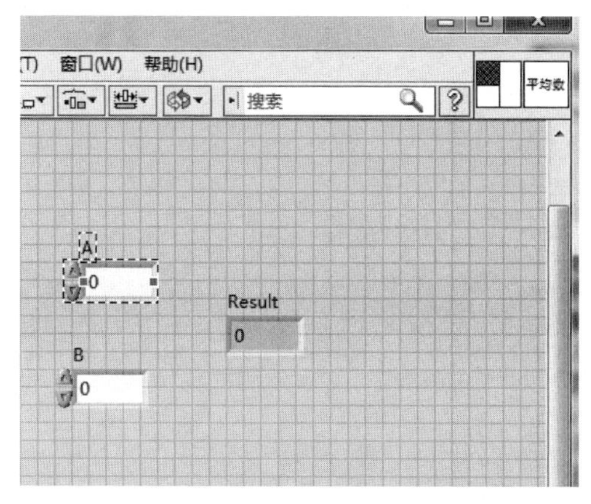

(b) 将端口与前面板的控件进行关联

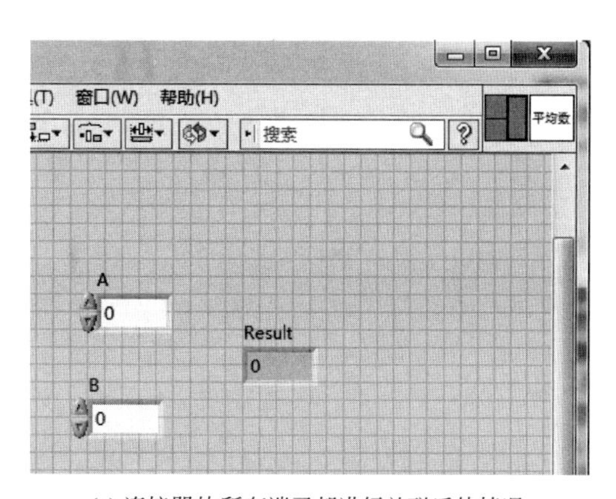

(c) 连接器的所有端子都进行关联后的情况

图 2.22 建立连接器

如图 2.23 所示，将鼠标移至“求平均数”子 VI 的输入端子 A 处，当鼠标自动变成连线轴形状后，右击，在弹出的快捷菜单中选择“创建”→“输入控件”，如此，LabVIEW 就会自动生成一个名称为 A 的数值输入控件，并且已经将连线接好了。注意，这是一种非常实用的方法，其一个优点是快捷；而另一个优点是，当你对所连接的端子到底能接受哪种类型的数据没把握时，可通过这种方式，先生成输入控件或显示控件，然后，再由所生成的输入控件或显示控件来确定端子的数据类型。

按照相同的操作生成输入控件 B 和显示控件 Result。调用子 VI 后的情况如图 2.24 所示。另外，当 VI 规模逐渐变大后，有时为了让 VI 的图形化程序代码在程序框图面板上显示得更为紧凑，还可改为将某控件的图标显示为外形尺寸更小的简化形式的图标。这里仍以“求平均数"VI 为例,如图 2.25(a)所示,选中控件 A,右击,弹出快捷菜单,将其中的"显示为图标"取消勾选;对控件 B 和 Result 也执行相同的操作。如此,该 VI 的程序框图的显示效果,就变成如图 2.25(b)的样子。

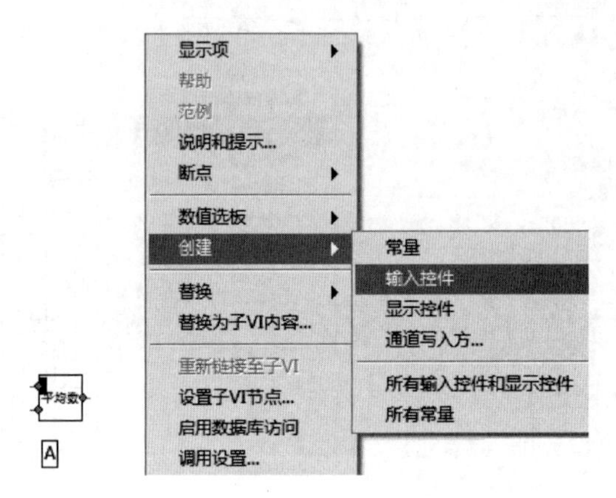

图 2.23　为子 VI 生成输入控件或显示控件

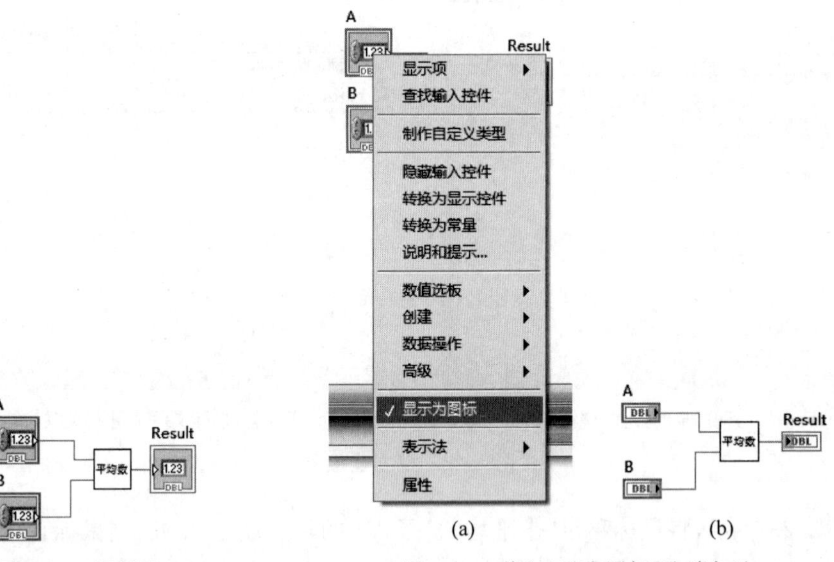

图 2.24　调用子 VI　　　　图 2.25　将"显示为图标"取消勾选

2.5.3　生成应用程序

下面介绍如何将建立好的 VI 生成应用程序。具体实现步骤如下:

(1) 在计算机屏幕上双击 LabVIEW 的图标,在出现的如图 2.13 所示的界面中单击"Create New Project",进入如图 2.14 所示的界面,在其右侧选择"项目",随后单击"完成"按钮。

(2) 进入如图 2.26 所示的界面,选中“我的电脑”,右击,在弹出的快捷菜单中选择“添加”→“文件”。

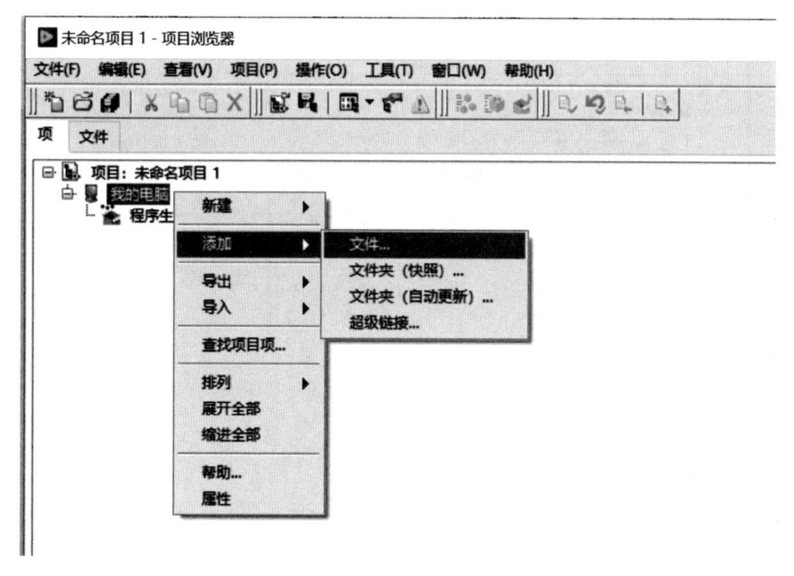

图 2.26 为“新建项目”添加“文件”

(3) 在如图 2.27 所示界面中,选择之前建好的某个 VI,例如“求平均数”VI,这样,就将建好的“求平均数”VI 添加到新建的项目中了,如图 2.28 所示。

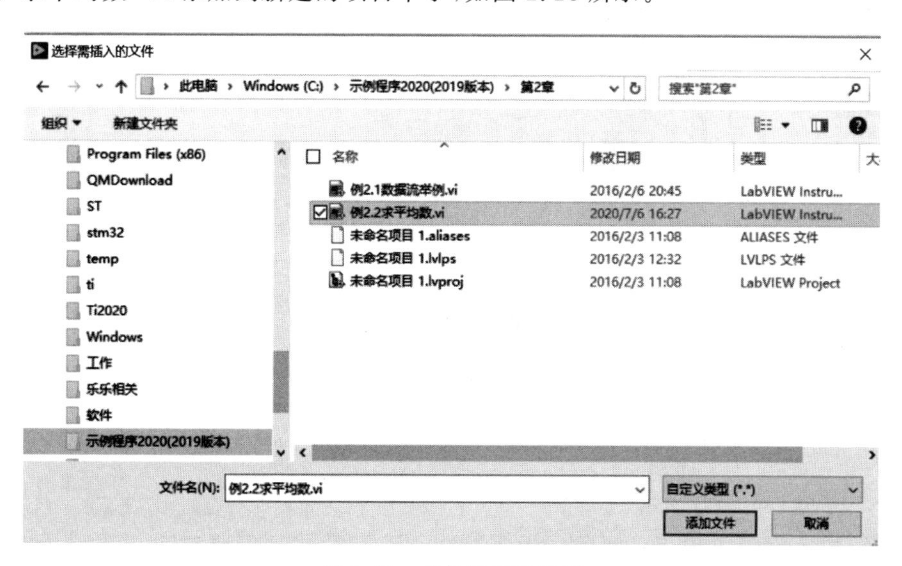

图 2.27 文件选择对话框

(4) 在图 2.28 中,选中“程序生成规范”,右击,在弹出的快捷菜单中选择“新建”→“应用程序”。

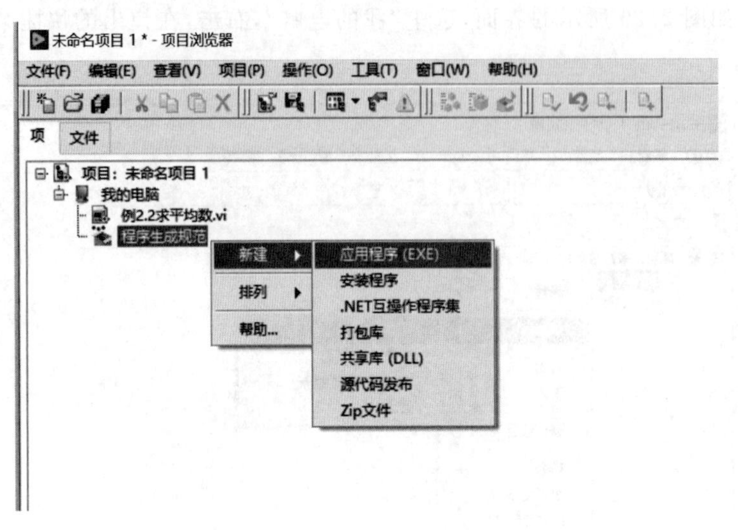

图 2.28 新建应用程序

(5) 在如图 2.29 所示界面中，在“目标文件名”下设置新生成的应用程序的名称。

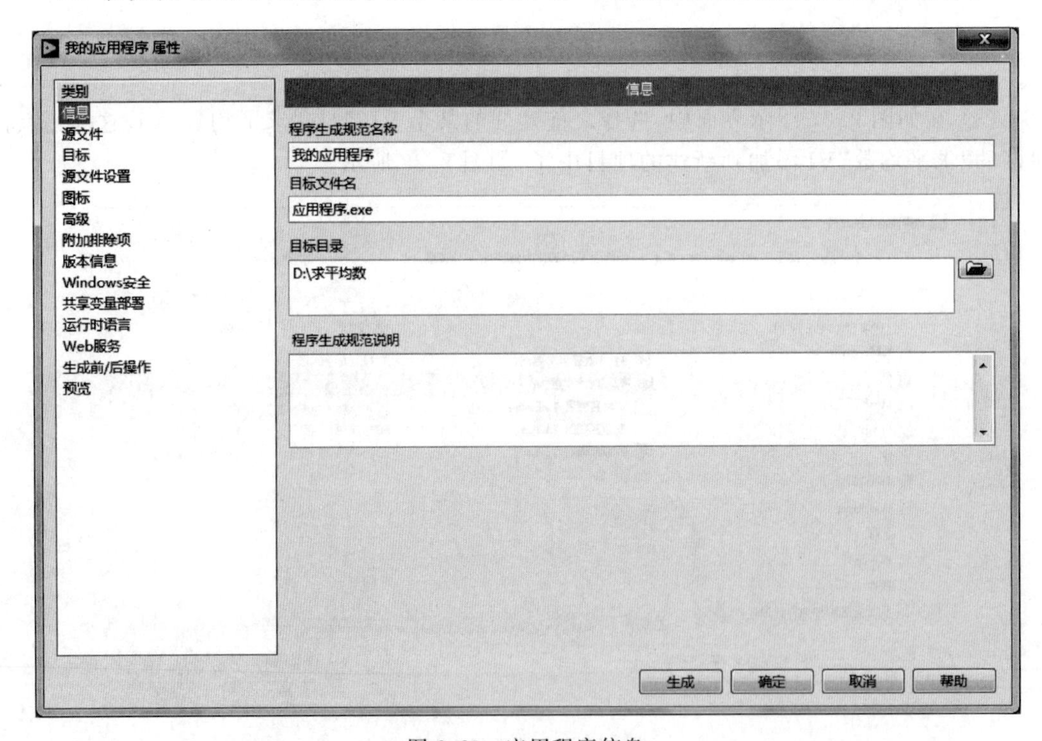

图 2.29 应用程序信息

(6) 选中图 2.30 所示界面中左侧的“源文件”，选中“例 2.2 求平均数. vi”，将其添加进“启动 VI”中。

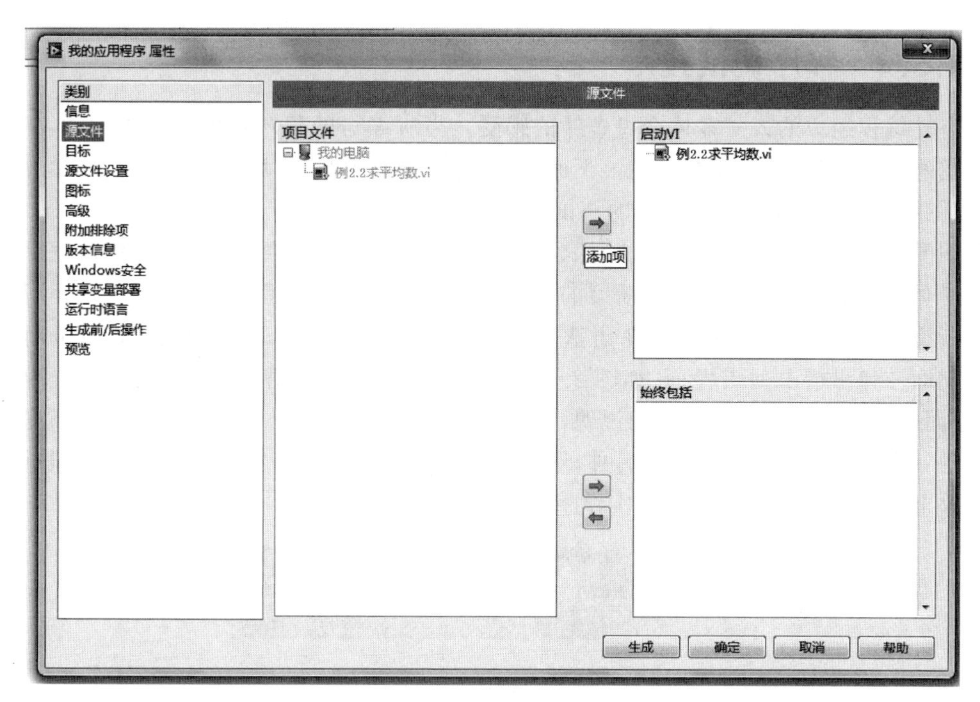

图 2.30 应用程序源文件

(7) 单击“生成”按钮，就会在项目保存的目录中生成相应的应用程序。

(8) 双击应用程序，弹出的运行界面如图 2.31 所示。

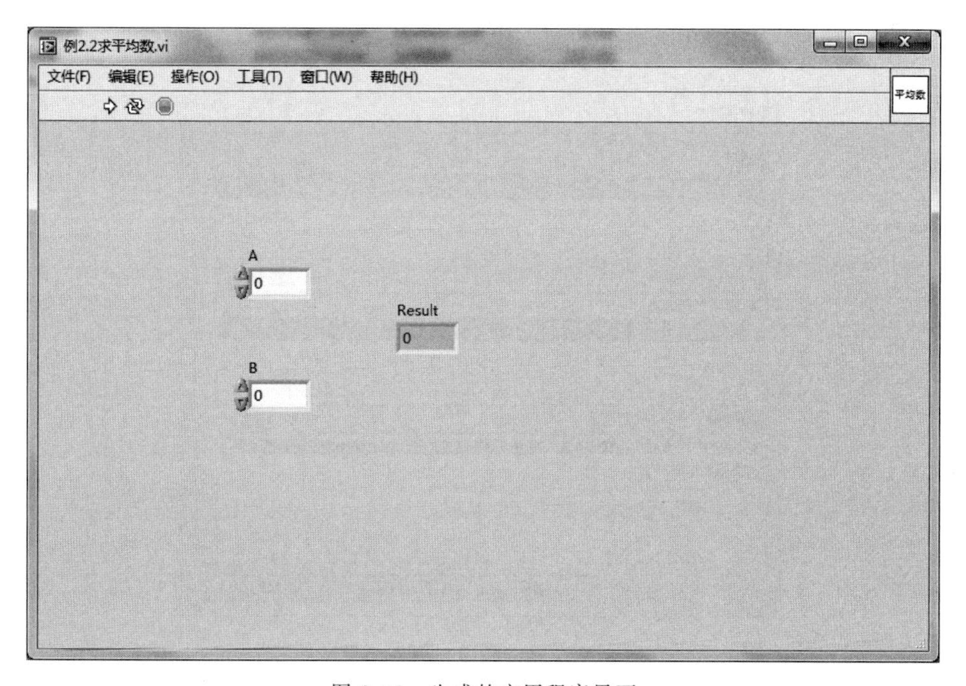

图 2.31 生成的应用程序界面

2.5.4 程序调试技术

有过编程经历的人一定体会过查错的感受。当所编写的程序规模越来越大时，如何找到出错的原因，有时令人非常苦恼。下面，将以上述建好的“求平均数”VI为例，简单介绍在LabVIEW中如何进行程序即VI的调试。

如图2.32所示，将“2”与“除法”函数之间的连线删掉，随后便可以看到，程序框图面板上方工具条中的运行按钮会变成断裂的形状。当自认为已编好程序后，如果发现运行按钮处在断裂状态，就说明程序中存在语法错误。这时，可以双击“运行”按钮（此时呈断裂状态），随即会弹出错误列表界面，如图2.33所示。可以看出，程序中有一处错误，选中此错误，下面会提供有关该错误的详细说明，有助于对程序进行修改。例如现存的错误就是除法函数的一个输入端子未连接上。另外，双击此处错误，LabVIEW会自动地对此错误进行定位。这个功能，在调试规模大的VI程序时尤其有用。

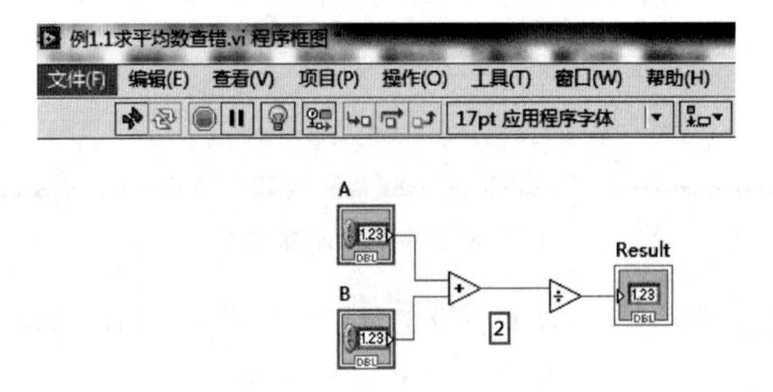

图2.32　存在错误的VI

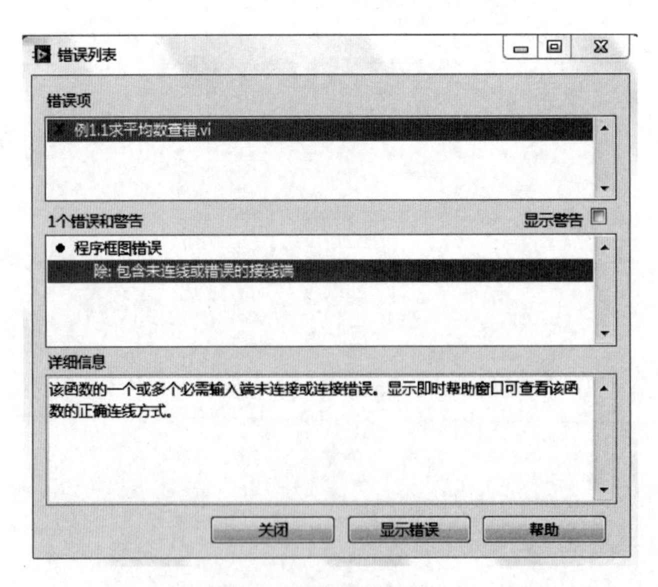

图2.33　错误列表界面

上面提到的错误，属于程序语法错误。还有一类错误，是程序已经通过了编译，可以运行，但运行的结果并不是所期望的，也就是说，所编写 VI 的算法存在问题。对这类编程错误又该如何查找呢？就此，LabVIEW 中提供的程序调试工具可提供帮助，即可以利用在 2.3 节中介绍的程序调试工具查找错误。

程序调试工具之一，是位于程序框图面板工具条中的"高亮显示"按钮，其外表像一个灯泡；它的默认状态为灯灭。单击"高亮显示"按钮，灯泡会变成点亮状态，此条件下，再单击运行按钮，程序的运行会变慢，并且会显示出程序运行时实际发生的数据流动过程，如此，可以帮助查找编程上存在的问题，如图 2.34 所示。

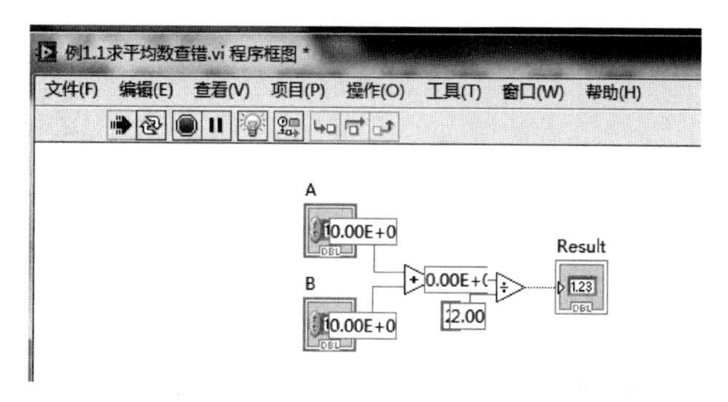

图 2.34 "高亮显示"执行过程

"高亮显示"通常可以与探针工具配合使用。如图 2.35 所示，将鼠标放置在需要观察的连线上，右击，在弹出的快捷菜单中选择探针，生成的探针如图 2.36 所示。如此，可以观察加法函数的输出结果，也就实现了对程序中某段算法结果的监测，可帮助找到出错的地方。

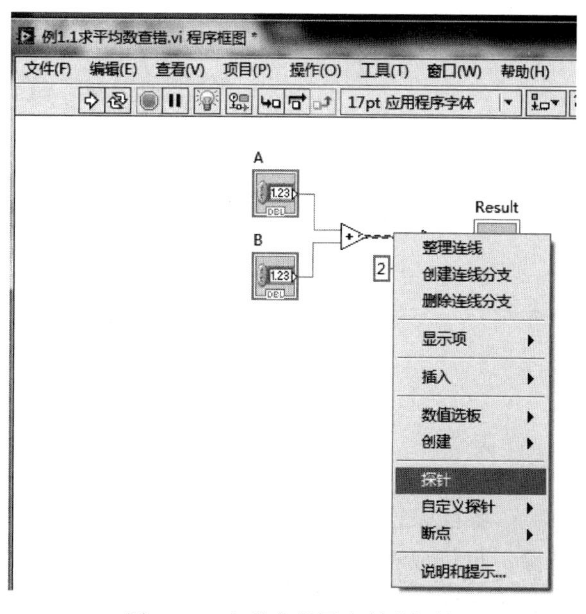

图 2.35 在程序框图中创建探针

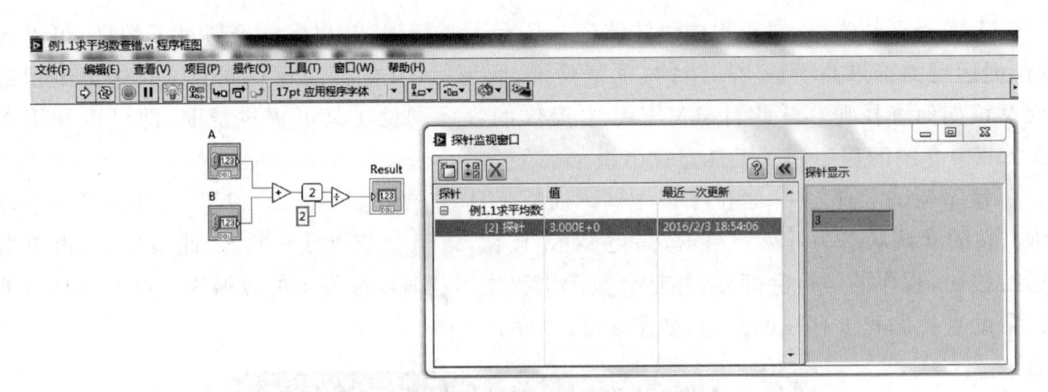

图 2.36 在程序框图中生成的探针

另外，可以将"断点"和"探针"工具配合使用(此时，可将"高亮显示"关掉，使灯泡处在熄灭状态)。如图 2.37 所示，在所关注的连线处右击，在弹出的快捷菜单中选择"断点"→"设置断点"，生成的断点如图 2.38 所示；然后，再创建"探针"，如图 2.39 所示。随后，单击程序框图面板上的运行按钮，程序会在断点处暂停，探针中会显示出当前连线中变量的数值，如图 2.40 所示，然后，可以利用程序框图面板工具条中的"单步执行"工具使程序继续运行。

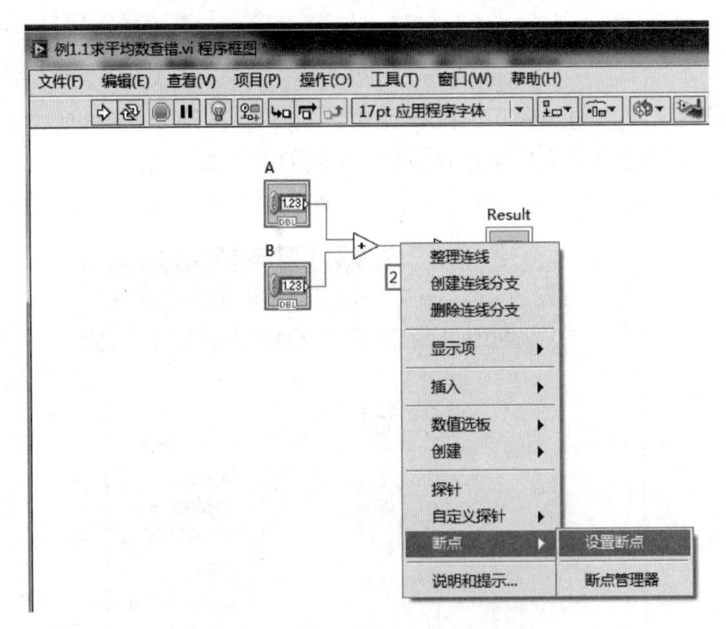

图 2.37 在程序框图中创建断点

程序调试完成后，可以清除断点，程序就会跳出调试模式，回到正常的运行状态。清除断点的方法如图 2.41 所示，将鼠标放置在断点处，右击，在弹出的菜单中选择"断点"→"清除断点"，即可将断点清除。也可以在工具选板中，如图 2.42 所示，将鼠标的状态变为"断点"的状态，然后在有断点的连线处单击一下鼠标，即可将断点清除。

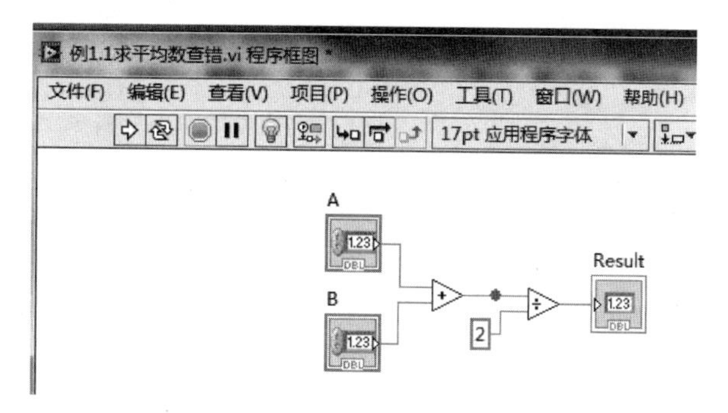

图 2.38 在程序框图中生成的断点

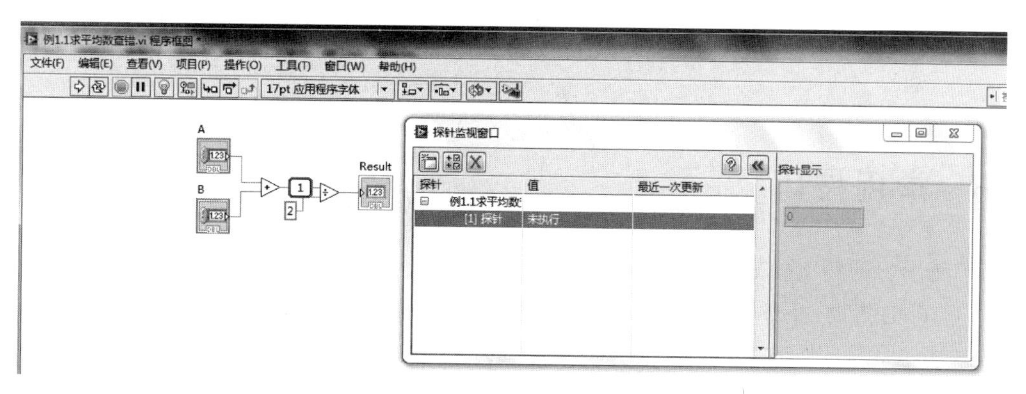

图 2.39 在断点处创建探针

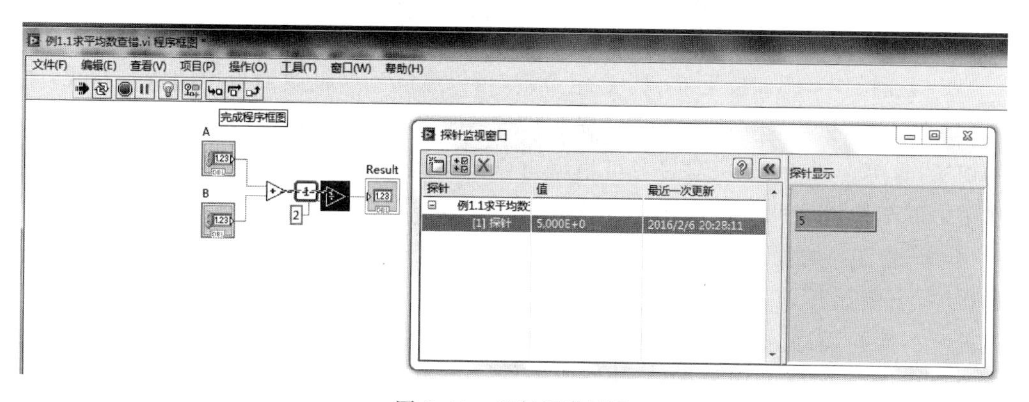

图 2.40 运行程序情况

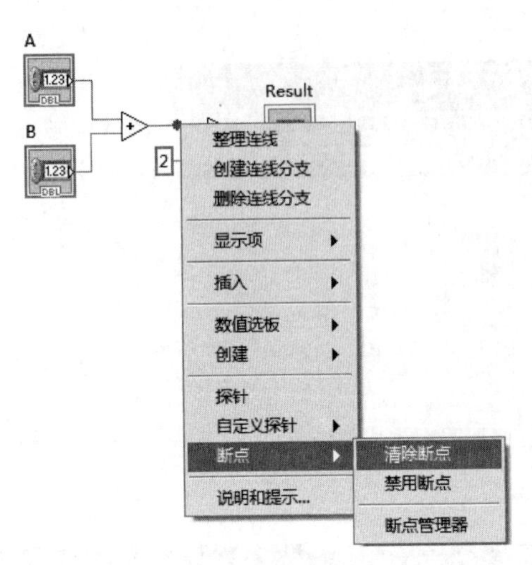

图 2.41　清除断点

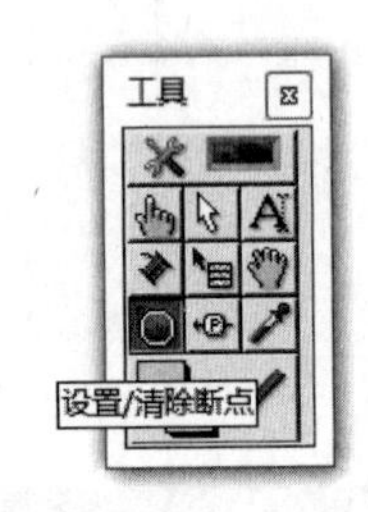

图 2.42　设置/清除断点

2.6　常用技巧

下面学习使用 LabVIEW 时很有用的若干技巧。

(1) 即时帮助：LabVIEW 提供的函数有很多，掌握它们的最好方法，是在想利用时再具体学习其原理。届时，可以利用 LabVIEW 的即时帮助功能，将鼠标移至要调用的函数的图标上，如此，在程序框图面板的右上角，会显示出对该函数的简要说明；单击详细帮助信息，会自动调出帮助文件中关于当前选中函数(或控件)的详细介绍。例如，在 3.1.2 节中将会利用"即时帮助"功能确定数值控件的具体数据类型。

(2) NI 范例：LabVIEW 在其"帮助"中提供有很多范例，是很好的自学资源。

(3) 快捷操作：例如按下 Ctrl+B 组合键，可以删除程序框图面板中的所有断线；按下 Ctrl+H 组合键，可以调出即时帮助；按下 Ctrl+E 组合键，可以进行前面板与程序框图面板的切换，等等。对于这些，学习者可根据自己的编程喜好，在使用中逐渐积累，以不断提高虚拟仪器的编程效率。

(4) 养成良好的编程习惯。编程不仅要写出计算机能读懂的程序，更要让其他人能读懂。一个虽然能正常运行，但其他人读不懂的程序，也不能算是一个好作品。为此，为所编写的程序添加必要的注释是一种行之有效的常用方法。在 LabVIEW 中，可以利用工具选板中的"编辑文本"功能(如图 2.43 所示)，在程序框图面板上添加有关程序设计的说明；而且在前面板上，也可以添加有关所设计虚拟仪器的使用说明等。

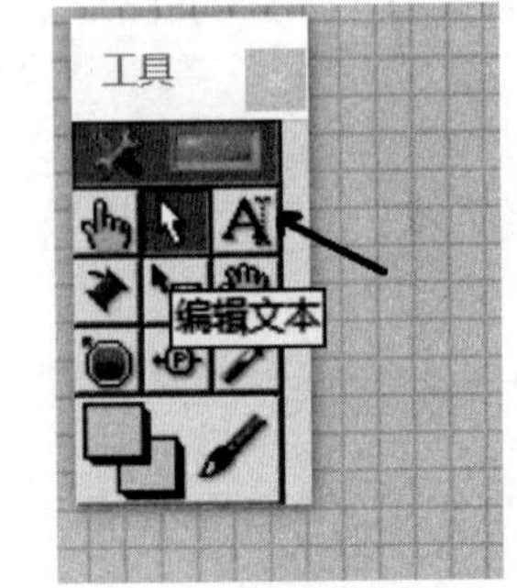

图 2.43　工具选板中的"编辑文本"功能

常见问题 8：如何使用“帮助”功能？

LabVIEW 中提供的“帮助(H)”功能很强大，在实际编程中经常会用到。“帮助(H)”位于前面板和程序框图面板的工具条上，如图 2.44 所示。其中，常用的有“即时帮助”“LabVIEW 帮助”和“查找范例”等。

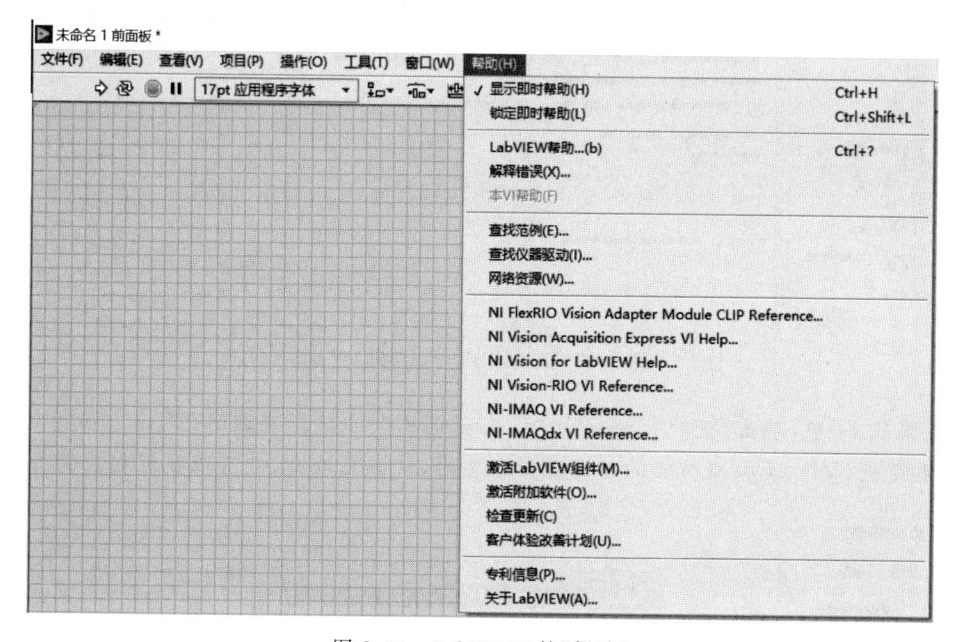

图 2.44 LabVIEW 的“帮助”

如图 2.44 所示，将“显示即时帮助(H)”勾选上，如果将鼠标放在控件或函数的图标上，则会在前面板或程序框图面板上出现即时帮助的小窗口，显示当前鼠标所在位置处的控件或函数的简单信息，具体如图 2.45 和图 2.46 所示。

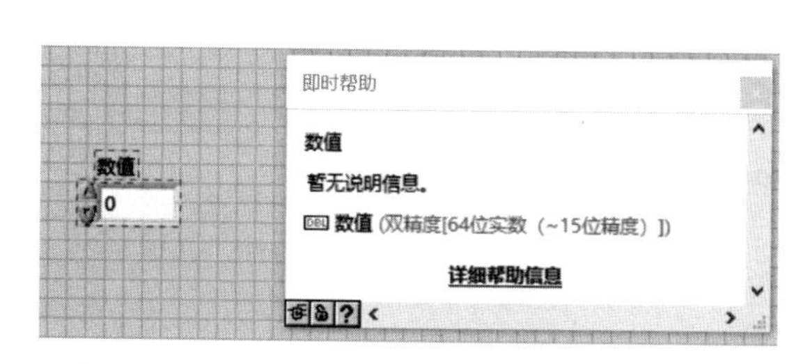

图 2.45 前面板上“数值”控件的即时帮助信息

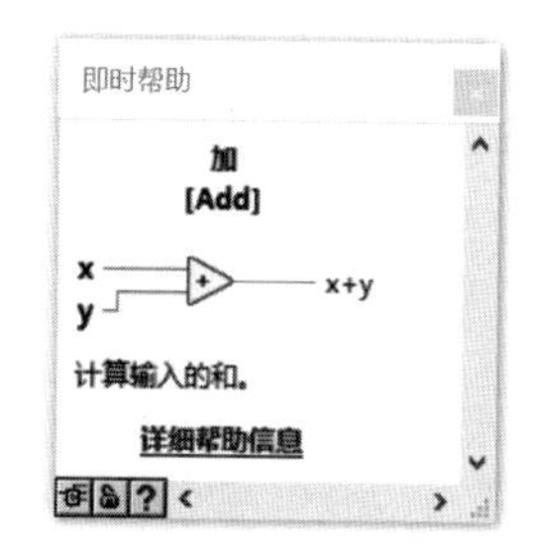

图 2.46 程序框图面板上“加”函数的即时帮助信息

在图 2.44 中，单击“LabVIEW 帮助...(b)”，则会调出 LabVIEW 帮助界面，如图 2.47 所示。

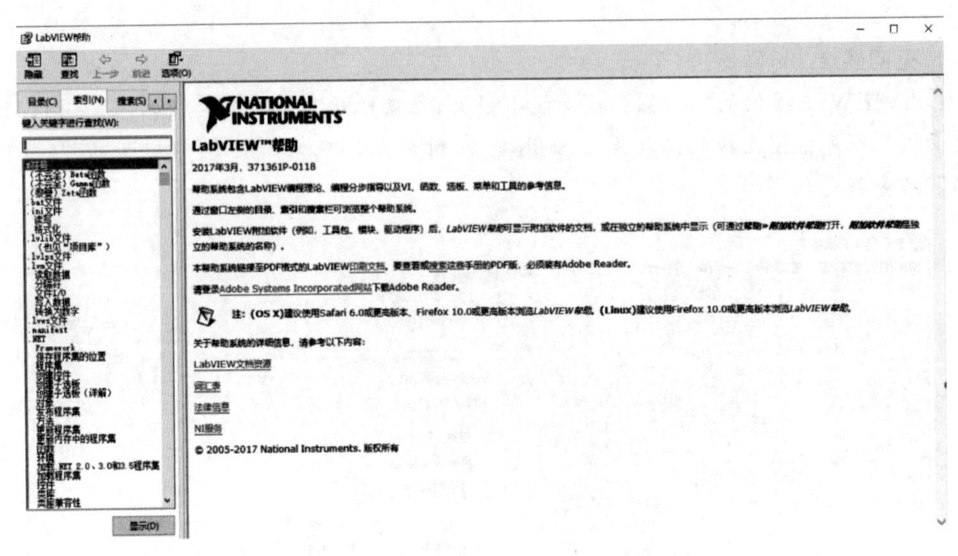

图 2.47　LabVIEW 的“帮助”界面

在图 2.44 中，单击“查找范例(E)...”，则会调出“NI 范例查找器”界面。如图 2.48 所示，这些范例(VI)，是按照功能的不同进行分类的，双击文件夹，就可以找到相应的 VI。

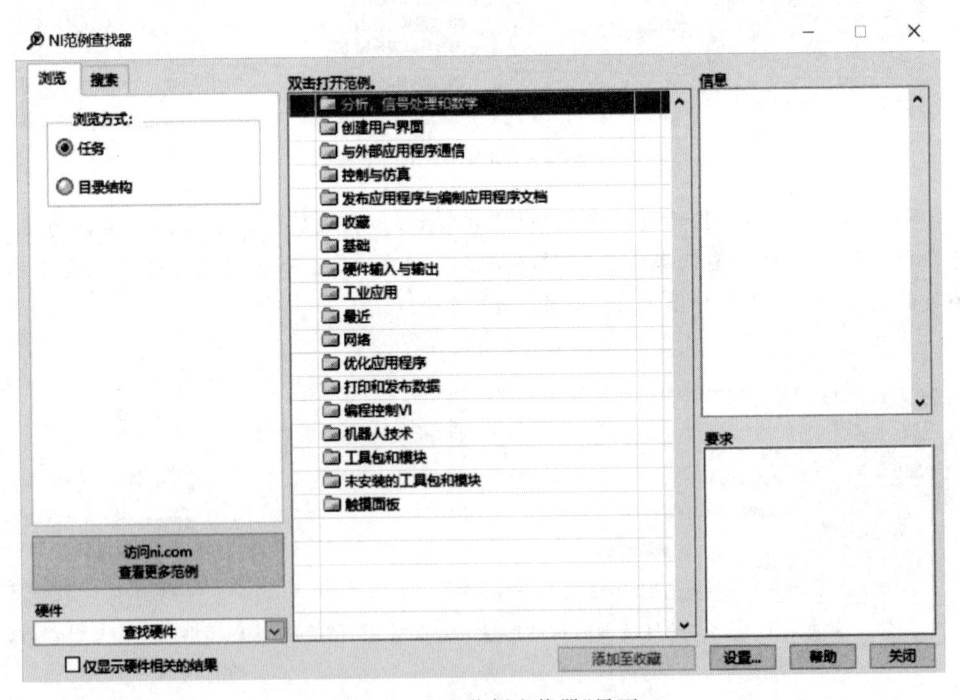

图 2.48　“NI 范例查找器”界面

2.7 本章小结

LabVIEW 作为一种图形化的编程语言,它与传统的文本式编程语言的明显不同是采用了数据流编程机制。如果以前学习过文本式编程语言,例如,C、Fortran 等,在开始学习 LabVIEW 时,可能要有一个思维转变的过程。所以,本章首先着重强调了理解 LabVIEW 数据流编程机制的重要性;其次,引导读者初步结识了 LabVIEW 的编程环境,包括一个 VI 的 3 个组成部分(前面板、程序框图以及图标/连接器)、3 个选板(控件选板、函数选板和工具选板)和调试工具等;最后,就建立子 VI 并在其他 VI 中调用它,以及应用程序的建立、编程错误查找、编程常用技巧等,均给予了简明扼要的阐述。

本章习题

2.1 建立一个 VI,实现 $y=k\times x+b$ 的功能,即输入参数是 k、x 和 b,输出参数为 y。再将上述 VI 建成一个子 VI,并能够在新建的 VI 中调用它。

2.2 打开习题 2.1 所建的 VI,来到程序框图面板,在工具条上单击“高亮显示”,运行此 VI,观察其中数据的传输流动过程。

2.3 打开习题 2.1 所建的 VI,来到程序框图面板,在工具条上单击“高亮显示”,并设置探针,运行此 VI,观察探针中数值的变化。

2.4 打开习题 2.1 所建的 VI,来到程序框图面板,设置断点和探针,运行此 VI,观察探针中数值的变化。

参考文献

[1] Johnson G W, Jennings R. LabVIEW 图形编程[M]. 武嘉澍,陆劲昆,译. 北京:北京大学出版社,2002.

[2] 侯国屏,王珅,叶齐鑫. LabVIEW7.1 编程与虚拟仪器设计[M]. 北京:清华大学出版社,2006.

[3] 黄松岭,吴静. 虚拟仪器设计基础教程[M]. 北京:清华大学出版社,2008.

[4] Bishop R H. LabVIEW 8 实用教程[M]. 乔瑞萍,林欣,译. 北京:电子工业出版社,2008.

第3章

基本数据类型

在阐述本章内容之前,首先对 LabVIEW 中有关数据的 3 个概念进行梳理。

第 1 个概念是数据的组织形式,即数据以什么形式在虚拟仪器程序即 VI 中加以呈现。在 LabVIEW 中,数据的组织形式有 3 种,分别是输入控件、显示控件和常量。其中,输入控件和显示控件都在前面板上的控件选板上;而常量,却是在程序框图面板的函数选板上。一般而言,输入控件是用来输入参数的;而显示控件,则用来显示 VI 的测量、分析、计算及处理结果。

第 2 个概念是数据的表现形式。以数值型数据为例,如图 3.1 所示,它可以表现为数值输入控件、仪表(表盘)、量表和滑动杆等多种形式,它们都是从实际需求中衍生而来的。实际生活和工作场景中,有各式各样的测量仪表,如温度计、速度计、电能表、水表,等等,虽然它们的外观各不相同,所反映的物理量也不同,但其大小属性是相同的,即都是数值。

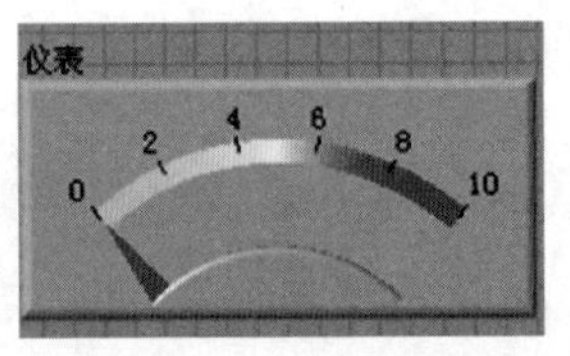

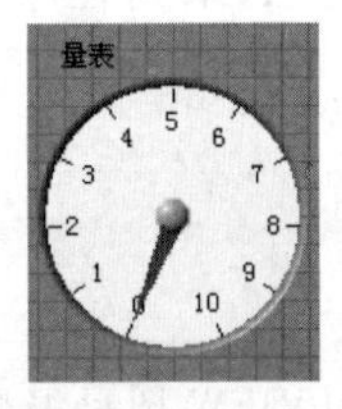

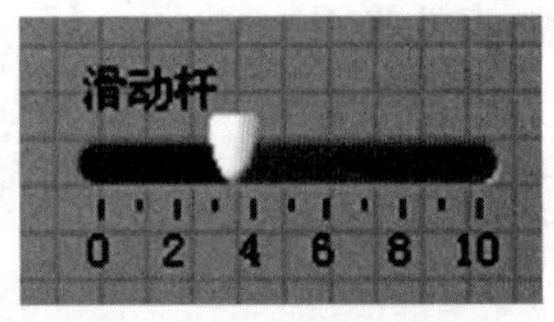

图 3.1　数值的表现形式

第 3 个概念是数据类型。LabVIEW 中,除了基本的数据类型,例如数值、字符串和布尔量等之外,还提供有复合数据类型,包括数组、簇、波形和 DDT 等[1-4]。本章主要学习 LabVIEW 中的基本数据类型,主要有数值、字符串、布尔量、枚举/下拉列表和路径。

3.1　数值

本节介绍最基本的数据类型——数值。在 LabVIEW 中,数值控件有很多种表现形式,并且还提供有很多个对数值的操作函数。

3.1.1 数值控件

数值控件又分为数值输入控件和数值显示控件，它们均位于“控件”选板→“新式”→“数值”子选板上。数值输入控件和数值显示控件各自都有很多种表现形式，如图 3.1 和图 3.2 所示。在控件选板上，数值输入控件和数值显示控件又分为新式、银色、系统和经典等，即还具有不同的风格，使用者可根据自己的喜好选择使用。

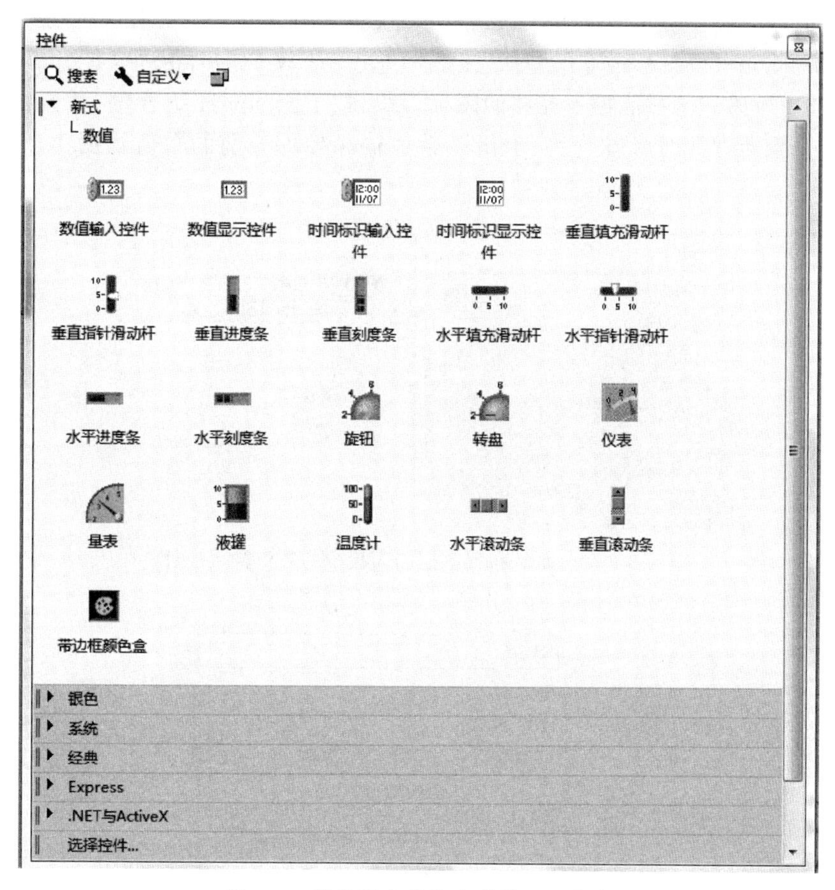

图 3.2 数值输入控件和数值显示控件

3.1.2 数值的数据类型

LabVIEW 以浮点数、定点数、整数、无符号整数以及复数等不同数据类型表示数值数据。那么，LabVIEW 中的数值数据类型是如何进行设置的呢？

下面，以一个数值输入控件为例进行介绍(数值显示控件以及常量是类似的)。首先，在前面板上创建一个数值输入控件，然后，经鼠标操作来到程序框图面板。这时，程序框图面板上已经出现了一个数值输入控件的图标，它与在前面板上生成的数值输入控件相对应，如

图 3.3 所示。此情况下，LabVIEW 默认生成的数值的数据类型为双精度 64 位实数。这个信息是如何得到的呢？一个办法是，通过查看该数值输入控件在程序框图面板上的显示图标来判断其当前的数据类型。因为在 LabVIEW 中，不同数据类型的数值控件的图标颜色和形式是不一样的，如图 3.3 所示的数值输入控件的图标是橙色的，而且下面有标识“DBL”，这表明，该数值输入控件中的数据当前的数据类型为双精度浮点数。LabVIEW 中的数值数据类型有多种，除了实数（橙色）和整数（蓝色）通过颜色可以快速地辨识出来外，想要知道某数值输入控件中当前的具体数据信息，仅靠其图标上的标识来判断，还不能保证准确无误。鉴于此，一个简便、可靠的办法，是调用 LabVIEW 的即时帮助功能。具体地，在程序框图上，选中所关注的数值输入控件的图标，然后按下 Ctrl＋H 组合键，就会在程序框图面板上弹出一个即时帮助窗口，会显示出该数值输入控件当前的数值数据类型，如图 3.4 所示。

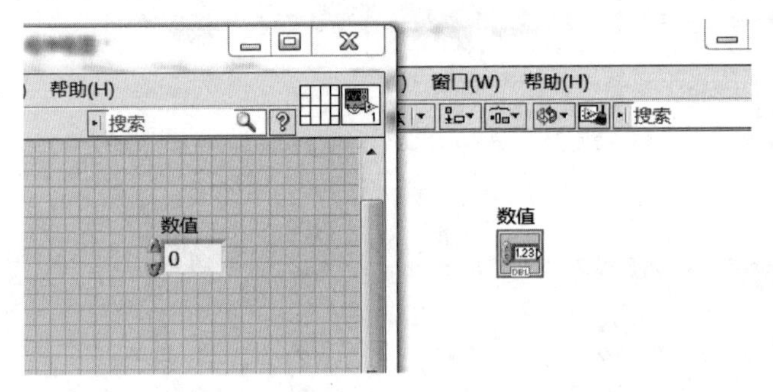

图 3.3　在前面板和程序框图面板中的数值输入控件

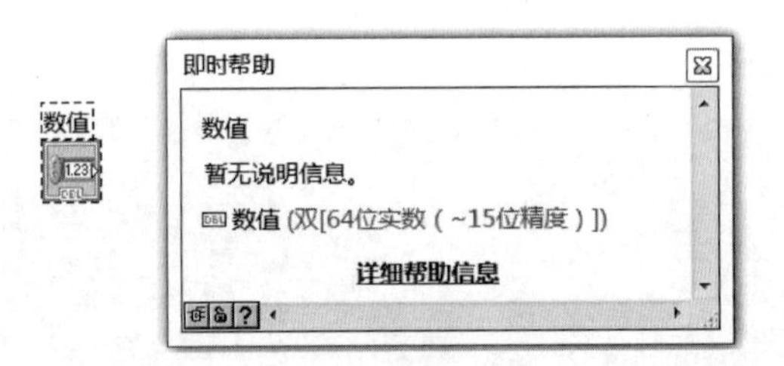

图 3.4　即时帮助中显示的数值输入控件的数据类型信息

另外，数值输入控件当前的数值数据类型也是可以改变的。如图 3.5 所示，改变数值输入控件当前的数据类型的方法如下：首先，在程序框图上选中所关注数值输入控件的图标，右击，选择“表示法”，可以看到共有 15 种数据类型，且当前选中的是“DBL”；改为选择下方的“I32”，随即，程序框图中该输入控件的图标就变成了蓝色，即时帮助窗口中给出的信息也改为 32 位的整数，如图 3.6 所示。如此，就将数值输入控件中的双精度浮点数改成了整型数。LabVIEW 中 15 种数值的数据类型各自的具体含义，请见表 3.1。

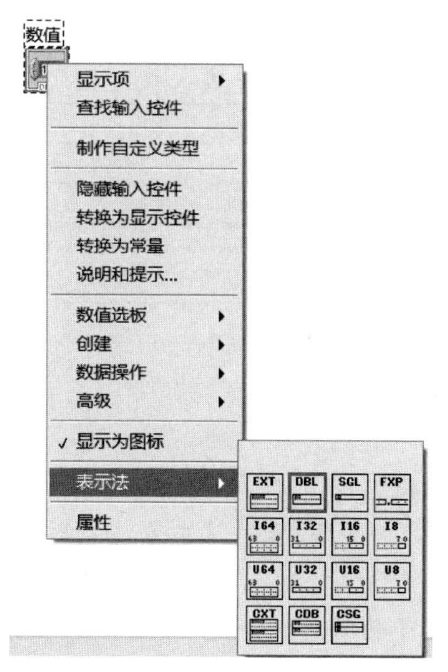

图 3.5 改变数值输入控件的数据类型

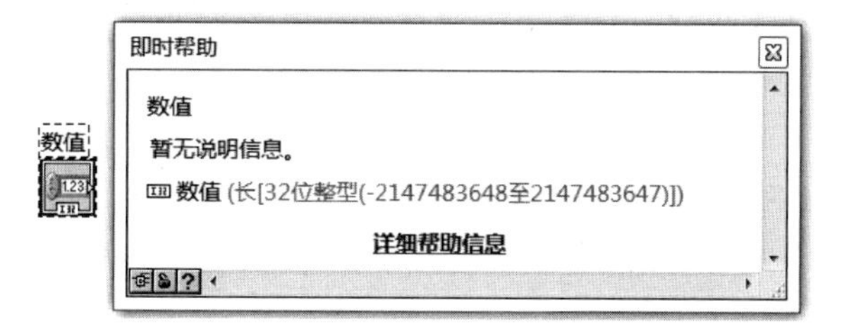

图 3.6 数值输入控件的数据类型为整型

表 3.1 LabVIEW 的 15 种数值数据类型

缩写	含 义
EXT	扩展精度浮点数，保存到存储介质时，LabVIEW 会将其保存为独立于平台的 128 位格式。内存中，数据的大小和精度会根据平台的不同而有所不同，只在的确有需要时，才会使用扩展精度的浮点型数值。扩展精度浮点数的算术运行速度，会因所使用平台的不同而有所不同
DBL	双精度浮点数，具有 64 位 IEEE 双精度格式，是双精度下数值对象的默认格式，即大多数情况下，应使用双精度浮点数
SGL	单精度浮点数，具有 32 位 IEEE 单精度格式。如所用计算机的内存空间有限，且实施的应用和计算等绝对不会出现数值范围溢出情况，应使用单精度浮点数
FXP	定点型
I64	64 位整型 (－1e19～1e19)
I32	有符号长整型 (－2 147 483 648～2 147 483 647)
I16	双字节整型 (－32 768～32 767)

续表

缩写	含　义	
I8	单字节整型	(−128～127)
U64	无符号 64 位整型	(0～2e19)
U32	无符号长整型	(0～4 294 967 295)
U16	无符号双字节整型	(0～65 535)
U8	无符号单字节整型	(0～255)
CXT	扩展精度浮点复数	
CDB	双精度浮点复数	
CSG	单精度浮点复数	

数据类型是一个很基础的概念，不难懂，但是要学清楚，否则 VI 运行中出现问题时，可能很难找到出错的原因。在进行 VI 编程时，特别要注意对数据类型的正确使用。下面以例 3.1 进行说明。

【例 3.1】 查错示例："求平均数。"

在第 2 章中，已经编写出了求平均数的 VI。对于求平均数这个命题，有的初学者编写的 VI 如图 3.7 和图 3.8 所示。可以看到，其中的 Result 显示控件是蓝色的，表明它当中的数据是整型的。而且，在除数即数值常量 2 与除法函数相连处出现了一个红点——表示这里发生了数据类型的强制转换，即整型数被转换成了浮点数。同样，在 Result 显示控件的输入端子上也出现了一个红点，这是因为，橙色的连线代表传输的是浮点数，而蓝色的 Result 显示控件代表接收到的应是整型数据，所以，在此处又发生了数据类型的强制转换。

这个 VI 通过了程序编译，并没有语法上的错误，但是当它运行完毕后，就会出现错误。如图 3.7 所示，当输入 1 和 2，结果本应该是 1.5，但此 VI 的计算结果却为 2。问题就出在 Result 控件的数据类型上。回到该 VI 的程序框图上，将 Result 显示控件的数据类型改为"DBL"即双精度浮点数，然后再运行此 VI，就会得到正确的结果了。

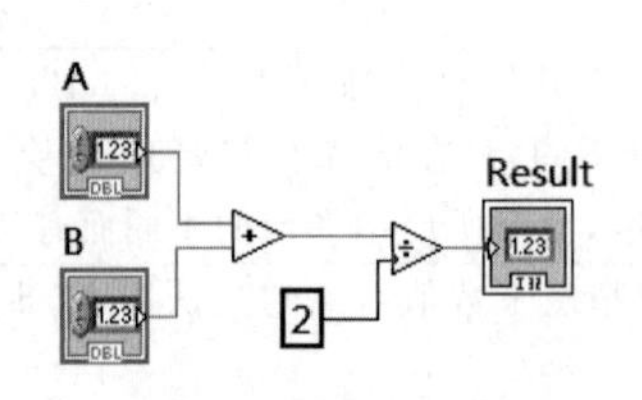

图 3.7　求平均数 VI 的程序框图

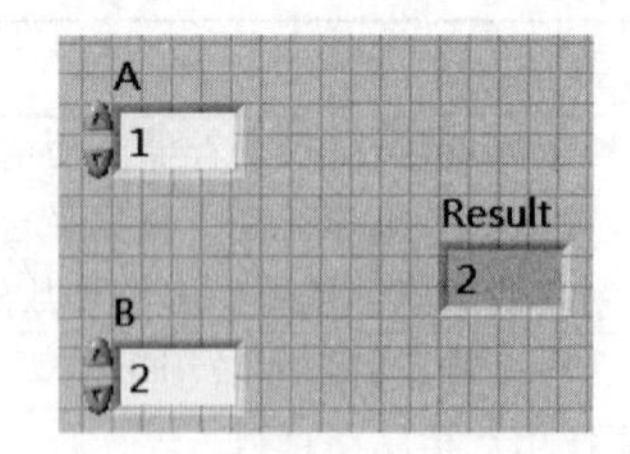

图 3.8　求平均数 VI 的前面板

在实际编程时，要注意数据类型的强制转换。在 LabVIEW 的程序框图中，如果连线上出现红点，则表示该处发生了数据类型的强制转换。在调试程序时，要格外注意这样的强制转换是否合适。

【例 3.2】 输入参数 A，求其平方根，结果为 B；然后再对 B 进行平方运算得到结果 C，请问 A 和 C 相等吗?

为例 3.2 编写的 VI,如图 3.9 所示。在程序框图中,调用了“平方根”和“平方”两个函数,它们都位于“函数”选板→“编程”→“数值”子选板上。在前面板上,为输入控件 A 输入值“2”,然后运行该 VI,会显示出计算结果,如图 3.9(b)所示。可以看出,C 的计算结果也是 2,那么,是不是可以依此判断 A 与 C 是相等的呢?

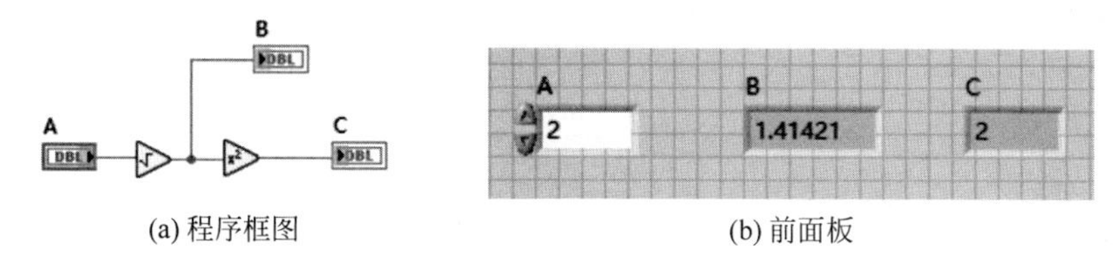

(a) 程序框图　　(b) 前面板

图 3.9　求平方根 VI

为了判断 A 与 C 是不是完全相等,可以在图 3.9 所示的 VI 基础上再进行编程实现。编写的 VI 如图 3.10 所示。其中,调用了“等于”函数,它位于“函数”选板→“编程”→“比较”子选板上。“等于”函数的结果为一个布尔量。当“等于”函数的两个输入参数相等时,输出结果为真;不相等时,输出结果为假。

同样,在前面板上将输入控件 A 的值设为 2,运行 VI,会发现布尔量为假,如图 3.10(b)所示。VI 运行结果表明:A 和 C 是不相等的。

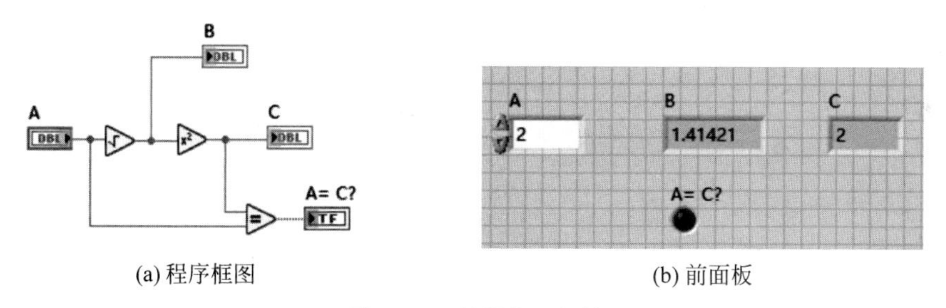

(a) 程序框图　　(b) 前面板

图 3.10　判断是否相等

将 A 与 C 进行相减运算,程序框图如图 3.11(a)所示,运行结果如图 3.11(b)所示。可以看出,A 减 C 的结果并不为 0,而是等于一个很小的数。

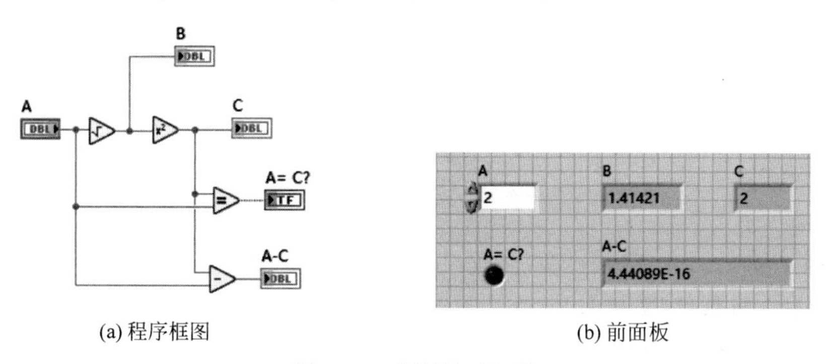

(a) 程序框图　　(b) 前面板

图 3.11　判断是否相等

常见问题 9：如果两个数是浮点数类型，如何判断它们是否相等？

在实际编程时，如果要比较两个浮点数的大小，要格外注意：要慎用"等于"运算，否则，程序可能会出现意想不到的错误。如例 3.2 所示，A 和 C 看似相等，但其实并不严格相等。那么，如果在实际编程时，需要比较两个浮点数的大小，该如何编程呢？常采用的方法是：将 A 和 C 做减法，取其绝对值，判断其绝对值是否小于一个很小的数。如果为真，则认为 A 和 C 近似相等。

3.1.3 数值函数

LabVIEW 提供有很多个用于操作数值的函数(也有教材称为"数值操作函数")，它们均位于"函数"选板→"编程"→"数值"子选板上，如图 3.12 所示。这些操作数值的函数图标都很形象，使用起来也比较简单，可以根据实际需求选择相应的数值函数。在"数值"子选板之下的"转换"子选板上，如图 3.13 所示，提供有很多个可实现数值数据类型转换的函数，如此，就可以通过编程的方式改变数值的数据类型了。

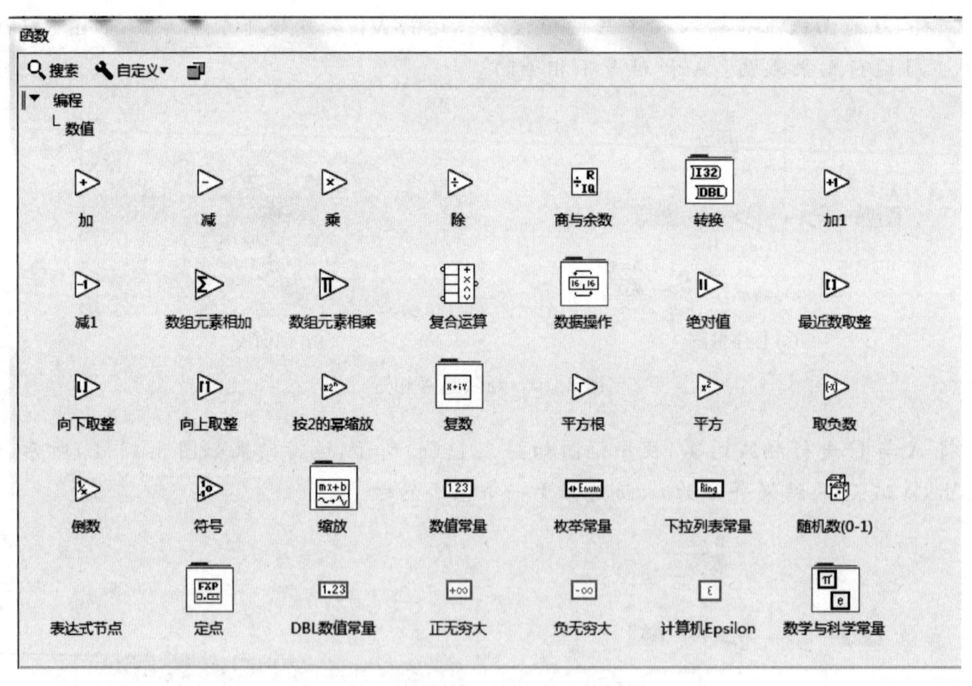

图 3.12 操作数值的函数

下面，通过例 3.3，介绍"随机数"函数和"表达式节点"的使用要点。

【例 3.3】 "随机数"函数和"表达式节点"函数的使用。

为例 3.3 编写好的 VI 如图 3.14 所示，其中调用了"表达式节点"函数。"表达式节点"

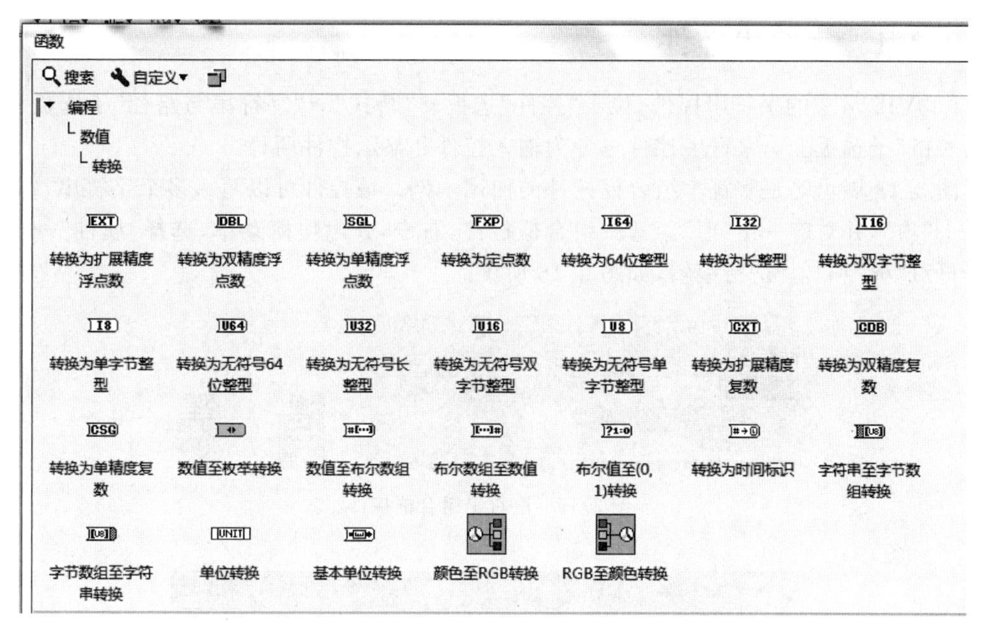

图 3.13 转换子选板

函数用于计算含有单个变量的表达式。使用“表达式节点”函数时，要注意采用正确的语法、运算符和函数，具体内容请参考 LabVIEW 的帮助文件。

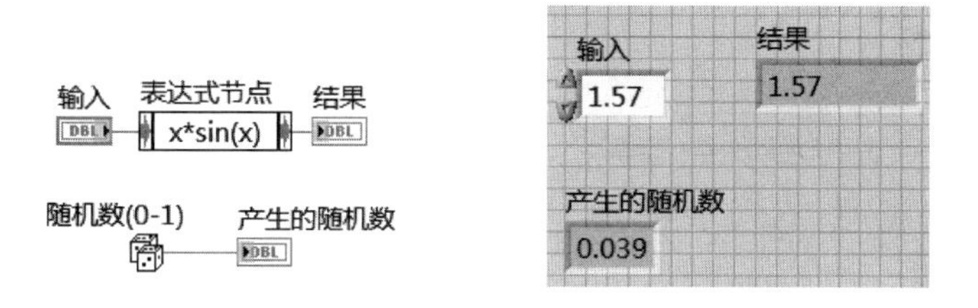

图 3.14 例 3.3 的 VI 的程序框图和前面板

“随机数”函数的图标，外观看起来像两个错落放置在一起的骰子，调用它，可以生成数值范围在 0～1 的一个随机数，在需要生成随机信号的编程场合，经常会用到它。

3.2 字符串

LabVIEW 中，字符串是指 ASCII 字符的集合，用于文本传送、文本显示及数据存储等。在对数字化仪器和设备进行控制操作时，控制命令和数据等大多是按字符串格式加以传输的。

3.2.1 字符串控件

LabVIEW 中的字符串控件，位于“控件”选板→“新式”→“字符串与路径”子选板和“列表与表格”子选板上。字符串控件也分为输入控件和显示控件两种。

图 3.15 展示的是字符串组合框控件的使用示例。该控件可以写入多个字符串，每个称为一个“项”，并对应一个“值”。选中组合框控件，右击，弹出快捷菜单，选择“属性”→“编辑项”，可对“项”和“值”进行编辑，如图 3.16 所示。

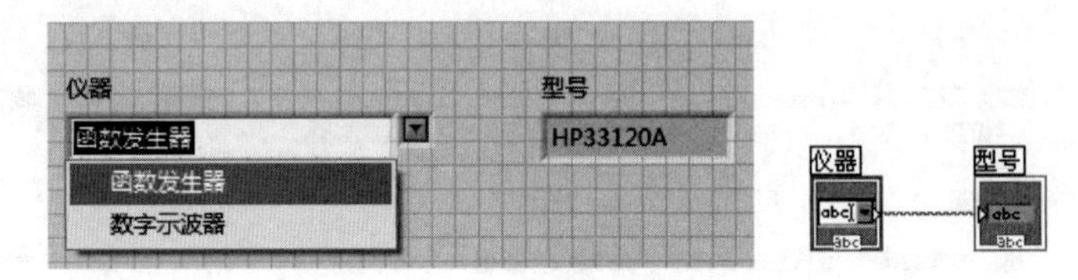

图 3.15 字符串组合框控件

图 3.16 字符串组合框控件的属性设置

3.2.2 字符串的显示方式

字符串的显示方式有四种：第一种是 Normal Display，即正常显示，它是字符串控件的默认设置；第二种是\Codes Display，即\代码显示，用以查看在正常方式下不可显示的字符代码，其在程序调试、向仪器设备传输字符时较为常用；第三种是 Password Display，即口令显示，在这种显示方式下，用户输入的字符均改由字符 * 代替；第四种是 Hex Display，即十六进制显示，字符以对应的十六进制 ASCII 码的形式显示，在程序调试和 VI 通信上比较常用。图 3.17 所示的 VI，给出了同一段字符串的四种显示方式。LabVIEW 中的一些特殊字符及其含义，提供在表 3.2 中。

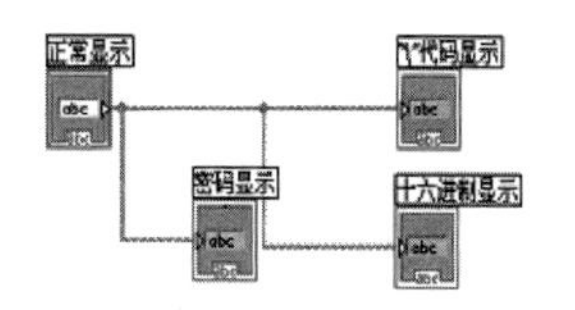

图 3.17 字符串的四种显示方式

表 3.2 LabVIEW 中的特殊字符

代码	LabVIEW 中的含义	代码	LabVIEW 中的含义
\b	退格符	\t	制表符
\f	进格符	\s	空格符
\n	换行符	\\	反斜线：\
\r	回车符	%%	百分比符号

3.2.3 字符串函数

LabVIEW 中提供有可对字符串进行操作的若干个函数，简称字符串函数，它们位于"函数"选板→"编程"→"字符串"子选板上，常用的字符串函数见表 3.3。下面将通过三个示例，对常用的字符串函数进行介绍。

表 3.3 字符串函数

序号	名 称	图标和连接端口	功 能 说 明
1	转换为大写字母	字符串 —— 所有大写字母字符串	将输入字符串转换为大写形式
2	转换为小写字母	字符串 —— 所有小写字母字符串	将输入字符串转换为小写形式
3	格式化写入字符串	格式字符串 初始字符串 结果字符串 错误输入(无错误) 错误输出 输入1(0) … 输入n(0)	将字符串、数值、路径或布尔量转换为字符串格式
4	电子表格字符串至数组转换	分隔符(Tab) 格式字符串 电子表格字符串 数组 数组类型(2D Dbl)	将电子表格格式的字符串转换成数组

续表

序号	名称	图标和连接端口	功能说明
5	格式化日期/时间字符串	时间格式化字符串(%c)、时间标识、UTC格式 → 日期/时间字符串	以指定的格式显示日期/时间字符串
6	字符串长度	字符串 → 长度	输出(提供)字符串长度
7	连接字符串	字符串0、字符串1、…、字符串n-1 → 连接的字符串	将几个字符串连接起来,组成一个新字符串
8	截取字符串	字符串、偏移量(0)、长度(剩余) → 子字符串	从输入字符串的偏移量位置开始,取出所要求长度的子字符串
9	替换子字符串	字符串、子字符串("")、偏移量(0)、长度(子字符串长度) → 结果字符串、替换子字符串	在字符串中的指定位置插入、删除或替换子字符串
10	扫描字符串	格式字符串、输入字符串、初始扫描位置、错误输入(无错误)、默认1(0dbl)、… → 剩余字符串、扫描后偏移量、错误输出、输出1、…	根据格式化字符串的要求,提取并转化字符串
11	搜索替换字符串	多行?(F)、忽略大小写?(F)、替换全部?(F)、输入字符串、搜索字符串、替换字符串("")、偏移量(0)、错误输入(无错误) → 结果字符串、替换数量、替换后偏移量、错误输出	查找并替换指定的字符串
12	匹配正则表达式	字符串、正则表达式、偏移量(0) → 子字符串之前、匹配子字符串、子字符串之后、匹配后偏移量	从偏移量开始,查找字符串的正则表达式,找到后,按它的位置将输入字符串分为三段

【例 3.4】 “格式化写入字符串”函数的使用。

为例 3.4 编写好的 VI 的程序框图如图 3.18(a)所示,其中调用了“格式化写入字符串”函数,将字符串“头”、数值和字符串“尾”连接在一起,生成新的字符串;并调用了“字符串长度”函数。该 VI 的前面板如图 3.18(b)所示,可见,在前面板上,是将字符串“头”设置为“SET”,将数值设为“5.5”,将字符串“尾”设为“VOLTS”。运行此 VI 可以看到,连接后的字符串为“SET 5.50 VOLTS”,且计算出了此字符串的长度为 14。

注意:“格式化写入字符串”函数图标边框上沿的中间处,是进行字符串连接的格式输入端口，双击该函数图标，可以弹出对话框，如图3.19所示，在该对话框内，可对连接字符串的格式进行设置。

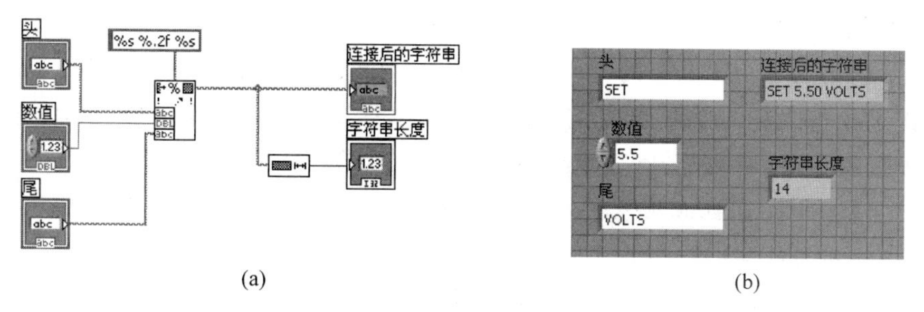

(a)　(b)

图3.18　格式化写入字符串函数应用举例VI的程序框图和前面板

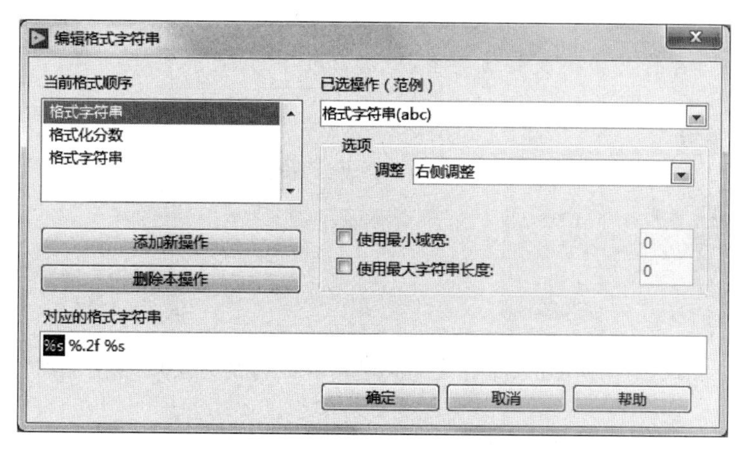

图3.19　编辑字符串格式的界面

【例3.5】　字符串的分解。

为例3.5编写的VI中，调用了“截取字符串”和“扫描字符串”函数，具体是要将输入字符串“VOLTS DC+1.345E+02”中的“DC”和数值“1.345 E+02”分解出来。该例题VI的程序框图和前面板，如图3.20所示。

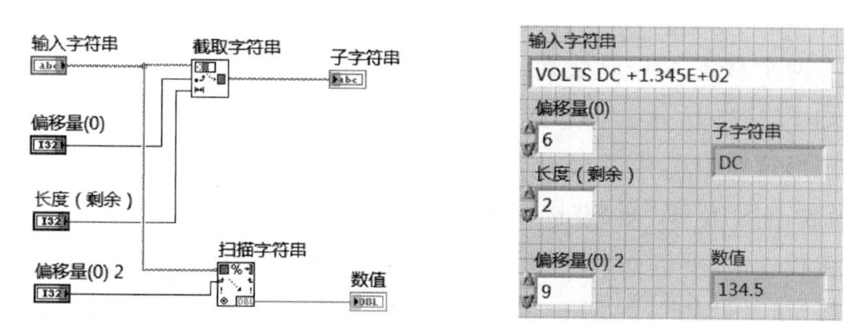

图3.20　字符串分解示例VI的程序框图和前面板

在实际应用中，例如计算机从下位机（单片机）接收到的数据都是字符串类型的，那经常要做的一项工作，就是要从一段字符串中提取出实际感兴趣的信息。例3.5就实现了类似的功能，如提取出的“DC”，就表明是直流电压；提取出的“1.345E+02”，意味着获得了当前直流电压数值的大小。例3.5的实现方法，是已知要提取的元素在整个字符串中的位置，以此为根据，将所感兴趣的元素提取出来。那么，如果不知道所感兴趣元素的具体位置，又该如何实现上述目标呢？对此，例3.6给出了另外一种实现思路。

【例3.6】 利用“匹配正则表达式”函数进行字符串的分解。

为例3.6编写的VI中，调用了“匹配正则表达式”函数，用以实现字符串的分解。该VI的前面板和程序框图，如图3.21所示，其中，[Dd]表示字符串第一个字符是大写或小写的D，[Cc]表示字符串第二个字符是大写或小写的C，如此，就将源字符串中的子字符串“DC”找到了，并将源字符串从“DC”处分解成了三段，匹配之前为VOLTS，匹配之后为字符串“+1.345E+02”，再将其转换成数值类型，即输出数字“134.5”。

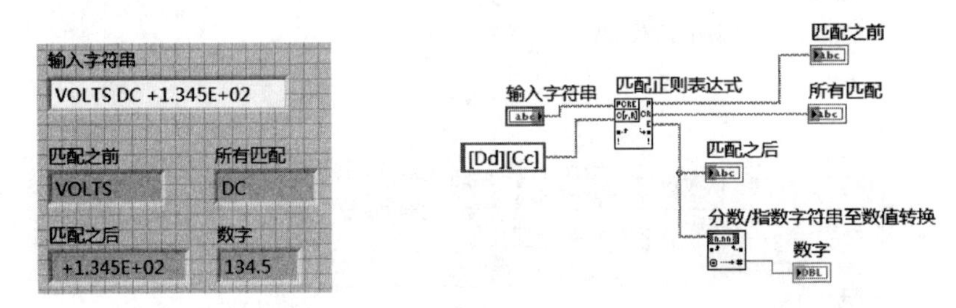

图3.21 “匹配正则表达式”函数使用示例VI的前面板和程序框图

正则表达式的功能非常强大，例3.6只给出了一个简单应用示例。有关正则表达式的语法，请参看LabVIEW的帮助文件。从例3.5和例3.6的VI实现方式的比较可以看出，为实现相同的功能，利用LabVIEW可以有多种方法，故在实际进行编程时，要根据已知条件设计自己的VI。

3.3 布尔量

布尔量只有两个状态，即，要么真，要么假。布尔控件位于“控件”选板→“新式”→“布尔”子选板上，如图3.22所示。与布尔量相对应，每个布尔控件都具有两个值，即真和假。布尔控件的表现形式有很多种，例如有指示灯、开关或按钮，等等。对布尔量实施操作的函数，简称布尔函数，它们位于“函数”选板→“编程”→“布尔”子选板上，如图3.23所示。

在使用按钮控件时，要注意其“机械动作”属性的设置。选中按钮控件，右击，在弹出的快捷菜单中选择“机械动作”，如图3.24所示。可以看到，LabVIEW中定义有按钮的6种机械动作。按钮各种机械动作所代表的含义见表3.4。

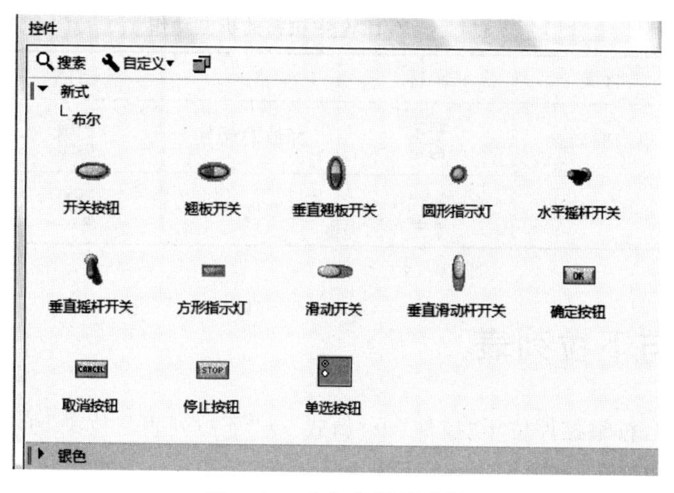

图 3.22　布尔控件子选板

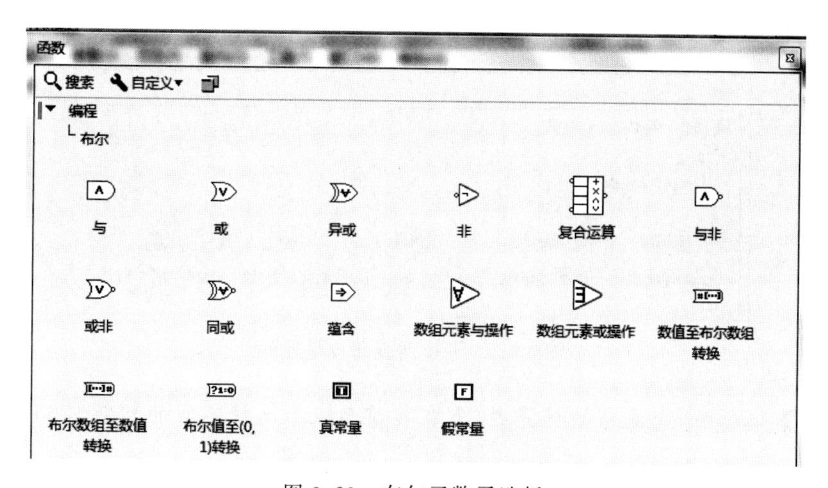

图 3.23　布尔函数子选板

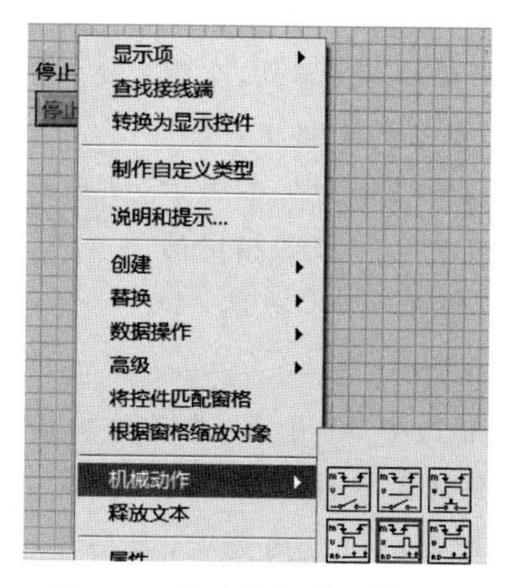

图 3.24　停止按钮的机械动作

表 3.4 LabVIEW 中按钮的机械动作

图标	含义	图标	含义	图标	含义
	单击时转换		释放时转换		保持转换直至释放
	单击时触发		释放时触发		保持触发直至释放

3.4 枚举与下拉列表

LabVIEW 中,枚举控件位于"控件"→"新式"→"下拉列表与枚举"子选板上,如图 3.25 所示。下拉列表和枚举,多用于 LabVIEW 编程中具有多个分支的情况,经常与条件结构配合使用。有关条件结构的具体使用方法将在第 4 章介绍。下面通过一个例子,介绍下拉列表和枚举控件的使用方法。

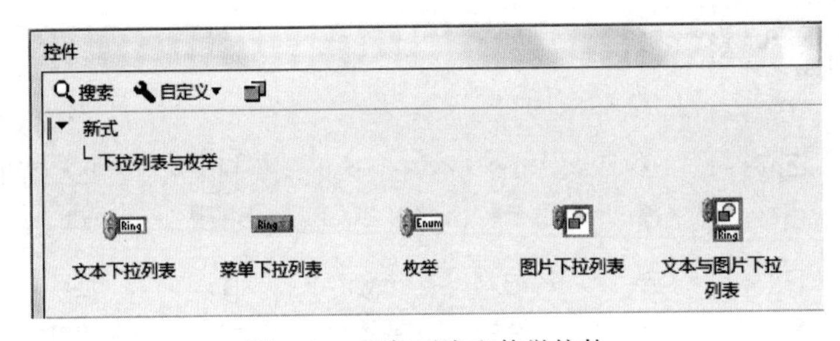

图 3.25 下拉列表和枚举控件

【例 3.7】 设计一个简易的计算器,当在其前面板上选择不同的功能时,它应给出相应的计算结果。

对此例,如图 3.26 所示,选中一个枚举控件,将其拖曳到前面板上;选中此控件,右击,在弹出的快捷菜单(如图 3.27 所示)中选择编辑项,如此,会弹出如图 3.28 所示的界面,随后,在项的表格中,可以输入项的名称,例如,在此例中输入"相加",单击右侧的插入按钮,便可以添加新的项。以上述相同的操作,再创建另外两项"相乘"和"相减"功能,如图 3.29 所示。

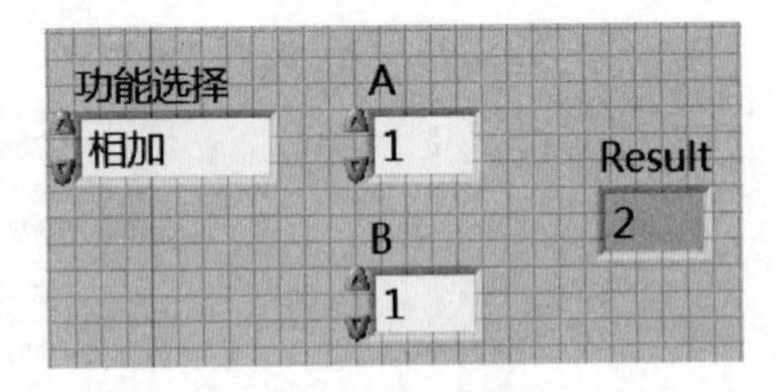

图 3.26 前面板

在为此例编写的 VI 的程序框图中,调用了一个条件结构,它位于"函数"选板→"编程"→"结构"子选板上。将"枚举"控件连至条件结构的选择器端子上,如此,条件结构会自动辨识出其中的两个分支,如图 3.30 所示。剩余的分支,需要再经手动添加上去。如图 3.31 所示,具体地,选中条件分支,右击,在弹出的快捷菜单中选择"在后面添加分支",如此,就可将后一分支设置好。而条件结构是按照这些分支在枚举控件中的值的属性依次添加的。例如，默认的分支是值 0 和 1，对应于本例而言，是“相乘”和“相减”。这样，继续添加的分支为值 2，与之对应的是“相加”。最终的三个分支如图 3.32 所示。然后，再在条件结构的各个分支中加入相应的代码，如图 3.33 所示。

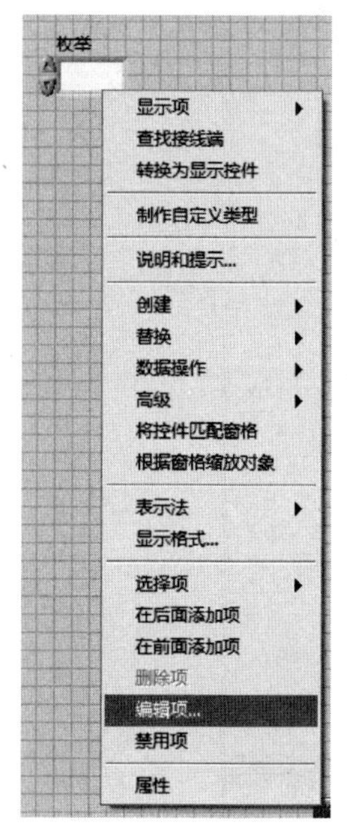

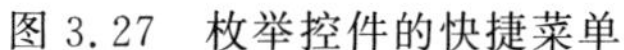
图 3.27 枚举控件的快捷菜单

图 3.28 编辑项界面

图 3.29 编辑项界面

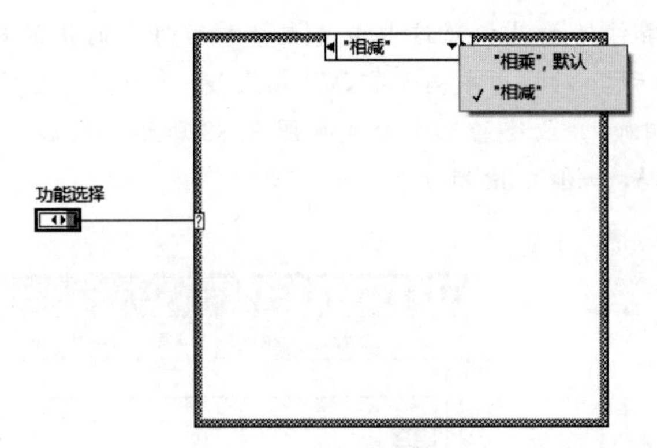

图 3.30　默认的两个分支

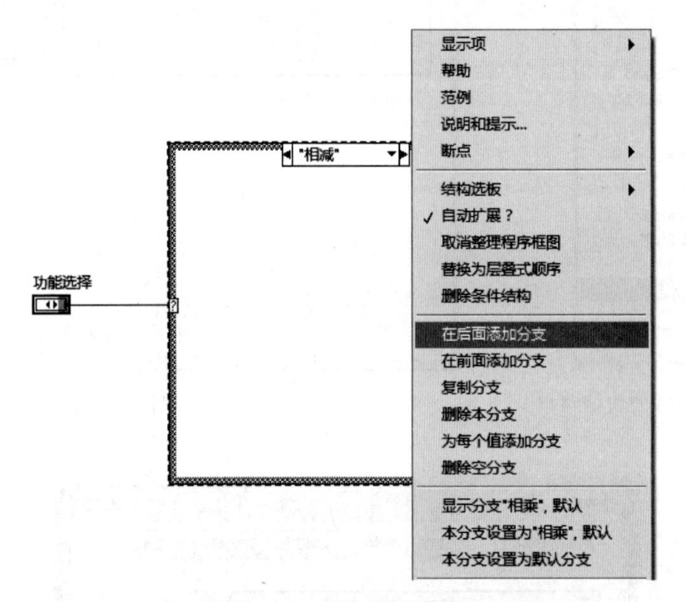

图 3.31　添加新的分支

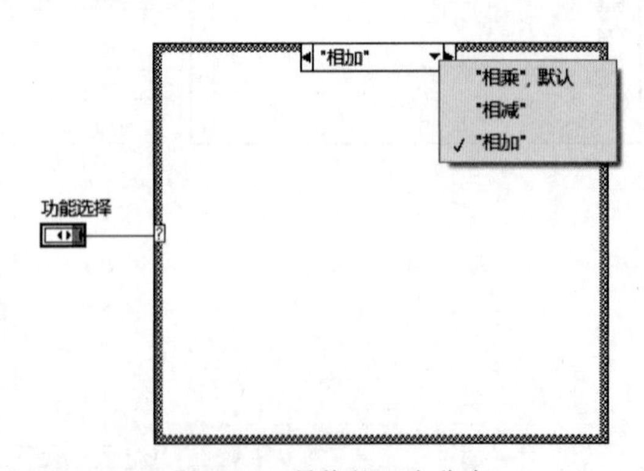

图 3.32　最终的三个分支

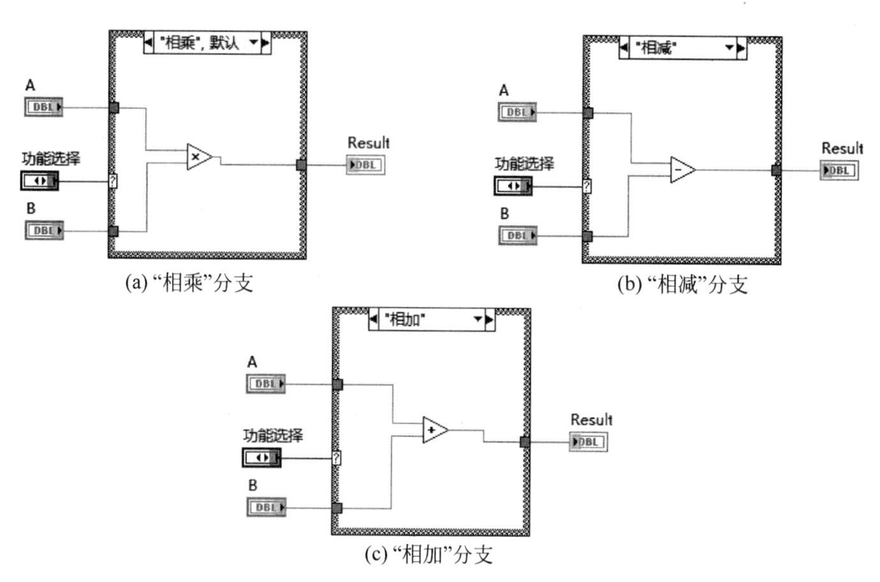

(a)“相乘”分支　(b)“相减”分支　(c)“相加”分支

图 3.33　例 3.7 简易计算器 VI 的程序框图

对例 3.7 所要求实现的功能编写 VI 时,也可改为利用“下拉列表”来实现。具体地,改写的 VI 的前面板和程序框图,如图 3.34 和图 3.35 所示。其中,利用“下拉列表”的道理与之前利用“枚举”控件是一样的,也是利用了条件结构。所以,这里只给出条件结构的一个分支的代码,而不再赘述。对“下拉列表”添加项和编辑项的操作方法,与对“枚举”控件的几乎一样,两者的区别,是当把“下拉列表”控件连至条件结构的选择器端子时,条件结构识别的不是标签,而是值,如图 3.35 所示。所以,使用“下拉列表”时,需要注意将前面板“下拉列表”的标签与条件结构中各个分支的值对应正确。

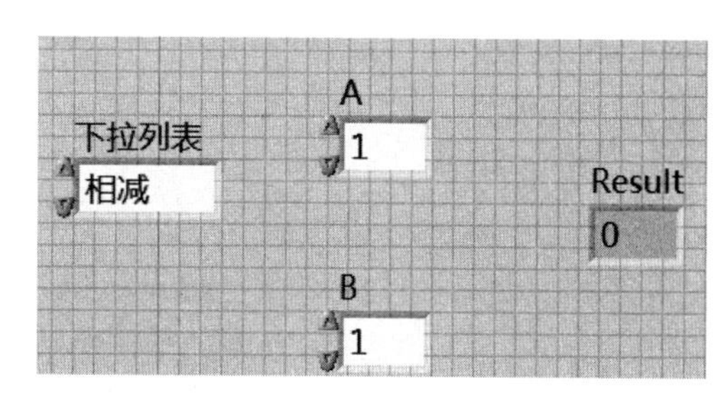

图 3.34　利用“下拉列表”实现的简易计算器 VI 的前面板

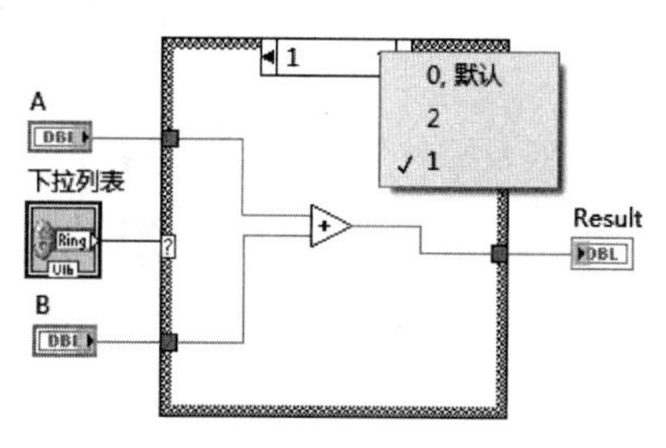

图 3.35　利用“下拉列表”实现的简易计算器 VI 的程序框图

在 LabVIEW 中，利用别的控件也可以实现上述功能，例如“滑动杆”控件、“组合框”控件等。使用“滑动杆”控件实现简易计算器的 VI 的前面板如图 3.36 所示。“滑动杆”控件位于“控件”选板→“新式”→“数值”子选板上。使用“滑动杆”控件时，需要进行以下设置，选中“滑动杆”控件，右击，在弹出的快捷菜单（如图 3.37 所示）中设置相关参数，具体包括：①选中“文本标签”；②在表示法中，将数据类型改为整型，如图 3.38 所示的 I8；③单击“属性”，在弹出的界面上输入文本标签值，如图 3.39 所示，这里的操作，与前述的“枚举”控件和“下拉列表”控件的操作相类似。

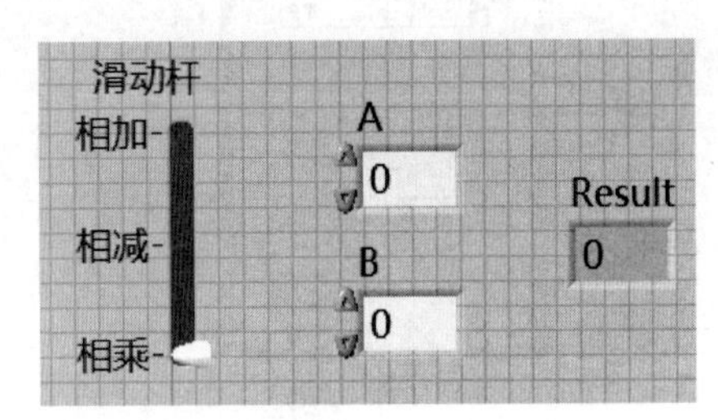

图 3.36　利用“滑动杆”实现的简易计算器 VI 的前面板

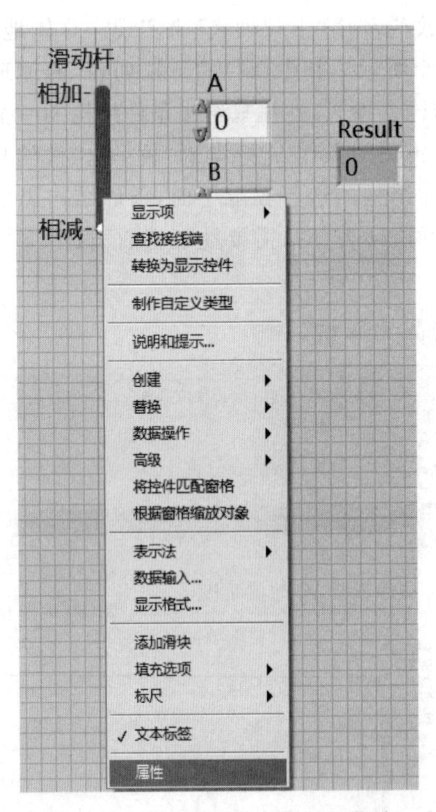

图 3.37　“滑动杆”的参数设置菜单

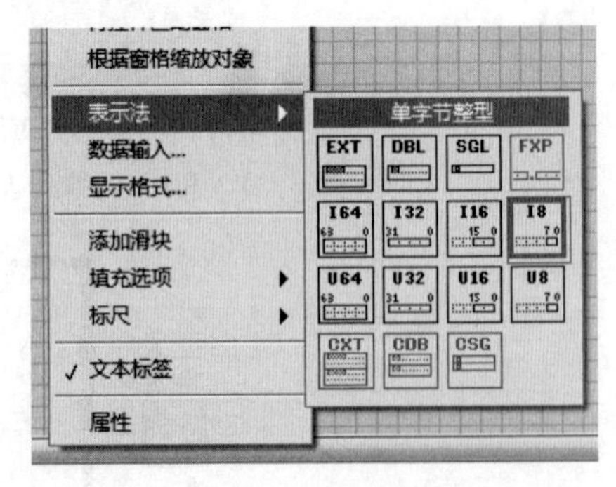

图 3.38　表示法设置

图 3.39　属性对话框

如图 3.40 所示，在利用“滑动杆”实现的简易计算器 VI 的程序框图中，当将“滑动杆”连接至条件结构的选择器标签上时，条件结构识别的也是“值”，即 0、1 和 2，所以，使用“滑动杆”控件时，也要注意条件结构中的分支要与“滑动杆”控件中的标签对应正确。

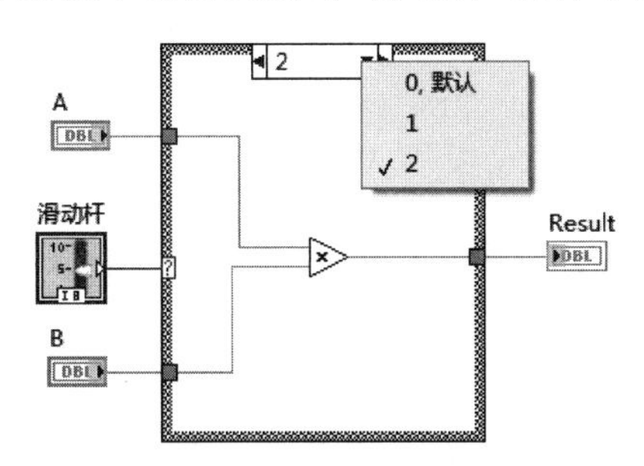

图 3.40　利用“滑动杆”控件实现的简易计算器 VI 的程序框图

在 3.2.1 节，曾学习过“组合框”控件，其数据类型属于字符串。按照图 3.16 所示的方法，编辑好“组合框”控件的“项”。对例 3.7 的命题，改用“组合框”控件实现的简易计算器 VI 的前面板和程序框图，分别如图 3.41 和图 3.42 所示。在该 VI 的程序框图中，将“组合框”控件连至条件结构的选择器端子上，随后，条件结构会自动识别两个分支(“真”和“假”)。注意，这里的“真”和“假”是带双引号的，所以是字符串类型。接下来，只需将“真”和“假”改成相应的标签，例如，“相加”和“相减”；因为存在三个分支，所以同前所述，还需要再添加新的分支。

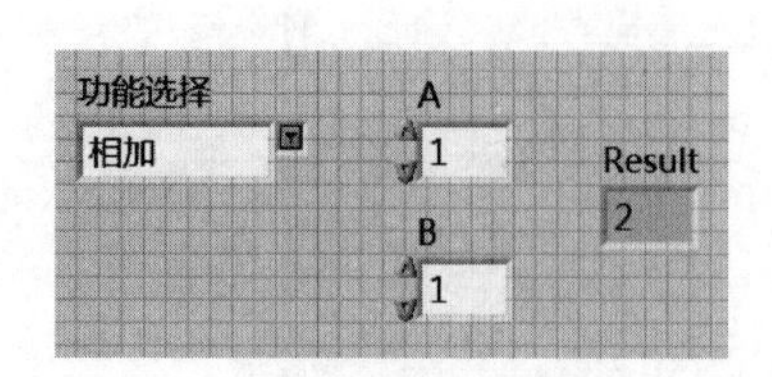

图 3.41　利用“组合框”控件实现的简易计算器 VI 的前面板

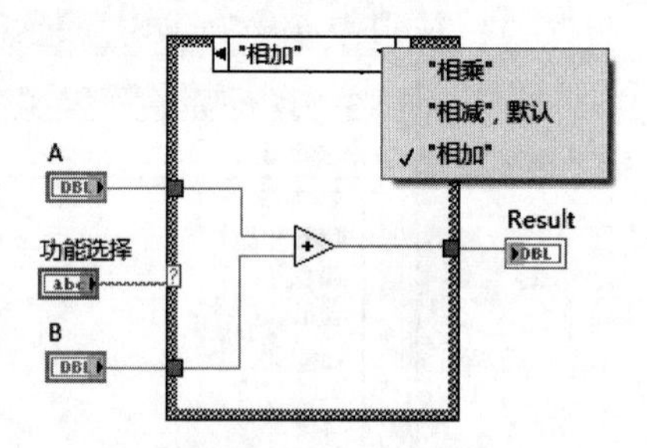

图 3.42　利用“组合框”控件实现的简易计算器 VI 的程序框图

可以看出，利用上面介绍的几种控件（“枚举”“下拉列表”“滑动杆”和“组合框”），都可以实现对多个不同状态的选择。

3.5　路径

路径这种控件，位于“控件”选板→“新式”→“字符串与路径”子选板上，如图 3.43 所示。路径常量及函数，位于“函数”选板→“编程”→“文件 I/O” →“文件常量”子选板上，如图 3.44 所示。在 LabVIEW 中，路径用绿色表示。下面通过例 3.8 介绍 LabVIEW 中的路径操作。

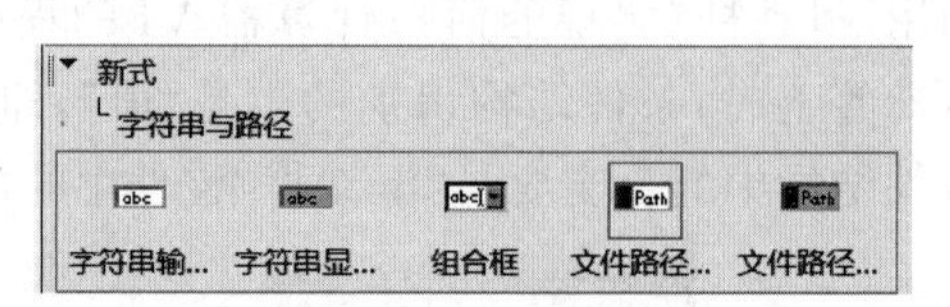

图 3.43　路径控件

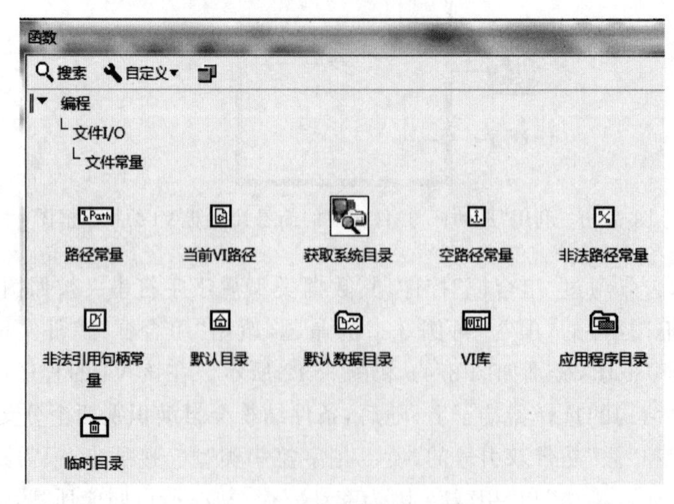

图 3.44　路径常量及函数

【例 3.8】 提取当前 VI 的路径。

这是利用 LabVIEW 编程时经常会用到的一个小功能，即如何获得当前 VI 的路径，一个编写好的实现该功能的 VI 的程序框图如图 3.45(a)所示。其中，调用了“当前 VI 的路径”函数，该函数位于“函数”选板→“编程”→“文件 I/O” →“文件常量”子选板上。从其前面板的运行结果(见图 3.45(b))，即控件“当前 VI 路径”的值可以看出，调用该函数得到的路径包含了当前 VI 的名称。而实际中，更希望得到此 VI 的位置，即要去掉 VI 名称之后，剩下前面的“D:\DSP”。这个功能，可以通过调用“拆分路径”函数实现，此函数位于“函数”选板→“编程”→“文件 I/O”子选板上。如此，如果想向此目录下写入一个新的文件，文件名称取名为“data.txt”，再调用“创建路径”函数，就可以得到新文件“data.txt”在 LabVIEW 中的路径了。

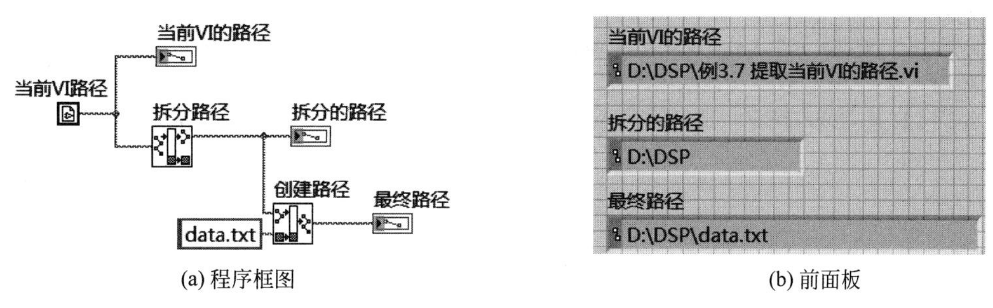

(a) 程序框图　　(b) 前面板

图 3.45　实现例 3.8 功能的 VI 的程序框图和前面板

3.6　本章小结

本章学习了 LabVIEW 中的基本数据类型，包括数值、字符串、布尔量、枚举和路径等，以及操作它们的函数。对于数值，要注意其数据类型的设置；在进行仪器控制和串口通信时，经常会用到字符串；在使用开关按钮控件时，要注意其机械动作的设置；对于多个状态的选择，可以使用枚举、下拉列表、滑动杆和组合框等控件来实现。

这些都是最基础的内容，并不难，需要理解清楚并能熟练使用。在接下来的章节中，还会频繁地使用到本章所介绍的这些基础知识。

本章习题

3.1　计算三角函数的值。在前面板上放置一个数值输入控件，分别求出其正弦和余弦值，并将结果输出显示在前面板上。

3.2　设计一个简易的计算器，在例 3.7 的基础上增加除法功能。

3.3　输入字符串“Current AC 1.2E-3 A”，提取出其中的子字符串“Current”“AC”和数值“0.0012”。

3.4　将字符串“SET”、数值“51.2”和字符串“Hz”连接在一起，生成新的字符串并计算出其长度，并且将所有结果在前面板显示出来。

3.5　实现指数函数的运算。在前面板输入数值 x，通过公式 $y=e^x$ 求出指数函数的值，并将结果输出到前面板上。

3.6　判断正负数。在前面板上输入数值 x，如果 $x>0$，指示灯变亮；反之，则指示灯为暗色。

参考文献

[1]　Johnson G W，Jennings R. LabVIEW 图形编程[M]. 武嘉澍，陆劲昆，译. 北京：北京大学出版社，2002.

[2]　侯国屏，王珅，叶齐鑫. LabVIEW 7.1 编程与虚拟仪器设计[M]. 北京：清华大学出版社，2006.

[3]　黄松岭，吴静. 虚拟仪器设计基础教程[M]. 北京：清华大学出版社，2008.

[4]　Bishop R H. LabVIEW 8 实用教程[M]. 乔瑞萍，林欣，译. 北京：电子工业出版社，2008.

第4章 程序结构

LabVIEW作为一种图形化的计算机编程语言，除具有顺序结构、条件结构和循环结构这三种基本的程序结构之外，还提供有用于事件处理的事件结构；而且，还有局部变量、全局变量、单进程共享变量、属性节点和调用节点等功能，为增加程序编写的灵活性提供了保障[1-4]。

利用上面提到的这些程序结构，可以在LabVIEW图形化编程环境下，解决很多在编程上可能涉及的复杂问题。但有时，仅仅依靠图形化的语言去实现一段算法，可能显得过于烦琐。针对于此，LabVIEW中还提供有与文本语言衔接的接口，分别是公式节点、表达式节点、MathScript节点和MATLAB脚本节点等。这些功能性的节点，广义上讲，也是LabVIEW提供的程序结构，所以，通常也归到程序结构这一章来阐述。

上述提到的这些程序结构，在LabVIEW中，都位于"函数"选板→"编程"→"结构"子选板上。本教材将从最简单的一种程序结构——顺序结构开始讲述。

4.1 顺序结构

对于文本式的编程语言，程序执行的默认规则，是按照代码的排列顺序依次执行，所以，程序默认的状态就是顺序结构[5]。下面通过例4.1来理解文本式编程语言的顺序结构与LabVIEW中相应编程的差异。

【例4.1】 求两个数的和与差。已知两个数 a 和 b，则两者之和是 $x=a+b$，两者之差是 $y=a-b$。要求通过计算机编程实现和与差的计算。具体地，a 和 b 由键盘输入，输出它们的和与差的值，即 $x=a+b$，$y=a-b$。

对例4.1，利用C语言实现的代码如图4.1所示。计算机会按照程序语句的排列顺序一行一行地执行下去，这就是文本式语言的顺序结构。

而对例4.1，若利用LabVIEW来实现，其代码如图4.2所示。从图4.1与图4.2的对比可以看出，图形化编程语言LabVIEW与文本式语言(例如，C语言)不同的地方有：①基于LabVIEW进行的编程，不需要定义变量；②基于LabVIEW编程的参数输入是在前面板上实施的；③LabVIEW具有天生的并行特点，例如，x 和 y 是并行计算出来的。而在图4.1所示的基于C语言完成的编程代码中，x 是先于 y 进行计算的。

```
#include<math.h>
main()
{
    float a,b,x,y;
    scanf("a=%f,b=%f",&a,&b);
    x=a+b;
    y=a-b;
    printf("\n\nx=%f\ny=%f\n",x,y);
}
```

图 4.1 例 4.1 的 C 语言实现

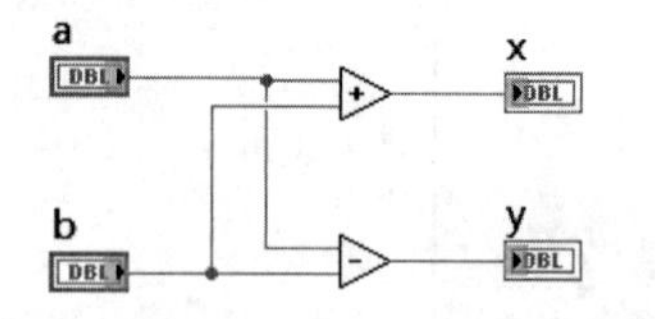

图 4.2 例 4.1 的 LabVIEW 实现

在第 2 章,已经学习了 LabVIEW 作为一种图形化编程语言,其程序语句执行的规则是数据流机制。正是由于采用了数据流机制,利用 LabVIEW 编写的 VI 天生就具有并行的特点。这里通过例 4.1,再次加深了对“天生并行”的理解。而在 LabVIEW 中,如果要严格地控制程序运行的先后顺序,又该如何实现呢?一种解决思路,就是利用 LabVIEW 中的顺序结构来实现。

在 LabVIEW 中,顺序结构有平铺式和层叠式两种形式。平铺式顺序结构如图 4.3 所示。具体地,在 LabVIEW 编程环境下,经“函数”选板→“编程”→“结构”子选板途径,找到结构子选板,选中其中的平铺式顺序结构图标,将其拖曳到程序框图面板上,即建立了一个平铺式顺序结构。在平铺顺序结构的边框上,右击,弹出快捷菜单,如图 4.3(a)所示,选择“在后面添加帧”,新增加帧后的顺序结构如图 4.3(b)所示。下面通过例 4.2,学习顺序结构的使用。

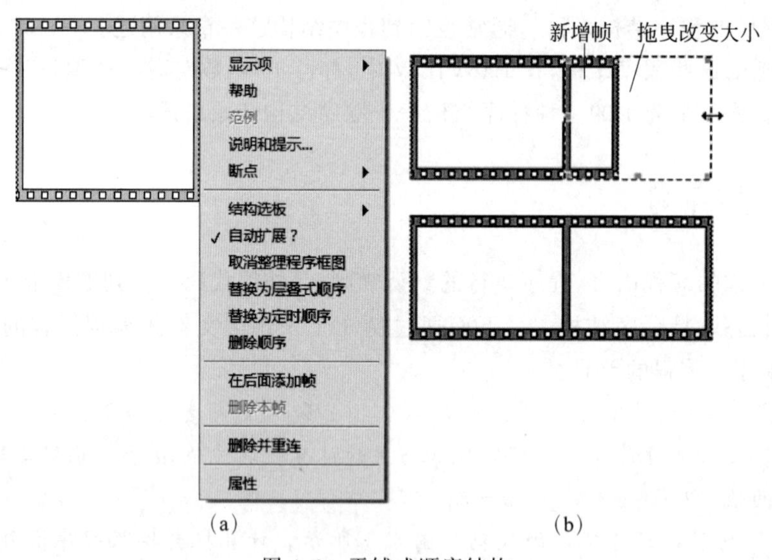

(a) (b)

图 4.3 平铺式顺序结构

【例 4.2】 计算一段程序的运行时间。

计算某程序运行时间的 VI,是一个要严格控制程序执行顺序的典型案例,可以利用顺序结构来实现,该 VI 的程序框图如图 4.4 所示,它共有 3 帧。在第 0 帧中,调用了“时间计数器”函数,输出当前时间;在第 1 帧中,可以调用要测试的 VI,在本例中,调用了一个“时间延迟”函数来代替;在第 2 帧中,又调用了“时间计数器”函数,以输出当前时间,如此,由第 2 帧输出的时间减去第 0 帧输出的时间,就可得到第 1 帧中 VI 的运行时间。

图 4.4 平铺式顺序结构各帧之间数据的传递

如图 4.4 所示,平铺式顺序结构各帧之间的数据可以通过连线直接穿过帧壁进行传递。平铺式的顺序结构非常直观,就像是电影胶片,程序执行完第 0 帧里的代码,然后逐个执行第 1 帧、第 2 帧里的代码,从而严格控制了 VI 代码执行的先后。

利用平铺式的顺序结构,会让程序功能一目了然。但是,当顺序结构的帧数过多时,用平铺式,会使其在程序框图面板上占用的尺寸过大。针对于此,可以通过调用快捷菜单(如图 4.3(a)所示)中的"替换为层叠式顺序"功能,将平铺式的顺序结构转换成层叠式的,以使得 VI 的程序框图看起来更为紧凑。

将图 4.4 所示程序框图上的平铺式顺序结构转换成层叠式顺序结构,效果如图 4.5 所示。层叠式顺序结构在可视面积上只占用顺序结构一帧的大小,可通过单击层叠式顺序结构中上方的选择器按钮,来查看其不同帧的程序代码。为便于理解,图 4.5 中,是将层叠式顺序结构的各个帧分别复制出来,然后显示在同一平面上。

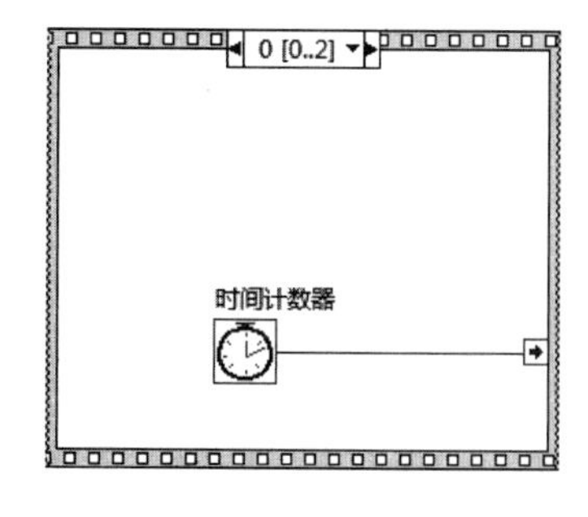

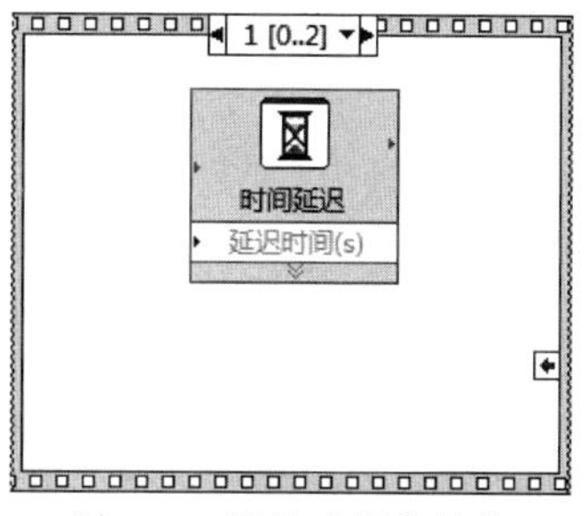

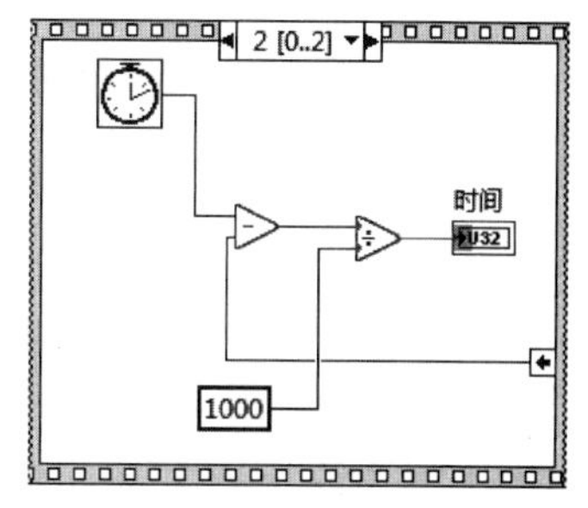

图 4.5 层叠式顺序结构

4.2 条件结构

条件结构,也称分支结构或选择结构。在 C 语言中,选择结构有两种语句可以实现,分别是 if 语句和 switch 语句[5]。if 语句只有两个分支可以选择,而 switch 语句则是多分支选择语句。当然,利用 if 语句的嵌套,也可以实现多分支结构,但相比 switch 语句会显得烦

项。LabVIEW 中条件结构的功能与 C 语言中 if、switch 语句的功能相类似。

在 LabVIEW 中，如何创建一个条件结构呢？具体方法是：在“函数”选板→“编程”→“结构”子选板上，选中条件结构图标，将其拖曳到程序框图面板上，创建好的一个条件结构如图 4.6 所示。对条件结构的具体使用，可通过“条件选择器”和“选择器标签”来确定。其中，提供给“条件选择器”的数据，可以是布尔量、整数、字符串、枚举类型或错误簇；而“选择器标签”则用于决定下方显示哪个条件分支下的框图，具体地，可以通过“选择器标签”上的按钮来确定当前显示哪个分支。

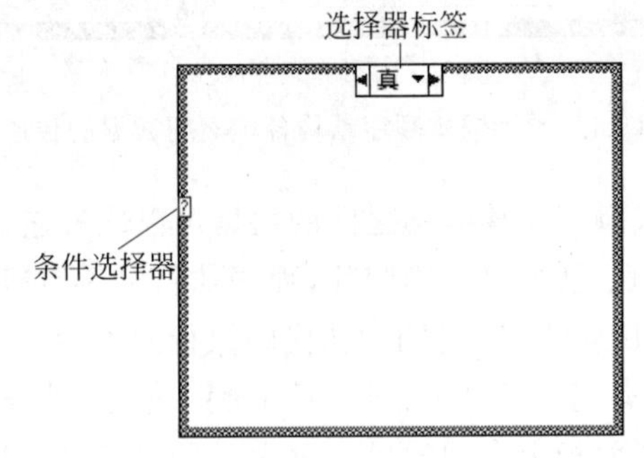

图 4.6　条件选择器接入布尔量时的条件结构

4.2.1　条件选择器为布尔型

当条件选择器接入的数据是布尔量时，条件结构的功能相当于 C 语言中的 if 语句，即只有两个分支(真或假)，这也是条件结构的默认情况。图 4.6 显示的是当条件选择器接入布尔量时的情况，且显示的是真分支下的框图。

4.2.2　条件选择器为非布尔型

当条件选择器接入的数据是非布尔量(整型数值、字符串或枚举型)时，条件结构的功能就相当于 C 语言中的 switch 语句，即可以有多个分支。

图 4.7 所示的条件结构，其条件选择器接入的是整型数值，且共有 4 个分支，第一个分支是小于或等于－1 的数；第二个分支是等于 1、3 和 4；第三个分支是等于 6 以及默认的情况；第四个分支是大于或等于 7 的数。

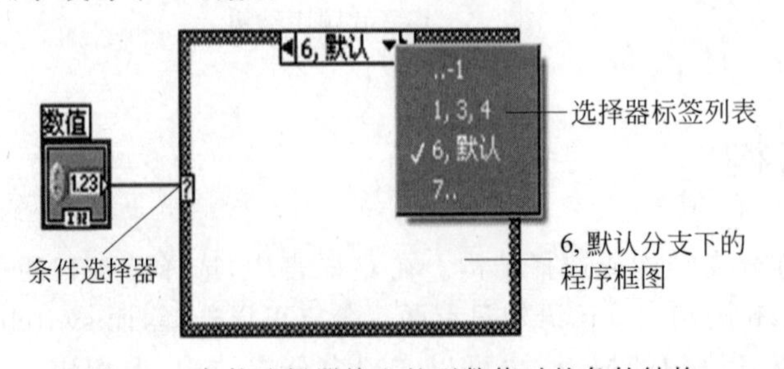

图 4.7　条件选择器接入整型数值时的条件结构

当条件选择器接入的数据是非布尔量，使用条件结构时需要注意：要么在条件选择器标签中列出所有可能的情况；要么必须给出一种默认(缺省)的情况。如图 4.7 所示，就存在一个默认分支，这是因为 4 个分支并未将所有可能的整数都覆盖。

那么，如何为条件结构添加新的分支呢？具体操作如下：将鼠标放在条件结构边框上，右击，弹出快捷菜单，选择“在后面添加分支”或“在前面添加分支”，即可添加新的分支。

常见问题 10：设置条件结构中条件选择器接入数据的注意事项。

条件选择器默认接入的数据是布尔型的，如图 4.6 所示，所以，上端的选择器标签就默认的是真或假。当在条件选择器接入一个整型数值数据时，选择器标签会自动变成数值型，此条件下，可以根据实际需求设置不同的分支。初学者容易犯的一个错误，是在还没有为条件选择器接入具体类型的数据时，就想去修改选择器标签的数据类型，如此操作，就会导致 LabVIEW 报错。

4.2.3　输入和输出隧道

在 LabVIEW 中，条件结构内外之间的数据交换是通过隧道完成的。向条件结构内引入连线，或从其内部向外引出连线，均会在其边框上生成隧道；其中，左边边框上的是输入隧道，右边边框上的是输出隧道。输入隧道在每个分支中都可以使用；而输出隧道必须从每个分支都得到明确的输入值，否则 VI 无法运行。图 4.8 中，输出隧道呈空心状态，这表明，这个条件结构中有的分支还没有为输出隧道赋值，此条件下，LabVIEW 就会报错，具体表现为运行按钮将呈断裂状态。而若如图 4.9 所示，输出隧道呈实心状态，则表明所有的分支都已为输出隧道赋了值。

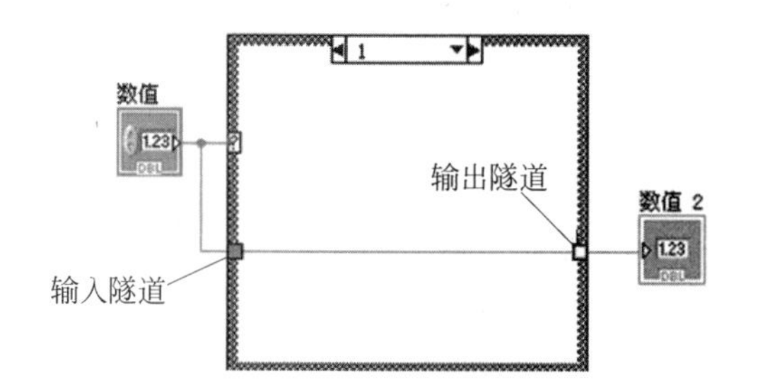

图 4.8　有的分支没有为输出隧道赋值

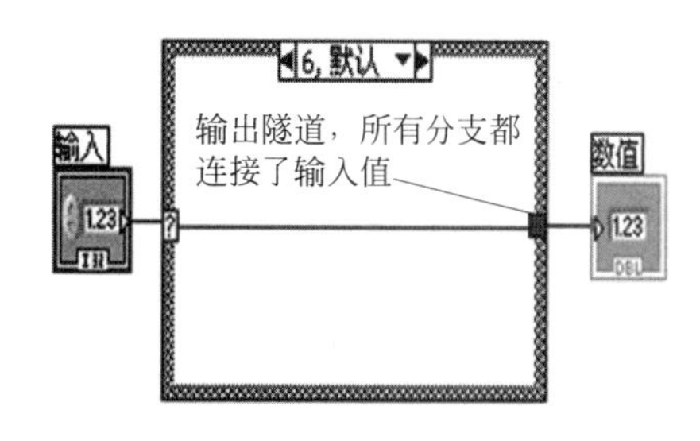

图 4.9　所有分支都已为输出隧道赋值

有人会提出疑问，LabVIEW 中的条件结构，要求所有分支必须为输出隧道赋值，但在实际中会遇到有的分支不需做任何处理的情况。也就是说，利用 LabVIEW 如何实现无 else 的 if 语句呢？这个问题先留给学习者自己思考，在后面的章节中，会做必要的解答。

下面通过两个例子，学习如何使用条件结构。

【例 4.3】 编写一个比较两个数大小的 VI。即：要求输入两个数 a 和 b，判断其大小，并将其中大的那个数输出给变量 max。

利用 LabVIEW 的条件结构实现的例 4.3 的 VI 程序框图，如图 4.10 和图 4.11 所示，其中，条件选择器连入的是布尔量，有真、假两个状态，相当于 C 语言中带 else 的 if 语句；而且两个分支(真和假)都为输出隧道赋了值。

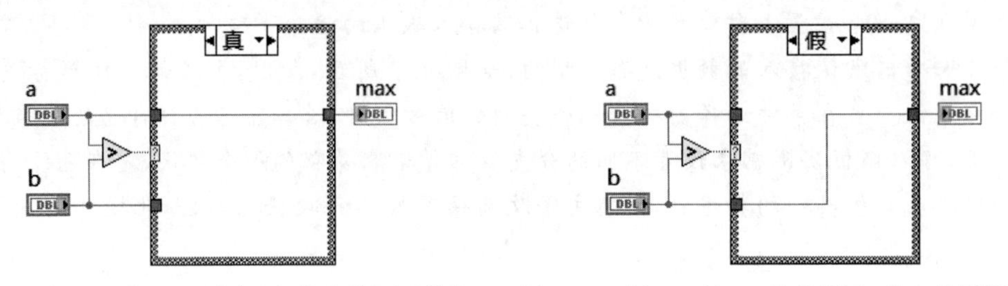

图 4.10 例 4.3 的 VI 程序框图(其中的“真”分支) 图 4.11 例 4.3 的 VI 程序框图(其中的“假”分支)

【例 4.4】 编写一个比较两个整数大小的 VI。即：要求输入 x 和 y，判断其大小。具体地，如果 $x>y$，弹出对话框，显示 $x>y$；如果 $x=y$，弹出对话框，显示 $x=y$；如果 $x<y$，则弹出对话框，显示 $x<y$。

与例 4.3 相类似，例 4.4 也是要实现比较两个数的大小，所不同的在于，例 4.4 需要三个分支，而例 4.3 只需要两个分支。对于例 4.4，可以通过将一个数值型数据(x 与 y 的差)赋给条件选择器来实现，如此就可实现多分支结构，相当于 C 语言中的 switch 语句。实现的代码如图 4.12 所示，其中共有三个分支。具体地，令 x 与 y 相减，将其计算结果赋给条件选择器。当 $x-y$ 大于 0 时，显示 $x>y$；当 $x-y$ 等于 0 时，显示 $x=y$；而当 $x-y$ 小于 0 时，则显示 $x<y$。在这个 VI 的具体编写上，用到了“单按钮对话框”函数，找到它的路径是“函数”选板→“编程”→“对话框与用户界面”子选板。

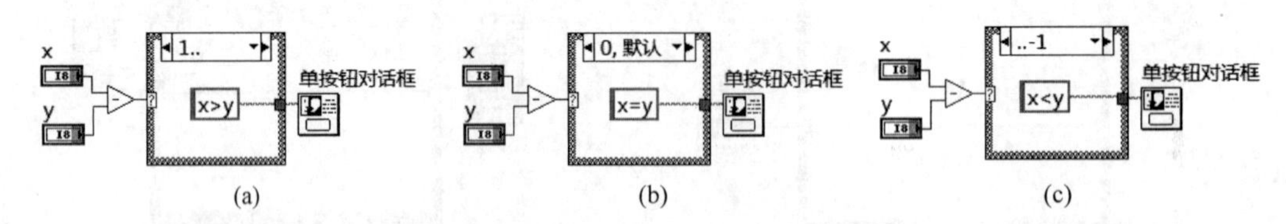

图 4.12 例 4.4 的 LabVIEW 实现代码

当然，如果给条件结构的条件选择器接入布尔型的数据，也可以完成例 4.4，只是还要利用到条件结构的嵌套，相应 VI 的具体实现较为烦琐，尤其是在 LabVIEW 这种图形化编程环境下，所编写出的 VI 的结构会显得不够清晰。所以，对存在多个分支问题的 VI，建议采用为条件结构的条件选择器接入非布尔型数据的方式来编写。

4.2.4 选择函数

另外，若仅需要做简单的条件判断，也可利用 LabVIEW 中提供的“选择”函数来实现。在 LabVIEW 的编程环境下，“选择”函数位于“函数”选板→“编程”→“比较”子选板上。对例 4.3，利用“选择”函数实现的 VI 代码，如图 4.13 所示。

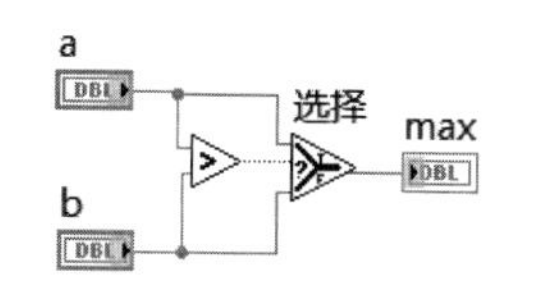

图 4.13 利用“选择”函数完成例 4.3 任务

4.3 循环结构

在实际中，常遇到有些过程是重复进行的。例如，要连续采集一个物理量；对若干个数求和，等等。对具有这类特征的问题，可以利用循环结构来实现其 VI 的编写。

几乎所有实用的程序中都使用到了循环结构。LabVIEW 提供有两种循环结构，分别是 While 循环和 For 循环。为了使用这两种循环结构，必须了解循环结构内外的数据是如何进行交换的，以及循环结构的自动索引、移位寄存器和反馈节点等功能的使用方法。

4.3.1 While 循环

在 LabVIEW 中如何创建一个 While 循环呢？方法很简单。如图 4.14 所示，在 LabVIEW 编程环境下，首先，在“函数”选板→“编程”→“结构”子选板上，选中 While 循环，将它拖曳到程序框图面板上，并按下鼠标左键且拖曳虚线框至合适的大小，如此，就创建了一个 While 循环。

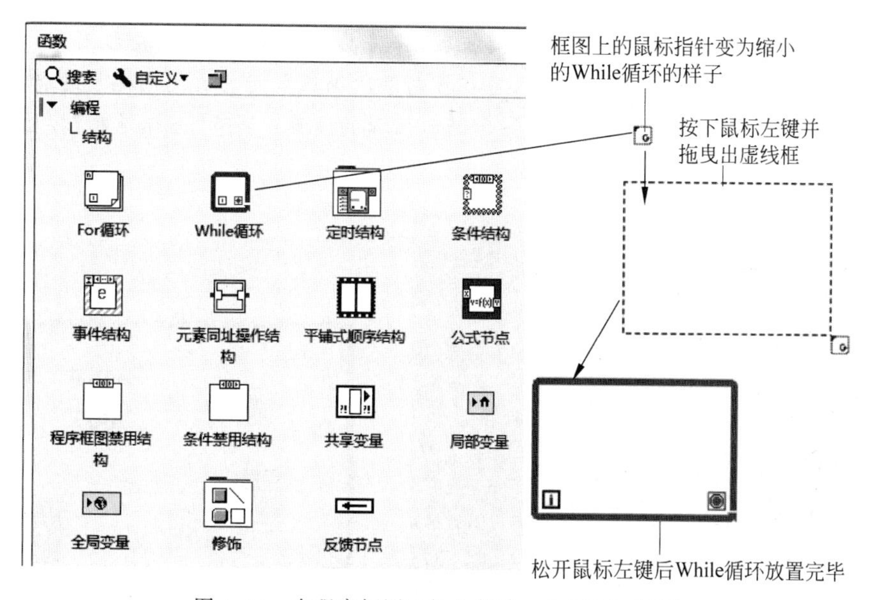

图 4.14 在程序框图面板上创建一个 While 循环

创建好的 While 循环如图 4.15 所示。其中，灰色边框里的空白区域用于放置循环体内的程序代码；灰线框内左下角的 i 是计数接线端，可输出已经执行循环的次数；灰线框内右下角的是条件接线端，用于控制是否要退出循环。可见，While 循环的循环次数是不确定的，具体要由右下角的条件接线端的当前控制条件来判定。While 循环的条件接线端有两种状态：一种是为“真(T)时停止”，如图 4.15(a)所示；另一种是为“真(T)时继续”，如图 4.15(b)所示。选中条件接线端，右击鼠标，在弹出的快捷菜单中可实现这两种不同定义的转换。

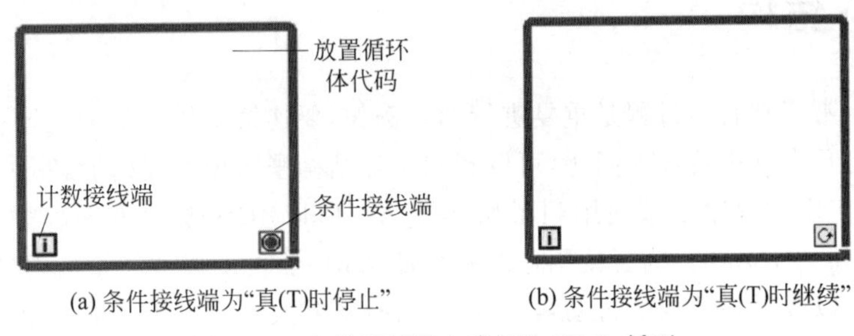

图 4.15 在程序框图上建好的 While 循环

在 LabVIEW 中，While 循环会先执行一遍循环体内的代码，然后由条件接线端判断是否要继续下一次循环。所以，LabVIEW 中 While 循环的功能，就相当于 C 语言中的 Do While 循环。

【例 4.5】 构建一个可显示随机信号波形的 VI，其显示随机信号的速度可调节。

一个编写好的例 4.5 VI 的前面板如图 4.16 所示，其程序框图如图 4.17 所示。此例中，每执行一次 While 循环，会产生一个随机数，并将其送入显示控件“波形图表”中显示出来。在 While 循环内，有一个定时函数，旨在控制两次循环之间的时间间隔。运行此 VI，在前面板的波形图表控件上，可以显示出一段随机信号的波形；调节“循环延时”按钮，可以看到随机信号波形的显示速度会相应改变。

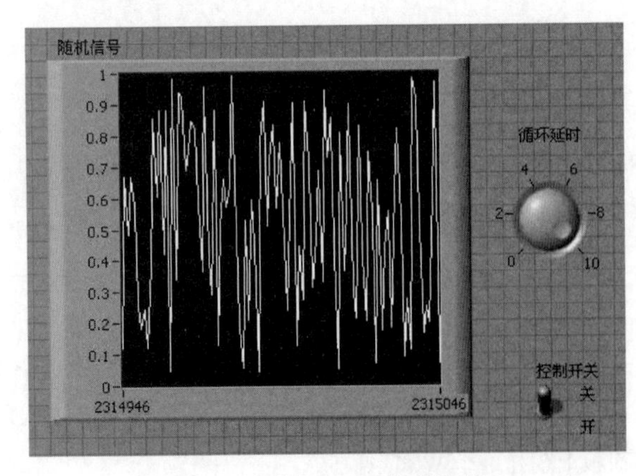

图 4.16 例 4.5 VI 的前面板

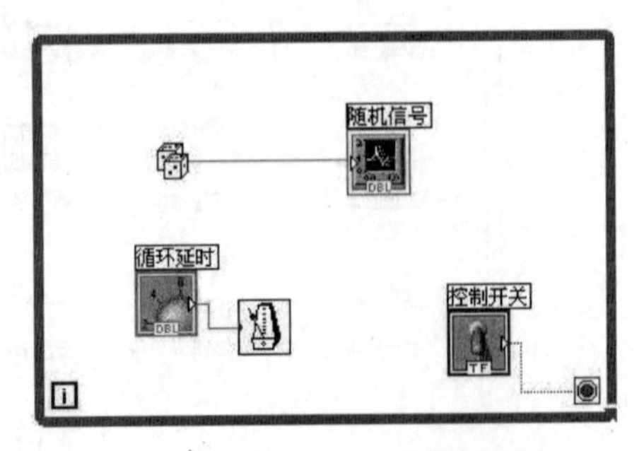

图 4.17 例 4.5 VI 的程序框图

此 VI 中，前面板上，为显示随机信号波形，使用了一个波形图表控件，找到它的路径是“控件”选板→“新式”→“图形”子选板；而为了控制循环的定时，调用了一个旋钮控件，找到它的路径则是“控件”选板→“新式”→“数值”子选板；再有，控制开关选用了一个开关控件，找到它的路径是“控件”选板→“新式”→“布尔”子选板。在程序框图中，调用了一个“随机数”函数，找到它的路径是“函数”选板→“编程”→“数值”子选板；而且，还调用了一个“等待下一个整数倍毫秒”函数，找到它的路径是“函数”选板→“编程”→“定时”子选板。

在 LabVIEW 中，对 While 循环的条件接线端，一种常用的接法是接上布尔量控制开关。在例 4.5 所示的 VI 中，开关的初始状态是 False，如此，单击 LabVIEW 的运行按钮，该 VI 一直会执行 While 循环内的代码；再单击 While 循环的条件接线端连接的控制开关，当其状态变为 True 时，While 循环才会退出，如此，该 VI 也就停止了。例 4.5 很有实际意义，学习者今后自己制作虚拟仪器进行编程时，经常会用到这样的结构。此种程序结构被总结成一种设计模式。

4.3.2 For 循环

C 语言中的 for 语句使用最灵活，不仅可用于循环次数已确定的情况，而且也可用于循环次数不确定而只给出循环结束条件的情况[5]。LabVIEW 中的 For 循环结构也具有这样的特点。

For 循环的创建方法与 While 循环的类似，即在 LabVIEW 环境下，在函数选板上选中 For 循环，将其拖曳到程序框图面板上，按住鼠标左键、拖曳出合适的尺寸大小，然后放开鼠标，就创建了一个 For 循环。创建好的 For 循环如图 4.18 所示。其中，灰色边框内的空白区域，也称 For 循环内，用于放置循环体代码；灰色边框内左上角的 N 为循环总数接线端；灰色边框内左下角的 i 是计数接线端，由它可输出已执行循环的次数。

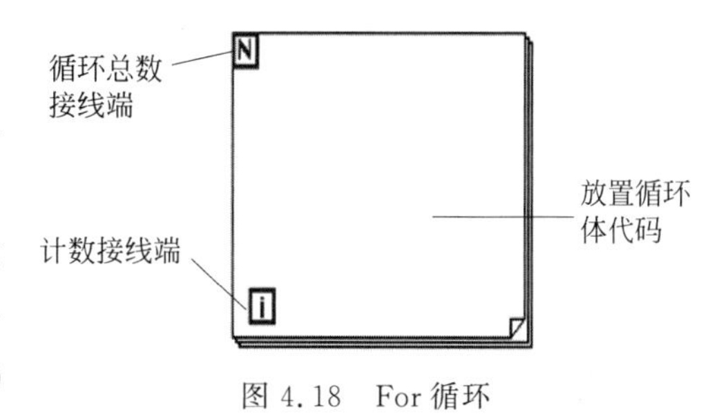

图 4.18 For 循环

图 4.18 所示的是 LabVIEW 中 For 循环的默认状态。在这种模式下，For 循环的执行机理是先判断、后执行，亦即先判断 i 是否在 0 到 N－1 区间，如果是，再执行循环。通常，For 循环的执行次数由左上角的循环总数接线端 N 的具体数值确定。

选中 For 循环，右击，如图 4.19(a)所示，选中“条件接线端”，具有条件接线端的 For 循环如图 4.19(b)所示。此条件下，For 循环的循环次数便改由其灰色边框内右下角的条件接线端与左上角的循环总数接线端共同决定，取两者中的最小值。下面通过例 4.6 练习对它的使用。

【例 4.6】 带条件接线端的 For 循环。

此例 VI 的程序框图如图 4.20 所示。其中，循环总数接线端接入数值 100，VI 要对计数接线端 i 中的数值进行判断，当其大于 10 时，就退出循环。如此，运行该 VI，当 i=11 时，循环退出。此实例表明，带条件接线端的For循环的循环次数，是由条件接线端的判断结果和循环总数接线端共同决定的。学习者可以将此VI中循环总数接线端的赋值改为10，而将循环体内的大于运算的那个确定的常量输入值由10改为100，再运行该VI，并观察其运行的结果。

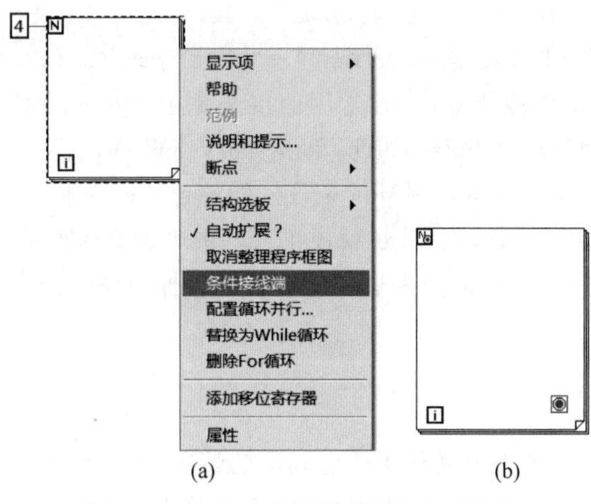

图4.19 添加有条件接线端的For循环

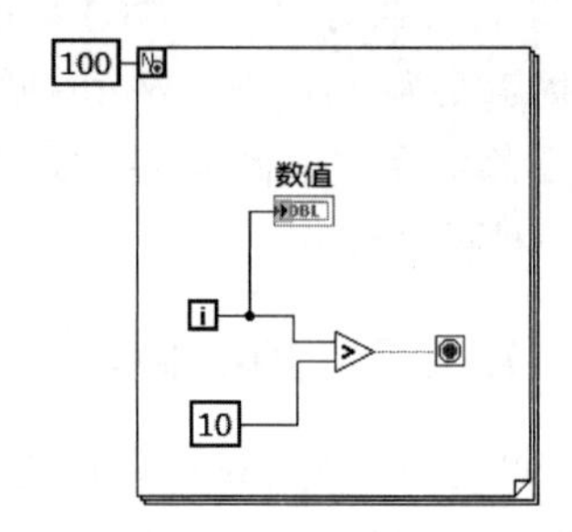

图4.20 例4.6VI的程序框图

4.3.3 循环结构内外的数据交换

按实际需求，利用LabVIEW编写VI时经常会使用循环结构。VI中循环结构的数据是通过隧道进出循环的。按LabVIEW的规则，循环外的数据会在循环运行开始前进入循环；而循环结构内的数据，则是在循环运行结束后才输出到循环结构外。即循环结构内外进行数据交换依据的准则是：执行循环之前，读入一次数据；循环结束后，输出一次数据。下面通过例4.7对上述准则进行解释。

【例4.7】 循环结构内外数据交换举例。

例4.7 VI的程序框图如图4.21所示，运行此VI，可体会循环结构内外的数据是如何进行交换的。

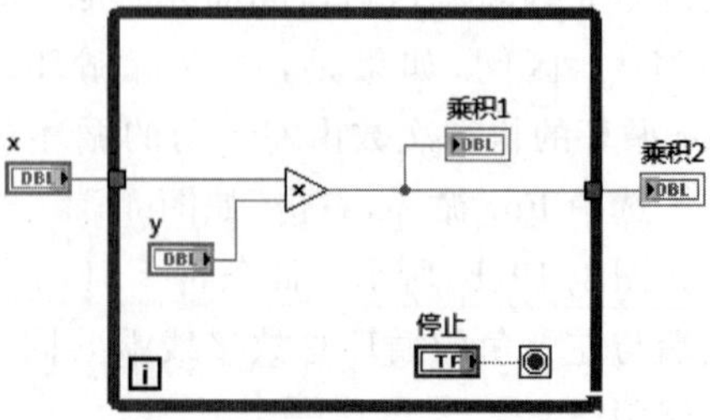

在LabVIEW环境下，首先在前面板上对控件“x”和控件“y”进行赋值，例如，给它们都输入数值1，然后运行此VI，在前面板上观察“乘积1”和“乘积2”的值。

在前面板上改变控件“x”的值，会发现“乘积1”的值并未改变。这是因为控件“x”在循环外，该VI运行时，只会在刚开始读取一次控件“x”的值；而进入循环内后，就不会再去读取控件“x”中的值了。所以，控件“x”值的改变，对后面的乘

图4.21 例4.7的VI的程序框图

法计算结果不会产生任何影响。但改变控件“y”的值后会发现,“乘积 1”的值也会跟着改变,而“乘积 2”的值并未改变。这是因为,控件“y”位于循环体内,每次执行循环,都会读取控件“y”中的值,而“乘积 1”也位于循环内,所以“乘积 1”的值会随着控件“y”值的改变而变化;但由于“乘积 2”位于循环体外,只有在前面板按下 VI 的停止按钮,VI 才会将循环边框上隧道输出的值赋给“乘积 2”控件。

有读者可能还会提出以下问题:如果想在循环内也能及时更新循环外控件的值,那该如何实现呢?学习者可以自己先进行思考,本教材会在 4.5 和 4.6 节中做出解答。

4.3.4 自动索引

在 LabVIEW 中,当把一个数组接到循环结构上时,循环结构可以对该数组进行自动索引。例如,当把一个数组接到 For 循环时,自动索引被默认打开。隧道小方格呈空即“[ ]”状态。而当将一个数组接到 While 循环时,其自动索引被默认关闭,隧道小方格呈实心状态。自动索引的状态(打开或关闭),可以根据实际需求加以设置,具体实现方法是:将鼠标点在隧道边框上,单击右键,弹出快捷菜单,便可改变自动索引状态,重新设置自动索引的关闭或开启。

按照上述规则,当 For 循环(无条件接线端)接上数组时,其循环次数由数组元素的个数和自身的循环总数接线端的值共同确定,实际执行的循环次数取两者的最小值。而当 While 循环接上数组时,其循环的执行次数,仍然由其自身的条件端子决定。下面通过例 4.8 和例 4.9,加深对循环的自动索引相关规则的理解。

【例 4.8】 自动索引例 1。

为例 4.8 编写的 VI 程序框图和前面板如图 4.22 所示。在例 4.8 的 VI 中,循环总数接线端接入 4,输入 For 循环的一维数组有 3 个元素,分别是(1,2,3),且该数组接到 For 循环的自动索引是打开的,如此,运行此 VI 后,For 循环会执行 3 次。而由于 For 循环输出侧的自动索引是关闭的,如此,该 VI 只会将最后一次循环的值输出,即运行此 VI,最终输出的是数组里的最后一个元素的值 3。

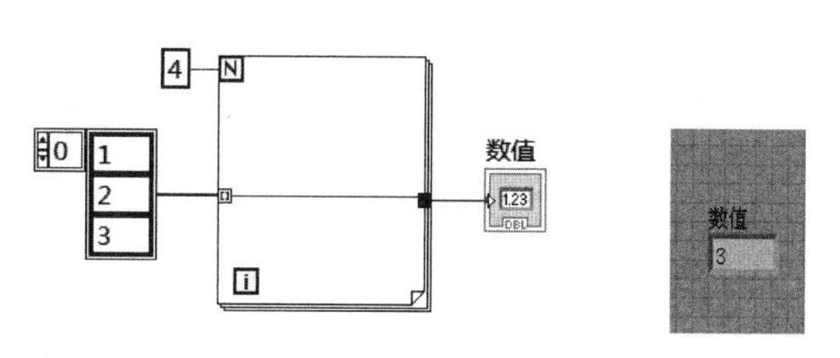

图 4.22 例 4.8 VI 的程序框图和前面板

基于例 4.8 的 VI,再介绍一下自动索引功能的打开与关闭是如何设置的。选中例 4.8 VI 中的 For 循环左边框上的隧道,右击,弹出快捷菜单,如图 4.23 所示,然后,就可以进行左边框隧道即输入隧道的自动索引状态的选择了。之后,选中 For 循环右边框上的隧道,右击,弹出快捷菜单,如图 4.24 所示,选择隧道模式,如果不需要每次循环都输出结果,而只要输出循环的最终结果,那就不选择索引,而单击选取最终值,如此,VI 就会将最后一次循环的结果值输出到循环外。

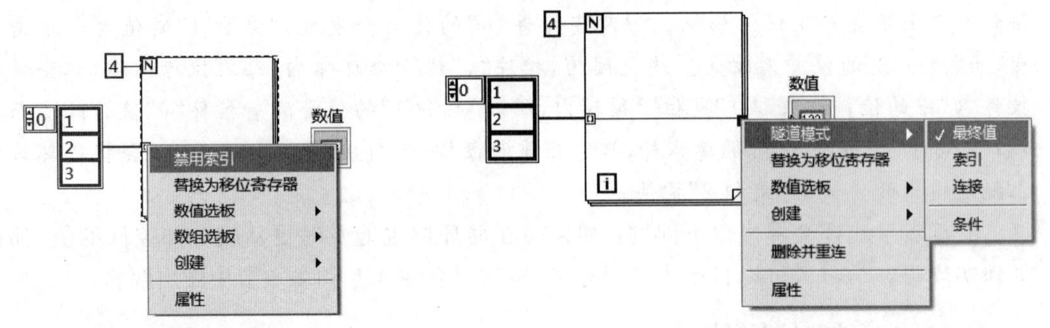

图 4.23 For 循环左边框上的(输入)隧道　　图 4.24 For 循环右边框上的(输出)隧道

【例 4.9】 自动索引例 2。

为例 4.9 编写的 VI 的程序框图和前面板如图 4.25 所示。在此 VI 中,For 循环的循环总数接线端设为 2,一维数组(1,2,3)接到 For 循环上,输入隧道的自动索引功能处在关闭状态。如此,运行此 VI,其中的 For 循环会执行两次,每次进入 For 循环内的代码都是同一个一维数组;而由于循环输出侧边框上隧道的自动索引是打开的,于是输出了一个二维数组,即输出的数组的行数为 2,其中每行都为输入的那个一维数组。

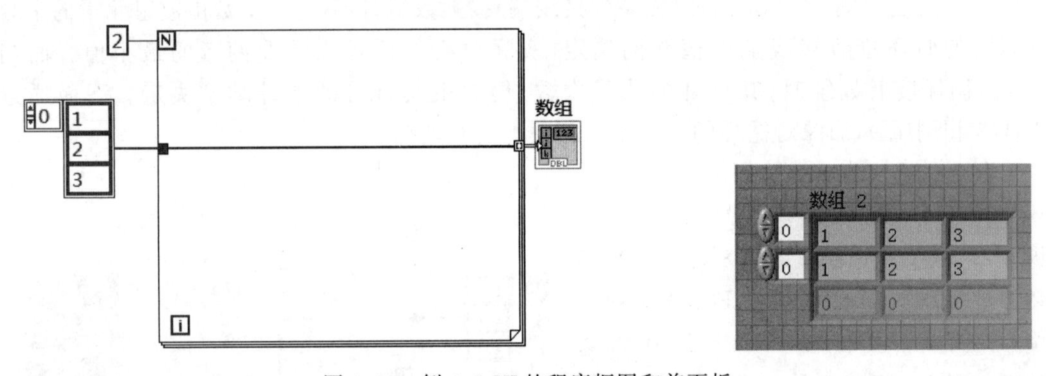

图 4.25 例 4.9 VI 的程序框图和前面板

4.3.5 移位寄存器

在实际中,经常会碰到这样的编程需求:某个变量的当前值要依靠上次循环的结果做进一步运算才可能得到,即需要进行迭代运算。利用 LabVIEW 如何实现这样的功能呢?

在 LabVIEW 中,可以利用循环结构的移位寄存器来实现迭代运算。移位寄存器的具体功能是:在当前的循环完成后,将其中程序代码执行的某个结果作为该循环下一次执行的输入。为循环结构添加移位寄存器的方法是:在循环结构的边框上右击鼠标,在弹出的快捷菜单中选择“添加移位寄存器”。

下面以 While 循环为例,说明移位寄存器的工作流程。如图 4.26 所示,在循环开始执行前,首先要对移位寄存器进行初始化,即要为循环左边框上的移位寄存器赋一个初始值;然后,初始值进入第一次循环,按其中的程序代码进行运算,之后,将运算结果赋给循环右边框上的移位寄存器；接着，循环右边框上的移位寄存器的值会回传到左边框上的移位寄存器中，随即，再进入第二次循环，进行相应的运算；以此类推，循环会按照这样的机理运行下去，直到循环退出，然后，循环右边框上移位寄存器的值会输出到循环外。

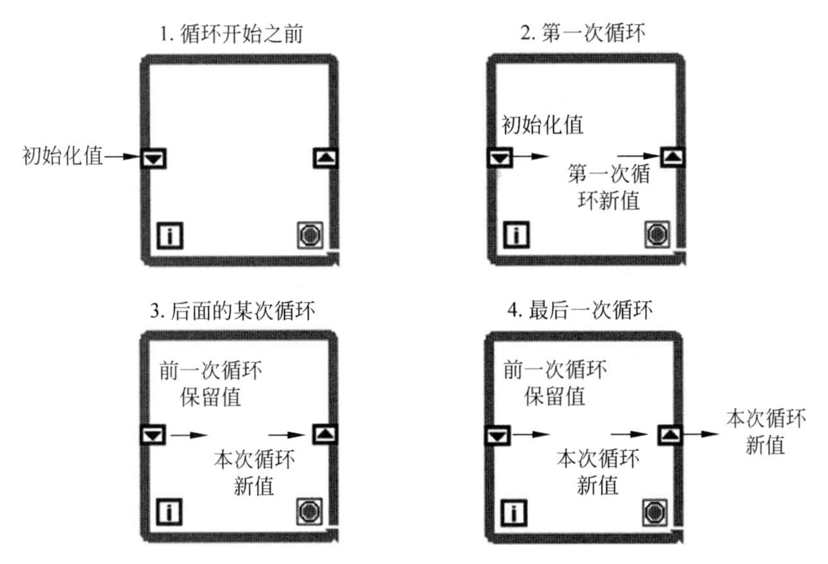

图 4.26 移位寄存器的工作流程

有时，不仅需要保存前一次循环的值，还需要保存前面几次循环的值。为此，可以选中循环结构左边框上的移位寄存器，右击，选择“添加元素”来实现，具体如图 4.27 所示。添加元素完成后，For 循环如图 4.28 所示，即增加了一个移位寄存器的左端子。在 LabVIEW 中，移位寄存器的左端子可以添加多个，但右端子只能有一个。

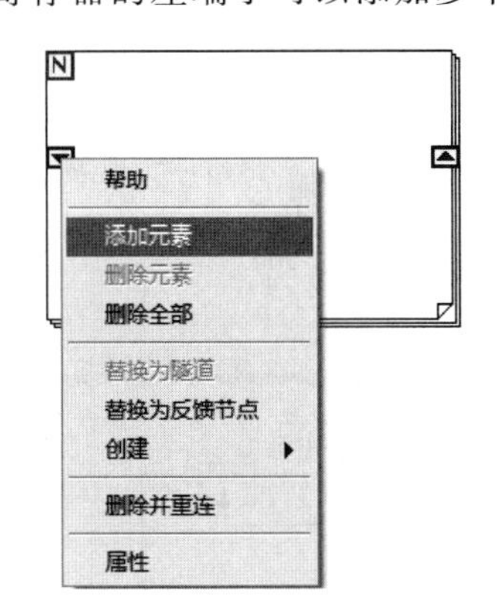

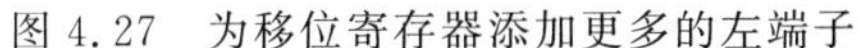
图 4.27 为移位寄存器添加更多的左端子

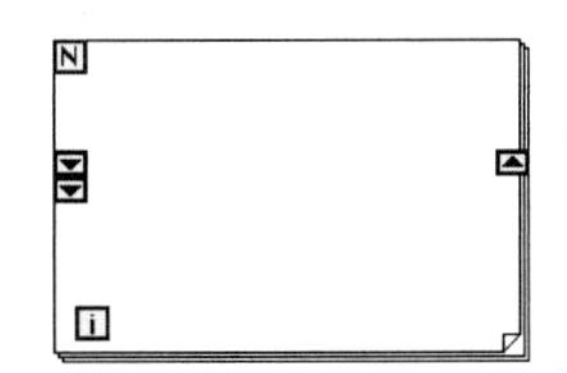

图 4.28 添加好移位寄存器左端子的 For 循环

常见问题 11：移位寄存器有哪些特点？使用移位寄存器时需要注意什么？

移位寄存器是成对出现的(仅限于第一次生成)，即在循环结构的边框上创建移位寄存器，会在其左边框和右边框同时生成。使用移位寄存器，一定要对其进行初始化，即在循环开始之前，一定要给移位寄存器赋初始值。刚生成的移位寄存器是未指定数据类型的，其应具有的数据类型，要由连入移位寄存器左端子或右端子的数据来决定。

【例 4.10】 编写一个求和(n 从 1 到 100)的 VI。

例 4.10 这个 VI，要实现数值的简单累加运算。为此，利用 LabVIEW 实现的程序代码，如图 4.29 所示。

从图 4.29 可以看出，在 LabVIEW 中，无须定义变量，而是直接用连线代表变量，且变量的数据类型，就由连线的颜色和形状来表征。

例 4.10 中，为实现累加算法，通常应利用循环结构。在具体的编程实现上，需要利用到上一次循环内的值。针对于此，若以 C 语言编程，会利用中间变量 sum；而若使用 LabVIEW 编写此 VI，一般会利用移位寄存器(见图 4.29 中的 VI，在 While 循环的边框上生成)。LabVIEW 中移位寄存器的功能，类似于 C 语言中的中间变量 sum，都可以实现保存上一次循环的值。

上面完成的累加计算的 VI，是利用 While 循环实现的。由于累加计算编程中的循环次数是确定的，故改用 For 循环实现的代码会更简单些，具体如图 4.30 所示。其中，由于循环计数接线端 i 是从 0 开始计数，所以循环总数接线端应赋值 101。

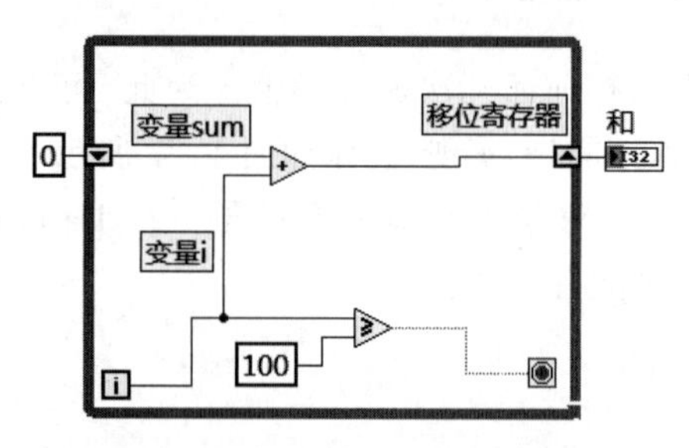

图 4.29 累加计算的 LabVIEW 实现

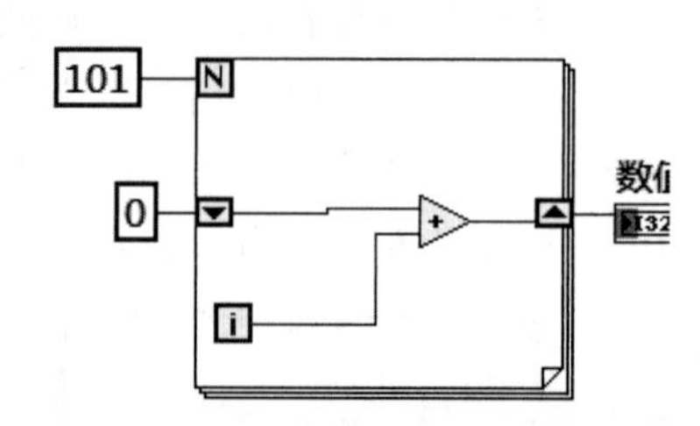

图 4.30 利用 For 循环实现累加计算的 VI

4.3.6 反馈节点

在 LabVIEW 中，还提供有反馈节点，其功能与移位寄存器相类似，利用它也可以实现迭代运算。找到反馈节点的路径是“函数”选板→“编程”→“结构”子选板。对于例 4.10 需要实现的功能，利用反馈节点编写出的 VI 的程序框图如图 4.31 所示。其中，将“加”函数的输出结果连至“反馈节点”的右端子上，将“加”函数的一个输入端连至“反馈节点”的左端子上，“反馈节点”的下

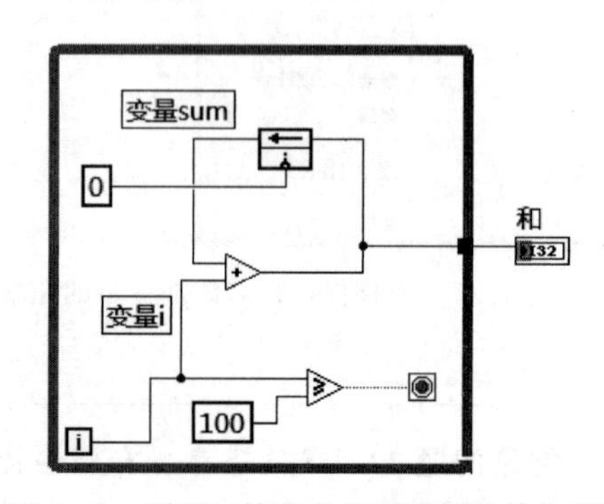

图 4.31 利用反馈节点实现累加计算的 VI

方为初始化端子，将一个数值常量 0 赋给它。

对图 4.31 所示的 VI，选中反馈节点，右击，在弹出的快捷菜单中选择“将初始化器移出一层循环”(见图 4.32)，可以在循环外对反馈节点进行初始化赋值，如此，修改后的 VI 的程序框图如图 4.33 所示。

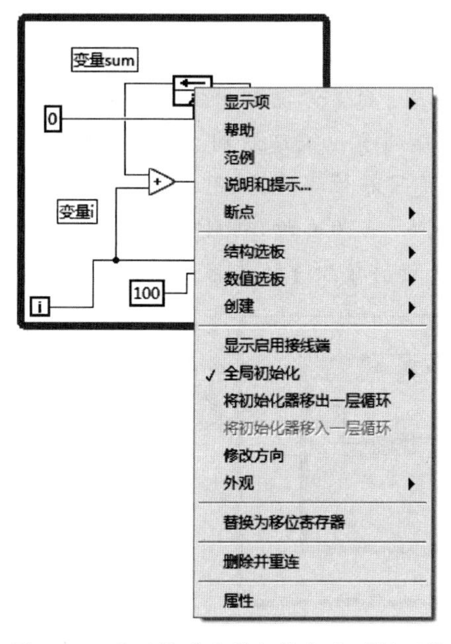

图 4.32　将反馈节点的初始化移到循环外

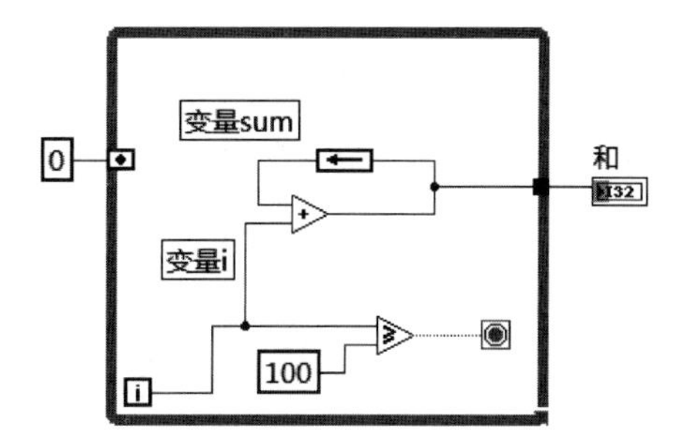

图 4.33　反馈节点的初始化在循环外实施

常见问题 12：反馈节点与移位寄存器有什么异同？

将反馈节点与移位寄存器进行比较，有如下几点值得关注：①可以将反馈节点转换为移位寄存器。具体实现方法是：选中反馈节点，在弹出如图 4.32 所示的快捷菜单中，选择“替换为移位寄存器”，就可实现反馈节点向移位寄存器的转换；②反馈节点只能保存上一次循环的值，如果要利用到上两次或上几次循环内的值，那就必须利用移位寄存器；③移位寄存器只能在循环结构中使用，而反馈节点不仅可以在循环结构中使用，在循环结构外也可以使用；④同移位寄存器一样，使用反馈节点也要进行初始化操作。

4.3.7　综合示例及补充

本章到此，已经学习了三种基本的程序结构，即顺序结构、条件结构和循环结构。接下来，运用上述知识做两个综合练习，以加深对它们的理解和认识。

【例 4.11】　已知一个有 5 个元素的一维数组(2,0,−1,−2,3)，要求编写一个 VI，将该数组中小于 0 的元素去除掉，再用剩下的元素组成一个新数组，并在前面板上显示出来。

看到这个题目，产生的一个解决思路，就是对数组中的每个元素进行逐一判断，如果该元素大于或等于0，则保存下来；否则，不进行处理。在这个算法中，有重复过程，应该利用循环结构；而且数组元素的个数是确定的，所以使用For循环即可。而由于还需要对每个元素进行判断，所以还应该利用到条件结构。另外，要对符合条件（大于或等于0）的元素进行保存，故还要用到移位寄存器。

根据上述思路，编写出的VI的程序框图，如图4.34和图4.35所示。其中，利用到了For循环与条件结构的配合。具体地，在For循环外，向For循环内输入了一个数组常量，共有5个元素，分别是2、0、−1、−2和3，将其连接到For循环结构上，并且打开了For循环输入隧道的自动索引。在For循环的边框上创建了移位寄存器，用以保存上次循环的值。还利用条件结构，进行元素是否大于或等于0的判断，当为真时，利用“创建数组”函数，将当前元素与移位寄存器里的历史元素连接起来，形成新的数组并赋给移位寄存器的右端子。

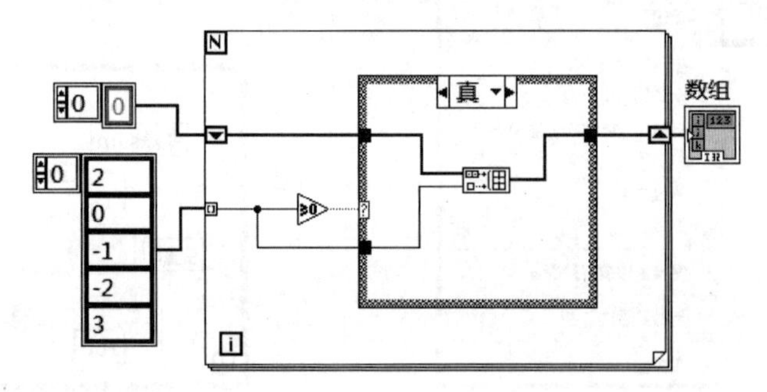

图4.34 例4.11 VI的程序框图（For循环+条件结构“真”分支）

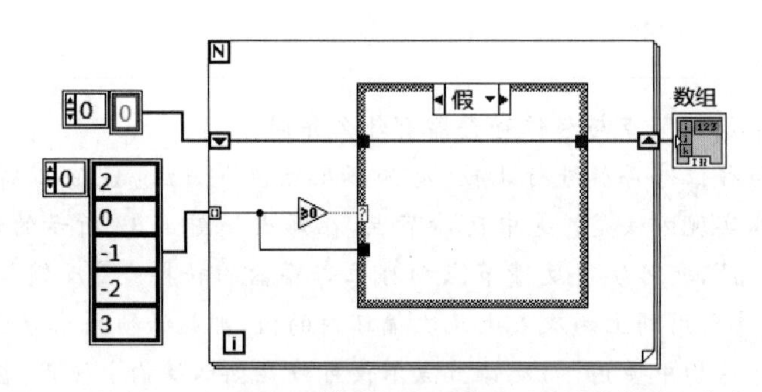

图4.35 例4.11 VI的程序框图（For循环+条件结构“假”分支）

根据以往经验，不少初学者在编写条件结构的“假”分支程序段时，会产生困惑。对于条件判断，当为“假”时，应该不对相关元素做任何处理。如果用C语言进行编程，用一个不带else的if语句就可以实现。而利用LabVIEW中的条件结构，却要求每个分支都要为输出隧道赋值，也就是对无须做任何处理的“假”分支，也要为输出隧道赋值，但对这个题目而言，判断为“假”时，应该不做任何处理。那么，在LabVIEW中该如何实现上述功能呢？

对这类问题，一个解决思路是，当为“假”时，直接将移位寄存器左端子的值赋给条件结构的输出隧道。如图4.35所示，即当条件为“假”时，将移位寄存器的历史数据再输出一遍，如此，既可实现不对当前小于0的元素进行保存，又能保证条件结构的输出隧道有确定的输入值。

细心的读者会发现，这个例子有自己特殊的地方，即与循环结构搭配用到了移位寄存器，如此，就可以将移位寄存器的值赋给“假”分支的输出隧道。而如果有的问题不需要移位寄存器，即仅需要实现图4.36所示的代码的功能，那么利用LabVIEW进行编程，又该如何实现呢？

```
main()
{
    int x,y;
    if(x>0)
    {
     y=3;
     printf("%d",y);
     }
}
```

图4.36 C语言中无else的if语句示例

此外，在LabVIEW 2012以后的版本中，对循环结构的隧道模式又增加了新的功能，即利用LabVIEW 2012以后的版本，对例4.11希望实现功能VI的编写更为简单了。具体地，如图4.37所示，无须再调用条件结构，而是将数组常量连至For循环的右边框上，选中生成的隧道(自动索引默认打开)，右击，在弹出的快捷菜单中选择“隧道模式”→“条件”，可以看到，在隧道下端就出现了一个“问号”的条件端子，将大于或等于0的输出端连至此条件端子上，如此编写的VI的程序框图如图4.38所示。运行此VI，在前面板上观察结果，会发现也得到了正确的结果，即数组中小于0的元素都被去除掉了。

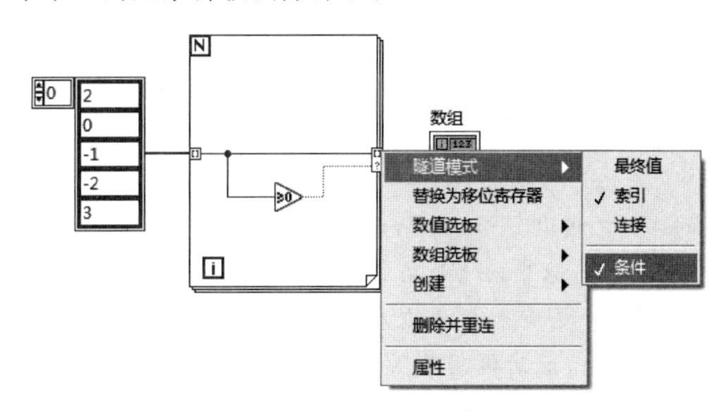

图4.37 For循环的隧道模式设置

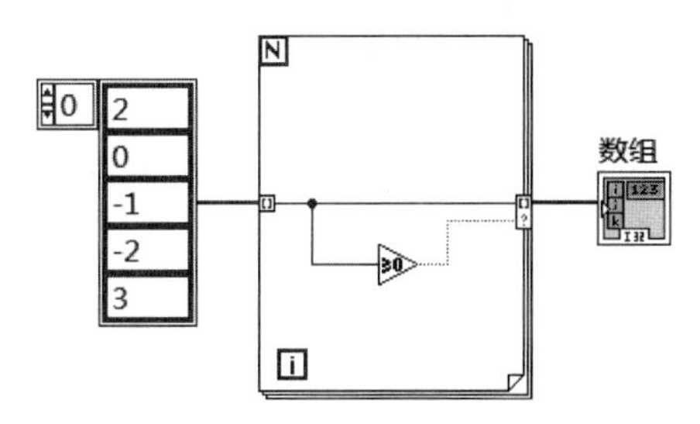

图4.38 例4.11中VI的程序框图(For循环)

例4.11是一个综合应用前述相关知识的例子。同时，通过例4.11，也对循环结构中的隧道模式做了补充介绍。

在第2章中，已经学习了如何在LabVIEW中创建一个子VI，然后再在新的VI中调用此子 VI。第 2 章示例中的子 VI 所实现的功能较为简单(求两个数的平均数),目的只是为了让学习者掌握创建子 VI 的方法。在实际应用中,有时会碰到如下需求:在调用子 VI 时,需要弹出它的界面,因为要在它的界面上设置一些输入参数,然后,再将计算结果返回到主 VI 中。那么,利用 LabVIEW 该如何编程实现这样的功能呢?

【例 4.12】 创建一个可以弹出界面的子 VI。

首先,可以对求两个数平均数的子 VI 做一些修改,即应该将图 2.11 所示的 VI 放入一个 While 循环内,并且为 While 循环灰色线框内右下角的条件接线端添加一个输入控件。如此改造成的 VI 的程序框图如图 4.39 所示。为了区别于前面所见的求平均数的子 VI,可将此子 VI 的标签设为“平均数 While”。

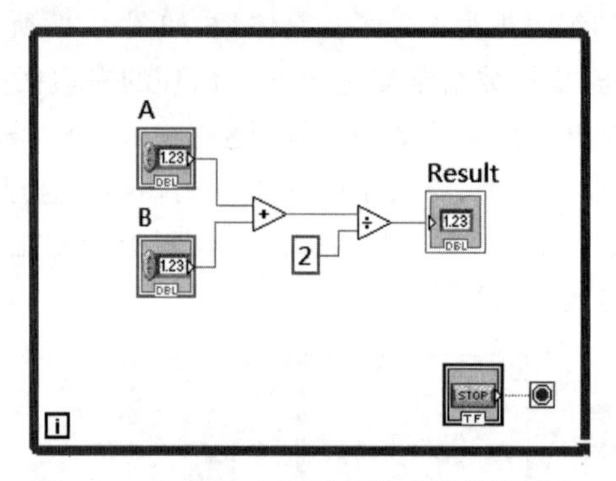

图 4.39 加上 While 循环的求平均数子 VI

然后,在一个新的 VI 中调用“平均数 While”子 VI,其程序框图如图 4.40 所示。为此 VI 创建一个显示控件 Result,选中此 VI,右击,选择“设置子 VI 节点”,在弹出的界面中选中“调用时显示前面板”和“如之前未打开则在运行后关闭”两个选项,并单击“确定”按钮。为了使 VI 的运行功能更完整,最后调用子 VI 的 VI 程序框图如图 4.41 所示。运行此 VI,单击“求平均数”,会弹出“平均数 While”子 VI 的界面,如图 4.42 所示,然后,在弹出的界面上设置输入参数,单击“确定”按钮,退出子 VI 界面,并将计算结果输出到主 VI 界面中,如图 4.43 所示。

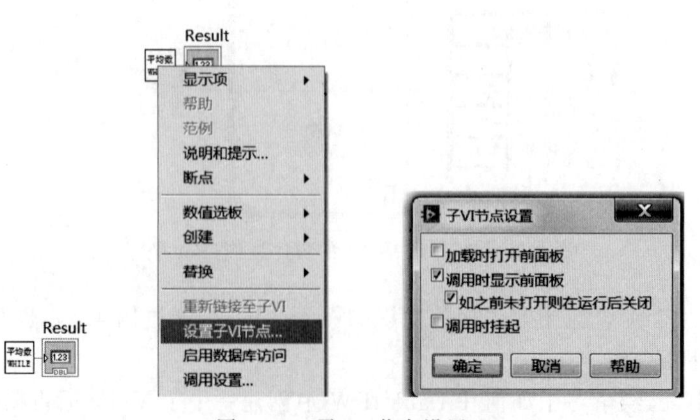

图 4.40 子 VI 节点设置

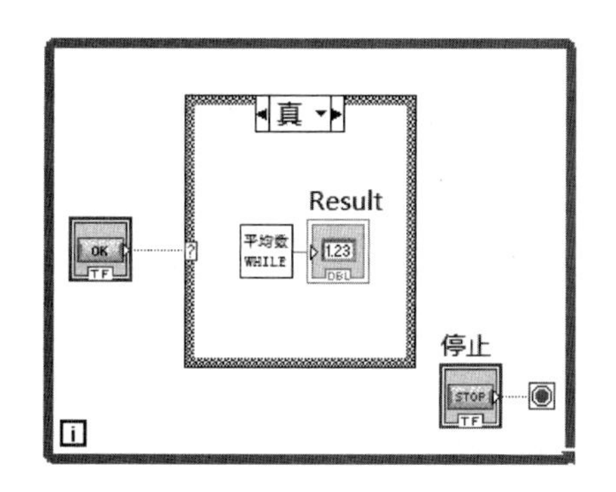

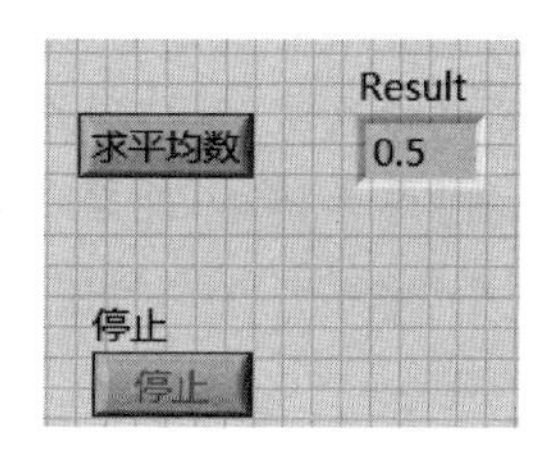

图 4.41　主 VI 的程序框图和前面板

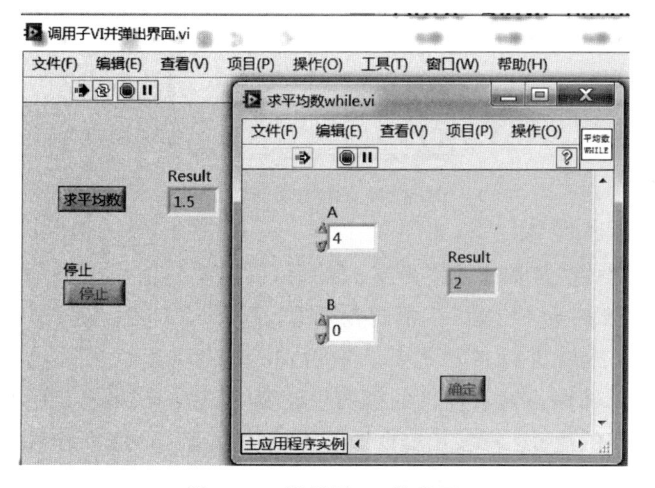

图 4.42　调用子 VI 的界面

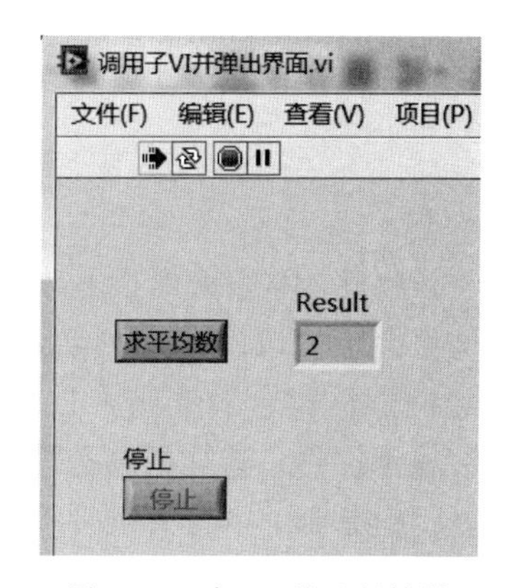

图 4.43　主 VI 的运行结果

此例中，在子 VI 中调用了一个 While 循环，其条件接线端上连的是一个按钮。在这种程序结构下，调用子 VI 时，一定要通过选中“调用时显示前面板”和“如之前未打开则在运行后关闭”，以确保调用子 VI 时会弹出子 VI 界面，然后，在此界面上单击“确定”按钮，以使得 While 循环退出。否则，因无法使子 VI 中的 While 循环停止，程序会陷入死循环中。

4.4　事件结构

在实际应用中，经常要实现类似下面的功能。VI 运行后，当用户操作前面板上的输入控件，例如，将输入控件的值改变后，计算结果也会随之更新(使用测量仪器时，改变输入的大小，输出就会有相应的改变)。对这个功能需求，该如何利用 LabVIEW 实现呢？下面将通过例 4.13 做详细阐述。

【例 4.13】 编写一个简易加法器 VI，其输入参数有“加数 1”和“加数 2”，输出结果是“和”。要求一旦 VI 运行后，在前面板上改变“加数 1”或“加数 2”的值，结果“和”的值便会做相应改变。

这个例子的算法部分很简单，相应的程序框图见图 4.44。而为了实现相加结果会随着输入参数的变化而改变，可以将图 4.44 所示的程序代码放入一个 While 循环内，并在前面板上再创建一个开关按钮，在程序框图上，用连线将该开关按钮与 While 循环的条件接线端连接起来，如此，编好的此例题的 VI 如图 4.45 所示。

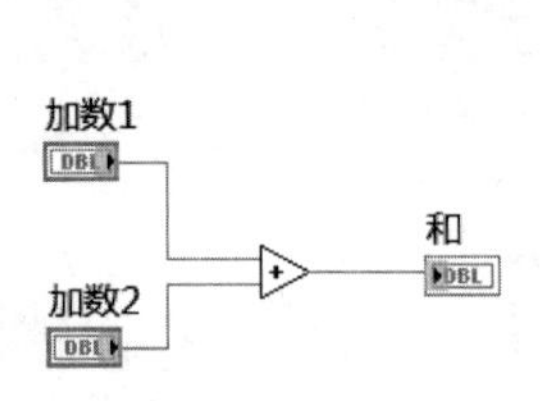

图 4.44 两个数的求和

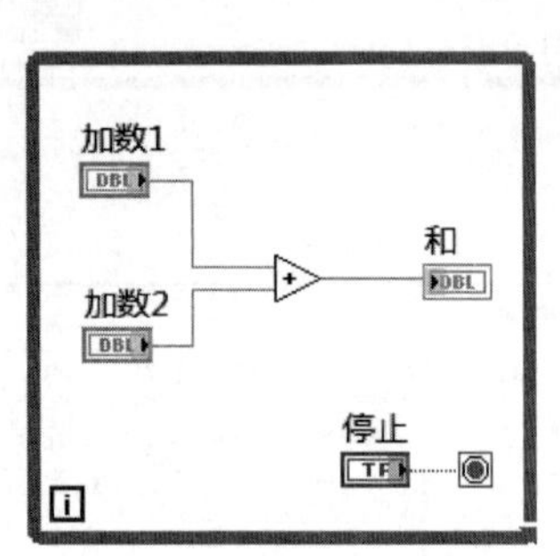

图 4.45 循环查询(轮询)

运行此 VI，在前面板上改变输入参数“加数 1”或“加数 2”的值，可以看到输出控件“和”的值就会跟着改变。此种实现方法被称为“轮询”。很容易理解，即该 VI 运行后，每次 While 循环，都会去读输入控件的值，然后进行加法运算；最后，将新的计算结果输出给“和”显示控件。这样的编程思路，可以确保当输入控件的值发生改变时，输出结果一定跟着更新。但是细心的读者会发现，以这样的思路编程，其实也做了无用功。因为当输入控件的值未发生变化时，其实无须做相加运算，但是该 VI 还是照例又做了一次加法运算。所以，采用“轮询”方式来判断输入控件的值有否改变，会消耗较多 CPU 的使用时间，不利于处理复杂、多线程的问题。

那么，如何实现只有当输入控件的值改变时才进行加法运算呢？可以利用接下来要介绍的事件结构。

同前面讲述的其他程序结构一样，事件结构位于“函数”选板→“编程”→“结构”子选板上。在 LabVIEW 环境下，从“结构”子选板选中事件结构，将其拖曳到程序框图面板上，如图 4.46 所示，其默认的是超时分支。图 4.47 给出了一个利用到事件结构的例子。

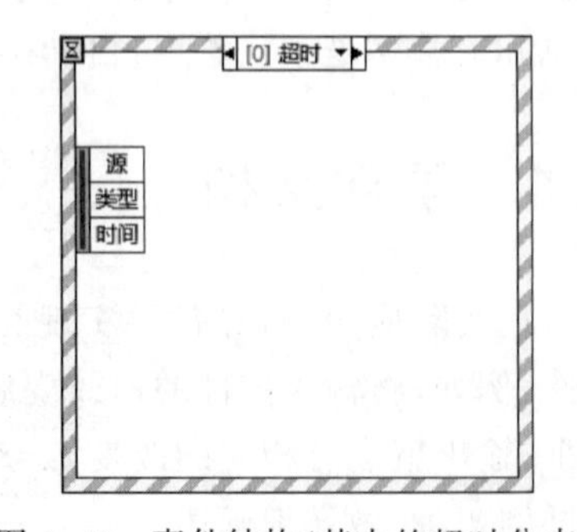

图 4.46 事件结构(其中的超时分支)

从外形上看，事件结构与条件结构相类似。两者的区别在于：条件结构要执行哪个分支，由“条件选择器”的输入数据决定；而事件结构则是要根据发

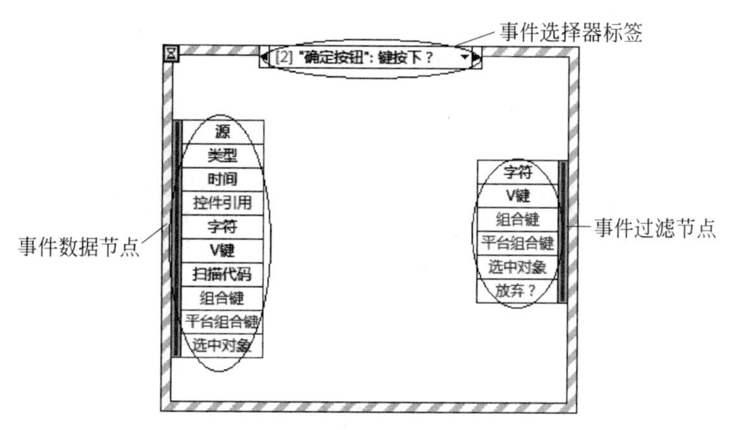

图 4.47 事件结构(其中某个分支(非超时分支)的界面)

生的事件来决定随后应执行哪个分支。条件结构的"选择器标签"可以直接写入；而事件结构的"事件选择器标签",则是要通过编辑事件对话框进行设置。

在事件结构的左边框上有"事件数据节点",对于其超时分支而言,"事件数据节点"有 3 个选项,分别是源、类型、时间。

要为事件结构添加新的分支,也就是定义新的事件,是通过编辑事件对话框完成的,具体操作方法是：选中事件结构,右击,在弹出的快捷菜单中选择"添加事件分支",打开的"编辑事件"对话框如图 4.48 所示。在此对话框内,可以删除、添加和编辑本分支内处理的事件。

4.4.1 事件的分类

对所有的事件,按照事件源可以分为 6 类,分别是<应用程序>、<本 VI>、动态、窗格、分割栏和控件。

(1) <应用程序>：如图 4.48(a)所示。该类事件反映整个应用程序状态的变化,具体主要有程序关闭、超时等。事件结构默认的分支即"超时"事件,就属于应用程序事件,如图 4.46 所示。

(2) <本 VI>：如图 4.48(b)所示。这类事件反映当前 VI 状态的变化,其中常用的有前面板关闭等。

(3) 动态：这类事件用于处理用户自己定义的或在程序中临时注册的事件。动态事件只有在注册后才能使用。

(4) 窗格：如图 4.48(c)所示。该类事件与窗格有关,例如鼠标进入或离开窗格等。

(5) 分割栏：初始的默认状态下,此事件不可用。因为初始状态下,一个 VI 的前面板并未做分割。在"控件"选板上,选择"新式"→"容器"→"分割栏",然后再打开"编辑事件"对话框,相应的界面如图 4.48(d)所示,可见,分隔栏事件显示了出来；同时,其上给出的窗格也较之前多了一个窗格 2。这是因为,初始默认状态下,整个 VI 的前面板就是一个窗格,通过添加分隔栏,才可以将前面板分割成多个窗格。

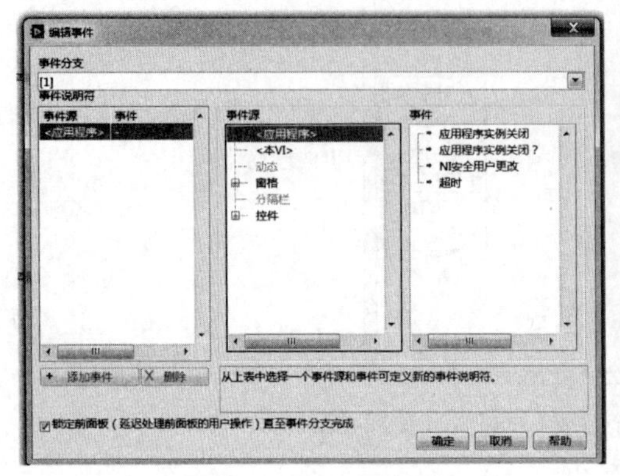

(a) 事件源为“<应用程序>”

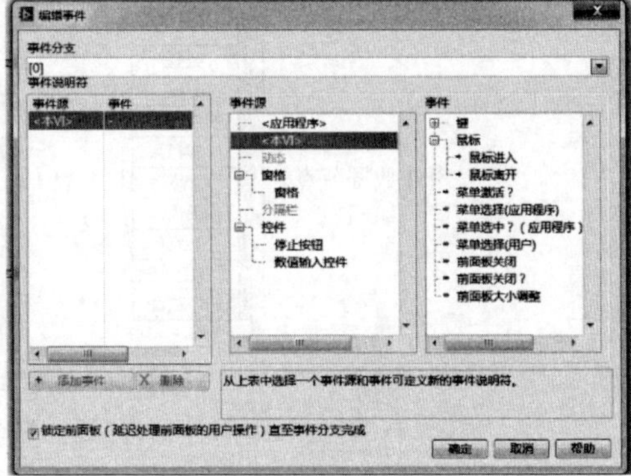

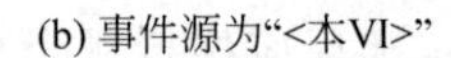

(b) 事件源为“<本VI>”

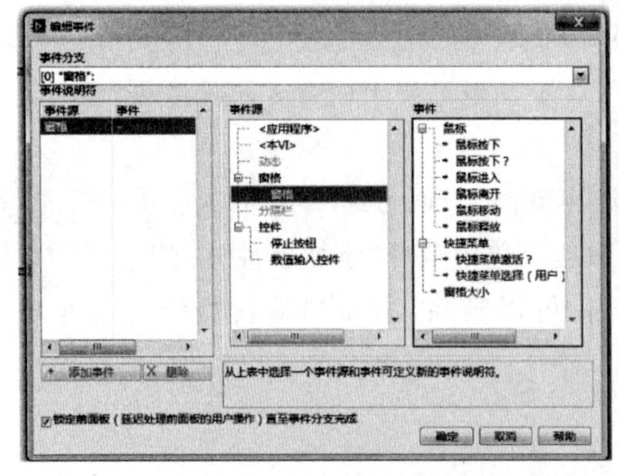

(c) 事件源为“窗格”

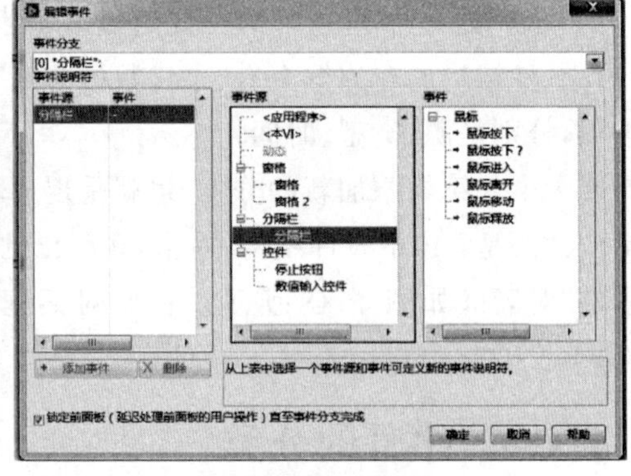

(d) 事件源为“分割栏”

(e) 事件源为“控件”

图 4.48 可编辑事件的对话框

如果想将添加的分隔栏去掉，那该如何实现呢？一种方法是，选中该分隔栏，右击，在弹出的快捷菜单中选择“删除相邻分隔栏”即可，如图 4.49 所示。

(6) 控件：如图 4.48(e)所示。该类事件包括了与前面板上控件相关的所有控件。例如图 4.48(e)中显示的，这个示例 VI 前面板上的控件有“停止按钮”和“数值输入控件”。相比于前 5 类事件，控件事件是最常被处理的事件。而在控件事件中，控件的“值改变”事件又是最经常被使用到的。

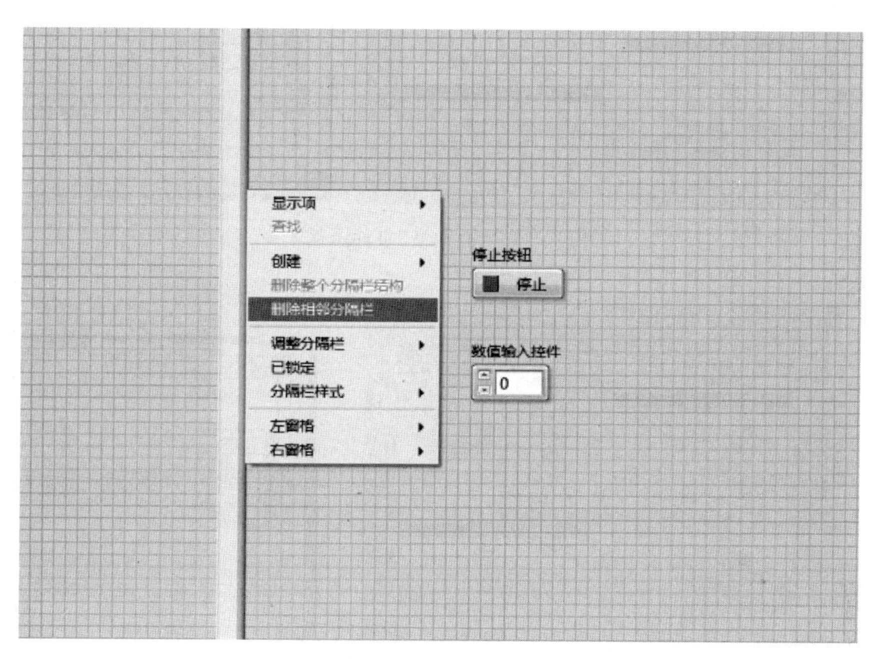

图 4.49　删除分割栏

另外，事件结构中的事件，还可以被分为“通知型”事件和“过滤型”事件两类。其中，通知型事件不带问号，是在 LabVIEW 处理用户操作之后发出的，表明某个用户的操作已发生；而带问号的，为过滤型事件，是在 LabVIEW 处理用户的操作之前发出的，以通知用户：LabVIEW 在处理事件之前，用户已经执行了某个操作；如此，以便用户就 VI 如何与用户界面的交互做出响应进行自定义。但使用过滤型事件参与对事件的处理，可能会覆盖事件的默认行为。

下面通过例 4.14，来加深理解通知型事件与过滤型事件的区别。

【例 4.14】 通知型事件与过滤型事件的区别。

此例 VI 的程序框图，如图 4.50 和图 4.51 所示。其中，一个 While 循环结构内嵌套了一个事件结构。对该事件结构，要编写两个分支：一个分支是“停止”控件的值改变，即在此分支中，将“停止”控件通过连线与 While 循环结构的条件接线端连接起来；另一个分支是“前面板关闭?”，在此分支中，要将一个值为 true 的布尔型常量赋给此分支右边框上的“放弃?”端子。“停止”控件的值改变这个事件的分支没有带问号，即它是通知型事件；而“前面板关闭?”有问号,则是过滤型事件。

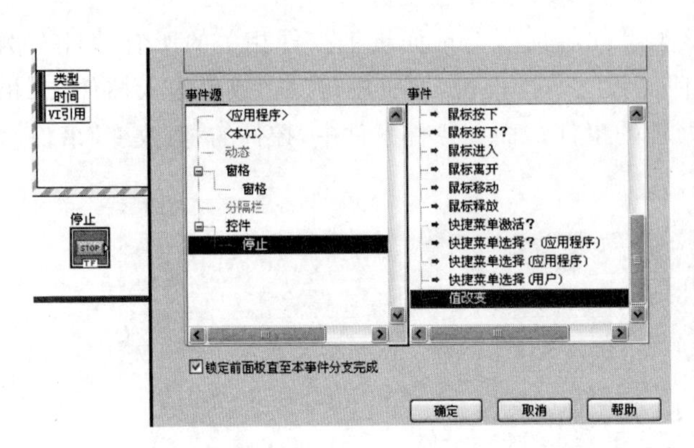

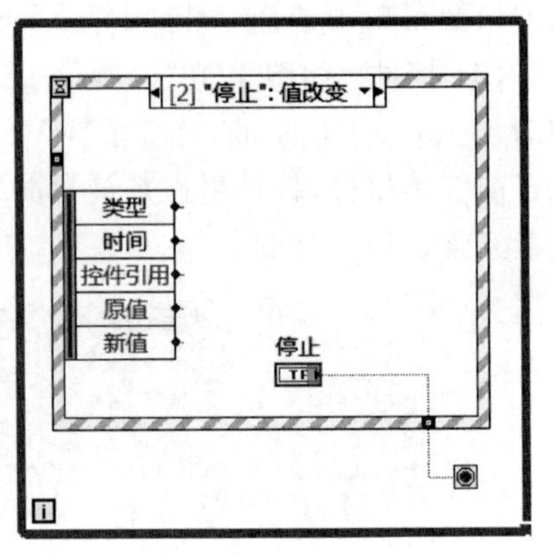

图 4.50 “通知型”事件示例

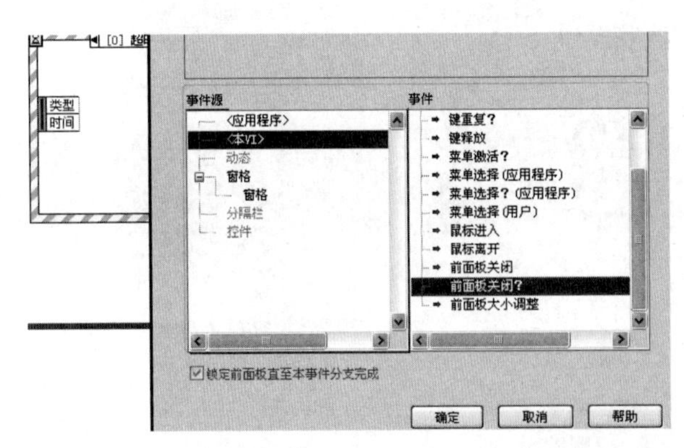

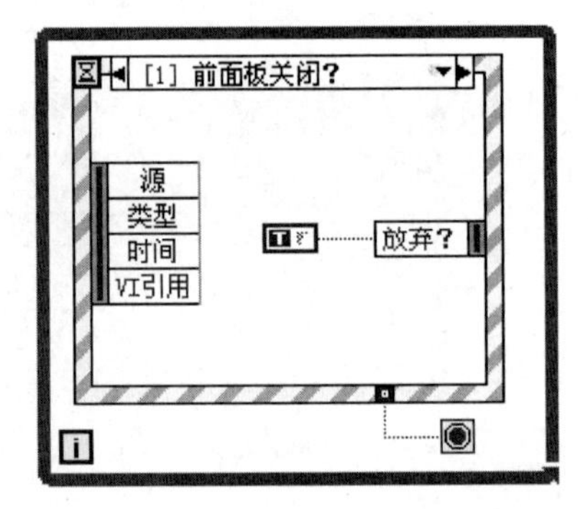

图 4.51 “过滤型”事件示例

运行此 VI,当用鼠标单击前面板右上角的关闭时,可以发现此 VI 并没有响应,这是因为,VI 在“前面板关闭?”事件分支中放弃了此次事件行为。这样的程序设计,可以防止误操作的发生。而单击前面板上的“停止”控件,可以看到该 VI 退出运行状态。

4.4.2 循环事件结构

在掌握了事件结构的基础知识后,再来学习如何利用事件结构实现例 4.13 的功能。为此,编写好的 VI 的程序框图,如图 4.52 所示。其中,在 While 循环结构内嵌套了一个事件结构。对该事件结构,要编写两个分支:一个分支是“停止”控件的值改变,具体要将“停止”控件通过连线与 While 循环结构的条件接线端连接起来;另一个分支是“加数 1”、“加数 2”值改变,即要将求和的程序代码放在此分支中。

事件结构在使用时,常会被放在一个 While 循环内,此种实现方式也被称为循环事件结构。利用循环事件结构,可以实现只有当“加数 1”或“加数 2”的值发生改变时,才会进行求和运算。可见,使用事件结构的优点,是在不牺牲与用户的交互性前提下,可将对 CPU 的占用降低到最少。

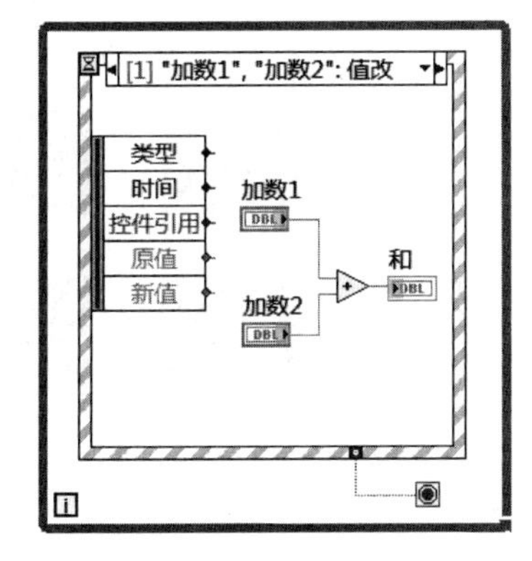

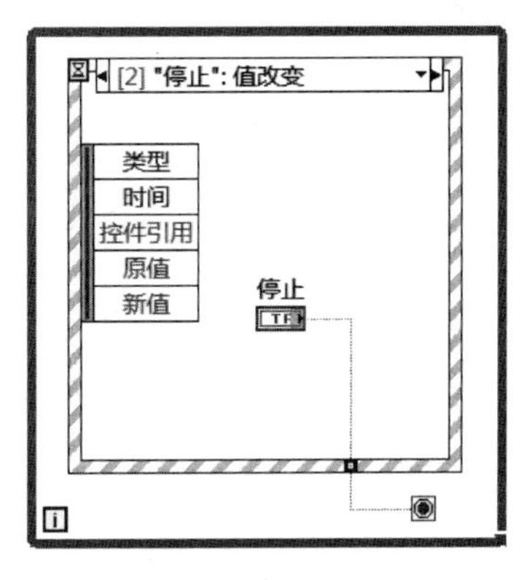

图 4.52 利用“循环事件结构”实现加法运算

可以通过查看 Windows 的任务管理器,比较一下轮询和循环事件结构的程序性能。在相同的计算机条件下,两者的比较结果如图 4.53 和图 4.54 所示。可以看出,采用轮询的方式,CPU 的使用率为 24%;而改为使用循环事件结构,CPU 的使用率仅为 1%。

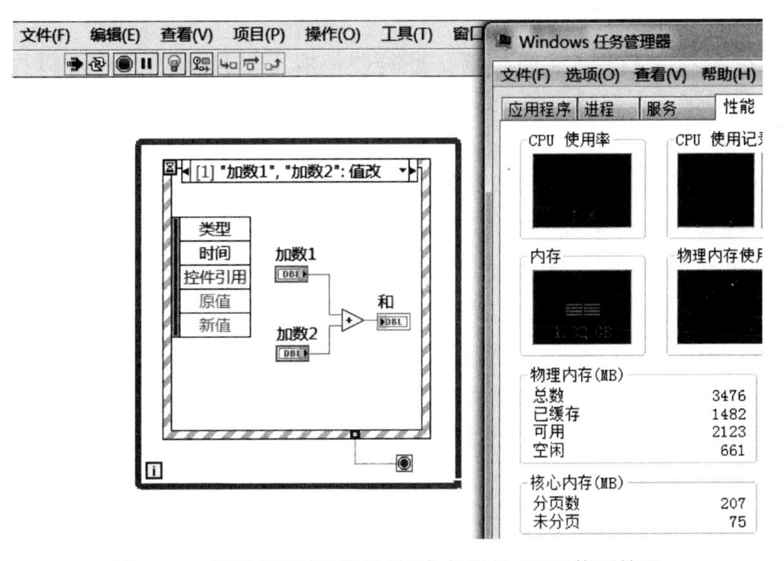

图 4.53 利用“循环事件结构”条件下的 CPU 使用情况

通过例 4.13,可以体会到合理利用事件结构进行编程的优点,并学会了事件结构的基本使用方法。另外,还有一些其他应用需求,必须要使用事件结构来实现,例如,在前面板上绘图,要捕获鼠标的移动、释放动作等。本书会在第 14 章具体介绍如何利用事件结构实现在前面板上绘图。

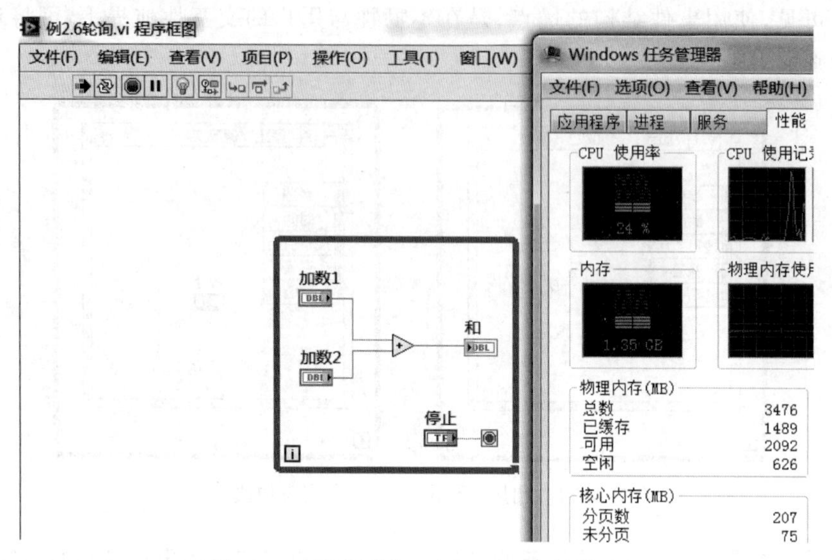

图 4.54　利用"轮询"时的 CPU 使用情况

4.4.3　事件注册模式

LabVIEW 可产生多种不同的事件，它们都是通过事件注册来指定的。在 LabVIEW 中，因事件出现的时段不同或隶属关系不同，事件的注册模式有两种，分别是静态事件注册和动态事件注册。

静态事件注册，可以指定 VI 在程序框图上的事件结构的每个分支，去处理该 VI 前面板上的相关事件，LabVIEW 将在该 VI 运行时自动注册这些事件。也就是说，LabVIEW 能自动注册的事件，只能是该 VI 的对象发出的事件，这些事件与该 VI 前面板上的某个控件、整个 VI 前面板窗口或某个 LabVIEW 应用程序相关联，这些事件在完成该 VI 的编程时已完全被确定，故被称为静态事件。因此，静态事件注册，无法实现在 VI 运行过程中要改变事件结构所处理的事件，也无法处理其他 VI 的事件。

静态事件注册很简单，只需从"结构"子选板选中"事件结构"，将其拖曳到程序框图中，LabVIEW 便会自动完成对静态事件的注册。如图 4.48 所示，其中的<应用程序>、<本 VI>、窗格、分割栏和控件等事件，都属于静态事件，对它们的注册，LabVIEW 将在该 VI 运行时自动完成。

而动态事件注册，是通过将注册与 VI 服务器相结合，允许在 VI 运行时，使用应用程序、VI 和控件引用等，来指定希望产生新的事件的对象。如此，在 VI 运行中新产生的事件，就被称为动态事件。可见，动态事件注册，在控制 LabVIEW 产生何种新的事件以及何时产生新的事件方面更为灵活。不难想象，动态事件注册比静态事件注册复杂。动态事件注册，需要将 VI 服务器引用与相关函数配合使用，以明确地注册新的事件，或取消之前曾注册的事件，而对此，是无法通过事件结构的配置信息自动处理相应新事件的注册的。

动态事件注册，可完全控制 LabVIEW 所产生的事件的类型和时间。动态事件注册，可使事件仅在应用程序的某个部分发生，或在应用程序运行时改变产生事件的 VI 或控件。使用动态注册，允许在子 VI 中处理主 VI 中产生的事件，而不是仅限于在产生事件的 VI 中处理事件。

完成动态事件注册，主要有下列四个步骤：

(1) 获取要处理事件对象的 VI 服务器引用；

(2) 将 VI 服务器引用连接至“注册事件”函数，以注册对象的事件；

(3) 将事件结构放在 While 循环内，处理对象事件，直至出现终止条件为止；

(4) 通过取消注册事件函数，以停止事件发生。

在 LabVIEW 编程环境下，与事件相关的函数，位于“函数”选板→“测量 I/O”→“DAQmx-数据采集”→“DAQmx 高级”→“DAQmx 事件”→“事件”子选板上，如图 4.55 所示。

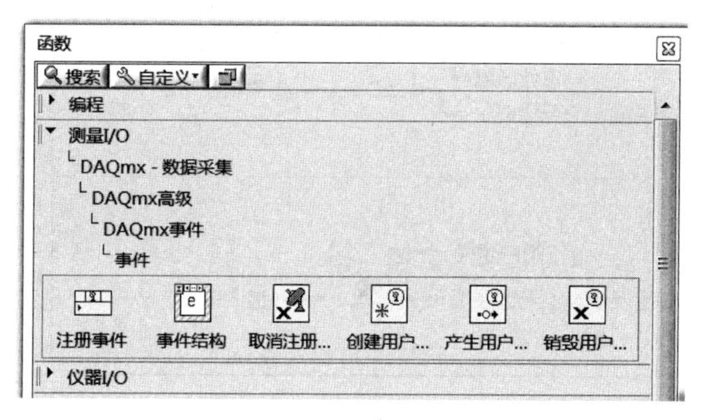

图 4.55　“事件”子选板

常用的事件函数，提供在表 4.1 中。

表 4.1　事件函数

序号	名称	图　标	功能说明
1	注册事件	事件注册引用句柄 错误输入（无错误） 事件源1 事件源2 ... 注册事件 事件 1 事件 2 事件 3 事件注册引用句柄输出 错误输出	动态事件注册。 可注册的事件由“事件源”输入端的引用类型确定。连线“事件注册引用句柄输出”端至事件结构或该函数其他实例
2	取消注册事件	事件注册引用句柄 错误输入（无错误） 错误输出	取消注册“与事件注册引用句柄”关联的所有事件

续表

序号	名称	图　标	功能说明
3	创建用户事件	用户事件数据类型 错误输入（无错误） 用户事件输出 错误输出	返回用户事件的引用。LabVIEW 通过“用户事件数据类型”确定事件的名称和数据类型。连线“用户事件输出”端至注册事件函数，可注册事件。连线“用户事件输出”端至产生用户事件函数，可发送事件和相关数据至为该事件注册的所有事件结构
4	产生用户事件	用户事件 事件数据 错误输入（无错误） 用户事件输出 错误输出	广播连线至“用户事件”输入端的用户事件，发送用户事件和相关的事件数据至注册为处理该事件的每个事件结构
5	销毁用户事件	用户事件 错误输入（无错误） 错误输出	通过销毁用户事件引用句柄，释放用户事件引用。所有注册为该用户事件的事件结构不再接收该事件

【例 4.15】 动态事件注册示例 1——制作一个加法器。

在 4.4.2 节中，曾利用循环事件结构实现了加法器的功能，其程序框图如图 4.52 所示。在此程序框图中，事件结构各分支的事件都是静态事件，例如“加数 1、加数 2：值改变”和“停止：值改变”。对这些事件，可以在“编辑事件对话框”中进行设置，即是编制该 VI 过程中已完成的。

在本例中，将利用动态事件注册来实现加法器的功能。编写好的本例 VI 的程序框图，如图 4.56 所示。

图 4.56 与图 4.52 的不同之处在于，对事件具有的动态特性进行的注册。下面仅列出该 VI 中动态事件注册的步骤：

(1) 创建相关控件的引用。以“加数 1”控件为例，创建其引用的方法是：在程序框图面板上选中“加数 1”控件，右击，在弹出的快捷菜单中选择创建“引用”，如图 4.57 所示。以相同的方法，可以为“加数 2”控件和“停止”控件创建各自的引用。

(2) 调用“注册事件”函数，通过拖曳“注册事件”函数的下边框，添加更多的输入端子，在本例中有三个输入端子，分别对应“加数 1”、“加数 2”和“停止”控件。

(3) 将三个控件的引用分别接至注册事件函数的输入端，如图 4.58 所示。

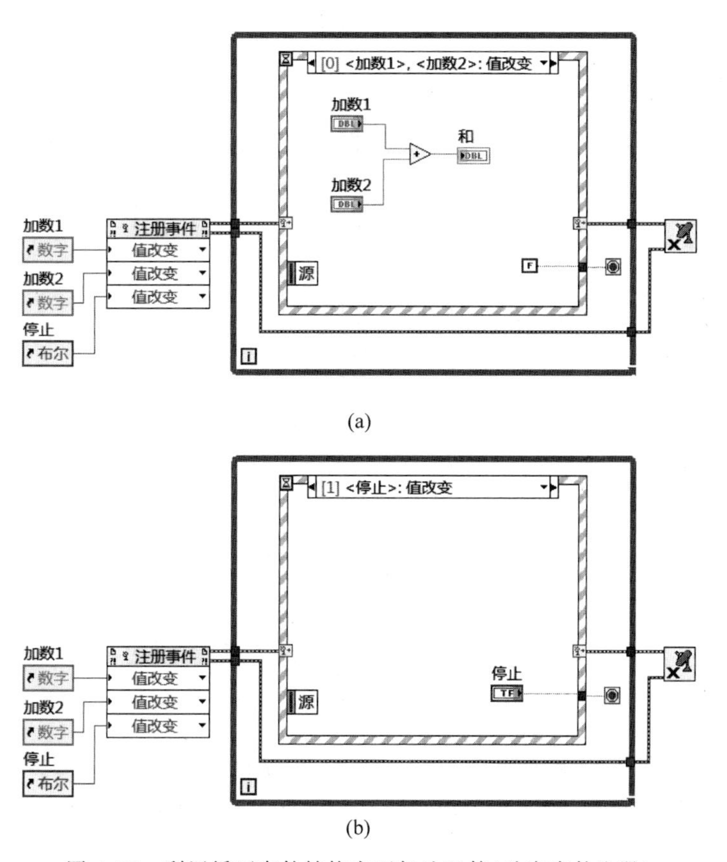

图 4.56　利用循环事件结构实现加法运算(动态事件注册)

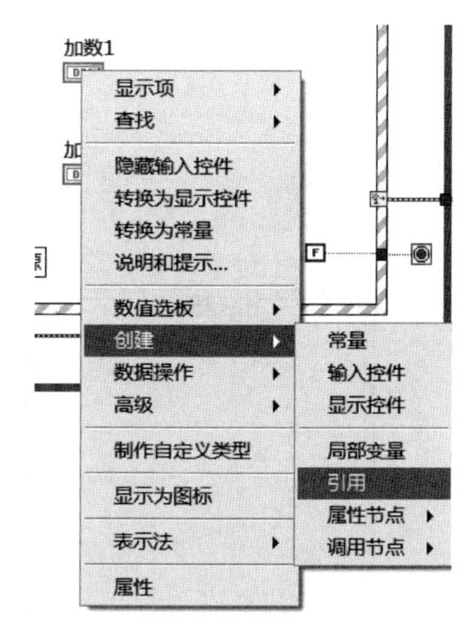

图 4.57　为控件创建其引用

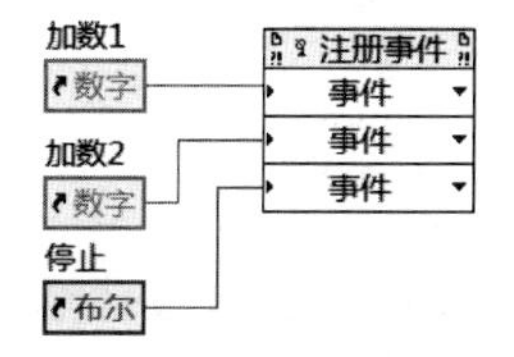

图 4.58　将引用接至注册事件函数的输入端

(4) 单击事件的向下箭头,选择要为引用所生成的事件,如图 4.59 所示。在本例中,都选择了“值改变”事件。

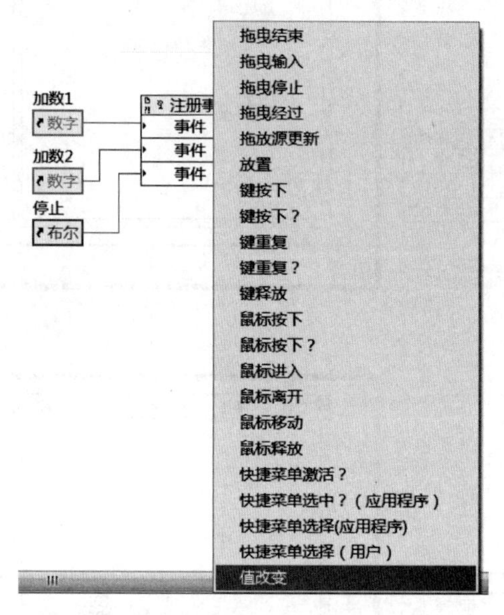

图 4.59　选择为引用生成的事件

(5) 选中事件结构,在其左边框上右击鼠标,在弹出的快捷菜单中选择“显示动态事件接线端”,如图 4.60 所示。这时,在事件结构的左边框上将会出现动态事件接线端,如图 4.61 所示。

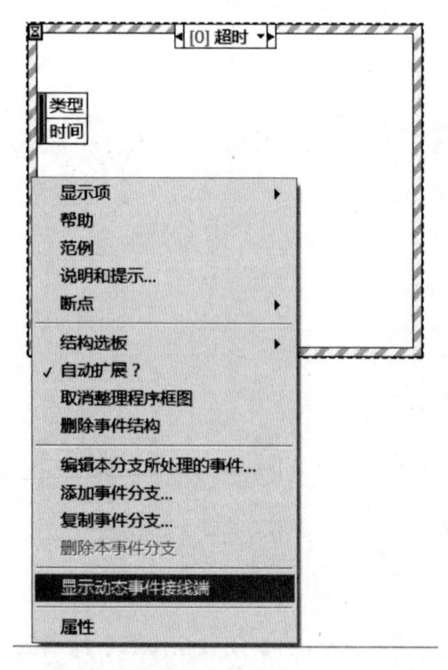

图 4.60　选择“显示动态事件接线端”

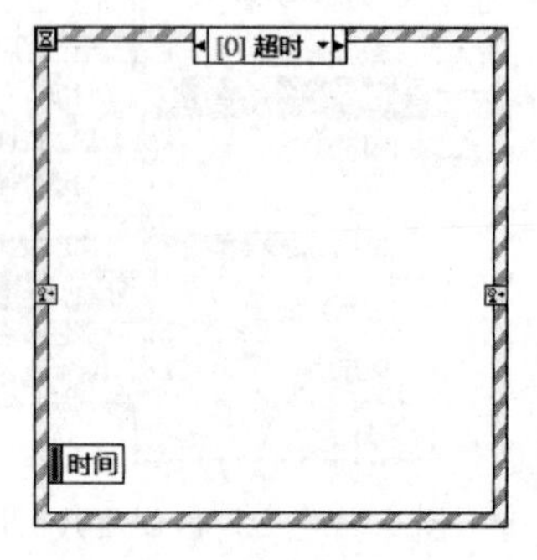

图 4.61　显示“动态事件接线端”的事件结构

(6) 将注册事件函数的事件注册引用句柄连至事件结构的动态事件接线端上,然后,再选中事件结构,右击,选择编辑本分支所处理的事件,弹出的界面如图 4.62 所示。此时会发现,动态事件列表中已经有可以选择的事件了,也就是前面利用注册事件函数指定的三个控件的值改变事件。

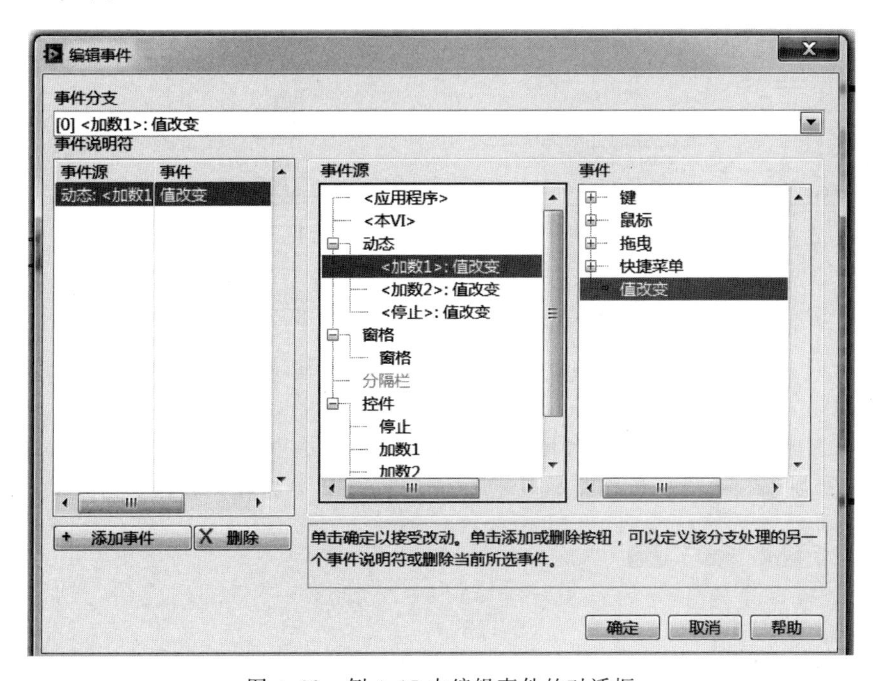

图 4.62 例 4.15 中编辑事件的对话框

(7) 可以在编辑事件对话框中对每个分支的事件进行设置,具体如图 4.62 所示。

(8) 在 While 循环外调用"取消注册事件函数",释放占用的内存资源。

通过例 4.15,学习了如何在 LabVIEW 中完成动态事件注册。当然,对于制作加法器这个任务来说,利用静态事件注册完全没有问题,使用动态事件注册反而更加麻烦。

而在有的情况下,使用静态事件注册是不能实现的,此时,动态事件注册就可以发挥作用。在实际应用中,当程序即 VI 规模越来越大时,为了增强程序的可读性和可扩展性,通常的做法是将整个程序模块化,也就是根据实际功能对其进行划分,编制出若干个子 VI,然后在主 VI 中调用这些子 VI。而当子 VI 中具有事件结构,且此事件结构需要处理的是主 VI 中的控件所发生的事件时,利用静态事件注册是无法完成的,因为控件在主 VI 中,子 VI 中没有这个控件,即在子 VI 中的事件结构的编辑事件对话框中是找不到这个主 VI 中的控件的,所以也就无法设置这个控件的事件分支。面对这类问题,即某个 VI 的事件结构必须处理另外一个 VI 的控件所发生的事件时,就需要采用动态事件注册来完成。

【例 4.16】 动态事件注册示例 2。

本例要实现的具体功能是:将例 4.15 所实现的加法器做成子 VI,然后在主 VI 中调用它。

实现这个功能的程序即 VI 的建立步骤如下：

(1) 首先，在前面板上放置“加数 1”“加数 2”“和”以及“停止”控件，主 VI 的前面板如图 4.63 所示。

(2) 在程序框图面板上，为上述 4 个控件分别建立其引用，结果如图 4.64 所示。

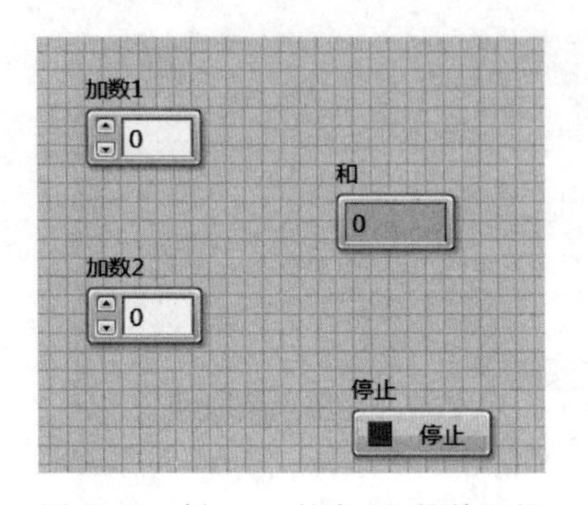

图 4.63　例 4.16 的主 VI 的前面板

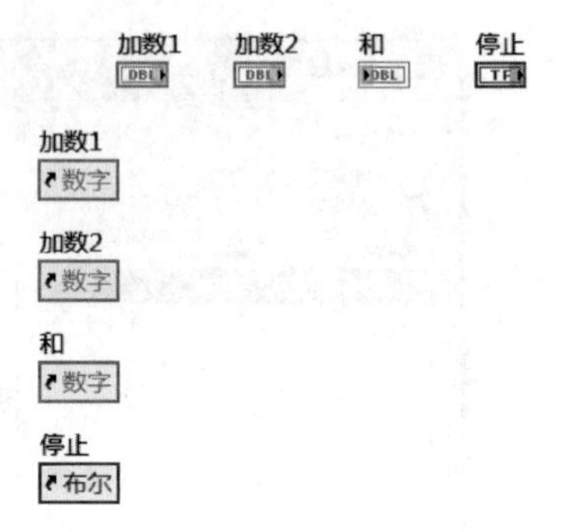

图 4.64　控件和它们的相应引用

(3) 为上述 4 个引用创建输入控件。具体方法是：选中一个引用，右击，在弹出的快捷菜单中选择“创建”→“输入控件”，如图 4.65 所示。编写好的程序框图如图 4.66 所示。

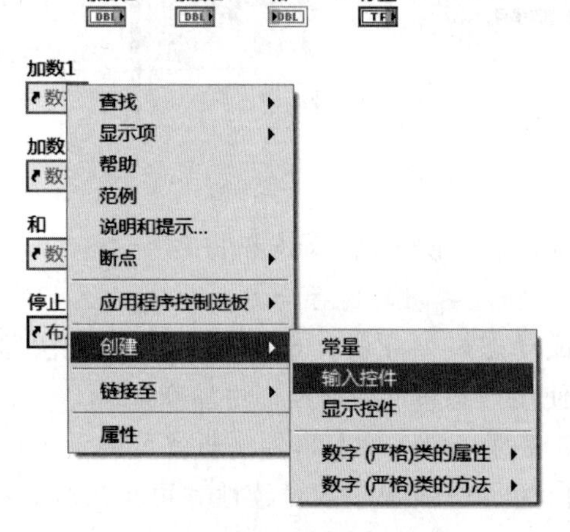

图 4.65　为引用创建输入控件

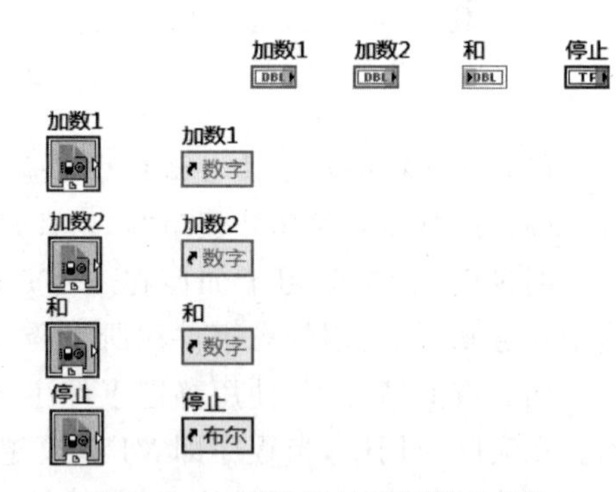

图 4.66　创建好的引用输入控件

(4) 新建一个 VI，将上一步创建好的引用输入控件复制到新 VI 的前面板上，并将主 VI 中的引用输入控件删掉。

(5) 保存新 VI，将其命名为“加法器子 VI. vi”，此子 VI 的前面板如图 4.67 所示。

(6) 此子 VI 的程序框图如图 4.68 所示。对于此程序框图，需要注意的是，要获得“加数 1”和“加数 2”控件的值，需要调用“变量属性节点”函数来实现。该函数位于“函数”选板→“数据通信”→“共享变量”子选板上，如图 4.69 所示。

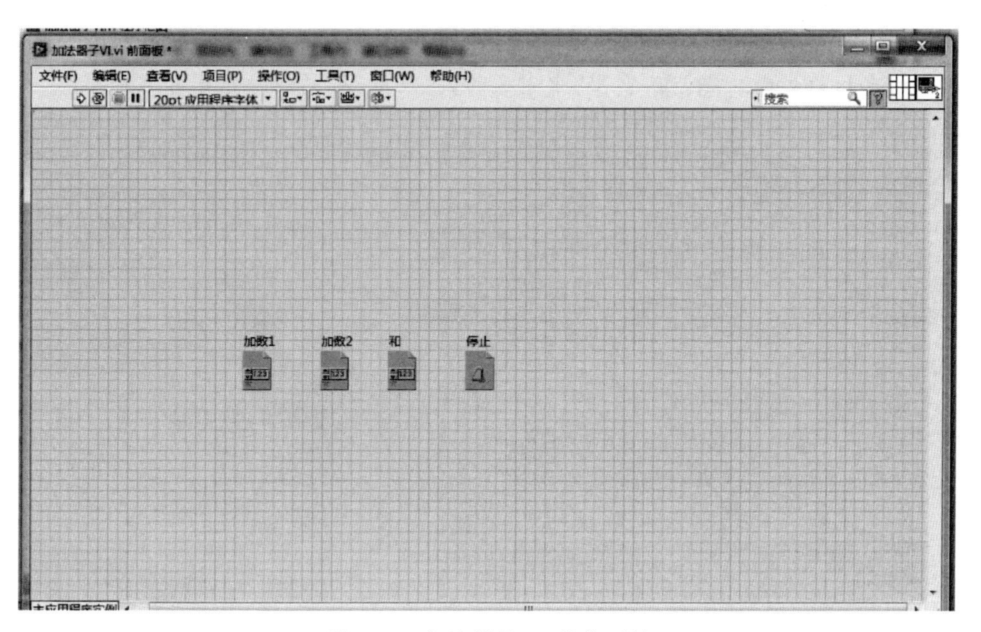

图 4.67 加法器子 VI 的前面板

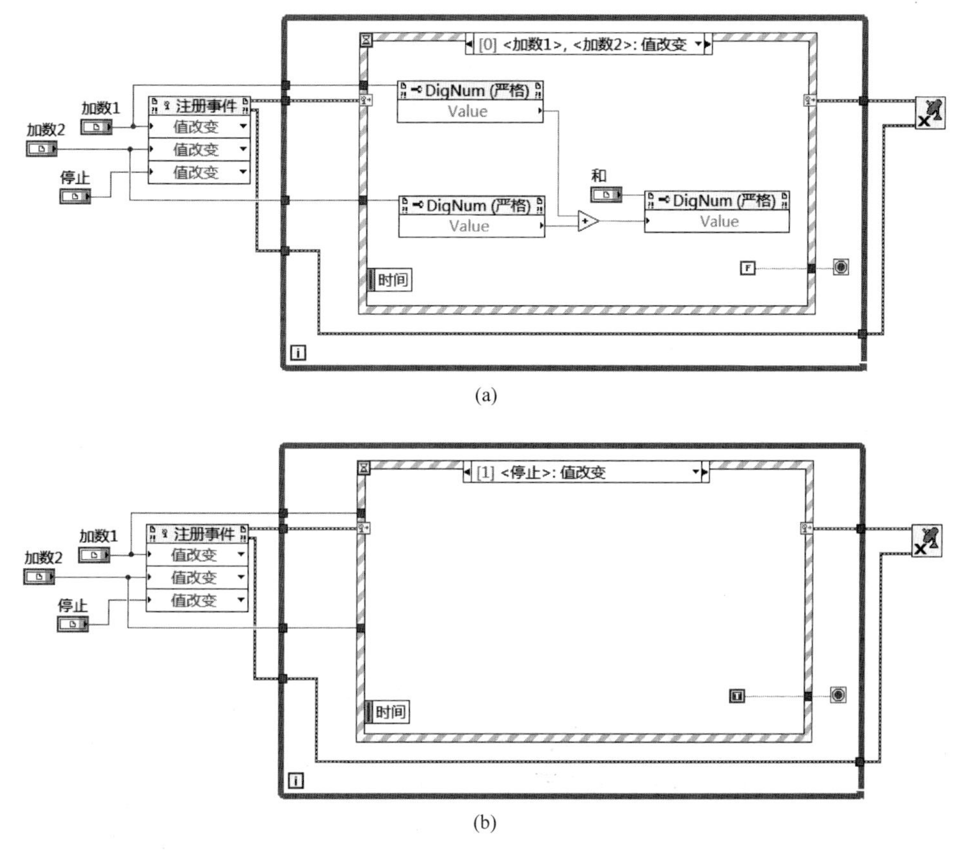

图 4.68 加法器子 VI 的程序框图

（7）编写好“加法器子 VI. vi”后，在主 VI 中调用该子 VI，主 VI 的程序框图如图 4.70 所示。由于求和的代码主要是在子 VI 中完成的，所以主 VI 的程序框图非常简单。

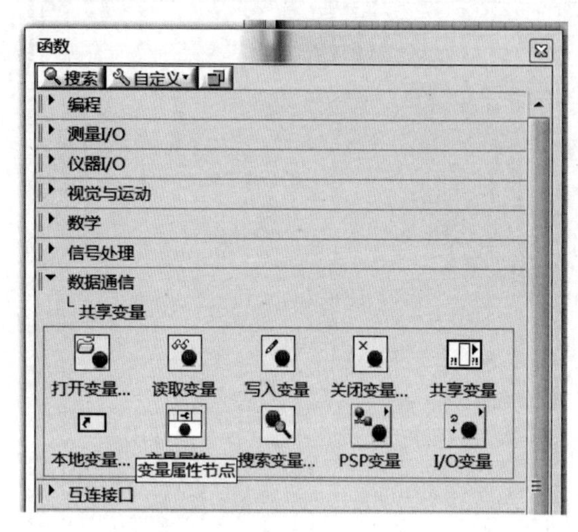

图 4.69　共享变量子选板

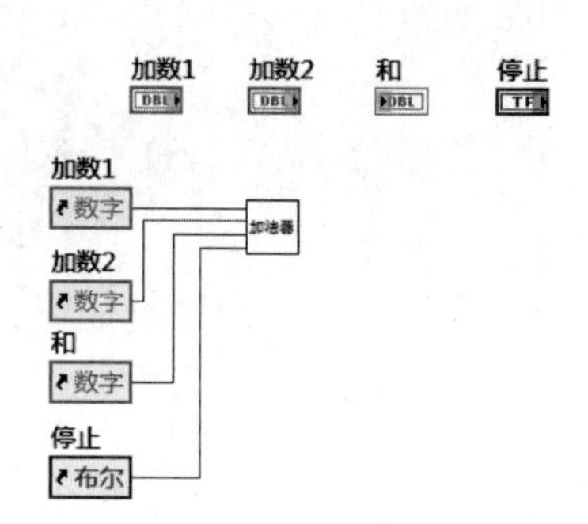

图 4.70　主 VI 的程序框图

（8）运行主 VI，测试其是否实现了预期的功能。

通过例 4.15 和例 4.16，学习了如何在 LabVIEW 中实现动态事件注册。如果只是处理本 VI 的对象发出的事件，建议使用静态事件注册，这样实现起来最简单；但如果需要在某个 VI 的事件结构中处理另外一个 VI 的对象发出的事件，则就必须使用动态事件注册。

4.4.4　用户事件

在 LabVIEW 中，能进行静态事件注册的都是用户界面事件，事件源可以是应用程序、VI 或者控件等，具体是在该 VI 编程中，通过编辑事件对话框实现事件设置。当然，如前所述，用户界面事件也可以被当作动态事件考虑，转而需要进行动态事件注册。

而用户界面事件，是 LabVIEW 自带的事件。还有一类事件，是由用户自定义的，被称为用户事件。对用户事件，只能进行动态事件注册。

在 LabVIEW 中，可以通过编程创建和命名自己定义的事件，即用户事件。利用用户事件，可以传送用户自定义的数据。与队列和通知器相似，用户事件可用于在应用程序的不同部分之间异步交换数据。

与用户事件相关的函数，详见表 4.1。这些函数，位于“函数”选板→“测量 I/O”→“DAQmx-数据采集”→“DAQmx 高级”→“DAQmx 事件”→“事件”子选板上，如图 4.55 所示。

【例 4.17】 完成用户输入提示。具体要求：在一些实际应用场合，有时对前面板上控件的输入是有要求的，例如要求必须输入大于 0 的数，如此，如果用户误输入了小于或等于 0 的数，希望 VI 能自动给出提示：“请输入大于 0 的数”。

例 4.17 的 VI 的前面板，如图 4.71 所示。在前面板放置了两个控件，分别是“数值输入控件”和“停止按钮控件”。该 VI 的程序框图如图 4.72 所示，其程序结构方面，采用的是事件处理循环，即一个 While 循环嵌套了一个事件结构。该 VI 的建立步骤如下：

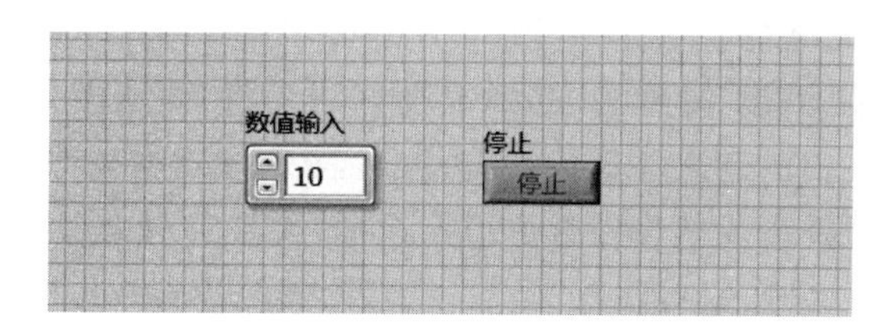

图 4.71 例 4.17 的 VI 的前面板

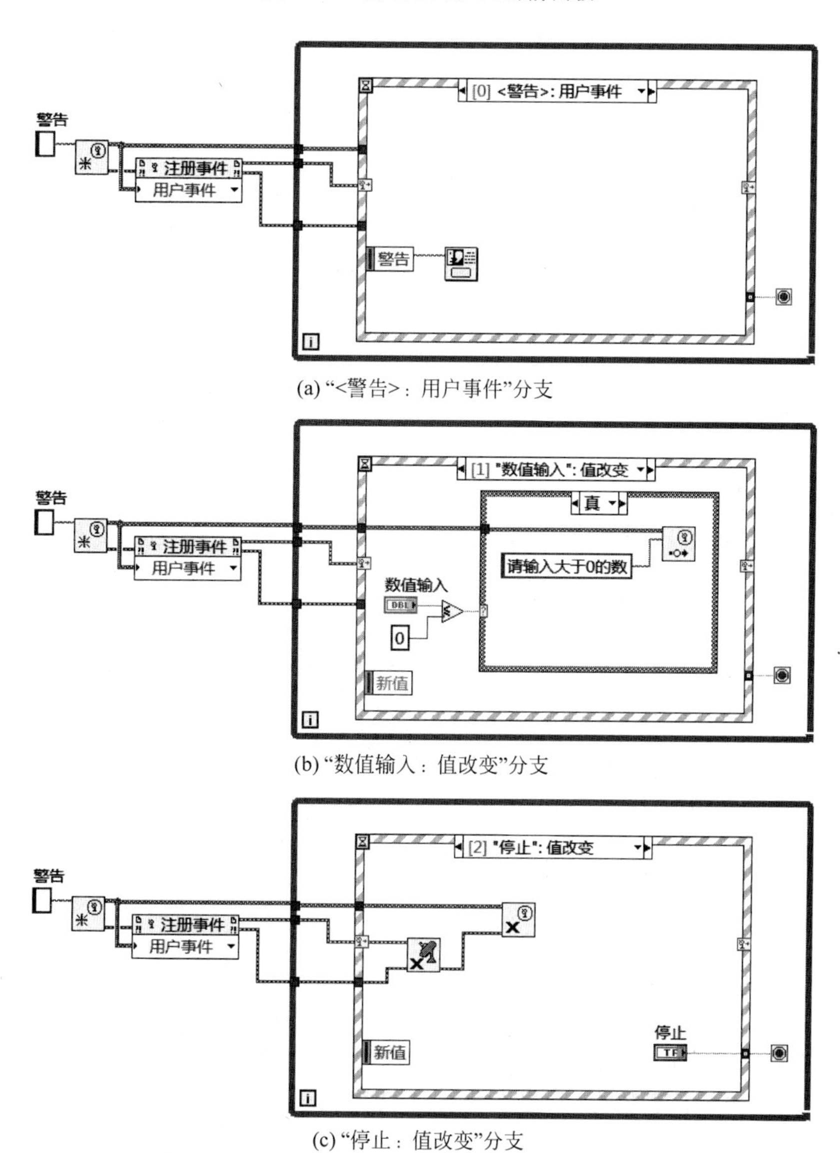

(a) “<警告>：用户事件”分支

(b) “数值输入：值改变”分支

(c) “停止：值改变”分支

图 4.72 例 4.17 的 VI 的程序框图

(1) 在 While 循环外，首先调用了“创建用户事件”函数，将一个字符串常量接至“创建用户事件”函数的“用户事件数据类型”接线端，并将字符串常量的标签改为“警告”。如此，就决定了用户事件传递的数据类型是字符串。

(2) 调用“注册事件”函数，按照图 4.72(a)连好线。将“注册事件”函数的“事件注册引用句柄输出”连至事件结构的动态注册接线端，然后，在编辑事件对话框中选择该用户事件，如图 4.73 所示。在该事件分支的事件数据节点选择“警告”，对应于上一步所设置的字符串常量的标签；然后，调用“单按钮对话框”函数，将“警告”输出端连至“单按钮对话框”函数的“消息”输入端。

图 4.73 例 4.17 中编辑事件的对话框

(3) 如图 4.72(b)所示，在事件结构的“数值输入：值改变”分支中，调用了“产生用户事件”函数，将字符串“请输入大于 0 的数”连至“产生用户事件”函数的“事件数据”输入端。

(4) 如图 4.72(c)所示，在事件结构的“停止：值改变”分支中，执行取消注册事件和销毁用户事件，最后，退出 While 循环。

对如上这个 VI 的编程，有以下几点需要注意：

(1) “创建用户事件”函数的“用户事件数据类型”接线端，应连入一个簇类型的数据，由于簇中的元素可以是任意类型，所以用户事件可以传送任意类型的数据。而如果要传送的数据为单一类型，例如，例 4.17 中要传输的数据类型为字符串，这时，可以将字符串类型的数据常量连至“用户事件数据类型”接线端上，而无须再建立簇。

(2) 需要为接至“用户事件数据类型”接线端上的数据常量设置标签，这样，在事件结构的用户事件分支中的事件数据节点中，才会出现相应的输出端口。

(3) 程序退出之前，应执行"取消注册事件"和"销毁用户事件"函数，以释放所占用的内存资源。

【例 4.18】 根据波形的实时变化，动态修改图形显示控件纵坐标的最大值和最小值。

实现此例题目标的 VI 的程序框图(还有其他编程实现方法)，如图 4.74 所示，其特点是利用用户事件来实现波形最大值和最小值的传送。需要注意的是，在此 VI 中，"创建用户事件"函数的"用户事件数据类型"接线端接入的是一个簇，簇中的元素有两个，分别是最大值和最小值。在调用"产生用户事件"函数时，也要按照这样的数据类型向其"事件数据"端口输入数据，所以在此例中，要将计算所得的最大值和最小值打包成簇，再连至"事件数据"端口。

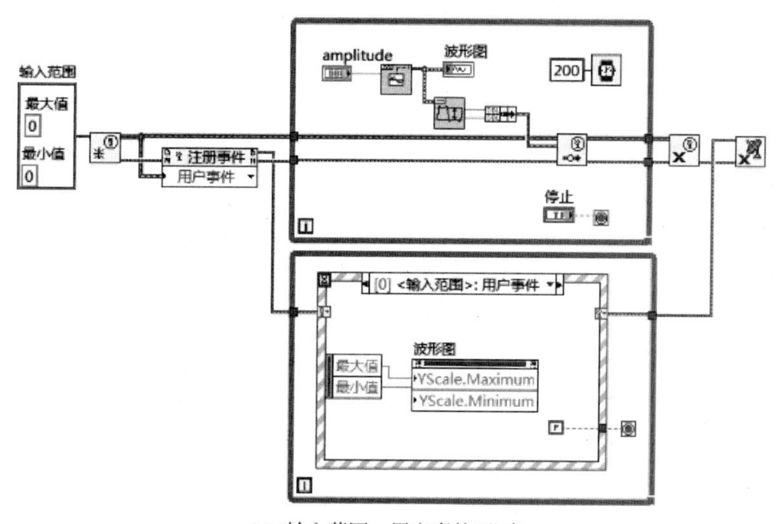

(a) "输入范围：用户事件"分支

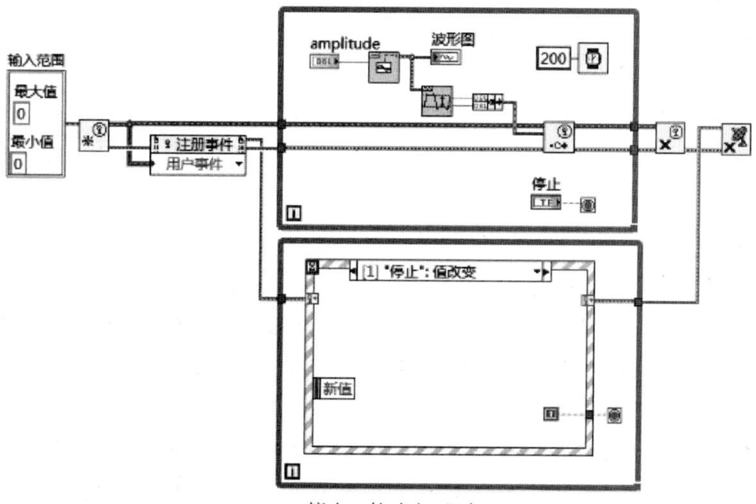

(b) "停止：值改变"分支

图 4.74 例 4.18 的 VI 的程序框图

需要指出的是,在例4.18中,调用了两个While循环,并利用用户事件实现了两个循环之间的数据通信。

4.4.5 使用建议及问题汇总

为事件结构配置事件之前,应先阅读LabVIEW中的"使用事件的说明与建议"。选中事件结构,右击,在弹出的快捷菜单中选择"帮助",即可查看到有关事件结构的相关说明和建议等。下面归纳出使用事件结构时常见的问题,供大家参考。

常见问题13:前面板无法响应其他事件。

在使用事件结构时,首先要注意理顺程序中各个结构之间的逻辑关系。如果出现前面板无法响应其他事件的问题,可以尝试将事件编辑框下方的一个选择框"锁定前面板直至本事件分支完成"取消。

常见问题14:如何避免过多占用CPU资源?

从上述介绍可以看出,使用轮询方式的弊端,是会过多占用CPU资源。那么,针对轮询结构,有没有改善的办法呢?回答是肯定的:有。

在VI运行能够接受的时间允许范围内,可以通过在While循环内添加延时函数的办法降低CPU的使用率。如图4.75所示,在While循环内增加一个延时函数,设置每两次循环之间相隔500ms。运行此VI会发现,对CPU的使用率会大幅度下降。即,虽然两次循环之间相隔了500ms,但在前面板上改变输入控件的值,结果"和"的值也会及时跟着改变。

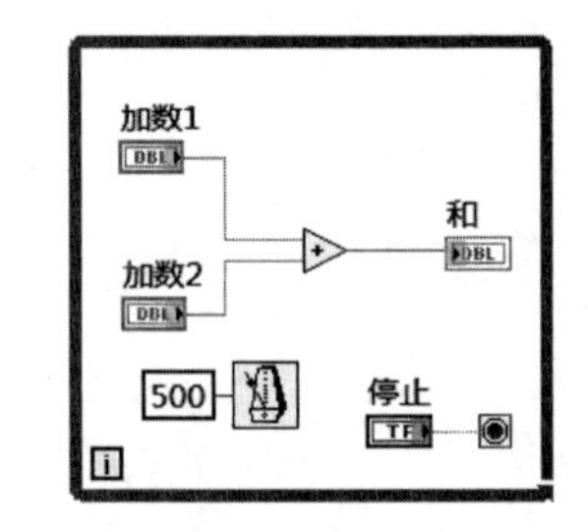

图4.75 在While循环内加延时

这种实现方式,虽然不是严格意义上的及时更新输入控件的值,但是从用户操作及响应的快慢上讲,是完全可以接受的,也是一种可行的解决方案,可以有效降低对CPU资源的使用。

当然,实际中经常需要定时执行一段代码,为此,也可以在While循环内加入适当的延时来实现。

常见问题15:关于"停止"按钮的使用。

针对图4.52所示的VI,一个错误的编程结果如图4.76所示。可见该VI中,停止按钮位于事件结构之外,运行该VI时,发现停止按钮不能正确响应。分析发现,出错的原因在于对事件结构的使用上。在图4.76所示的VI中,事件结构只有一个分支,此分支用于判断前面板上控件x和y的值是否发生改变,VI执行时,会等待此事件;而由于没有响应"停止:值改变"的事件分支,所以前面板上的停止按钮控件无法被正确执行。

针对上述问题,一种解决思路是将停止按钮放入事件结构内,再为事件结构增加一个分支“停止：值改变”，如图 4.52 所示。另一种解决办法是利用超时分支，如图 4.77 所示，即增加一个超时分支，给超时接线端连入一个常量“10”，如此，再运行该 VI，发现停止按钮就可以正确响应了。这里，前一种思路是严谨的解决办法，所以建议使用前一种方法。

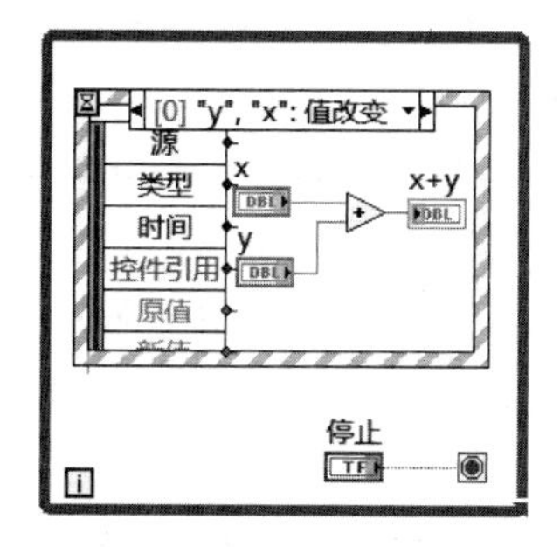

图 4.76　在使用事件结构编程上存在错误的 VI 的程序框图

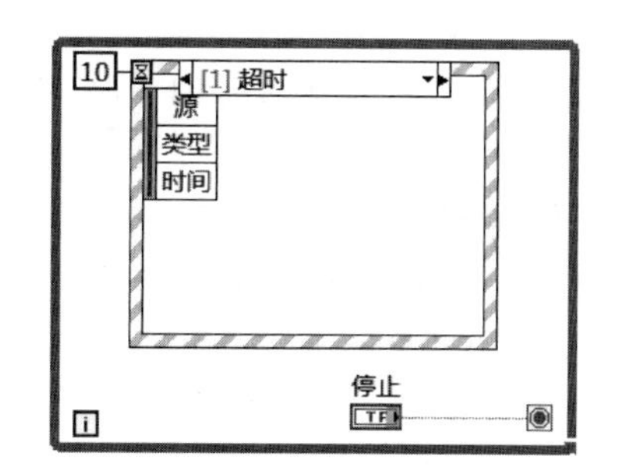

图 4.77　增加超时分支

常见问题 16：事件结构中超时分支的作用。

在创建事件结构中的分支时，可以看到默认生成的第 0 分支就是超时分支。超时接线端子默认设置为−1，表示永不执行超时事件，循环处于空闲等待状态。

这里，试着将求和的程序代码放到超时分支中，如此编程形成的程序框图，如图 4.78 所示，其中，超时接线端子接入一个常量 500，表示超过 500ms 无任何事件触发时，则执行超时事件。运行此 VI，改变超时接线端子接入的常量值，在前面板上观察其运行的效果。图 4.79 给出了利用超时分支的另一种思路，与图 4.75 相比，此情况下，事件结构的超时分支的功能与延时函数的相类似。

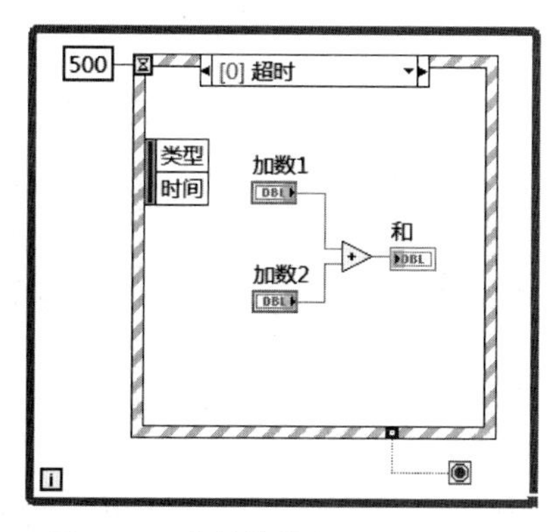

图 4.78　事件结构的超时分支(1)

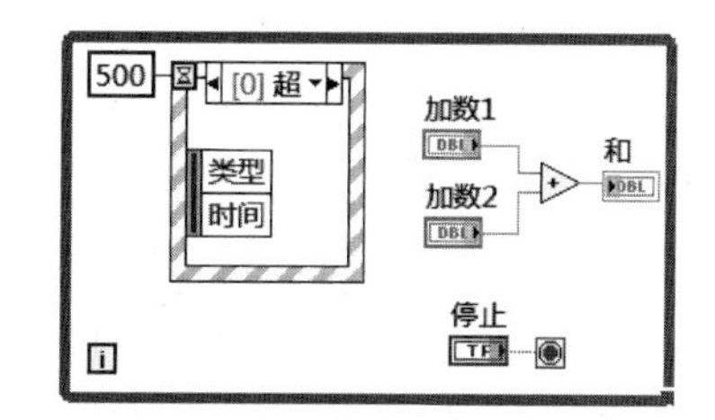

图 4.79　事件结构的超时分支(2)

可以看出，利用事件结构中的超时分支，也可以实现定时执行一段程序代码的功能。在 VI 处理的事件不多的情况下，可以采用此种方式；而如果事件较多，则不建议采用此种方式实现 VI 的定时执行功能。

另外需要补充的是，并不是所有的事件结构都必须有超时分支。如果事件分支可以覆盖所有可能情况，则就不需要超时分支。例如，图4.52所示的利用“循环事件结构”实现加法运算，其只有两个分支，分别是“停止控件的值改变”和“加数1、加数2值改变”，并没有超时分支。但如果事件分支并不能包含所有可能的情况，则可以利用超时分支使VI可以响应别的事件，例如对常见问题16的处理。

常见问题17：如何实现定时？

定时执行某个任务，这在实际应用中会经常遇到。那如何实现定时功能呢？在例4.5、常见问题14和常见问题16中，已经包含着定时功能的实现做法。这里，再较全面地归纳一下定时功能的程序实现方式。

实现定时功能，主要有3种方式，分别是在循环结构内添加延迟函数，或利用事件结构的超时分支，或者采用专门的定时结构。其中，前两种方式的计时器的精度由系统确定，依据所使用的平台，计时器的精度可能低于1ms。在LabVIEW中，定时结构子选板如图4.80所示。定时结构主要应用于实时系统和FPGA，也可以在Windows系统下使用，其计时精度要比前两种方式高，但会占用更多资源。

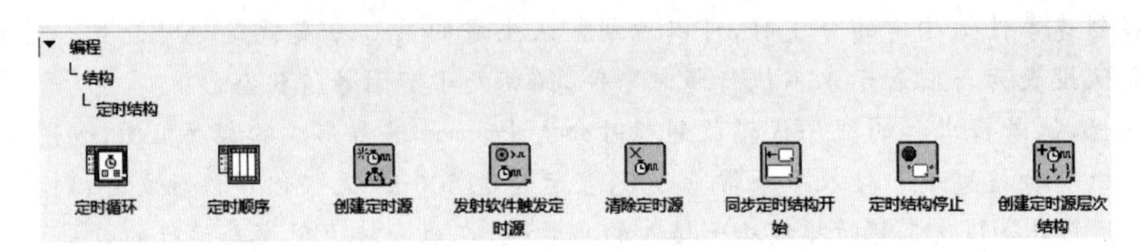

图4.80 定时结构选板

常见问题18：LabVIEW中的延时函数有哪些？

LabVIEW中的延时函数共有3个，分别是“等待(ms)”“等待下一个整数倍毫秒”和“时间延迟”，如图4.81所示。

“时间延迟”是一个快速VI，可以通过弹出对话框的方式，对需要延迟的具体时间多少进行设置，单位是秒(s)。

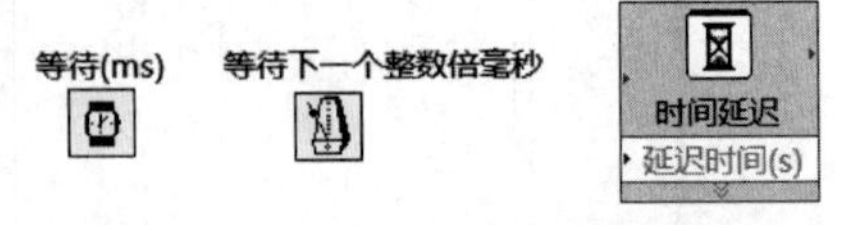

图4.81 LabVIEW中的延时函数

“等待(ms)”函数的功能，是等待指定长度的毫秒数，例如，在一个While循环内放入一个“等待(ms)”函数，将毫秒等待设为10ms，如果此时毫秒计时值为12ms，则当毫秒计时值达到22ms时，此次循环结束，进入下一次循环。

“等待下一个整数倍毫秒”函数的功能，是先等待，直至毫秒计时器的值为毫秒倍数中指定值的整数倍。例如，在一个While循环内放入一个“等待下一个整数倍毫秒”函数，设为10ms，如果当前毫秒计时值为12ms，则While循环将会等待8ms，即，直到毫秒计时值为

10ms 的整数倍即 20ms 时，才会结束本次循环，进入下一次循环。

最后，再对事件结构的使用做一个小结。①事件结构的优点是在不牺牲与用户的交互性前提下，可将 CPU 资源的占用降低到最小；②一些应用需求必须使用事件结构来实现，例如，在前面板上绘图，要捕获鼠标的移动、释放动作等；③停止按钮控件，最好放在“值改变”的分支中；④默认分支“超时分支”并非每个 VI 都会用到，而是要根据实际需求进行选择；⑤一个事件分支里，不要处理多个事件；⑥若前面板无法响应时，可以尝试将事件编辑框下方的一个选择框“锁定前面板直至本事件分支完成”取消勾选。

4.5 局部变量

在实际进行 LabVIEW 编程中，有时会发现有一些功能仅靠连线是无法实现的。例如：①在程序框图面板上编写 VI 时，如果想对某输入控件进行赋值，该如何实现呢？②LabVIEW 中的条件结构必须有 else 分支，那么，如何实现无 else 的 if 语句呢？③前面讲到，LabVIEW 环境下的数据传输是通过连线实现的，那么，不连线是否也可以实现数据的传递呢？回答是肯定的，即对上述这些问题，都可以利用 LabVIEW 中提供的局部变量来实现。

在 LabVIEW 中，局部变量（Local Variable）是对某个前面板控件数据的一个引用，即可以在一个 VI 的多个位置，访问该 VI 中的同一个前面板控件。使用局部变量，可实现 VI 的程序框图上非连线区域之间的数据传递，也可以实现对输入控件的写操作，以及对显示控件的读操作。可以为一个前面板控件建立多个局部变量，且从其中的任一个都可读取该前面板控件中的数据。向一个前面板控件的所有局部变量中的任一个写入数据，都会改变包括该控件本身和其他局部变量在内的所有数据复制。

在 LabVIEW 中，创建局部变量的方法有两种，如图 4.82 所示。第一种方法是：选中控件图标，右击鼠标，在弹出的快捷菜单中选择“创建”→“局部变量”，以确定关联关系。第二种方法为：在“函数”选板→“编程”→“结构”子选板上，找到“局部变量”，将其拖曳至程序框图面板上，再由其快捷菜单与相关控件确定关联关系。

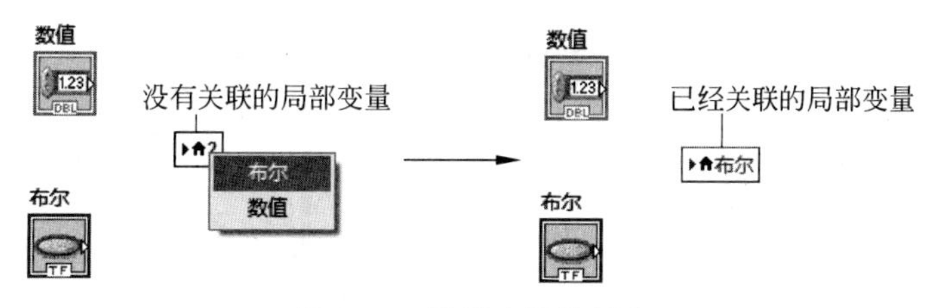

图 4.82 局部变量的创建

利用局部变量，会使 VI 的编写更加灵活。但是，在实际 VI 的编写过程中，应该慎用局部变量。这是因为：①每个局部变量都是一份数据复制，使用过多，就会占用更多内存；②过多使用局部变量和全局变量，会使 VI 的可读性变差，有可能致使编程错误不易被发现；③在多线程并行运行的 VI 中，局部变量可能引起竞态条件问题。

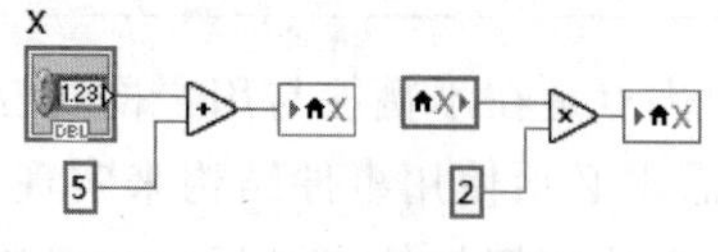

图 4.83 竞态条件问题示例

图 4.83 所示是一个引起竞态条件问题的示例。使用局部变量后，由于无法确认两段并行代码的执行顺序，故不能确定 X 的最终数据值是多少。解决竞态条件问题的方法是使用数据流或顺序结构，即要为 VI 代码的执行顺序施加强行设置。

在 4.3.3 节曾介绍过数据在循环结构内外是如何进行交换的，通过例 4.7 可知，循环执行前读入一次数据，循环结束后才输出数据。在例 4.13 中，也曾得到以下结论，如果想让 VI 及时读入输入控件更新后的值，则需要将输入控件放到 While 循环内。那么，关于这个功能，还有别的实现方法吗？答案是：可以利用局部变量来实现。

【例 4.19】 利用局部变量读取循环结构外的数据。

编写好的实现此例目标的 VI 的程序框图如图 4.84 所示，其中，数值输入控件位于 While 循环外，为数值输入控件“X”创建了一个局部变量，并将其放入 While 循环内，然后，将局部变量的输出连至显示控件“Y”的输入端子上。

运行这个 VI 会发现，在前面板上改变数值输入控件“X”的值，While 循环内显示控件“Y”的值也会跟着改变。这个例子说明，利用局部变量，可以实现在循环结构内读取循环结构外控件的值的功能。

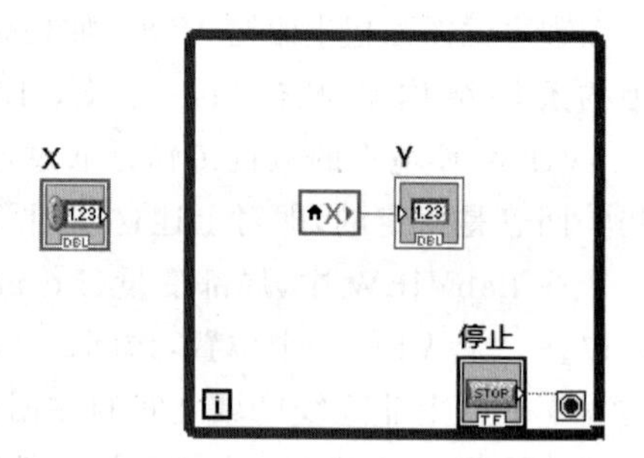

图 4.84 例 4.19 的 VI 的程序框图

【例 4.20】 利用局部变量将循环结构内的数据读出到循环外。

为此例编写的 VI 的程序框图如图 4.85 和图 4.86 所示。运行该 VI 会发现，循环结构外的“添加的数组”控件会实时显示循环结构内的值；位于循环结构外的数值显示控件 Y 的值，也会跟着循环结构内计数接线端 i 的具体值的变化而改变。

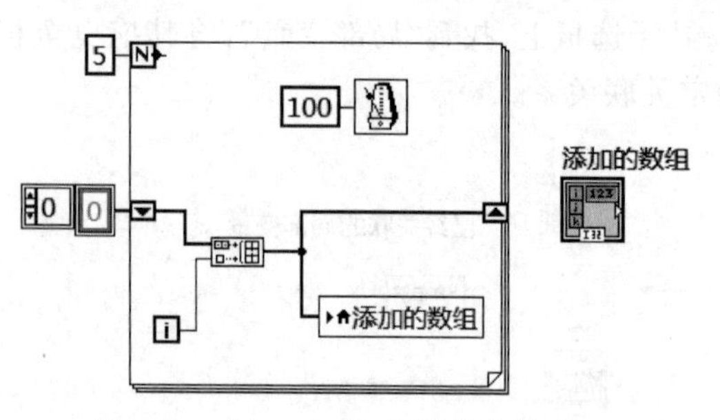

图 4.85 例 4.20 的 VI 的程序框图(1)

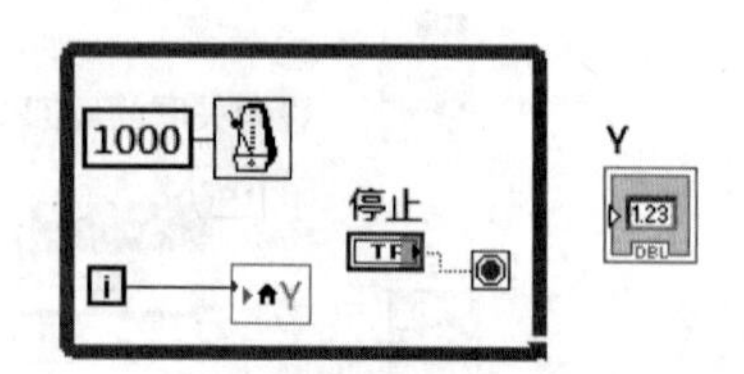

图 4.86 例 4.20 的 VI 的程序框图(2)

【例 4.21】 利用局部变量实现无 else 的 if 语句，当 x > 0 时，对 y 赋值 3。

在前面介绍条件结构时遗留了一个问题，即如何利用 LabVIEW 实现无 else 的 if 语句。这里给出一个利用局部变量实现无 else 的 if 语句的实现方案。

在这里，用到了中间变量 y0。利用局部变量将 y0 的值传出到条件结构外，从而避免用线连接、要在边框上产生隧道。对这样的"假"分支，不用做任何处理，即可实现无 else 的 if 语句。为此编写的 VI，如图 4.87 所示。

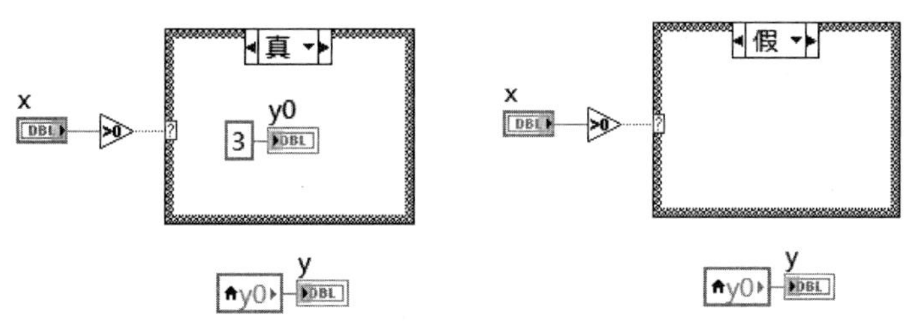

图 4.87 例 4.21 的 VI(1)

需要补充的是，LabVIEW 中条件结构的输出隧道还具备以下功能，即当有的分支不需要为输出隧道赋值时，可以选中隧道，右击，选择"未连线时使用默认"，如图 4.88 所示。这样，该分支的输出隧道就会使用该数据类型的默认值进行输出。按照这样的思路实现例 4.21 的 VI 代码如图 4.89 所示。运行此 VI 会发现，当 x>0 时，y=3；而当 x≤0 时，VI 默认给 y 赋值 0。如果在编程中用到了这样的结构，需要留意这样的结果是否符合实际需求。

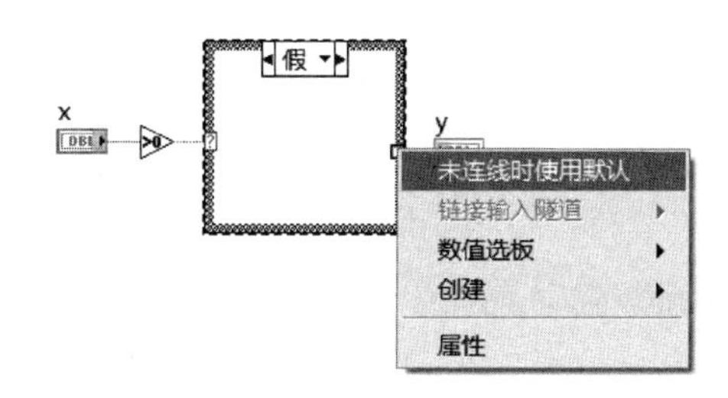

图 4.88 未连线时使用默认

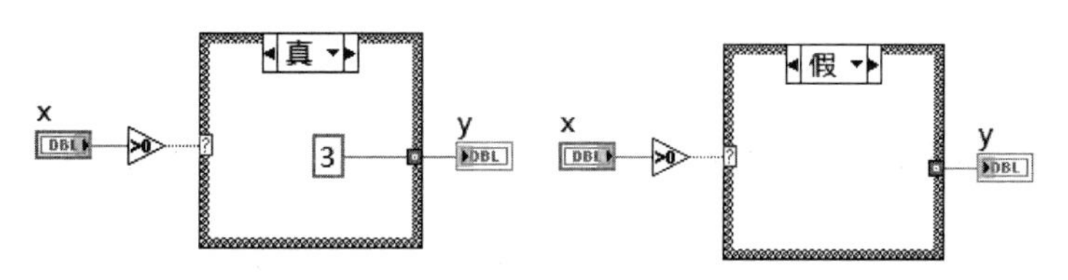

图 4.89 例 4.21 的 VI(2)

【例 4.22】 利用局部变量同时控制两个 While 循环。

在实际中，经常要实现这样的功能，即 VI 中有两个 While 循环，需要用同一个控制开关让它们同时停下来。这个功能该如何实现呢？同样，也可以利用局部变量来完成。为此编写的 VI 如图 4.90 所示，其中，有两个 While 循环，在第一个 While 循环内，将循环计数接线端中的值赋给显示控件"循环 1 里的值"；在第二个 While 循环内，将循环计数接线端中的值乘以 2，并赋给显示控件"循环 2 里的值"；每个 While 循环内都调用了一个定时函数，且均延时 1s。

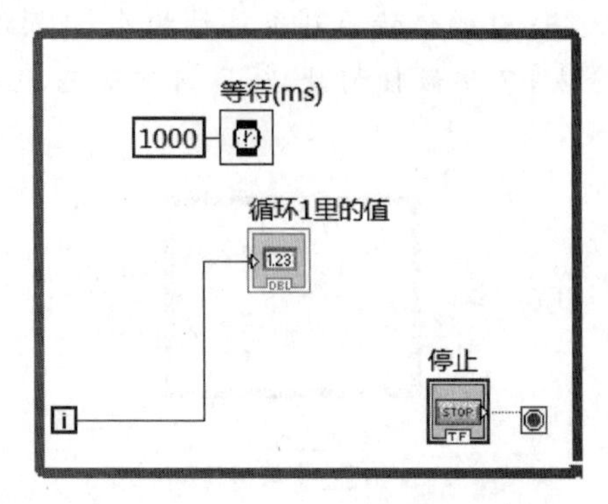

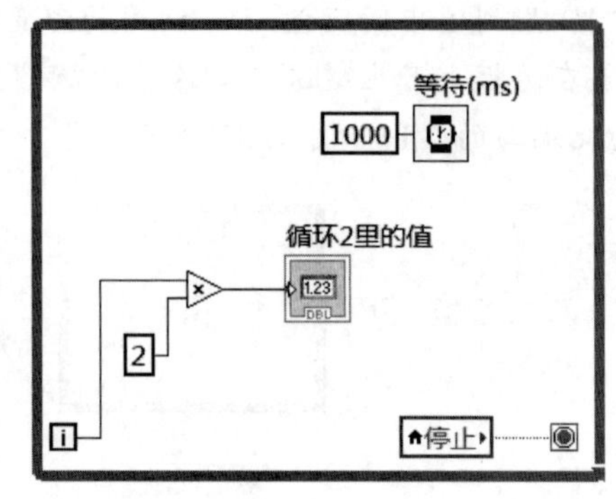

图 4.90　例 4.22 VI 的程序框图(1)

为第一个 While 循环的条件接线端添加一个“停止”控件，然后为这个“停止”控件创建一个局部变量，并将此局部变量的状态转换为“读取”。然后，将此局部变量连至第 2 个 While 循环的条件接线端上。随后，运行这个 VI 会发现，运行按钮成断裂的状态，这说明该 VI 有错误。单击断裂的运行按钮，弹出错误提示如图 4.91 所示。给出的提示表明，布尔量触发动作与局部变量不兼容。针对于此，再回到前面板，选中“停止”按钮，右击，选择机械动作，将默认的“释放时触发”改为“释放时转换”，如图 4.92 所示，这样，程序就顺利通过编译了。然后运行修改后的 VI，单击“停止”按钮，两个 While 循环都会退出。

图 4.91　错误提示

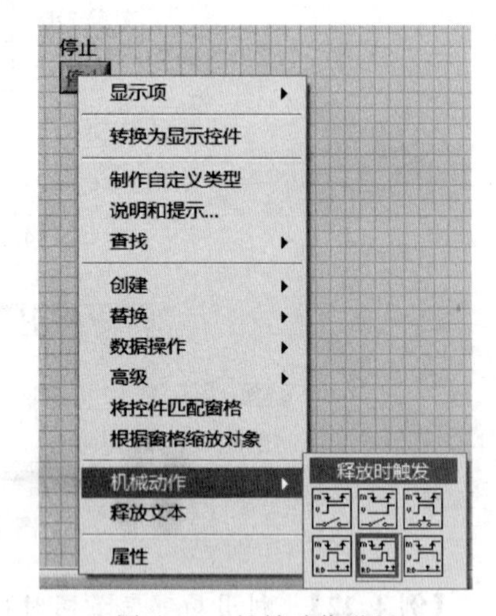

图 4.92　机械动作设置

但是，这时又会发现一个新问题，即如果采用“释放时转换”的机械动作，VI 停止后，“停止”按钮的状态一直为 true。所以，如果下次再运行该 VI 的话，两个 While 循环将各自执行一次后退出循环，该 VI 也就停止了。针对于此，必须每次在运行 VI 之前，以手动方式在前面板将按钮的状态改成 false。而这一过程，也可以通过修改 VI 实现，即在原有 VI 中添加按钮初始化的功能，并增加顺序结构，且在顺序结构的第0帧中，对"停止"按钮的状态进行设定，即将false赋给"停止"按钮。这里，同样也是利用局部变量。然后，再将两个While循环放至顺序结构的第1帧中，修改后的本例VI的程序框图如图4.93所示。

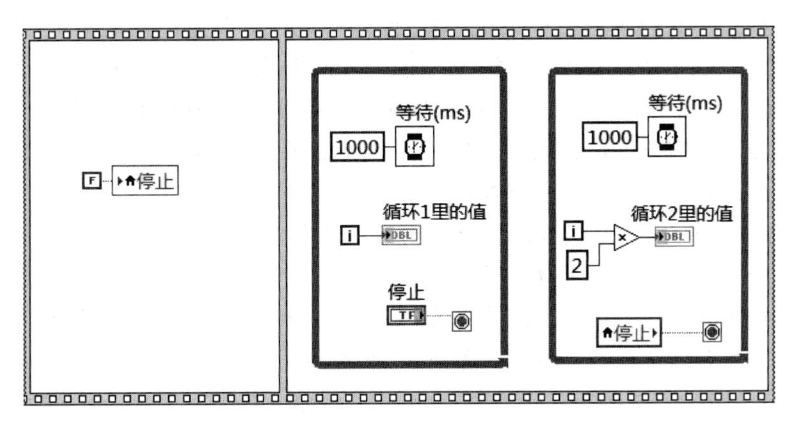

图4.93 例4.22 VI的程序框图(2)

常见问题19：如何转换所创建的局部变量的状态？

如图4.94(a)所示，以"停止"按钮为例，选中"停止"按钮，右击，选择"创建"→"局部变量"，这时，创建好的局部变量默认为"写入"。如果想要将其转换为"读取"，可以选中该局部变量，右击，在弹出的快捷菜单中选择"转换为读取"，如图4.94(b)所示。对"写入"和"读取"状态的选择，应根据实际需求确定。例如，例4.22，在第0帧初始化中，用的是局部变量的"写入"；而在第1帧中，用的则是"读取"。

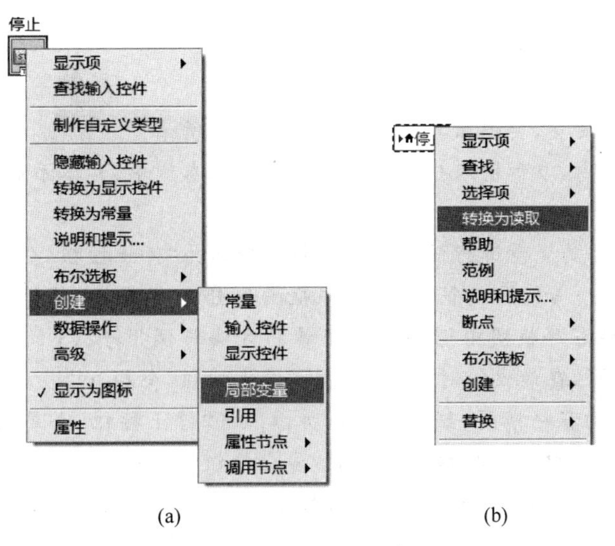

图4.94 局部变量的状态设置

4.6 全局变量

如果想在两个不同的 VI 之间传递数据，那又该如何实现呢？答案是可以利用全局变量。全局变量可在同时运行的多个 VI 之间访问和传递数据。全局变量是内置的 LabVIEW 对象。创建全局变量时，LabVIEW 将自动创建一个有前面板但无程序框图的特殊全局 VI。向该全局 VI 的前面板添加输入控件和显示控件，可定义其中所含全局变量的数据类型。该前面板就是一个可供多个 VI 进行数据访问的容器。

【例 4.23】 利用全局变量使两个 VI 同时停止运行。

首先创建一个全局变量。具体方法如下：

(1) 在程序框图面板上拖曳出全局变量，它位于"函数"选板→"编程"→"结构"子选板上，如图 4.95 所示；拖曳出的全局变量如图 4.96 所示。

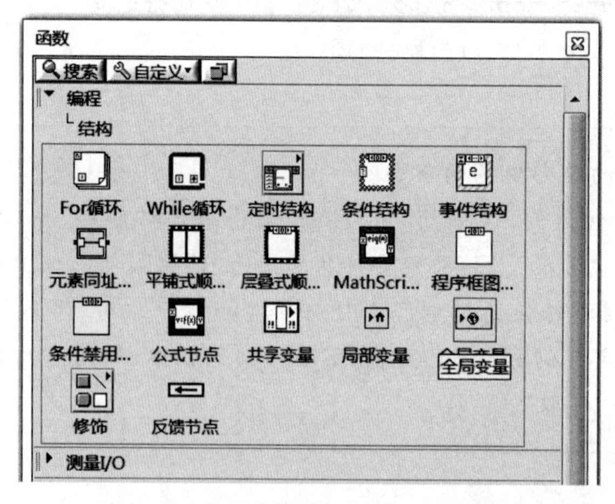

图 4.95 全局变量位于"结构"子选板上

图 4.96 全局变量

(2) 双击该全局变量，会弹出其前面板，如图 4.97 所示。

(3) 在该前面板上，添加输入控件和显示控件。在本例中，具体添加了一个停止按钮控件，如图 4.98 所示。

(4) 然后，对此全局变量进行保存，例如，将其命名为"停止按钮_全局.vi"。

(5) 分别编写两个 VI，第一个 VI 的程序框图如图 4.99 所示，将停止按钮控件连至"停止按钮_全局"上。在程序框图中调用全局变量的方法与调用子 VI 的方法一样，即在函数选板上单击"选择 VI"，在弹出的对话框中选择"停止按钮_全局.vi"。

(6) 第二个 VI 的程序框图，如图 4.100 所示。将"停止按钮_全局"连至 While 循环的条件接线端上。此时需要注意将拖曳出来的"停止按钮_全局"转换为"读取"，再进行连线。

(7) 运行两个 VI，在第一个 VI 的前面板上单击停止按钮控件，两个 VI 就都退出运行了。

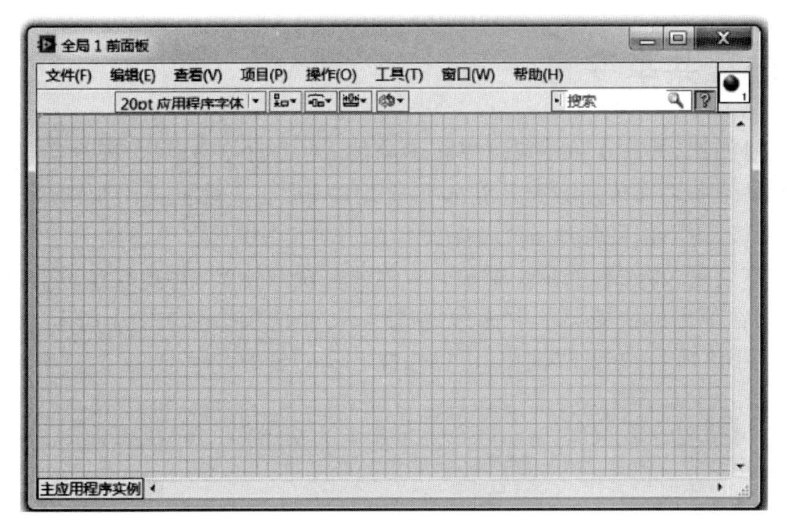

图 4.97　全局变量的前面板(空白)

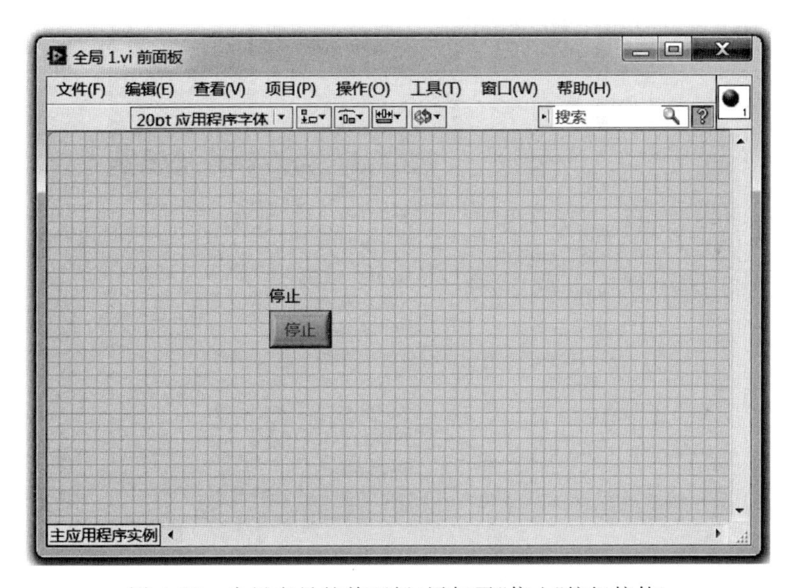

图 4.98　全局变量的前面板(添加了“停止”按钮控件)

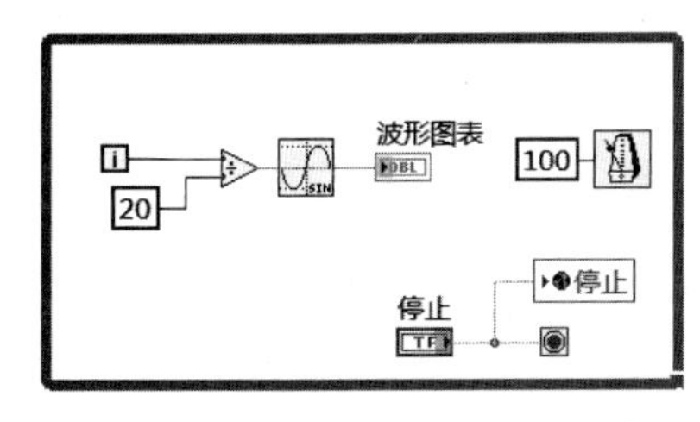

图 4.99　例 4.23 中第一个 VI 的程序框图

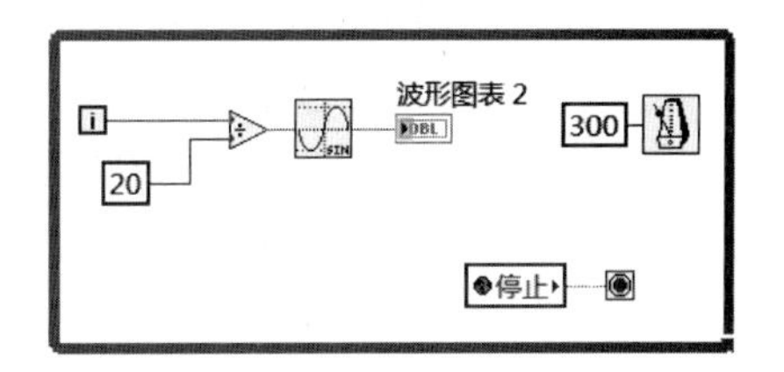

图 4.100　例 4.23 中第二个 VI 的程序框图

4.7 单进程共享变量

与全局变量相比，共享变量不仅可以在不同的 VI 之间传递数据，甚至还可以在不同的计算机以及硬件设备之间传递数据。在实际应用中，共享变量主要用于网络上不同 VI 的数据共享，或者读/写不同硬件设备上的数据。

为创建共享变量，首先要创建一个项目；创建好项目之后，在项目浏览器窗口选中"我的电脑"，右击，在弹出的快捷菜单中选择"新建"→"变量"，如图 4.101 所示；然后，会弹出对话框，如图 4.102 所示，在此界面中，可以修改共享变量的名称、数据类型和变量类型。

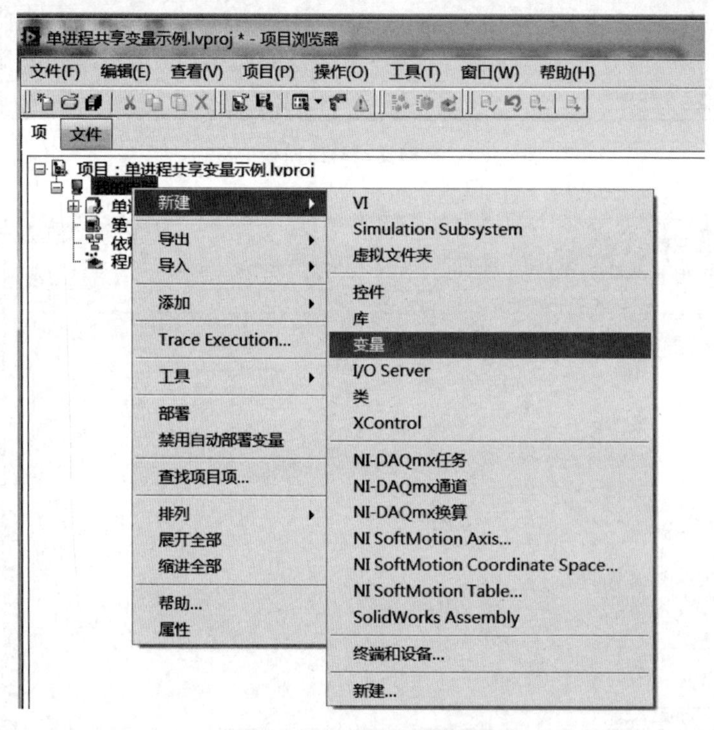

图 4.101 创建共享变量

共享变量的类型共有 3 种，分别是单进程、网络发布和时间触发的共享变量。其中，时间触发的共享变量应用于 LabVIEW 实时系统模块；单进程共享变量与网络发布共享变量的作用域不同，但使用方法是相同的。

单进程共享变量是作用域为单个应用程序进程的共享变量。与全局变量的不同之处在于，单进程共享变量多了错误簇输入/输出端，在实际编程中，可以利用错误簇来规定代码执行的先后顺序。比如，如下示例的程序框图，就是利用错误簇保证在循环开始之前对共享变量进行初始化。

下面将通过一个示例，学习如何在 LabVIEW 中创建单进程共享变量，并在 VI 中使用它。

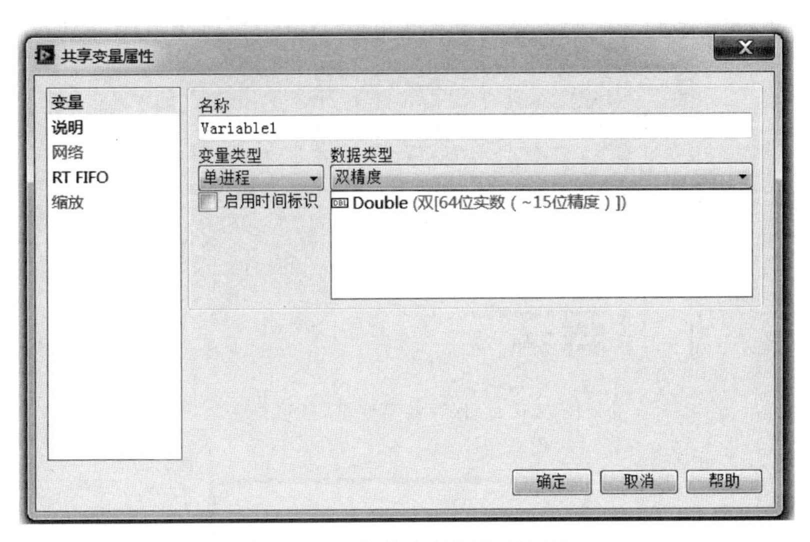

图 4.102　共享变量属性对话框

【例 4.24】 单进程共享变量示例：用同一个停止按钮控件同时停止运行中的两个 VI。本例将利用单进程共享变量去实现与例 4.23 相同的功能。具体编程步骤如下：

(1) 首先创建一个项目，在项目中创建共享变量"布尔共享"，如图 4.103 所示。保存该项目，共享变量"布尔共享"被保存在一个 LV 库(lvlib 文件)下，如图 4.104 所示。

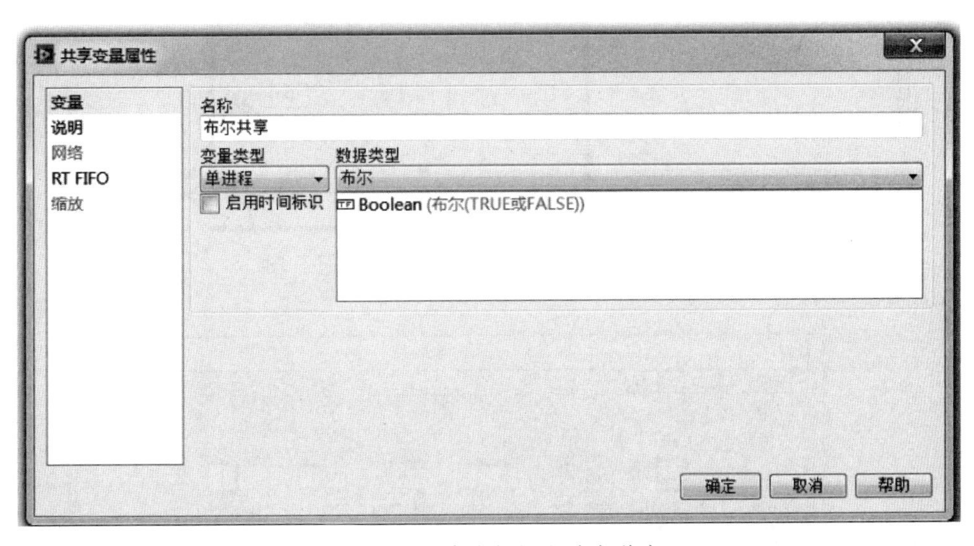

图 4.103　创建共享变量"布尔共享"

(2) 再分别编写两个 VI，它们的程序框图，如图 4.105 和图 4.106 所示。在程序框图中调用所创建的共享变量的方法如下：经"函数"选板→"编程"→"结构"子选板途径找到"共享变量"，将其拖曳到程序框图面板上，如图 4.107 所示；然后，选中"共享变量"，右击，选择

"选择变量"→"我的电脑"→"单进程共享变量示例.lvlib"→"布尔共享",如图 4.108 所示。

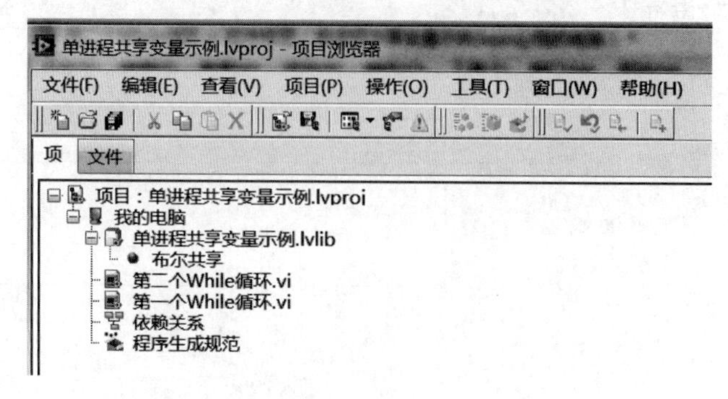

图 4.104 保存共享变量"布尔共享"

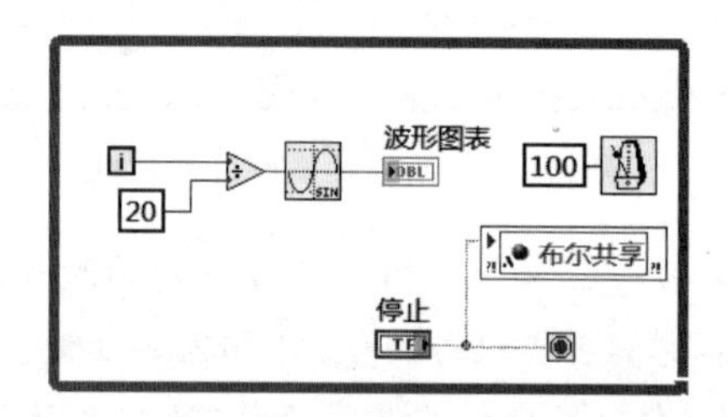

图 4.105 例 4.24 中第一个 VI 的程序框图

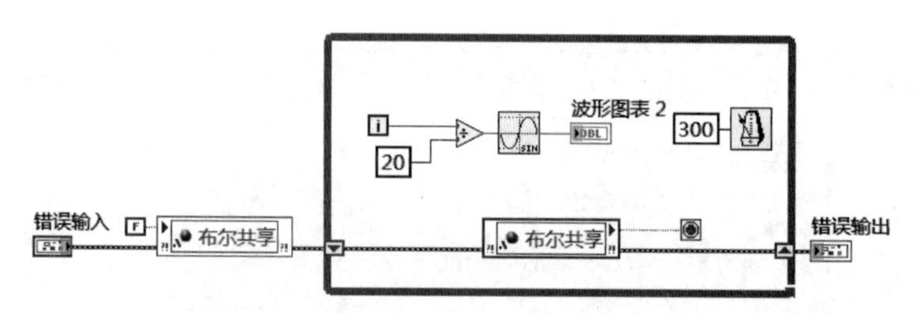

图 4.106 例 4.24 中第二个 VI 的程序框图

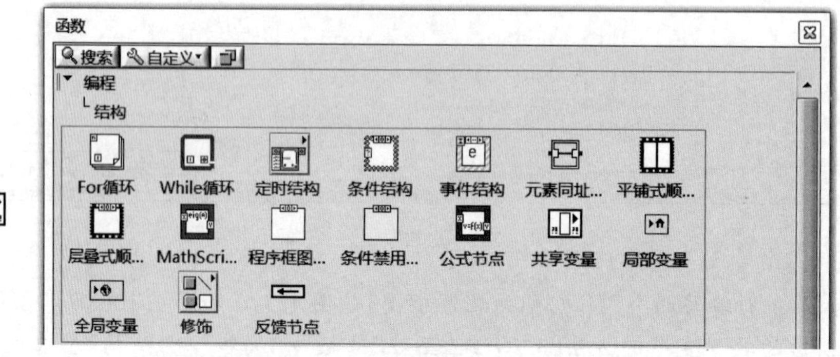

图 4.107 调用"共享变量"

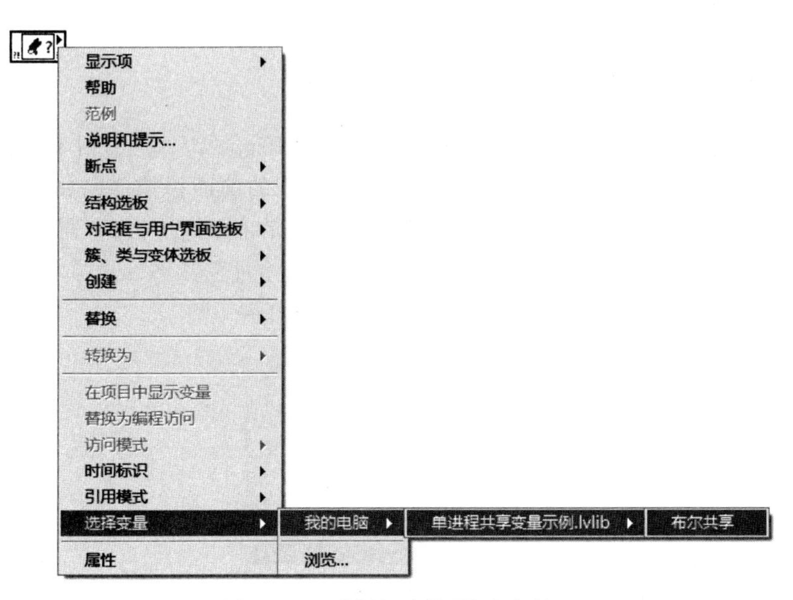

图 4.108 选择相应的"共享变量"

需要注意的是,创建的共享变量的默认状态是"读取",在编程时,可以根据实际需求将其状态改为"写入",具体转换方法如下:选中该"共享变量",右击,在弹出的快捷菜单中选择"访问模式"→"写入",如图 4.109 所示。

图 4.109 "共享变量"状态的转换

4.8 属性节点

LabVIEW 还提供有属性节点的功能。属性节点(Property Node)用于设置前面板控件的属性,并允许动态地对其进行调整和改变。不同类别的前面板控件的属性种类和个数是不同的。在 LabVIEW 中,属性节点的创建方法,是先在前面板上选中需要设置属性的控件,右击,弹出快捷菜单,选择“创建”→“属性节点”,具体过程如图 4.110 所示。可以看到,此控件的属性有多个,实际使用时,可根据需求进行选择并设置。

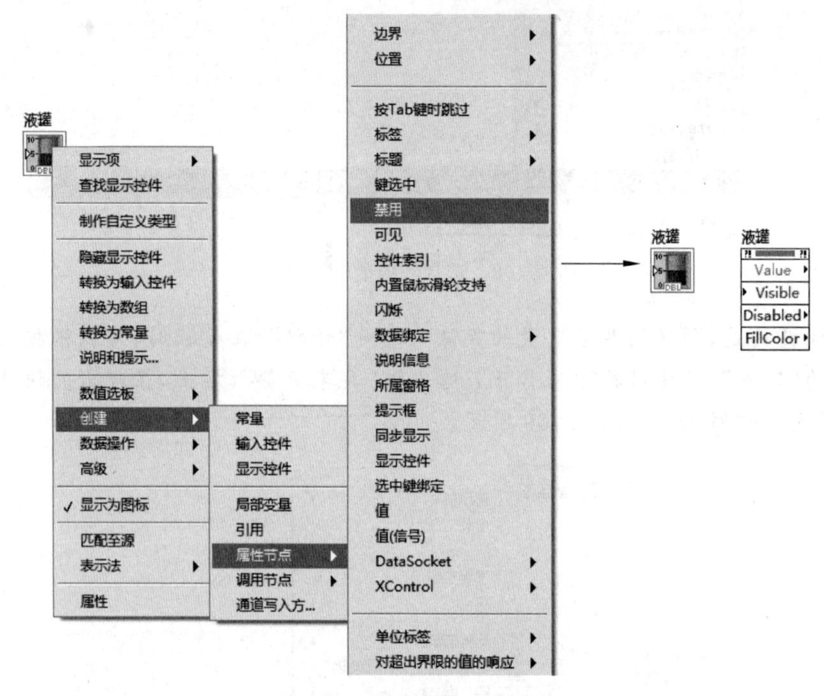

图 4.110 属性节点的创建

应该注意:属性节点刚建立时,仅显示一个属性,可通过下拉其属性菜单的下边框,找到它的其他属性。

【例 4.25】 利用属性节点读取循环结构内的数据。

为此例编写的 VI 的程序框图,如图 4.111 所示。具体是创建显示控件 Y 的属性节点,选择其中的“值”属性,将其转换为“写入”,然后将计数接线端 i 的值赋给其属性节点。

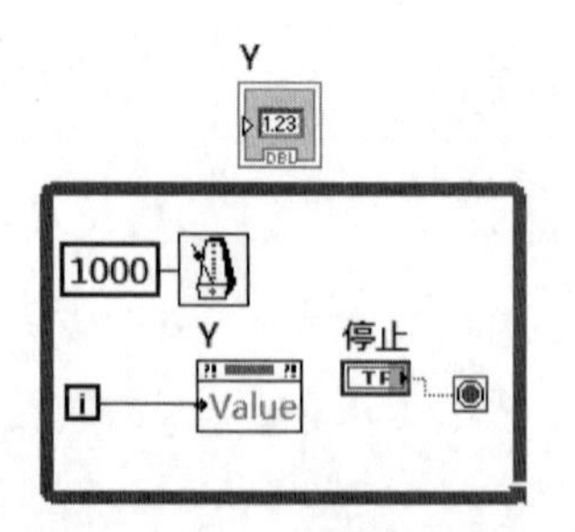

图 4.111 例 4.25 的 VI 的程序框图

从例 4.25 的 VI 可以看出,利用属性节点的 Value 属性,可以实现类似局部变量的功能。而属性节点的功能要比局部变量更丰富,它常被用来将 VI 的界面制作得更加美观生动。属性节点的这些功能,将在第 7 章做具体阐述。

4.9 公式节点

有时，复杂的算法若完全依赖图形化的代码去实现，会显得过于烦琐。针对于此，在LabVIEW中还设置有以文本编程形式实现程序逻辑的公式节点。公式节点的语法与C语言十分相似，其具体语法规则，可参见LabVIEW的帮助文件。为此，选中公式节点，右击，选择“帮助”，即可查看到相关的解释和说明。

公式节点是通过输入和输出端子与外部交换数据的。在公式节点的边框上右击鼠标，弹出快捷菜单，可选择“添加输入”或“添加输出”；不同输入端子或不同输出端子不能使用相同的名称。

【例4.26】 求一元二次方程的根，方程的形式为 $ax^2+bx+c=0$，设 $b^2-4ac\geqslant 0$，则方程的根为：$x=\dfrac{-b\pm\sqrt{b^2-4ac}}{2a}$。要求通过计算机编程实现对它的求解。具体地，$a$、$b$ 和 c 由键盘输入，输出两个根的值，即 $x1=\dfrac{-b+\sqrt{b^2-4ac}}{2a}$，$x2=\dfrac{-b-\sqrt{b^2-4ac}}{2a}$。

对于此例，如果完全采用LabVIEW图形化编程语言来实现，其代码如图4.112所示。利用公式节点实现的程序框图如图4.113所示，其中a、b和c为输入端子，在左侧边框上；x1和x2为输出端子，在右侧边框上；dis、p和q则为中间变量。

对比图4.112与图4.113两种实现方式，可以明显看出，当计算复杂时，如果完全采用图形化语言，会显得烦琐，对此，可以调用公式节点，改为采用文本式语言来实现。

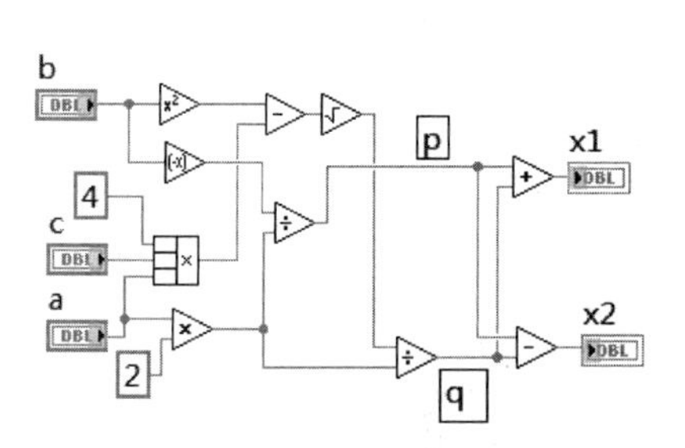

图4.112　例4.26的程序框图

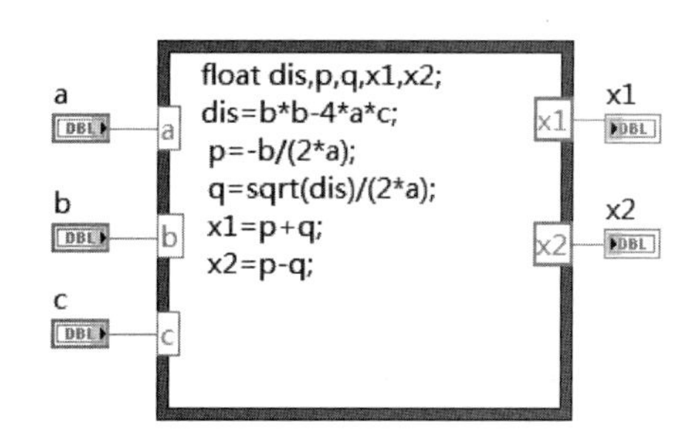

图4.113　例4.26的程序框图(调用公式节点实现)

需要注意的是，公式节点中的中间变量，应该在公式节点内进行定义。此外，使用公式节点时还要注意，变量名对字母的大小写很敏感，书写一定要一致。

4.10 MathScript节点

对于文本编程形式，除了公式节点外，LabVIEW还提供有功能更强大的MathScript节点(还需安装“MathScript RT模块”，具体方法请见本书附录A)。

MathScript 节点的核心是高级文本编程语言，具有强大的信号处理、分析和数学计算功能。MathScript 节点具有用于数学、信号处理和分析的 600 多个常用函数；使用者还可以自行开发新的自定义函数。MathScript 节点通常兼容 m 文件的脚本语法，这种语法被 MathWorks 公司的 MATLAB 软件和其他软件广泛采用。如此，很多先前开发的 m 文件脚本就可以被直接利用，例如在工程教科书或网站上发布的开源的 m 文件脚本。另外，MathScript 节点不需要额外的第三方软件来编译和执行。

在 LabVIEW 中，可以通过两种方式使用 MathScript 节点。一种方式是调用 MathScript 节点，它位于"函数"选板→"编程"→"结构"子选板上；另一种方式是利用 LabVIEW 的 MathScript 窗口。

MathScript 节点如图 4.114 所示，表征为蓝色的矩形框。在 MathScript 节点中，可以直接输入 m 文件脚本语言，或从文本文件中导入。在 MathScript 节点的边框上，可以定义、命名输入和输出，以实现对数据的传输。选中 MathScript 节点的边框，右击，可以选择"添加输入"或"添加输出"，如图 4.114 所示。

图 4.115 显示了在 MathScript 节点左侧的输入变量：x，k 和 b，是 m 文件脚本的输入参数。该 MathScript 节点还包含有输出变量 y，用于将结果传送到 LabVIEW 图形化节点中。通过输入和输出，可以将 m 文件脚本变量和 LabVIEW 图形化编程相结合，从而实现图形化 LabVIEW 程序与 m 文件脚本之间的数据传递。

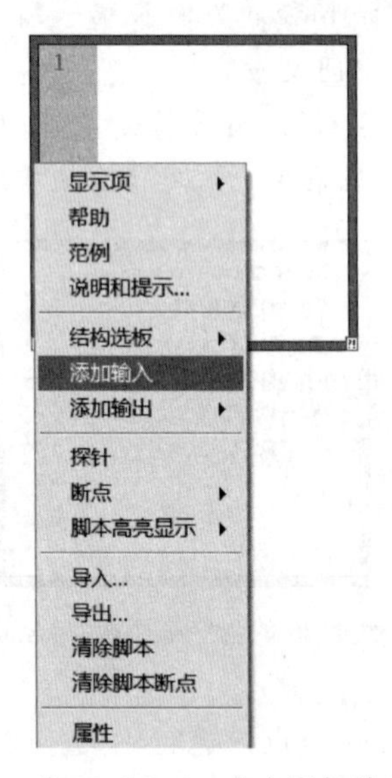

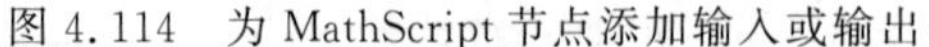
图 4.114　为 MathScript 节点添加输入或输出

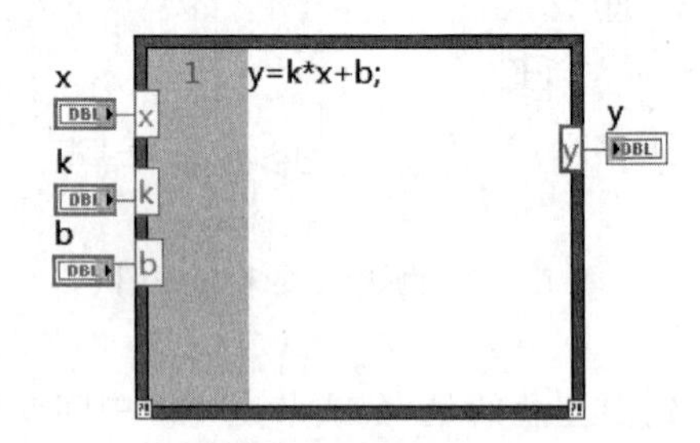

图 4.115　MathScript 节点

LabVIEW MathScript 窗口提供有一个交互式界面，可以在前面板或程序框图面板上，经工具菜单选择"MathScript 窗口"进入，其界面如图 4.116 所示。在此界面上，可以输入 m 文件脚本命令，并能立即看到运行结果；并且可以观察变量和命令的历史信息。LabVIEW MathScript 窗口包括一个命令窗口，在这里，可以逐句输入命令，以实现快速计算。

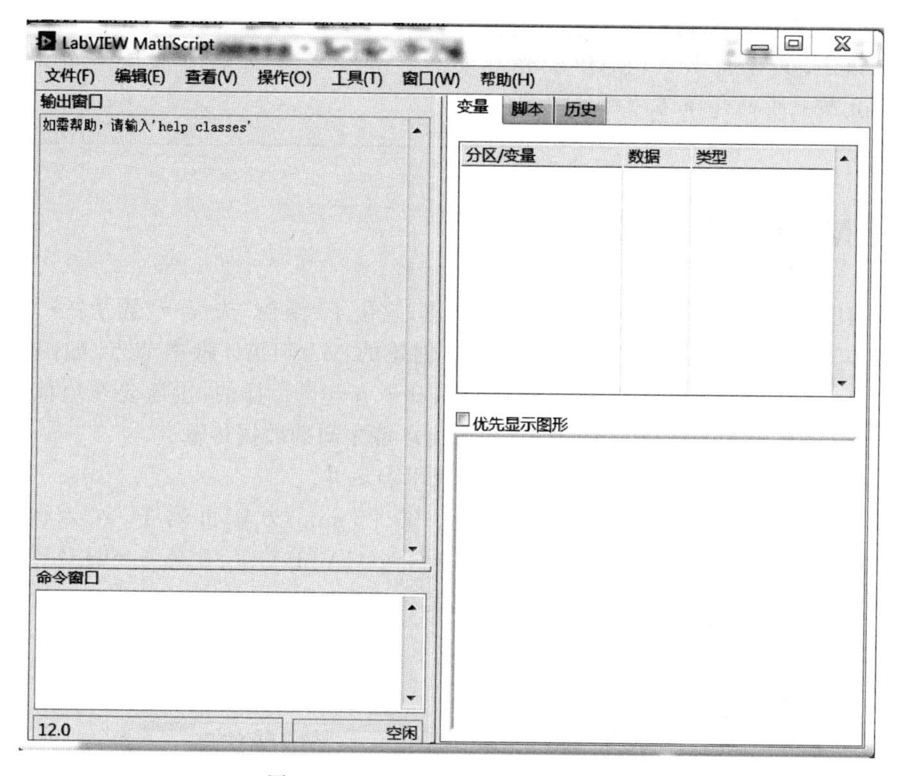

图 4.116 MathScript 的交互式窗口

由于采用文本化编程语言，相比于图形化的编程语言，MathScript 节点在信号处理、分析和数学计算等方面更具有优势；MathScript 节点不需要额外的第三方软件来编译和执行。在实际应用中，可以根据需求，利用 MathScript 节点实现文本化与图形化编程的结合，以使得测量任务被更快、更好地完成。

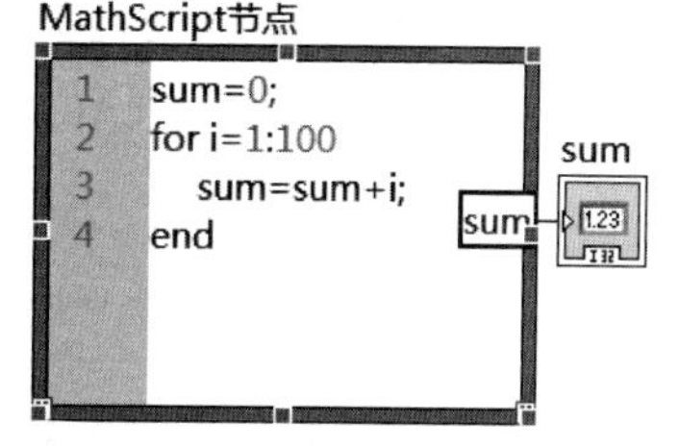

图 4.117 利用 MathScript 节点实现求和运算

【例 4.27】 利用 MathScript 节点实现求和运算。

为此例编写的 VI 的程序框图如图 4.117 所示。其中，sum 为输出端子，在右侧边框上。编写 MathScript 节点中代码的语法，与 MATLAB 中的语法类似，具体的语法规则请参见 LabVIEW 的帮助文件，具体地，选中 MathScript 节点，右击，选择“帮助”即可查看到相关的内容。

常见问题 20：公式节点与 MathScript 节点的区别。

MathScript 节点和公式节点都是采用文本语言，其中，MathScript 节点的功能函数要比公式节点的更丰富、更强大，适用于需要大量复杂科学计算的各种场合，但 MathScript 节点的运行效率低于公式节点。对两者在使用上的一些细节区别总结如下：

① 编写公式节点中代码的语法类似C语言，而编写MathScript节点中代码的语法是M-Script语法，具体与MATLAB软件相类似；② 公式节点中的注释语句用“//”，而MathScript节点中的注释语句则用“%”。

4.11 MATLAB脚本节点

LabVIEW中还提供有MATLAB脚本节点，它位于“函数”选板→“数学”→“脚本与公式”→“脚本节点”子选板上。在LabVIEW中创建的MATLAB脚本节点，如图4.118所示。MATLAB脚本节点的使用方法与MathScript节点是一样的，也需要在边框上添加输入和输出，以实现脚本节点与LabVIEW图形化环境之间的数据传输。

【例4.28】 利用MATLAB脚本节点实现求和运算。

此例VI的程序框图如图4.119所示。其中，sum为输出端子，在右侧边框上。MATLAB脚本节点，就是LabVIEW提供的专门与MATLAB软件的一个接口，所以，编写其中代码的语法与MATLAB中的语法一样，具体的语法规则，请参见MATLAB的帮助文件或相关书籍。

图4.118 MATLAB脚本节点

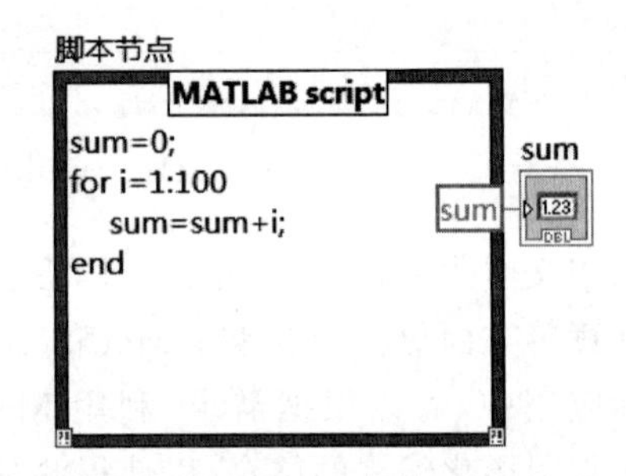

图4.119 例4.28 VI的程序框图

常见问题21：MathScript节点与MATLAB脚本节点的区别。

为使用MATLAB脚本节点，装有LabVIEW的计算机中，还必须装有MATLAB软件。如此，LabVIEW会自动运行MATLAB软件；而使用MathScript节点，则无须安装MATLAB软件。

4.12 本章小结

本章主要讲述了LabVIEW中常用的12种程序结构，分别是顺序结构、条件结构、While循环、For循环、事件结构、局部变量、全局变量、单进程共享变量、属性节点、公式节点、MathScript 节点和 MATLAB 脚本节点。

对于条件结构，在编程上需要注意的是，其所有的分支，都必须给输出隧道赋值；当其条件选择器端子上连接的是非布尔型数据时，要么在选择器标签中列出所有可能的情况，要么就必须给出一种默认情况。

对于循环结构，要正确理解其内外的数据是如何进行交换的，当将数组接至循环结构上时，要根据实际需要将自动索引打开或关闭，并学会使用移位寄存器和反馈节点与之相配合。

事件结构经常放在一个 While 循环内使用，涉及人为操作和界面响应等需求时，最好选用事件结构；利用事件结构的优点是，在不牺牲与用户的交互性前提下，可将 CPU 资源的占用降到最小。

当有的算法仅仅依靠数据流连线解决不了时，可以考虑使用局部变量、全局变量、单进程共享变量和属性节点。

另外，LabVIEW 还提供了与文本式编程语言接口的程序结构，具体有公式节点、MathScript 节点和 MATLAB 脚本节点。对于这些节点，首先要学会如何创建其输入、输出端子，以实现数据的传递；另外，在实际使用时，可通过查阅帮助文件了解它们的语法规则。

本章习题

4.1 编写一个 VI，用以判断 m 是否是素数。具体地，在前面板放置一个数值输入控件 m，为 m 赋值 17，运行 VI，判断其是否为素数。如果是，弹出对话框"17 是素数"。

4.2 找出 100～200 整数中的所有素数。提示：利用 For 循环和条件结构。

4.3 试利用条件结构构建一个求平方根的 VI，并编写出一个专用的图标。

4.4 编写一个温度报警 VI，具体地，当温度值高于 30℃时就报警；温度值低于－25℃时，VI 就退出运行状态。提示：利用 While 循环＋条件结构来实现；报警"蜂鸣声(beep)"函数位于"函数"选板→"图形与声音"子选板上。

4.5 编写一个 VI，用户在前面板设定一个目标值(1～100)，要求该 VI 不断产生一个随机数(1～100)，当该随机数首次出现在目标值±3 范围内时，VI 停止，并在前面板上显示出此时 VI 循环的次数。

4.6 构建一个简易加法计算器 VI。要求：

(1) 利用"轮询"结构，循环内不加定时函数；

(2) 利用"轮询"结构，循环内加定时函数；

(3) 利用"循环事件结构"，分支为"超时"；

(4) 利用"循环事件结构"，分支为"值改变"。

理解四种编程方式，运行相应 VI，并打开"任务管理器"查看 CPU 的占用情况。

4.7 编写一个 VI，可随机生成一个 1～1000 的整数作为比较值，每次提示输入一个数值后，会返回该数值与比较值之间的大小关系，直到输入数值等于比较值。然后，输出用户猜测的次数。

4.8 计算一段程序的运行时间。在例 4.2 中，利用顺序结构完成了对一段程序运行时间的测试。问题：要想完成一样的功能，还有别的实现思路吗？提示：利用循环结构＋条件结构。

参考文献

[1] Johnson G W，Jennings R. LabVIEW 图形编程[M]. 武嘉澍，陆劲昆，译. 北京：北京大学出版社，2002.
[2] 侯国屏，王珅，叶齐鑫. LabVIEW 7.1 编程与虚拟仪器设计[M]. 北京：清华大学出版社，2006.
[3] 黄松岭，吴静. 虚拟仪器设计基础教程[M]. 北京：清华大学出版社，2008.
[4] Bishop R H. LabVIEW 8 实用教程[M]. 乔瑞萍，林欣，译. 北京：电子工业出版社，2008.
[5] 谭浩强. C 程序设计[M]. 北京：清华大学出版社，2000.

第5章

复合数据类型

在第3章中,学习了LabVIEW中的基本数据类型,包括数值、字符串、布尔量和枚举等。本章将介绍LabVIEW特有的所谓复合数据类型,主要有数组、簇、波形、DDT和变体。

5.1 数组

数组是相同类型元素的集合。在LabVIEW中,数组元素的索引号从0开始;数组可以是一维的,或多维的。与C语言不同的是,在LabVIEW中,创建数组时,不用事先指定数组的大小,即数组的长度,可以根据所编写VI的实际需求而改变。[1-4]

5.1.1 数组的创建

在LabVIEW中创建一个数组,有以下5个步骤。

第1步,先创建数组框架。数组框架有两种(如图5.1和图5.2所示):一种用于建立数组输入控件和显示控件框架,找到它的路径是"控件"选板→"新式"→"数组、矩阵与簇"→"数组"子选板;另一种用于建立数组常量框架,找到它的路径为"函数"选板→"编程"→"数组"子选板。LabVIEW默认初建的数组框架是一维的。

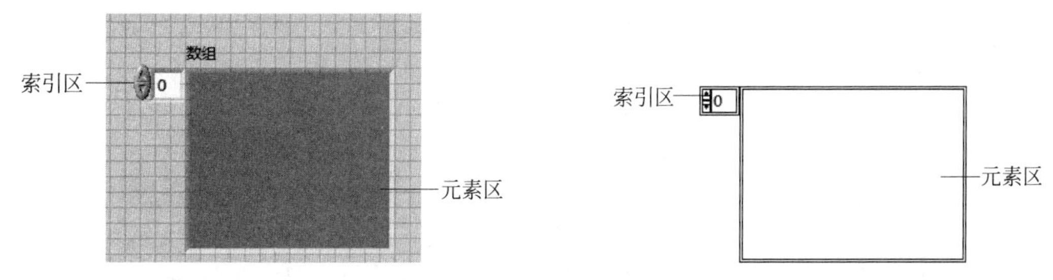

图5.1 在前面板创建数组输入控件和数组显示控件框架　　图5.2 在程序框图面板创建数组常量框架

第2步,向数组框架中添加"元素",以确定数组元素的具体数据类型。

第3步,以拖动方式操作,确定数组元素的可视大小,如图5.3所示;通过拖曳鼠标,可同时显示数组中的多个元素,具体如图5.4所示。

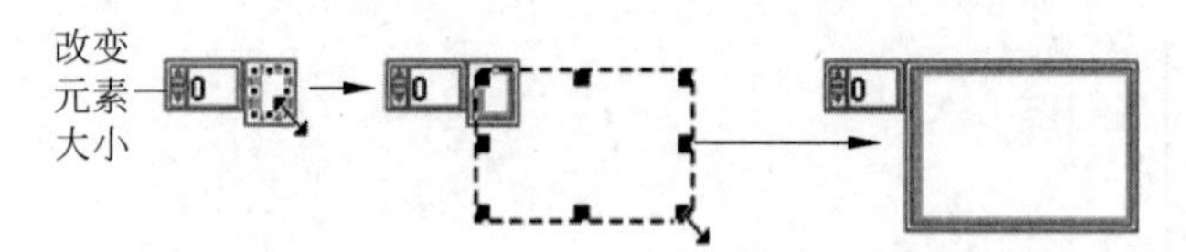

图 5.3　改变数组元素的可视大小(以数组常量为例)

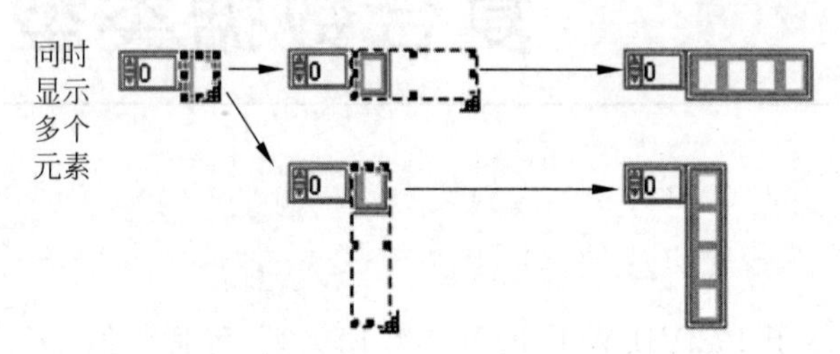

图 5.4　同时显示多个元素(以数组常量为例)

第 4 步,给数组中的元素赋值。

第 5 步,增加数组的维度。有两种实现方法：一种是用鼠标选中数组,右击鼠标,弹出快捷菜单,选择“添加维度”或“删除维度”；另一种是将鼠标移至数组左上角区域,通过拖曳,可以改变数组的维数。

按照上述步骤创建好的一个数组输入控件如图 5.5(a)所示。有时,需要将数组中的某个元素删除,操作步骤如下：将鼠标放在要删除的元素(例如,元素 5)处,右击鼠标,选择“数据操作”中的“删除元素”(如图 5.5(b)所示)。删除元素 5 后的数组如图 5.5(c)所示。

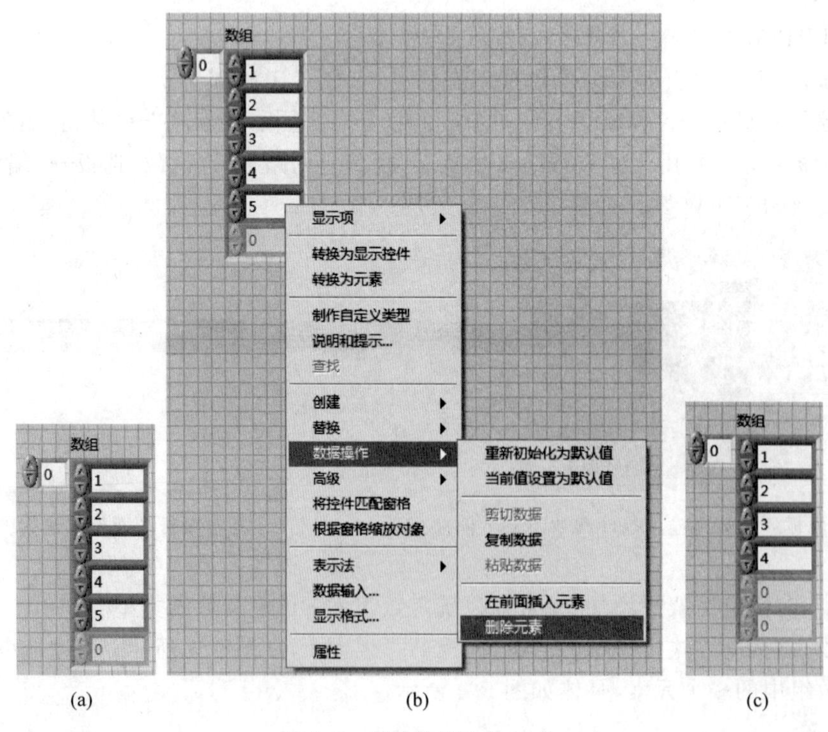

(a)　　(b)　　(c)

图 5.5　删除数组中的元素

5.1.2　数组的索引

如图 5.1 和图 5.2 所示,数组框架的左上角区域提供的是数组的索引,即该区域也称索引区域;数组框架中索引区域以外的主要区域是元素区域。在 LabVIEW 中,查看数组索引的规则是:索引区域显示的值,对应的是元素区域所显示的左上角元素的索引值。对于一维数组,数组的索引是行或者列;对于二维数组,数组的索引是行和列;而对于三维数组,数组的索引为页、行和列。数组各维的索引都是从 0 开始排序的。

下面通过例 5.1,学习如何查看 LabVIEW 中数组的索引。

【例 5.1】 数组的索引。

如图 5.6 所示的数组,是一个两页的三维数组。从图 5.6 可以看出,在该数组中,第 0 页上元素“1”的索引是(0,0,0),而第 1 页上元素“13”的索引是(1,0,0)。而当索引区域变为(1,2,0)时,数组的显示如图 5.6(c)所示。

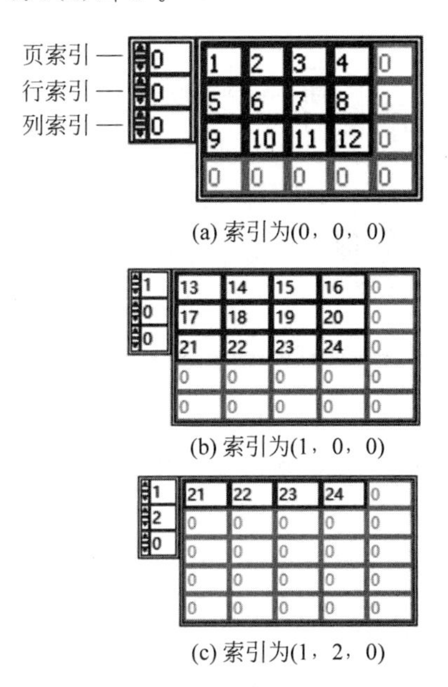

(a) 索引为(0，0，0)

(b) 索引为(1，0，0)

(c) 索引为(1，2，0)

图 5.6　三维数组举例

通过例 5.1,可加深对数组索引区域显示的值的理解,即,它永远是数组元素区域所显示的左上角元素的索引值。

5.1.3　数组函数

LabVIEW 中提供有一些数组函数,它们都在“函数”选板→“编程”→“数组”子选板上。表 5.1 列出了 5 个常用的数组函数,下面通过几个示例对这几个数组函数做具体介绍。

表 5.1 数组函数

序号	名 称	图标和连接端口	功能说明
1	数组大小	数组 —— 大小	提供该数组各维的长度
2	索引数组	n维数组、索引0、索引n-1 —— 元素或子数组	返回 n 维数组在索引位置的元素或子数组
3	数组子集	n维数组、索引0(0)、长度0(剩余)、索引n-1(0)、长度n-1(剩余) —— 子数组	返回数组的一部分，从索引处开始，包含长度(值)个元素
4	初始化数组	元素、维数大小0、…、维数大小n-1 —— 初始化的数组	创建一个 n 维数组，其中的每个元素都被初始化为元素的值
5	创建数组	数组、元素、元素、元素 —— 添加的数组	将若干个输入数组和元素组合成一个新的数组

【例 5.2】 "数组大小"函数。

例 5.2 的 VI 的程序框图和前面板，如图 5.7 所示。它完成的是将一个三维数组常量连至"数组大小"函数，然后将此函数的输出结果提供给"大小"显示控件。运行此 VI，从前面板上"大小"输出控件的显示结果可以看出，这个数组的大小为 2 页、3 行和 4 列。

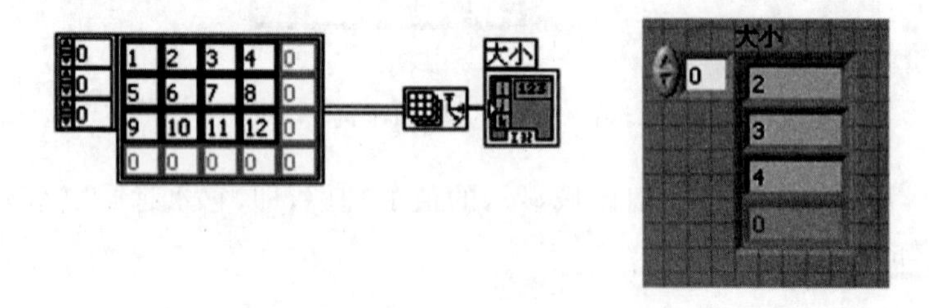

图 5.7 "数组大小"函数使用示例

【例 5.3】 "索引数组"函数。

例 5.3 的 VI 的程序框图和前面板，如图 5.8 所示。它所实现的是将一个 5 行 3 列的二维数组常量连至"索引数组"函数。摆放位置在上的被调用的"索引数组"函数，索引的是原二维数组第1行的元素，输出结果是原二维数组的一个子数组，且是一个一维数组。而摆放位置在下的被调用的“索引数组”函数，其索引的是原二维数组中第1行第2列的那个元素，输出的是一个数值常量。

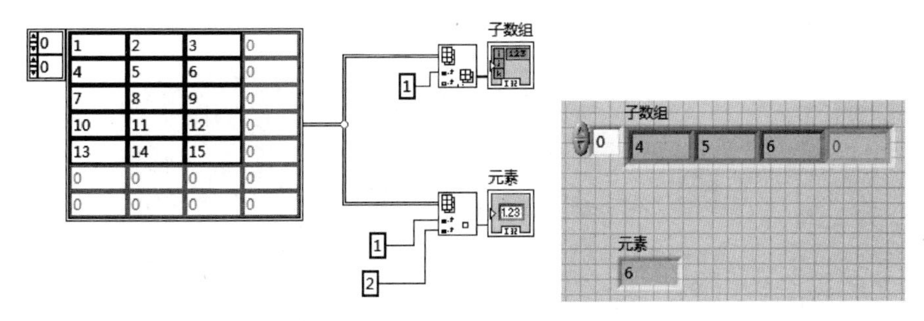

图5.8　“索引数组”函数使用示例

【例5.4】　“数组子集”函数。

例5.4的VI的程序框图和前面板，如图5.9所示。它完成的，是将一个5行3列的二维数组常量连至“数组子集”函数。其中，“数组子集”函数索引的是原二维数组从第1行开始、长度为3的一个子二维数组，具体输出的子二维数组有3行3列。

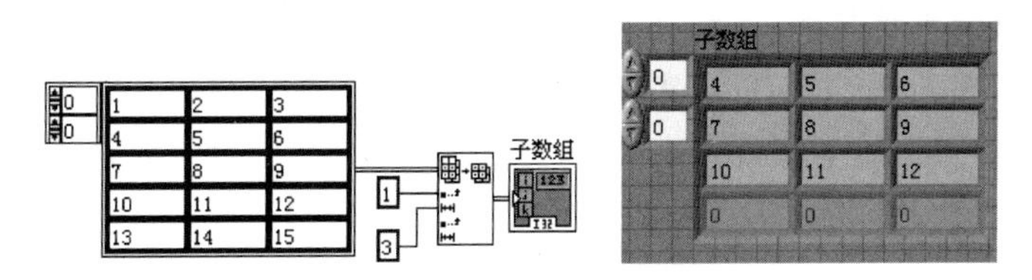

图5.9　“数组子集”函数使用示例

【例5.5】　“删除数组元素”函数。

例5.5的VI的程序框图和前面板，如图5.10所示。输入的数组是一维的，共有5个元素，分别是(1,2,3,4,5)。该VI调用了“删除数组元素”函数，将输入数组中索引号为2、长度为1的元素删除掉了，即元素“3”被删掉了，结果如图5.10所示。

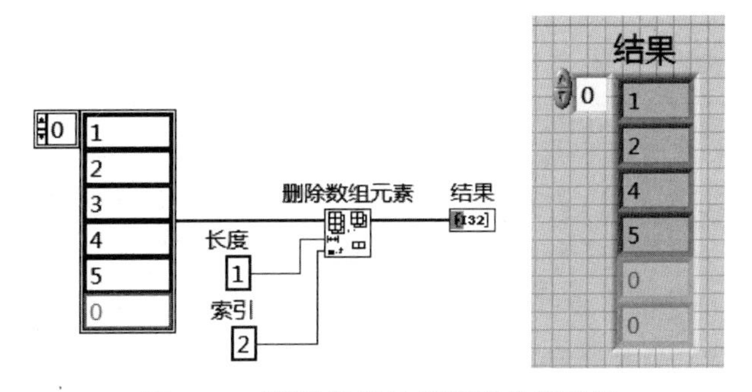

图5.10　“删除数组元素”函数使用示例

【例 5.6】 “初始化数组”函数。

例 5.6 的 VI 的程序框图和前面板，如图 5.11 所示。其中，第 1 个“初始化数组”函数(摆放位置在上的)创建了一个长度(大小)为 5 的一维数组，且其中的每个元素都是 1；第 2 个“初始化数组”函数创建了一个 5 行 3 列的二维数组，且其每个元素都是 2。

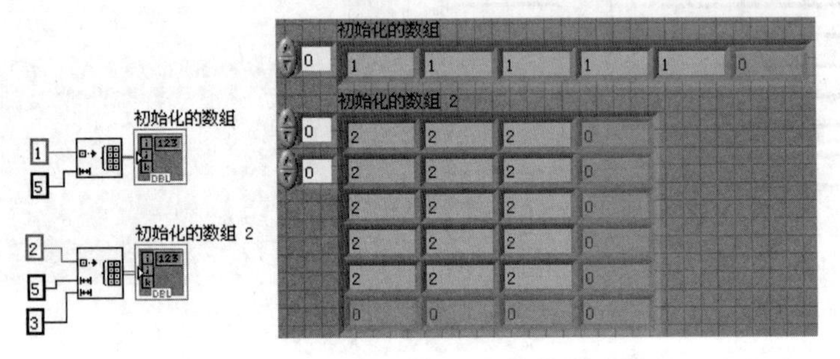

图 5.11 “初始化数组”函数使用示例

【例 5.7】 “创建数组”函数。

在图 5.12 所示 VI 的程序框图面板上，基于两个一维数组常量，利用“创建数组”函数生成了两个新数组。其中，摆放位置在上的“创建数组”函数的“连接输入”选项是勾选的，可实现将两个一维数组串接起来，生成一个新的一维数组。而摆放位置在下的“创建数组”函数的“连接输入”选项是未选择的，其实现的是将两个一维数组作为元素，生成另一个新的二维数组，并以原最长的一维数组的大小作为新建的二维数组相应维的大小，且对缺少的部位进行自动补 0。

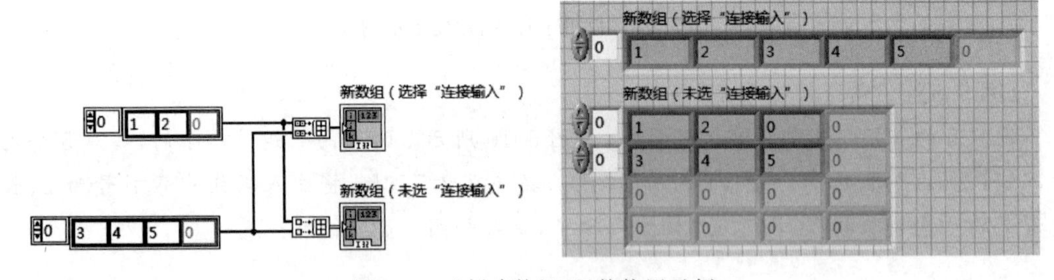

图 5.12 “创建数组”函数使用示例

常见问题 22：“创建数组”函数的“连接输入”选项。

在使用“创建数组”函数时，需要注意其快捷菜单中的“连接输入”选项，此选项勾选时，按顺序拼接所有输入，形成一个新的输出数组，该输出数组的维数与所连接的最大维数输入数组的维数相同；此选项未选择时，则要求所有输入数组的维数必须相同，且经该函数操作后，输出的新数组会比输入数组高一维。

5.1.4 利用循环结构创建数组

在第4章,曾经学过循环结构对数组有自动索引的功能。有读者就此也许会想到,是否可以利用循环结构的自动索引功能来创建数组呢?答案是肯定的,而且利用这种思路来创建数组,在以后的编程中会经常用到。

【例5.8】 利用循环结构创建一个一维数组,数组元素从1到5。

例5.8的VI的程序框图和前面板,如图5.13所示。可见,该VI调用了一个For循环,其循环总数接线端接入常量5,并将其计数接线端i进行+1的运算,然后将其运算结果连至右边框上,设置自动索引打开,即For循环右边框上的隧道呈空心状态,然后将经隧道传出的值提供给一个一维数组显示控件。运行此VI,结果如图5.13(b)所示。

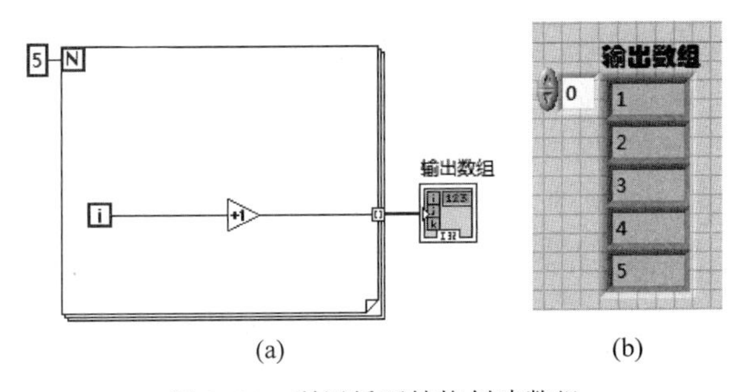

(a) (b)

图5.13 利用循环结构创建数组

5.1.5 函数的多态化功能

在LabVIEW中,函数大多数都是多态化的。所谓多态化,是指一种函数功能,它可以协调不同格式、维数的输入数据,如图5.14所示。这里以加法函数为例,它可以接收两个标量相加,结果还是标量;还可以接收标量与数组的相加,具体是将这个标量分别加到数组的各个元素上;另外,还可以接收两个数组的相加,具体是分别将这两个数组对应的元素进行相加。

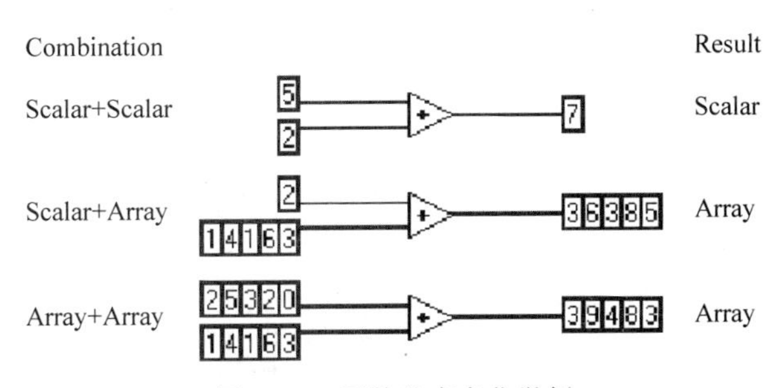

图5.14 函数的多态化举例

很多函数都具备多态化的功能,这是LabVIEW为方便用户使用而设计构建的,读者可以先建立起这样的基本概念。

5.2 簇

簇是多个元素的集合。与数组不同的是，簇的元素可以是不同类型的，类似于C语言的结构。利用簇可以在编写VI的过程中将分布在程序框图上不同位置的数据元素组合起来，这样可以减少连线的拥挤程度；另外，在建立子VI时，利用簇将不同类型的元素组合起来，还可以减少子VI接线端的数量。在实际应用中，当要对一个所编写的测量仪器VI的若干个不同性质的参数进行配置时，就可以使用簇来实现[1-4]。

5.2.1 簇的创建

LabVIEW中簇的创建方法与创建数组相类似，共有如下3个步骤。

第1步，首先要创建簇框架，如图5.15所示。同数组一样，簇框架也有两种：一种是簇输入控件和簇显示控件框架，位于"控件"选板→"新式"→"数组、矩阵与簇"子选板上；另一种是簇常量框架，位于"函数"选板→"编程"→"簇、类与变体"子选板上。

第2步，向簇框架中添加元素，如图5.15所示。

第3步，通过拖曳确定簇的可视大小，如图5.16所示。

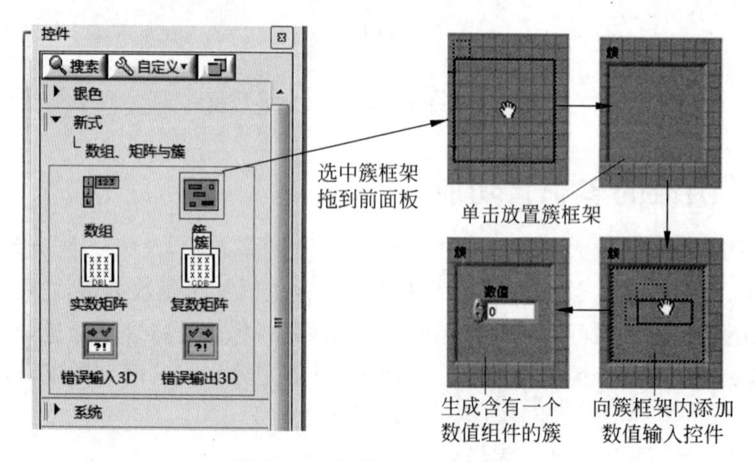

图5.15 在前面板上创建簇

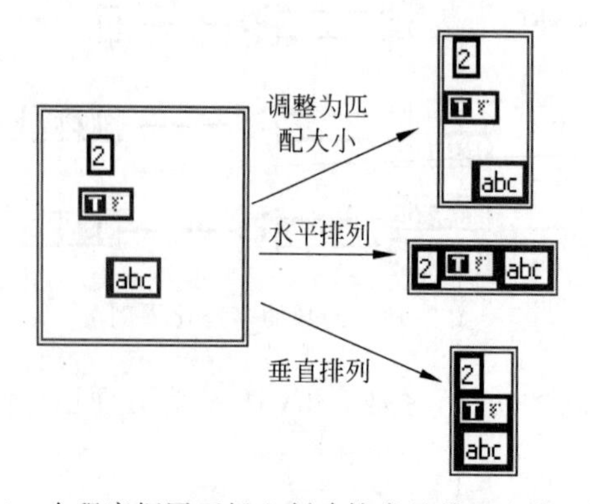

图5.16 在程序框图面板上创建簇常量并改变其可视大小

5.2.2　簇的顺序

在簇中，元素有一定的排列顺序，该顺序就是创建该簇时添加元素的顺序。簇元素的排列顺序很重要，是完成很多操作的依据。

簇中元素的顺序是可以改变的。具体的操作是，在簇框架上右击鼠标，弹出快捷菜单，选择“重新排序簇中控件”，则打开了簇元素顺序的编辑状态。如图 5.17 所示，簇的每个元素上都有两个序号，左侧的为新序号，右侧的为旧序号。第一次，单击簇元素之一，改变其序号；随后，对其他的元素重复上述过程，直到改好所有元素的顺序为止，单击上方工具栏中的“确认”按钮，保存此次对簇元素排序所做的修改。

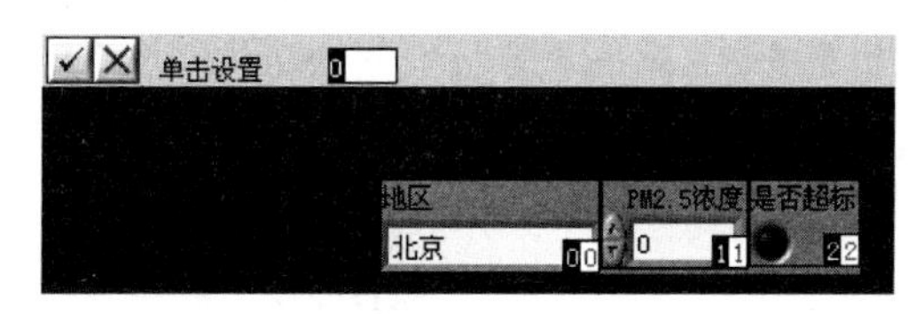

图 5.17　簇元素的顺序

5.2.3　簇函数

表 5.2 中列出了有关簇的主要函数，分别是“捆绑”“解除捆绑”“按名称捆绑”和“按名称解除捆绑”等函数。

表 5.2　簇函数

序号	名　　称	图标和连接端口	功 能 说 明
1	捆绑	捆绑 [Bundle] 簇 元素0 元素1 … 元素n−1 输出簇	(1) 将所有输入元素打包成簇 (2) 替换成新簇
2	解除捆绑	解除捆绑 [Unbundle] 簇 元素0 元素1 … 元素n−1	将簇中的元素分解出来
3	按名称捆绑	按名称捆绑 [Bundle By Name] 输入簇 元素0 … 元素m−1 名称 0 名称 m−1 输出簇	(1) 按标签替换“输入簇”中的元素；替换结果从“输出簇”提供出来 (2) “输入簇”必须接入，且要求其至少 1 个元素有标签

续表

序号	名　称	图标和连接端口	功能说明
4	按名称解除捆绑	按名称解除捆绑 [Unbundle By Name] 已命名簇 名称 0 —— 元素0 … 名称 m-1 —— 元素m-1	(1) 将输入簇中的元素按标签解除捆绑 (2) 在函数输出端,只能获得拥有标签的簇元素

【例 5.9】 "捆绑"函数。

例 5.9 的 VI 的程序框图和前面板,如图 5.18 所示。从图 5.18 中的程序框图可见,该 VI 利用"捆绑"函数将 3 个常量(字符串常量"abc"、数值常量"1"和布尔常量"True")打包成一个簇,其结果经前面板的"输出簇"控件显示出来。

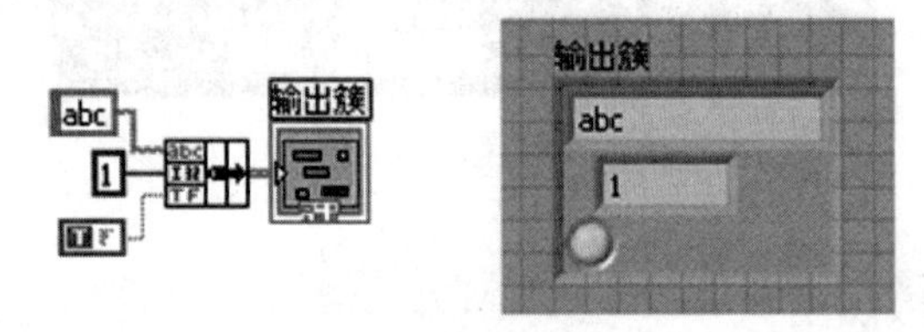

图 5.18　捆绑函数应用示例 1

"捆绑"函数的另一个功能是替换成新簇,图 5.19 所示的 VI 展示了这一用法。已知一个簇,其中的元素为字符串常量"ABC"、数值常量"2"和布尔常量"False",将这个簇提供给"捆绑"函数,该函数就会自动识别输入簇中各元素的数据类型,并在输入端口上给出标示,例如,"捆绑"函数的第一个连线输入端子上有"abc"的标示,表示簇中的第一个元素为字符串常量。然后,将一个新字符串常量"abc"连至"捆绑"函数的第 1 个输入端子上,把布尔常量"True"连至第 3 个输入端子上,再将"捆绑"函数的输出结果赋给"输出簇"控件。运行此 VI,可以看到,初始簇中的字符串常量元素即大写的"ABC"被小写的"abc"所替换,同时,布尔常量元素也由"False"变为了"True"。

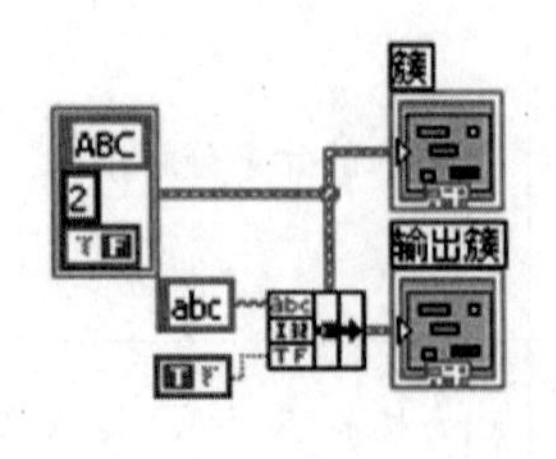

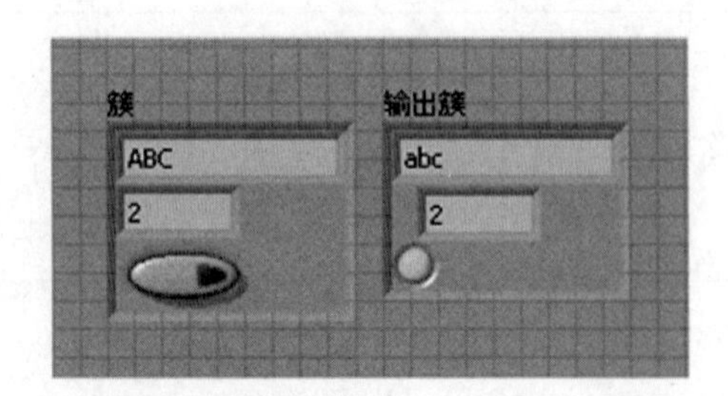

图 5.19　捆绑函数应用示例 2

【例 5.10】 "解除捆绑"函数。

例 5.10 给出了"解除捆绑"函数的使用示例,实现它功能的 VI 的程序框图和前面板如

图 5.20 所示。从程序框图可见，一个簇常量连至“解除捆绑”函数的输入端，该函数对该簇进行解包，并会自动辨识出其中各元素的数据类型，之后，将各元素连至相应的输出控件，在前面板显示出来。

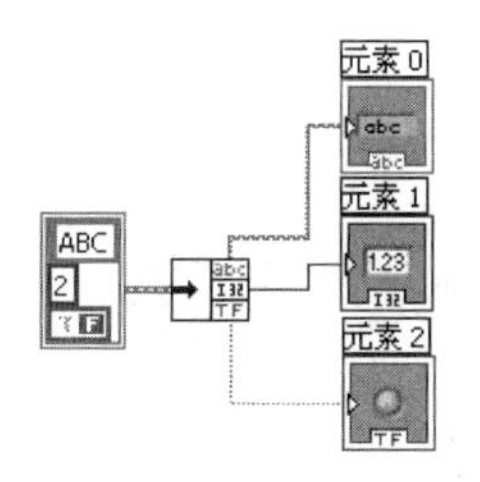

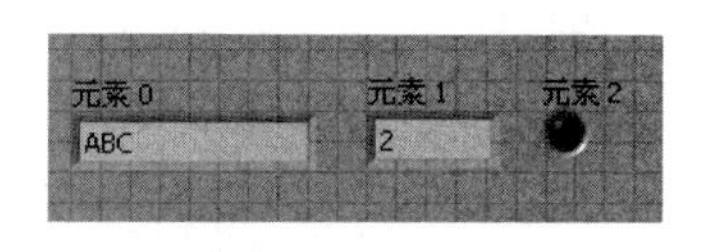

图 5.20 解除捆绑函数应用示例

“按名称捆绑”函数，相当于“捆绑”函数的替换成新簇的功能。使用该函数时，要求“输入簇”必须接入，且至少其中的 1 个元素要有标签。下面通过例 5.11 学习该函数的使用。

【例 5.11】 “按名称捆绑”函数。

例 5.11 给出了“按名称捆绑”函数使用示例的 VI，其程序框图和前面板如图 5.21 所示。从该 VI 的程序框图可见，一个簇常量连至“按名称捆绑”函数，该函数会自动辨识出输入簇中有标签的元素；将新元素连至“按名称捆绑”函数的输入端口上，替换生成的新簇就会通过输出簇控件在前面板显示出来。运行此 VI 可以看出，新元素(“abc”和“true”)已经替换了原簇常量中的相应元素(“ABC”和“false”)。

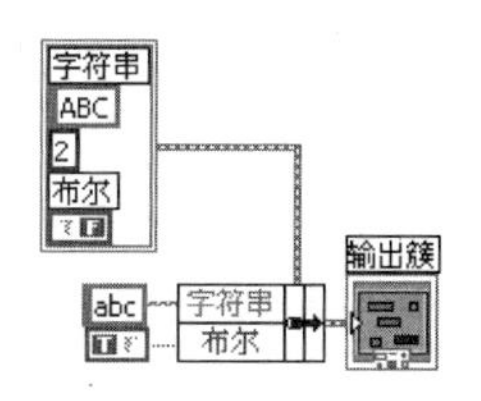

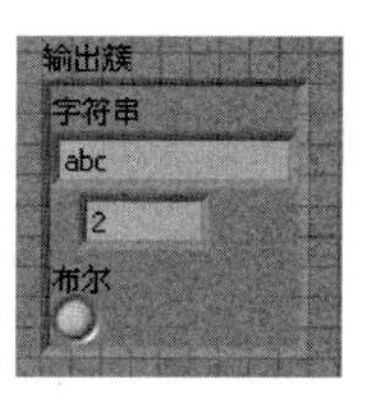

图 5.21 “按名称捆绑”函数应用示例

常见问题 23：如何为簇中的元素添加标签？

可执行如下操作：选中簇中的某个元素，右击鼠标，弹出快捷菜单，从“显示项”子菜单选中“标签”，然后输入一个名称，即可为该元素添加标签。

另外，在初建的“按名称捆绑”函数上，只有一个输入端子，例如，对例 5.11 而言，只有“字符串”输入端子，对此，可以将鼠标移至“字符串”输入端子下边沿，通过向下拖曳鼠标，便可生成更多所需的输入端子。

“按名称解除捆绑”函数的功能是将输入簇中的元素按标签解除捆绑。在该函数的输出端，只能获得带有标签的簇元素。下面将通过例 5.12 学习该函数的使用。

【例 5.12】 “按名称解除捆绑”函数。

例 5.12 给出了“按名称解除捆绑”函数使用示例的 VI，它的程序框图和前面板如图 5.22 所示。在它的程序框图上，是将一个簇常量提供给“按名称解除捆绑”函数，该函数会自动辨识出输入簇中带有标签的元素，然后，再将解包出的元素连至相应的显示控件上。

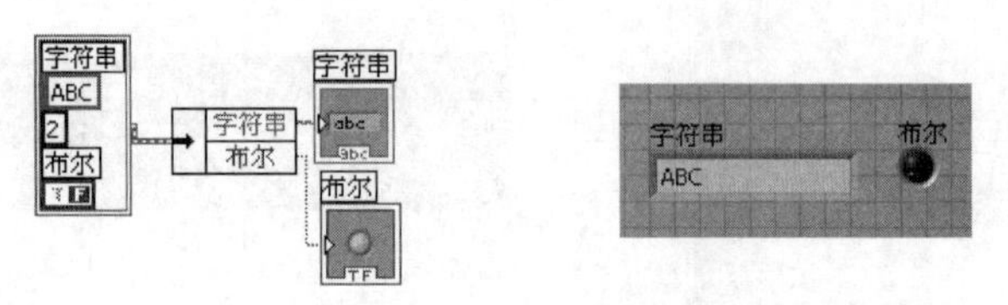

图 5.22 “按名称解除捆绑”函数使用示例

与“按名称捆绑”函数一样，“按名称解除捆绑”函数初建时也只有一个输出端子。单击其标签域，可弹出带有标签的簇元素列表；为看到这些带有不同标签的簇元素，必须对其分别建立相应的显示控件。

5.2.4 错误簇

簇的一个典型应用就是错误簇，如图 5.23 所示。错误簇中的元素有 3 个，分别是“状态”(status)、“代码”(code)和“源”(source)。其中，“状态”是布尔类型的数据，T 表示有错误，F 表示无错误；“代码”是 I32 类型的数据，0 表示无错误；“源”是字符串类型的数据，用以对错误信息进行描述。

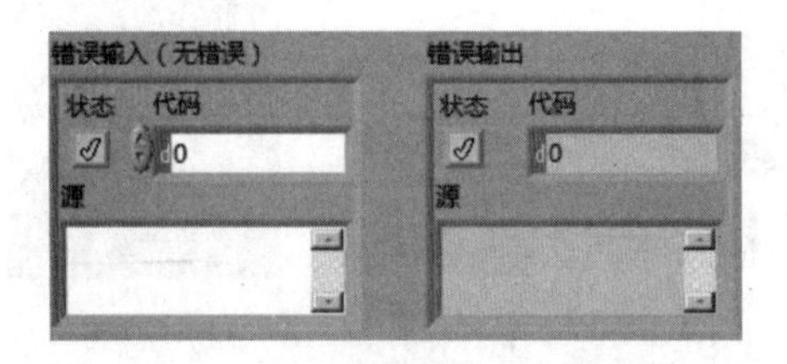

图 5.23 错误簇的输入控件和输出控件

在随后将介绍的 LabVIEW 提供的很多函数中都配置有错误簇。如图 5.24 所示，该 VI 是利用数据采集 DAQmx VI 实现模拟输入有限个数据样本。在该 VI 中，下方的连线即为错误簇。利用错误簇的输入和输出，可将用到的各个函数连接起来。此种程序结构将会在后续很多应用场合经常出现，例如，数据采集、文件 IO、串口通信和声音采集等。

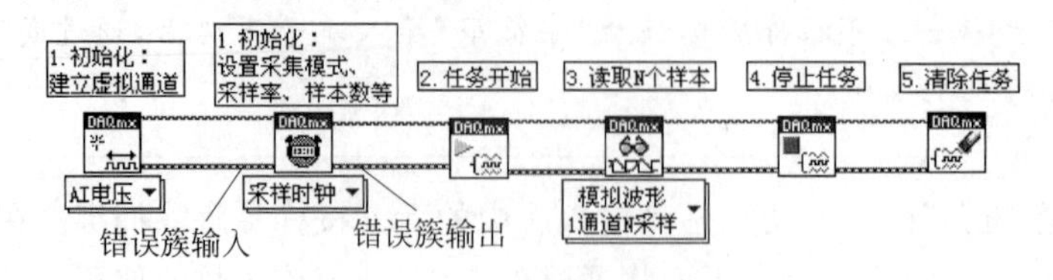

图 5.24 错误簇使用举例

当 VI 出现异常状态时，可以利用错误簇中提供的信息查找出错原因。所以，利用错误簇，可以让所编写的 VI 的运行更加稳定。另外，也可以利用错误簇输入和输出的连接，来规定 VI 中代码的执行顺序。

5.3 波形

波形是一种非常实用的数据类型，利用 LabVIEW 实现数据采集及信号处理时，会经常用到波形这种数据类型。

5.3.1 什么是波形

波形，可以理解为是一种特殊的簇。在 LabVIEW 中，波形含有 4 个组成部分，分别是 t0、dt、“数组 Y”和“属性”。其中，t0 为时间标识，表示波形数据的时间起点；dt 为双精度浮点类型，表示波形数据中相邻数据点之间的时间间隔，以秒为单位；Y 是双精度浮点数组，它按时间顺序给出整个波形的所有数据点；“属性”是变体类型，用于携带任意的属性信息(关于变体数据类型的介绍，请见第 5.5 节)。波形控件位于“控件”选板→“新式”→“I/O”子选板上。

t0 是时间标识。时间标识又称时间戳，是 LabVIEW 中记录时间的专用数据类型。找到时间标识常量的路径是“函数”选板→“编程”→“定时”→“时间标识常量”。而找到时间标识的输入控件和显示控件的路径，则是“控件”选板→“新式”→“数值”子选板。时间标识常量及控件，如图 5.25 所示。

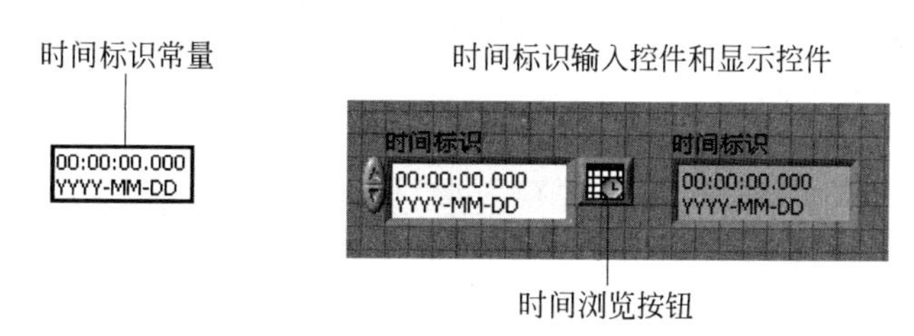

图 5.25　时间标识常量及控件

5.3.2 波形函数

表 5.3 列出了几种典型的波形函数，它们位于“函数”选板→“编程”→“波形”子选板上。其中，在默认情况下，“创建波形”函数只有“波形”和“波形成分”即 Y 输入端子；拖曳该函数图标的边框，可增加 dt、t0 和 attributes(变体类型)输入端子；如果“波形”端子接入了已有的波形数据，则该函数会根据经“波形成分”接入的参数去修改波形数据并输出。

“获取波形成分”函数的功能是将波形数据解包。默认情况下，该函数图标只有 Y 输出端子；拖曳该函数图标的边框，可增加 dt、t0 和 attributes(变体类型)输出端子；也可以单击其输出端子，在弹出的菜单中，选择希望从该输出端子输出波形的哪个成分(数组 Y、dt 或者 t0 等)。

表 5.3 波形函数

序号	名 称	图标和连接端口	功 能 说 明
1	创建波形	创建波形 [Build Waveform] 波形 … 波形成分 → 波形	创建波形或修改已有波形
2	获取波形成分	获取波形成分 [Get Waveform Components] 波形 → 波形成分 … 波形成分	将波形数据解包
3	设置波形属性	设置波形属性 [Set Waveform Attribute] 波形 名称 值 错误输入(无错误) → 波形输出 替换 错误输出	为输入的波形数据添加"名称"和"值"的属性
4	获取波形属性	获取波形属性 [Get Waveform Attribute] 波形 名称 默认值(空变体) 错误输入(无错误) → 波形副本 名称 值 错误输出	获取波形中名为"名称"的属性

下面通过例 5.13～例 5.16，学习"创建波形"和"获取波形成分"两个波形函数的使用。

【例 5.13】 生成一段随机信号，并将其随时间变化的波形在前面板上显示出来。

例 5.13 的 VI 的程序框图和前面板，分别如图 5.26 和图 5.27 所示，它的功能是先利用 For 循环生成一个一维数组，该数组的元素为随机数，数组长度是 100。随后，将该数组赋给"创建波形"函数的 Y 数组的输入端子，并为"创建波形"函数的 dt 输入端子赋一个常量 1，表示数组中两两相邻元素之间的时间间隔为 1s。最后，将生成的波形提供给波形图控件和波形显示控件。利用波形图控件，可以直观地看到所生成的这段随机信号随时间变化的情况；而利用波形显示控件，则可以看到所产生的随机信号波形的具体信息。

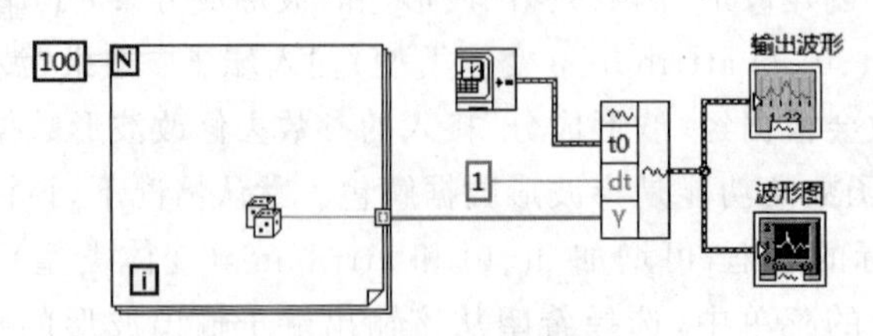

图 5.26 例 5.13 VI 的程序框图

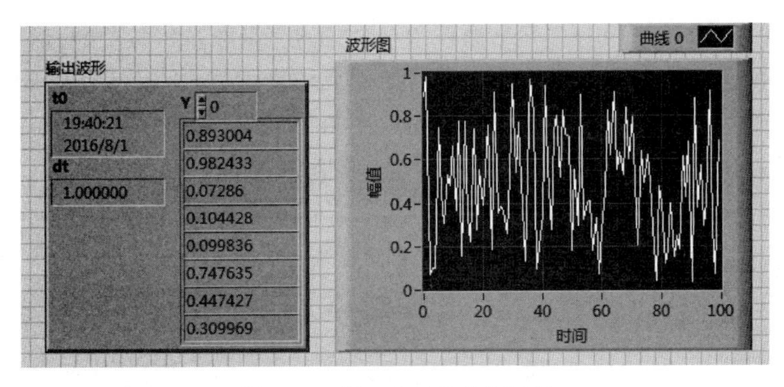

图 5.27　例 5.13 VI 的前面板

【例 5.14】　生成一段正弦波形，要求其频率为 50Hz，幅值为 2，初相位为 60°。

这个例子的 VI 的程序框图如图 5.28 所示，其前面板见图 5.29。对该 VI 需要说明的有：①它调用了"正弦"函数，此函数经"函数"选板→"数学"→"初等与特殊函数"，在"三角函数"子选板上可以找到；②幅值输入控件中的数值是单个值，将其乘以 For 循环生成的数组，即幅值输入控件中的数值将依次与数组中的每个元素相乘；③正弦波形的周期为其频率的倒数，波形中任意两个相邻数据点之间的时间间隔 dt 等于周期除以"点数/周期"。很容易理解，如果将 For 循环中的"正弦"函数换成其他函数，那该 VI 就可以产生相应函数随时间变化的波形。

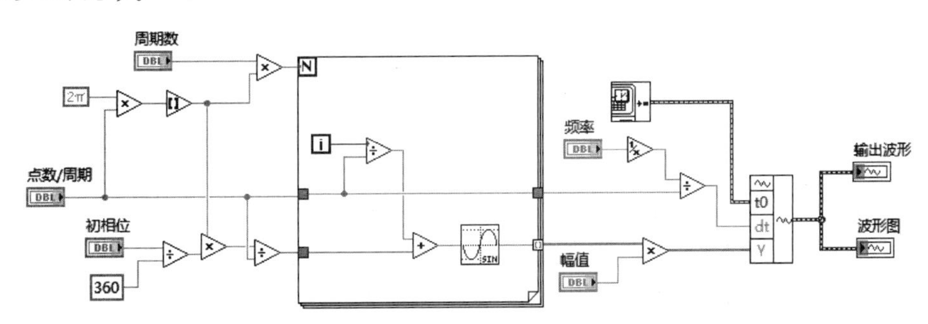

图 5.28　例 5.14 VI 的程序框图

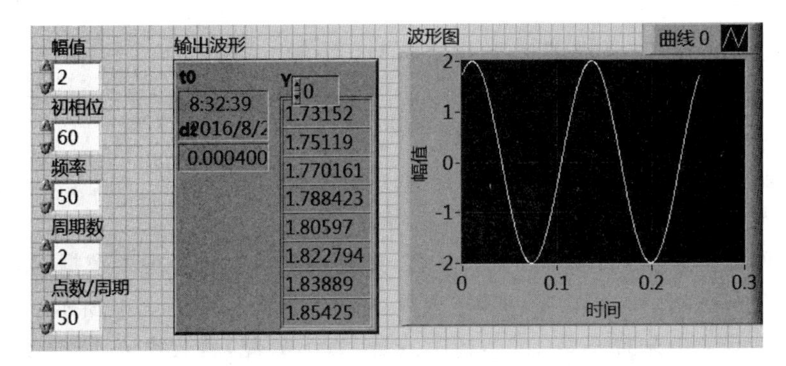

图 5.29　例 5.14 VI 的前面板

在例5.14中，通过调用一个For循环和一个"正弦"函数，再通过一些运算，就得到了一段正弦波形。由于在构建测试系统时经常需要生成仿真信号，所以，LabVIEW中提供有一系列典型的函数，利用它们，可以直接生成相应函数的波形。这些函数经"函数"选板→"信号处理"→"波形生成"子选板可以找到，如图5.30所示。

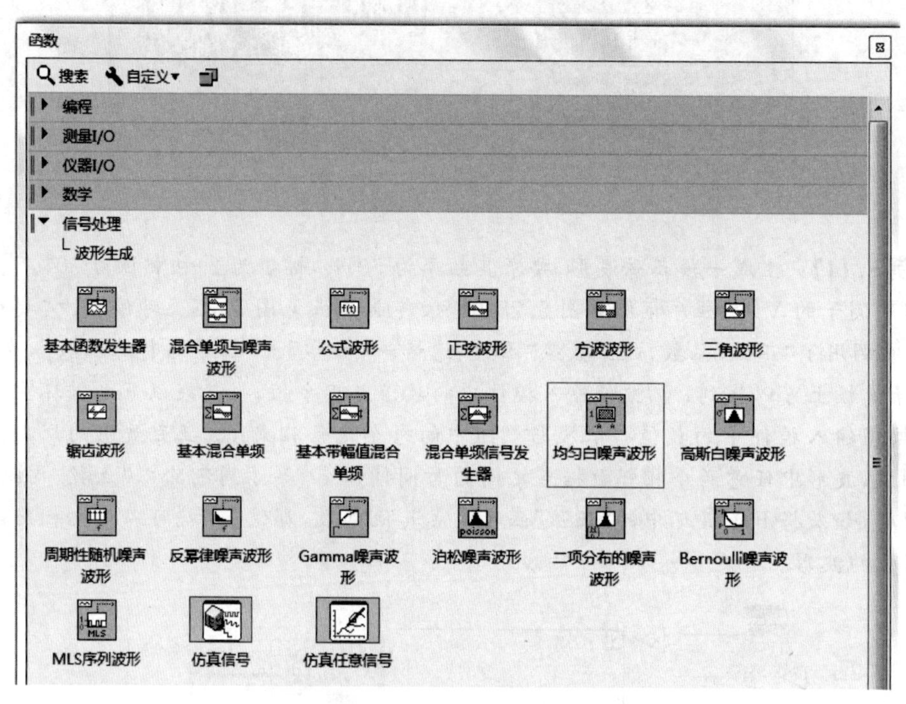

图5.30 "波形生成"子选板

【例5.15】 生成一段正弦波形，并获得它的波形成分。

例5.15的VI的程序框图如图5.31所示。可见，其中先调用"正弦波形"函数，以产生一段正弦波，然后，再利用"获取波形成分"函数将该正弦波形的各个成分提取出来，波形成分分别是dt和"数组Y"。

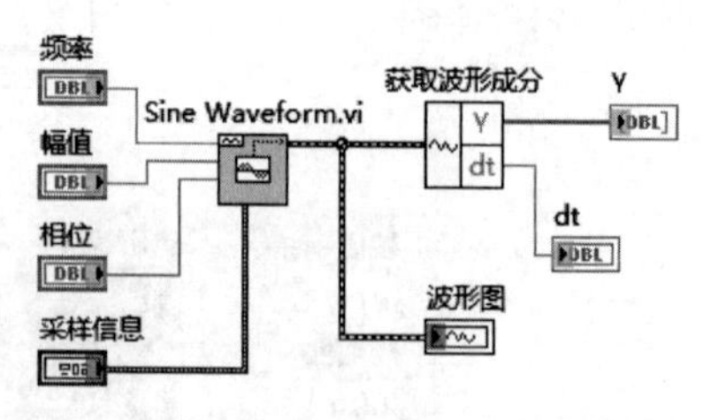

图5.31 获取波形成分示例VI的程序框图

要产生正弦波形，需要设置以下几个参数：①频率；②幅值；③相位；④采样信息。其中，前三个参数很容易理解，下面重点介绍一下采样信息。

采样信息是一个簇类型的数据，它包含了两个元素，分别是采样率和样本数。在生成仿真信号时，采样率是指1s时间内生成多少个数据；而样本数，则是指一共生成多少个数据；这两个数据配合起来，就是生成数据的时间长度，即"样本数/采样率"秒。在图5.32所示的该VI的前面板上可以看到，设置的采样率是1000，样本数是1000，如此，就会生成1s的数据。请注意，由于现在只是在计算机中生成了一段仿真信号，所以，虽然波形图的横轴显示的是时间，但却没有实际意义。运行此 VI 后会发现，1s 的数据瞬间就生成了。只有当将这段仿真信号输出到计算机外，例如，用示波器去观察这段信号波形时，才会感受到信号波形的时间长度，这时，时间长短就有意义了。本教材将在第 8 章学习如何将仿真信号输出到计算机外，变成真实世界中的信号。

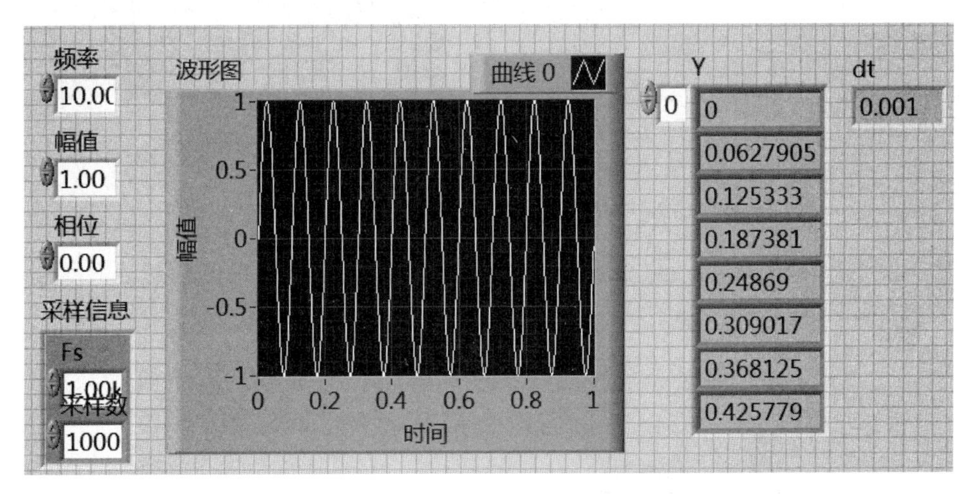

图 5.32 获取波形成分示例 VI 的前面板

除上述外，在“波形”子选板上，还提供有很多波形函数，且还有不少用于实现波形测量和波形发生的子 VI，学习者可以在需要使用时自己选择。其中，一些波形函数较为简单，可在框图上双击其函数图标，打开它的对应 VI 窗口，查看了解其内部的实现细节和原理。

另外，在实际的数据采集中，常常要从多个数据通道的每个通道中各采集一个波形。对此，数据采集函数输出的数据类型就是一个波形数组，即由波形数据作为元素组成的数组。对于波形数组，可以先使用数组函数，从该波形数组中提取出相关波形，然后再利用“获取波形成分”函数对各个波形分别进行处理。下面通过例 5.16 学习波形数组的生成和处理方法。

【例 5.16】 生成两路波形，一路是正弦波，另一路是方波，并提取出各自的波形成分。

例 5.16 的 VI 的前面板和程序框图分别如图 5.33 和图 5.34 所示。可见，该 VI 分别调用了“正弦波形”和“方波波形”函数，产生了两路波形。该 VI 还调用了“创建数组”函数，这样，生成的数组的元素就是波形，即实现了波形数组的创建。波形数组中存放的波形数据由波形图控件显示出来——从如图 5.33 所示的前面板上可以看出，生成了两路波形，一路是正弦波(白色曲线)，另一路是方波(红色曲线)。

那么，如何获取这两路波形各自的波形成分呢？首先，应调用“索引数组”函数，输入索引号 0，则将波形数组中的第 0 个元素正弦波形提取出来，接下来，就可以再调用“获取波形成分”函数，以提取出正弦波形的数组 Y 和 dt。

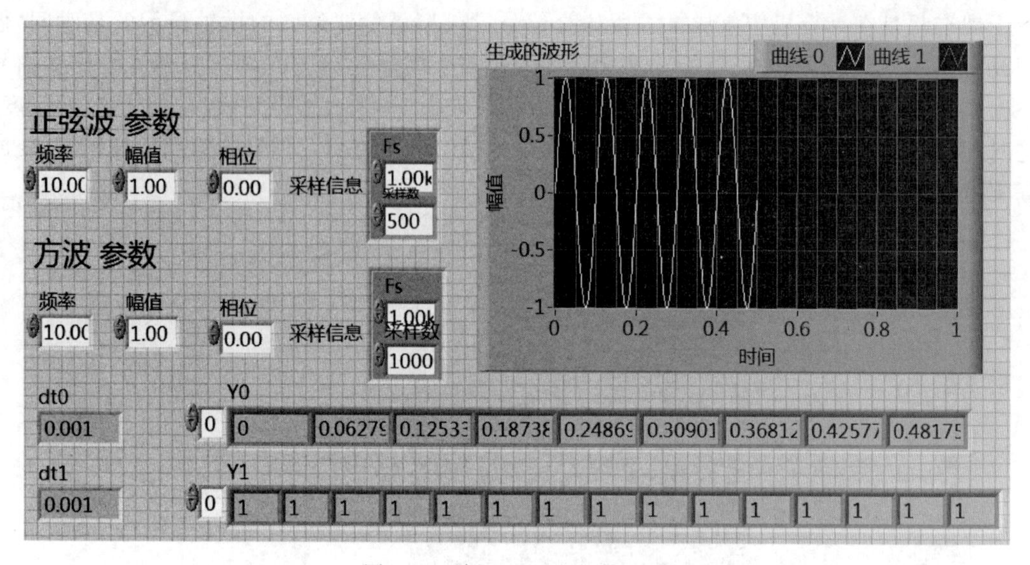

图 5.33　例 5.16 VI 的前面板

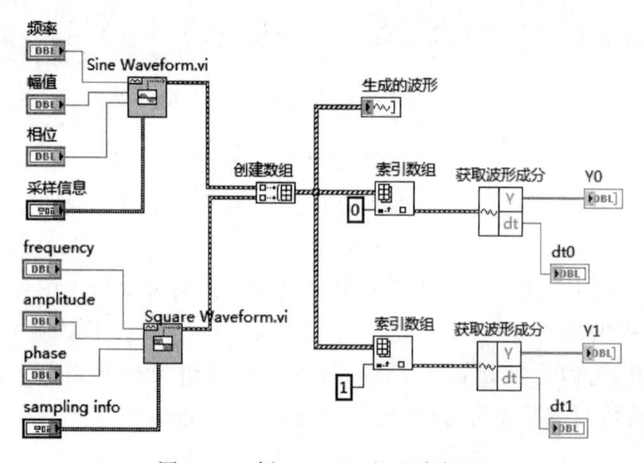

图 5.34　例 5.16 VI 的程序框图

5.4　DDT

DDT 即所谓动态数据类型。DDT 是专门针对 ExpressVI 设计的。DDT 的函数位于“函数”选板→“Express”→“信号操作”子选板上，常用的 DDT 函数有“合并信号”“拆分信号”“从动态数据转换”和“转换至动态数据”等。通常，对于动态数据类型 DDT，可以利用“从动态数据转换”函数，将 DDT 数据转换成波形或数组等，然后，再利用波形和数组函数对相应的数据进行分析处理。

常见问题 24：什么是 Express VI?

Express VI 是 LabVIEW 中按某个目标将一些基本函数或函数模块整合在一起的功能函数单元，利用它，可为用户提供更方便、更简捷的编程途径，因此这类 VI 得名"快速 VI"即"Express VI"。从函数图标的外观看，与前述的基本函数不一样，这类 VI 即函数的图标有专门的蓝色底框的标识，如图 5.35 所示就是一个"仿真信号正弦"Express VI 的图标。另外，在函数选板上，还有专门的"Express"子选板。

图 5.35　Express VI "仿真信号正弦"的图标

把某个 Express VI 刚放到程序框图面板上，配置该 Express VI 的对话框就会自动打开，用户可以按照自己的需求，以交互方式配置该 Express VI 的属性。图 5.36 所示的是"仿真信号正弦"Express VI 弹出的对话框，在此界面上可以进行参数设置，而且配置结果可从对话框的"结果预览"框中查看。单击"确定"按钮，就完成了参数的设置。之后，若用户希望再修改或调整该 Express VI 的参数配置，可双击已放置在程序框图面板上的该 Express VI 的图标；或右键单击它，在弹出的快捷菜单中选择"属性"，即再次打开其"属性配置"对话框，对相关参数重新进行设置。

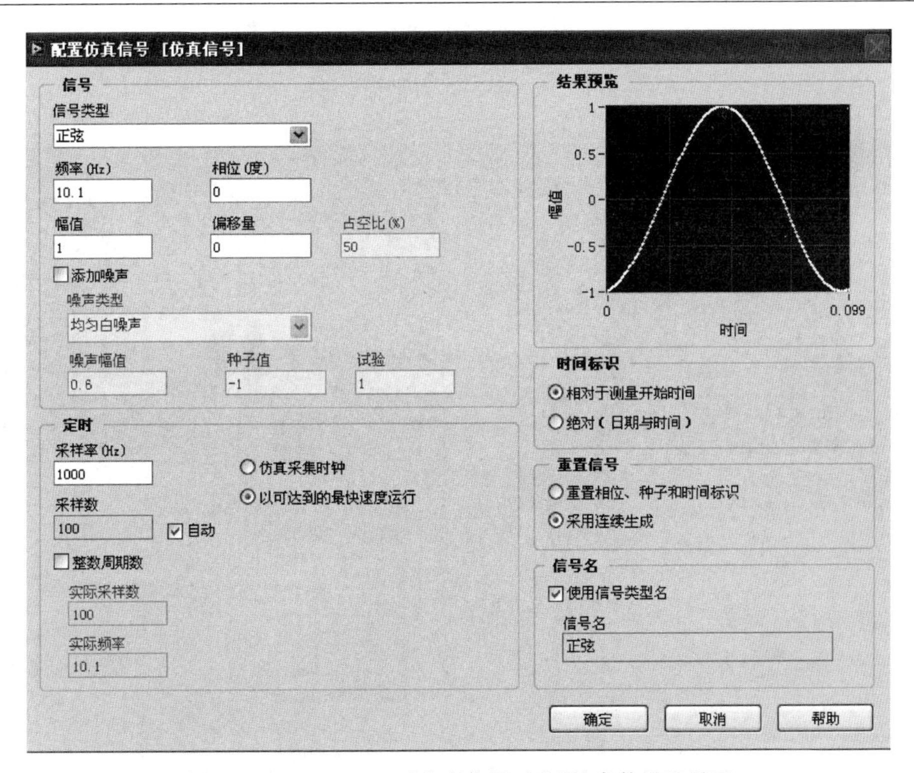

图 5.36　Express VI "仿真信号正弦"的参数设置界面

很明显，在编写 VI 中使用 Express VI，可减少连线、简化框图、凸显所编写 VI 的主脉络。但是，Express VI 具有简便、易用等优点的同时，也丧失了一些功能和灵活性。因此，若想得到一个功能更为强大、更体现使用者个性化特点的应用程序即 VI，还是应该更多地选用 LabVIEW 提供的基本函数。

【例 5.17】 将动态数据类型 DDT 转换成波形或数组。

在此 VI 中，首先调用 Express VI"仿真信号正弦"，生成一段正弦波形，在前面板，用一个波形图控件显示出来，此 VI 的程序框图如图 5.37 所示，其前面板如图 5.38 所示(有关波形图控件的使用，将会在本教材第 7 章做具体介绍)。

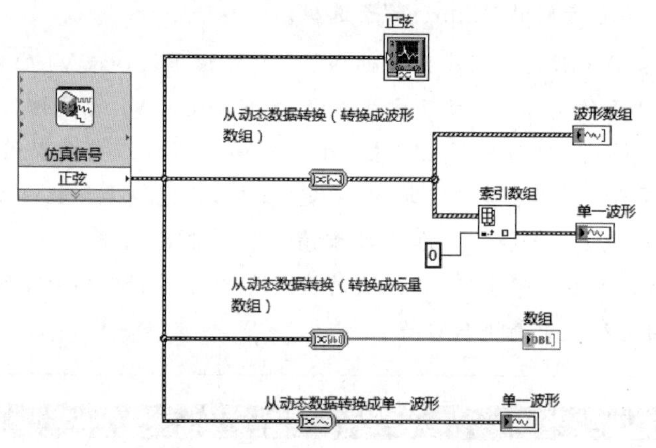

图 5.37　例 5.17 VI 的程序框图

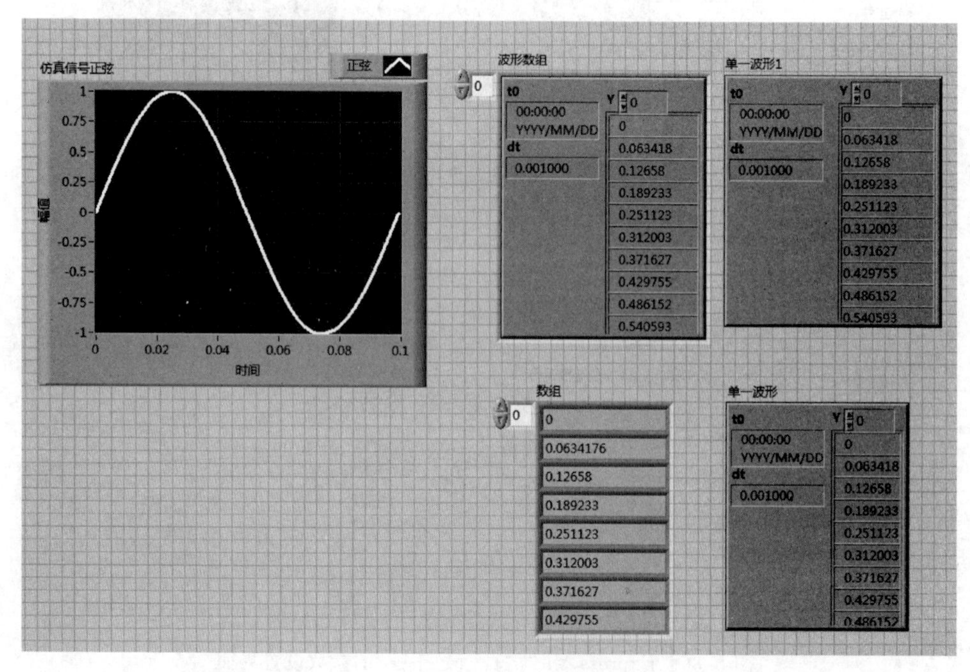

图 5.38　例 5.17 VI 的前面板

可以看出，Express VI“仿真信号正弦”生成的DDT数据在连线上使用粗的蓝色绞线表示。要想对DDT数据进行处理，一般要通过“从动态数据转换”函数，将DDT数据转换成数组或者波形。在图5.37所示的该VI的程序框图上，调用的第1个“从动态数据转换”函数的作用，是将DDT数据转换成一维的波形数组，转换设置界面如图5.39所示。转换成一维数组后，要先调用索引数组函数，将波形元素从数组中提取出来，然后再利用有关波形方面的功能函数，对此单一波形做进一步处理。调用的第2个“从动态数据转换”函数，是将DDT数据转换成一维的标量数组，可以看出，得到的就是波形的数组Y成分。由于此例只产生了一路信号，因此，调用的第3个“从动态数据转换”函数，就是将DDT数据转换成单一波形，可以看出，得到的就是波形。在使用“从动态数据转换”函数时，要根据实际需求选择将DDT数据转换成所需类型的数据。

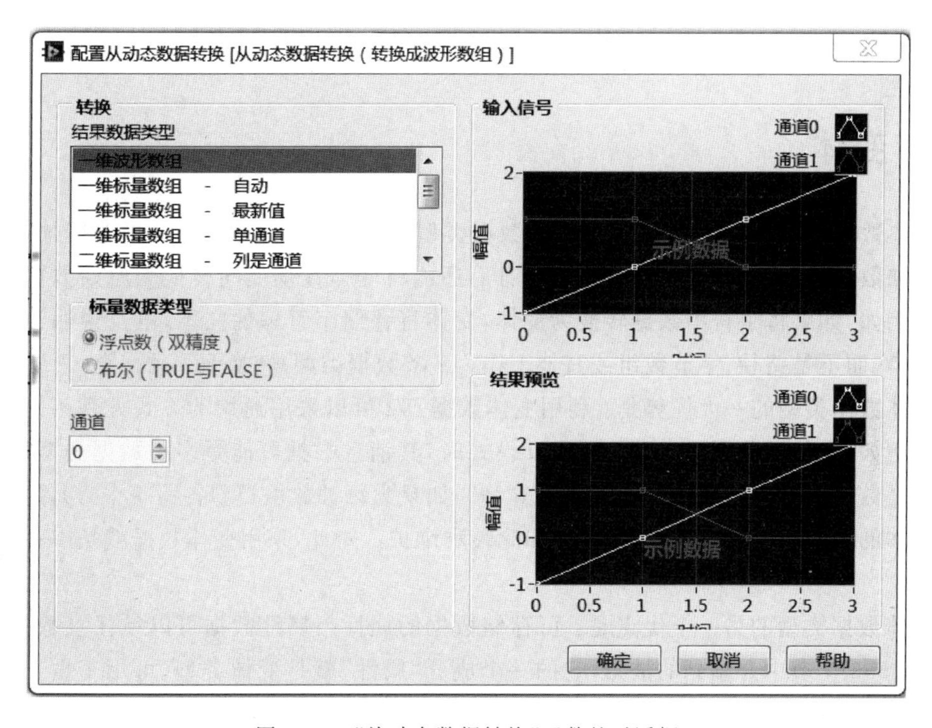

图5.39 “从动态数据转换”函数的对话框

【例5.18】 生成两路正弦信号并显示出来。

例5.18给出了“合并信号”函数的使用示例，编写的VI的程序框图和前面板如图5.40所示。可见，该VI先两次调用了Express VI“仿真信号正弦”，然后，将生成的数据连至“合并信号”函数的输入端上，并将“合并信号”函数的输出数据连至波形图控件上。运行此VI可以看出，在波形图控件上显示出了两路正弦信号，幅值分别是1和2。

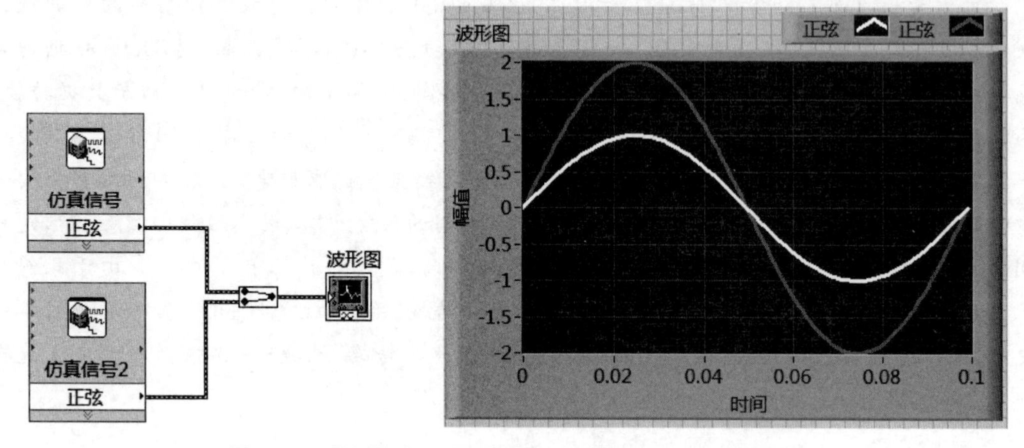

图 5.40 利用快速 VI 生成两路正弦信号并显示出其波形

5.5 变体

变体数据类型，是 LabVIEW 中多种数据类型的容器。将其他数据转换为变体时，变体将会存储数据和数据的原始类型，以保证日后还能将变体数据反向转换为原始数据类型的数据。例如，如果将字符串数据转换为变体，变体将存储字符串的文本，以及说明该数据是从字符串（而不是路径、字节数组或其他 LabVIEW 数据类型）转换而来的信息。

变体数据类型的一大优势是：利用变体数据，VI 可以采用通用的方式处理不同类型的数据。例如，在使用队列消息处理器设计模式时，其消息数据可能是多种数据类型的，可能传递的是数组，也可能是波形或者图像，等等。如果为每种数据类型各写一个 VI，这样就有多个副本的 VI，如果将来程序有变动，如此较难维护。对此，采用变体数据就是一种好的解决方案。

变体数据类型的另一个优点是：可存储数据的属性。属性数据可以是任意数据类型。例如，在 5.3.1 节中介绍到的波形，它的一个成分“属性”就是变体类型，可用于携带任意的属性信息。

变体输入控件位于“控件”选板→“新式”→“变体与类”子选板上。在前面板上拖曳出一个变体输入控件，然后，在程序框图上选中此变体输入控件，右击鼠标，在弹出的快捷菜单中选择“转换为常量”，会在程序框图上生成一个变体常量；而如果选择“转换为显示控件”，则会在程序框图上生成一个变体显示控件。

LabVIEW 中有关变体的函数，都位于“函数”选板→“编程”→“簇、类与变体”→“变体”子选板上，如图 5.41 所示。常用的变体函数请参见表 5.4。

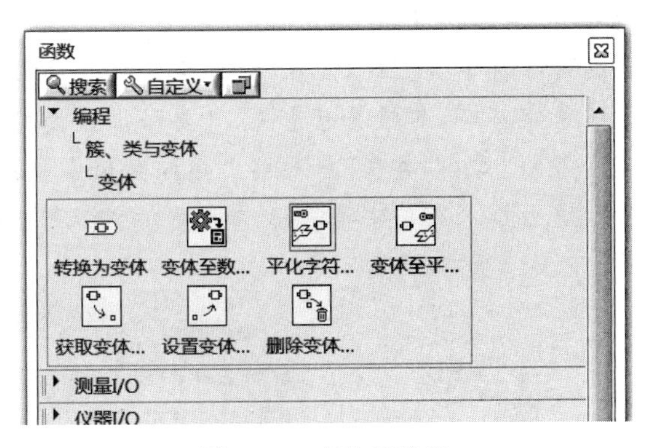

图 5.41　变体子选板

表 5.4　常用的变体函数

序号	名　　称	图　　标	功 能 说 明
1	转换为变体	任何数据　变体	转换任意 LabVIEW 数据为变体数据。也可用于使 ActiveX 数据转换为变体数据
2	变体至数据转换	类型 变体　数据 错误输入　错误输出	转换变体数据为 LabVIEW 可显示或可处理的数据类型。也可用于使变体数据转换为 ActiveX 数据
3	获取变体属性	变体　变体副本 名称　找到 默认值(空变体)　值 错误输入　错误输出	获取所有属性的名称和值，如果连接了名称参数，则返回该属性的值
4	设置变体属性	变体　变体输出 名称　替换 值　错误输出 错误输入	用于创建或改变变体数据的属性或值
5	删除变体属性	变体　变体输出 名称(所有属性)　找到 错误输入　错误输出	删除变体数据中的属性和值

下面将通过例 5.19～例 5.22 学习在 LabVIEW 中如何使用变体。

【例 5.19】　变体与基本数据类型的转换。

例 5.19 VI 的程序框图和前面板，如图 5.42 所示。本例将把三种基本数据类型(字符串、数值和布尔量)转换为变体，然后，再将变体转换为基本数据类型。

在本例中，最上面是将字符串转换成变体，通过调用“转换为变体”函数实现；然后再调用“变体至数据转换”函数，将该变体转换成字符串类型的数据。需要注意的是，在使用“变体至数据转换”函数时，应根据实际情况，在该函数的“类型”输入端上接入正确的数据类型。例如本例中，对于原始数据是字符串类型的，应在“变体至数据转换”函数的“类型”输入端上接入字符串常量(可以是任意字符串，其值没有意义，只要保证数据类型正确即可)。很容易理解，对于原始数据是数值型的，需在“类型”输入端上接入数值常量；而对于原始数据是布尔型的，则需在“类型”输入端上接入布尔常量。

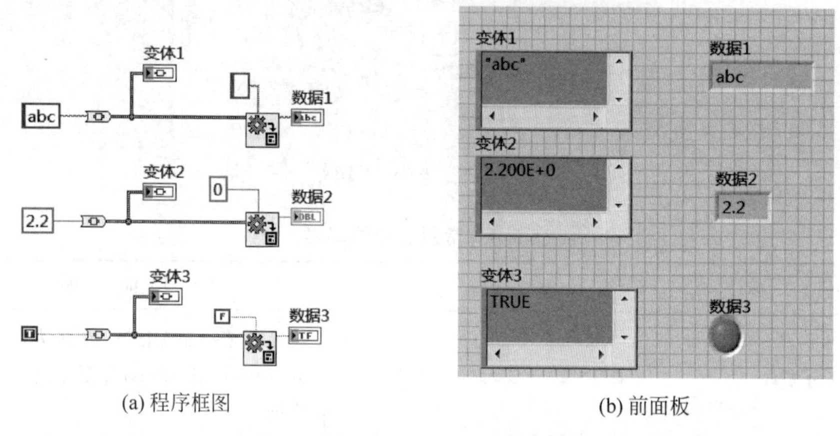

(a) 程序框图　　(b) 前面板

图 5.42　例 5.19 VI 的程序框图和前面板

【例 5.20】 变体与复合数据类型的转换。

例 5.20 的 VI 的程序框图和前面板，如图 5.43 所示。在本例中，分别将簇、波形和数组转换成变体(调用“转换为变体”函数实现)，然后，再将变体转换为原始数据(调用“变体至数据转换”函数实现)。

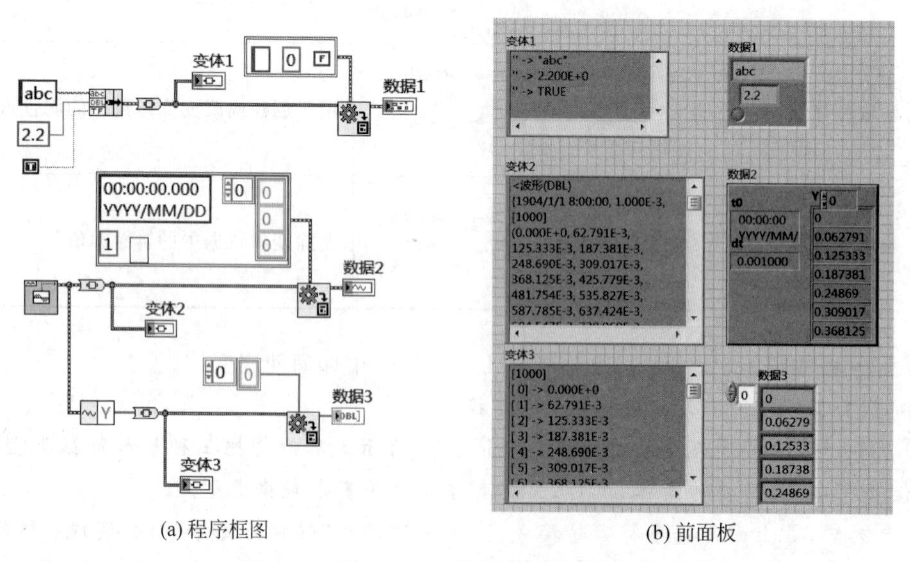

(a) 程序框图　　(b) 前面板

图 5.43　例 5.20 VI 的程序框图和前面板

从例 5.19 和例 5.20 可以看出，要想正确使用“变体至数据转换”函数，需要知道变体数据存储的原始数据的类型。在实际编程时，要将原始数据的类型连接到“变体至数据类型转换”函数的“类型”输入端上。

【例 5.21】 生成一个一维的随机数组，该数组的单位是 V(电压的单位“伏特”)。

例 5.21 的 VI 的程序框图和前面板，如图 5.44 所示。在本例中，先调用 For 循环，生成了一个一维随机数组；然后，调用“转换为变体”函数，将该随机数组转换为变体；再调用“设置变体属性”函数，设置该数组的“单位”是“V”；最后，调用“获取变体属性”函数，将“单位”的值提取出来，并显示在前面板上。

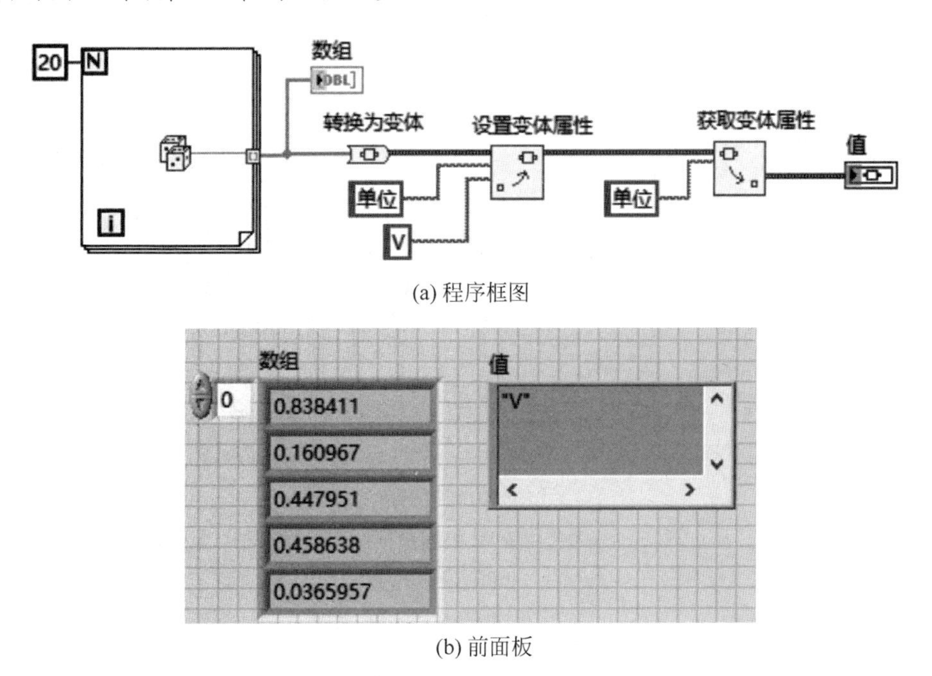

(a) 程序框图

(b) 前面板

图 5.44 例 5.21 的 VI 的程序框图和前面板

在第 5.3 节介绍波形时，曾说到波形的一个成分“属性”就是变体数据类型。下面，将调用“设置波形属性”函数对波形的“属性”进行设置，具体实现，请见例 5.22。

【例 5.22】 生成一段正弦波，其幅值为 1V，频率为 10Hz，该波形是从模入通道 0 采集进来的，单位是 V。

例 5.22 的 VI 的程序框图和前面板，如图 5.45 所示。本例中，先生成一段正弦波，然后调用“设置波形属性”函数，分别设置该波形的“通道号”为“0”，“单位”为“V”，最后用波形图控件和波形显示控件，将波形在前面板显示出来。

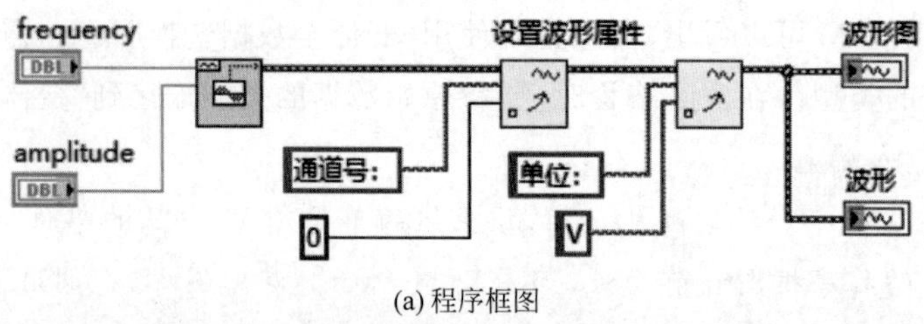

(a) 程序框图

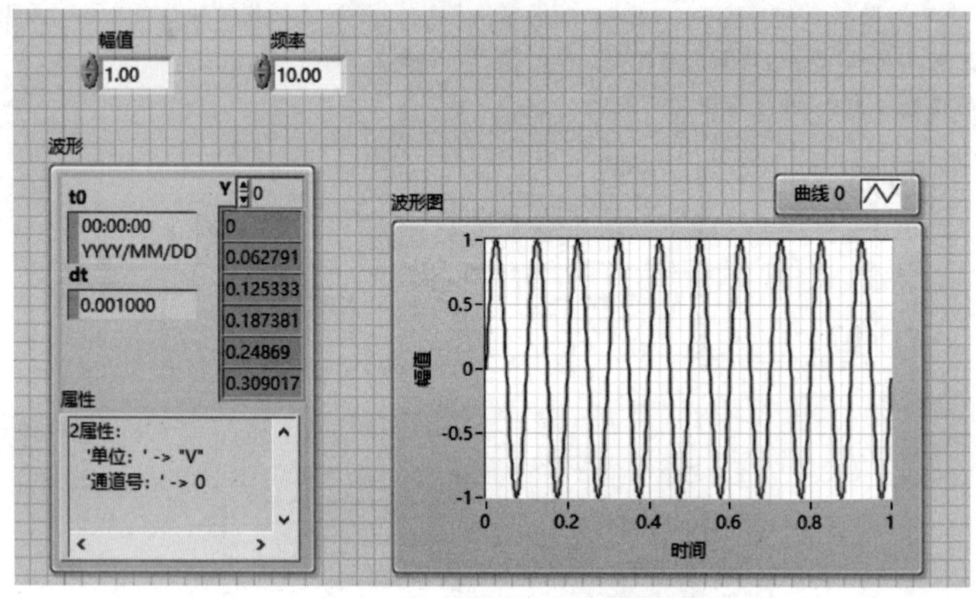

(b) 前面板

图 5.45　例 5.22 VI 的程序框图和前面板

5.6　本章小结

本章学习了 5 种复合数据类型，即：数组、簇、波形、DDT 和变体。从学习相应知识过程中可以感受到，对这些数据类型的创建都有两种方法。以数组为例，一种方法是按部就班地先建框架，再添加元素，然后赋值；另一种方法是通过编程来实现，例如，通过利用循环的自动索引功能或者利用 LabVIEW 提供的某个函数来实现。对初学者而言，第一种方法可以帮助大家建立起 LabVIEW 中数组的基本概念；而第二种方法在实际编程中用得更多，因为通过这种方式，可以更高效地完成虚拟仪器 VI 的设计和编程。

本章习题

5.1　构建一个 VI，将有 10 个随机数的一个数组的元素排列顺序颠倒过来，之后，再将数组的后 5 个元素按顺序移到数组的前端，形成一个新的数组。

5.2 创建一个簇控件，其元素分别为字符串型控件“姓名”，数值型控件“学号”，布尔型控件“是否注册”；从该簇控件中提取出元素“是否注册”，将其显示在前面板上。

5.3 生成一个数组，要求该数组中的元素个数为10，每个元素均为偶数，元素值大于或等于0且小于或等于20，并在前面板上显示出所生成的数组。

5.4 生成一段三角波形，并将其在前面板上显示出来。要求其幅值、频率和采样信息等参数均可调节。改变采样信息中的采样率和样本数，观察其波形的相应变化。

5.5 生成三路信号波形，分别是正弦波、方波和锯齿波，将它们显示在同一个波形图中。要求正弦波的频率为10Hz，幅值为2，总时间长度为1s；方波的频率为20Hz，幅值为3，总时间长度为2s；锯齿波的频率为40Hz，幅值为5，总时间长度为2s。提示：注意采样信息中具体的采样率和样本数的设置。

5.6 生成一段正弦波形，要求其幅值、频率、相位等参数均可调。提取出该正弦波形中的Y数组和dt成分，并求出Y数组中元素的最大值以及个数，且还要将结果在前面板上显示出来。

参考文献

[1] Johnson G W, Jennings R. LabVIEW图形编程[M]. 武嘉澍，陆劲昆，译. 北京：北京大学出版社，2002.

[2] 侯国屏，王珅，叶齐鑫. LabVIEW 7.1编程与虚拟仪器设计[M]. 北京：清华大学出版社，2006.

[3] 黄松岭，吴静. 虚拟仪器设计基础教程[M]. 北京：清华大学出版社，2008.

[4] Bishop R H. LabVIEW 8实用教程[M]. 乔瑞萍，林欣，译. 北京：电子工业出版社，2008.

第 6 章

文件 I/O

在实际的实验测试中，经常需要实现如下功能，即，采集一段测量数据后，要将这些数据保存在计算机中；或者，打开保存在计算机中的某个数据文件，将其中的数据读入 LabVIEW 环境中，并将其在前面板显示出来，再对其做后续的相关处理；等等。这些任务的完成，都涉及文件 I/O。本章将学习如何利用 LabVIEW 保存和读取文件。

6.1 文件 I/O 的基本概念

LabVIEW 中的文件格式，有以下 4 种：①二进制文件，它是基本的文件格式，是所有其他文件格式的基础，占据空间小；②文本文件(ASCII)，简单直观，是大多数程序使用的标准，很多程序都可以打开它(如 Excel、记事本等)；③LVM，是 LabVIEW 数据文件(.lvm)，也是特定类型的 ASCII 文件，专用于 LabVIEW；④TDMS，是特定类型的二进制文件，专用于 NI 公司生产的各种仪器设备中[1-4]。

如图 6.1 所示，利用 LabVIEW 完成一个典型的文件 I/O 操作，包括以下 3 个步骤：①创建或打开一个文件，通过指定路径或以对话框的形式确定文件位置，打开文件后，通过引用句柄表示该文件；②读或写文件；③关闭文件，并检查有无错误。

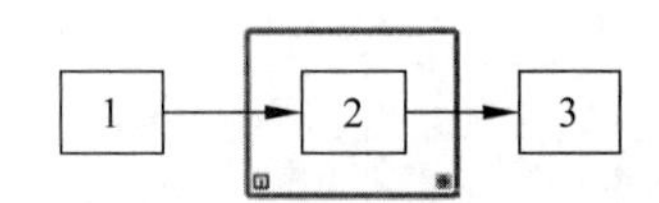

图 6.1　文件 I/O 操作步骤示意

要完成上述 3 个步骤，需要调用 LabVIEW 中相应的文件 I/O 函数。这些文件 I/O 函数均位于“函数”选板→“编程”→“文件 I/O”子选板上，如图 6.2 所示。文件 I/O 函数分为两种，分别是底层文件 I/O 函数和高层文件 I/O 函数。从图标的外观上看，底层文件 I/O 函数的背景为黄色。下面将从底层文件 I/O 函数和高层文件 I/O 函数两方面，具体介绍文件 I/O 函数的使用。

6.2 底层文件 I/O 函数

底层文件 I/O 函数，是指每个文件 I/O 函数只执行 I/O 操作流程中的一个操作。常用的底层文件 I/O 函数，如图 6.3 所示。下面将通过例 6.1 和例 6.2，学习如何使用底层文件 I/O 函数。

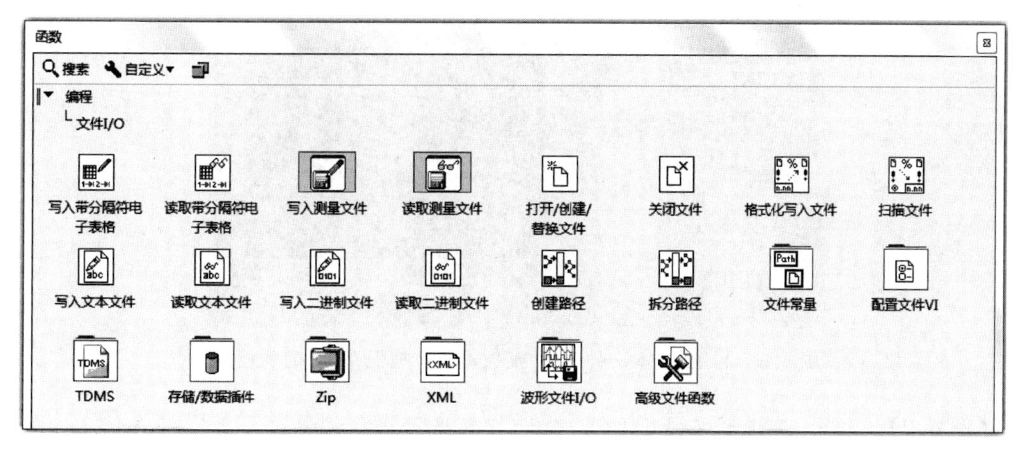

图 6.2 文件 I/O 函数子选板

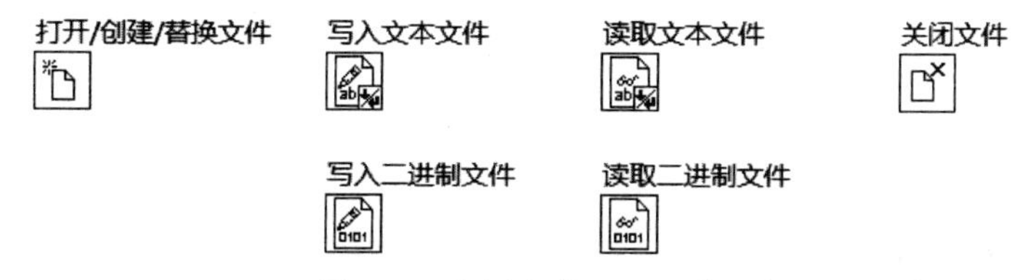

图 6.3 底层文件 I/O 函数

【例 6.1】 利用"文本文件 I/O"函数进行数据保存。

例 6.1 给出了采用"文本文件 I/O"函数进行文件操作的 VI 的程序框图和前面板，如图 6.4 和图 6.5 所示。在此 VI 中，"打开/创建/替换文件"和"关闭文件"这两个文件 I/O 函数，均被放置在 While 循环外，而"写文件"则被放在 While 循环内。运行该 VI，每次循环会生成一个数值，其会在前面板的波形图表控件中显示出来；这个数值，还会转换成一定格式的字符串，赋给"写入文本文件"函数，即会将该数值写入文件中保存下来。该循环退出后，再将文件关闭。

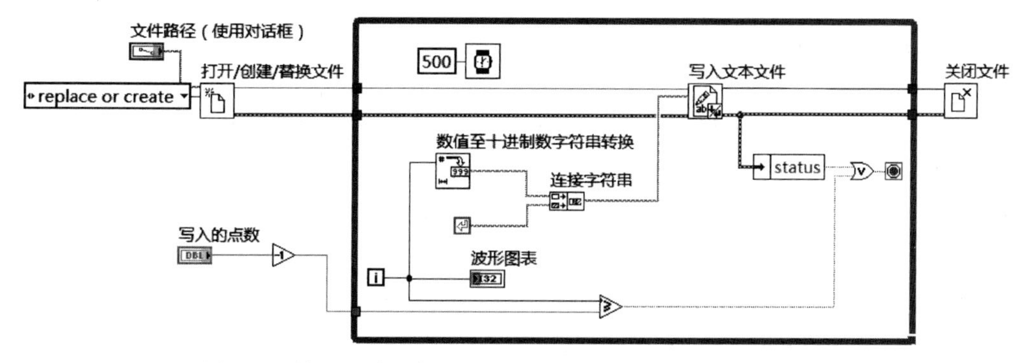

图 6.4 利用"文本文件 I/O"函数进行数据保存 VI 的程序框图

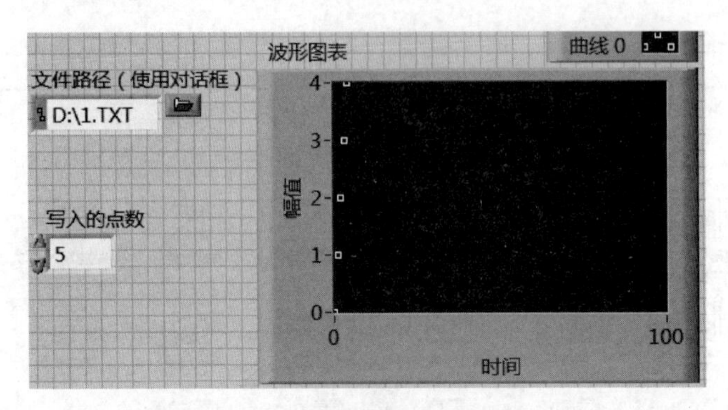

图 6.5 利用“文本文件 I/O”函数进行数据保存 VI 的前面板

【例 6.2】 利用“二进制文件 I/O”函数进行数据保存和读取。要求能够存储 1 个字符串控件、1 个数值控件、1 个数组和 1 个开关量，将这些数据保存到当前 VI 路径下，文件名为“data.dat”；而且保存后，再将保存的数据读回到 LabVIEW 中，并将其显示在前面板上。

实现例 6.2 目标要求的 VI 的前面板和程序框图，如图 6.6 和图 6.7 所示。在前面板上，将要保存的字符串“班级名称”、数值“平均分”、数组“学生成绩”和布尔量“是否通过”都放入一个簇框架中。

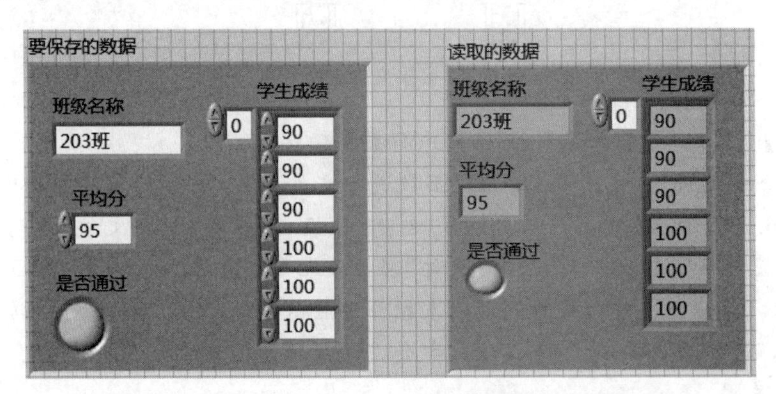

图 6.6 利用“二进制文件 I/O”保存读取数据 VI 的前面板

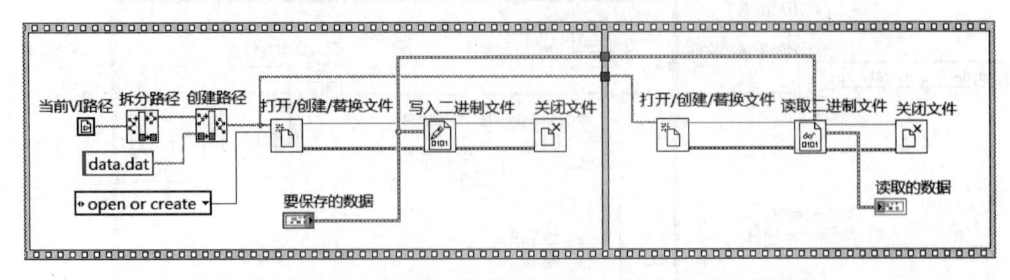

图 6.7 利用“二进制文件 I/O”保存读取数据 VI 的程序框图

在图 6.7 所示的该 VI 的程序框图上，首先建立一个两帧的顺序结构。在第 0 帧，要实现数据的保存。为此，从“文件 I/O”子选板依次调用“打开/创建/替换文件”“写入二进制文件”和“关闭文件”函数。将这三个文件 I/O 函数从左至右依次放在程序框图面板上，并将它们下方的“错误簇”和上方的“文件引用”分别连接起来。将簇“要保存的数据”连至“写入二进制文件”函数上。

在第 1 帧，要实现数据的读取。为此，要从“文件 I/O”子选板依次调用“打开/创建/替换文件”“读取二进制文件”和“关闭文件”函数。仿前，也是将这三个函数从左至右依次放在程序框图面板上，且将它们下方的“错误簇”和上方的“文件引用”分别连接起来。将簇“要保存的数据”连至“读取二进制文件”函数的“数据类型”输入端口上，然后，再在“读取二进制文件”函数的“数据”输出端口上创建一个显示控件“读取的数据”。

为了实现将数据保存到当前 VI 路径下的 data. dat 文件中，在第 0 帧中，调用了“当前 VI 路径”“拆分路径”和“创建路径”这三个函数。

注意：利用“读取二进制文件”函数读取数据时，必须已知文件的数据存储格式，所以在例 6.2 的 VI 的第 1 帧中，要将簇“要保存的数据”连至“读取二进制文件”函数的“数据类型”输入端口，以获得文件 data. dat 的数据存储格式。

另外，此 VI 的优点是可扩展性好，例如，当要存储的数据发生变化时，不必修改程序，而只需为“读取二进制文件”函数的“数据”输出端口创建一个新的显示控件。

6.3　高层文件 I/O 函数

高层文件 I/O 函数，是指一个文件 I/O 函数可以执行一个文件 I/O 操作流程中的所有操作，包括打开、读/写和关闭。在使用高层文件 I/O 函数时，应注意避免将其放入循环内，因为这些 I/O 函数每运行一次，都要进行打开和关闭的操作。

下面介绍两个高层文件 I/O 函数，即“写入带分隔符电子表格”和“读取带分隔符电子表格”函数，并通过例 6.3 来学习如何使用它们。

“写入带分隔符电子表格”函数，如图 6.8 所示，它的功能是将数值组成的一维、二维数组转换成文本字符串，再写入一个文件。如果文件已经存在，则可选择将数据追加到原文件中已有的数据之后，也可以选择覆盖原文件的数据；而若文件不存在，则可创建新文件。该文件 I/O 函数在写入数据之前，将先打开或新创建文件；写入数据后，还会将文件关闭。该文件 I/O 函数可用于创建能被大多数电子表格软件读取的文本文件。

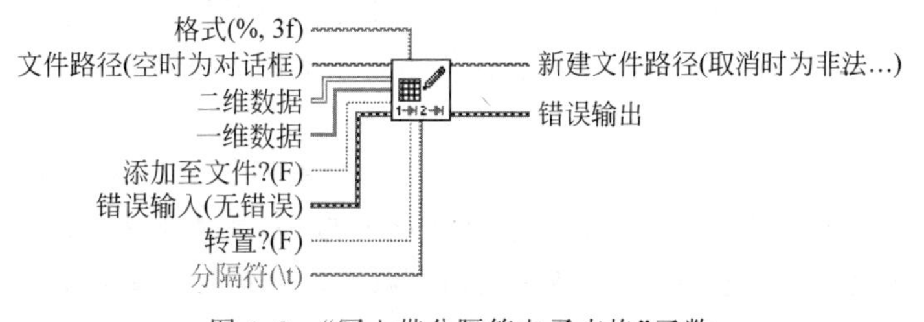

图 6.8　“写入带分隔符电子表格”函数

“读取带分隔符电子表格”函数，如图 6.9 所示。它的功能，是从被打开文件的某个特定位置开始读取指定数量行或列的数据，然后再将这些数据转换成双精度的二维数组。该函数是一个多态 VI，使用时，要手动选择所需的多态实例。

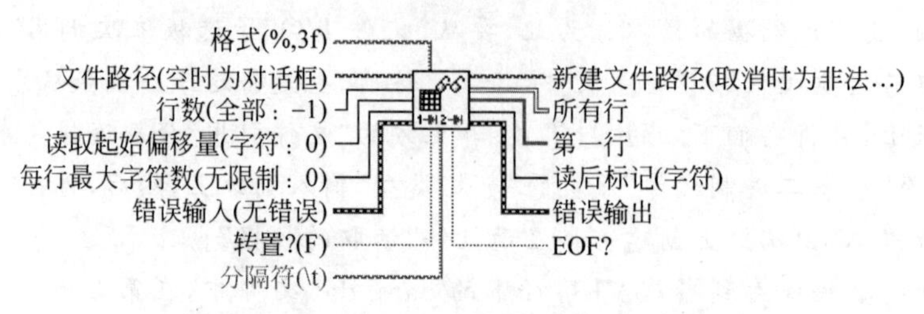

图 6.9 “读取带分隔符电子表格”函数

【例 6.3】 以电子表格格式存储和读取数据。

例 6.3 的 VI 的程序框图和前面板，如图 6.10 所示。可见，在此 VI 中，以嵌套的 For 循环构建了一个二维随机数数组；在顺序结构的第 0 帧，调用了“写入带分隔符电子表格”函数，它是将二维数组转化为字符串，并以电子表格格式保存在文件中(会弹出对话框，让使用者设置要保存的文件名和位置)。而在顺序结构的第 1 帧，调用了“读取带分隔符电子表格”函数，旨在读取所存文件中以电子表格格式存储的字符串(会再次弹出对话框，选择刚才保存的文件)，并将其转换成二维数组格式，再输出到前面板上的数组显示控件中。

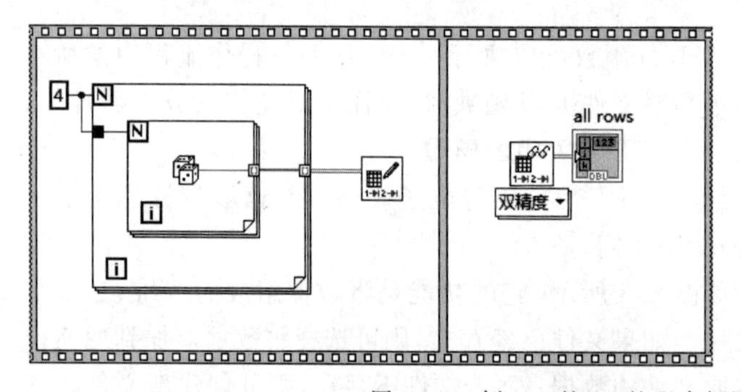

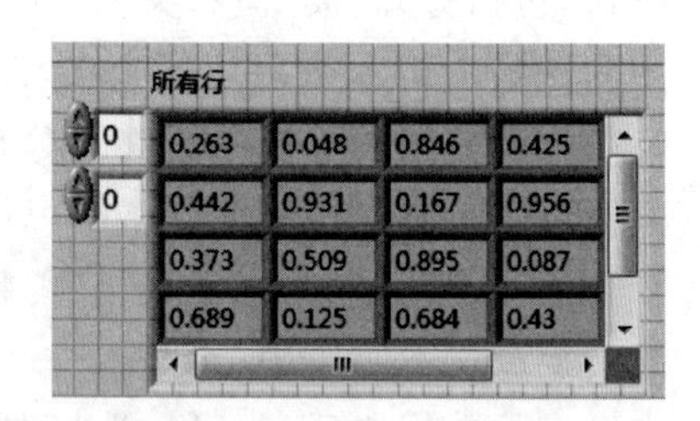

图 6.10 例 6.3 的 VI 的程序框图和前面板

另外，LabVIEW 还提供有专门针对波形的文件 I/O 函数，它们位于“函数”选板→“编程”→“文件 I/O”→“波形文件 I/O”子选板上。利用它们，可以方便地对采集到的波形数据进行存储和读取。下面通过例 6.4，学习如何使用波形文件 I/O 函数。

【例 6.4】 保存和读取波形文件。

例 6.4 的 VI 的前面板如图 6.11 所示，其程序框图如图 6.12 所示。可见，该 VI 调用了一个两帧的顺序结构，其中第 0 帧，通过调用“正弦波形”函数产生了一段正弦波，然后将其送给“写入波形至文件”函数，如此，会将产生的正弦波形保存在计算机里的一个文件中；在第 1 帧，则调用了“从文件读取波形”函数，目的是将刚才保存的正弦波形又读入 LabVIEW 环境中，并经前面板上的波形图控件显示出来。

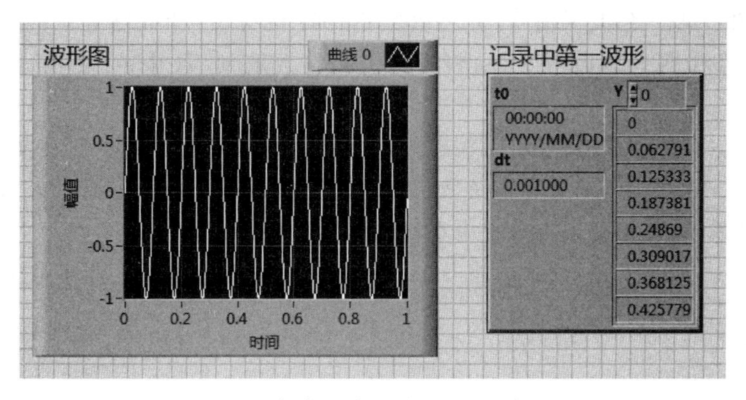

图 6.11 保存和读取波形 VI 的前面板

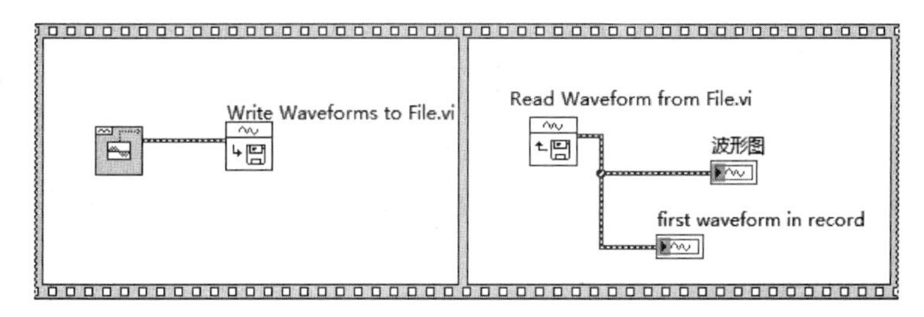

图 6.12 保存和读取波形 VI 的程序框图

常见问题 25：高层文件 I/O 函数与底层文件 I/O 函数的区别。

从上述原理讲述可以看出，使用高层文件 I/O 函数更为方便，但它的效率会低于底层文件 I/O 函数。如果正在写入位于循环中的文件，则可使用底层文件 I/O 函数；而若正在写入单个操作中的文件，则使用高层文件 I/O 函数更方便。

6.4 本章小结

本章学习了在 LabVIEW 中如何实现文件 I/O，即文件的输入和输出。需要注意的是，为提高所编写 VI 的运行效率，应避免将高层文件 I/O 函数放入循环内；且当需要在循环中读写文件时，应尽量使用底层文件 I/O 函数。

本章习题

6.1 产生 1～5 共 5 个数据，然后按行写入与 VI 相同路径下的文本文件中。要求：每个数值占用一行；文本文件与 VI 在同一路径下。

6.2 产生一段三角波形信号，并将其数据保存在与VI相同路径下的波形文件中，然后在LabVIEW中打开该波形文件，将三角波数据读取到VI中，并在前面板上显示出其波形。

6.3 生成一路正弦波，提取出其波形成分数组Y，并将数组Y保存在文本文件中。

6.4 产生两路波形，一路是正弦波，另一路是方波，分别提取出这两路波形的数组Y，组成一个二维数组，并将此二维数组保存在文本文件中。

6.5 产生一段正弦波形信号，将其数组Y保存为二进制文件；再从保存的二进制文件读取数据到LabVIEW中。

参考文献

[1] Johnson G W, Jennings R. LabVIEW 图形编程[M]. 武嘉澍，陆劲昆，译. 北京：北京大学出版社，2002.

[2] 侯国屏，王珅，叶齐鑫. LabVIEW 7.1 编程与虚拟仪器设计[M]. 北京：清华大学出版社，2006.

[3] 黄松岭，吴静. 虚拟仪器设计基础教程[M]. 北京：清华大学出版社，2008.

[4] Bishop R H. LabVIEW 8 实用教程[M]. 乔瑞萍，林欣，译. 北京：电子工业出版社，2008.

第7章 图形显示及其他技巧

虚拟仪器制作中的一个重要任务，是要将由其完成的测量或分析处理结果显示出来；另外，经常还需要用户为虚拟仪器输入必要的参数。即，虚拟仪器需要具备输入输出接口，以实现它与用户的交互。这些功能都是在 LabVIEW 中的前面板上完成的。需要说明的是，对虚拟仪器，可称为要“制作它”“构建它”，因为它是仪器；也可称为要“编写它”，因为制作虚拟仪器的主要任务，是要编写出一个可靠、好用的 VI。

要制作出一个好的虚拟仪器，对其前面板的设计至关重要。对虚拟仪器前面板的制作，要用到 LabVIEW 中的控件选板，在其上，LabVIEW 提供了各式各样的很多种控件。按照数据类型的不同，这些控件被分成不同的子选板，有数值、字符串、布尔量、数组和簇，以及图形等。

在前面的学习中，已经了解并使用过一些控件。在本章中，首先具体介绍图形显示控件，希望读者掌握如何使用 LabVIEW 去显示采集或测算结果的特性曲线；然后介绍如何利用属性节点将前面板制作得更加美观、功能更为丰富。

7.1 图形显示

在 LabVIEW 的图形显示功能中，图和图表是两个最基本的概念。其中，图表(chart)这种图形显示控件所实现的，是将数据源(如采集到的数据)在某一个坐标系中实时、逐点地显示出来，以清晰地反映被测物理量随时间的变化趋势；其功能类似于传统的示波器、波形记录仪等。而图(graph)这种图形显示控件，它的作用则是显示对已采集到的数据进行事后处理的结果；其缺点是不能实时显示，但表现形式要比图表丰富。[1-4]

在 LabVIEW 中，所有图形显示的具体控件，均位于“控件”选板→“新式”→“图形”子选板上。如表 7.1 所示，图表只有两种形式，即波形图表和强度图表；而图的表现形式丰富得多。下面主要介绍其中的 4 种常用图形显示控件，分别是波形图、XY 图、波形图表和强度图。

表 7.1 图形显示控件

图形显示控件的具体功能	图表(chart)	图(graph)
波形	*	*
XY 图		*
强度图	*	*
数字波形		*
三维曲面		*
三维参数图		*
三维线条图		*

7.1.1 波形图

波形图控件的外表,如图 7.1 所示。选中波形图控件,右击鼠标,弹出快捷菜单,如图 7.2 所示,在这里,可以配置波形图的一些基本属性。例如,打开其中的"属性"选项对话框,可对波形图控件的各种属性进行设置或修改;改用波形图控件上不同选项(标签、图例、X 标尺、Y 标尺等)的快捷子菜单,也可实现对相关具体属性的设置或修改。图 7.3 所示的是将波形图控件的"显示项"子菜单都选中时的情况。

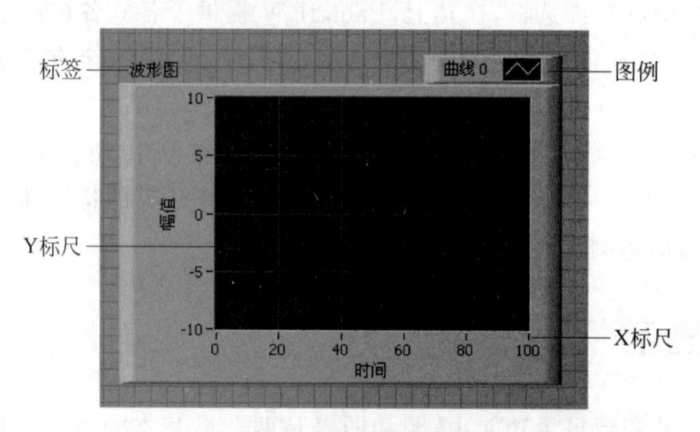

图 7.1 波形图控件

波形图控件的基本显示模式是等时间间隔地显示被测对象的波形数据点,且每个时刻只有一个数据值与之对应。下面通过实例介绍波形图控件能够接收的数据格式。

【例 7.1】 波形图控件能接收的数据格式举例 1。

例 7.1 VI 的程序框图如图 7.4 所示。在这个例子中,给出了波形图控件能够接收的 7 种数据格式,分别是:①一维数组;②二维数组;③一维数组打包成簇,然后以簇为元素组成的数组;④簇类型的数据;⑤以簇为元素的二维数组,每个元素均由 t0、dt 和数组组成(每条波形曲线的上述 3 个参数可以不同);⑥由 t0、dt 及二维数组 Y 组成的簇;⑦由 t0、dt 和以簇为元素的数组组成的簇。

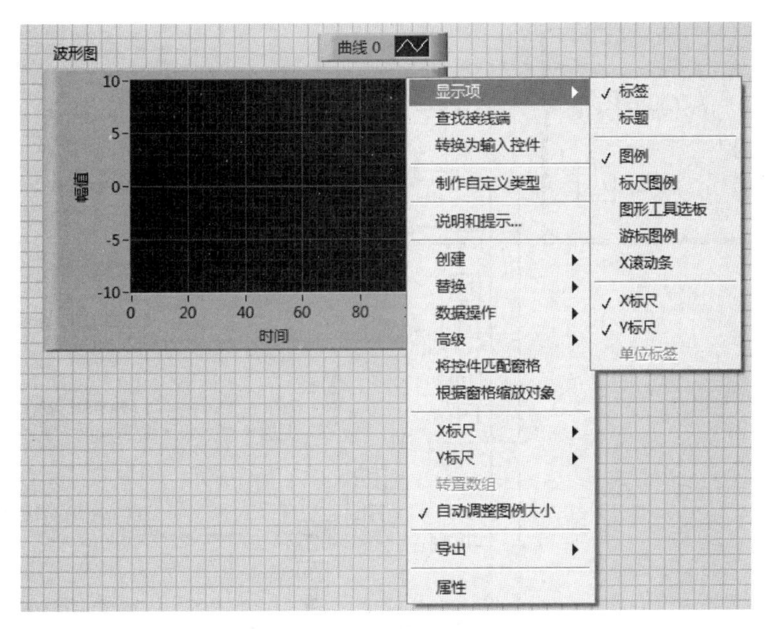

图 7.2 波形图控件的快捷菜单

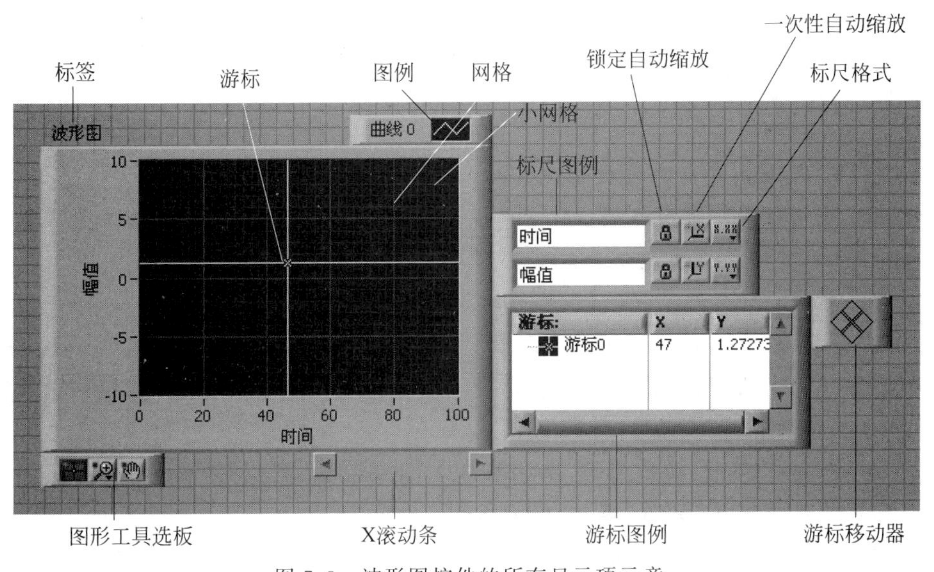

图 7.3 波形图控件的所有显示项示意

常见问题 26：例 7.1 中的第二种数据格式和第三种数据格式有区别吗？对于第三种数据格式，为什么要先打包生成簇，然后再创建数组、生成两条曲线呢？

第二种数据格式与第三种数据格式的区别在于，当两条曲线的 x0、dx 以及元素个数均

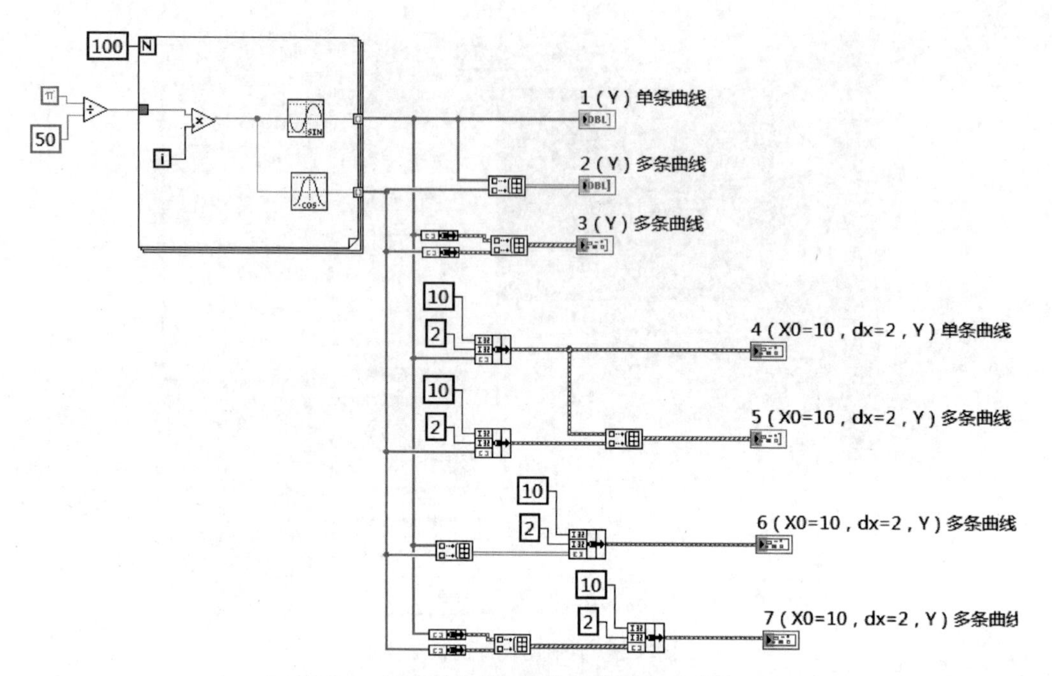

图 7.4　波形图控件能接收的数据格式示例 1

相同时，可以采用第二种方式；但当组成两条曲线的元素个数不同时，就应该采用第三种方式来实现。

【例 7.2】 波形图控件能接收的数据格式举例 2。

例 7.2 VI 的程序框图如图 7.5 所示。在这个例子中，给出了波形图控件能够接收的除例 7.1 中给出的 7 种数据格式之外的另 2 种数据格式，即波形和波形数组。可见，在此例的 VI 中，调用了"正弦函数"（该函数位于"函数"选板→"信号处理"→"波形生成"子选板上），即利用此函数生成了一段正弦波形，并将其送至波形图控件显示出来；另外，还调用了"方波波形"函数（找到它的路径也是"函数"选板→"信号处理"→"波形生成"子选板），利用它生成了一段方波信号波形，然后，将方波和正弦波都连至创建数组函数的输入端上，最后，将生成的波形数组输入波形图控件中显示出来。

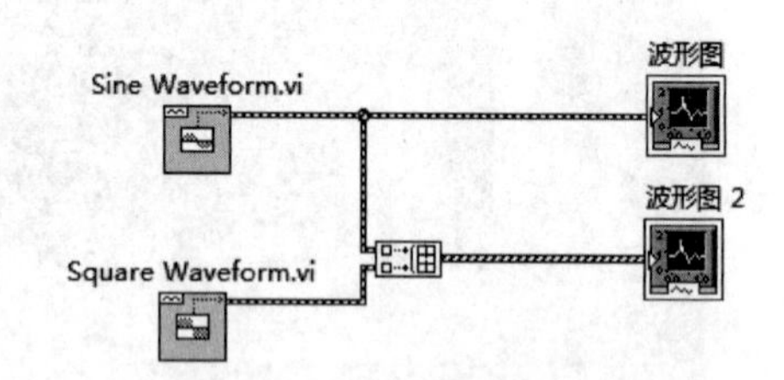

图 7.5　波形图控件能接收的数据格式示例 2

在第 5 章介绍 DDT 数据类型时，曾利用波形图控件将 DDT 数据类型的数据显示出来，具体请参看例 5.17 和例 5.18。

7.1.2　XY 图

XY 图的功能与波形图相似，也用于显示完整的数据曲线。两者的不同在于：XY 图不要求水平坐标等间隔分布,而且允许绘制一对多的映射关系,如各种封闭曲线等。

【例 7.3】 利用 XY 图绘制李沙育图形(封闭曲线)。

例 7.3 VI 的程序框图和前面板,如图 7.6 所示。在程序框图中,先调用两个"正弦波形"函数,产生了两个正弦波信号;然后,又调用了"获取波形成分"函数,将两个正弦波形的 Y 数组提取了出来;最后,将这两个数组分别连至"捆绑"函数的输入端,再将结果输出给 XY 图控件。另外,在这个 VI 中,还为其中一个"正弦波形"函数创建了一个数值输入控件,用以控制其相位;而另一个"正弦波形"函数的相位则采用默认值,即被设置为 0。

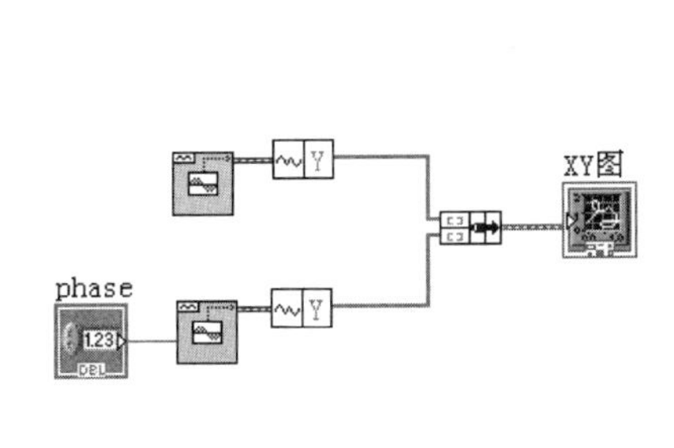

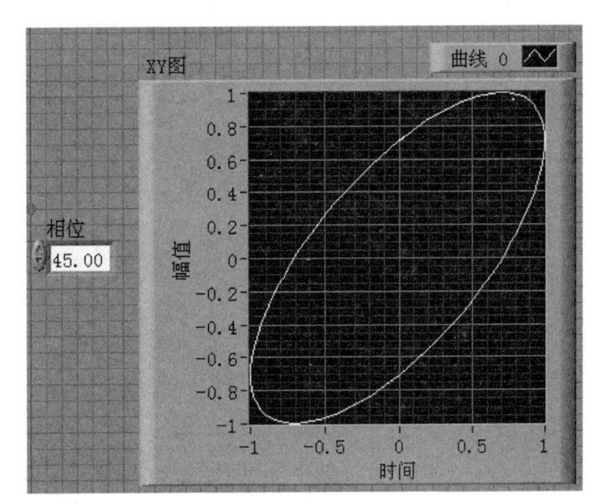

图 7.6 XY 图示例

在这个 VI 的前面板上,将相位设置为 45°。运行此 VI,就在 XY 图控件上绘制出了李沙育图形,当前输入条件下,它为一条椭圆形曲线。

【例 7.4】 利用 XY 图控件显示单条曲线。

如图 7.7 所示程序框图的 VI,它的功能是,当要显示单条曲线时,XY 图控件可以接收以下两种形式的数据。一种是 x 数组和 y 数组打包生成的簇,即绘制曲线时,先将相同索引的 x 和 y 数组元素的值共同作为平面上一个点的数据信息;然后,按索引顺序输出并连接所有的点,进而形成单条曲线。而 XY 图控件可以接收的另一种形式的数据,是由簇组成的数组,即每个数组元素都是由一个 x 坐标值和一个 y 坐标值打包生成,如此,绘制曲线时,是按照所形成的数组的索引顺序,依次连接数组中的相邻元素(每个元素为一个数据坐标点),从而得到一条曲线。

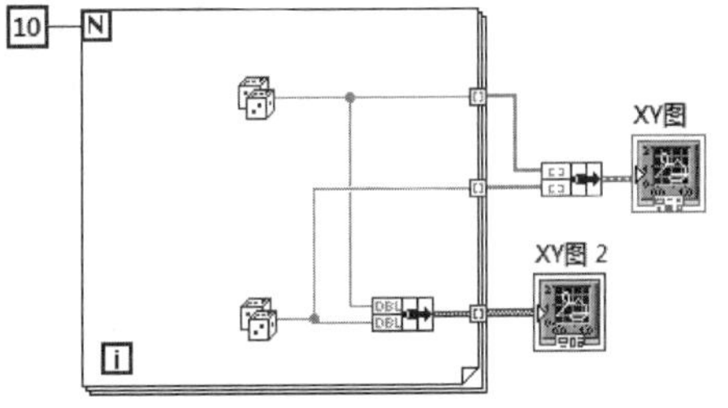

图 7.7 利用 XY 图控件显示单条曲线

【例 7.5】 利用 XY 图控件显示多条曲线。

图 7.8 所示的,是本例 VI 的程序框图。这个 VI 实现的是,当希望显示多条曲线时,XY 图控件也可以接收两种形式的数据,其中一种是先由 x 数组和 y 数组打包成簇,建立一

条曲线；然后将多个这样的簇作为元素再建立数组，即每个数组元素对应一条曲线。另一种形式的数据，是先将 x 坐标值和 y 坐标值打包成簇作为一个点，并以点为元素建立数组；然后将每个数组再打包成一个簇，每个簇表示一条曲线，最后建立由簇组成的数组。

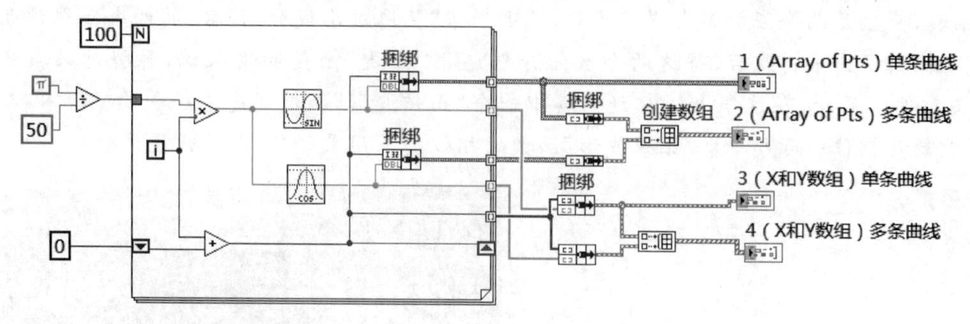

图 7.8　利用 XY 图控件显示多条曲线

7.1.3　波形图表

前边介绍的波形图控件接收到新的数据时，会先将旧数据完全清除，再用新数据重新绘制整条曲线。而波形图表控件则不然，它会保存旧数据，并将新数据接续在旧数据之后。即，波形图表控件的显示模式，类似于波形记录仪、心电图仪等的工作方式。所以，波形图表控件可用于对被测对象的实时显示；而波形图控件则多用于对被测对象的事后处理。

选中波形图表控件，右击鼠标，在弹出的快捷菜单中进行属性设置，如图 7.9 所示。下面具体介绍波形图表控件的 3 个特有属性的设置。

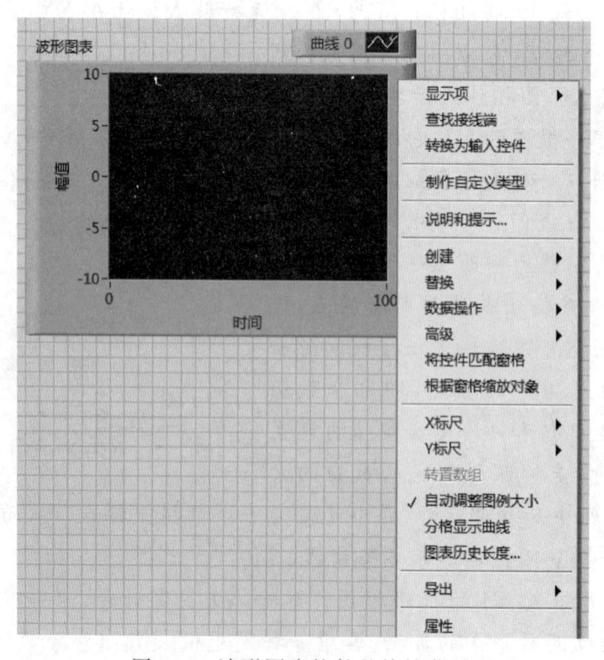

图 7.9　波形图表控件的快捷菜单

第1个是缓冲区设置。波形图表控件设有一个缓冲区，专用于保存历史数据。在波形图表控件快捷菜单的“图表历史长度...”选项中，可设定缓冲区的长度。波形图表控件显示的数据点数不能大于所设定的缓冲区的大小。

第2个是多条曲线显示方式设置。默认状态下，波形图表控件会将多条曲线绘制在同一坐标系中。但若希望多条曲线不都绘制在一起，可以选择波形图表控件快捷菜单中的“分格显示曲线”选项，则多条曲线将被绘制在各自不同的坐标系中；设置后，不同坐标系在显示界面上从上向下排列。

第3个是数据更新模式设置。在波形图表控件的快捷菜单（“高级”→“刷新模式”）上，可以指定3种不同的数据刷新模式，分别是带状图表模式、示波器图表模式及扫描图表模式，具体如图7.10所示。

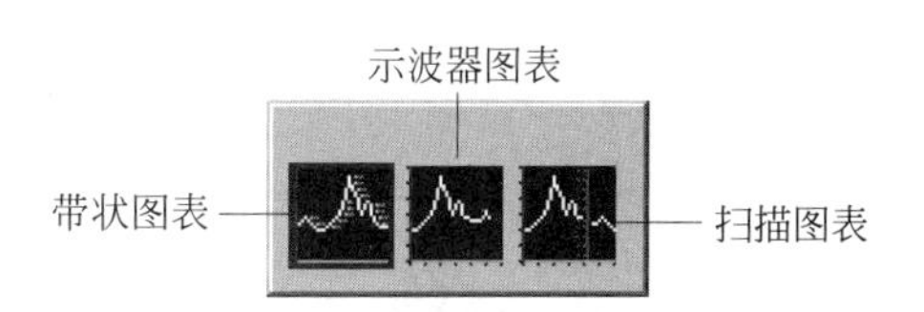

图7.10　波形图表控件的3种数据刷新模式

【例7.6】　利用波形图表控件显示单条曲线。

图7.11所示的是本例VI的程序框图和前面板，可见，波形图表控件可以接收一个单点值，还可以接收一个一维数组。单点值表示每次循环只在波形图表中显示一个点，由于波形图表控件可以记录历史数据，这样多次循环后，波形图表控件就显示出了一条曲线。而对于接收的一维数组，每次循环要显示一段曲线；且下次循环时，则会在上次历史曲线的后面继续显示新的曲线。

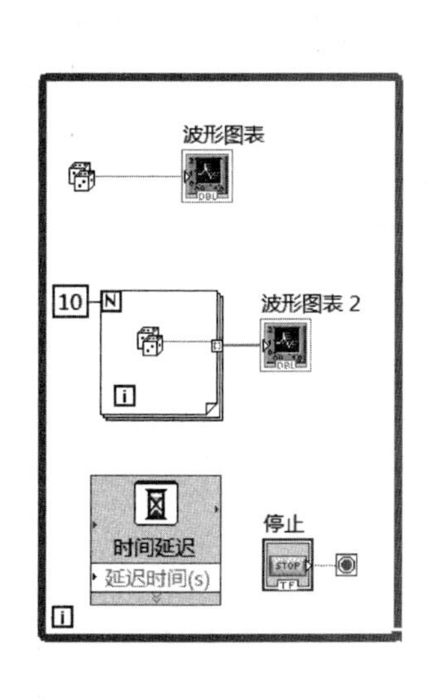

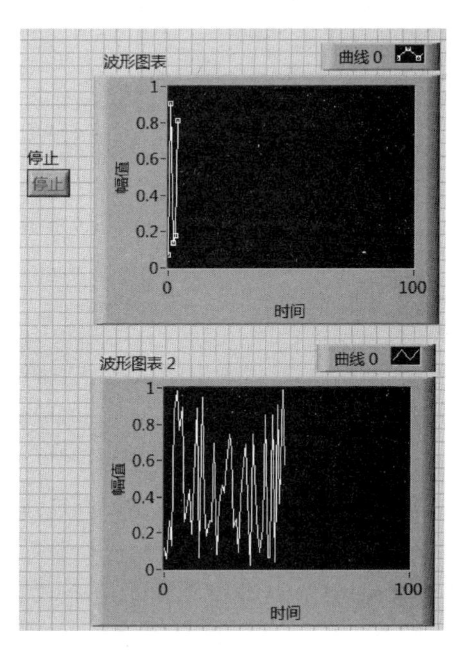

图7.11　利用波形图表控件显示单条曲线

【例 7.7】 利用波形图表控件显示多条曲线。

图 7.12 所示的即为本例 VI 的程序框图和前面板。这个 VI 实现的是,对于多条曲线,一种方式是将 2 个点打包生成一个簇,利用波形图表控件显示出来;每次循环显示 2 个点,多次循环后,在波形图表中就显示出了两条曲线。另一种方式,则是将 2 个点打包生成一个簇,再以簇为元素生成一个数组,如此,每次循环就会显示两条曲线;下次循环时,会在上次历史曲线的后面继续显示新的曲线。

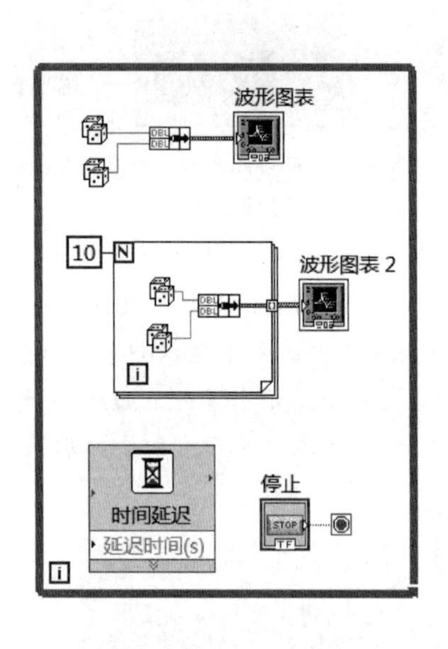

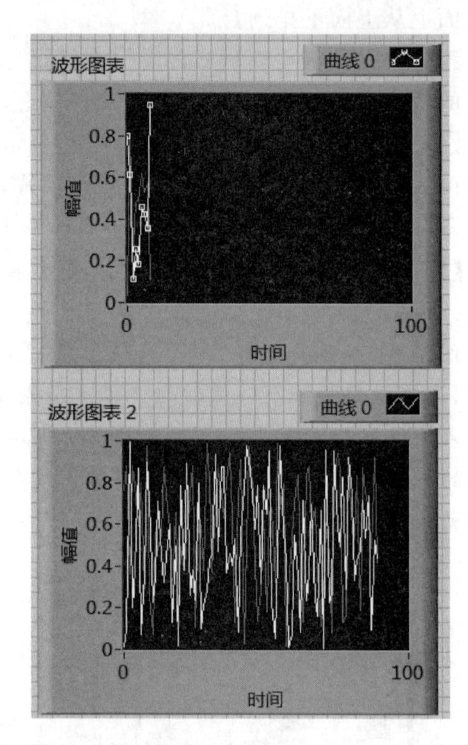

图 7.12 利用波形图表控件显示多条曲线

7.1.4 强度图

利用强度图控件,可以画出例如一个平面上磁场、电场以及温度场的分布情况等。强度图控件接收的是二维数组,坐标 X 和 Y 可以表示二维平面信息,数组中每个元素的大小可以表示某个物理量在二维平面上的强度。

【例 7.8】 利用强度图控件显示一个二维数组。

此例 VI 的前面板和程序框图分别如图 7.13 和图 7.14 所示。强度图控件能够接收的是一个二维数组,这个二维数组中的每个元素的大小,是由强度图控件中的颜色深浅表示的。

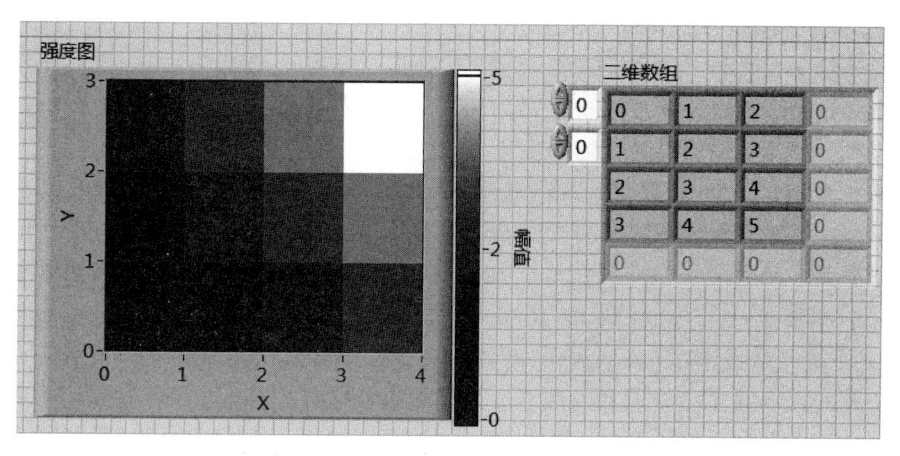

图 7.13　例 7.8 VI 的前面板

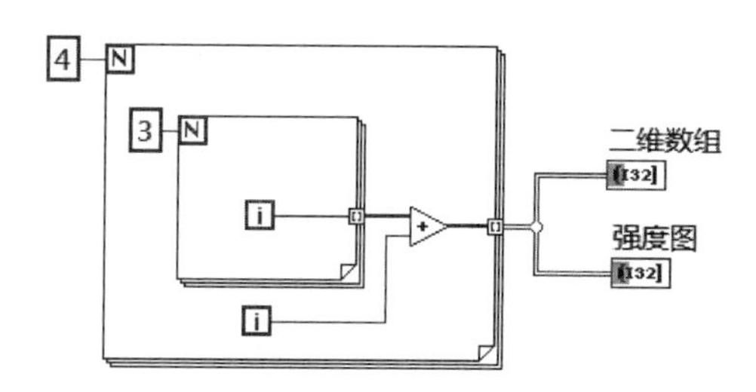

图 7.14　例 7.8 VI 的程序框图

7.2 其他技巧

LabVIEW 中的 VI 的前面板，就是图形化的虚拟仪器的用户界面。精心设计和制作前面板的目的，是为了用户使用起来感到更方便、更愉悦。制作前面板时，可以多参考成熟的商业软件产品的界面，或者阅读有关用户界面设计方面的文献[5-6]。

一般地，在设计和制作虚拟仪器的前面板时，有以下几点需要考虑：①主界面最好简洁大方；②当控件较多时，可使用层叠方式对它们进行分类布置；③前面板上的字、控件及背景的颜色，最好不超过 3 种；④对文字的字体、大小及粗细等应进行区别设置；⑤为制作的仪器 VI 起个名字；⑥应遵循一些常识，例如，红灯预警，绿灯正常，等等。

另外，在 LabVIEW 中，还可以利用属性节点和自定义控件等功能，使虚拟仪器的前面板显得更加生动美观。关于属性节点，在第 4 章已经学习过，包括如何创建它以及它的部分功能等。在这里，再给出一个利用属性节点美化前面板的示例。

【例 7.9】 使用属性节点控制屏幕的初始化和指示灯的闪烁。本示例的具体要求是：制作一个 VI，要产生 10 个随机数，并将它们在一个波形图表控件上，以一条连接了所有随机数的折线形式显示出来；且当产生的随机数大于 0.5 时，前面板上的指示灯闪烁；若重新运行此 VI,应先清屏,再重新画曲线。

从前边学习过的相关知识已经知道,波形图表控件有一个默认的特点,即下一次运行 VI 时,会接着前一次的数据曲线往后显示。在重新运行 VI 时,有的用户希望先清屏,再从头画起。本示例就是要实现这样的功能。

实现本例要求的 VI 的程序框图和前面板分别如图 7.15 和图 7.16 所示。在前面板上,放置有一个波形图表控件和一个布尔指示灯控件。从程序框图可见,此 VI 在结构设计上,使用了一个顺序结构和一个 For 循环。其中,For 循环的循环总数设置为数值常量 10;在 For 循环内,调用了一个“随机数”函数,并将其结果输出至波形图表控件;还调用了一个“等待下一个整数倍毫秒”函数,延时时间被设为 2000ms,用以延缓各随机数被显示出来的速度。此 VI 中,创建了指示灯的属性节点,选择了“闪烁(Blinking)”的属性;选中该属性节点,右击鼠标,选择“转换为写入”,如此,当随机数大于 0.5 时,会将判断结果输入给指示灯的属性节点。还创建了波形图表的属性节点,并为其选择了“历史数据(History)”属性;选中该属性节点,右击鼠标,选择“转换为写入”,将鼠标移至 History 的输入端口上,右击鼠标,选择创建“常量”,则生成了空数组。

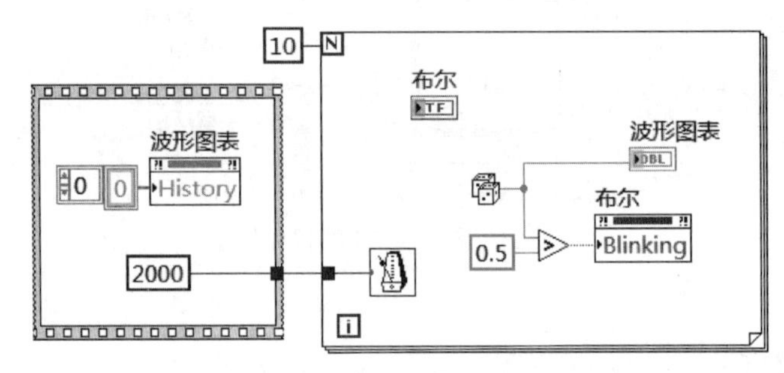

图 7.15 例 7.9 VI 的程序框图

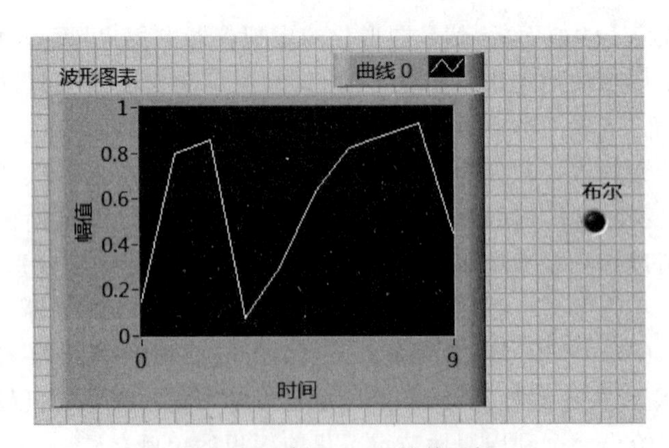

图 7.16 例 7.9 VI 的前面板

将为波形图表控件的 History 属性节点赋值的这段代码放置在顺序结构中,同时,将延迟时间常量 2000 也放置在顺序结构中。这样,就保证了每次运行该 VI 时,会首先运行顺序结构中的代码，实现了每次运行 VI 之前，会首先将波形图表中的数据清零。注意，此处巧妙地利用了数据流机制，规定了 VI 代码的执行顺序，即顺序结构执行完，才会去执行 For 循环。

7.3　本章小结

本章主要学习了 LabVIEW 中 4 种图形显示控件的基本功能和用法，具体包括波形图、XY 图、波形图表和强度图控件。学习中，要着重理解波形图控件与波形图表控件的区别，即，波形图表控件由于可记录历史数据，主要用于实时显示所采集的信号波形；而波形图控件则主要用于事后处理。另外，应通过较多的练习，熟练掌握这 4 种图形控件可以接收的不同数据格式。

利用属性节点和强度图控件，可以使所制作 VI 的显示界面变得更加丰富美观；一个精心制作完成的前面板，可以让用户使用起来更方便、更愉悦。

本章习题

7.1　对如图 7.17 所给 VI 的程序框图，试改变其中正弦波产生函数的输入参数（频率、相位、幅值等），观察相应 XY 图控件输出的波形及其变化。

7.2　利用一个波形图控件显示由随机数组成的 3 条曲线，并分别用红、绿、篮 3 种颜色表示，它们的取值范围分别为 0～1、1～5 和 5～10。

7.3　用 For 循环构造一个 10×10 的随机数二维数组，并用强度图控件显示出来。

7.4　建立一个波形图，利用属性节点调节其可见性，并用按钮控制其可见或被隐藏。

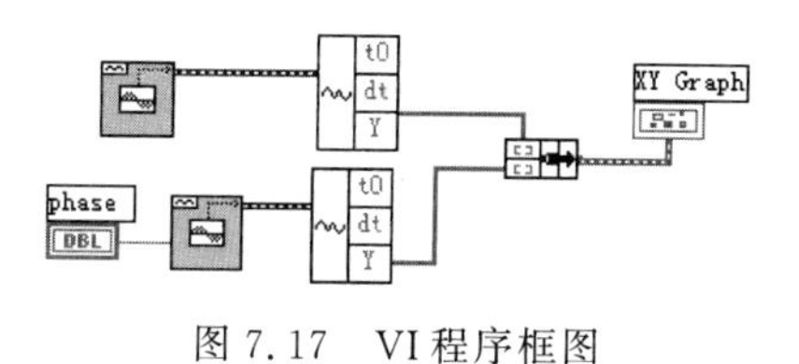

图 7.17　VI 程序框图

参考文献

[1]　Johnson G W，Jennings R. LabVIEW 图形编程[M]. 武嘉澍，陆劲昆，译. 北京：北京大学出版社，2002.

[2]　侯国屏，王珅，叶齐鑫. LabVIEW 7.1 编程与虚拟仪器设计[M]. 北京：清华大学出版社，2006.

[3]　黄松岭，吴静. 虚拟仪器设计基础教程[M]. 北京：清华大学出版社，2008.

[4]　Bishop R H. LabVIEW 8 实用教程[M]. 乔瑞萍，林欣，译. 北京：电子工业出版社，2008.

[5]　唐纳德·A 诺曼. 情感化设计[M]. 付秋芳，程进三，译. 北京：电子工业出版社，2005.

[6]　阮奇桢. 我和 LabVIEW[M]. 北京：北京航空航天大学出版社，2009.

第8章

数 据 采 集

虚拟仪器技术的核心思想是利用计算机对现实世界中的各种物理量进行测量、分析、处理及利用。其中,最基础的一步工作就是要实现将被测物理量通过数据采集环节采入计算机中。要实现数据采集,必须利用数据采集设备,且计算机还要能操控数据采集设备实现数据采集。

数据采集设备有多种类型,对基于PC的虚拟仪器而言,数据采集设备主要指的是数据采集卡。本章主要介绍LabVIEW中有关数据采集的各种功能函数,以及为完成数据采集所需要的数据采集设备,具体选用的是NI公司研发生产的数据采集卡。NI公司生产的数据采集卡虽然有很多型号,但它们的驱动程序是一样的,其被称为NI-DAQmx。安装好驱动程序NI-DAQmx,按照需求,在LabVIEW的函数选板上调用数据采集函数、构建数据采集相应VI,就可以很方便地实现对被测对象数据信息的采集。

8.1 基础知识

数据采集的英文全称是Data Acquisition,简称为DAQ。因此,LabVIEW中所有关于数据采集的函数被泛称为"DAQmx函数"。

8.1.1 数据采集系统的构成

一个典型的数据采集系统如图8.1所示。在图8.1中从下往上看,最下面是需要测量、分析的信号和物理量。想利用计算机对物理量进行分析处理,需要经过以下几个环节。

首先,要利用传感器或变换器,将各种各样的物理量转换成电信号。

被测物理量转换成电信号后,一般要经过信号调理的环节,即要对传感器或变换器输出的电信号进行必要的放大、滤波、隔离或衰减等处理,从而将反映被测对象的电信号再转换成更易于数据采集卡采集和读取、便于输入至计算机的信号[1-5]。

应该注意,大部分现实世界的物理量(如速度、温度等)都是模拟量,它们经传感器或变换器以及信号调理单元进行调理后,仍然是模拟信号,可以将其送入数据采集卡的模拟输入端口,经过A/D转换,转换成数字信号,最终送至计算机。而如果经过信号调理单元输出的就是数字信号，那么，可直接将该反映被测对象的数字信号接到数据采集卡的数字输入端口，并送进计算机。

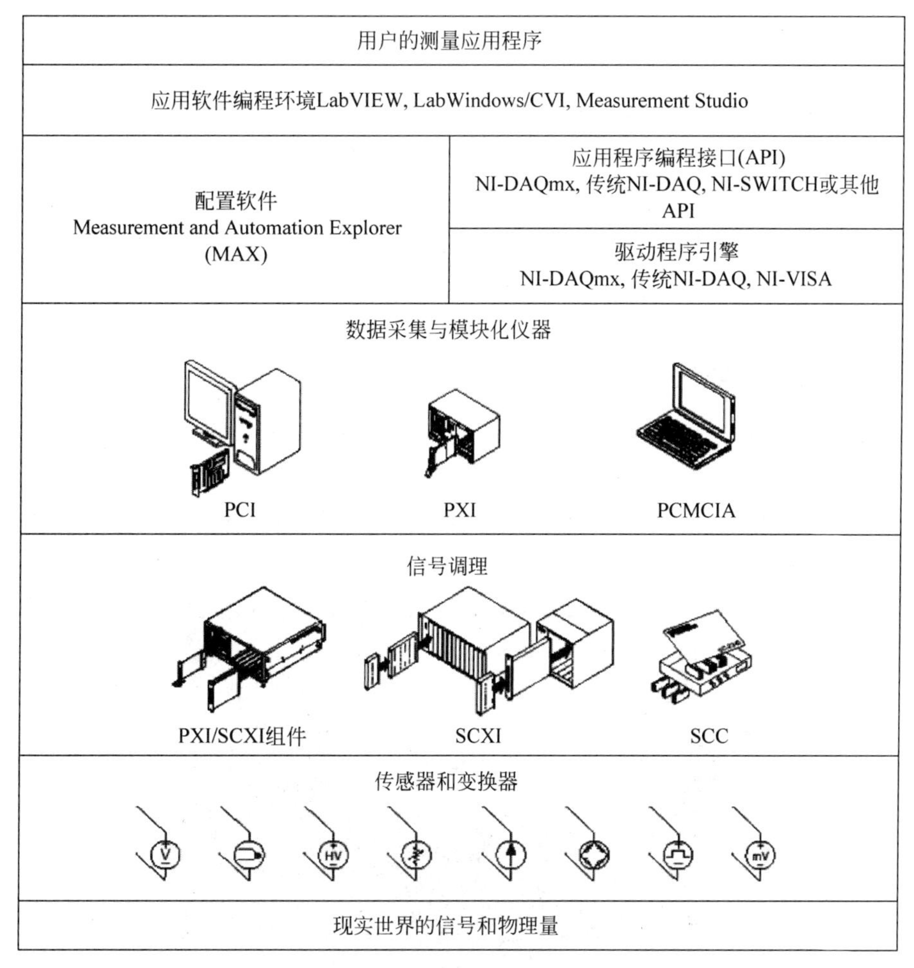

图 8.1　基于 LabVIEW 的数据采集系统

要使用数据采集卡，就需要安装相应的驱动程序（可以从开发商那里获得。如何安装 NI 数据采集卡的驱动程序，请见本书附录 A）。因为只有安装了驱动程序，计算机才能识别具体的数据采集卡。安装完数据采集卡的驱动程序后，可以调用配置软件或者相应的 API，以实现对数据采集卡的操作，例如，NI 公司开发的 MAX 软件（在第 8.3 节会详细介绍）和专门针对 NI 数据采集卡的 API-DAQmx 函数。数据采集卡的驱动程序安装成功后，在 LabVIEW 的函数选板上，会出现“DAQmx-数据采集”子选板（如图 8.16 所示），所有 DAQmx 函数都可以在该子选板上找到。

图 8.1 中的上层是应用软件编程环境，如 LabVIEW；而最顶层的，则是用户利用 LabVIEW 即虚拟仪器编程工具软件编写的适合自己需要的应用程序。

数据采集除了包含上面介绍的要采集物理量外，还能将计算机中的数字信号进行 D/A 转换，即变换成模拟信号，或者直接通过数字 I/O 端口输出到计算机外。利用虚拟仪器产生模拟信号的原理示意如图 8.2 所示。

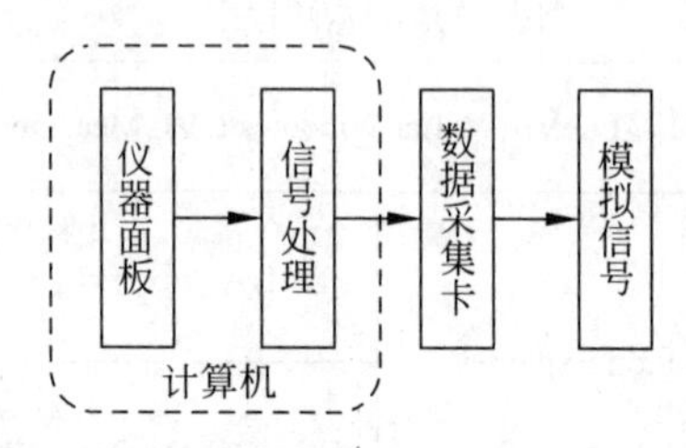

图 8.2 利用虚拟仪器产生模拟信号

8.1.2 数据采集卡

一种数据采集卡的实物照片如图 8.3 所示。典型数据采集卡的基本功能，包括模拟输入(简称"模入")、模拟输出(简称"模出")、数字 I/O 和计数器/定时器。其中，模入是最基本的功能，它是将模拟信号转换成数字信号，再送到计算机中；而模出，则实现的是将计算机里的数字信号转换成模拟信号，并输出到计算机外，可为测试系统提供激励信号。

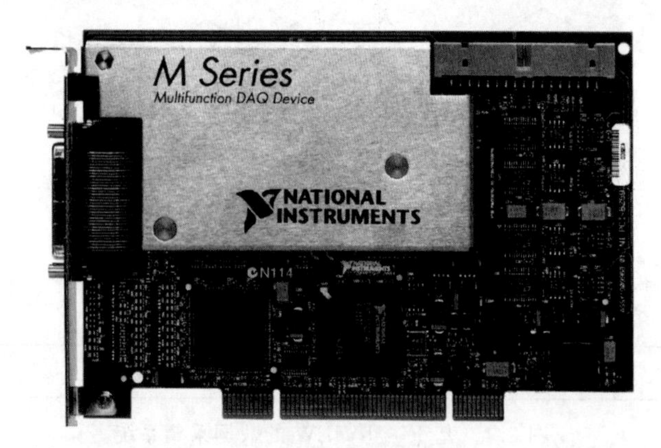

图 8.3 NI 公司研发生产的某款数据采集卡的实物照片

常见问题 27：什么是模拟输入？其原理是什么？

完成对模拟信号的数据采集的过程，被称为模拟输入，简称模入。要完成模入，需要经过采样、保持和模/数转换等环节[5-6]，其原理示意如图 8.4 所示，具体过程如图 8.5 所示。

图 8.4 对模拟信号的数据采集示意

对一个如图 8.5(a)所示的模拟信号,为完成对它的采集,第一步就是采样[6]。采样是在该信号波形上抽取足够多的离散点,以它们来描绘出该信号波形形状的过程。采样点数越多,由它们对原模拟信号波形的描绘就越精确。采样脉冲序列如图 8.5(b)所示。采样将模拟信号转换成一系列脉冲,每个脉冲的高度体现着原信号波形在给定时刻的幅度,采样得到的输入信号,如图 8.5(c)所示。

完成采样后,第二步是保持。采样的电平,必须保持恒定,直到下一个采样脉冲来临,如此,可以让模/数转换器有充足的时间去处理被测信号的采样值[6]。只要采样脉冲足够多,采样保持可以输出与原模拟信号大致相同的阶梯波形,如图 8.5(d)所示。

数据采集的第三步是模/数转换。所谓模/数转换,就是将某一时刻"采样-保持"过程的输出,转换为代表模拟输入大小的二进制码的过程[7],包括量化和编码。

量化是将"采样-保持"输出的阶梯波形转换为表征被测信号量值大小的最小单位的整数倍。所取的最小数量单位,就称为量化单位,用△表示。而编码,则是将量化的结果用二进制代码表示出来。这些代码,就是 A/D 转换后的结果[5]。

为了模拟量化和编码的过程,这里将一个采样-保持输出的阶梯波形量化成 4 个电平(0～3);而 4 个电平,需要用两位码表示,如图 8.5(e)和图 8.5(f)所示。最终转换后的二进制代码,如图 8.5(g)所示,即已经将被测模拟信号转换成了相应的数字信号。直观上很容易理解,量化和编码过程中的位数越多,采集到的被测信号的数据越精确。

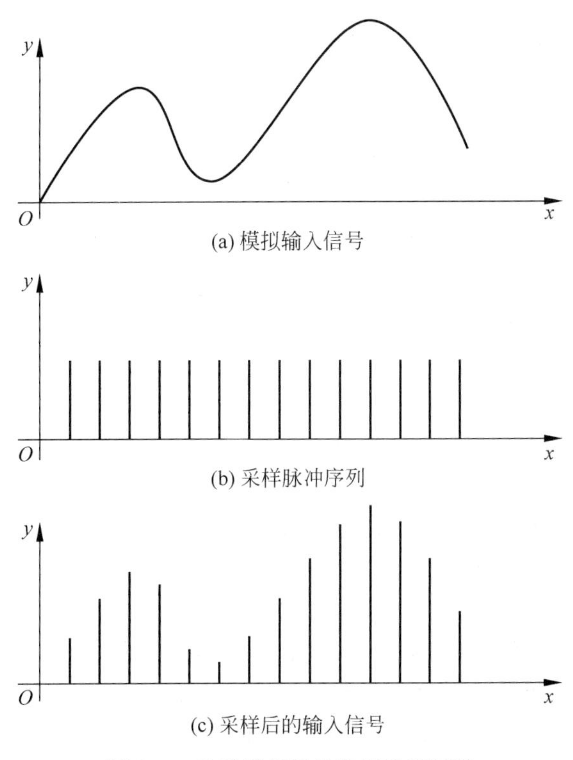

(a) 模拟输入信号

(b) 采样脉冲序列

(c) 采样后的输入信号

图 8.5　对模拟信号的数据采集过程

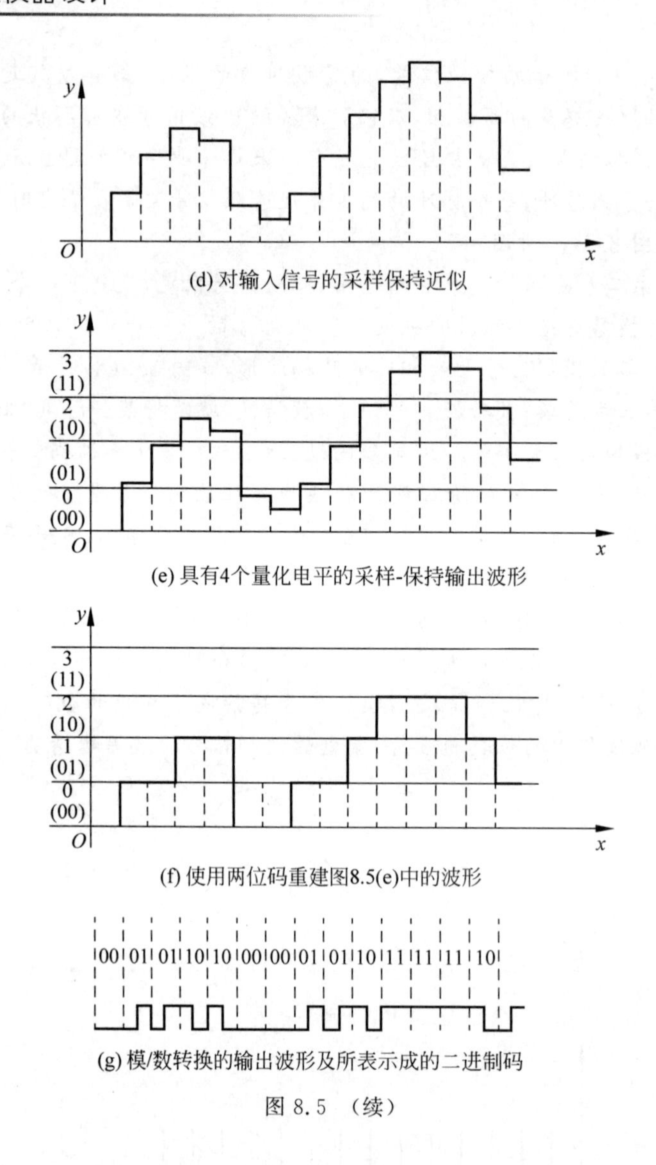

(d) 对输入信号的采样保持近似

(e) 具有4个量化电平的采样-保持输出波形

(f) 使用两位码重建图8.5(e)中的波形

(g) 模/数转换的输出波形及所表示成的二进制码

图 8.5 （续）

常见问题 28：如何设置采样脉冲的频率(即采样率)？

采样脉冲序列的频率，也被称为采样时钟的频率，又简称采样率。

如何设置采样率的大小，采样定理是理论依据。采样定理指出，采样率至少应是被测信号中最高频率成分的 2 倍；而实际采样时，为更好地还原被测信号的时域波形，可适当选用更高的采样率，常选取为 5～10 倍。

不难理解，以较高采样率采集到的信号样本，能更好地反映被采样的原信号。那么反之，如果采样率过低，利用所采到的信号数据变换出的模拟信号，就会与原始信号存在差异，也就是会出现所谓频率混叠的现象，如图 8.6 所示。

在 LabVIEW 中，如果采用 DAQmx 函数进行编程，可以调用其中的“DAQmx 定时(采

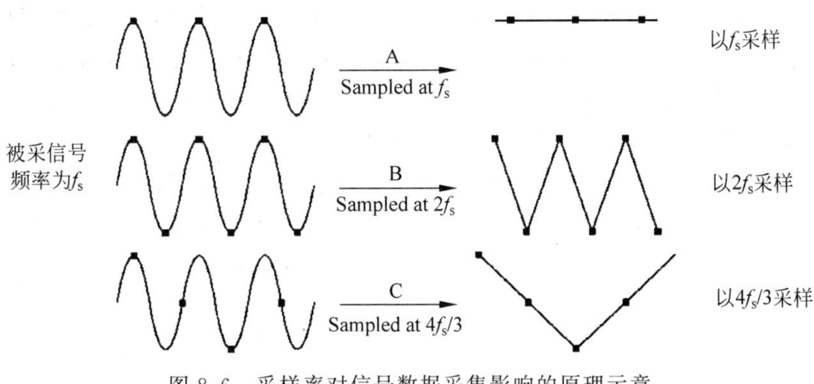

图 8.6 采样率对信号数据采集影响的原理示意

样时钟)"函数,以完成对采样脉冲频率的设置;如果采用 DAQ 助手进行编程,DAQ 助手的参数对话框中"采样率"即实现的是对采样脉冲频率的设置。有关信号采样编程方面的详细内容,请见 8.2.2 节和 8.2.3 节。

数据采集卡作为一种硬件设备,其有若干个功能或性能参数,例如,采样率、分辨率和输入范围等,对这些参数,可以从其产品说明书中查到。

在选择数据采集卡时,首先应分析或估计被测信号的频率范围,然后根据采样定理,确定数据采集卡的采样率至少应是多少,以确保利用该数据采集卡可以完成对被测信号的数据采集。

分辨率是指数字化测量仪器能够检测的被测模拟信号的最小电平变化量,它由数据采集卡的位(bit)数决定。如图 8.7 所示,位数为 3 的数据采集卡,会将 0~10V 的被测电压信号划分为 2 的 3 次方即 8 等份。显然,如此采得的信号已非被测的原信号。位数为 16 的数据采集卡,能将 0~10V 电压信号划分为 2 的 16 次方等份。如果将其波形图放大,则可以看到,其仍具有一个台阶一个台阶的阶跃变化的特征,只不过台阶已很小罢了,所以整体上看起来,采样所得的信号曲线是比较平滑的。很明显,数据采集卡的位数越多,分辨率就越高,其包含的被采信号的信息量就越多,从而由它也就能更好地恢复被测信号。

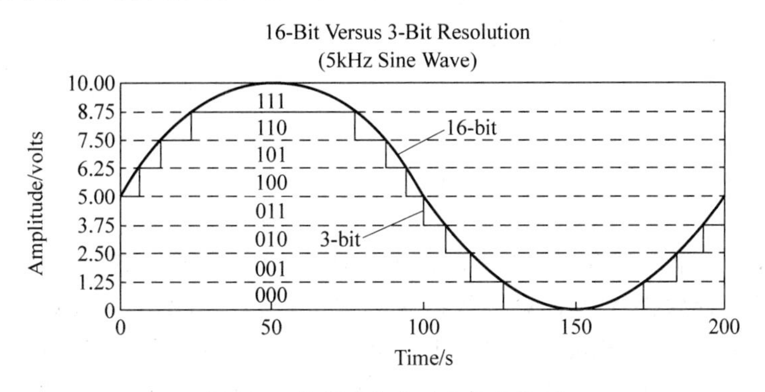

图 8.7 数据采集卡的分辨率举例

为正确使用数据采集卡，还应注意数据采集卡的最大输入范围，以确保被采样信号的最大值能在数据采集卡可承受的量值范围内。数据采集卡的输入范围，常有几个挡位可以选择(可以查阅具体使用的数据采集卡的说明书获得)，在设置时，应尽可能使输入范围刚好容纳被测信号量值的变化范围，以更好地发挥数据采集卡的准确度性能。

如图 8.8(a)所示的被测信号，是在 0～8.75V 变化的，选用的数据采集卡的输入范围被设为 0～10V；而图 8.8(b)所示的被测信号为 0～7.5V 的，但数据采集卡的输入范围被设为了－10～10V。可以看出，对图 8.8(a)被测信号所做出的输入范围设置，能更好地反映被采集的信号。

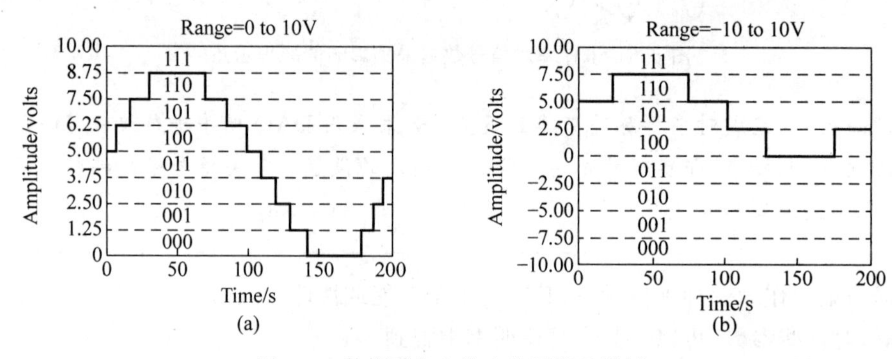

图 8.8 数据采集卡输入范围设置举例

数据采集卡有两种款式：一种是多通道共用一个放大器和一个模/数转换器(ADC)，即多路通道是通过对开关的控制来轮流使用放大器和 ADC 的，此种数据采集设备实现的架构如图 8.9 所示。在这种架构下，如果要同时测量多路信号，显然，所采集到的各路通道的信号之间是有时间差的。另一种数据采集卡，是每路通道都有自己独立的放大器和 ADC，此种数据采集设备实现的架构如图 8.10 所示，采用这种硬件架构实施数据采集，更容易实现对多路信号的同步测量。

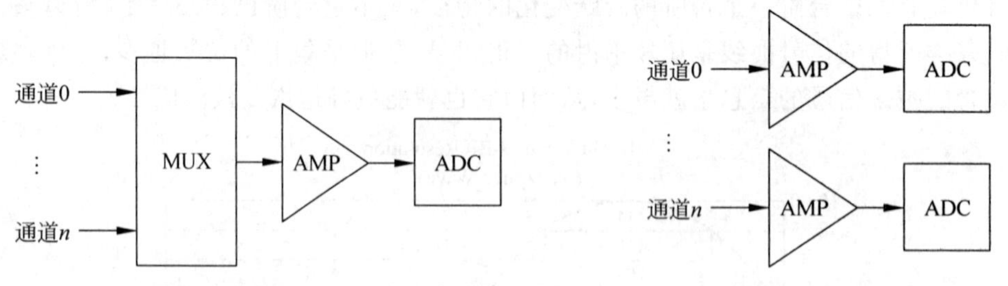

图 8.9 多路通道共用一套放大器和 ADC　　图 8.10 每路通道具有独立的放大器和 ADC

一般地，数据采集卡都有自己的驱动程序。对于 NI 的数据采集卡而言，安装好驱动程序后，可以利用配置软件 MAX，对该数据采集卡进行初步操作。MAX(Measurement & Automation Explorer)是 Windows 平台下一个标准的 NI 硬件配置和分析环境。MAX 的主要功能是：浏览装有 LabVIEW、基于计算机的测试系统中的设备和仪器，并快速检测、配置硬件和软件；利用测试面板验证和诊断硬件的运作情况；可以调用 DAQ 助手、建立数据采集任务等。

在计算机桌面上找到 MAX 图标，双击该图标，便可进入 MAX 的主界面，如图 8.11 所示。从左边的“设备和接口”列表中，可以查看到计算机中当前安装有哪些硬件设备和仪器；单击该主界面中间的“自检”，可以快速检测被选中的硬件设备或仪器的功能是否正常；单击该主界面中间的“测试面板”，会弹出一个用户界面，可以快速地实现模入、模出和数字 I/O 等功能。

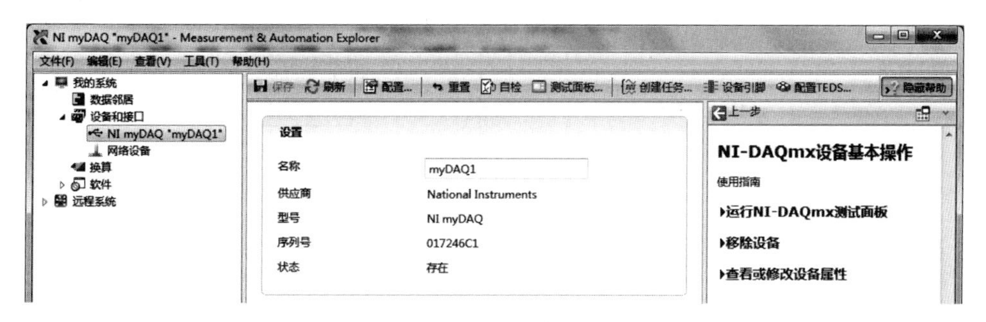

图 8.11　MAX 主界面

8.1.3　测量系统的信号输入方式

如果被测信号是模拟信号，则其输入至数据采集设备的方式有 3 种，分别是差分输入、参考地单端输入，以及无参考地单端输入。其中，差分输入方式的抗干扰能力强，故一般都选用差分输入方式。在如图 8.12 所示的数据采集卡的输入电路中，CH0＋和 CH0－就构成了一路差分输入通道，也称一路差分输入端口。

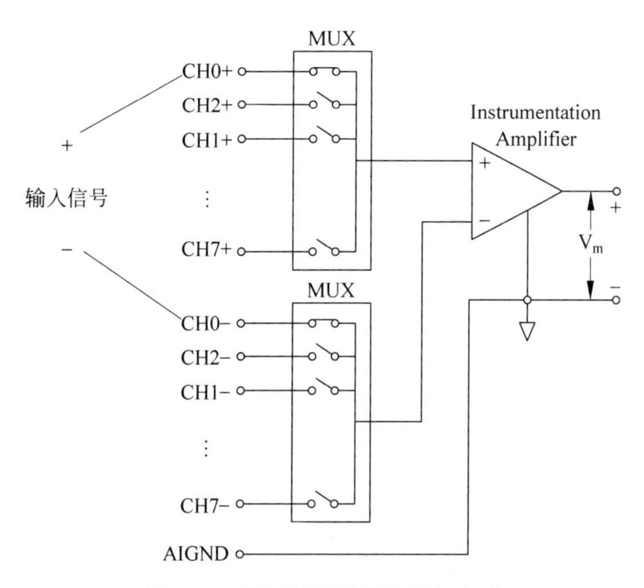

图 8.12　模拟信号的差分输入方式

如果被测信号是数字信号，则其输入到数据采集卡的接线，如图 8.13 所示。

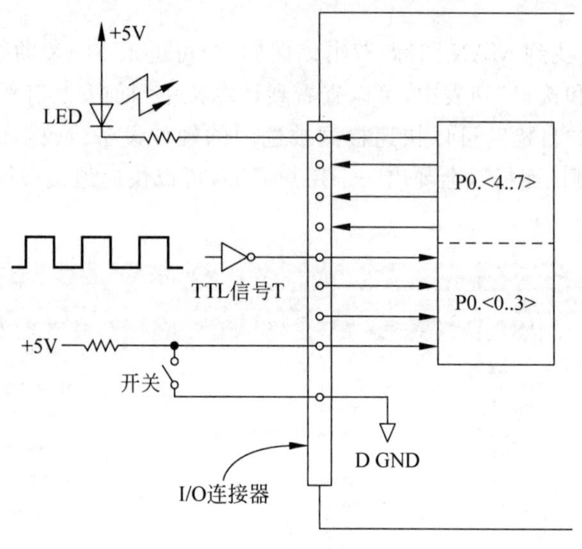

图 8.13 数字信号的输入方式

8.2 LabVIEW 中数据采集的基本概念

8.1 节学习了有关数据采集的基础知识。如果想利用 LabVIEW 完成数据采集，还需要了解 LabVIEW 中有关数据采集的基本概念。对此，本节做详细阐述。

8.2.1 任务和虚拟通道

在 LabVIEW 环境下进行数据采集，就意味着要完成相应信号的测量或生成。利用 LabVIEW 实施数据采集，首先要建立以下几个基本概念。如图 8.14 所示，在 LabVIEW 中，一个数据采集过程被称为一个“任务”。“任务”是包含了一个或多个具有定时、触发等属性的“虚拟通道”。可将所有配置的信息设置并保存在一个“任务”中，并用于某个应用程序。“虚拟通道”是包括了名称、物理通道、输入端连接、测量或发生信号类型，以及刻度信息在内的一组属性设置。

对于“虚拟通道”，根据其是否从属于一个“任务”，会分为全局虚拟通道和局部虚拟通道。在一个“任务”中建立的“虚拟通道”，被称为局部虚拟通道；而在一个“任务”之外建立的“虚拟通道”，则被称为全局虚拟通道。全局虚拟通道可用于任何应用程序，或添加到多个不同的“任务”中。一旦全局虚拟通道发生改变，则所有引用该全局虚拟通道的“任务”都将受到影响。多数情况下，使用局部虚拟通道更为简便。

物理通道是测量和生成模拟信号或数字信号的硬件设备的接线端或管脚。物理通道的名称是由设备标识符、斜杆(/)和通道标识符组成的。例如，物理通道名称是 Dev1/ai1，其

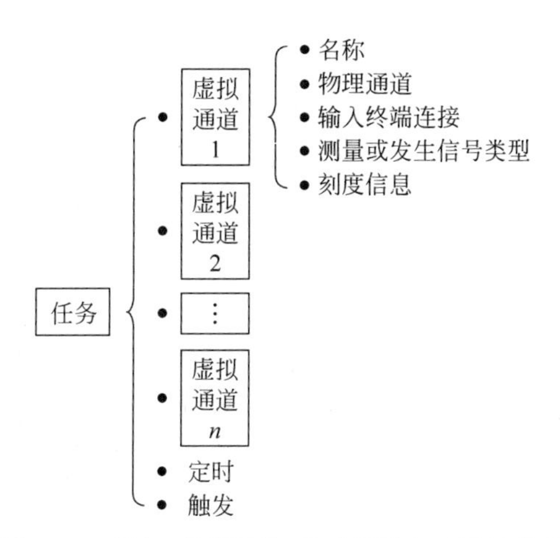

图 8.14　任务、虚拟通道、物理通道相互间的关系

中设备标识符是 Dev1，通道标识符是 ai1。对于模拟 I/O 和计数器 I/O，通道标识符是由通道类型（模拟输入为 ai，模拟输出是 ao，计数器为 ctr 等）和通道编号组成的，例如有 ai1、ctr0 等。对于数字 I/O，通道标识符指定了一个端口，包括了端口中的所有线，例如 port0；通道标识符也可指定端口中的线，例如 port0/line1。

常见问题 29：数字线、端口和端口宽度是什么？

数字线和端口是数字输入/输出系统的重要部分。它们的具体含义如下：

线：一条线就对应一个独立的信号。线表示一个实体的接线端。线上的数据叫作“位”，是二进制数的 0 或 1。线和位基本是可以互换的名词。例如，8 位端口和 8 线端口的含义是相同的。

端口：是数字线的集合。通常情况下，数据线被组合为 8 位或 32 位端口。

端口宽度：是端口中线的数量。例如，一个 8 线端口的端口宽度为 8。

8.2.2　基本环节

如图 8.15 所示，利用 LabVIEW 实施数据采集的过程，包括以下 5 个基本环节：①创建任务；②配置任务，即对必要的参数进行设置；③开始任务；④实施“读”或者“写”的操作；⑤完成后，停止并清除任务，释放所占用的硬、软件资源。

图 8.15　利用 LabVIEW 实施数据采集的基本功能环节

8.2.3 两种途径

在 LabVIEW 环境下，完成一个数据采集过程或者建立一个数据采集任务的途径有两种，分别是：①根据数据采集任务需求，按前述 VI 编写模式，向程序框图面板调用具体的 DAQmx 函数，编写符合要求的数据采集 VI，运行它，实现数据采集；②利用 DAQ 助手，便捷地完成相应数据采集 VI 的建立，运行它即实现数据采集。下面分别介绍这两种途径。

1）DAQmx 函数

具体的 DAQmx 函数有很多个，都位于 LabVIEW 的"函数"选板→"测量 I/O"→"DAQmx-数据采集"子选板上，如图 8.16 所示。每个具体的 DAQmx 函数，都是一个多态 VI。所谓多态 VI，是指具有相同连接器形式的多个 VI 的集合，其中的每个 VI，都称为该多态 VI 的一个实例。多态 VI 的特点，是输入端子和输出端子均可以接收或输出不同类型的数据。即多态 VI 是将多个功能相似的功能模块集合在了一起，以方便学习和使用。如图 8.17 所示，"DAQmx 读取"函数就有多个实例，在使用时，应根据实际需求选择其中的一个实例。

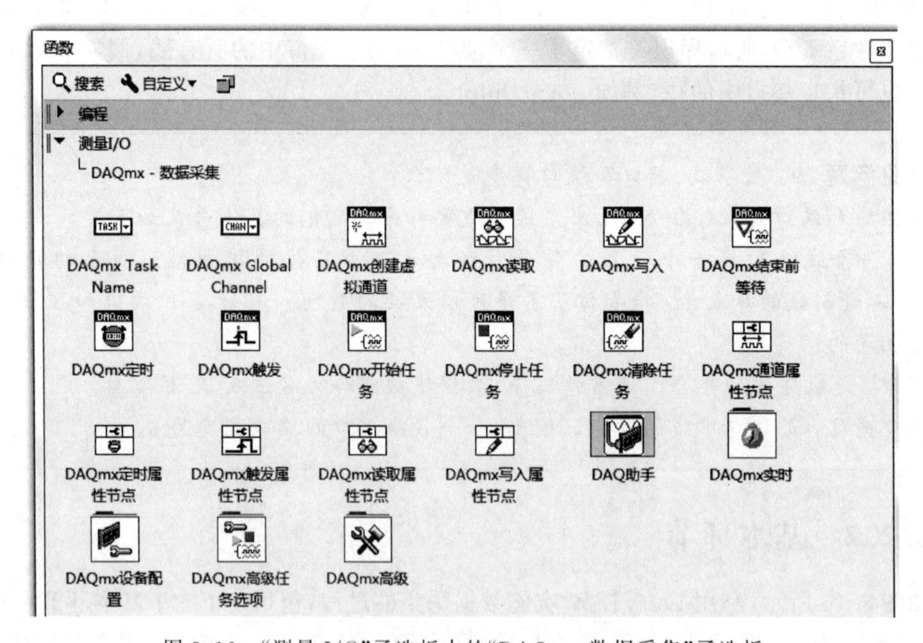

图 8.16 "测量 I/O"子选板中的"DAQmx-数据采集"子选板

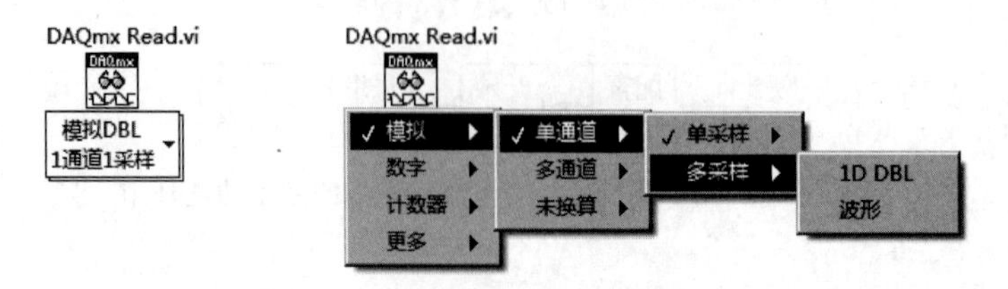

图 8.17 "DAQmx 读取"函数的多态实例

在不同的DAQmx函数之间，通常分别采用“任务”连接线和“错误簇”连接线进行连接。这些DAQmx函数的“任务”连接线，代表着对DAQmx任务资源的引用，位于各个函数图标的上方；而“错误簇”的连接线，则位于DAQmx函数图标的下方。

对应数据采集任务的5个功能环节，常用的DAQmx函数有：①“DAQmx创建虚拟通道”；②“DAQmx定时”，用于对任务的参数进行配置；③“DAQmx开始任务”；④用于读或写的“DAQmx读取”“DAQmx写入”“DAQmx结束前等待”和“DAQmx任务完成”；⑤“DAQmx停止任务”和“DAQmx清除任务”。对这些常用DAQmx函数功能的具体介绍，详见表8.1。

表8.1 常用的DAQmx函数

序号	DAQmx函数名称	函数图标	函数功能
1	创建虚拟通道	DAQmx创建通道(AI-电压-基本) [DAQmx Create Channel(AI-Voltage-Basic).vi] 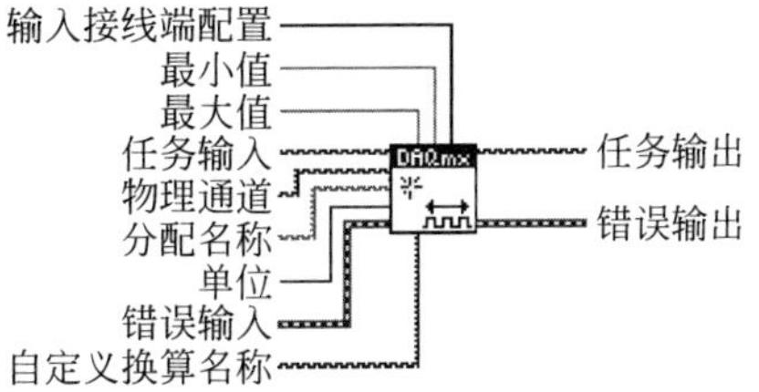 输入接线端配置 最小值 最大值 任务输入 物理通道 分配名称 单位 错误输入 自定义换算名称 DAQmx 任务输出 错误输出	建立虚拟通道和任务
2	定时	DAQmx定时(采样时钟) [DAQmx Timing(Sample Clock).vi] 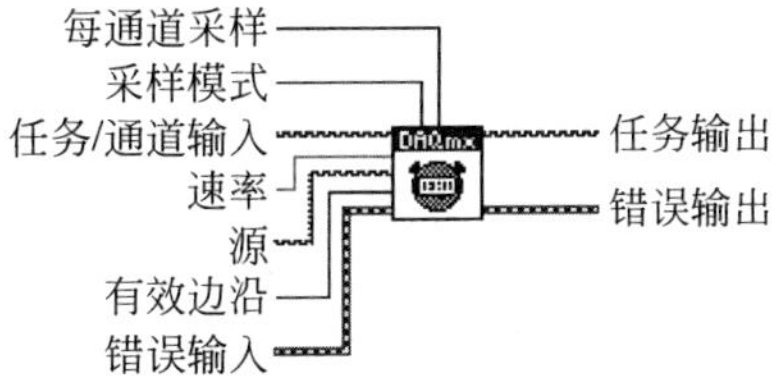 每通道采样 采样模式 任务/通道输入 速率 源 有效边沿 错误输入 DAQmx 任务输出 错误输出	设置时间信息；设置采样时钟的源、频率，以及采集或生成的采样数量
3	开始任务	DAQmx开始任务 [DAQmx Start Task.vi]  任务/通道输入 错误输入 DAQmx 任务输出 错误输出	开始执行任务
4	读取	DAQmx读取  任务/通道输入 超时 错误输入 DAQmx 任务输出 数据 错误输出	从指定的任务或虚拟通道读取样本数据；其输出端数据返回读到的数据
5	写入	DAQmx写入 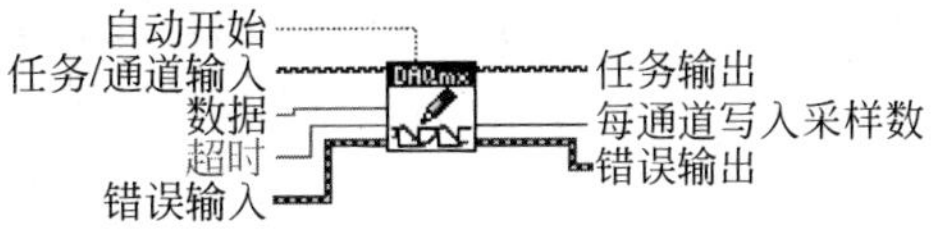 自动开始 任务/通道输入 数据 超时 错误输入 DAQmx 任务输出 每通道写入采样数 错误输出	向任务写入样本数据，它的“自动开始”参数，指定在没有利用“DAQmx开始任务”函数显式地开始任务的情况下是否以隐式方式开始任务

续表

序号	DAQmx 函数名称	函 数 图 标	函 数 功 能
6	任务完成	DAQmx任务完成 [DAQmx Is Task Done.vi] 任务/通道输入 任务输出 完成任务? 错误输入 错误输出	查询任务是否已经完成，查询结果在布尔参数“完成任务?”中返回
7	结束前等待	DAQmx结束前等待 [DAQmx Wait Until Done.vi] 任务/通道输入 任务输出 超时(秒) 错误输入 错误输出	休眠等待，直到任务结束（调用该函数，能确保在结束任务/清除任务之前完成所要求的采集或发生任务）
8	停止任务	DAQmx停止任务 [DAQmx Stop Task.vi] 任务/通道输入 任务输出 错误输入 错误输出	结束 DAQmx 任务
9	清除任务	DAQmx清除任务 [DAQmx Clear Task.vi] 任务输入 错误输入 错误输出	停止任务并清除（释放）资源，任务清除后就不能再使用，除非重新建立该任务

表 8.1 中的第 1 个函数“DAQmx 创建虚拟通道”，用于建立虚拟通道和任务。它的输入参数有：①“物理通道”，用于指定物理通道，即指出实际进行电路连接时信号通过的是哪个具体的模入或模出通道；②“分配名称”，定义虚拟通道的名字，如不指定，该参数将以物理通道名（如“Dev1/ai0”等）作为本虚拟通道的名字；③“最大值”“最小值”，定义所期望的信号的最大值和最小值，即定义被采样信号的输入范围；④“输入接线端配置”，定义输入端子的接线方式，例如，是差分输入，还是单端接地，等等。

表 8.1 中的第 2 个函数“DAQmx 定时”，用于设置时间信息。它的输入参数有：①“采样率”，定义每个通道每秒采集或发生数据的点（个）数；②“采样模式”，共有“单点”“有限采样”和“连续采样”3 种；③“每通道采样”，指定在采样模式（sample mode）参数被选为 Finite Samples 即有限采样情况下，每个通道采集或生成的样本数。

LabVIEW 对 DAQmx 函数提供了属性节点的功能。利用属性节点，可更方便、更灵活地对数据采集操作的各种属性参数进行设置；而且有些属性参数，只能利用属性节点才能加以设置。常用的属性节点如图 8.18 所示。

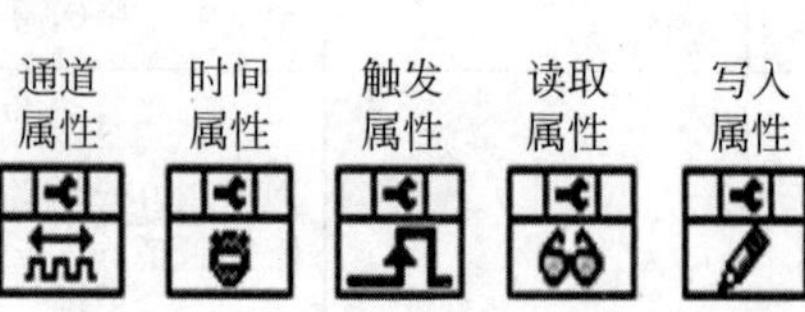

图 8.18 DAQmx 函数的属性节点

2) DAQ 助手

DAQ 助手，是一个专用于数据采集任务而方便进行所需通道、任务和换算关系等参数配置的图形化界面，利用它，可以很方便地完成数据采集。在 LabVIEW 或 MAX 环境中，均可以启动 DAQ 助手。

在 LabVIEW 中调用 DAQ 助手，有以下 3 种方式：①利用“DAQ 助手”Express VI，在函数选板上找到“DAQ 助手”Express VI，将其放置到程序框图面板上后，DAQ 助手便会自动启动；②从“控件”选板→“新式”→“I/O”→“DAQmx 名称控件”子选板上选用“DAQ 任务名”控件，右击该控件，从弹出的菜单里选择“新建 NI-DAQmx 任务”→“MAX”，随后，DAQ 助手便会自动启动；③从“控件”选板→“新式”→“I/O”→“DAQmx 名称控件”子选板上选用“DAQmx 全局通道”控件，右击该控件，从弹出的菜单中选择“新建 NI-DAQmx 通道”→“MAX”，然后 DAQ 助手便自动启动。其中，利用“DAQ 助手”Express VI 来运行 DAQ 助手，是较常见的方式。

DAQ 助手启动后，按照向导指令，可以建立新的通道和任务，如图 8.19 和图 8.20 所示。在图 8.20 所示的界面上，可以对数据采集任务进行配置，其中“定时设置”选项与“DAQmx 定时”函数的“采样时钟”实例具有相同的功能。如图 8.21 所示，两者的采样模式、采样率分别相互对应；“待读取采样”对应“每通道采样”。配置好数据采集任务后，在程序框图面板上会生成如图 8.22 所示的图标，其中的“数据”就对应采集到的信号。

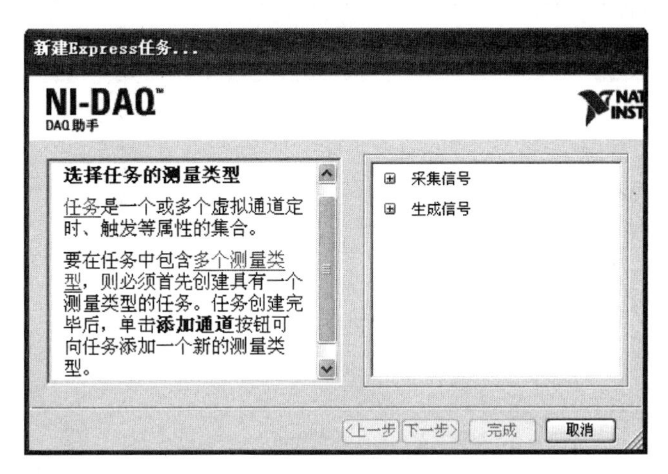

图 8.19　DAQ 助手配置界面 1

而在 MAX 中调用 DAQ 助手的实现方法如下：在图 8.11 所示的界面中，选中“数据邻居”，右击选择“新建”，进入如图 8.23(a)所示界面，再选择“创建 NI-DAQmx 任务”或“NI-DAQmx 全局虚拟通道”，弹出的界面分别如图 8.23(b)和图 8.23(c)所示。在 MAX 中创建好的“任务”或“全局虚拟通道”，可在 LabVIEW 中通过调用 DAQmx 函数或“DAQ 任务名”控件来选择它们，以供在具体数据采集任务的编程中使用。

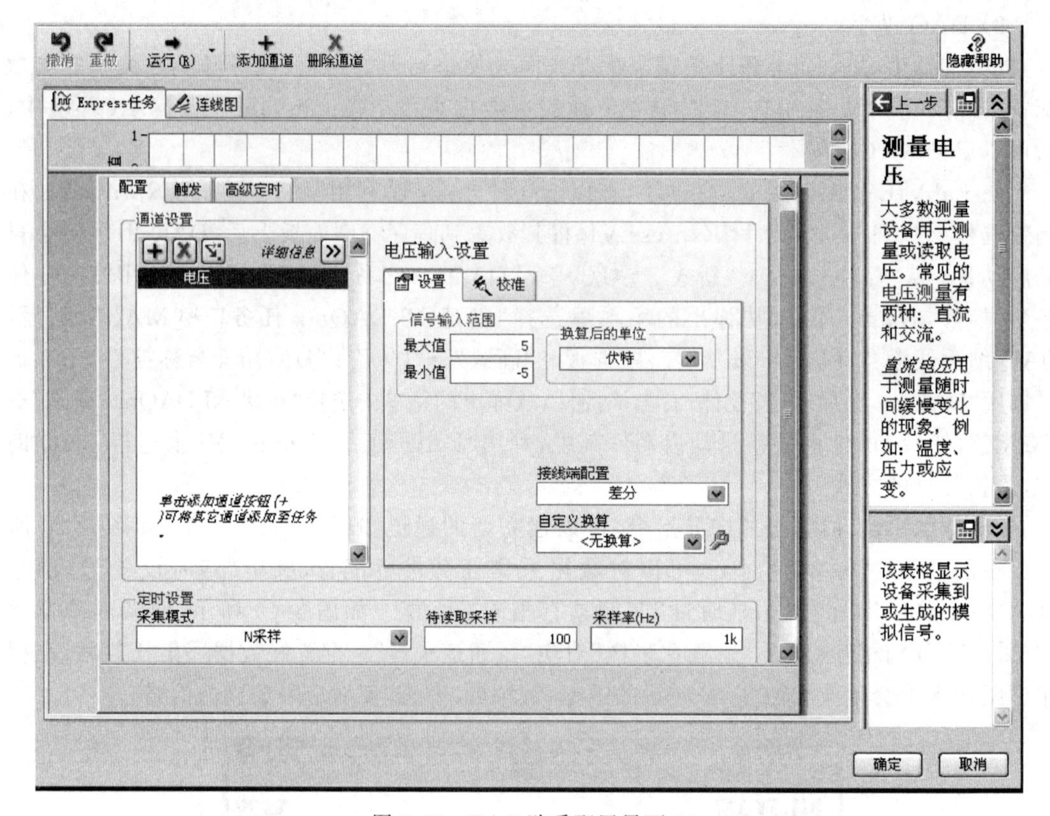

图 8.20　DAQ 助手配置界面 2

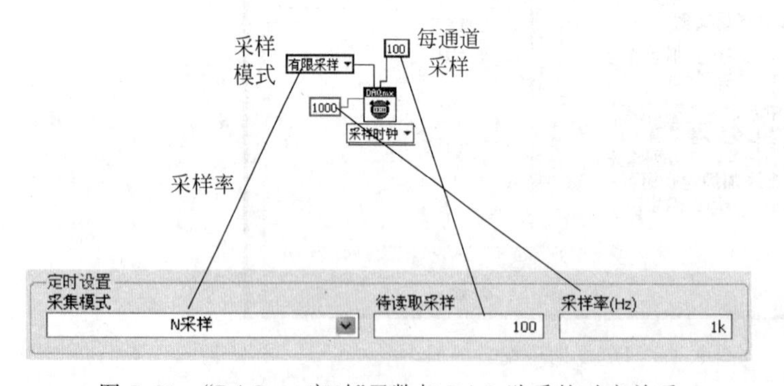

图 8.21　“DAQmx 定时”函数与 DAQ 助手的对应关系

图 8.22　“DAQ 助手”快速 VI

需要指出的是，在 MAX 中通过选择“NI-DAQmx 全局虚拟通道”建立的“全局虚拟通道”，与在 LabVIEW 中通过调用“DAQmx 全局通道”控件所建立的“全局虚拟通道”相比，两者实现的功能是一样的，只是调用的途径不一样，且所创建的“全局虚拟通道”都被保存在 MAX 中。

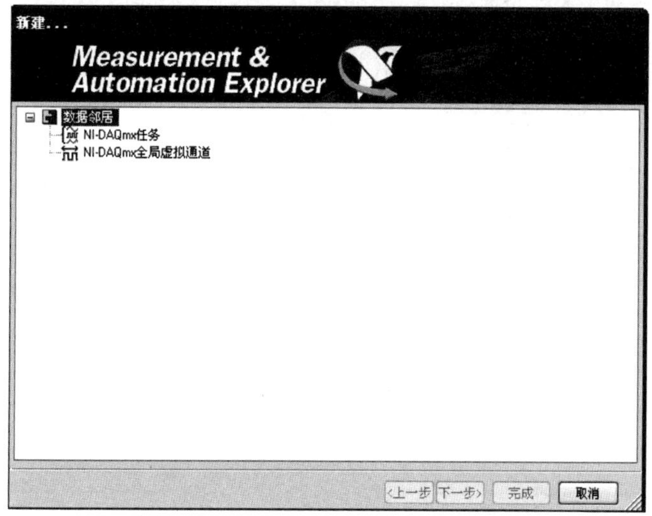

(a) 选中“数据邻居”右击，选择“新建”后弹出的界面

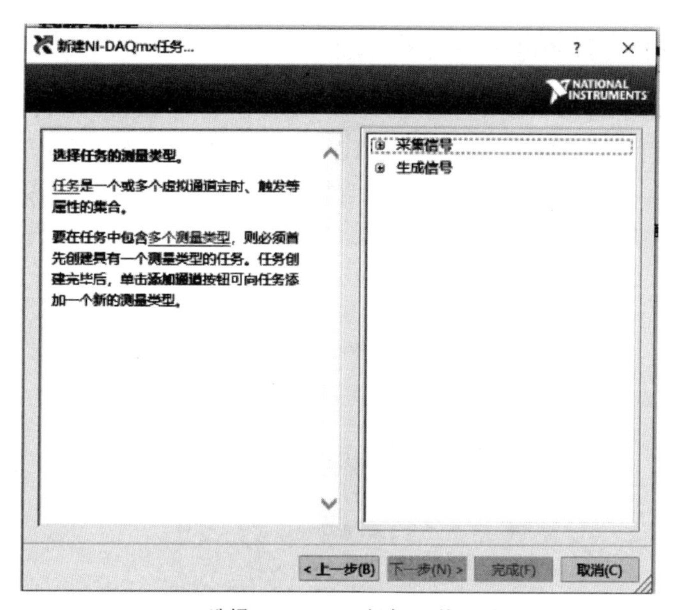

(b) 选择 “NI-DAQmx任务”后的界面

图 8.23　在 MAX 中调用 DAQ 助手

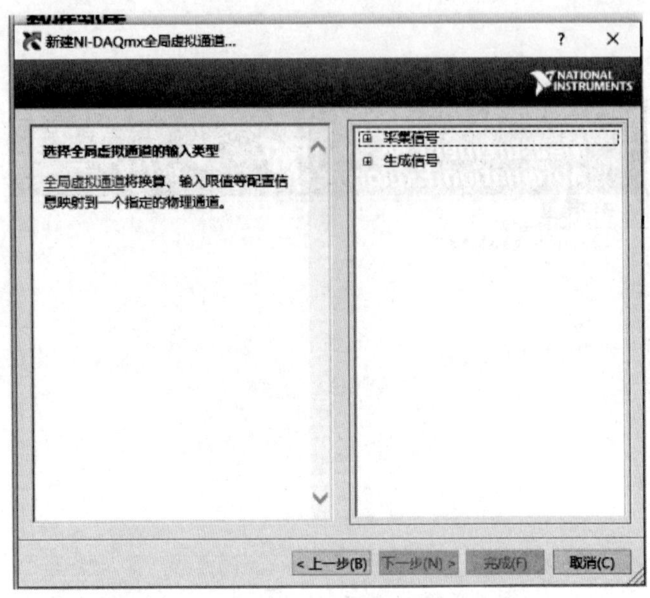

(c) 选择“NI-DAQmx全局虚拟通道”后的界面

图 8.23 （续）

8.2.4 两种途径的联系和比较

LabVIEW 提供了将“DAQ 助手”Express VI 转换成 DAQmx 函数代码的快捷操作。如果采用“DAQ 助手”Express VI 去启动 DAQ 助手，那么，将 DAQ 助手转换成 DAQmx 函数代码的操作方法，如图 8.24 所示。具体地，选中“DAQ 助手”Express VI，右击，在弹出的快捷菜单上单击“生成 NI-DAQmx 代码”，就可生成图 8.25 所示的代码——“DAQ 助手”

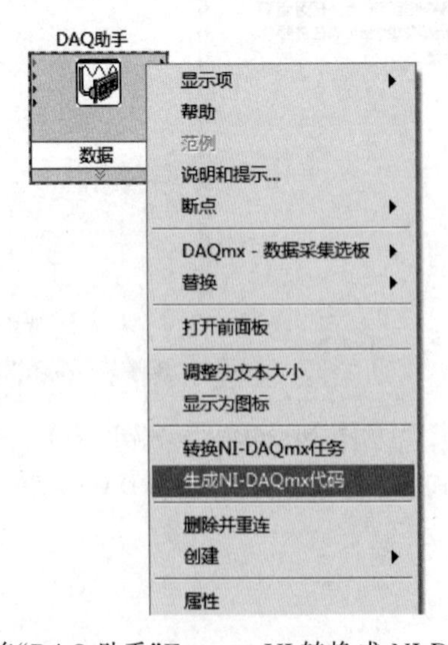

图 8.24 将“DAQ 助手”Express VI 转换成 NI-DAQmx 代码

Express VI 在连续采集模式下生成的代码。子 VI"DAQmx 配置模板"的代码，如图 8.26 所示。可以看出，对采样率的设置是在子 VI"DAQmx 配置模板"中进行的，它位于 While 循环之外，所以，当数据采集任务开始后，采样率已被固定而不能更改，此条件下，若需要实时地改变采样率，只能改为利用 DAQmx 函数和其属性节点编写新的程序代码。

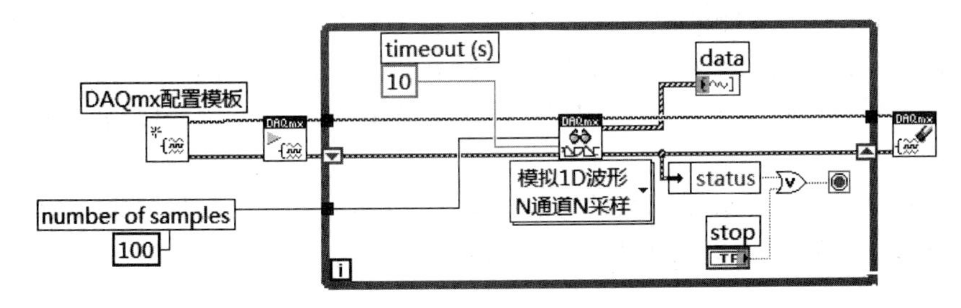

图 8.25　连续采集模式下生成的 NI-DAQmx 代码

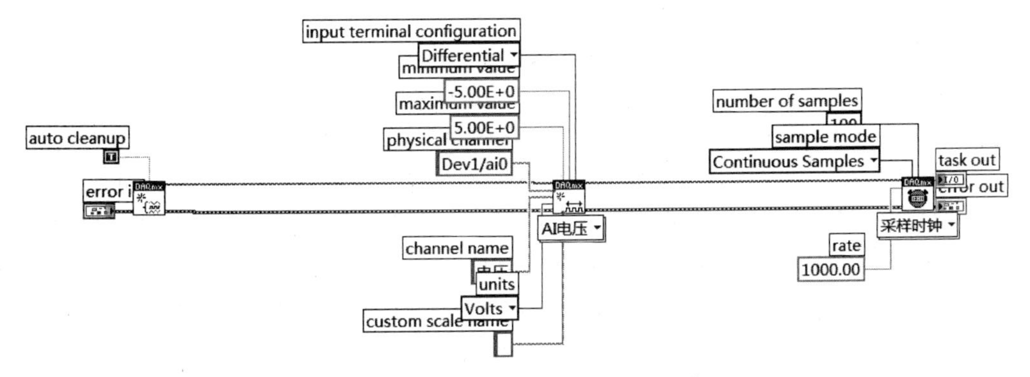

图 8.26　子 VI"DAQmx 配置模板"的代码

类似地，如果是选用"DAQ 任务名"控件打开 DAQ 助手，那么，将 DAQ 助手转换成 DAQmx 函数代码的操作方法如图 8.27 所示。具体地，对于 MAX 中建立的"任务"，在 LabVIEW 中，利用"DAQ 任务名"控件选择该"任务"后，右击，在弹出的快捷菜单中选择"生成代码"→"配置和范例"，生成的代码见图 8.28。

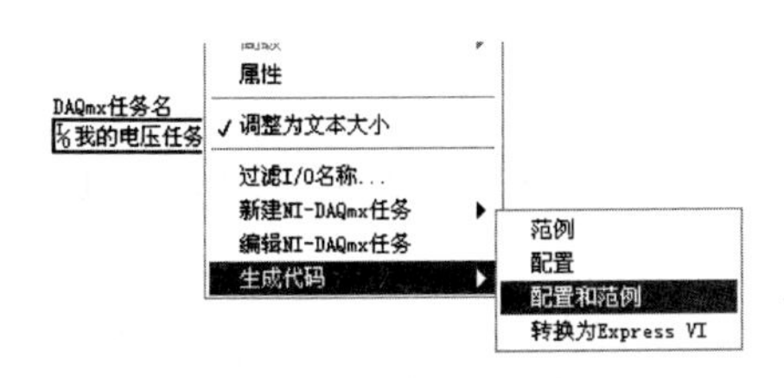

图 8.27　MAX 调用 DAQ 助手并将任务转换成 NI-DAQmx 代码

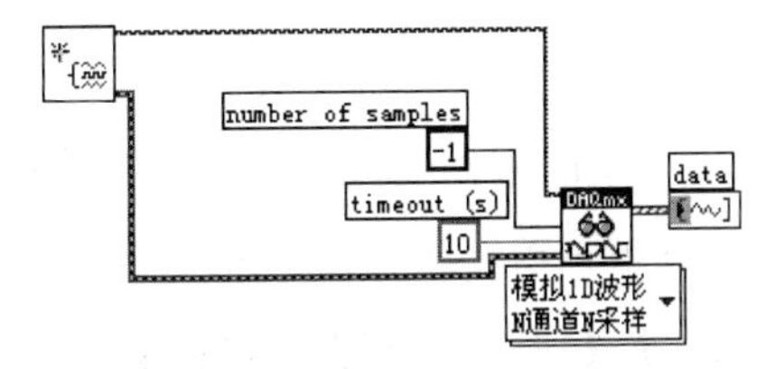

图 8.28　生成的 DAQmx 函数代码

DAQmx 函数是对数据采集卡进行操作时用户可以控制的最底层函数。其实，通过 DAQ 助手构建数据采集 VI，归根结底，还是利用若干个 DAQmx 函数实现的数据采集 VI，只不过是 NI 公司制作了一个与使用者交互的界面，使对数据采集 VI 的编写更加方便、简单；但与此同时，也会丧失一些功能和灵活性。例如，如果想在数据采集过程中改变采样率，直接利用 DAQ 助手编写 VI 就无法实现。针对于此，只能改为按前述 VI 编写模式，向程序框图面板调用具体的 DAQmx 函数、编写符合具体需求的数据采集 VI。

利用 DAQ 助手构建数据采集 VI 的优点：①提供了良好、简捷的用户交互界面，可在相应对话框内选择或输入参数，按照向导逐步操作，即可完成数据采集 VI 的编写；②建立数据采集任务后，可通过 LabVIEW 中提供的快捷操作生成 DAQmx 代码；③更简单，可缩短编程时间。

而直接选用具体 DAQmx 函数编写数据采集 VI 的优点：①可以实现 DAQ 助手所实现不了的功能；②更加灵活，可根据需要编写相应的数据采集应用程序；③能更好地控制应用程序的运行。

8.2.5 定时

在 LabVIEW 中，定时，又具体可分为软件定时和硬件定时。其中，软件定时是通过在循环中添加定时函数实现的，采集的速率决定于操作系统或程序。图 8.29 给出了一个软件定时的例子。其中，调用了一个 While 循环，并在 While 循环内放置了一个“DAQ 写入”函数，每次循环只输出一个采样点；While 循环内还放置了一个定时函数，当定时时间到，再次运行循环体的代码，然后再输出下一个采样点，即两个采样点之间的时间间隔取决于 While 循环内的定时函数。可以看出，此种模式下，两个采样点之间的时间间隔，受当前计算机的运行程序影响较大。此种定时即软件定时模式，较适合用于信号变化缓慢的情况。

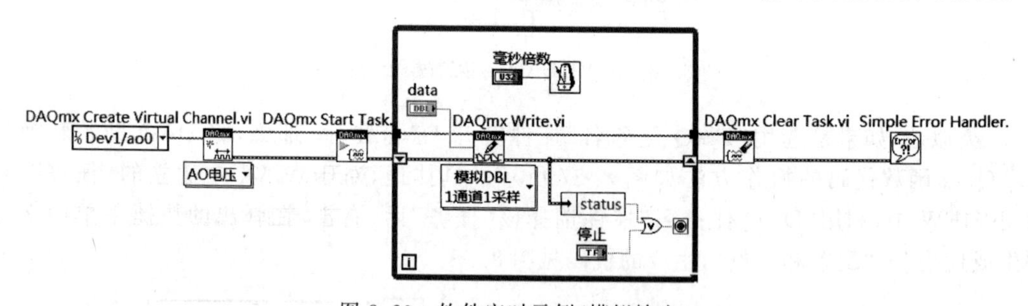

图 8.29 软件定时示例(模拟输出)

硬件定时采用硬件设备上的时钟控制定时，比软件定时更快、更准确。下面介绍的数据采集 VI 都是基于硬件定时的。

8.2.6 任务状态转换

在 LabVIEW 中，任务状态转换分为隐式和显式两种。显式的任务转换是指明确实施任务状态的转换，如图 8.30 所示的 VI 代码，在执行“读取”函数之前，就明确调用了“开始”函数。而隐式的任务转换，则并没有明确调用相应的函数，而是由 LabVIEW 自动完成了相应功能。例如图 8.31 所示的 VI 代码，在执行“读取”函数前，就由 LabVIEW 自动执行了

“开始任务”；而且在“清除任务”执行前，又自动地执行了“结束任务”。

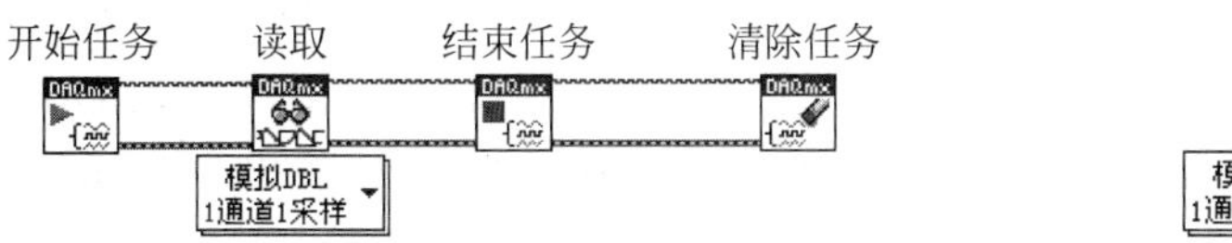

图 8.30　显式的任务状态转换

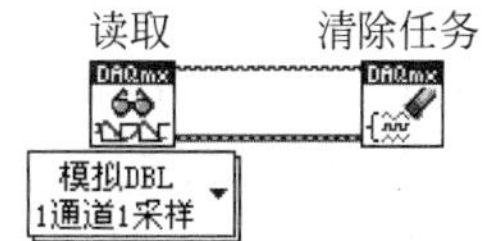

图 8.31　隐式的任务状态转换

如果数据采集任务是连续或重复进行的，在编写该 VI 时，应使用显式的任务状态转换，即，应将“开始任务”“结束任务”和“清除任务”函数放在循环体之外，以使得这三个功能环节均只执行一次，如此，可提高程序的执行效率。而若数据采集任务只是单次执行，则在编程时，可以使用隐式的任务状态转换。

8.3　数据采集卡的连接和测试

具备了上述基础知识和概念后，接下来学习如何将一个实际的物理量采集到计算机中，或者实现相反的功能，将虚拟仪器中的一段信号数据输出到计算机外。为了实现这些功能，必须具备一块数据采集卡，将其通过相应的数据线与计算机相连接，并且要在 LabVIEW 环境下编写相应程序，以操作数据采集卡完成相应的数据采集任务。

为实现数据采集，首先要根据实际测量任务需求，选择一块合适的数据采集卡。选用数据采集卡时，主要应考虑的技术性能参数有采样率、分辨率以及通道数等。

有了数据采集卡且成功安装驱动程序后，要先从其说明书中查出模拟输入/输出或数字输入/输出通道对应的端口号，这一步很重要，因为它涉及后面的电路连线。例如，以 NI 公司的数据采集卡 MyDAQ 为例，其实物如图 8.32 所示，它的接线端口如图 8.33 所示。一般

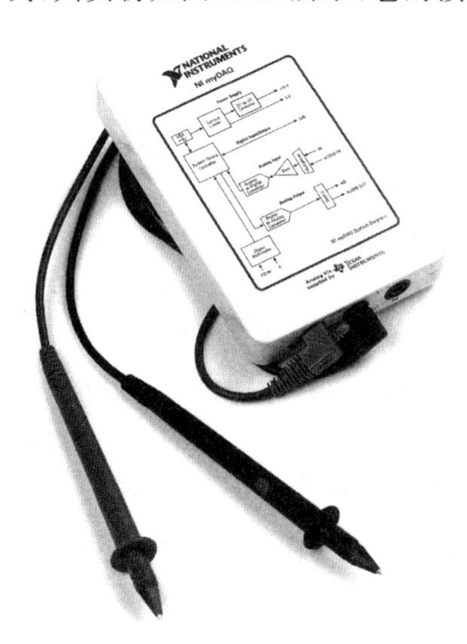

图 8.32　NI 公司生产的 MyDAQ 实物外观

地，数据采集卡多采用差分输入的接线方式。对于 MyDAQ 而言，AI"0＋"和"0－"共同构成一路模拟输入通道，在 LabVIEW 中编号为 AI0；以此类推，AI"1＋"和"1－"构成另一路模拟输入通道，在 LabVIEW 中其编号为 AI1。从图 8.33 还可以看出：MyDAQ 共有从 0 到 7 共 8 个数字引脚，它们分别与数字地"DGND"形成数字输入输出端口 DIO；查阅 MyDAQ 的说明书，可得到其数字输入输出端口的具体说明，如图 8.34 所示。

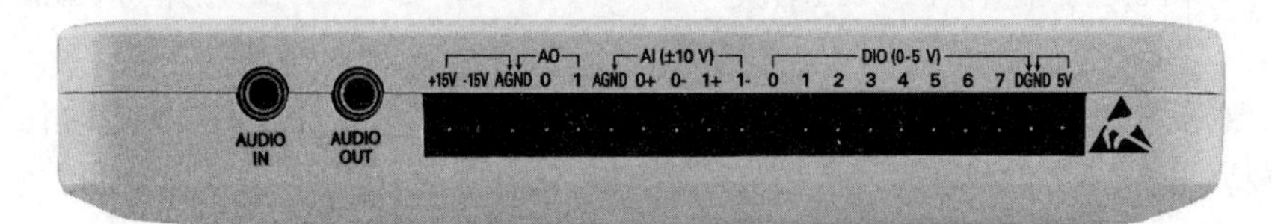

图 8.33　NI MyDAQ 的端口编号示意

NI myDAQ 信号	可编程函数接口(PFI)	计数器/定时器信号	正交编码器信号
DIO 0	PFI 0	CTR 0 SOURCE	A
DIO 1	PFI 1	CTR 0 GATE	Z
DIO 2	PFI 2	CTR 0 AUX	B
DIO 3*	PFI 3	CTR 0 OUT	—
DIO 4	PFI 4	FREQ OUT	—

* 脉冲宽度调制(PWM)通过 DIO 3 生成脉冲序列测量

图 8.34　MyDAQ 数字端口的说明

弄清楚数据采集卡的端口编号之后，接下来，要利用一根数据线将数据采集卡与计算机连接起来。例如，对于 MyDAQ，就可以用一根 USB 电缆将其与计算机连接起来。连好接线后，MyDAQ 上的蓝色指示灯会点亮。

建立好数据采集卡与计算机之间的连接后，在计算机上打开 MAX 软件，可以对数据采集卡 MyDAQ 的功能进行简单测试。运行 MAX 软件，其界面如图 8.35 所示。单击"设备与接口"，可以看到，当前计算机已连接上了一块数据采集卡，名称为 NI myDAQ "myDAQ1"，用鼠标选中 NI myDAQ "myDAQ1"，在界面的中间会显示出几个功能选项。单击其中的"自检"功能选项，弹出的界面如图 8.36 所示，表示当前所连的数据采集卡的功能是正常的。单击"测试面板"，会弹出如图 8.37 所示界面，这里提供有模拟输入、模拟输出、数字 I/O 和计数器 I/O 等功能。这些功能在后面的练习中会用到。

将一块数据采集卡与一台装有 LabVIEW 软件的计算机实现了有效连接后，就该关注如何操作数据采集卡实现模拟输入、模拟输出、数字输入、数字输出以及计数器等功能。下面的小节将依次阐述。

图 8.35　MAX 软件界面

图 8.36　利用 MAX 测试数据采集卡的功能是否正常

图 8.37　MAX 中的测试面板界面

8.4　模拟输入

模拟输入所实现的，是将模拟信号通过数据采集卡的 A/D 转换功能，转换成数字信号并送入计算机。在 LabVIEW 中，模拟输入的信号采样模式有单点、有限（*N* 个样本）和连续共 3 种。对于模拟信号的这 3 种采样模式，硬件的连线是一样的，都是要将被测对象连至数据采集卡的模拟输入通道上。下面依次介绍模拟输入信号的 3 种采样模式。

8.4.1　单点模入

单点采集即单点模拟输入，也简称单点模入，表示每次只采集被测模拟信号的一个数据点。例如当要测量一个直流信号，或者一个随时间变化非常缓慢的信号时，就可以采用单点采样模式。下面通过例 8.1 学习单点模入的具体实现过程。

【例 8.1】　测量一个直流电压，并显示出其量值的大小。

采集直流电压 VI 的前面板和程序框图如图 8.38 所示。可见，在前面板上放置有一个“仪表”控件，该控件位于“控件”选板→“新式”→“数值”子选板上。在程序框图面板上，经“函数”选板→“测量 I/O”→“DAQmx-数据采集”子选板途径，找到并调用“DAQ 助手”Express VI，如图 8.39 所示，在弹出的界面上，经“采集信号”→“模拟输入”→“电压”渠道确定采集电压信号，弹出的界

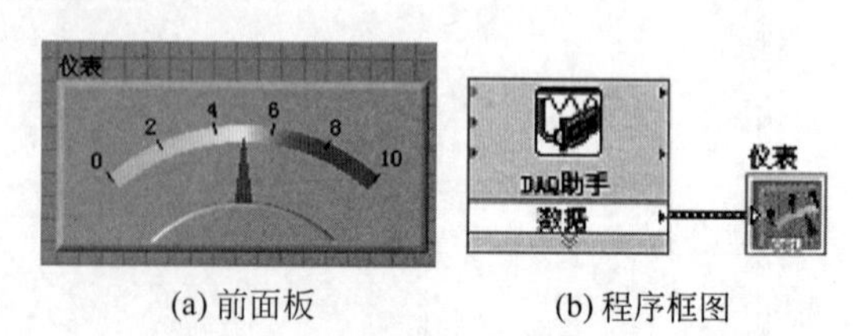

(a) 前面板　　(b) 程序框图

图 8.38　采集一个直流电压

面如图 8.40 所示。随后，选择“myDAQ1”下的模拟输入通道“ai0”，并单击“完成”按钮，弹出的界面如图 8.41 所示。输入范围设置为“0～10V”，对“采集模式”，选择“1 采样(按要求)”，表示立即采集一个数据。参数设置完成后，单击“确定”按钮。最后，将“DAQ 助手” Express VI 的数据输出端子连到“仪表”控件的输入端。

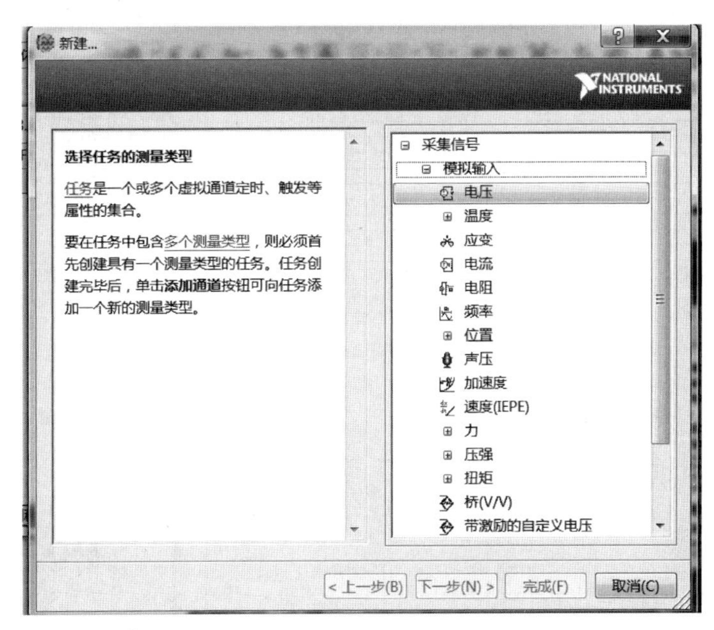

图 8.39 “DAQ 助手”的参数设置界面 1

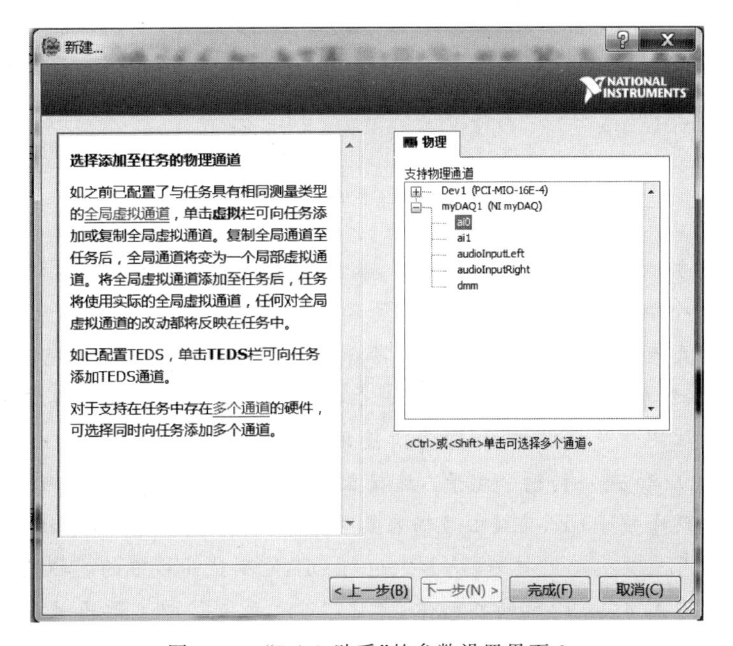

图 8.40 “DAQ 助手”的参数设置界面 2

图 8.41 “DAQ助手”的参数设置界面 3

在硬件连接方面，将被测直流电压的正、负极连至数据采集卡的模拟输入通道 AI0 上，具体采用差分输入方式，所以，对应数据采集卡 MyDAQ 的输入端子是 AI“0＋”和“0－”。如果没有现成的直流电压源，也可以利用数据采集卡具有的模拟输出功能，由数据采集卡输出一个直流电压，然后，将其作为被测对象送至数据采集卡的模拟输入端口上。在本例中，就是采用这样的被测信号提供方式，即将所使用的数据采集卡的模拟输出通道 AO0（对应 MyDAQ 上的 AO0 和 AGND 两个端子），连接至其模拟输入通道 AI0（对应 MyDAQ 上的 AI“0＋”和 AI“0－”两个端子）上，直接由数据采集卡提供被测信号，相应的连线如图 8.42 所示。

直流电压信号采集电路连接好后，首先运行 MAX 测试面板中的模拟输出，相应的界面如图 8.43 所示（在图 8.35 所示的界面中，单击“测试面板”，即可弹出该界面）；模式选择“直流值”，输出值设为“2”，表示模出一个 2V 的直流电压；然后单击“刷新”按钮；最后运行例 8.1 的 VI，在其前面板上会观察到所采集直流电压的结果，如图 8.44 所示。

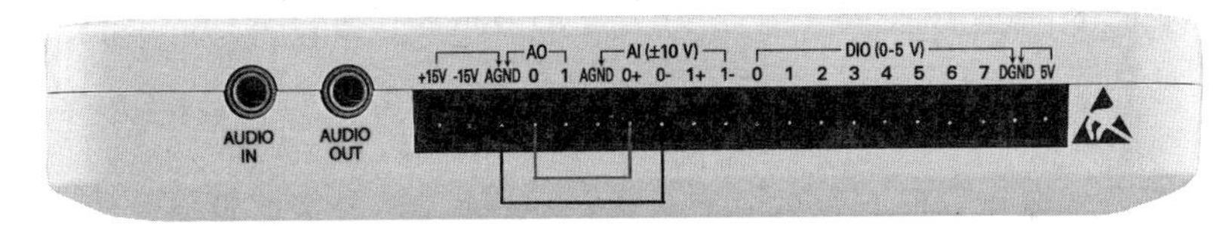

图 8.42　采集直流电压的硬件接线示意

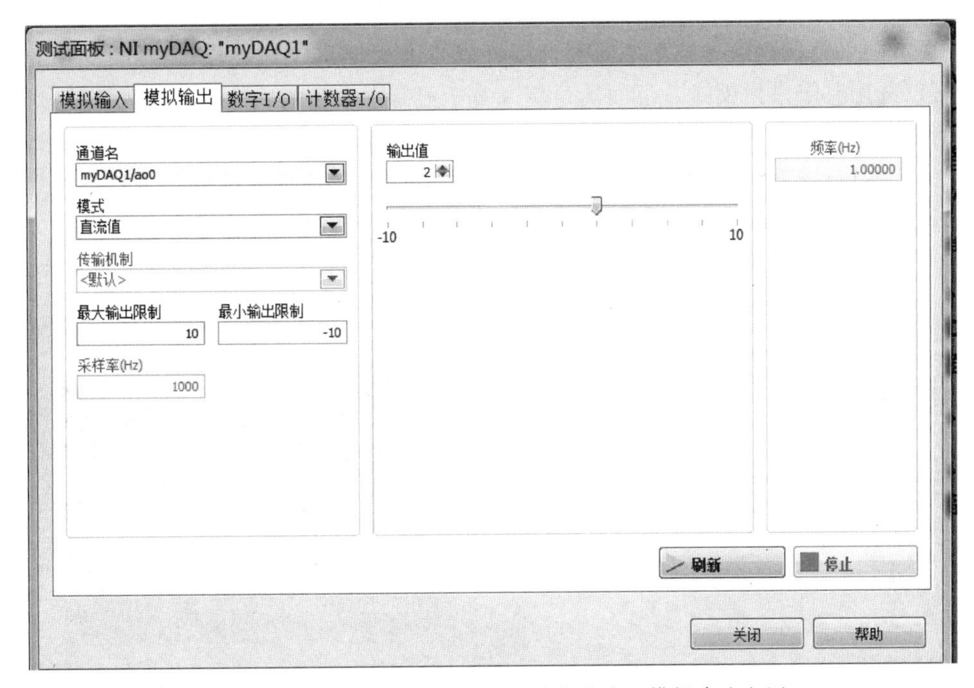

图 8.43　利用 MAX 的模拟输出功能生成一模拟直流电压

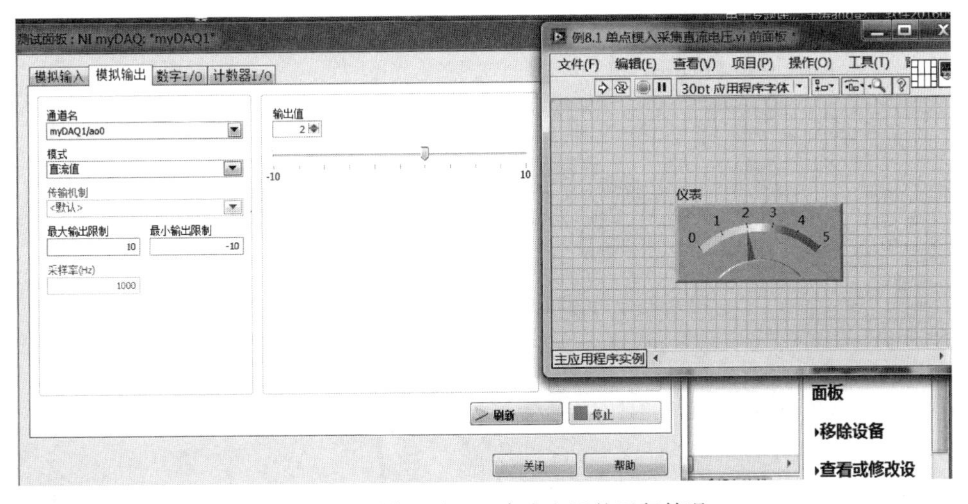

图 8.44　采集一个 2V 直流电压的运行情况

从图 8.39 可见，利用 DAQ 助手构建数据采集 VI，其程序框图看起来非常简单。当然要使其满足相应需求，还要按照向导指令，建立新的通道和任务，配置相应参数等。

8.4.2 有限模入（N 个样本）

有限采样模式又称有限模入，也称 N 采样，表示每次共采集被测信号的 N 个样本点。在此采样模式下，有两个参数需要设置，分别是样本数和采样率。样本数决定了一次采集的样本点个数；采样率即采样频率，表示每秒钟采集多少个样本点。这两个参数配合起来，决定了一次有限采集被测信号波形的时间长度。当要求测量一段有限长、随时间变化的信号时，就可以选用有限采样模式。下面通过例 8.2 学习有限采集模式的具体实现方法。

【例 8.2】 在有限的时间段内，采集 2 路随时间变化的信号，并在前面板上显示出它们的波形。具体地，实现上述功能的 VI 应做到：运行后，会采集指定时间长度的被测信号波形的数据，并将其显示在前面板上的波形图控件里；当采集完成后，程序自动退出。

这个 VI 的前面板和程序框图，分别如图 8.45 和图 8.46 所示，其具体实现步骤如下：

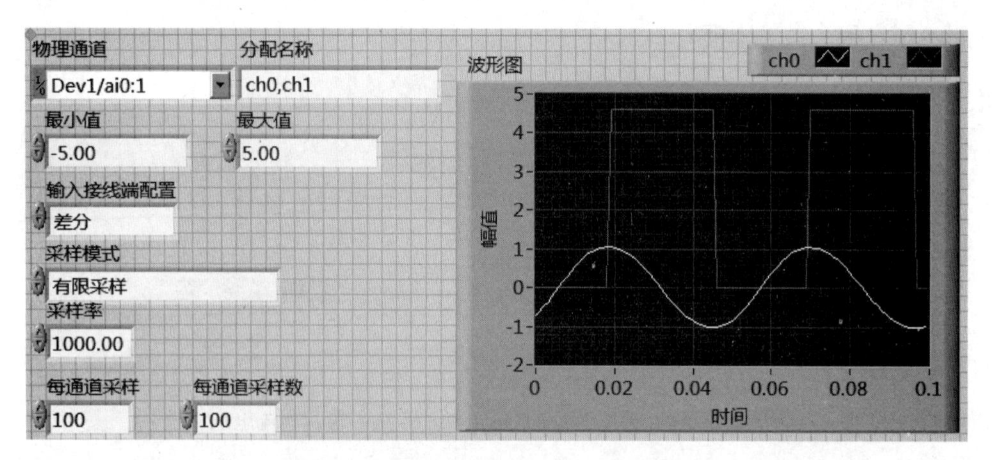

图 8.45 有限模拟输入示例 VI 的前面板

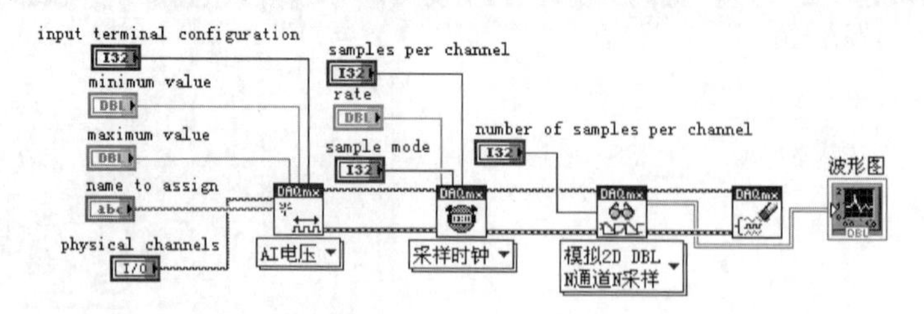

图 8.46 有限模拟输入示例 VI 的程序框图

1）前面板设计

在“控件”选板中找到“波形图”控件，将其放在前面板上。

2）程序框图部分的编写

本例中，是采用根据数据采集任务需求，按前述的 VI 编写模式，向程序框图面板调用

具体的 DAQmx 函数的方式编写数据采集 VI,具体步骤如下:

(1) 经 LabVIEW 的"函数"选板→"测量 I/O"→"DAQmx-数据采集"子选板途径,找到"DAQmx 创建虚拟通道""DAQmx 定时""DAQmx 读取"和"DAQmx 清除任务"等 DAQmx 函数,将它们按顺序从左到右放置在程序框图面板上,如图 8.46 所示。

(2) 将相邻两函数之间的任务输出端子与任务输入端子从左到右用线连接起来;同时,将它们的错误簇输出端子与错误簇输入端子也用线连接起来;并将"DAQ mx 读取"函数的输出,经连线送至波形图控件的输入端。

(3) 为"DAQmx 定时"函数选择实例"采样时钟";而对"DAQmx 读取"函数选择实例"模拟 2D DBL N 通道 *N* 采样"。

(4) 接下来进行参数设置。将鼠标移至"DAQmx 创建虚拟通道"函数的左上方,当鼠标变成连线轴时,右击鼠标,选择"创建"→"输入控件",LabVIEW 会自动生成一个名称为 maximum value 的数值输入控件,并已自动实现了它与"DAQmx 创建虚拟通道"函数的连接,如图 8.46 所示。以相同的操作为"DAQmx 创建虚拟通道"函数生成 input terminal configuration、minimum value、physical channels 等输入控件;为"采样时钟"函数生成 samples per channel、rate 和 sample mode 输入控件;为"DAQmx 读取"函数生成 number of samples per channel 输入控件,具体结果,仍见图 8.46。

(5) 在前面板上,对这些输入控件的参数进行设置,具体参数如图 8.45 所示。具体参数设置如下:"物理通道"选择两个通道"Dev1/ai0:1",可按住 Ctrl 键进行多通道选择;"分配名称"写入"ch0,ch1";"最小值"设置为−5V;"最大值"设置为 5V;"输入接线端配置"选用"默认"即"差分输入";"采样模式"设为"有限采样";"采样率"设为 1000;"每通道采样"设为 100;"每通道采样数"设为 100。

在硬件连接方面,利用函数发生器产生一路正弦波和一路方波信号,如图 8.47 所示,即,将正弦波信号连至数据采集卡的 AI0 模拟输入通道上(对应 MyDAQ 上的 AI"0+"和 AI"0−"两个端子);将方波信号连至数据采集卡的 AI1 模拟输入通道上(对应 MyDAQ 上的 AI"1+"和 AI"1−"两个端子)。运行编写好的 VI,会在前面板上观察到所采集的 2 路信号波形。

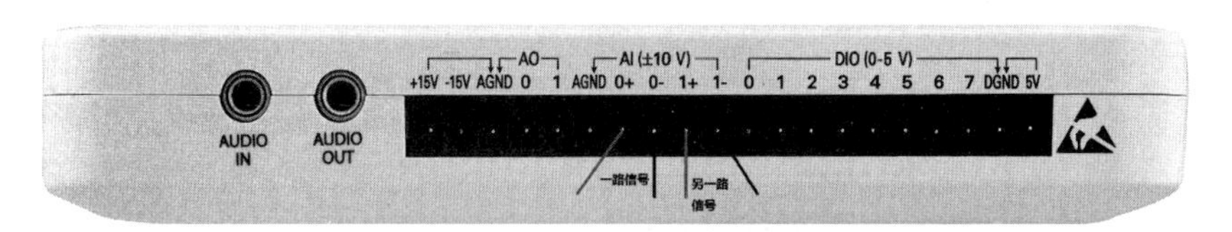

图 8.47 例 8.2 的硬件连线示意

常见问题 30:在图 8.42 所示的 VI 中有两个样本数,一个是"DAQmx 定时"函数的设置参数 samples per channel,另一个是"DAQmx 读取"函数的 number of samples per channel。从名称上看,这两个参数都是要设置读取的样本数,那它们有什么区别吗?为什

么要设置两个样本数?

这是与具体的数据采集过程相关联的。一个数据采集的全过程,如图 8.48 所示,首先要将数据采集卡采集到的数据读取到计算机内存的缓冲区里,然后,再从内存缓冲区将数据读入 LabVIEW 的程序即 VI 中。其中,"DAQmx 定时"函数的 samples per channel 是指从采集卡输出并写入计算机内存缓冲区的数据点数;而"DAQmx 读取"函数的 number of samples per channel,则是指从计算机内存缓冲区读到 LabVIEW 程序中的数据点数。很容易理解,最后采集到的数据,将是这两个参数中数值较小的那个。

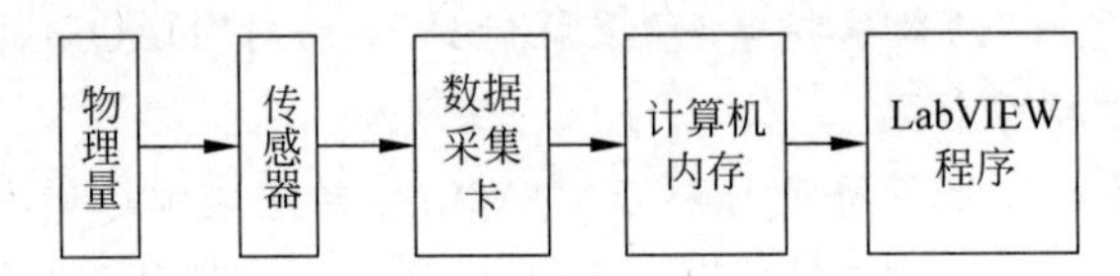

图 8.48　数据采集的基本过程示意

常见问题 31:关于缓冲区(计算机内存缓冲区)大小的设置。

当模拟输出的采集模式为"*N* 采样"和"连续采样"时,都要利用到计算机内存中的缓冲区。即数据采集卡中的数据不是直接传给 LabVIEW 程序的,而是会先存入计算机内存中的一个缓冲区。那么,缓冲区的大小是如何设置的呢?

当采样模式为"*N* 采样"时,缓冲区的大小由"DAQmx 定时"函数的 samples per channel 决定。例如,指定每通道采样数为 1000,应用程序使用两个通道,则缓冲区的大小就是能存储 2000 个采样数据的大小,即缓冲区的大小,要足够存放拟采集的所有数据样本。

当采样模式为"连续采样"时,缓冲区的大小由"DAQmx 定时"函数的 samples per channel 以及采样率共同决定。所遵循的规则是:如果 samples per channel 的值小于图 8.49 中缓冲区大小的值,则以图 8.49 中的参数为准。

采样率/(S/s)	缓冲区大小/kS
未指定	10
0~100	1
101~10 000	10
10 001~1 000 000	100
>1 000 000	1000

图 8.49　实施"连续采样"时缓冲区大小的设置

8.4.3　连续模入

当要连续不断地监测模拟信号的变化,如需要制作虚拟波形记录仪、虚拟示波器,等等时,应选用连续采样模式,又称连续模入。在此采样模式下,也需要设置样本数和采样率这两个参数。下面通过例 8.3 和例 8.4,学习连续采样模式的具体实现方法。

【例 8.3】 要求连续采集 2 路信号的波形,且在构建该 VI 的具体方法上,要求利用 DAQ 助手 Express VI 来完成。

具体地,实现上述功能的 VI 应做到:运行时会一直采集 2 路信号,并在前面板上显示出采集到的信号波形;单击前面板上的"停止"按钮,才停止对信号波形的采集,退出运行。

连续采集信号的 VI 的前面板和程序框图,如图 8.50 和图 8.51 所示。可见,前面板上放置有一个"波形图"和一个"波形图表"控件。在程序框图面板上,经"函数"选板→"测量 I/O"→"DAQmx-数据采集"子选板,选中并调用"DAQ 助手"Express VI,在弹出的界面上选择"采集信号",再经"模拟输入"选择"电压";选择模入物理通道"ai0 和 ai1";将输入范围设置为"−5～+5V";对"采集模式"选择"连续采样"。完成上述参数设置后,单击"确定"按钮。由于选择了连续采样,因此 LabVIEW 会提示"是否自动创建循环",对此,应该选择"是"。最后,将"DAQ 助手"Express VI 的数据输出,经连接线送至"波形图"和"波形图表"控件的输入端。

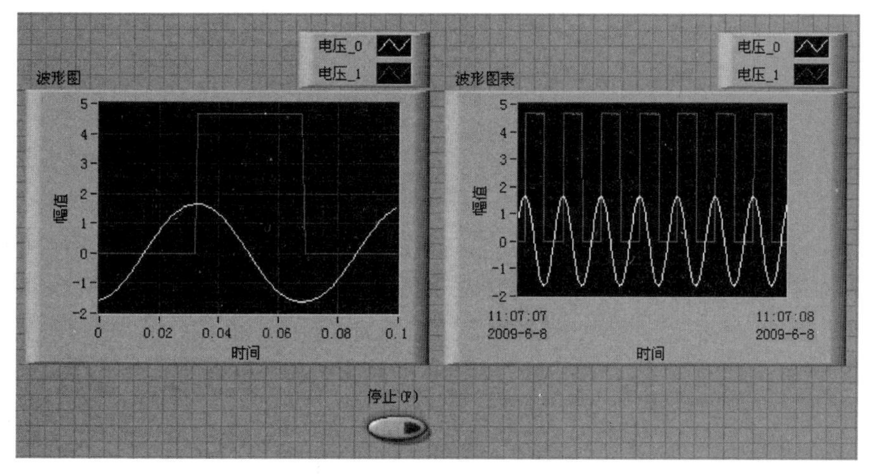

图 8.50 利用"DAQ 助手"Express VI 实现连续模入示例 VI 的前面板

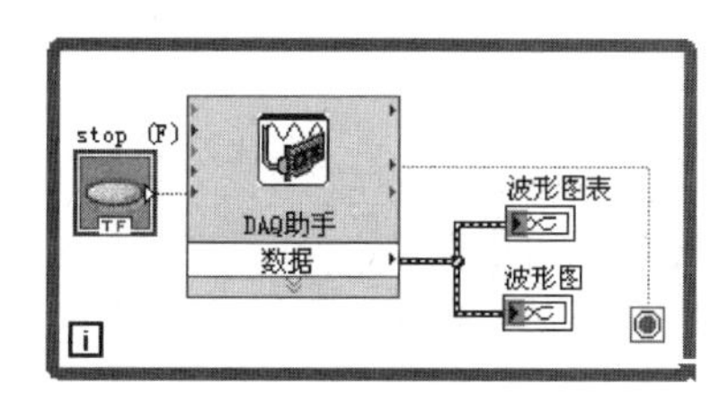

图 8.51 利用"DAQ 助手"Express VI 实现连续模入示例 VI 的程序框图

本例在硬件连接方面与例 8.2 是一样的。运行此编写好的 VI,在其前面板上会观察到所连续采集的 2 路波形。单击"停止按钮",才会停止数据采集。

【例 8.4】 要求以选用具体 DAQmx 函数的方式构建 VI,以实现连续采集 2 路信号的波形。

利用 DAQmx 函数实现连续采集信号的 VI 的前面板和程序框图，如图 8.52 和图 8.53 所示。该 VI 的具体编程步骤如下：

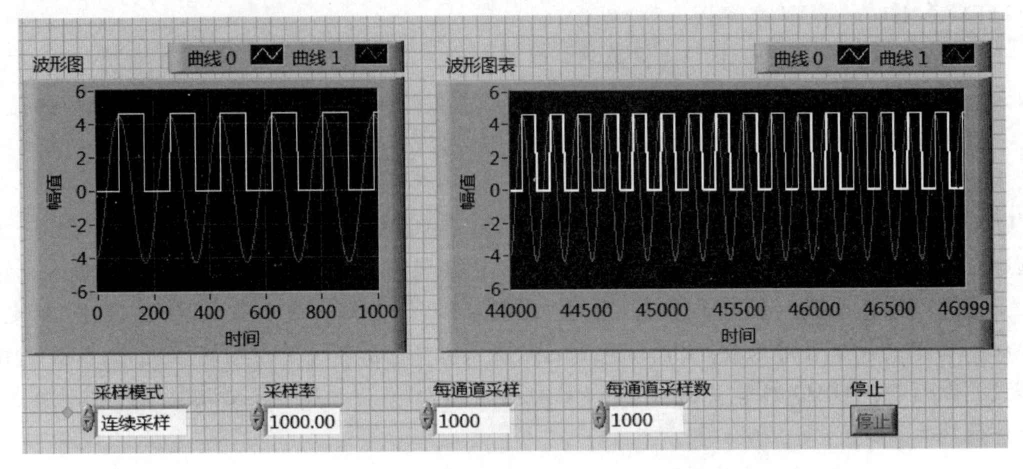

图 8.52　利用 DAQmx 函数实现连续模入 VI 的前面板

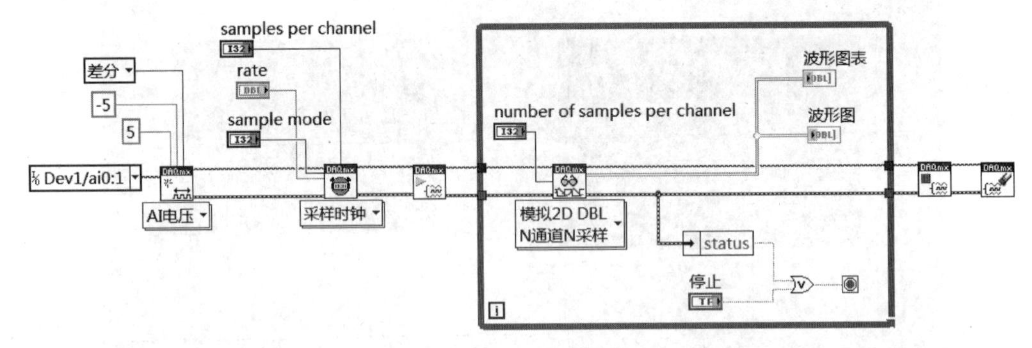

图 8.53　利用 DAQmx 函数实现连续模入 VI 的程序框图

1）前面板设计

在控件选板中找到“波形图”“波形图表”和“停止按钮”控件，并将它们放到前面板上。

2）程序框图设计

（1）经 LabVIEW 的“函数”选板→“测量 I/O”→“DAQmx-数据采集”子选板途径，找到并选择“DAQmx 创建虚拟通道”“DAQmx 定时”“DAQmx 开始”“DAQmx 读取”“DAQmx 停止”和“DAQmx 清除”等 DAQmx 函数，并将它们按顺序从左到右放置在框图面板上，如图 8.53 所示。

（2）从左到右，将相邻的两函数之间的任务输出端子与任务输入端子用线连接起来；同时，将错误簇输出端子与错误簇输入端子也用线连接起来；将“DAQmx 读取”函数的“数据”输出端连至波形图和波形图表控件的输入端。

（3）“DAQmx 定时”函数选择实例“采样时钟”；“DAQmx 读取”函数选择实例“模拟

2D DBL N通道N采样”。

(4) 添加While循环，如图8.53所示，将“DAQmx读取”“波形图”“波形图表”和“停止按钮”放在该循环内。

(5) 对“DAQmx读取”函数的错误簇输出参数的“status”元素与“停止按钮”进行逻辑“或”运算，其结果输送给While循环的条件接线端。

(6) 接下来进行参数设置。如图8.49所示，为“DAQmx创建虚拟通道”函数生成input terminal configuration、minimum value、maximum value、physical channels等常量，对“采样时钟”函数生成samples per channel、rate和sample mode输入控件；为“DAQmx读取”函数生成number of samples per channel输入控件。

(7) 对控件和常量进行设置，具体如图8.52和图8.53所示。“物理通道”选择两个通道“Dev1/ai0:1”，可以按住Ctrl键进行选择；将“最小值”设为−5V，“最大值”设为5V；“输入接线端配置”选用“差分”模式；“采样率”设为1000；“采样模式”设为“连续采样”；“每通道采样数”设为1000。

(8) 将波形图表的“图表历史长度”值设置为3000。另外需注意：对于波形图表，选中它右击鼠标，要将其中的“转置数组”勾选取消。

本例在硬件连接方面，与例8.2是一样的。

例8.4有助于加深理解显式任务状态转换与隐式任务状态转换的区别。由于要实现连续的模拟输入，如上的VI中用到了While循环，所以，在循环开始之前调用了“DAQmx开始任务”函数，且在循环结束之后调用了“DAQmx停止”和“DAQmx清除任务”函数，如此，就保证了显式的任务状态转换。

常见问题32：“连续采样”模式下的缓冲区。

模拟输入的“连续采样”模式和模拟输出的“连续生成”模式，都采用了循环缓冲的方法，具体的数据传输原理如图8.54所示。对于模拟输入的操作，是数据采集卡向计算机内存缓冲区写入数据，而LabVIEW程序再从计算机内存缓冲区中读取数据。而对于模拟输出操作，则是LabVIEW程序向计算机内存缓冲区写入数据，而数据采集卡则从计算机内存缓冲区中读取数据。可以看出，无论是模拟输入还是模拟输出，要想使用好循环缓冲，都应注意写缓冲速度与读缓冲速度的协调配合。

以模拟输入为例，使用循环缓冲，可能产生两个问题：第一，应用程序从缓冲区读取数据的速度，可能快于新采集的数据存入缓冲区的速度，即读缓冲的速度快于写缓冲的速度；第二，在覆盖写入缓冲区的数据之前，应用程序可能还未从缓冲区中读取走相应的数据，即读缓冲的速度可能慢于写缓冲的速度。对于第一个问题，当应用程序希望从缓冲区中快速获取采样数据，但因采集和存入缓冲区速度慢，新采集的数据不能按时被获取时，NI-DAQmx会等待相应时间(由“DAQmx读取”函数的超时端子的输入决定)，再执行读取数据的操作。而对于第二个问题，如果应用程序从循环缓冲区读取数据的速度不够快，将会收到一个错误警告(缓冲区中数据因被覆盖而会丢失)。此情况下，可以尝试采取以下两种

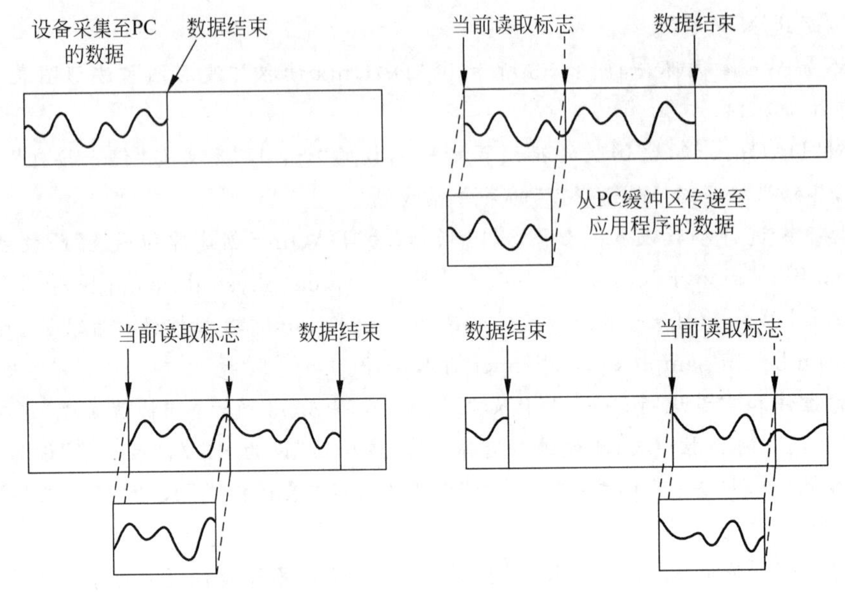

图 8.54 循环缓冲的原理示意

方法加以解决：①适当降低采样率，以降低数据采集卡向缓冲区写入数据的速度；②增大"DAQmx 读取"函数的 number of samples per channel 参数，即增大应用程序每次从缓冲区读取出的数据量。

而对于模拟输出，如果读缓冲慢于写缓冲，可以尝试采取以下两种方法加以解决：①适当提高采样率，以提高数据采集卡从缓冲区读取数据的速度；②减少应用程序每次向缓冲区写入的数据量。如果写缓冲慢于读缓冲，则 NI-DAQmx 会等待相应时间(由"DAQmx 写入"函数的超时端子的输入决定)；如果超时时间到，应用程序仍然未将数据写入缓冲区，则 VI 会报错。为防止上述错误发生，可以选用"允许重生成"模式。有关这方面的知识，在第 8.5.3 节将做详细阐述。

常见问题 33：波形图与波形图表的区别是什么？

波形图只显示当前此次循环采集到的数据。由于波形图不留存之前的历史数据，所以，无法通过它去查看连续的两次循环之间的数据是否真正连续。而波形图表有缓冲区，其大小可在"图表历史长度"中进行设置，即，它可以记录、保存历史数据波形。因此，利用波形图表，可以有效地观察两次相邻循环之间的数据是否真正连续。

8.5 模拟输出

与模拟输入类似，模拟输出的采样模式也分为 3 种，分别是单点、有限和连续模拟输出。为实现模出，在硬件连线方面，同样需要从数据采集卡产品说明书中查到其模拟输出通道对应的端口号。NI 公司生产的数据采集卡 MyDAQ 有两路模拟输出通道，即第 0 路模拟输出通道(AO0 和 AGND)，以及第 1 路模出通道(AO1 和 AGND)。

其实，对基于虚拟仪器的模拟输出而言，它的功能，通常是为一个测试系统提供所需的激励信号。本节提供的例子，是将模拟输出通道接至一台示波器或万用表，以观察虚拟仪器产生的信号。如果手头没有示波器，也可以将由模拟输出通道产生的模拟信号连至数据采集卡的模拟输入通道上，并利用 MAX 的测试面板中的模拟输入功能查看其生成的波形是否正确。下面，将依次介绍单点、有限和连续这 3 种模拟输出信号的采样模式。

8.5.1 单点模出

单点模拟输出，也简称单点模出，表示每次只产生一个数据点。例如，当要求产生一个直流电压信号时，就可以使用单点模拟输出的方式来实现。

【例 8.5】 输出一个直流电压。

输出直流电压的 VI 的前面板和程序框图，如图 8.55 所示。在前面板上，放置有一个数值输入控件。在程序框图面板上，经“函数”选板→“测量 I/O”→“DAQmx-数据采集”子选板，选中并依次调用“DAQmx 创建虚拟通道”和“DAQmx 写入”函数，将它们按顺序从左到右放置在程序框图面板上，并用线将这两个函数连接起来。

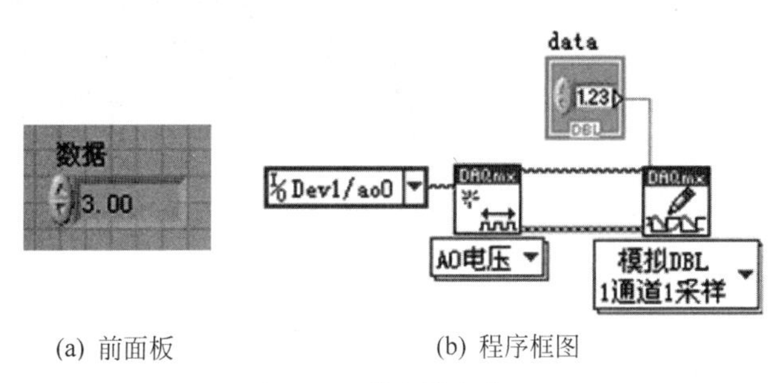

(a) 前面板　　(b) 程序框图

图 8.55 单点模出的 VI

接下来进行参数设置。为“DAQmx 创建虚拟通道”函数选择实例“AO 电压”，“物理通道”设置为“Dev1/ao0”。为“DAQmx 写入”函数选择实例“模拟 DBL 1 通道 1 采样”。最后，将数值输入控件连至“DAQmx 写入”函数上。

在硬件连接方面，可以在数据采集卡的模拟输出 AO0 端口上接一个万用表或示波器，如图 8.56 所示；或者，可将 AO0 接至 AI0 上，硬件连线如图 8.42 所示，利用 MAX 的测试面板中的模拟输入功能来测量模拟输出的电压值。运行此 VI，查看是否输出了一个 3V 的直流电压。

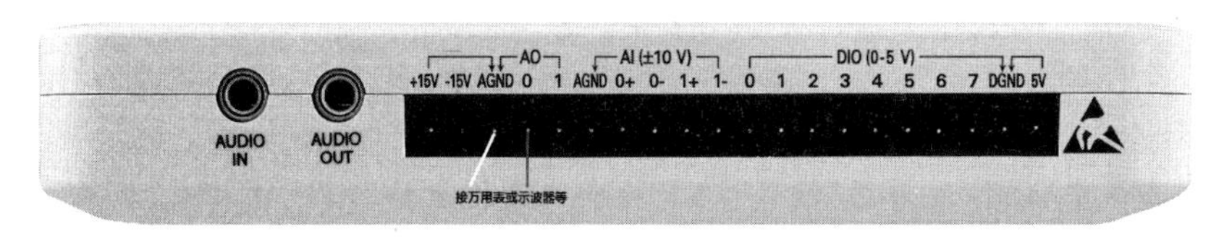

图 8.56 模拟输出的硬件连线示意

8.5.2 有限模出（N 个样本）

有限模拟输出，也简称有限模出，表示每次产生 N 个样本点。在此模式下，有两个参数需要设置，分别是样本数和采样率。其中，样本数决定了要产生的样本点个数；采样率则表示每秒钟要产生多少个样本点。这两个参数配合起来，就决定了要产生的一段波形的时间长度。当要产生一段随时间变化的模拟信号时，可以选用有限模出。

【例 8.6】 输出一段正弦波。

这里，采用直接调用所需具体 DAQmx 函数的方式编写 VI。

例 8.6 VI 的前面板和程序框图，如图 8.57 和图 8.58 所示，该 VI 的具体实现步骤如下：

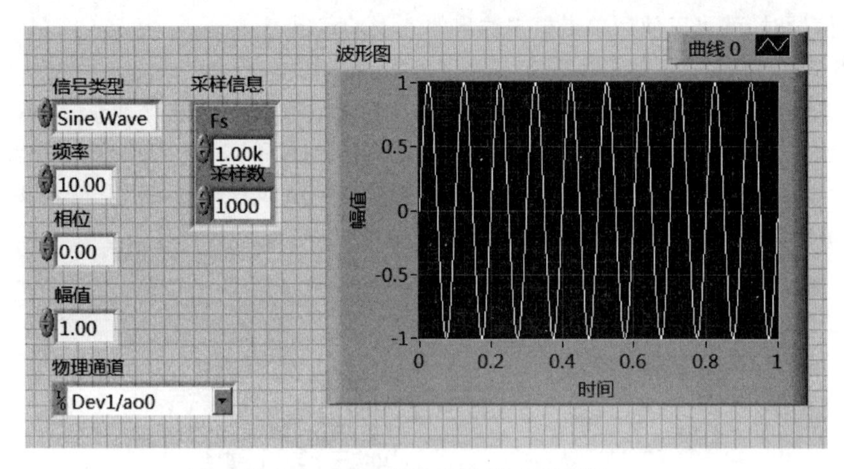

图 8.57 有限模出示例 VI 的前面板

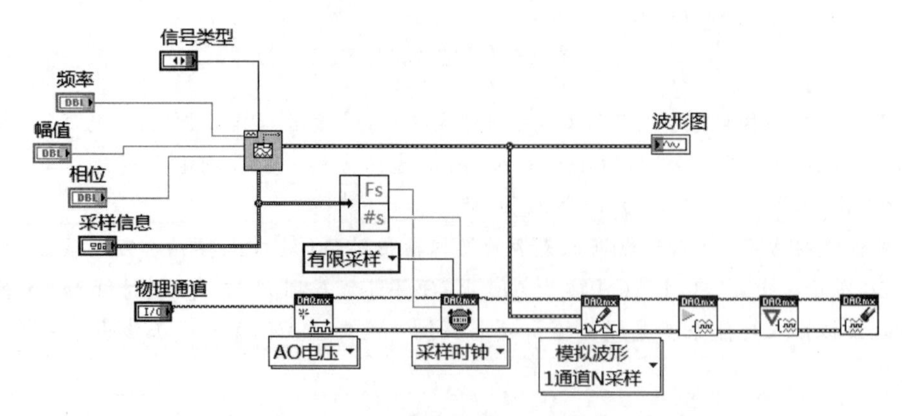

图 8.58 有限模出示例 VI 的程序框图

1）前面板设计

在控件选板中找到“波形图”控件，将其放在前面板上。

2）程序框图设计

（1）经 LabVIEW 的“函数”选板→“测量 I/O”→“DAQmx-数据采集”子选板途径，找到并选择相应的 DAQmx 函数，将它们按顺序从左到右放置在程序框图面板上，如图 8.58 所示。

（2）从左到右，将相邻两函数之间的任务输出与任务输入端子用线连接起来；同时，将错误簇输出与错误簇输入端子也用线连接起来。

（3）调用“基本函数发生器”，并将其信号输出端连至波形图控件和“DAQmx 写入”函数的“数据”输入端口上。

（4）为“DAQmx 创建通道”函数选择实例“AO 电压”，为“DAQmx 定时”函数选择实例“采样时钟”，为“DAQmx 写入”函数选择实例“模拟波形 1 通道 N 采样”。

（5）创建输入控件。如图 8.58 所示，为“AO 电压”函数创建“物理通道”输入控件，为“基本函数发生器”函数创建“频率”“幅值”“相位”等参数的输入控件。

（6）对控件进行设置，具体如图 8.57 所示。“物理通道”选择一个通道“Dev1/ao0”；对于“基本函数发生器”，“信号类型”选择 Sine Wave；“幅值”设为 1V；“频率”设为 10Hz；“采样信息”采用默认值。

（7）将“基本函数发生器”的“采样信息”簇利用“按名称解除捆绑”函数提取出“Fs”参数，并作为“DAQmx 定时”函数的“采样率”输入参数；提取出“#s”参数，作为“DAQmx 定时”函数的“每通道采样”输入参数。将“DAQmx 定时”函数的“采样模式”设为“有限采样”。

对此程序再做相关说明如下：①由“基本函数发生器”中的采样信息和频率等参数可知，此段波形有 10 个周期，每周期采样 100 个点，波形数据的 dt 参数为 0.001。②“采样时钟”中的采样率决定了每秒钟产生的样本数。③调用“DAQmx 写入”函数，表示向缓冲区中写入数据，但没有真正输出波形。④调用“DAQmx 开始任务”函数，表示真正开始生成数据。⑤调用“DAQmx 结束前等待”函数，表示等待数据全部生成。⑥调用“DAQmx 清除”函数，表示停止并清除任务。

运行程序，查看结果。可以在数据采集卡的模拟输出 AO0 端口接一台示波器，运行该 VI，查看是否输出了一段正弦波。或者，可以将 AO0 接至 AI0 上，利用 MAX 中的测试面板进行相应的查看。具体地，单击“测试面板”，选择“模拟输入”，“模式”选择“连续”，然后单击“开始”按钮，此条件下，MAX 中测试面板的功能就相当于一台示波器。

注意：必须调用“DAQmx 结束前等待”函数，否则，将在产生数据前就结束了该任务。

常见问题 34：模拟输出时的数据传输过程。

模拟输出时，数据传输的过程如图 8.59 所示。具体地，先将 LabVIEW 程序中的一段数据写入计算机内存的缓冲区，然后，再从计算机内存的缓冲区传输到数据采集卡中，最后才输出到计算机外。此情况下，如果数据采集卡模拟输出端口连接的是一台示波器，则利用该示波器可以观察到所生成的信号波形。

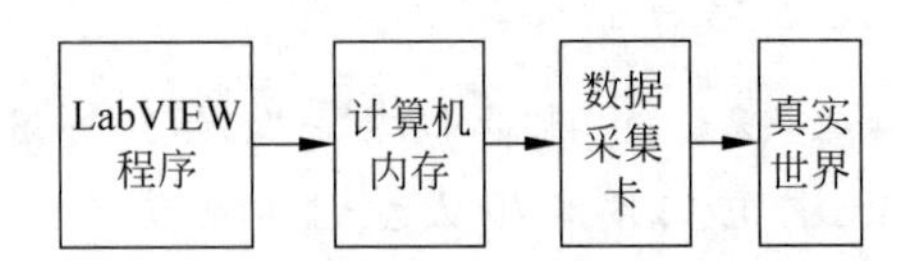

图 8.59　模拟输出的数据传输过程示意

常见问题 35：关于由 LabVIEW 模出所产生信号的频率。

按图 8.57 和图 8.58 所示的 VI，基于 LabVIEW 所产生的这段正弦信号的频率被设置的是 10Hz，那么，所产生的实际信号的频率是 10Hz 吗？

在如图 8.57 所示的 VI 前面板上，设置所产生信号的频率为 10Hz，运行例 8.6 的 VI，用示波器观察所产生的信号，发现所产生信号的频率确实是 10Hz。如果在如图 8.57 所示的界面中将信号的频率设置为 20Hz，则可以观察到示波器上测量到的信号的频率也会跟着变。这说明例 8.6 的 VI 是正确的。

注意到，在此 VI 中，对采样率有两个设置的地方。第 1 个是仿真信号生成时的控制参数，即如图 8.57 所示界面中的采样信息，它是一个簇，其中的一个元素为采样率。这个参数决定了仿真信号数据中两个相邻数据点之间的时间间隔。第 2 个设置采样率的需求在图 8.58 所示的程序框图中，即“DAQmx 定时(采样时钟)”函数中有一个输入参数“采样率”，它决定了实际输出数据时，两个相邻数据点之间的时间间隔。对于第一个“采样率”，目前设置的是 1000。对于第 2 个“采样率”，当前程序是将仿真信号采样信息中的元素“采样率”解包出来输入给“DAQmx 定时(采样时钟)”函数，也就是说，这两个采样率实际是相等的。

下面对图 8.58 所示的 VI 做调整，如图 8.60 所示，具体是将一个常量 2000 赋给“DAQmx 定时(采样时钟)”函数做采样率，再运行该 VI，并利用示波器观察所产生的信号。这时会发现，所产生信号的频率不再是 10Hz，而是 20Hz 了。这是由于，根据仿真信号的采样信息，可以得到这段仿真数据共有 1000 个点，每两个数据点之间的时间间隔为 1/1000s，

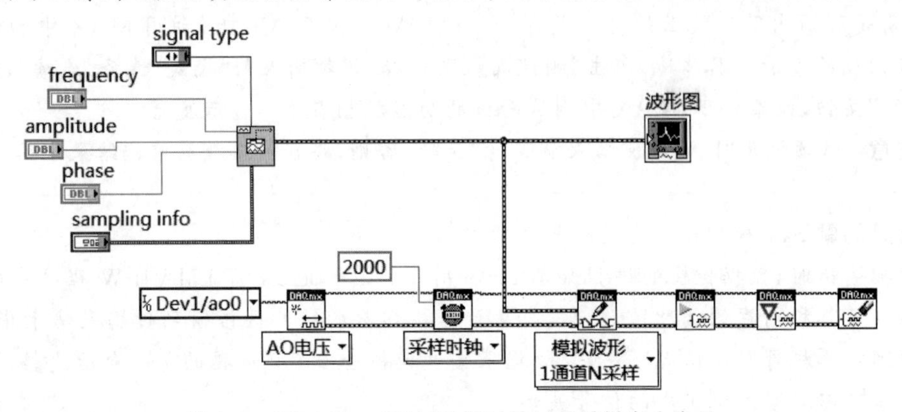

图 8.60　“DAQmx 定时(采样时钟)”的采样率为常量

这段信号的时间长度为 1s，信号的频率设为 10Hz，所以共有 10 个周期。而如果数据采集卡的采样率改设为 2000，那么，实际发生信号时，信号的两相邻数据点之间的时间间隔会变为 1/2000s，不变的是数据点的总数仍是 1000 个，有 10 个周期，每个周期有 100 个数据点，如此，信号的周期就会变为 1/2000×100＝0.5s，信号的频率也就变成了 1/0.5＝20Hz。

通过上述说明可见，在进行模拟信号输出时，为确保实际产生的模拟信号的频率确实与仿真信号的频率相等，必须使“DAQmx 定时(采样时钟)”函数的采样率与仿真信号生成时的采样率保持一致。

8.5.3　连续模出

连续模出，表示将连续不断地产生并输出信号。在此信号输出模式下，也需要设置样本数和采样率这两个参数。当要连续不断地产生并输出信号，例如，要制作虚拟函数发生器等时，就应该选用连续模出。

在信号连续模出方式下，有允许重生成和不允许重生成两种模式。信号连续模出的重生成模式，指定了是否允许 NI-DAQmx 多次生成相同的数据。所谓允许重生成，即允许 NI-DAQmx 重新生成所构建的虚拟仪器先前已生成的采样数据。而所谓不允许重生成，即不允许 NI-DAQmx 重新生成虚拟仪器先前已生成的采样数据。因此，若选择了不允许重生成模式，则 NI-DAQmx 将会等待，直到缓冲区中写入更多的采样数据，或达到超时限制。

在使用 DAQ 助手进行连续模出的编程时，要通过如图 8.61 所示的界面，对是否允许重生成的模式进行配置。而当选用具体的 DAQmx 函数实现信号生成时，是通过“DAQmx 写入”属性节点来完成是否允许重生成的指定的，具体如图 8.62 所示。

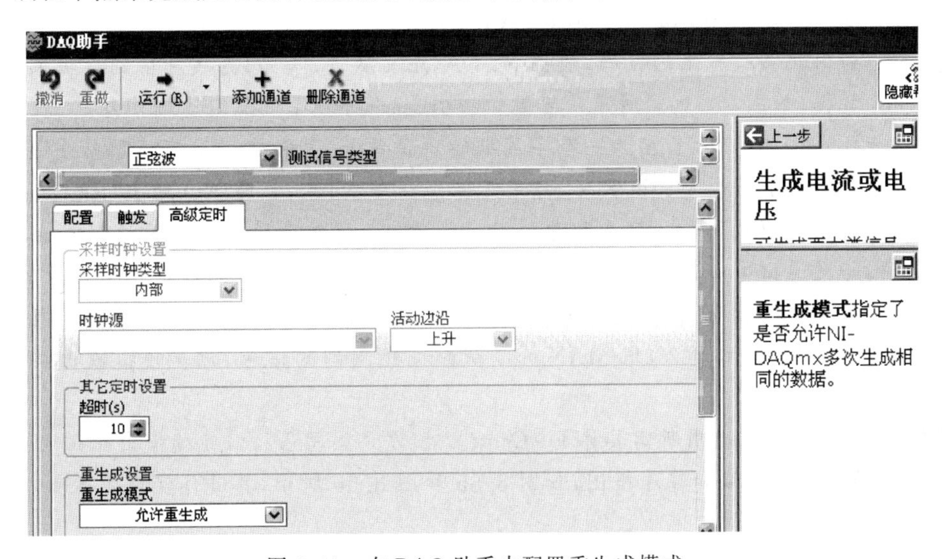

图 8.61　在 DAQ 助手中配置重生成模式

图 8.62 经"DAQmx 写入"属性节点配置重生成模式

1）允许重生成

在信号连续模出的允许重生成模式下，又有两种具体的选择，即仅使用板（数据采集板卡）载内存和非仅使用板载内存。当仅使用板载内存这一属性为真时，NI-DAQmx 只传输一次数据到数据采集板卡，然后，数据就会源源不断地从数据采集板卡循环地产生出来；且此条件下，开始执行任务后，无法直接更新板载内存，所以，再向数据采集板卡写入新的数据就会报错。另外，写入数据采集板卡内存的数据量要与其内存区域的大小相配合。

而当仅使用板载内存这一属性为假时，NI-DAQmx 将连续把数据从虚拟仪器即计算机的内存缓冲区传输给数据采集板卡。因此，如果任务开始后计算机再向数据采集板卡写入新的数据，这部分新数据将会被产生和重新生成，直到再有新的数据送来。这种类型的重生成有时被称为 PC 内存或用户缓冲重生成。

是否仅使用板载内存，是通过调用"DAQmx 通道"属性节点并进行相应设置完成的，具体路径为"DAQmx 通道属性节点"→"模拟输出"→"常规属性"→"高级"→"数据传输和内存"→"仅使用板载内存"。

通常及默认情况下，仅使用板载内存属性为假。当设为允许重生成模出模式时，NI-DAQmx 将连续地把数据从计算机内存缓冲区传输到数据采集板卡。

【例 8.7】 利用"DAQ 助手"Express VI 实现连续模出（允许重生成）。

例 8.7 利用软件编程上的技巧，使得 NI-DAQmx 从计算机内存缓冲区到数据采集板卡只传输一次数据，如图 8.63(a)所示。可见，实现此示例的 VI 中采用了顺序结构，在第 0 帧调用正弦函数发生器，产生长度为一个半周期的正弦信号，并将它送至"DAQ 助手"Express VI；第 1 帧中设置了一个 While 循环，作用是保证程序不停止。"DAQ 助手"Express VI 采用允许重生成模出模式，如此，只要程序的运行未停止，一个半周期的正弦波形将会被不断重复地产生并发送出去。图 8.64 是用 MAX 中的测试面板观测到的连续模出信号的波形。将数据采集板卡的模出端 AO0 与模拟输入端 AI0 连接起来，然后经 MAX 途径采集从模拟输入端 AI0 送入的信号，那么，用 MAX 的测试面板观测到的信号，就是模拟输出端发出的实际信号。

【例 8.8】 以直接选用所需具体 DAQmx 函数方式编写 VI，以连续模出正弦波。

例 8.8 VI 的前面板和程序框图，如图 8.65 和图 8.66 所示，其具体实现步骤如下：

1）前面板设计

在控件选板中找到"波形图"控件，将其放到前面板上。

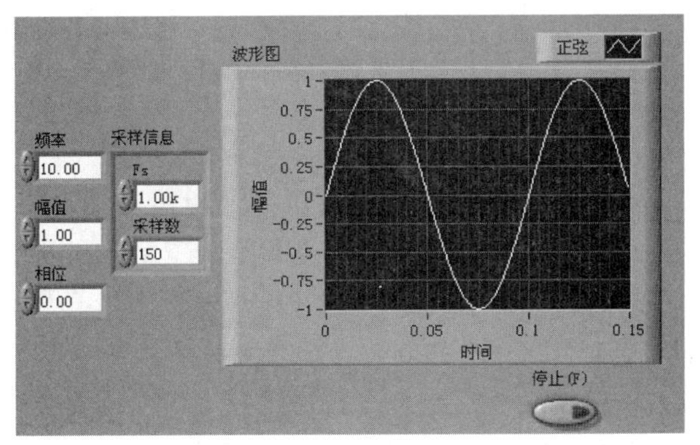

(a) 程序框图

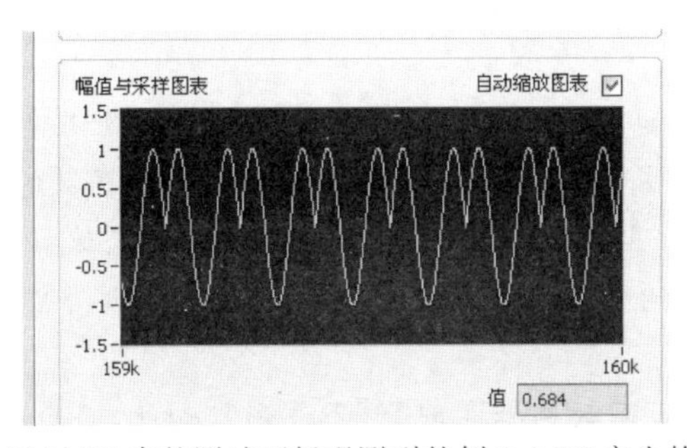

(b) 前面板

图 8.63　例 8.7 的 VI(允许重生成)

图 8.64　用 MAX 中的测试面板观测到的例 8.7 VI 产生的信号波形

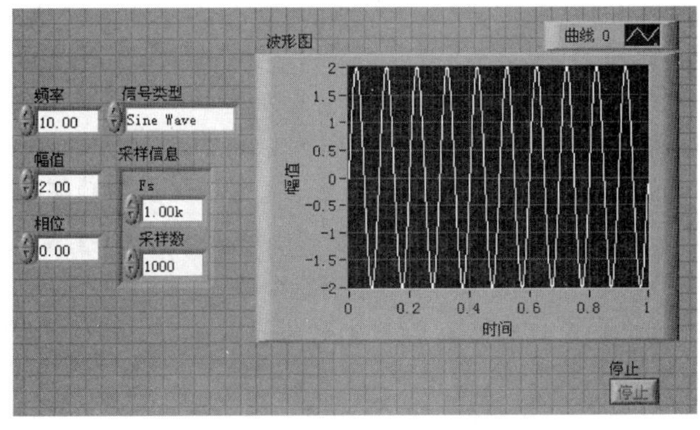

图 8.65　例 8.8 VI 的前面板

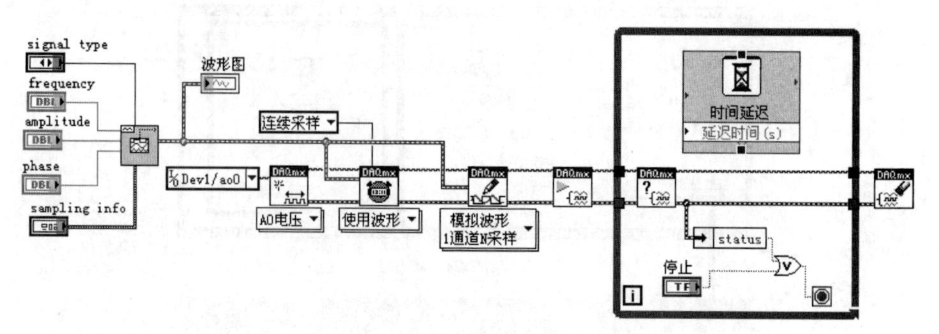

图 8.66　例 8.8 VI 的程序框图

2）程序框图设计

（1）经 LabVIEW 的“函数”选板→“测量 I/O”→“DAQmx-数据采集”子选板途径，找到并选择所需的 DAQmx 函数，将它们按顺序，从左到右放置在程序框图面板上，如图 8.66 所示。

（2）从左到右，将相邻两 DAQmx 函数之间的任务输出与任务输入端子用线连接起来；同时，将错误簇输出与错误簇输入端子也用线连接起来。

（3）为“DAQmx 创建通道”函数选择实例“AO 电压”，为“DAQmx 定时”函数选择实例“使用波形”，为“DAQmx 写入”函数选择实例“模拟波形 1 通道 N 采样”。

（4）调用“基本函数发生器”，并将它的波形输出端连至波形图控件和“DAQmx 写入”函数的“数据”输入端口上。

（5）创建输入控件。如图 8.66 所示，为“AO 电压”函数创建 physical chanel 常量；为“基本函数发生器”函数生成 frequency、amplitude、phase 等参数的输入控件。

（6）对控件进行设置，具体如图 8.66 所示。“物理通道”选择一个通道“Dev1/ao0”；对于“基本函数发生器”，“信号类型”选择 Sine Wave；“幅值”设为 2V；“频率”设为 10Hz；“采样信息”采用默认值。

（7）为“DAQmx 定时”函数选择实例“使用波形”，如此，将会根据“波形”参数输入的波形数据，设置发生数据的时间间隔；“采样模式”选择为连续采样。

对此 VI 说明如下：①在循环中调用“DAQmx Is Task Done”函数，查询任务状态，利用该 VI 输出的错误簇来检查数据的发生操作是否出错；②如果出错或者按下“停止”按钮，都将退出循环、结束程序；③在循环外调用“DAQmx 清除”函数，以结束和清除任务。

例 8.7 和例 8.8 中 VI 编写上存在的局限性是，当 VI 开始运行后，所发生的这段波形的信息就确定了，例如波形的幅值、频率等参数在 VI 运行过程中均不能再改变。

【例 8.9】 利用“DAQ 助手”Express VI 实现连续模出（允许重生成），要求信号的幅值可调节。

为在采集任务开始后能更新所产生信号波形的特征参数，例 8.9 在例 8.7 的基础上，将函数发生器也放置在 While 循环内，如图 8.67 所示。

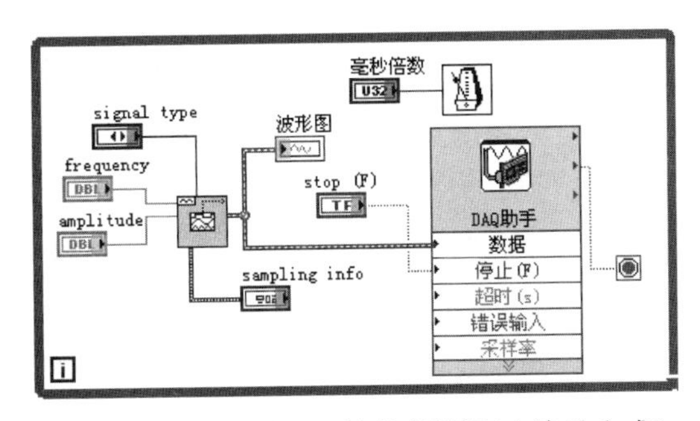

图 8.67 例 8.9 的 VI 的程序框图(允许重生成)

这里提出另一个值得注意的问题,即采用允许重生成模出模式,可能会出现所谓短时脉冲波形干扰现象。例如,当将需要产生的信号波形由正弦波转变成锯齿波时,MAX 接收到的信号不能及时地从正弦波变为锯齿波,而会出现一个过渡,如图 8.68 所示。无短时脉冲波形干扰的情况,如图 8.69 所示,即输出波形从收到转换命令开始起,就从原有波形立即转换成了新信号的波形。

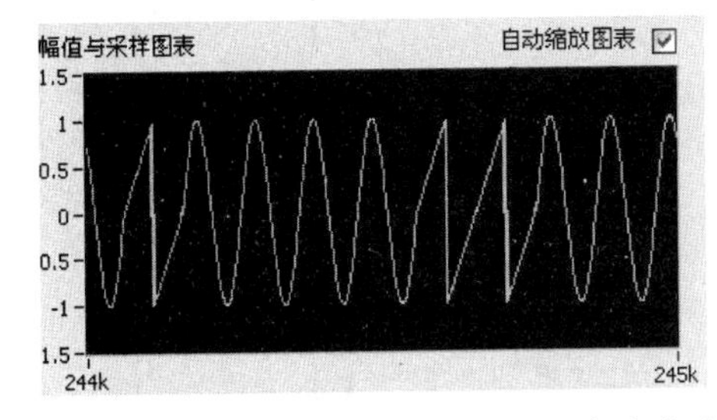

图 8.68 存在短时脉冲波形干扰的生成波形示意

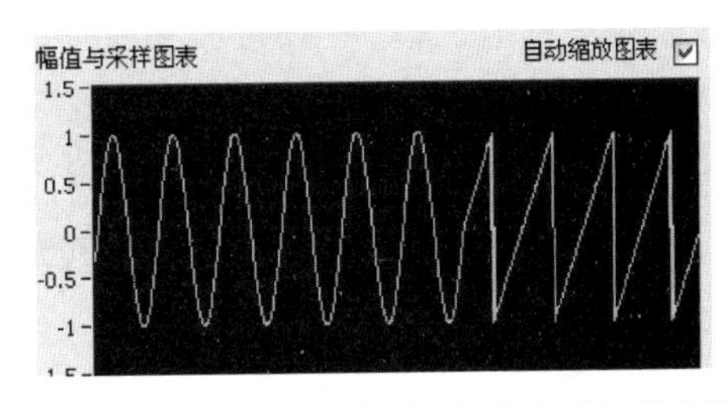

图 8.69 无短时脉冲波形干扰的生成波形示意

2) 不允许重生成

【例 8.10】 利用"DAQ 助手"Express VI 实现连续模出(不允许重生成)。

本例与例 8.9 类似,所不同的是,在"DAQ 助手"Express VI 中,要将信号连续模出的模式设置为不允许重生成,如图 8.70 所示。这里,用函数发生器产生一个半周期的正弦波形,波形时间长度为 150ms,且在 While 循环内同时设有一个定时函数。运行该 VI 会发现,若其定时时间不超过 150ms,它会正常运行,即一个半周期的正弦波形会周期性地、源源不断地产生并发送出去。但当定时时间超过 150ms,例如 151ms 时,该 VI 运行一段时间后就会弹出错误列表并终止,错误如图 8.71 所示。这是因为,当程序执行的两个循环之间的时间间隔过长时,也就是读缓冲的速度快于写缓冲,计算机内存的缓冲区里已没有数据可输出,但 VI 还未能将新数据送入计算机内存的缓冲区。如此,在不允许重生成的模拟输出模式下,在 VI 编程上要注意两次循环之间的间隔时间,也就是要保证计算机内存的缓冲区内,时时刻刻都有数据可向外发送。

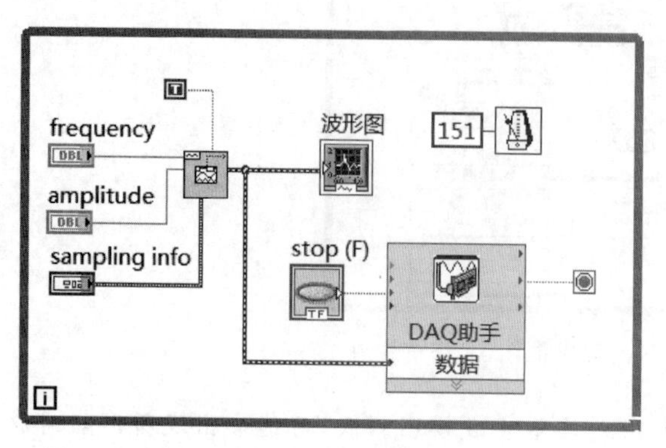

图 8.70　例 8.10 VI 的程序框图(不允许重生成)

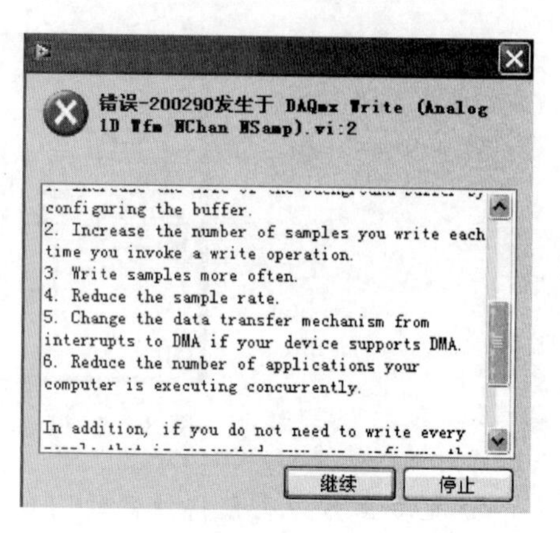

图 8.71　例 8.10 发生的错误

【例 8.11】 要求以选用相应 DAQmx 函数的方式编写 VI，以连续模出正弦波信号，且其频率、幅值等参数均可调节。

首先，在例 8.9 基础上，通过编程，使仿真信号的采样率与其频率相关联，如采样率设置为信号频率的 100 倍，即对信号的每个周期生成 100 个数据，如图 8.72 所示。同时，在"DAQ 助手"Express VI 弹出的参数选择菜单中，选中"波形定时"选项，使得数据采集卡的采样率与正弦函数发生器的采样率保持一致。

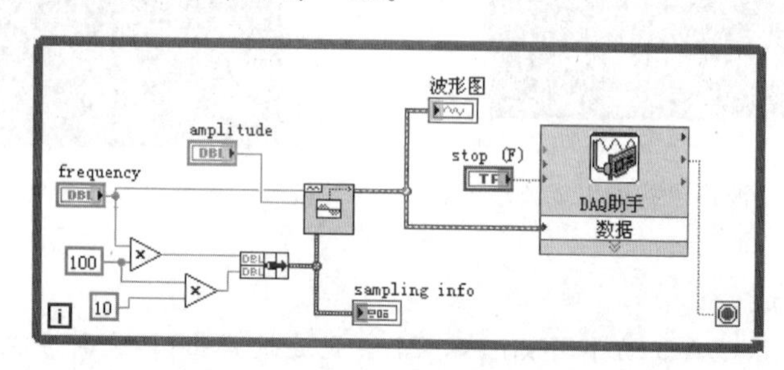

图 8.72　例 8.11 VI 的程序框图

在该任务开始执行后，在前面板上改变频率输入参数，例如，从 10Hz 变成 20Hz 时，前面板上波形图显示出仿真生成的正弦波信号的频率就变成了 20Hz，但是，MAX 接收到的信号频率并未跟着改变，仍然是 10Hz。而只有当该程序被终止并重新运行后，MAX 接收到的正弦波信号的频率才会变为 20Hz。这说明，在利用"DAQ 助手"Express VI 完成一个模出任务时，一旦任务已经建立，数据采集卡的采样率就确定不变了，只有重新启动程序，才能使其按新的设置运行。

而如果改为利用 DAQmx 函数，就可以解决上述问题，以 DAQmx 函数编写的例 8.11 VI 的程序框图，见图 8.73。这个编程方案的技术特点是，当数据采集任务建立后，在程序运行过程中，数据采集卡的采样率是可以按需求被调整的。注意，必须将"DAQmx 定时"的属性节点放置在 While 循环内，以设置、更新每次循环时数据采集卡的采样率。

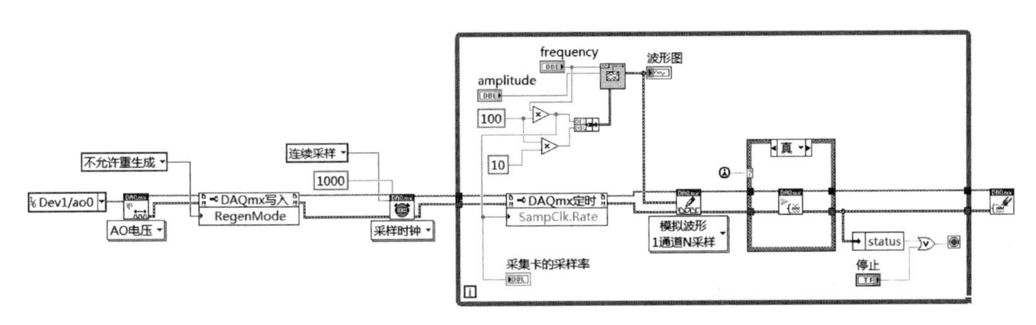

图 8.73　用 DAQmx 函数实现的例 8.11 VI 的程序框图

基于 LabVIEW 编程实现数据采集，可利用“DAQ 助手”Express VI，也可借助 DAQmx 函数来完成。“DAQ 助手”Express VI 是一种快速 VI，利用它，可使编程更为简便、快速。但由于它所集成的多个函数之间参数的约束关系已被固化而不可改变，所以，要想编写出参数方便可调、性能更为全面的数据采集程序，就不宜使用“DAQ 助手”Express VI，而应改为直接选用所需的 DAQmx 函数进行编程。例如，要制作一个性能更全面的虚拟信号发生器，其采样率应该可随着所发生信号频率的随机改变能及时做相应变化。而这样的功能，直接借助“DAQ 助手”Express VI 已无法实现，就需要利用 DAQmx 函数。

常见问题 36：当在软件上调用“DAQmx 清除”函数，将创建的数据采集任务停止并清除后，数据采集卡模出端的电压是否为 0?

当采样模式为“单点模出”时，虽然在程序编写上已经调用“DAQmx 清除”函数，停止并清除了数据采集任务，但实际数据采集卡(如 MyDAQ)的模出端仍然会有一个电平输出，该电平值就等于之前单点模出的电压值。

当采样模式为“*N* 采样”或“连续模出”时，同样地，虽然在程序编写上已经调用“DAQmx 清除”函数，停止并清除了数据采集任务，但实际数据采集卡(如 MyDAQ)的模出端仍然还有一个电平输出，此电平值就等于采集任务结束时输出波形的最后一个采样点的值。

所以，无论哪种采样模式，虽然在软件上停止并清除了数据采集任务，但是硬件仍在工作，即在数据采集卡的相应模出端上，仍然会输出一个直流电压。而且，这个电压一直在输出，除非数据采集卡断电(即断开数据采集卡与计算机之间的连线，或计算机关机)，或新的数据采集任务开始。

为安全起见，在实际应用时，需要注意这个问题，即虽然在软件上清除了任务，但实际上，硬件还在工作，还会模出一个直流电压。

如果想让模出端的电压为 0，在软件上，可以通过将如图 8.55 所示程序框图中的数值输入(data)改为 0，即模出一个值为 0 的电压即可。

8.6 数字输入/输出

数字信号只有两个离散电平，即高电平(开)和低电平(关)。数字信号有时也被称为二进制信号。用来表示“1”和“0”的电压，被称为逻辑电平。理想情况下，“1”电平表示高电平；“0”电平表示低电平。而在实际的数字电路中，高电平或低电平并不是一个单一的值，而是存在一定范围的。

图 8.74 给出了数字电路中高电平和低电平通常的变化范围。其中，$V_{H(max)}$ 表示高电平的最大电压值，$V_{H(min)}$ 表示高电平的最小电压值；$V_{L(max)}$ 表示低电平的最大电压值，$V_{L(min)}$ 表示低电平的最小电压值。高电平的范围与低电平的范围之间，不能有重叠。在正常工作中，$V_{H(min)}$ 与 $V_{L(max)}$ 之间的电压值禁止出现。

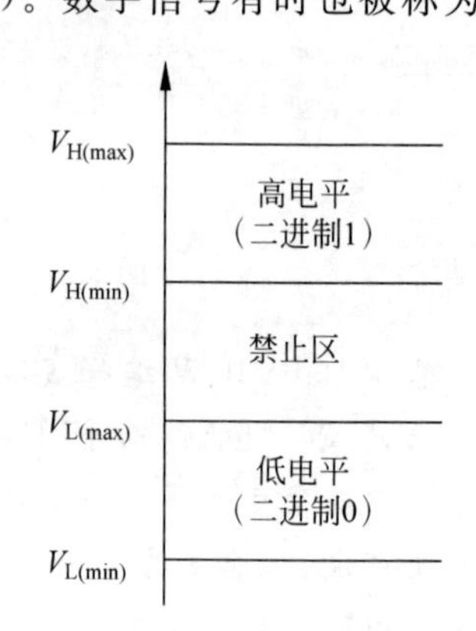

图 8.74 数字电路中高电平和低电平的变化范围示意

常用的逻辑电平有 TTL、CMOS、RS-232、RS-485 等。需要注意的是：NI 公司的 DAQ 设备使用的是 TTL 电平。

常见问题 37：什么是 TTL?

TTL 的英文全称是 Transistor-Transistor Logic，译为晶体管-晶体管逻辑。TTL 电平具有以下特性：

0～0.8V 为逻辑低；

2～5V 为逻辑高；

最大上升/下降时间为 50ns。

8.6.1 数字输入

数字输入的一个常见应用，是检测开关的状态，即判断电路中某个开关是断开的还是接通的。下面将以例 8.12 来讲解如何实现这个功能。

【例 8.12】 利用数字输入检测开关的状态。

例 8.12 的 VI 的程序框图和前面板，如图 8.75 和图 8.76 所示，其具体的实现步骤如下：

(1) 在程序框图面板上，经 LabVIEW 的“函数”选板→“测量 I/O”→“DAQmx-数据采集”子选板途径，找到“DAQmx 创建虚拟通道”“DAQmx 读取”“DAQmx 停止”和“DAQmx 清除”等 DAQmx 函数，将它们按顺序，从左到右放置在程序框图面板上，如图 8.75 所示。

(2) 将相邻两 DAQmx 函数之间的任务输出端子与任务输入端子从左到右用线连接起

来；同时，将它们的错误簇输出端子与错误簇输入端子也用线连接起来。

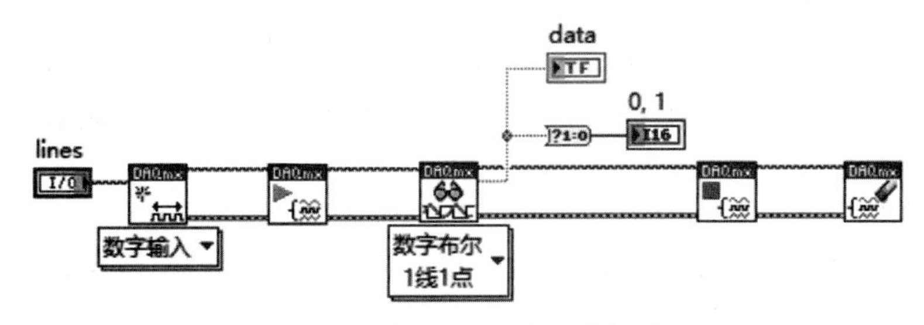

图 8.75　例 8.12 VI 的程序框图

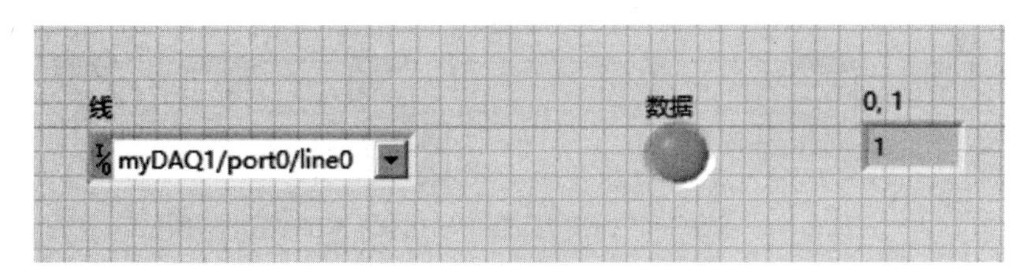

图 8.76　例 8.12 VI 的前面板

(3) 为“DAQmx 创建虚拟通道”函数选择实例“数字输入”，而对“DAQmx 读取”函数选择实例“数字布尔 1 线 1 点”。

(4) 进行参数设置。将鼠标移至“DAQmx 创建虚拟通道”函数左上方的“线”输入端，当鼠标变成连线轴时，右击，选择“创建”→“输入控件”，LabVIEW 会自动生成一个名称为“线”的输入控件，并已自动实现了连线，如图 8.75 所示。以相同的操作，为“DAQmx 读取”函数生成 data 显示控件。

(5) 在前面板上，对输入控件“线”的参数进行设置，选择数据采集卡的 DIO0，单击输入控件“线”的下拉箭头，在弹出的对话框中进行选择（确保此时已经用 USB 线将数据采集卡 MyDAQ 与计算机相连，如此，在弹出的对话框中才会出现相应的选择）。对于数据采集卡 MyDAQ 而言，其参数设置如图 8.76 所示。

在硬件连接方面，将一个按键和一个 200Ω 的电阻器串联在 5V 与 DGND 之间，将 DIO0 接至按键与 200Ω 电阻器相连的那一端。

一直按下按键，然后运行例 8.12 的 VI，此时，前面板如图 8.76 所示。data 显示控件是一个布尔指示灯，此时前面板上的灯亮，说明是高电平；如果释放按键，再运行例 8.12 的 VI，此时前面板上的灯灭，说明是低电平。这样，就利用数据采集卡的数字输入，完成了对按键状态的检测。

如果想在 VI 运行时一直监测按键的状态，那该如何实现呢？对此，可以在例 8.12 VI 的基础上，加上 While 循环，即采用软件定时的方法来实现。

8.6.2 数字输出

数字输出，由于可以输出高电平或低电平，所以经常被用来输出控制信号，例如，控制LED灯的亮暗等。下面将以例8.13来介绍这一功能的实现。例8.14则给出了一个综合利用数字输入和数字输出的示例。

【例8.13】 点亮一盏LED灯。

例8.13的VI的程序框图和前面板，如图8.77和图8.78所示，其具体的实现步骤如下：

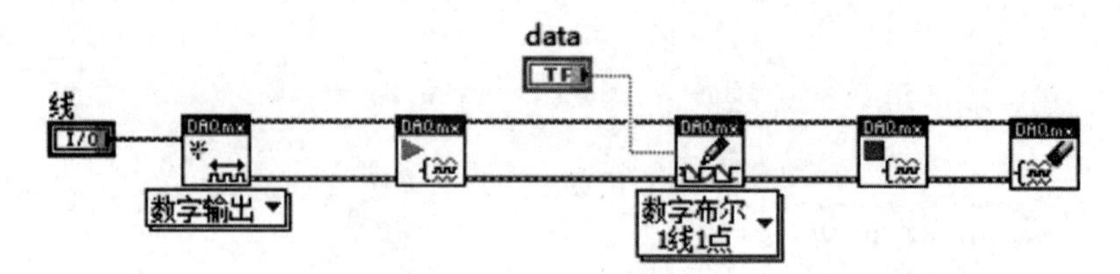

图8.77 点亮一个LED灯(数字输出)的VI的程序框图

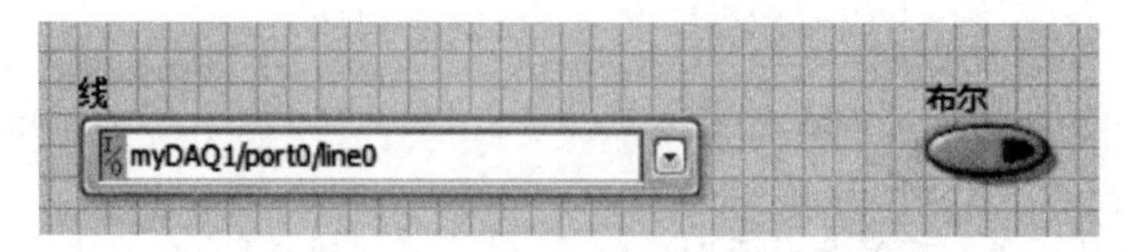

图8.78 点亮一个LED灯(单点数字输出)的VI的前面板

(1) 在程序框图面板上，经LabVIEW的“函数”选板→“测量I/O”→“DAQmx-数据采集”子选板途径，找到“DAQmx创建虚拟通道”“DAQmx写入”“DAQmx停止”和“DAQmx清除”等DAQmx函数，将它们按照顺序，从左到右放置在程序框图面板上，如图8.77所示。

(2) 将相邻两DAQmx函数之间的任务输出端子与任务输入端子从左到右用线连接起来；同时，将它们的错误簇输出端子与错误簇输入端子也用线连接起来。

(3) 为“DAQmx创建虚拟通道”函数选择实例“数字输出”，而对“DAQmx写入”函数选择实例“数字布尔1线1点”。

(4) 进行参数设置。将鼠标移至“DAQmx创建虚拟通道”函数左上方的“线”输入端，当鼠标变成连线轴时，右击，选择“创建”→“输入控件”，LabVIEW会自动生成一个名称为“线”的输入控件，并已自动实现了连线，如图8.77所示。以相同的操作，为“DAQmx写入”函数生成data输入控件。

(5) 在前面板上，对输入控件“线”的参数进行设置，选择数据采集卡的DIO0，单击输入控件“线”的下拉箭头，在弹出的对话框进行选择(确保此时已经用USB线将数据采集卡MyDAQ与计算机相连，如此，在弹出的对话框中才会出现相应的选择)。对于数据采集卡MyDAQ而言，其参数设置如图8.78所示。

在硬件连接方面，将一盏LED灯连接在DO0与DGND之间。

前面板如图8.78所示，data输入控件是一个布尔指示灯。当前面板上的布尔指示灯点亮时，运行例8.13的VI，数字DO0输出一个高电平，则LED灯被点亮；当布尔指示灯变暗时，运行例8.13的VI，数字DO0输出一个低电平，则LED灯熄灭。

需要注意的是，运行例8.13的VI，当前面板的布尔指示灯亮时，数字DO0输出一个高电平。虽然例8.13 VI的程序框图中已经调用"DAQmx停止""DAQmx清除"函数，将该数据采集任务清除掉了，但是只要数据采集卡不断电，数字DO0仍然会一直输出一个高电平。

同样，在例8.13的VI基础上，可以添加While循环结构，即采用软件定时的方法，保持VI一直在运行，然后在前面板上改变布尔指示灯的亮、灭，如此，连接在DI0与DGND之间的LED灯的亮、灭也会跟着变化。

【例8.14】 利用按键控制LED灯的亮、灭(数字输入、数字输出和软件定时)。

将1盏LED灯连接在DO0与DGND之间。将一个按键连至DI7与DGND之间。

例8.14的VI的程序框图和前面板，如图8.79和图8.80所示，它是在例8.12的VI和例8.13的VI基础上经组合及修调完成的，既有数字输入，也有数字输出。在此VI中，是将"DAQmx读取"函数的"数据"输出端连至"DAQmx写入"函数的"数据"输入端，从而实现按键对LED灯的控制。

运行例8.14的VI，按下按键，LED灯被点亮；松开按键，LED熄灭。

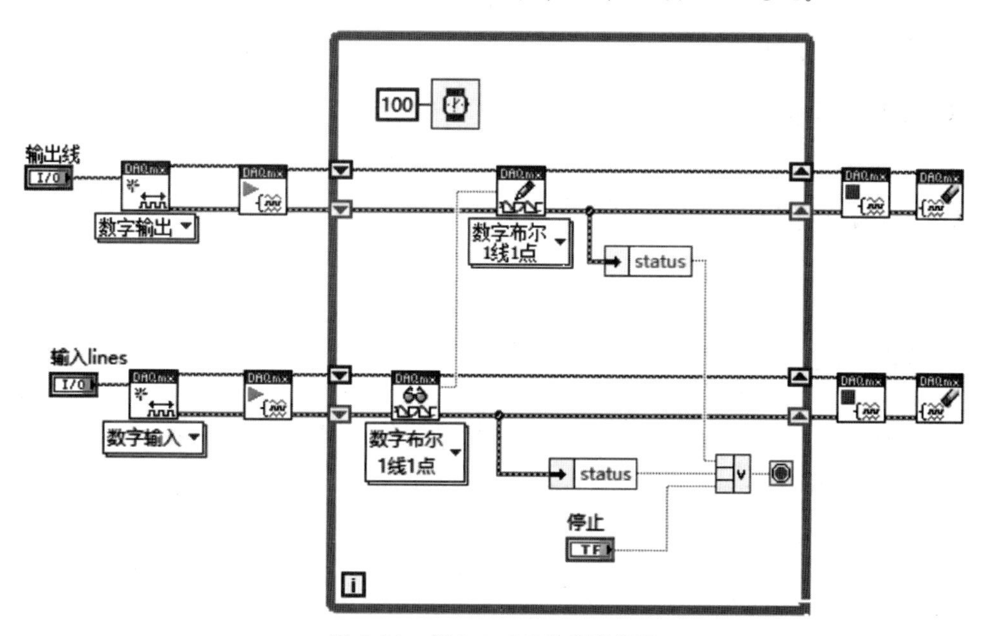

图8.79　例8.14 VI的程序框图

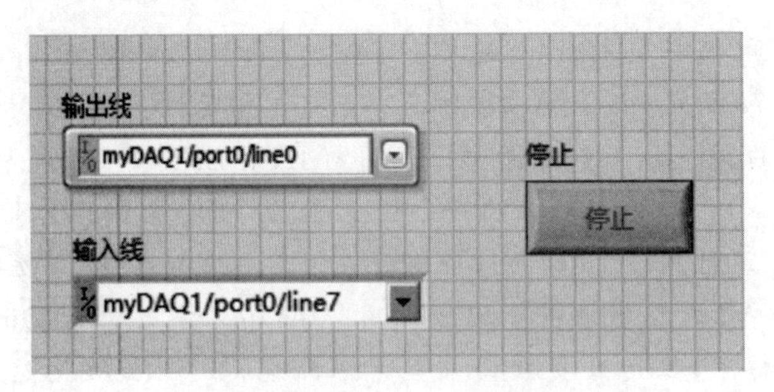

图 8.80　例 8.14 VI 的前面板

8.7　计数器

通常的数据采集卡，除具有模拟/数字输入，以及模拟/数字输出功能外，还提供有计数器的功能。首先，从数据采集卡的说明书中找到有关接口编号的说明，例如，对于数据采集卡 MyDAQ 而言，其数字 I/O 接口的情况如图 8.34 所示。从该图中可以看出，计数器 CTR0 OUT 对应的是 DIO3，也是 PFI3。弄清楚硬件上的接口编号后，就可以学习如何利用 LabVIEW 编写程序，来实现计数器的输入和输出了。

利用计数器的输入，可以测量输入信号的频率和周期等；而利用计数器的输出，则可产生脉冲。需要注意的是，计数器输入/输出处理的都是数字信号。对于 NI 的数据采集卡而言，数字信号就是 TTL 电平信号。

8.7.1　计数器输入

下面将通过例 8.15，阐述如何利用计数器输入来测量被测信号的频率。

【例 8.15】 利用计数器输入测量输入信号的频率。

例 8.15 的 VI 的程序框图和前面板，如图 8.81 和图 8.82 所示，其具体的实现步骤如下：

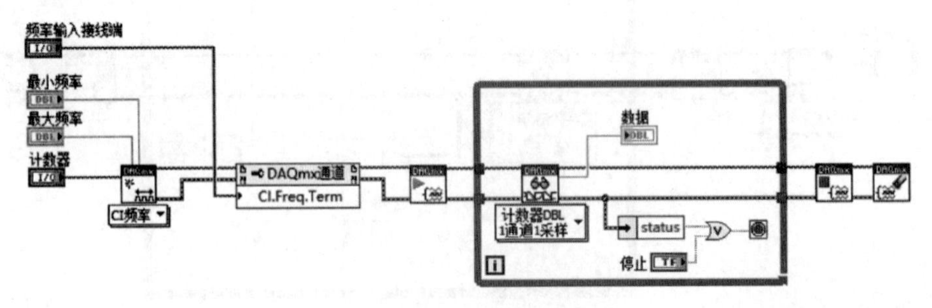

图 8.81　例 8.15 VI 的程序框图

(1) 在程序框图面板上，经 LabVIEW 的"函数"选板→"测量 I/O"→"DAQmx-数据采集"子选板途径，找到"DAQmx 创建虚拟通道""DAQmx 开始""DAQmx 读取""DAQmx 停止”和“DAQmx 清除”等 DAQmx 函数，并找到“DAQmx 通道”属性节点，将它们按顺序从左到右放置在程序框图面板上，如图 8.81 所示。

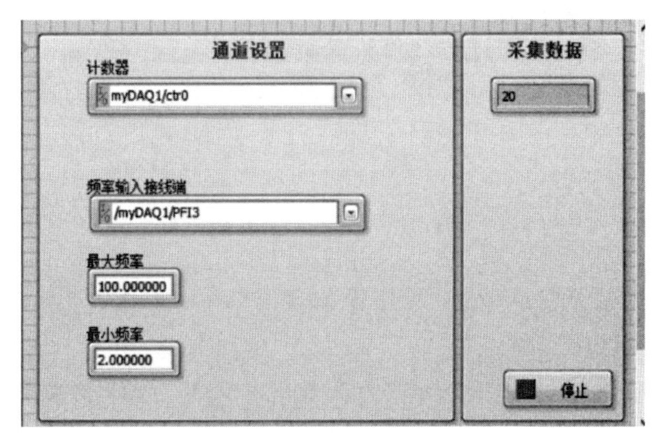

图 8.82　例 8.15 VI 的前面板

(2) 将相邻两 DAQmx 函数之间的任务输出端子与任务输入端子从左到右用线连接起来；同时，将它们的错误簇输出端子与错误簇输入端子也用线连接起来。

(3) 为“DAQmx 创建虚拟通道”函数选择实例“CI 频率”，具体如图 8.83 所示；对“DAQmx 通道”属性节点的参数进行设置，选择“CI. Freq. Term”；为“DAQmx 读取”函数选择实例“计数器 DBL1 通道 1 采样”，具体如图 8.84 所示。

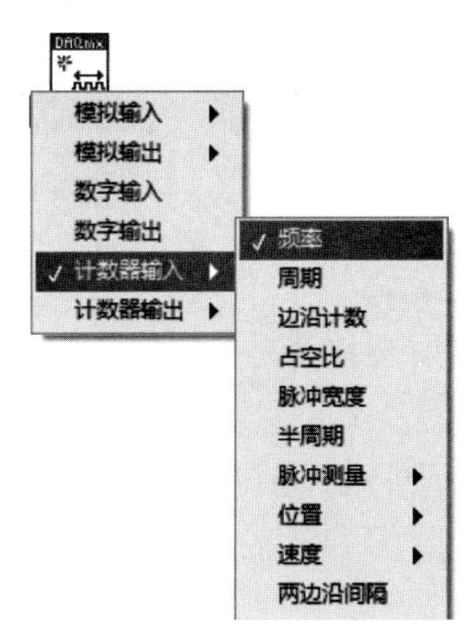

图 8.83　“DAQmx 通道”函数的实例选择

(4) 创建一个 While 循环，将“DAQmx 读取”函数放在循环内。如图 8.81 所示，为 While 循环的条件接线端设置参数，即当“前面板上的停止按钮被用户按下”或“VI 出现错误”时，While 循环退出。

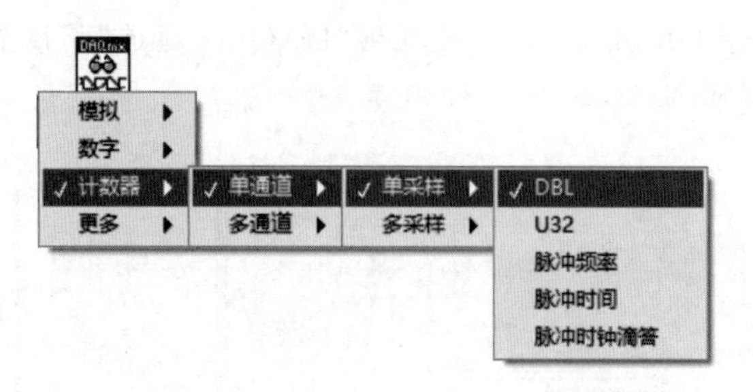

图 8.84 “DAQmx读取”函数的实例选择

(5) 进行参数设置。为“DAQmx 创建虚拟通道”函数生成“计数器”“最大频率”“最小频率”输入控件；为“DAQmx 通道”属性节点生成“输出接线端”输入控件。

(6) 在前面板上对输入控件“计数器”的参数进行设置，选择数据采集卡的 CTR 0，输出接线端选择的是 PFI3。

在硬件连接方面，可以将 DIO3 和 DGND 连至数据采集卡的模出端。对于 NI 公司生产的数据采集卡 MyDAQ 而言，可以将 DIO3 和 DGND 连至 AO0 和 AGND 上。运行连续模出 VI，输出一个方波信号，幅值为 4V，频率为 20Hz，然后再运行例 8.15 的 VI，观察是否正确测量出了方波脉冲信号的频率。具体运行结果，如图 8.85 所示。

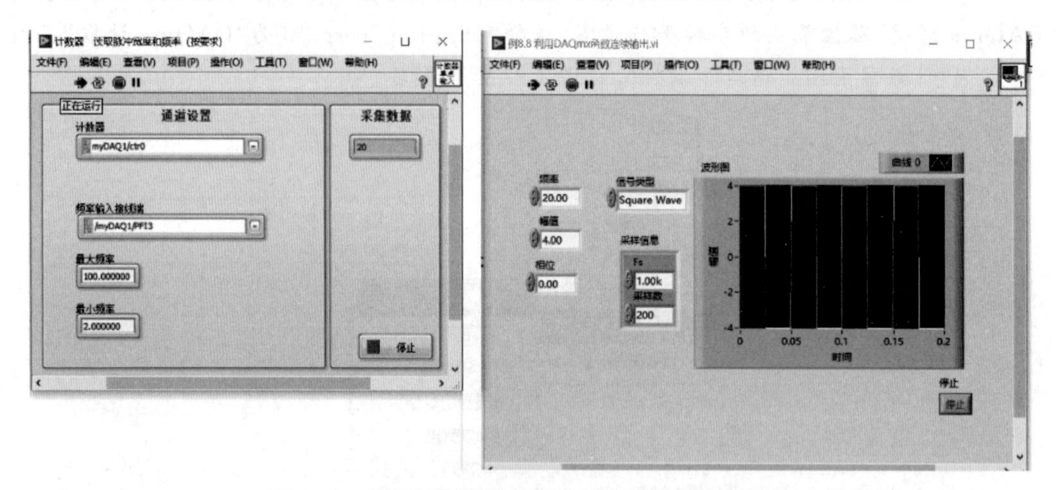

图 8.85 利用计数器输入测量方波脉冲信号的频率

8.7.2 计数器输出

下面将通过例 8.16 和例 8.17，学习如何利用计数器输出脉冲。

【例 8.16】 利用计数器输出单脉冲。

例 8.16 的 VI 的程序框图和前面板，如图 8.86 和图 8.87 所示；其具体的实现步骤如下：

(1) 在程序框图面板上，经 LabVIEW 的“函数”选板→“测量 I/O”→“DAQmx-数据采集”子选板途径，找到“DAQmx 创建虚拟通道”“DAQmx 开始”“DAQmx 任务完成”“DAQmx 停止”和“DAQmx 清除”等 DAQmx 函数，找到“DAQmx 通道”属性节点，并将它们按顺序从左到右放置在程序框图面板上，如图 8.86 所示。

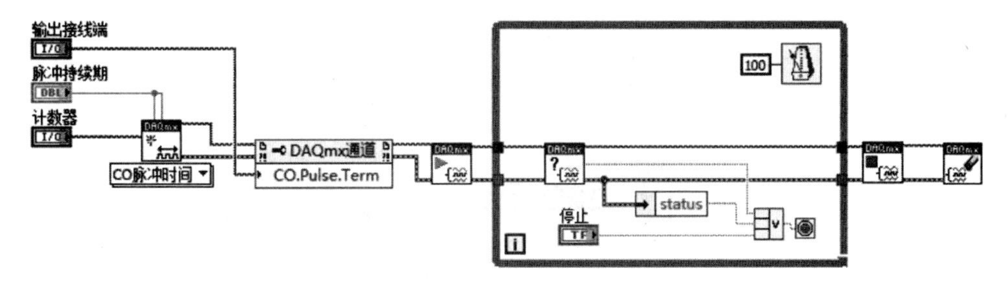

图 8.86 例 8.16 的 VI 的程序框图

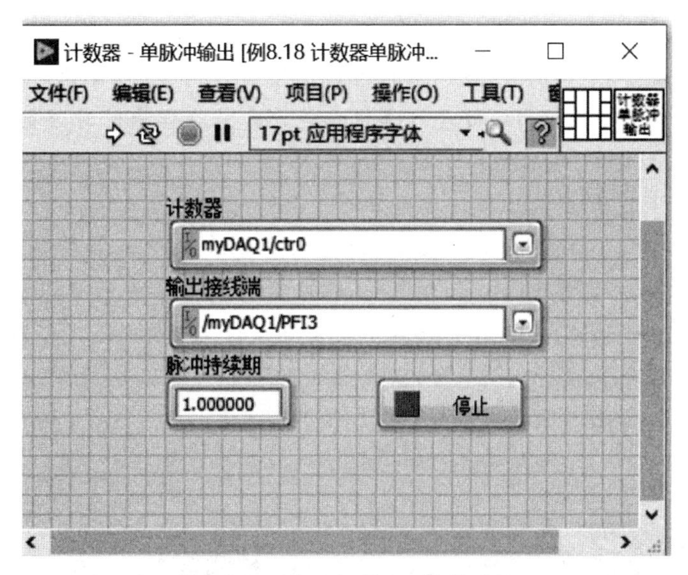

图 8.87 例 8.16 的 VI 的前面板

(2) 将相邻两函数之间的任务输出端子与任务输入端子从左到右用线连接起来；同时，将它们的错误簇输出端子与错误簇输入端子也用线连接起来。

(3) 为“DAQmx 创建虚拟通道”函数选择实例“CO 脉冲时间”；对“DAQmx 通道”属性节点的参数进行设置，选择“CO. Pulse. Term”，具体如图 8.88 所示。

(4) 创建一个 While 循环，将“DAQmx 任务完成”函数放在循环内。如图 8.86 所示，为 While 循环的条件接线端设置参数，即当“采集任务完成”，或“前面板上的停止按钮被用户按下”，或“VI 出现错误”时，While 循环退出。为 While 循环设置定时时间 100ms。

(5) 进行参数设置。为“DAQmx 创建虚拟通道”函数生成“计数器”输入控件；在前面板上创建一个数值输入控件“脉冲持续期”，将其连至“DAQmx 创建虚拟通道”函数的“高时间”“低时间”的输入端；为“DAQmx通道”属性节点生成“输出接线端”输入控件。

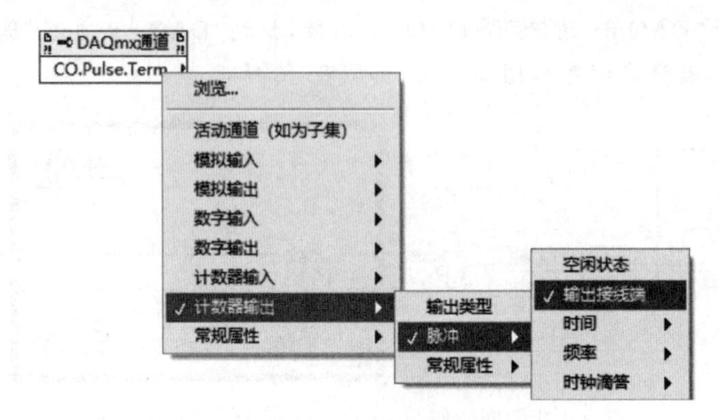

图8.88 “DAQmx通道”属性节点的设置

(6) 在前面板上，对输入控件“计数器”的参数进行设置。选择数据采集卡的CTR 0，单击输入控件“计数器”的下拉箭头，在弹出的对话框中进行选择(确保此时已经用USB线将NI公司生产的数据采集卡MyDAQ与计算机相连，如此，在弹出的对话框中才会出现相应的选择)。对数据采集卡MyDAQ而言，其参数设置如图8.87所示。对MyDAQ而言，CTR 0对应的是PFI3，所以输出接线端选择的是PFI3。

在硬件连接方面，可以将DIO3和DGND连至一台示波器上，运行例8.16的VI，观察是否生成了一个脉冲。也可将DIO3和DGND连至数据采集卡的模入端，对MyDAQ而言，可以连至它的AI0＋和AI0－上；先运行连续模入的VI，再运行例8.16的VI。连续模入VI的前面板如图8.89所示，可以看到，的确采集到了一个脉冲，而且此脉冲正是由计数器输出的，它是一个TTL电平，其高电平约为3.15V。

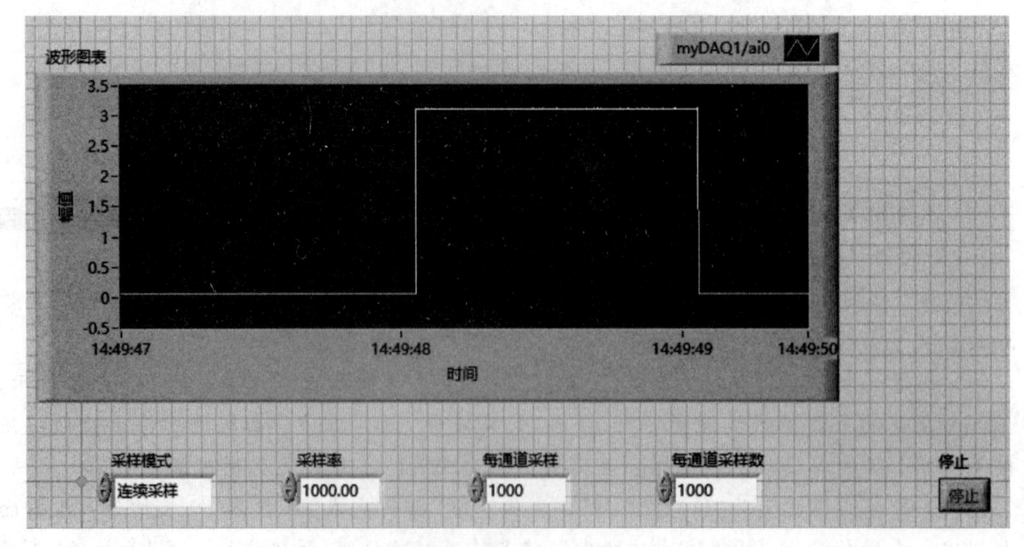

图8.89 利用连续模入观察计数器输出产生的单脉冲

【例 8.17】 利用计数器输出有限个脉冲。

例 8.17 的 VI 的程序框图和前面板,如图 8.90 和图 8.91 所示,其具体实现步骤如下:

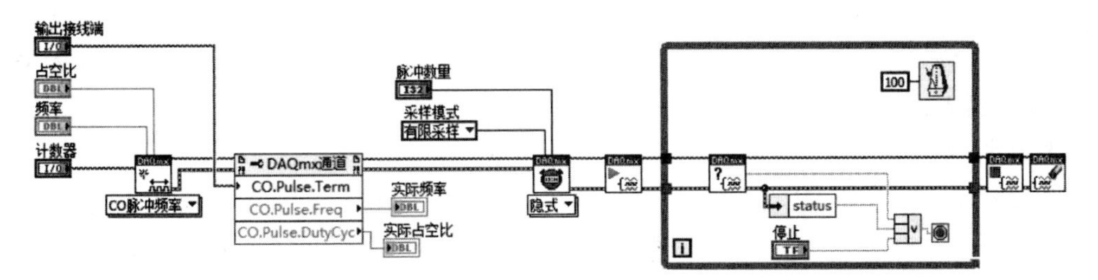

图 8.90 例 8.17 VI 的程序框图

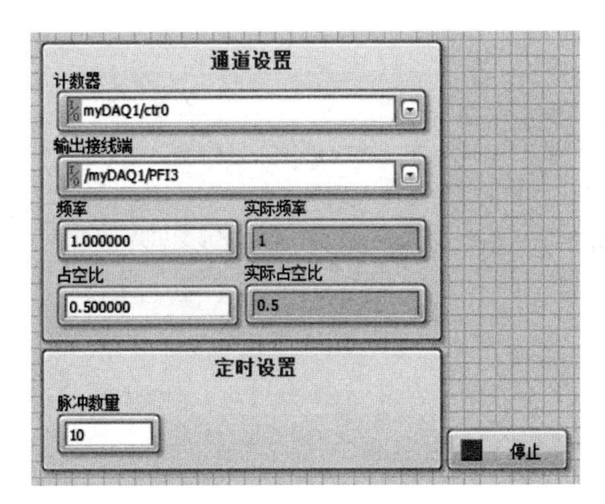

图 8.91 例 8.17 VI 的前面板

(1) 在程序框图面板上,经 LabVIEW 的"函数"选板→"测量 I/O"→"DAQmx-数据采集"子选板途径,找到"DAQmx 创建虚拟通道""DAQmx 定时""DAQmx 开始""DAQmx 任务完成""DAQmx 停止"和"DAQmx 清除"等 DAQmx 函数,并找到"DAQmx 通道"属性节点,将它们按顺序从左到右放置在程序框图面板上,如图 8.90 所示。

(2) 将相邻两 DAQmx 函数之间的任务输出端子与任务输入端子从左到右用线连接起来;同时,将它们的错误簇输出端子与错误簇输入端子也用线连接起来。

(3) 为"DAQmx 创建虚拟通道"函数选择实例"CO 脉冲频率";对"DAQmx 通道"属性节点的参数进行设置,选择"CO. Pulse. Term",具体如图 8.88 所示;为"DAQmx 定时"函数选择实例"隐式(计数器)"。

(4) 创建一个 While 循环,将"DAQmx 任务完成"函数放在循环内,如图 8.90 所示。为 While 循环的条件接线端设置参数,即当"采集任务完成",或"前面板上的停止按钮被用户按下",或"VI 出现错误"时,While 循环退出。为 While 循环设置定时时间 100ms。

(5) 进行参数设置。为"DAQmx 创建虚拟通道"函数生成"计数器""频率""占空比"输入控件；为“DAQmx 通道”属性节点生成“输出接线端”输入控件；为“DAQmx 定时”函数生成“脉冲数量”输入控件和“采样模式”常量。

(6) 在前面板上，对输入控件“计数器”的参数进行设置，选择数据采集卡的 CTR 0，输出接线端选择的是 PFI3，频率设为 1Hz，占空比为 0.5，脉冲数量设为 10。在程序框图面板上，将采样模式设为“有限采样”。

本例中，硬件连线与例 8.16 的相同。

先运行连续模入的 VI，再运行例 8.17 的 VI，其中，连续模入 VI 的前面板如图 8.92 所示，可以看到，的确采集到了 10 个脉冲。改变脉冲的频率、占空比和数量，观察连续模入 VI 所采集到的脉冲信号波形。

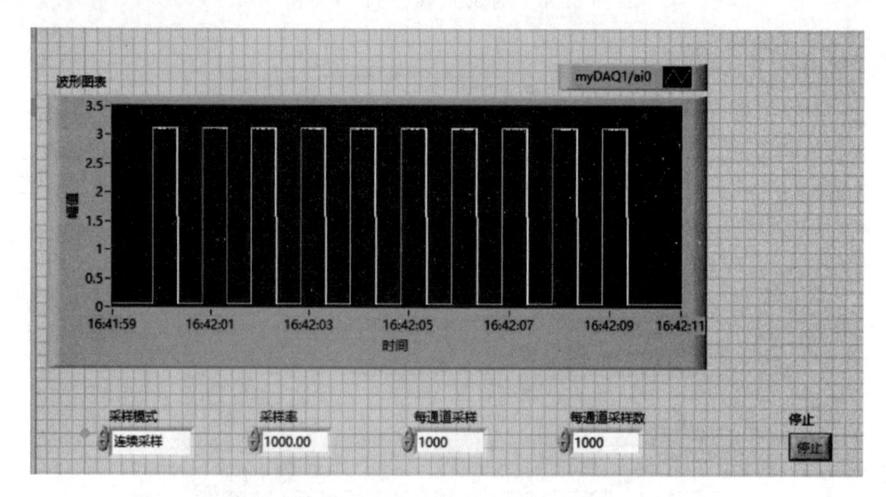

图 8.92 利用连续模入观察计数器产生输出的有限个方波脉冲

8.8 本章小结

在 LabVIEW 中建立数据采集任务，有两种途径，即利用 DAQmx 函数编写 VI，或利用 DAQ 助手快速搭建 VI。MAX 是 NI 公司提供的一个用于配置数据采集卡的专用工具软件，DAQ 助手可以从 MAX 中被调用，也可从 LabVIEW 中调用；而对于各种具体的 DAQmx 函数，则只能从 LabVIEW 中调用。可以在 MAX 或在 LabVIEW 中调用 DAQ 助手，创建全局虚拟通道并保存在 MAX 中；而利用 DAQmx 函数，只能创建局部虚拟通道。

利用 DAQmx 函数建立实现数据采集任务的 VI，相对复杂，但所能实现的功能更丰富，更灵活。“DAQ 助手”Express VI 是一种快速 VI，可利用 DAQ 助手的快捷操作，生成 DAQmx 函数代码。

对初学者而言，如果想快速实现一个数据采集任务的编程，可利用 DAQ 助手；而如果想要控制一些底层参数，就必须学会使用 DAQmx 函数去编写数据采集 VI；而若想检测数据采集卡，或在调试数据采集程序过程中需要使用简单的虚拟示波器和虚拟信号发生器，那就可以利用 MAX 软件。

在利用 LabVIEW 构建数据采集 VI 时，对信号的连续模拟输出而言，不允许重生成的输出模式是严格按照程序的编写步骤执行的，但若旧数据发送完还等不到新数据到来，那就会出错，为此，要注意前后两段数据的时间配合。而允许重生成的输出模式，则可避免上述现象的发生，但可能会发生短时脉冲波形干扰现象。两种输出模式，各有优缺点，使用时，要扬长避短。

本章习题

8.1 如果要采集一个频率为 1kHz 的方波信号，采样率应该怎样设置?

8.2 采集一个直流电压信号，并显示其量值大小。

提示：VI 的功能与例 8.1 一样；要求使用 DAQmx 函数完成编程。

8.3 采集一段随时间变化的波形。

提示：VI 的功能与例 8.2 一样；尝试使用“DAQ 助手”Express VI 完成编程。

8.4 连续采集一段正弦波信号，改变采样率和样本数，观察所采集到信号波形的变化。

8.5 生成一个直流电压信号。

提示：VI 的功能与例 8.5 一样；要求使用“DAQ 助手”Express VI 完成编程。

8.6 生成一段三角波信号，要求其频率为 100Hz，幅值为 1V，时间长度为 0.1s。

提示：注意采样率和样本数的设置。要求分别采用“DAQ 助手”Express VI 和 DAQmx 函数这两种不同方式去实现 VI 的编程。

8.7 连续生成正弦波信号，要求其幅值、频率和相位等参数均可调节，且还可以叠加噪声。

提示：参考例 8.9～例 8.11 完成编程。

参考文献

[1] Johnson G W, Jennings R. LabVIEW 图形编程[M]. 武嘉澍，陆劲昆，译. 北京：北京大学出版社，2002.
[2] 侯国屏，王珅，叶齐鑫. LabVIEW 7.1 编程与虚拟仪器设计[M]. 北京：清华大学出版社，2006.
[3] 黄松岭，吴静. 虚拟仪器设计基础教程[M]. 北京：清华大学出版社，2008.
[4] Bishop R H. LabVIEW 8 实用教程[M]. 乔瑞萍，林欣，译. 北京：电子工业出版社，2008.
[5] Tumanski S. 电气测量原理与应用[M]. 周卫平，夏立，郑帮涛，译. 北京：机械工业出版社，2009.
[6] 阎石. 数字电子技术基础[M]. 北京：高等教育出版社，2016.
[7] Floyd T L. 数字电子技术基础系统方法[M]. 娄淑琴，盛新志，申艳，译. 北京：机械工业出版社，2018.

第9章 利用声卡实现数据采集

第8章讲述了如何利用LabVIEW实现对被测信号数据信息的采集，其中利用到的硬件设备是NI公司的数据采集卡。其实，计算机（台式计算机或笔记本电脑）中自带的声卡就是一款数据采集卡，而且在LabVIEW中，也提供有专门针对声卡的数据采集函数。本章将学习如何利用声卡实现对被测信号数据信息的采集。

9.1 声卡简介

一般计算机上自带的声卡，均既有模/数（A/D）转换功能，又有数/模（D/A）转换功能，其就是一款具有基本配置的数据采集卡，且其实现技术成熟、性能稳定。[1-3]

9.1.1 工作原理

图9.1展示了利用声卡进行语音信号采集和播放的基本原理。声音借助麦克风被转换成相应的电信号，对其再进行必要的调理后，利用声卡的模入功能单元，就可将反映声音的模拟电信号转换成数字信号，然后将其送入计算机。在计算机里，通过选用合适的算法、编写相应的虚拟仪器程序（VI），对表征声音的数字信号进行分析和处理，最后以合适的形式在计算机屏幕上输出显示出来，如此，就完成了对声音信号的数据采集。相反的过程，即如何将保存在计算机中的一段音频信号文件以声音的形式播放出来，则首先要将数字化的音频信号转换成模拟信号，并利用声卡的模拟输出端口输出，再经过必要的调理后，便可由扬声器转换成相应的声音播放出来。

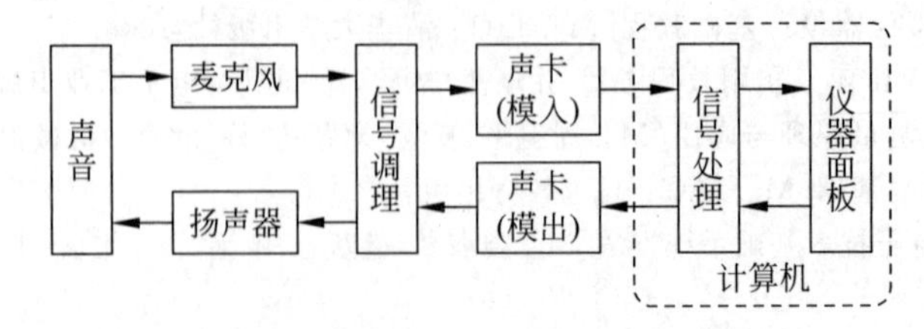

图9.1 基于声卡的语音信号采集与播放

将上述例子加以扩展，即将图 9.1 中的“声音”扩展为“被测对象”，将“麦克风”和“扬声器”改为可拾取被测对象的“传感器”，并将“声卡”改为专用的“数据采集卡”，如此，就得到了基于虚拟仪器构建的测量系统的原理框图，见图 9.2。可以看出，利用声卡进行语音信号的采集与播放是虚拟仪器技术的一个应用实例。利用声卡，不仅可以实现对声音信号的采集，通过替换前端的传感器，仍利用声卡，也可实现对音频范围内一些其他物理信号的采集，例如齿轮故障测试和心电信号的采集与分析，等等。

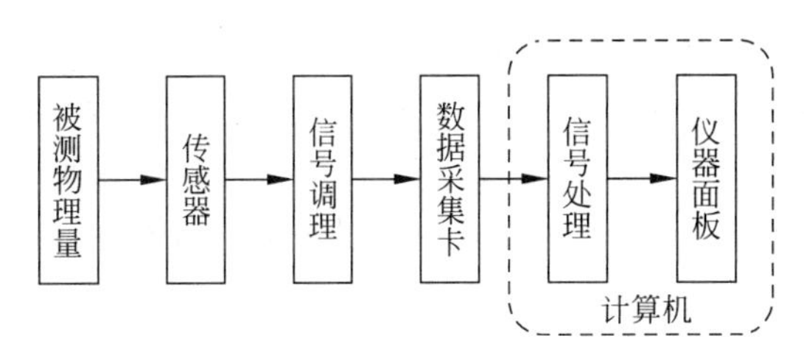

图 9.2　基于虚拟仪器的测量系统原理示意

9.1.2　硬件结构

从数据采集的角度看声卡，由于其具有左、右两个声道，故一般的声卡都提供有两路模拟输入（A/D）和两路模拟输出（D/A），如图 9.3 所示。声卡的模拟输入又有两种接口，分别是 Line In 和 Mic In，对应于“线路输入”和“麦克风输入”；其模拟输出也有两种接口，分别是 Line Out 和 Spk Out，对应于“线路输出”和“扬声器输出”[1-3]。声卡的上述四种接口的特点如下：

(1) Line In 是模拟式线性输入接口，可以接入幅值不超过约 1.5V 的电压信号，可以连接录音机或 CD 唱盘等带有放大器的音源装置；

(2) Mic In 输入端口内具有高增益放大器，故允许接入幅值为 0.02～0.2V 的较弱电压信号，即可以接入麦克风拾取的声音信号；

(3) Line Out 是模拟式线性输出接口，其输出的信号未经过放大，故对它的输出，可以接放大器或带有放大器的喇叭；

(4) Spk Out 的输出信号是经过声卡上功放芯片简单处理、被功率放大后的信号，音量比较大，可以直接驱动扬声器，适合于连接无源音箱。

另外要注意的是：①模拟输入端口都有隔直电容，因此声卡不能直接采集直流信号；②声卡的左、右两个声道是共地的。

声卡的硬件接口
- 模拟输入（两路，左右声道）
  - Line In
  - Mic In
- 模拟输出（两路，左右声道）
  - Line Out
  - Spk Out

图 9.3　声卡的硬件接口功能示意

9.1.3 基本参数

衡量声卡性能的主要技术指标有采样位数、采样频率、声道数和基准电压等。

(1) 采样位数：将声音从模拟信号转换为数字信号的二进制位数，即进行 A/D 转换、D/A 转换的精度。例如，16 位的声卡，可以将音频信号的大小分为 $2^{16}=65536$ 个量化等级。很明显，声卡的采样位数越多，其采样精度就越高。声卡位数与数据采集卡位数的概念是一样的，可以参考第 8 章中所讲的数据采集卡的分辨率。

(2) 采样频率：每秒采集声音信号数据样本的数量，也称采样率。一般计算机上自带的声卡的最高采样率为 44.1kHz，且其采样率共有 4 挡，分别是 44.1kHz、22.05kHz、11.025kHz 和 8kHz。因此，声卡只能对音频范围的交流信号进行有效采样；而且，由于采样率只有有限个固定挡位，所以无法实现采样率的灵活、连续调节。

(3) 声道数：LabVIEW 将声卡的声道分为"单声道(mono)"和"立体声(stereo)"两种。其中，"单声道"只采集 1 路信号；"立体声"采集两路信号，分别对应声卡的左、右声道。

(4) 基准电压：声卡不提供基准电压，因此，无论是声卡的 A/D 转换还是 D/A 转换，在使用时，都需要用户自己参照基准电压进行标定[1-3]。

9.1.4 声卡测试

在使用声卡前，可以先使用耳机和麦克风测试声卡的性能。测试方法很简单，在计算机中播放一段音乐，戴上耳机，检查是否能听见这段音乐。打开 Windows 系统自带的"录音机"软件，然后对着麦克风说话，观察"录音机"软件是否有反应。

一般地，当将麦克风插入计算机的 Mic In 输入接口时，计算机会自动弹出一个界面，如图 9.4 所示，询问是从哪个接口输入的，如果连接的是计算机前端的 Mic In，就选择"麦克风"。注意，Line In 一般位于计算机的背板上，如果连接的是 Line In，那么就应选择"音源输入"端口。

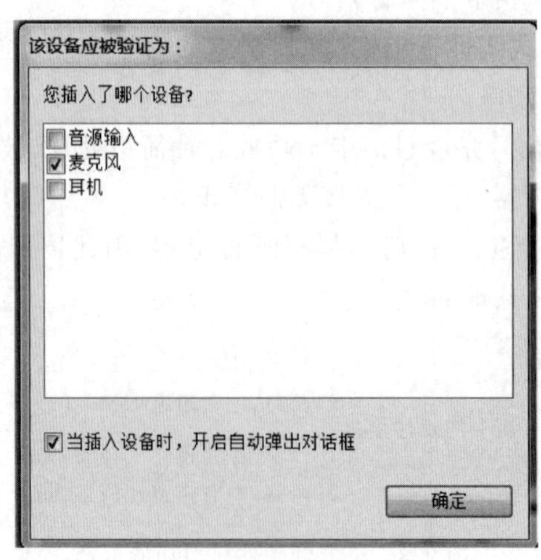

图 9.4 声卡输入接口选择界面

9.2　LabVIEW 环境下利用声卡实现数据采集

接下来，讲述利用声卡实现数据采集的若干基本概念，包括基本环节和相关函数等。

9.2.1　基本步骤

与使用专用数据采集卡相类似，在 LabVIEW 中利用声卡实现数据采集也包含以下 5 个步骤，分别是：①初始化，设置声卡的相关参数；②启动数据采集任务；③读或者写的操作；④停止任务；⑤清除任务，释放所占用的硬、软件资源。对应于上述 5 个步骤，图 9.5 给出的是模拟输入(连续采集声音信号)VI 的程序框图，其共有 5 个步骤，分别是配置声音输入、启动声音输入、读取声音输入、停止声音输入和声音输入清零。对于模拟输出，也有 5 个步骤，相应为配置声音输出、启动声音输出、写入声音输出、停止声音输出和声音输出清零，其具体实现方法，请见第 9.4 节。

另外，与第 8 章中介绍的专用数据采集卡相类似，在编写利用声卡实现数据采集的 VI 时，也会采用隐式的任务状态转换，主要体现在并未显式地调用"启动声音"和"停止声音"两个函数，而 LabVIEW 会自动地去执行相应的功能。

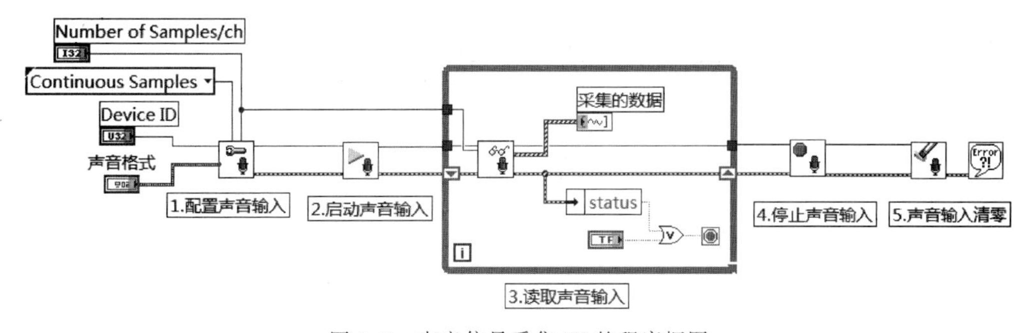

图 9.5　声音信号采集 VI 的程序框图

9.2.2　有关声卡的函数

在 LabVIEW 中，经"函数"选板→"编程"→"图形与声音"→"声音"路径，可在"声音"子选板上找到有关声卡的函数，如图 9.6 所示。在声音子选板的下一级，又细分为 3 个子选板，分别是"输入""输出"和"文件"，如图 9.7～图 9.9 所示。其中"输出"子选板上放置的是有关声音播放的函数；"输入"子选板上放置的是有关声音采集的函数；而"文件"子选板上放置的，则是有关声音文件 I/O 的函数。

在 LabVIEW 中，有关声卡的函数也有两类，分别是快速 VI 和底层函数，下面将从这两个方面介绍操控声卡的函数。

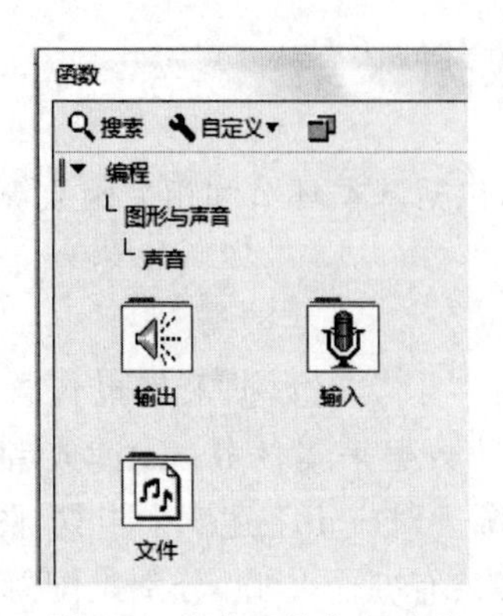

图 9.6 声卡函数位置示意

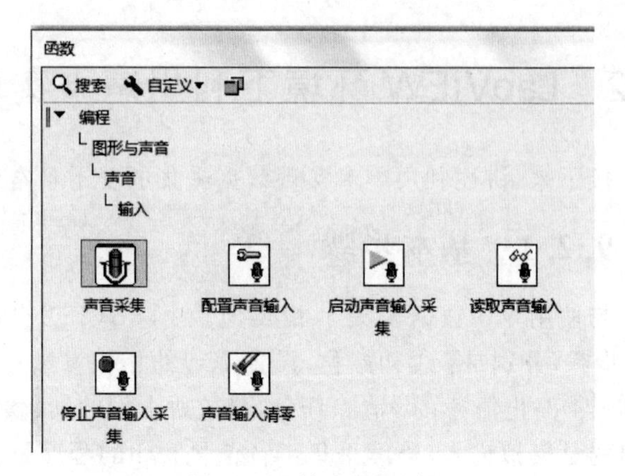

图 9.7 "输入"子选板

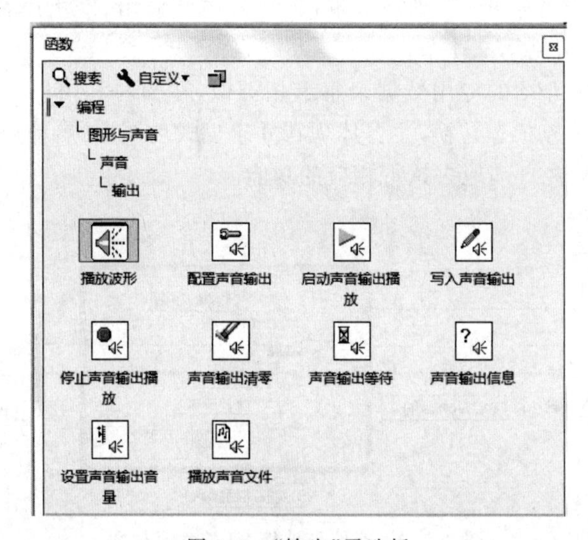

图 9.8 "输出"子选板

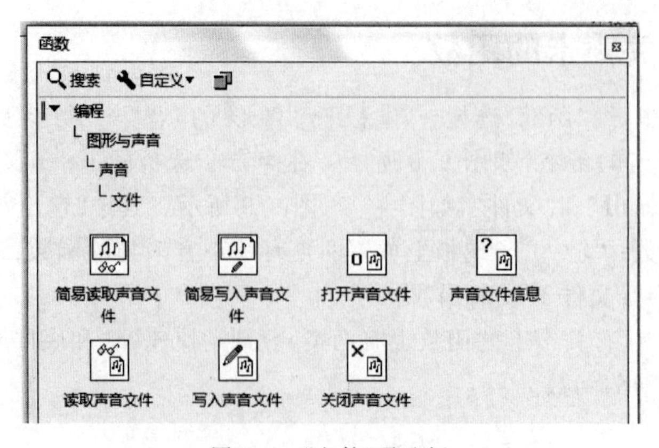

图 9.9 "文件"子选板

1）声卡数据采集快速 VI

声卡数据采集快速 VI，通过在弹出的对话框上完成参数设置，可以快速实现对声音的采集和播放。有关声卡数据采集功能的快速 VI 共有两个，分别是“声音采集”快速 VI 和“播放波形”快速 VI。

在“输入”子选板中找到“声音采集”快速 VI，将其拖曳到程序框图面板上，它会自动弹出一个参数配置界面，如图 9.10 所示。快速 VI 会自动检查当前硬件连接的是 Mic In 还是“线路输入”(Line In)端口。

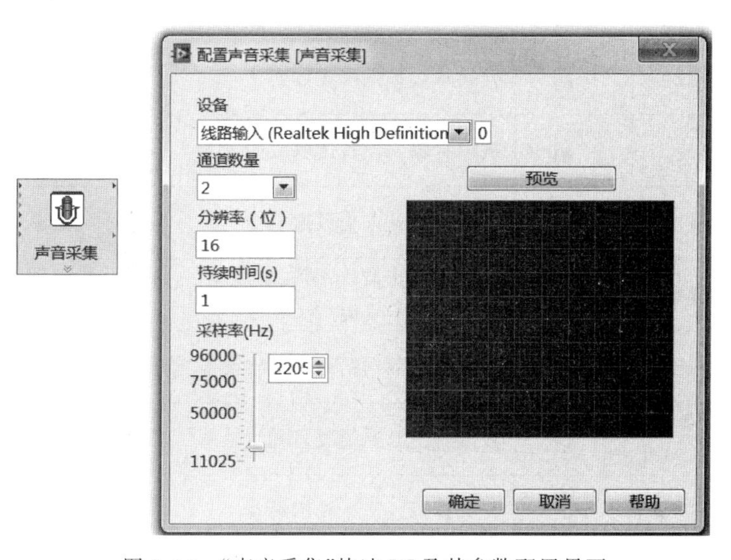

图 9.10 “声音采集”快速 VI 及其参数配置界面

在“输出”子选板中找到“播放波形”快速 VI，将其拖曳到程序框图面板上，会自动弹出一个参数配置界面，如图 9.11 所示。

图 9.11 “播放波形”快速 VI 及其参数配置界面

2）声卡数据采集底层函数

在 LabVIEW 中，有关声卡数据采集的底层函数主要有十一个，具体提供在表 9.1 中。其中前五个是关于声音输入的，在它们的图标上均有一个麦克风的小图片；后六个是关于声音输出的，在它们的图标上都有一个喇叭（扬声器）的小图片。

表 9.1 用声卡完成数据采集的底层函数

序号	函数名称	图标	功能说明
1	配置声音输入		配置声音输入设备，采集数据并发送数据至缓存
2	启动声音输入		开始从设备上采集数据
3	读取声音输入		从声音输入设备读取数据
4	停止声音输入		停止从设备采集数据
5	声音输入清零		使设备停止播放音频，清空缓存，任务返回至默认状态，并清除与任务相关的资源
6	配置声音输出		配置生成数据的声音输出设备
7	启动声音输出播放		在设备上开始播放声音
8	写入声音输出		使数据写入声音输出设备
9	声音输出等待		等待，直至所有声音在输出设备上播放完毕
10	停止声音输出		停止设备从缓存输出、播放声音
11	声音输出清零		使设备停止播放音频，清空缓存，任务返回至默认状态，并释放与任务相关的资源

利用声卡进行数据采集时，要对声卡的一些参数进行设置，主要涉及以下五个函数。

“配置声音输入”“配置声音输出”：这两个函数，都用于对声卡的初始化参数进行设置，不同之处在于，一个用于模拟输入，另一个则用于模拟输出，但这两个函数的参数设置是一样的，所以放在一起进行介绍。这两个函数常用的参数共有 4 个，分别是“设备 ID”“声音格式”“采样模式”和“每通道采样数”。其中，①“设备 ID”是声音采集或播放时使用的输入或输出设备，绝大多数情况下应选择默认值 0。②“声音格式”是一个簇，包括采样率、通道数和每采样比特数共 3 个参数。其中，“采样率（S/s）”通常有 44100 S/s、22050 S/s 和 11025 S/s 三个挡位。“通道数”指定通道的个数，对多数声卡，1 为单声道，2 为立体声。“每采样比特数”即当前声卡的位数，通常取 16 比特和 8 比特，由所使用计算机的实际情况而定。③“采样模式”可选有限采样或连续采样。④“每通道采样数”指定缓冲区中每通道的采样数量。

"读取声音输入"：该函数有 2 个常用参数，其中"超时"指定 VI 等待声音操作完成的时间，以秒为单位，默认值为 10；"数据"是从内部缓冲区读取的声音数据。对于多声道声音数据，数据是波形数组，其中的每个波形对应一个声道。

"写入声音输出"：其参数"数据"，为写入内部缓冲区的声音数据。

"声音输出等待"：其参数"超时"，指定 VI 等待声音操作完成的时间，以秒为单位，默认值为 10。如超时秒数设为－1，VI 将无限等待。

9.3 模拟输入

由于声卡受自身硬件条件限制，其只有"有限采样"和"连续采样"两种采样模式。下面将对这两种采样模式分别进行介绍。对每种采样模式，将给出两个示例，一个是采集声音，在硬件上需要一个麦克风，如图 9.12 所示，麦克风的端子可接入计算机的 Mic In 端口；另一个示例是采集由函数发生器产生的一段正弦波或方波信号，此种情况下，要具备一台函数发生器和一根声卡线。声卡线的实物如图 9.13 所示。声卡线一端的接口，做成与计算机音频输入的接口，其另一端将导线连至 3 个夹子上，以连接被测对象。其中，红色和黄色接线端分别对应左、右两个声道，黑色接线端为"地"。

图 9.12 麦克风的实物图

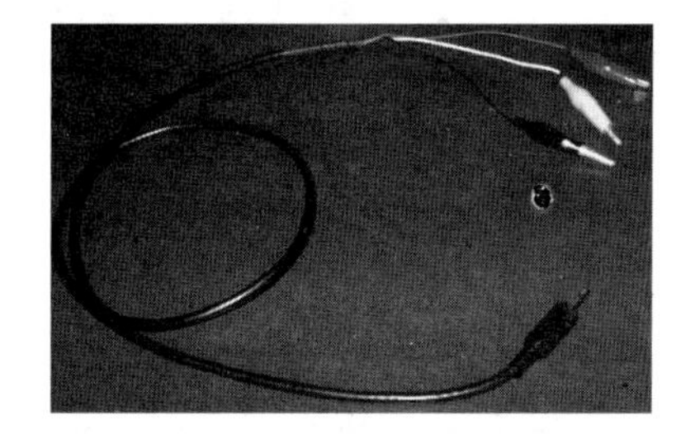

图 9.13 声卡线的实物图

9.3.1 有限模入(N 个样本)

下面将通过例 9.1 和例 9.2，阐述如何利用声卡采集一段声音和电信号。

【例 9.1】 采集一段声音信号。

该 VI 的建立步骤如下：

(1) 按照 9.2 节中叙述的实现数据采集的 5 个基本步骤(初始化、启动、读或写、停止和清除)，从"输入"子选板上依次调出"配置声音输入""启动声音输入""读取声音输入""停止声音输入"和"声音输入清零"五个函数，将它们从左至右依次放在程序框图面板上，利用上面的"任务输入/输出"端子和下面的"错误簇输入/输出"端子，将这五个函数按照图 9.14 连接起来，其前面板如图 9.15 所示。

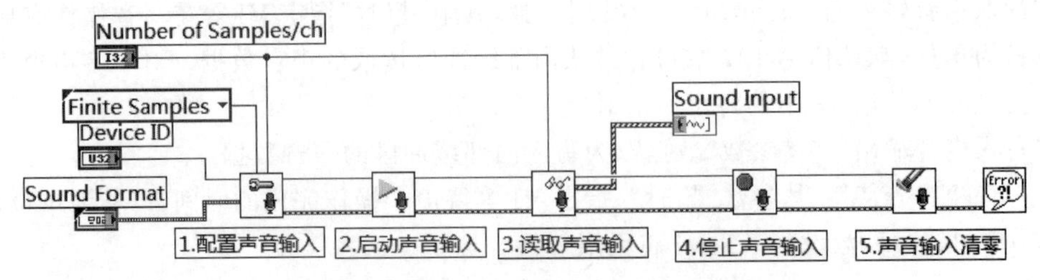

图 9.14　采集一段声音信号 VI 的程序框图

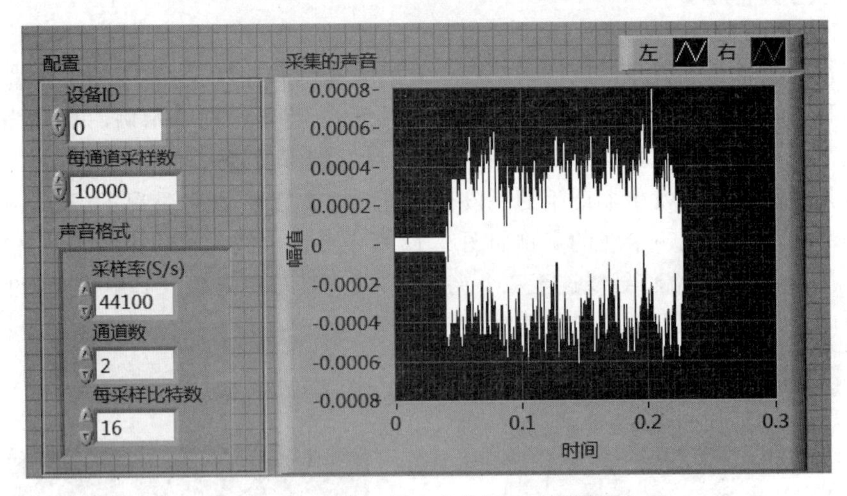

图 9.15　采集一段声音信号 VI 的前面板

(2) 进行参数设置。对“配置声音输入”函数创建几个输入控件，分别是：①“设备 ID”设为默认的 0。②“声音格式”是一个簇，里面包含 3 个元素。其中，“采样率”设为 44100；“通道数”设为 2，表示从左、右两个声道各采一路信号；“每采样比特数”即当前声卡的位数设为 16，可以根据所用计算机声卡的实际参数进行设置。③“每通道采样数”设为 10000。④“采样模式”设为有限采样。

(3) 在前面板上创建一个波形图控件，在程序框图面板上将“读取声音输出”函数的输出连至波形图控件上。

(4) 相应硬件的连接如图 9.16 所示，即将麦克风接入计算机前端的 Mic In 端口内。运行该 VI，并立即对麦克风讲话，在前面板上观察采集到的声音信号的波形。

【例 9.2】 采集一段正弦波和三角波信号。

该 VI 与采集一段声音信号的 VI 是一样的，如图 9.14 所示。

在硬件连接方面，如图 9.17 所示，将声卡连接线连至计算机后端的 Line In 端口，利用函数发生器生成两路信号，即正弦波和三角波信号。将声卡连接线的另一端接至函数发生器，打开函数发生器，运行 VI，测得的信号波形如图 9.18 所示。

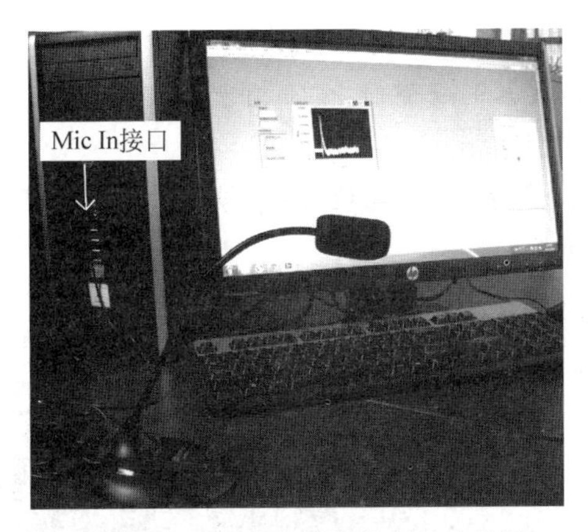

图 9.16 采集声音信号的硬件连线图

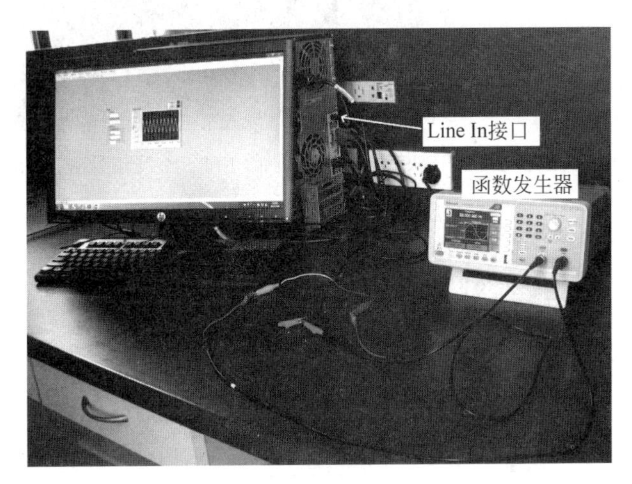

图 9.17 硬件连线图

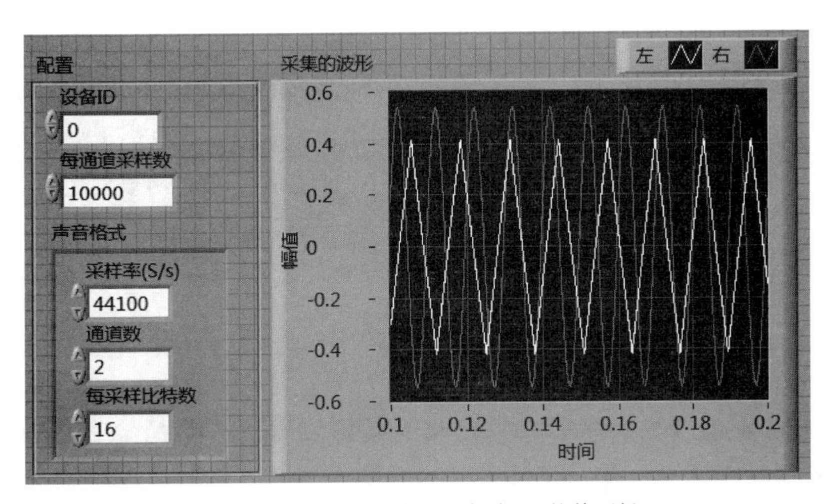

图 9.18 采集正弦波和三角波 VI 的前面板

注意，当前实际被采集的正弦信号的幅值是1V，而利用声卡采集所显示的幅值并不是1V，所以在利用声卡实现示波器的功能时，需要对所采集的电压信号进行标定，即要给其乘以一个合适的系数。

上述功能，也可以利用"声音采集"快速VI来实现，具体实现的VI的前面板和程序框图如图9.19和图9.20所示。

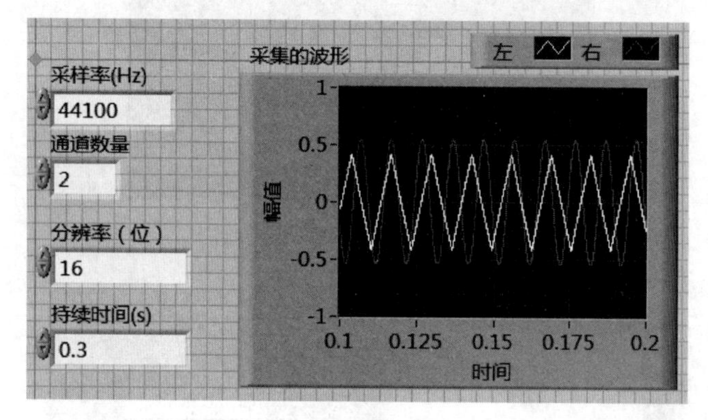

图9.19 利用"声音采集"快速VI采集正弦波和三角波信号VI的前面板

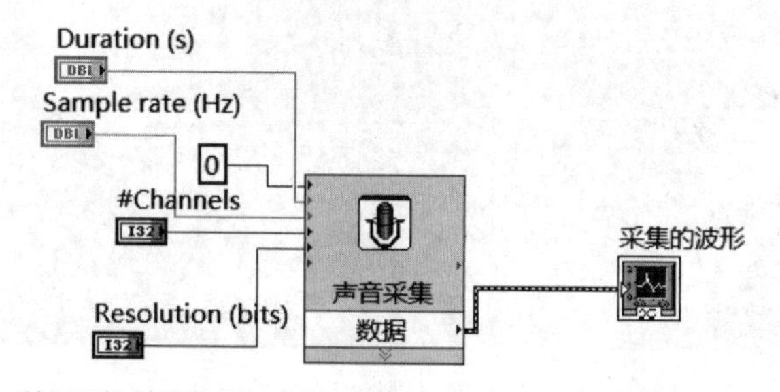

图9.20 利用"声音采集"快速VI采集正弦波和三角波信号VI的程序框图

9.3.2 连续模入

下面将通过例9.3和例9.4，具体学习如何利用声卡实现对信号的连续采集。这里同样也给出两个例子，一个是连续采集声音信号，另一个是连续采集函数发生器所产生的信号。这两者在VI编程上是一样的，不同之处在于硬件连线。

【例9.3】 连续采集声音信号。

该VI的具体建立步骤如下：

(1) 从"输入"子选板中依次调出"配置声音输入""启动声音输入""读取声音输入""停止声音输入"和"声音输入清零"五个函数，将它们从左至右依次放在程序框图面板上，利用上面的"任务输入/输出"端子和下面的"错误簇输入/输出"端子，将这五个函数按照图9.21连接起来，前面板如图9.22所示。

(2) 创建一个While循环，将"读取声音输入"函数放在While循环内。

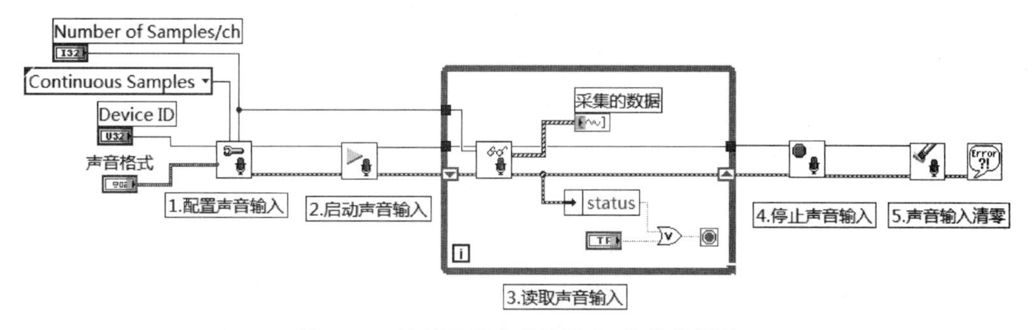

图 9.21　连续采集声音信号 VI 的程序框图

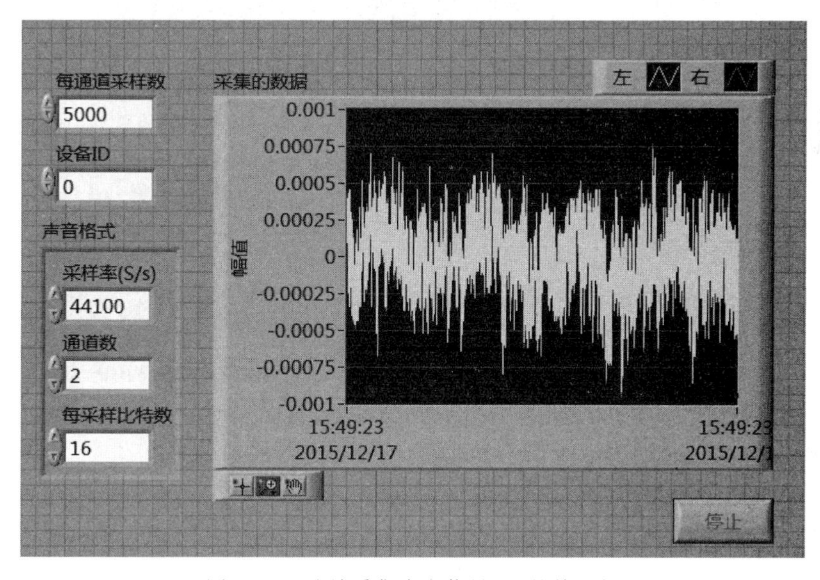

图 9.22　连续采集声音信号 VI 的前面板

(3) 在前面板上创建一个“停止”按钮控件。

(4) 在程序框图面板上，将错误簇中的参数“状态”与“停止”按钮控件进行“相或”的布尔运算，并将运算结果赋给 While 循环的条件接线端。

(5) 在前面板创建一个波形图表控件；在程序框图面板上将“读取声音输入”函数的“数据”输出连至波形图表控件上。

(6) 进行参数设置。对“配置声音输入”函数创建 4 个输入控件，分别是：①“设备 ID”设为默认的 0。②“声音格式”是一个簇，里面包含 3 个元素，“采样率”，设为 44100；“通道数”设为 2，表示从左、右两个声道各采一路信号；“每采样比特数”即当前声卡的位数，设为 16。③“每通道采样数”设为 5000。④“采样模式”设为连续采样。

(7) 硬件连接方面，将麦克风接入计算机前端的 Mic In 端口。运行该 VI，并对麦克风讲话，在前面板上观察采集到的声音信号的波形。

(8) 只要该 VI 在运行,就会一直采集声音信号;按下前面板上的"停止"控件,则该 VI 退出,停止声音采集。

【例 9.4】 连续采集正弦波和三角波信号。

该 VI 的程序框图与连续采集一段声音信号 VI 的程序框图是一样的,如图 9.21 所示。在硬件连接方面,是将声卡连接线连至计算机后端的 Line In 端口,利用函数发生器生成正弦波和三角波两路信号。运行该 VI,测得的波形如图 9.23 所示。

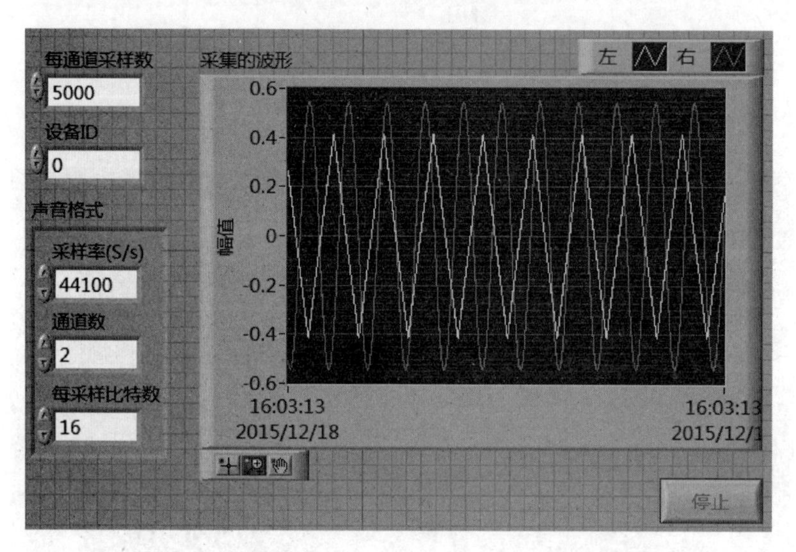

图 9.23 连续采集正弦波和三角波信号 VI 的前面板

9.4 模拟输出

第 9.3 节介绍了如何利用声卡采集计算机外的信号,最经常的应用,就是对着麦克风讲话,外界的声音信号就被采集进了计算机。在本节中,要实现将计算机中的一段数据信息输出到计算机外,例如,播放一首歌曲,或是播放所录制的一段声音信号,等等。同样,这里也按照采样模式的不同,分为有限模出和连续模出两种模式进行阐述。

9.4.1 有限模出(N 个样本)

下面将通过例 9.5,学习如何利用声卡产生一段正弦波或播放一段声音信号;而通过例 9.6,则学习如何利用声卡播放一段音乐(即输出保存在计算机中的一个音频文件)。

【例 9.5】 产生一段正弦波或播放一段声音信号。

该 VI 的建立步骤如下:

(1) 从"输出"子选板上依次调出"配置声音输出""设置声音输出音量""写入声音输出""等待声音输出""停止声音输出"和"声音输出清零"六个函数,将它们从左至右依次放在程序框图面板上,利用上面的"任务输入/输出"端子和下面的"错误簇输入/输出"端子,将这六个函数按照图 9.24 连接起来，相应的前面板如图 9.25 所示。

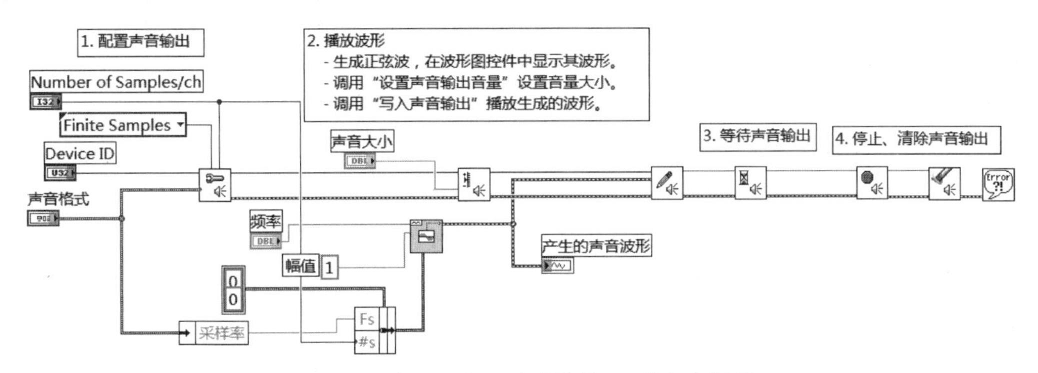

图 9.24　产生一段正弦波信号 VI 的程序框图

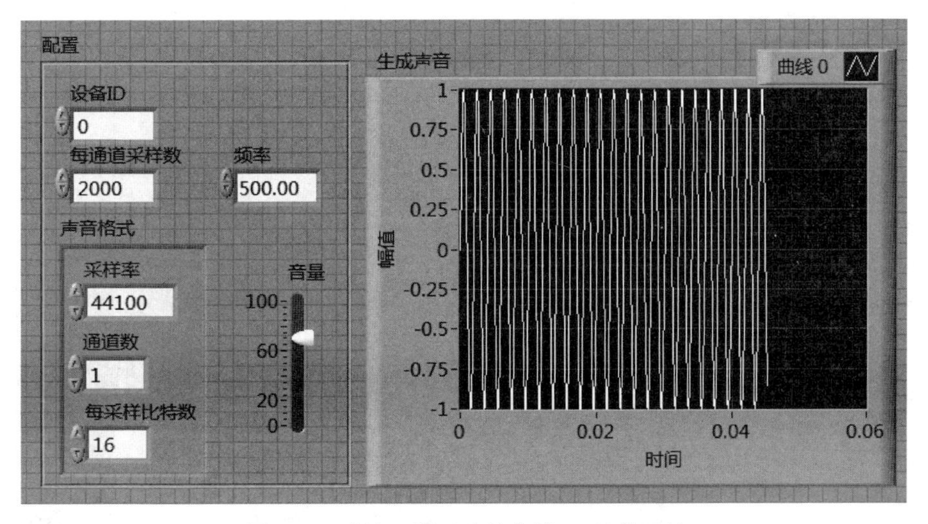

图 9.25　产生一段正弦波信号 VI 的前面板

(2) 设置参数，为"配置声音输出"函数创建 4 个输入控件，分别是：①"设备 ID"设为默认的 0；②"声音格式"是一个簇，里面包含 3 个元素，其中将"采样率"设为 44100；"通道数"设为 1；"每采样比特数"即当前声卡的位数设置为 16；③"每通道采样数"设为 2000；④"采样模式"设为有限采样。

(3) 调用"正弦波形"函数，即在计算机中仿真生成一段正弦波信号。为此，要为参数"频率"创建输入控件，为参数"幅值"创建常量 1，将"声音格式"簇中的元素"采样率"解包出来，并与"每通道采样"捆绑成一个新簇，作为"正弦波形"函数的采样信息。

(4) 在前面板上创建一个波形图控件，将"正弦波形"函数的输出波形赋给波形图控件。

(5) 将"正弦波形"函数的输出波形赋给"写入声音输出"。

(6) 如果硬件连接的是 Spk Out 端口，运行该 VI，就会听到声音；如果声卡连接线接入的是 Line Out 端口，将连接线的另一端接至示波器，运行该 VI，则示波器上会显示出一段正弦波形。

注意：需要在“停止声音输出”函数之前调用“声音输出等待”函数，否则，声音还没有播放完，VI就停止了。

【例 9.6】 播放一段音乐。

该 VI 的建立步骤如下：

(1) 从“输出”子选板上调用“播放声音文件”“声音输出等待”和“声音输出清零”三个函数，并将这三个函数从左至右放在程序框图面板上，利用上面的“任务输入/输出”端子和下面的“错误簇输入/输出”端子，将这三个函数按照图 9.26 连接起来，相应的前面板如图 9.27 所示。

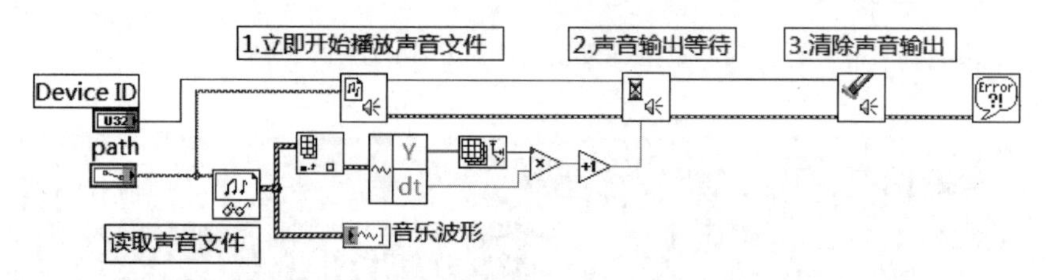

图 9.26 播放一段音乐 VI 的程序框图

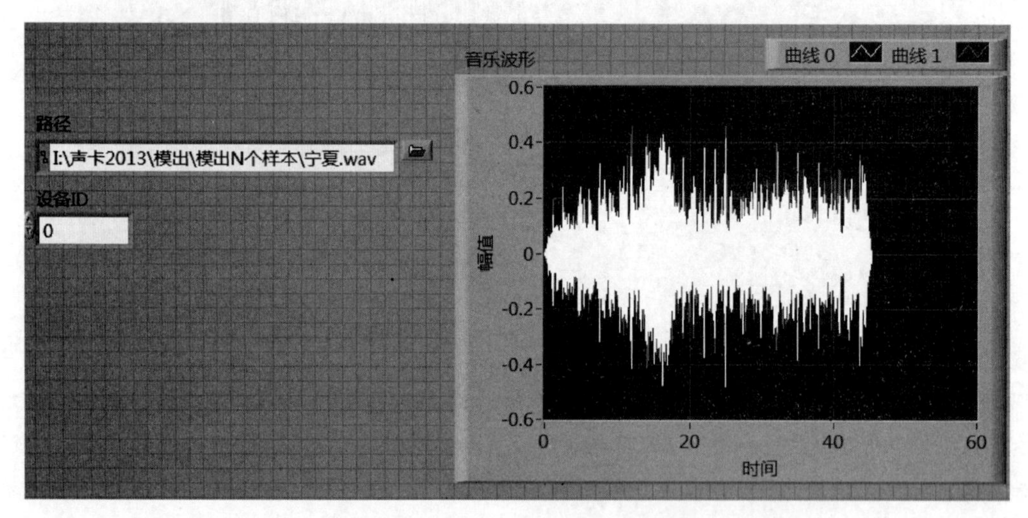

图 9.27 播放一段音乐 VI 的前面板

(2) 从“文件”子选板上调用“读取声音文件”函数，并为该函数创建一个路径输入控件。

(3) 在前面板上创建一个波形图控件。

(4) 将“读取声音文件”函数的“数据”输出赋给波形图控件。

(5) 由于该波形是一个波形数组(因为有左、右两个声道)，故应调用“索引数组”函数，分离出其中一个声道的波形，然后再调用“获取波形成分”函数，将波形的参数 dt 提取出来；调用“数组大小”函数，获得数组 Y 的长度，然后与 dt 相乘，就得到这段波形的时间，并将其赋给"声音输出等待"函数的"超时"端子。

(6) 回到前面板，利用路径输入控件，选择所要播放的音乐(注意，音乐文件的格式是wav形式的)。

(7) 运行该VI，就可以听到音乐了。

上述功能也可以利用"播放波形"快速VI实现，相应VI的程序框图，如图9.28所示。

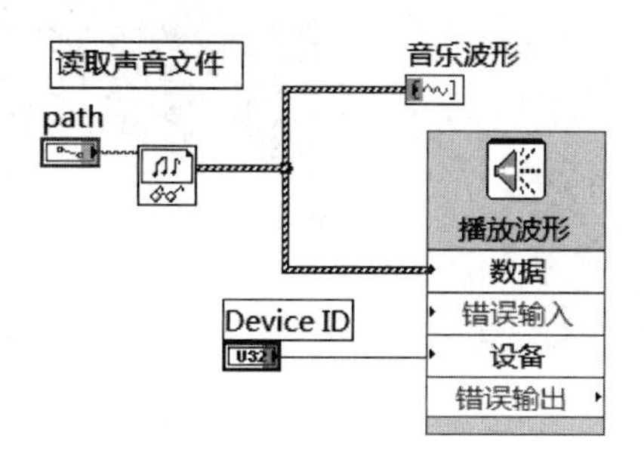

图 9.28 利用快速VI播放一段音乐VI的程序框图

9.4.2 连续模出

下面通过例9.7，学习如何利用声卡连续产生信号波形。

【例 9.7】 连续产生正弦波和三角波信号。

该VI的编写和建立步骤如下：

(1) 从"输出"子选板中依次调出"配置声音输出""启动声音输出""设置声音输出音量""写入声音输出""停止声音输出"和"声音输出清零"等六个函数，并将它们从左至右依次放在程序框图面板上，再利用上面的"任务输入/输出"端子和下面的"错误簇输入/输出"端子，将这六个函数按照图9.29连接起来，相应的前面板如图9.30所示。

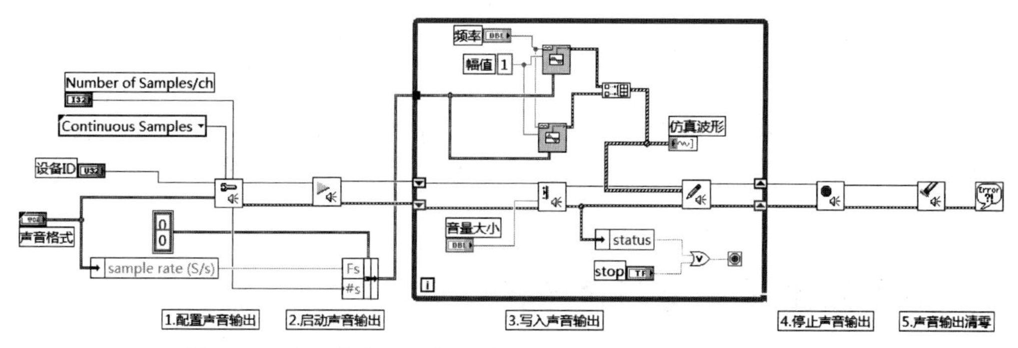

图 9.29 利用声卡连续产生正弦波和三角波信号VI的程序框图

(2) 设置参数，对"配置声音输出"函数创建4个输入控件，分别是：①"设备ID"，设为默认的0；②"声音格式"是一个簇，里面包含3个元素，其中"采样率"设为44100，"通道数"设为2，表示从左、右两个声道各输出一路信号，"每采样比特数"即当前声卡的位数，设为

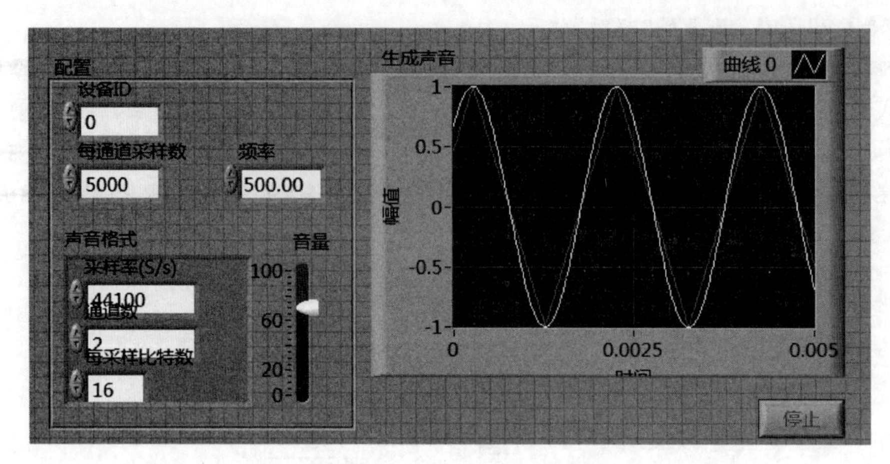

图 9.30　利用声卡连续产生正弦波和三角波信号 VI 的前面板

16；③“每通道采样数”设为 5000；④“采样模式”设置为连续采样。

(3) 创建一个 While 循环，将“设置声音输出音量”和“写入声音输出”函数放在 While 循环内。

(4) 在前面板创建一个“停止”按钮控件。

(5) 在程序框图面板上，将错误簇中的参数“状态”与“停止”按钮控件进行“相或”的布尔运算，并将其运算结果赋给 While 循环的条件接线端。

(6) 调用“正弦波形”和“三角波形”函数，在计算机中仿真生成一段正弦波和一段三角波信号，以这两路波形为元素创建波形数组。为参数“频率”创建输入控件，为参数“幅值”创建常量 1，将“声音格式”簇中的元素“采样率”解包出来，并与“每通道采样数”捆绑成一个新簇，作为“正弦波形”和“三角波形”函数的采样信息。

(7) 在前面板上创建一个波形图控件；在程序框图面板上，将波形数组的输出赋给波形图控件。

(8) 将波形数组赋给“写入声音输出”函数的“数据”输入端。

(9) 如果硬件连接的是 Spk Out 端口，运行该 VI，会听到声音；如果将声卡连接线接入的是 Line Out 端口，将连接线的另一端接至示波器，运行该 VI，则会在示波器上显示出正弦波形和三角波形。

9.5　专用数据采集卡与声卡的比较

第 8 章介绍的是如何利用 LabVIEW 中提供的 DAQ 助手和 DAQmx 函数去操作一块专用的数据采集卡。而在本章中，讲述了如何利用 LabVIEW 中提供的声卡函数去控制计算机自带的声卡。从这两章的介绍和学习中可以体会到，虽然利用的硬件不同(专用数据采集卡和声卡)，但是实现数据采集的过程是相似的。例如，实现数据采集的一个基本过程都包含有初始化、开始、读或者写、清除并关闭这几个步骤，即基本模式是一样的，只是在各个步骤中调用的具体函数不一样。这种模式上的相似性,在很多场合都会出现。例如:第6章即文件I/O那一章所讲的如何实现对一个文件的读操作和写操作,以及在后面章节中将要学习的图像采集和串口通信,等等,也具有相同的模式。

关于声卡与专用数据采集卡的区别,首先是硬件配置上的不同,这在第9.1节有关声卡的基本介绍中已有涉及。接下来要说明的是这两者在软件编程方面的不同之处。

当利用专用数据采集卡实现对多通道信号的采集和输出时,以模拟输出为例,实现的程序框图如图9.31(a)所示。可以看出,虽然要模出两路信号,但是只调用了一次DAQ助手Express VI。两路信号模拟输出的实现,是通过在DAQ助手Express VI的参数设置界面中选择两个物理通道完成的,如图9.31(b)所示。这是正确的实现思路,运行此VI,将数据采集卡的模出端子接上示波器进行观察,发现确实产生了两路信号,一路是正弦波,另一路是方波。

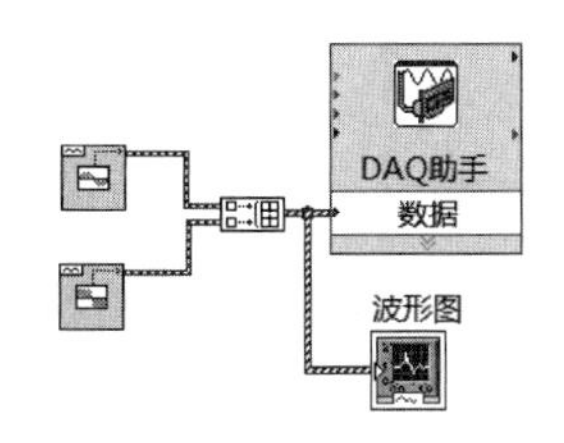

(a) 程序框图

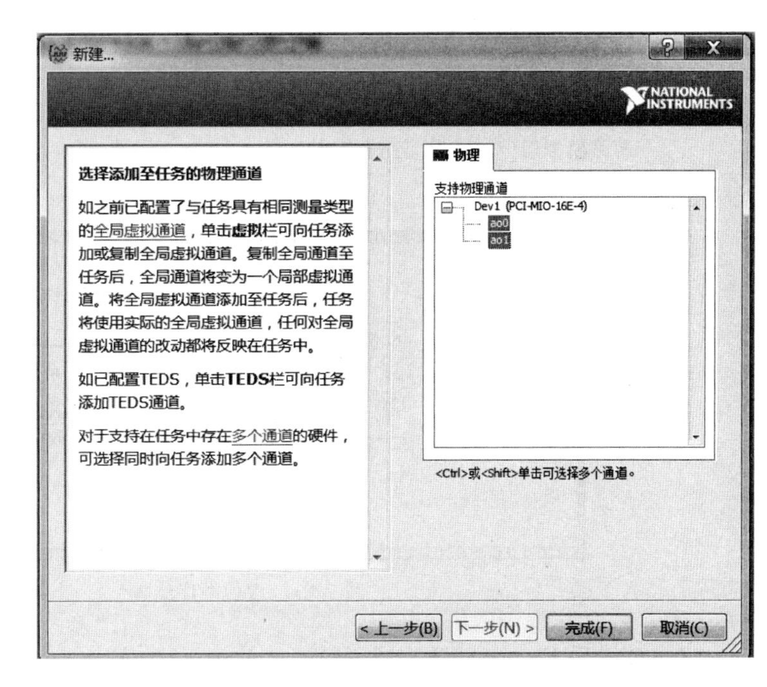

(b) DAQ助手参数设置界面

图9.31　使用DAQ助手输出两路模拟信号的正确方式

对初学者而言,有时会采用如下方式输出两路信号,所编写VI的程序框图如图9.32所示。在该VI中,会两次调用DAQ助手Express VI,其中上面的DAQ助手Express VI中指定通道为AO0,下面的DAQ助手Express VI中指定通道为AO1,然后运行此VI,但结果会提示出错。错误信息如图9.33所示,即指出,不能同时使用同一个硬件设备。当调用DAQ助手Express VI操作数据采集卡去实现信号的模拟输出时,必须等待数据采集任务完成,释放掉所占用的硬件资源后,才可以再次调用DAQ助手Express VI去承担新的数据采集任务(模入或者模出)。将如图 9.32 所示的 VI 程序框图改成图 9.34 所示的程序框图,即增加一个顺序结构,以确保在第二次调用 DAQ 助手 Express VI 时,顺序结构第 0 帧中的数据采集任务已经完成,并已释放掉了硬件资源。这样,VI 就可以正常运行了。

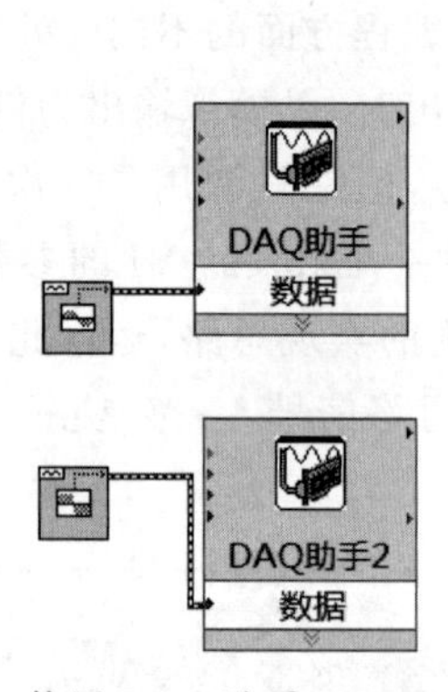

图 9.32 使用 DAQ 助手 Express VI 输出两路模拟信号的错误编程举例

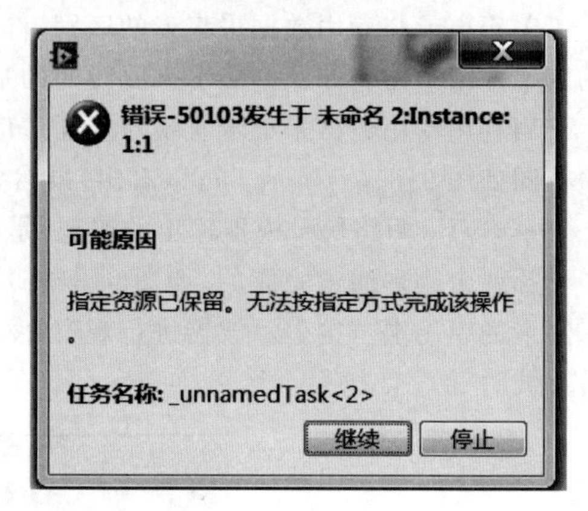

图 9.33 错误信息

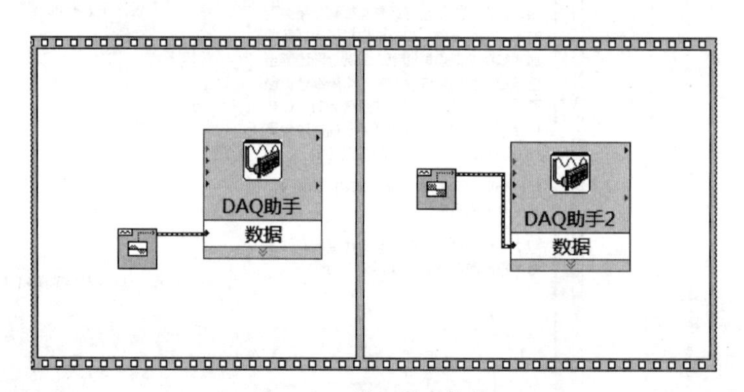

图 9.34 增加顺序结构

与 DAQ 助手 Express VI 相同,利用 DAQmx 函数实现对多通道信号的采集和输出时,也具有同样的问题。利用 DAQmx 函数输出两路信号,正确的 VI 程序框图如图 9.35 所示;而错误的,则如图 9.36 所示。上述列举的是模出的例子,对于模入,也是相同的原理,即在编程实现上,一定要保证在调用 DAQ 助手 Express VI 或者 DAQmx 函数时,硬件资源未被占用,是可以被操作的。

而对于声卡函数而言,不存在上述的 DAQ 助手 Express VI 和 DAQmx 函数的问题,可以同时多次调用声卡函数对声卡进行控制。

利用声卡函数实现下面的功能是没有问题的,相应 VI 的程序框图如图 9.37 所示。三个不同频率的声音信号(1、2 和 6)被发出,而且其发出的顺序是随机的。

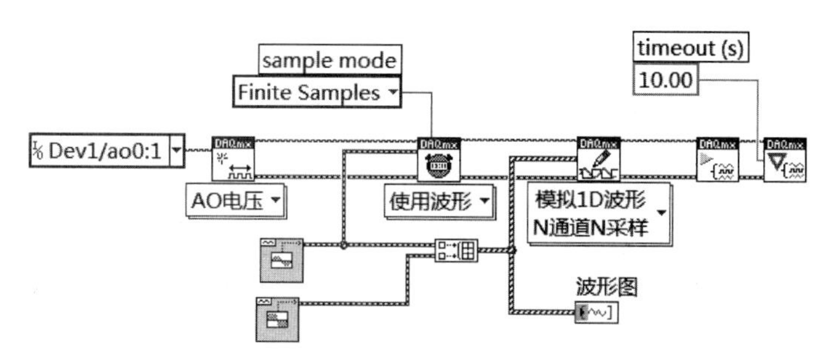

图 9.35　使用 DAQmx 函数输出两路模拟信号的正确编程举例

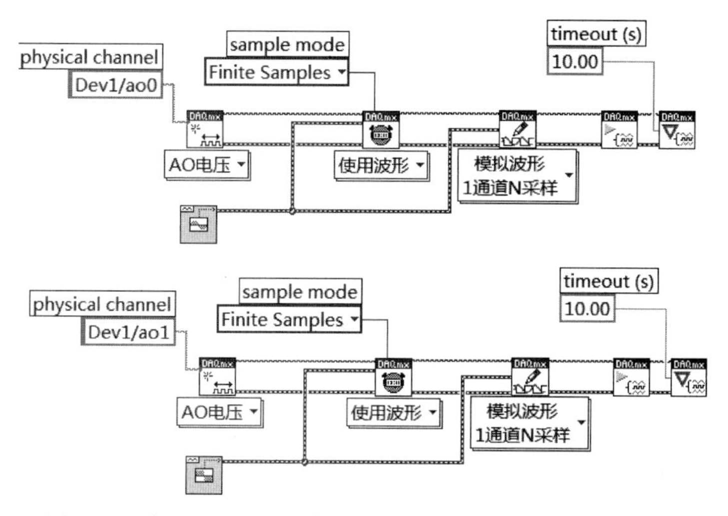

图 9.36　使用 DAQmx 函数输出两路模拟信号的错误编程举例

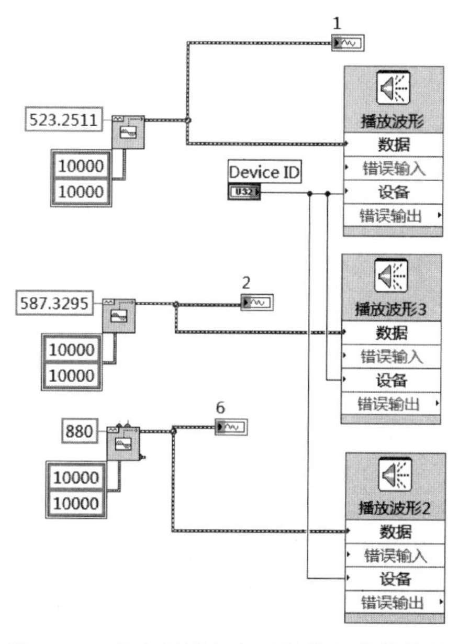

图 9.37　多次调用声卡函数输出模拟信号

9.6 本章小结

计算机已非常普及，而且计算机大多带有声卡。人们利用计算机完成相关工作任务之余，经常戴着耳机上网聊天，或让计算机播放一段音乐来欣赏，这些过程中，都用到了声卡。本章引导读者以虚拟仪器实现数据采集的角度，深入认识声卡的数据采集功能，并利用LabVIEW中提供的声卡函数，灵活地实现对声音信号的采集或播放。在上述基础上，如果再加上一些对信号的分析和处理功能，就是一款自行设计的虚拟仪器了。

最后，再归纳一下利用声卡实现数据采集的优缺点。声卡很便宜，性能也很稳定；一般声卡都具有16位，其分辨率比12位的专用数据采集卡还高；它提供有两路模拟输入和两路模拟输出通道，满足简单数据采集和信号输出任务的需求。而声卡的局限性在于，只能对音频范围的信号进行采样，且采样频率只有固定的几个挡位，无法实现对采样频率的连续调节。另外，由于受硬件电路的限制，利用声卡不能直接采集直流信号。在实际测量中，可以根据被测对象的测量准确度、频率范围等具体要求，直接利用计算机中的声卡构建一个虚拟仪器。

本章习题

9.1 制作一个录音机。要求：可采集说话者的声音信号，将声音信号的波形在前面板上显示出来，并同时将采集到的声音信号保存在计算机中。

9.2 播放录制的声音信号。要求：可将习题9.1的结果，即保存在计算机中的声音信号文件播放出来，并可调节音量的大小。

9.3 尝试利用声卡完成对直流电压的测量。

提示：声卡由于其模拟输入端口具有隔直电容，导致不能直接采集直流信号。如果想利用声卡采集直流信号，有什么好的方法吗？

9.4 制作一个音乐播放器。要求：可将一首歌完整地播放出来，并具有暂停功能。

9.5 生成一个音频信号文件，其波形为正弦波，频率为500Hz，时间长度为1s。将其播放出来，再改变其频率，听听相应声音的变化。

参考文献

[1] Johnson G W, Jennings R. LabVIEW图形编程[M]. 武嘉澍，陆劲昆，译. 北京：北京大学出版社，2002.

[2] 侯国屏，王珅，叶齐鑫. LabVIEW 7.1编程与虚拟仪器设计[M]. 北京：清华大学出版社，2006.

[3] 黄松岭，吴静. 虚拟仪器设计基础教程[M]. 北京：清华大学出版社，2008.

第10章 利用摄像头实现图像采集

第8章讲述了基于NI公司的数据采集卡，以及如何利用DAQ助手或DAQmx函数实现数据采集；第9章阐述了利用计算机自带的声卡和LabVIEW中的声卡函数，实现对声音信号的采集和播放。本章将学习如何基于LabVIEW并利用摄像头进行图像信号的采集。

10.1 基本原理

截至目前，基于计算机视觉技术实现测量系统的构建已经有很多成功的案例。要构建一个基于机器视觉的测量系统，第一步就是先要将被测对象的图像采集到计算机里。本节将讲述图像采集的基本过程和参数设置。

10.1.1 图像采集的基本过程

首先回顾一下第1章曾介绍的利用虚拟仪器技术测量物理量的过程，其原理示意如图10.1所示。对于图10.1，如果将“被测物理量”换成“被测图像”，将“传感器”换成“传统的摄像机扫描仪等”，并将“信号处理”由“图像处理”替代，则就得到了如图10.2所示的一个基于计算机视觉技术组建测量系统的方案。由于以传统的摄像机或扫描仪获得的被测对象的图像都是模拟量，所以必须通过图像采集卡将其转换成数字图像，然后才能送入计算机。随着数码技术的快速发展，使用数码摄像机、数码照相机和数码扫描仪等获取的就是数字量形式的被测对象的图像信息，因为这些数码设备本身就具有光传感器和AD转换电路[1-2]。得到数字化的图像后，可以直接通过IEEE 1394或USB等接口，将图像信息传入计算机，由此构建的基于计算机视觉的测量系统如图10.3所示。其中，IEEE 1394通信协议及其接口多用于高性能摄像设备的通信及信号的传输，鉴于此，如果计算机上没有IEEE 1394接口，但手头上的摄像设备是高性能的，那就需要另配备一个IEEE 1394图像采集卡。随着计算机和USB接口性能的不断提高，一般数码设备都趋向于采用USB接口，例如社会生活中常见的监控用摄像头等都配备有USB接口。

为实现被测对象图像信息的采集，可选用的硬件有很多种，但通过软件编程实现的思路和模式基本是一致的。由于利用带USB接口的摄像头可以直接将采集到的图像信息传送到计算机中，而且价格低廉，故在本章的具体示例部分，将主要学习如何基于LabVIEW并利用带USB接口的摄像头实现被测对象图像信息的采集。

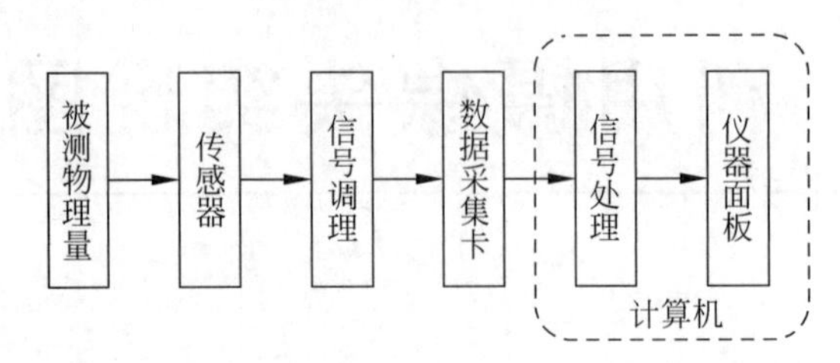

图 10.1 利用虚拟仪器技术测量真实世界中物理量的系统实现示意图

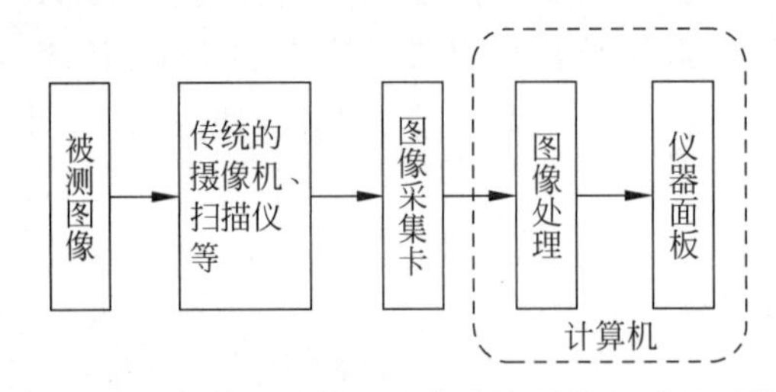

图 10.2 基于计算机视觉原理的图像信息采集与测量系统示意图 1

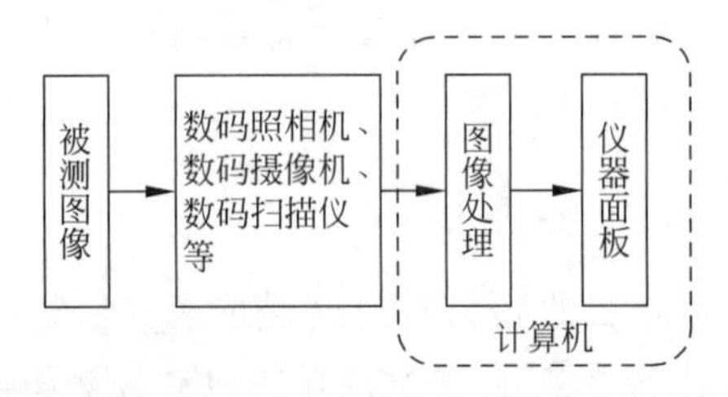

图 10.3 基于计算机视觉原理的图像信息采集与测量系统示意图 2

另外，为了更好地获得被测对象的图像信息，光源的选择是非常关键的环节之一，因为光源选择是否得当，直接关系到基于机器视觉技术构建的测量系统性能的优劣，此部分内容，请参阅有关计算机视觉或者机器视觉方面的教材[3-5]，而本教材不再专门介绍。

10.1.2 数字图像的表征

在计算机中，单色图像是用一个二维数组表示的，数组中的每个元素被称为像素，存放单色图像信息的二维数组也被称为像素矩阵。像素矩阵中，每个像素的值与场景中对应点的亮度成正比，故像素值也被称为亮度值。亮度值是由模数(A/D)转换的位数(bit)决定的。假设模数转换的位数为 m，则亮度值的范围为 $0\sim2^m-1$。通常 m 取为 8，此条件下亮度值的范围是 0～255；一般地，亮度的最小值 0 代表黑色，最大值 255 表示白色，它们之间的亮度值显示深度不同的灰色。所以，单色图像也被称为灰度图像；从黑到白的亮度值范围通常被称为灰度级；位数 m 被称为灰度级数。

与灰度图像不同的是，彩色图像需采用三个或四个亮度分量(通道)来表征，具体的亮度分量是由选择的颜色模型决定的。最常见的颜色模型是 RGB 模型，它的三个分量对应于 R(红色)、G(绿色)和 B(蓝色)；此外还有其他颜色模型，例如 CMYK，等等[4]。在彩色模型中，用于表示每个像素的位数(bit)，即每个像素划分成的等级数，又称为像素深度。

10.1.3 图像采集参数

对于图像的采集而言，主要的参数包括分辨率、位数和帧速率等。

1) 分辨率(像素)

图像的分辨率，一般特指空间上的分辨率，是图像中可辨别的最小细节的度量，可用每单位距离的线对数和每单位距离的点数(像素)来表征。对于摄像头，一般采用每英寸点数(dpi，dot per inch)来表示。例如，摄像头的分辨率为 1024×768 dpi，其中 1024 表示屏幕上水平方向显示的像素点数，768 表示垂直方向显示的像素点数。当摄像头的分辨率为 1024×768 dpi 时，又称 80 万像素。

2) 位数(灰度级数、像素深度)

位数是指将每个像素分成多少个等级，是 A/D 转换器的量化精度，一般取 2 的整数次幂。通常提及的摄像头的位数是与像素格式相关联的，典型的像素数据格式有 RGB 24bit、BGRA 32bit 等。

例如，摄像头的参数为 RGB 24bit，表示 R、G 和 B 三个通道各用 8 位来表示，也就是说，R、G 和 B 各被划分 $2^8=256$ 个等级。BGRA 32bit 表示有 4 个通道，分别是 B(蓝色)、G(绿色)、R(红色)和表现不透明度的 Alpha 通道，每个通道占用 8bit。

3) 帧速率

帧速率是指每秒钟刷新图像的帧数，单位是 fps(frames per second，帧/秒)。很显然，帧速率越高，采集得到的画面越逼真。

需要注意的是，在进行图像采集时，摄像头的分辨率和帧速率并不能随意设置，只有固定的若干个不同的组合。例如，本书作者使用的带 USB 接口的摄像头，其可以设置的参数组合有 640×360 YUY2 30fps、1280×720 YUY2 10fps、800×600 MJPG 30fps 和 1280×720 MJPG 30fps 等。

10.2 LabVIEW 中有关图像采集的基本概念

下面介绍 LabVIEW 中有关图像采集的基本概念，包括基本步骤和相关函数。

10.2.1 利用摄像头实现图像采集的基本步骤

如图 10.4 所示，基于 LabVIEW 并利用摄像头实现图像采集包含 5 个步骤，分别是：①初始化，打开相机，设置采集模式，同时为图像数据建立一个缓冲区；②启动图像采集；

③采集图像；④停止采集；⑤关闭相机，释放所占用的资源。

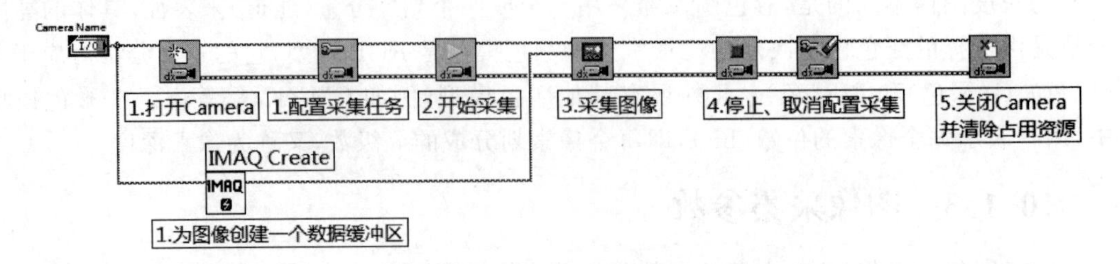

图 10.4　利用摄像头采集图像的基本环节

从图 10.4 可以看出，利用摄像头实现图像采集的基本步骤与第 8 章和第 9 章讲述的数据采集过程是相类似的。需要注意的是，对于图像的采集，在初始化步骤多了一个"为图像数据创建缓冲区"的子步骤。

10.2.2　图像采集相关函数

在 LabVIEW 中，有关图像采集的函数都位于"视觉与运动"子选板上，如图 10.5 所示。其中 NI-IMAQ、NI-IMAQdx 和 Vision Express 等下一级子选板，主要用于图像的采集；Vision Utilities 在进行图像采集时也会用到；而在 Image Processing 子选板上，则提供有很多有关图像处理的函数。

在 LabVIEW 中，有关图像采集的函数也分为三类，分别是底层函数、高层函数和快速 VI。

图 10.5　"视觉与运动"子选板

1）底层和高层函数

有关图像采集的底层函数和高层函数，均位于"视觉与运动"→NI-IMAQ 和 NI-IMAQdx 子选板上。如图 10.6 所示，针对摄像头的图像采集函数则位于 NI-IMAQdx 子选板上，具体函数的名称及其功能如表 10.1 所示。其中，Snap、Grab 和 Sequence 为高层函数，可完成图像采集中的配置、开始、采集和取消配置等多个功能；而其余的，则均为底层函数。

表10.2给出了与图像缓冲区相关的两个函数，它们位于"视觉与运动"→Vision Utilities→Image Management子选板上。

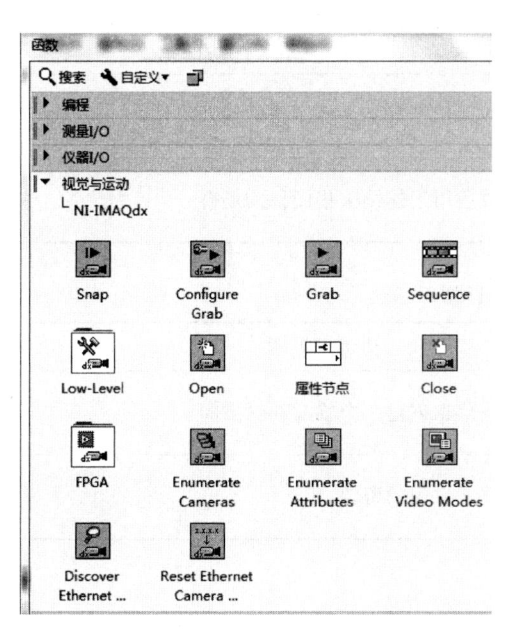

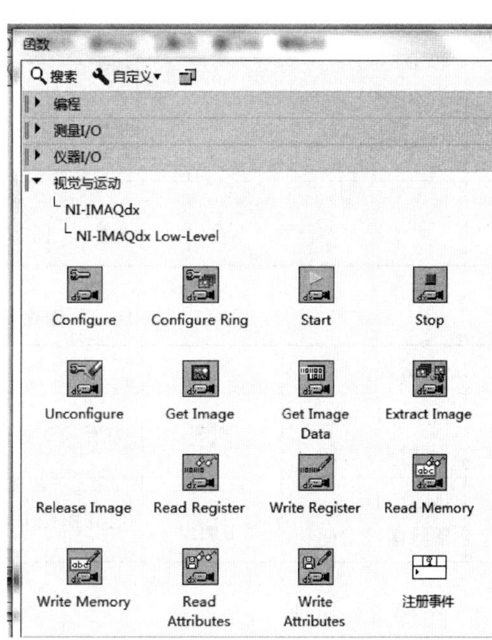

图10.6 NI-IMAQdx子选板

表10.1 LabVIEW中对带USB接口摄像头采集图像实施操作的常用IMAQdx函数

序号	函数名称	图标	功能说明
1	Open Camera 打开相机		打开相机，为相机创建一个索引
2	Configure Acquisition 采集参数配置		设置采集模式：Snap(采集单幅)、Sequence(采集N幅)和Grab(连续采集)
3	Start Acquisition 开始采集		开始图像采集
4	Get Image 采集图像		将采集到的图像放入Image Out中
5	Stop Acquisition 停止采集		停止采集
6	Unconfigure Acquisition 取消采集配置		取消采集配置

续表

序号	函数名称	图标	功能说明
7	Close Camera 关闭相机		停止采集，释放占用的资源并关闭相机
8	Snap		此函数适用于低速采集或采集单幅图像的场合
9	Sequence		此函数适用于采集多幅图像的场合
10	Grab		此函数适用于连续采集图像的场合

表 10.2 图像缓冲区常用函数

序号	函数名称	图标	功能说明
1	IMAQ Creat 创建图像空间		为所采集的图像信息创建一个临时存储空间
2	IMAQ Dispose 清除图像空间		清除图像并释放所占用的资源

2）图像采集快速 VI

图像采集快速 VI，位于“视觉与运动”→Vision Express 子选板上，如图 10.7 所示。调用 Vision Acquisition Express VI，将其放置到程序框图面板上，会弹出一层层的对话框，用以指导读者完成一个图像采集的完整过程。

图 10.8 所示的是，调用 Vision Acquisition Express VI 弹出的第一个界面，可以看出，已经找到了计算机当前连接的图像采集设备，例如现在的 cam0。单击下方的 Next 按钮，会弹出第二个界面，如图 10.9 所示。在这个界面中，可设置采集模式（单幅采集、有限采集或连续采集）。单击下方的 Next 按钮，会弹出第三个界面，如图 10.10 所示。在这个界面中，单击 Test 按钮，就会快速地采集到当前的图像信息。再单击下方的 Next 按钮，会弹出第四个界面，如图 10.11 所示。再单击下方的 Next 按钮，会弹出第五个界面，如图 10.12 所示。单击 Finish 按钮，则利用 Vision Acquisition Express VI 实现图像采集的整个过程就完成了。随后，可以运行该 VI，在前面板上会观察到所采集的图像。

图 10.7 Vision Express VI 子选板

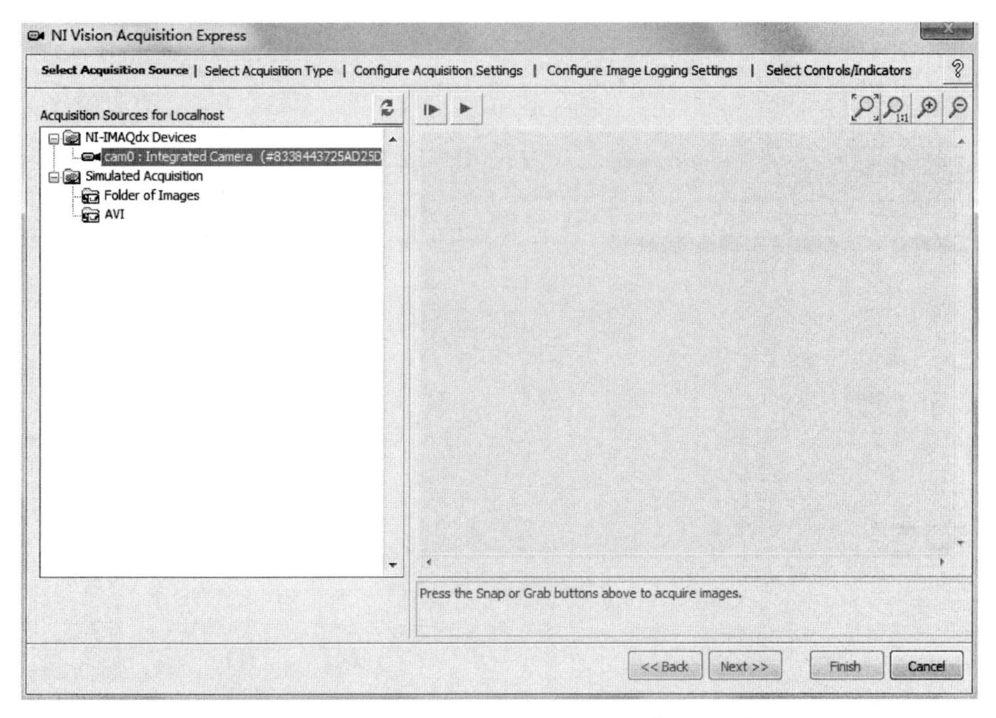

图 10.8　Vision Acquisition Express VI 参数设置面板 1

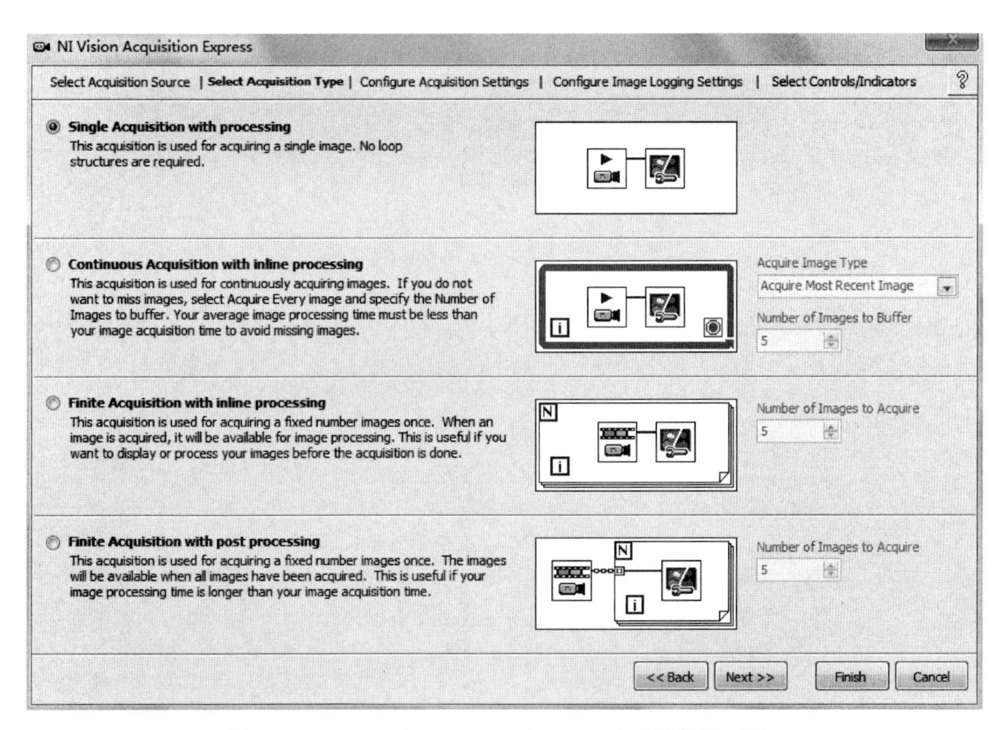

图 10.9　Vision Acquisition Express VI 参数设置面板 2

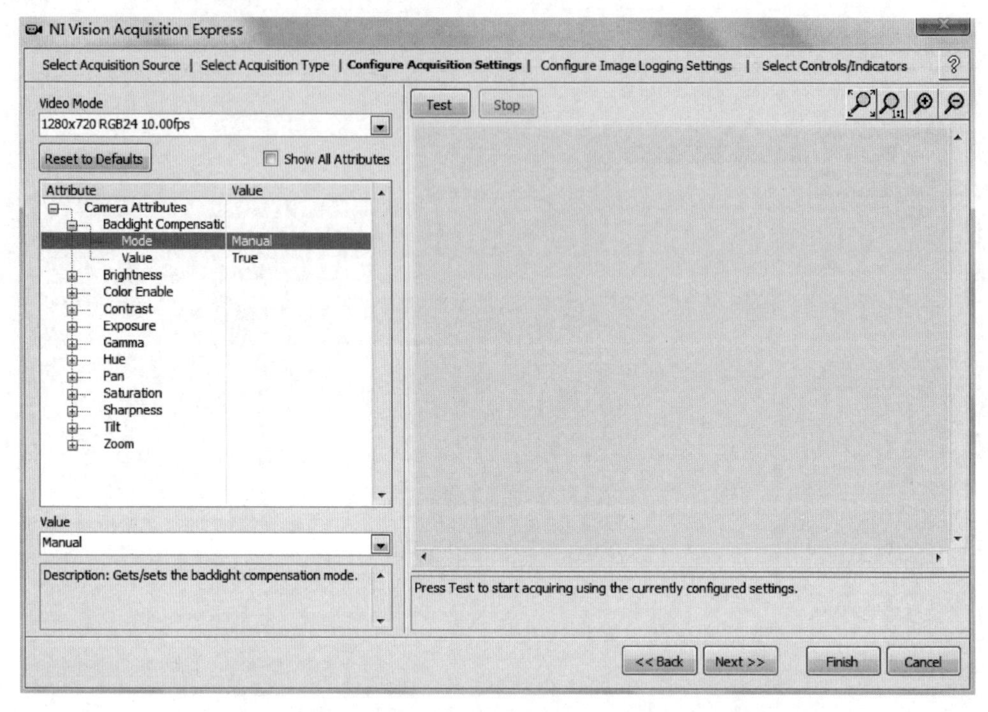

图 10.10 Vision Acquisition Express VI 参数设置面板 3

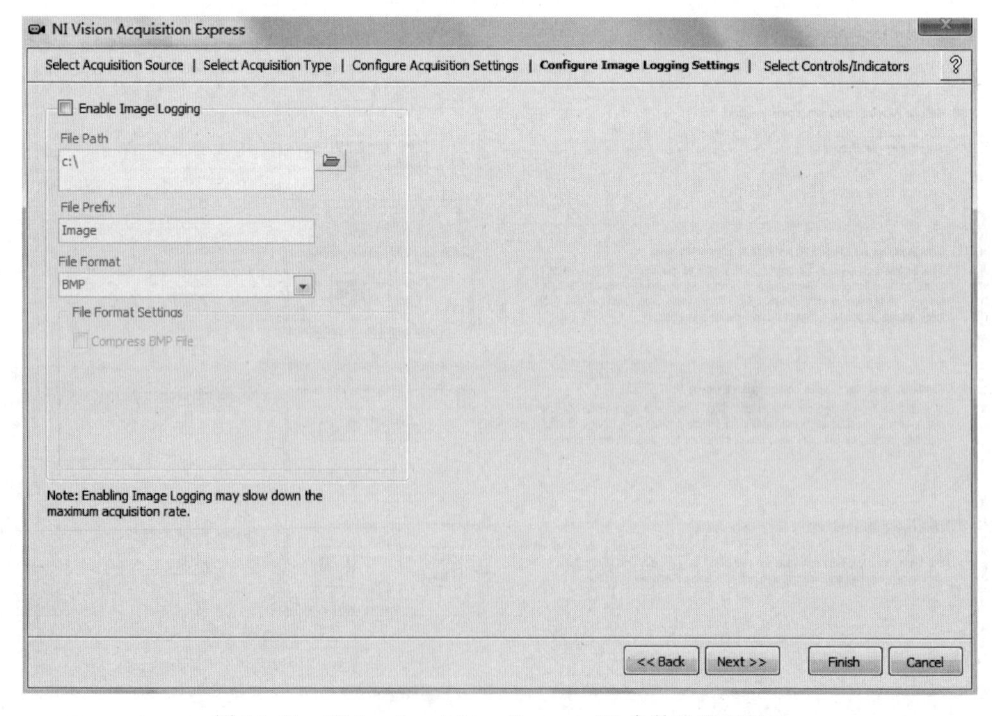

图 10.11 Vision Acquisition Express VI 参数设置面板 4

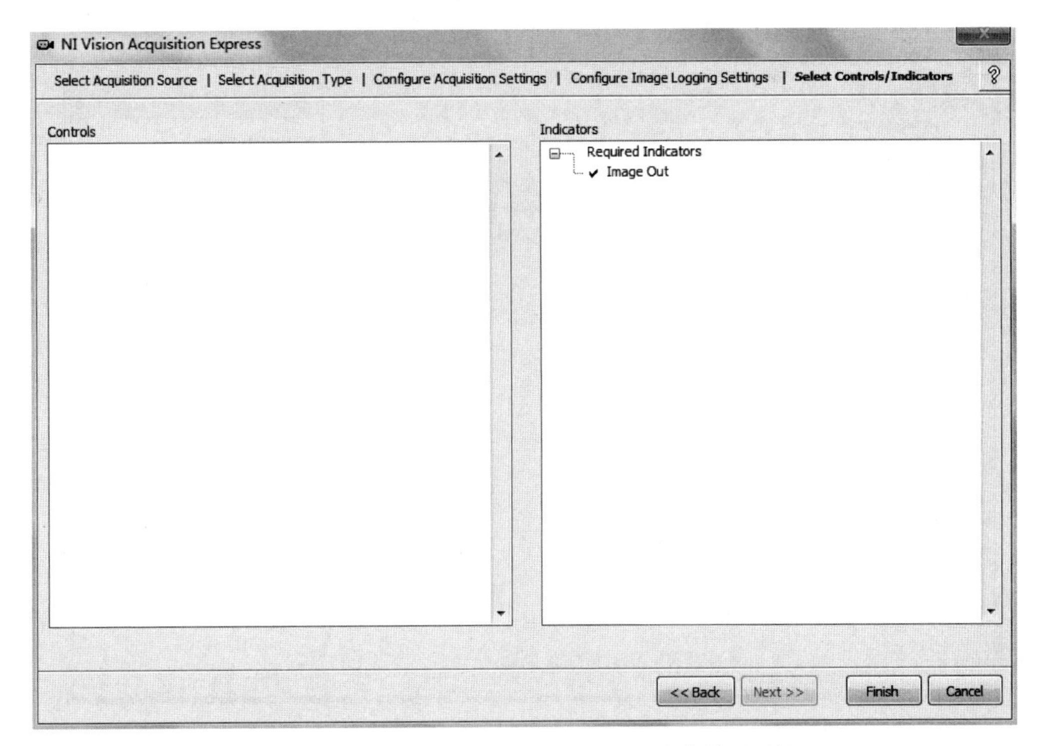

图 10.12 Vision Acquisition Express VI 参数设置面板 5

10.3 利用 MAX 检测摄像头的功能

在第 8 章,曾讲述如何利用 MAX 软件检测数据采集卡的功能是否完好。在本章中,将利用 MAX 软件检测计算机上所连接摄像头的功能是否正常。

首先,将一个带 USB 接口的摄像头连至计算机上,然后双击 MAX 软件,再单击"设备与接口",会弹出如图 10.13 所示的界面。可以看到,当前在计算机上的确安装有两个摄像头 cam0 和 cam2;且在该界面的中间栏内,还给出了所选中摄像头的简要说明。单击该界面中部上方的 Snap 按钮,会采集到摄像头所获得的图像,如此,就说明所连接摄像头的功能是正常的。

如图 10.13 所示,MAX 中的图像采集功能非常丰富,例如单击 Grab,可以实现对图像信息的连续采集;单击 Save Image,可以将采集到的图像信息保存入计算机,等等。单击图 10.13 中下面的 Acquisition Attributes,弹出的界面如图 10.14 所示,这里可以设置图像采集的参数。例如,当前分辨率设置的是 1920×1080,帧速率为 5fps。单击 Video Mode 中的向下箭头,相应的界面如图 10.15 所示,在这里,通过选择不同的组合,可以实现对分辨率和帧速率等参数的修调。

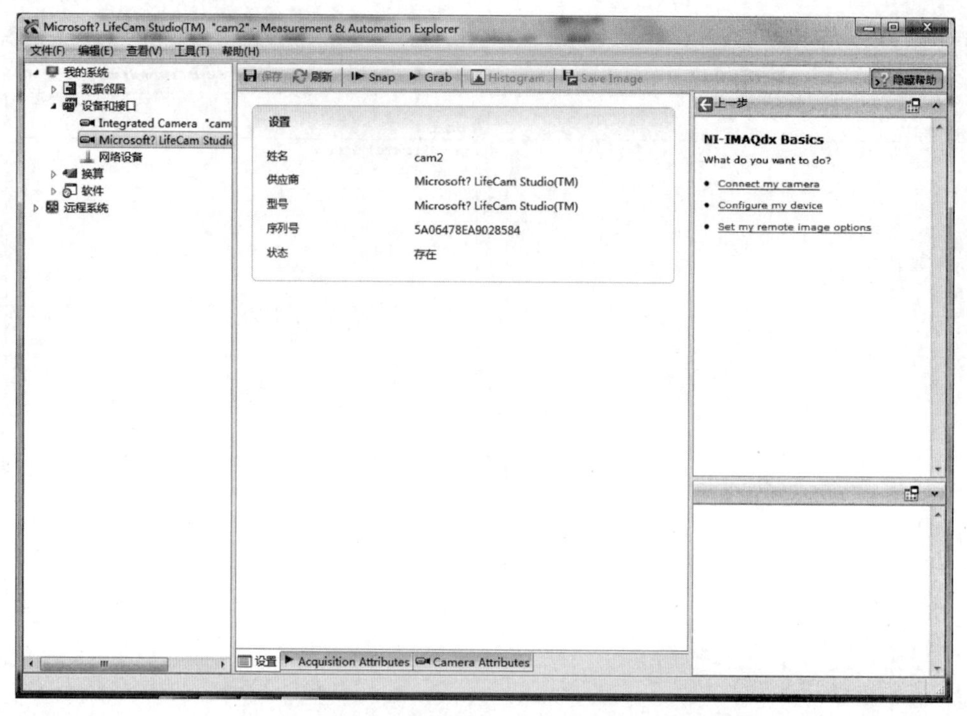

图 10.13　利用 MAX 查看摄像头的功能是否正常

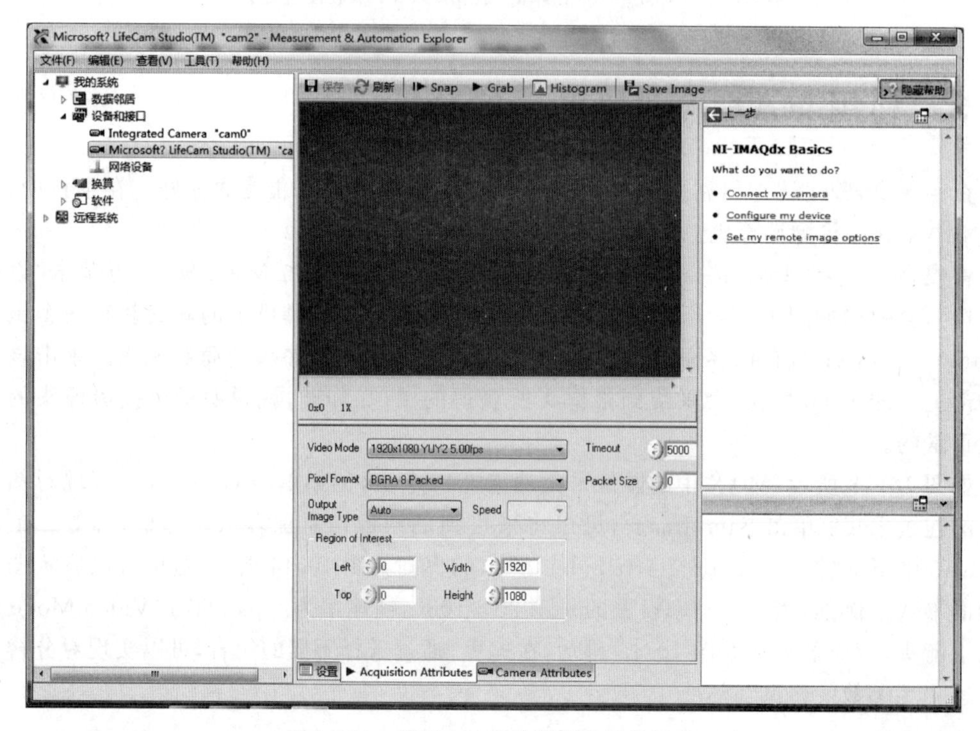

图 10.14　利用 MAX 采集到的图像示意

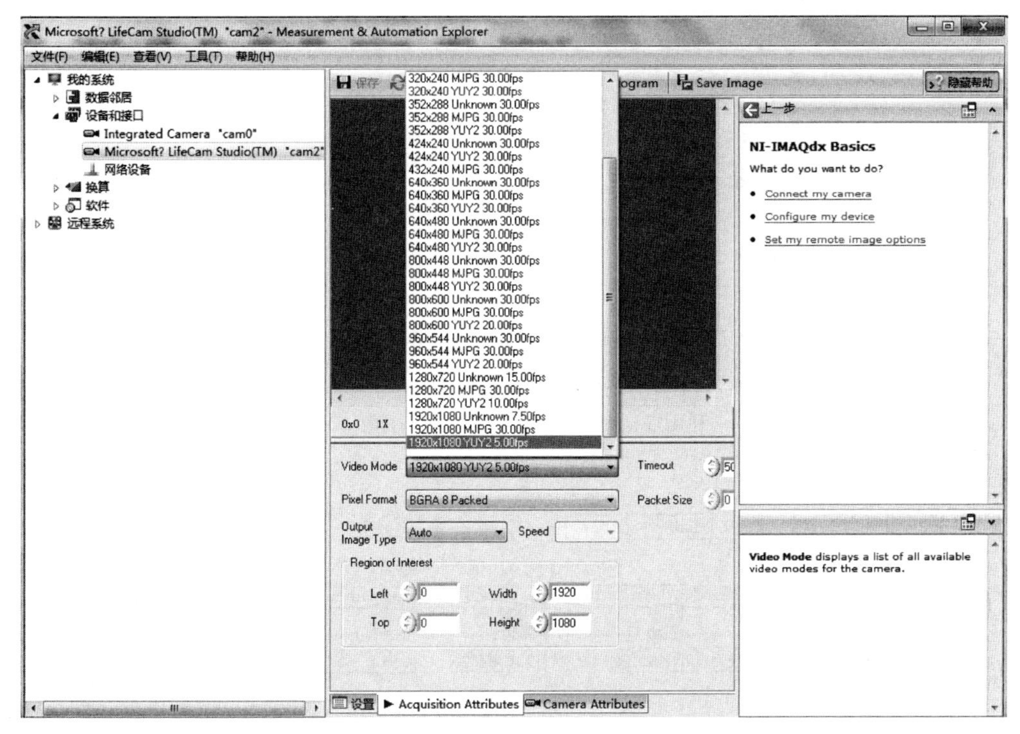

图 10.15　图像采集参数设置界面

10.4　图像采集的实现

具备了上述基础知识后，下面学习如何利用 LabVIEW 编程操作摄像头，以实现对图像信息的采集。图像采集的模式有 3 种，分别为"采集单幅图像""采集 N 幅图像"和"连续采集图像"。以下所有的示例，将分别给出利用底层和高层函数实现图像采集的 VI。对于图像采集快速 VI，可以按照弹出的对话框中的提示，一步步地进行参数设置，本书中对此不再做具体介绍。在硬件连接方面，下面列举的所有示例，都是将一个带 USB 接口的摄像头连至计算机上。

10.4.1　采集单幅图像

例 10.1 给出的是利用底层函数实现的采集单幅图像的 VI；而例 10.2 给出的，则是利用高层函数 Snap 实现的相应 VI。

【例 10.1】　利用底层函数采集单幅图像。该 VI 的具体功能为：运行该 VI，其会采集图像，并将所采集的图像显示在前面板的 Image 控件里，采集图像完成后，该 VI 退出运行。

例 10.1 的 VI 的前面板和程序框图，如图 10.16 和图 10.17 所示，其具体实现步骤如下。

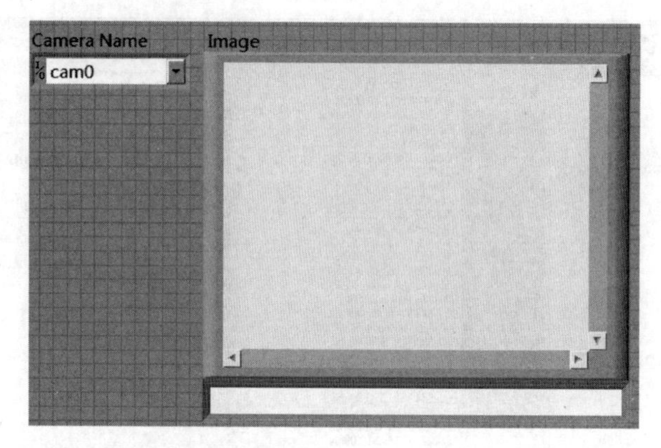

图 10.16　利用底层函数实现的采集单幅图像 VI 的前面板

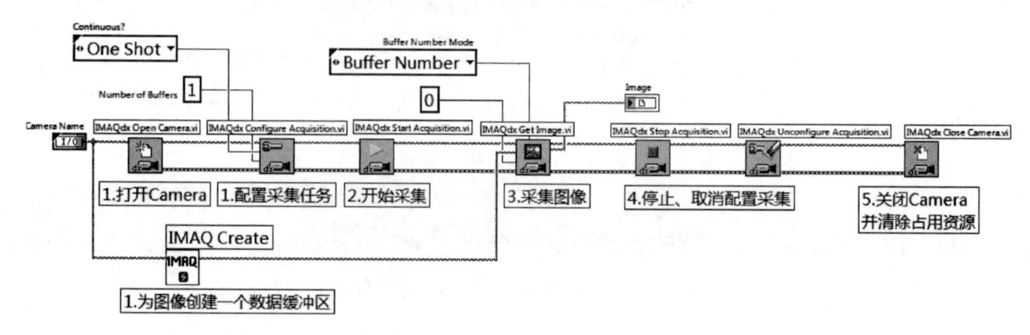

图 10.17　用底层函数实现的采集单幅图像 VI 的程序框图

1）前面板设计

经"控件"→Vision 途径，在 Vision 子选板上找到 image 控件，将其放到前面板上。

2）程序框图设计

（1）在 LabVIEW 的"函数"选板上，经过"视觉与运动"→NI-IMAQdx 途径，来到 NI-IMAQdx 子选板，找到 IMAQdx Open Camera、IMAQdx Configure Acquisition、IMAQ Creat、IMAQdx Start Acquisition、IMAQdx Get Image、IMAQdx Stop Acquisition、IMAQdx Unconfigure Acquisition 和 IMAQdx Close Camera 等八个函数，并将它们从左到右按顺序放置在程序框图面板上，如图 10.17 所示。

（2）将左右相邻两函数之间的 session 输出与 session 输入端子用线连接起来；同时将它们的错误簇输出与错误簇输入端子也用线连接起来；并将 IMAQdx Get Image 函数的 Image Out 输出端连至 Image 控件的输入端上。

（3）进行参数设置。为 IMAQdx Open Camera 函数创建输入控件 Camera Name；为 IMAQdx Configure Acquisition 函数生成"Continuous? "和 Number of Buffers 常量，并对"Continuous? "选择 one shot，将 Number of Buffers 设为 1，表示采集一幅图像；为 IMAQdx Get Image 函数生成 Buffer Number Mode 和 Buffer Number In 常量，并对 Buffer

Number Mode 选择 Buffer Number，且将 Buffer Number In 设为 0。

运行此 VI，在其前面板上可以观察采集到的图像。另外需要指出的是，上述 VI 在进行图像采集时，采用的是摄像头参数的默认设置，即采用的是摄像头的分辨率最大的一个模式（Video Mode）。如何得到摄像头支持的所有的 Video Mode 呢？对此，可通过调用函数 IMAQdx Enumerate Video Modes VI 来实现，相应的 VI 如图 10.18 所示。可以看出，当前的摄像头共有 22 种 Video Mode，一般默认的是选择分辨率最大的那个模式。对当前的摄像头而言，Video Mode 的信息为 1280×800 YUY2 10.00fps，即表示此条件下图像采集的分辨率为 1280×800，帧速率为 10.00fps。

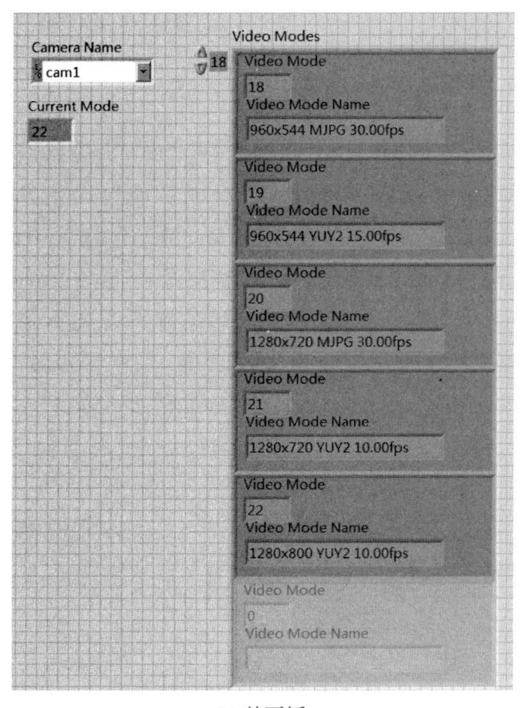

(a) 前面板

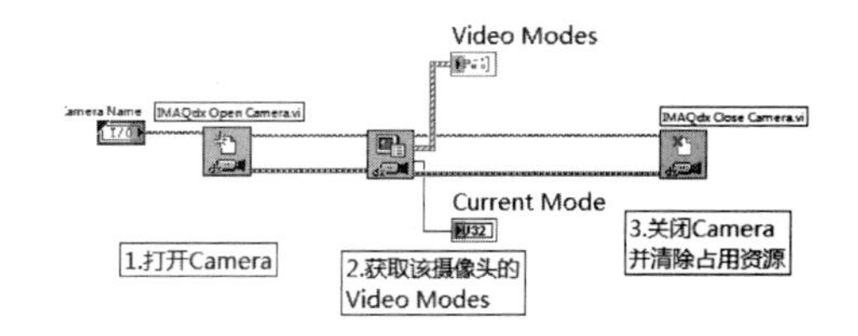

(b) 程序框图

图 10.18 获取摄像头 Video Mode 的 VI

如果在进行图像采集时，不想利用默认的 Video Mode，应该如何实现参数的改变呢？答案是可以利用属性节点来完成，相应的 VI 的程序框图，如图 10.19 所示。与图 10.17 所示的 VI 相比，图 10.19 所示的 VI 只是在 IMAQdx Open Camera 与 IMAQdx Configure Acquisition 两个函数之间增加了一个属性节点"IMAQdx"，并选择该属性节点中的 Video Mode 端口为其赋值。需要注意的是，此端口要求输入的是一个数值，该数值是个索引号，可以通过该索引号在图 10.18(a)所得到的摄像头的 Video Mode 中查找到该索引号下具体的 mode 信息。例如当索引号为 21 时，此条件下的 Video Mode 为 1280×720 YUY2 10.00fps。通过这样的方式，可实现在图像采集时对分辨率以及帧速率等参数的设置。对

采集 N 幅图像和连续采集图像而言，设置参数的方式与采集单幅图像是一样的，后面将不再赘述。

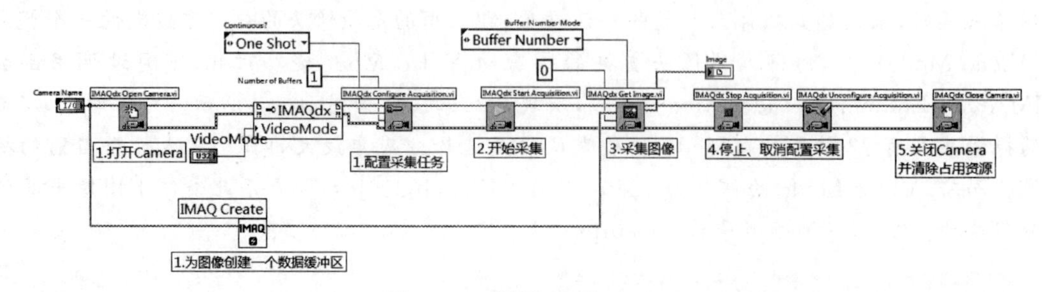

图 10.19 设置 Video Mode

【例 10.2】 利用高层函数采集单幅图像(Snap)。

利用高层函数采集单幅图像，相应 VI 的前面板与例 10.1 的完全一样。该 VI 的程序框图如图 10.20 所示。可以看出，与例 10.1 的 VI 的程序框图相比，在例 10.2 的 VI 中，只调用 IMAQdx Snap 一个函数，就可以实现 IMAQdx Configure Acquisition、IMAQdx Start Acquisition、IMAQdx Get Image、IMAQdx Stop Acquisition 和 IMAQdx Unconfigure Acquisition 等五个函数的功能。即，采用高层函数 IMAQdx Snap，可以让编程变得更加简单。双击 IMAQdx Snap 函数的图标，查看其内部的程序框图，如图 10.21 所示，可以看到，它的具体实现中也调用了上面的五个函数，其操作过程与例 10.1 的 VI 实际是一样的。

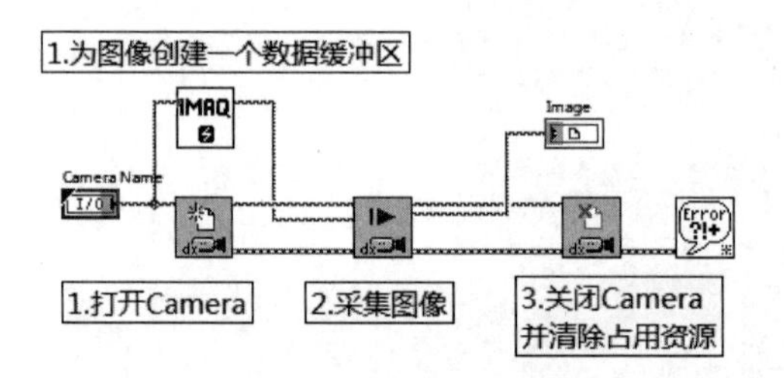

图 10.20 例 10.2 VI 的程序框图

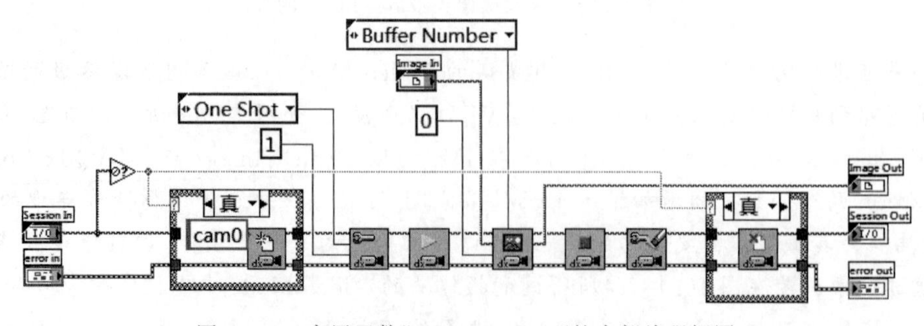

图 10.21 高层函数“IMAQdx Snap”的内部编程框图

10.4.2　采集 *N* 幅图像

对于采集 *N* 幅图像，例 10.3 给出利用底层函数实现的 VI；而例 10.4 给出的，则是利用高层函数 Sequence 实现的相应 VI。

【例 10.3】　利用底层函数采集 *N* 幅图像。

利用底层函数采集 *N* 幅图像 VI 的前面板和程序框图，如图 10.22 和图 10.23 所示。在前面板上，Image Array 为数组，数组的元素为 Image 控件；Number of Images 用于设置采集图像的个数，本例中设置的是 5，表示会采集 5 幅图像。运行此 VI，它会采集 5 幅图像，并将所采集的 5 幅图像显示在前面板的 Image 控件里；采集完成后，该 VI 会退出。该 VI 的具体设计及实现步骤如下。

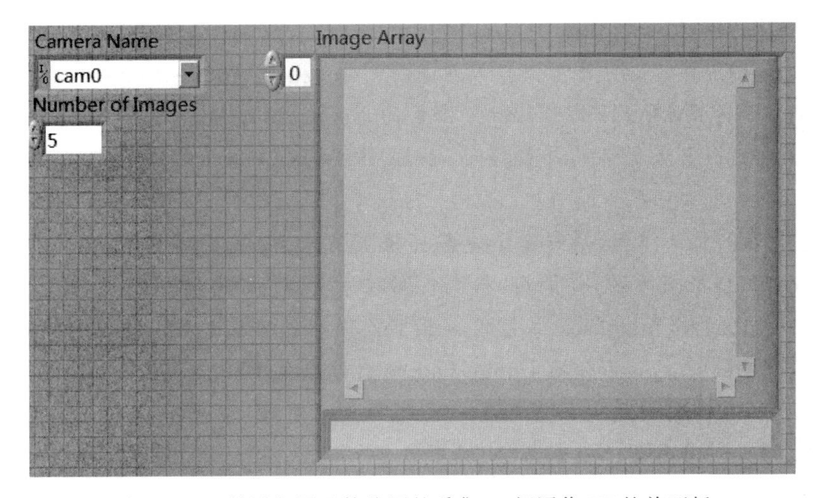

图 10.22　利用底层函数编写的采集 *N* 幅图像 VI 的前面板

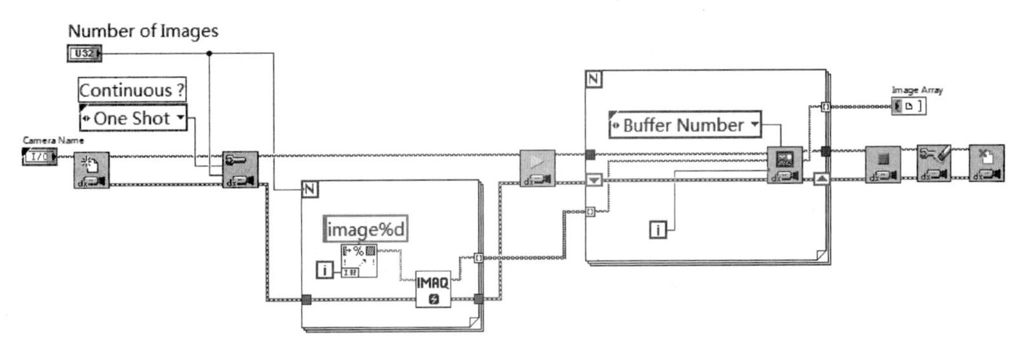

图 10.23　利用底层函数编写的采集 *N* 幅图像 VI 的程序框图

1）前面板设计

经“控件”→“新式”→“数组、矩阵与簇”途径，找到“数组、矩阵与簇”子选板，在其上选择“数组”框架，并将其放到前面板上；经“控件”→Vision 途径，找到 Vision 子选板，从其上找到 Image 控件，并将其放入“数组”框架中。

2）程序框图设计

(1) 在 LabVIEW 的函数选板，经“视觉与运动”→NI-IMAQdx 途径，找到 NI-IMAQdx 子选板，从其上选择 IMAQdx Open Camera、IMAQdx Configure Acquisition、IMAQ Creat、IMAQdx Start Acquisition、IMAQdx Get Image、IMAQdx Stop Acquisition、IMAQdx Unconfigure Acquisition 和 IMAQdx Close Camera 等八个函数，并将它们从左到右，按顺序放置在程序框图面板上，如图 10.23 所示。

(2) 将左右相邻的两函数之间的 session 输出与 session 输入端子用线连接起来；同时将它们的错误簇输出与错误簇输入端子也用线连接起来。

(3) 设置参数。为 IMAQdx Open Camera 函数创建输入控件 Camera Name；为 IMAQdx Configure Acquisition 函数的“Continuous? ”端口生成常量，并选择 one shot；将 Number of Images 输入控件接至 IMAQdx Configure Acquisition 函数的 Number of Buffers 端口上；为 IMAQdx Get Image 函数的 Buffer Number Mode 端口生成常量，选择 Buffer Number；将 For 循环的计数端子 i 接至 IMAQdx Get Image 函数的 Buffer Number In 端口上。

(4) 创建两个 For 循环，第一个 For 循环将 IMAQ Creat 函数框起来，为采集的 5 幅图像的每幅都建立数据缓冲区，并调用“格式化写入字符串”函数，为每幅图像的数据缓冲区命名，并且将 Number of Images 输入控件接至 For 循环的循环总数接线端上；第二个 For 循环将 IMAQdx Get Image 函数的 Image Out 输出端连至 Image array 控件的输入端上。

运行此 VI，在其前面板上便可观察采集到的 5 幅图像。

【例 10.4】 利用高层函数采集 N 幅图像(Sequence)。

利用高层函数采集 N 幅图像 VI 的前面板与例 10.3 的完全一样，其程序框图如图 10.24 所示。可以看出，与例 10.3 VI 的程序框图相比，在例 10.4 中，只调用 IMAQdx Sequence 一个函数，就完成了 IMAQdx Configure Acquisition、IMAQdx Start Acquisition、IMAQdx Get Image、IMAQdx Stop Acquisition 和 IMAQdx Unconfigure Acquisition 等五个函数的功能。双击 IMAQdx Sequence 函数的图标，查看其内部的编程，如图 10.25 所示。可以看到，它的实现也是调用了上面的五个函数，其执行过程实际上与例 10.3 的一样。

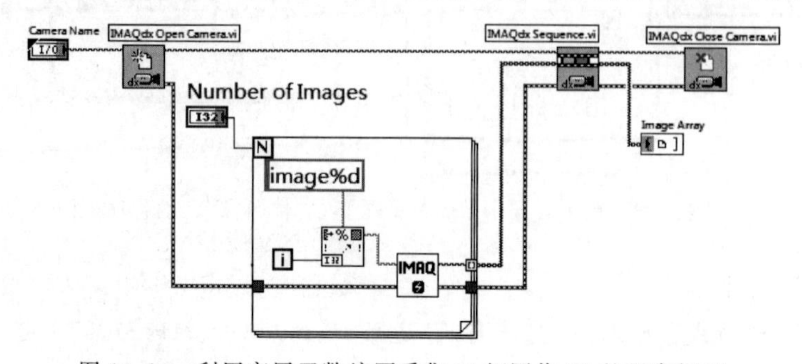

图 10.24 利用高层函数编写采集 N 幅图像 VI 的程序框图

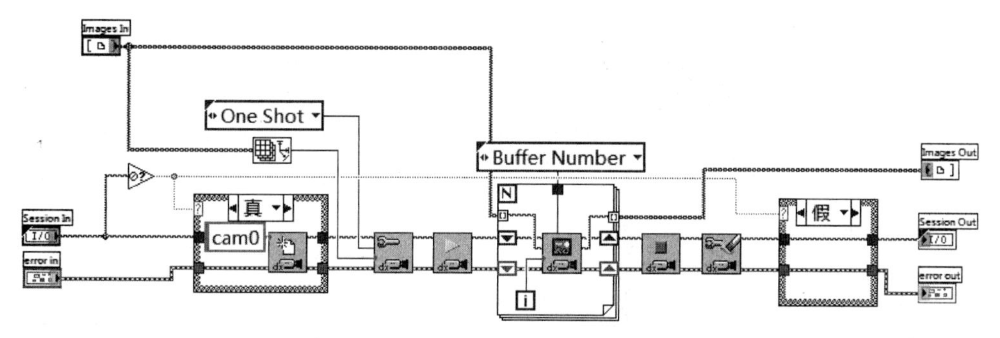

图 10.25 高层函数 IMAQdx Sequence 内部实现的程序框图

10.4.3 连续采集图像

对于连续采集图像,例 10.5 给出利用底层函数实现的 VI;而例 10.6 给出的,则是利用高层函数 Grab 实现的相应 VI。

【例 10.5】 利用底层函数连续采集图像。运行此 VI,它会连续采集图像,并将当前采集到的图像显示在前面板的 Image 控件里;按下前面板上的 Stop 按钮,采集会停止,VI 将退出。

利用底层函数编写的连续采集图像 VI 的前面板和程序框图,如图 10.26 和图 10.27 所示。该 VI 的具体设计和实现步骤如下。

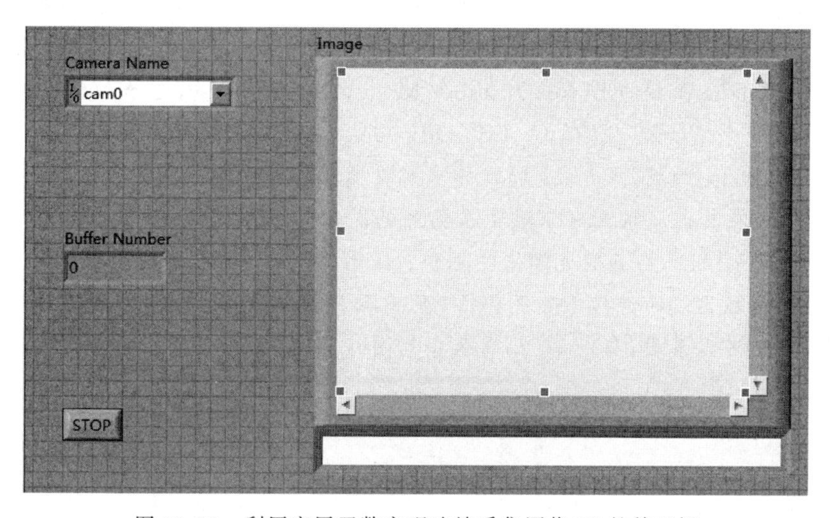

图 10.26 利用底层函数实现连续采集图像 VI 的前面板

1) 前面板设计

经"控件"→Vision 途径,找到 Vision 子选板,从其上找到 Image 控件,并将其放到前面板上。

2) 程序框图设计

(1) 在 LabVIEW 的"函数"选板,从"视觉与运动"→NI-IMAQdx 途径找到 NI-IMAQdx 子选板,从其上找到 IMAQdx Open Camera、IMAQdx Configure Acquisition、

IMAQ Creat、IMAQdx Start Acquisition、IMAQdx Get Image、IMAQdx Stop Acquisition、IMAQdx Unconfigure Acquisition 和 IMAQdx Close Camera 等八个函数，并将它们从左到右，按顺序放置在程序框图面板上，如图 10.27 所示。

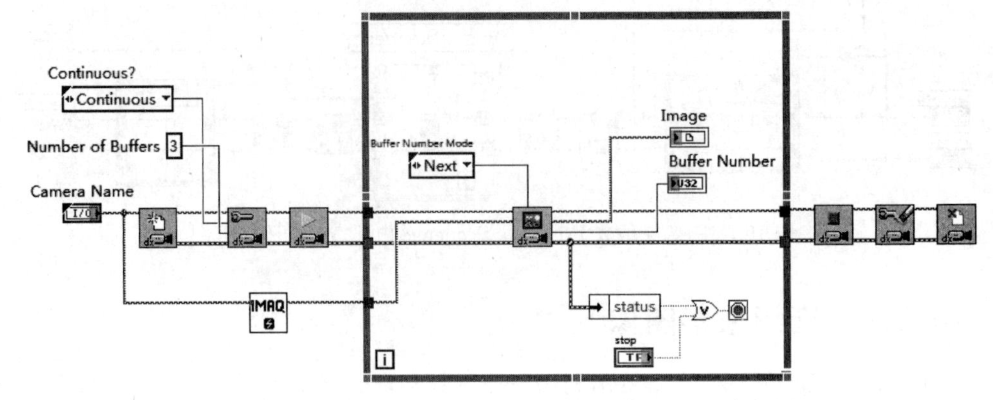

图 10.27 利用底层函数实现连续采集图像 VI 的程序框图

(2) 将左右相邻两函数之间的 session 输出与 session 输入端子用线连接起来，同时，将错误簇输出与错误簇输入端子也用线连接起来。

(3) 设置参数。为 IMAQdx Open Camera 函数创建输入控件 Camera Name；为 IMAQdx Configure Acquisition 函数的“Continuous? ”端口生成常量，并选择 Continuous；为 IMAQdx Configure Acquisition 函数的 Number of Buffers 端口生成常量，并设为 3；为 IMAQdx Get Image 函数的 Buffer Number Mode 端口生成常量，选择 Next。

(4) 创建一个 While 循环，将 IMAQdx Get Image 函数放在该 While 循环内，将 IMAQdx Get Image 函数的 Image Out 输出端连至 Image 控件上。

运行此 VI，在其前面板上可以观察采集到的图像。

【例 10.6】 利用高层函数连续采集图像(Grab)。

利用高层函数实现的连续采集图像 VI 的前面板与例 10.5 的完全一样，其程序框图如图 10.28 所示。可以看出，与例 10.5 的程序框图相比，例 10.6 的程序更简单。

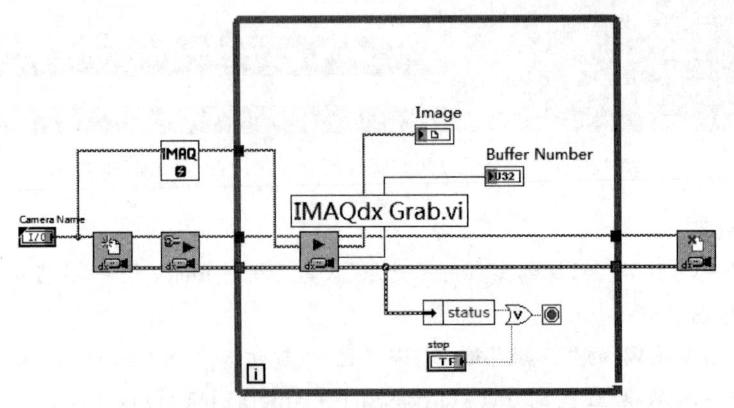

图 10.28 利用高层函数实现连续采集图像 VI 的程序框图

10.5　图像和视频的保存与读取

LabVIEW 中提供的有关图像的保存与读取的函数均位于“Files”子选板上，经函数选板→“视觉与运动”→Vision Utilities→Files，可以找到该子选板，如图 10.29 所示。

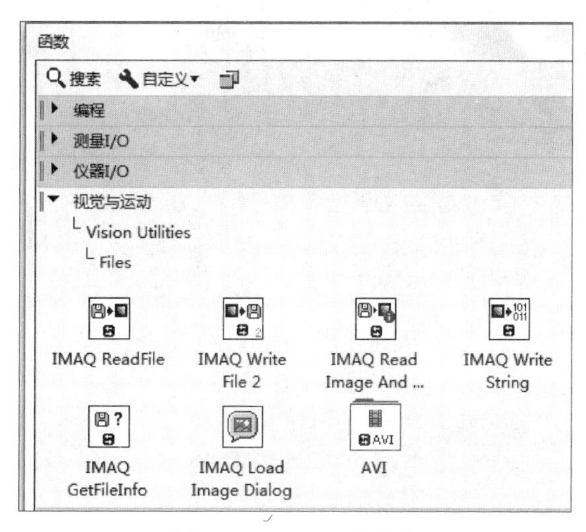

图 10.29　Files 子选板

一般地，在 LabVIEW 中，对于采集单幅图像和 N 幅图像模式，可将采集到的图像保存为 BMP、PNG 或 JPG 格式的文件；而对于连续采集图像模式，可将采集的视频保存为 AVI 格式的文件。

10.5.1　图像和视频的保存

下面通过两个示例，介绍如何将采集到的单幅图像或一段视频保存入计算机中。

【例 10.7】 将摄像头采集到的单幅图像保存在计算机中。

例 10.7 VI 的前面板和程序框图，如图 10.30 和图 10.31 所示。在图 10.31 所示该 VI 的程序框图中，通过调用 Vision Acquisition 快速 VI 采集单幅图像，然后，调用 IMAQ Write File，将采集到的单幅图像保存在当前 VI 的路径下，该图像的名称为 image.bmp。

【例 10.8】 将摄像头采集到的视频信号保存在计算机中。

例 10.8 在例 10.6 的基础上增加了保存视频的功能，该 VI 的前面板如图 10.32 所示，其程序框图如图 10.33 所示。可见，在该 VI 的程序框图中，将函数 IMAQ AVI Create 和 IMAQ AVI Close 放在 While 循环外，而将函数 IMAQ AVI Write Frame 放在 While 循环内，然后按照图 10.33 进行接线。运行该 VI，将实现连续采集图像，并会将采集到的图像以 AVI 格式保存在当前 VI 的路径下，相应的文件名为 image.avi。

图 10.30　例 10.7 VI 的前面板

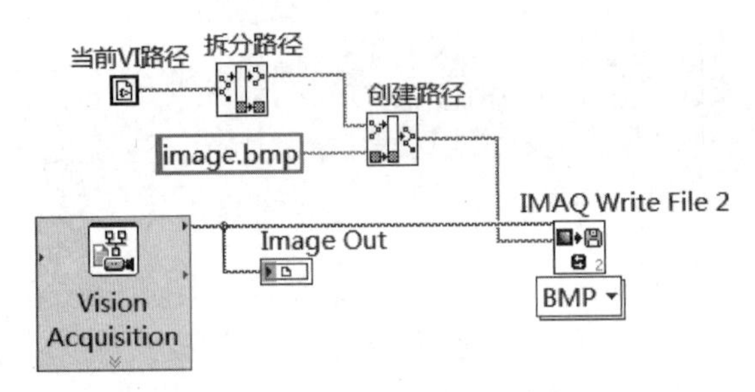

图 10.31　例 10.7 VI 的程序框图

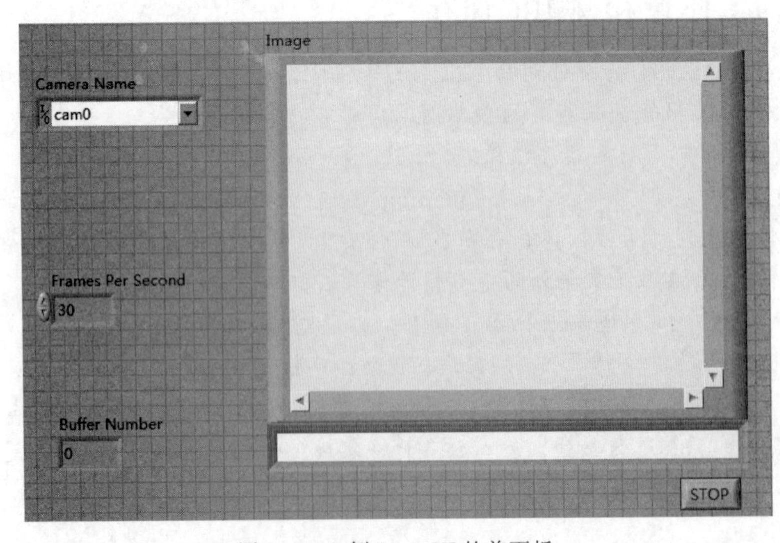

图 10.32　例 10.8 VI 的前面板

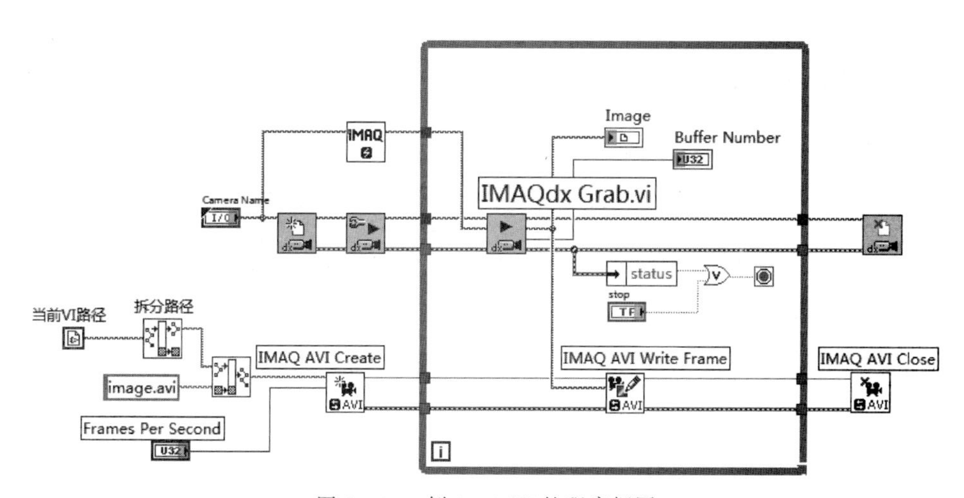

图 10.33　例 10.8 VI 的程序框图

10.5.2　图像和视频的读取

下面将通过两个示例，学习如何将保存在计算机中的单幅图像或一段视频信号读取到利用 LabVIEW 编写的 VI 中。

【例 10.9】　读取单幅图像。

例 10.9 VI 的前面板和程序框图，如图 10.34 和图 10.35 所示，其主要功能，就是将保存在计算机中的一幅图像读入 LabVIEW 环境中。如图 10.35 所示的程序框图中，要读取的图像名称为 Tulips. jpg，获得图像的路径与当前 VI 的路径一样。调用函数 IMAQ Create、IMAQ ReadFile 和 IMAQ Dispose，按照图 10.35 进行接线，之后运行该 VI，就可以看到，在其前面板的图像控件中显示出了要读取的图像。

图 10.34　例 10.9 VI 的前面板

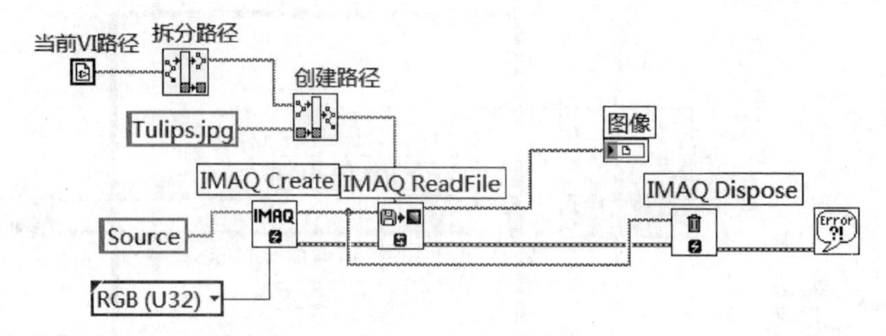

图 10.35　例 10.9 VI 的程序框图

【例 10.10】 读取一段视频信号。

为完成例 10.10 任务编写的 VI 的前面板和程序框图，如图 10.36 和图 10.37 所示。该 VI 的主要功能，就是将保存在计算机中的一段视频信号读入 LabVIEW 的环境中。可以看出，该 VI 比读取单幅图像复杂得多。该 VI 在结构上用到了一个 While 循环和一个顺序结构。具体地，将函数 IMAQ Create、IMAQ AVI Open、IMAQ AVI Get Info 和 IMAQ AVI Close 放在 While 循环外，而将函数 IMAQ AVI Read Frame 放在 While 循环内，按照图 10.37 进行接线。调用 IMAQ AVI Open，获得视频文件的帧数，因为 While 循环的计数是从 0 开始的，所以将获得的帧数减 1，并与计数接线端的数值 i 进行比较，当 i 大于或等于帧数减 1 时，就退出 While 循环。将计数接线端 i 的值赋给函数 IMAQ AVI Read Frame，表示当前循环会读取 AVI 文件中的第 i 帧。在 While 循环内用到了顺序结构，将函数 IMAQ AVI Read Frame 放在第 1 帧，第 2 帧中调用了定时函数，如此，就实现了对前后两帧数据刷新速率的控制。

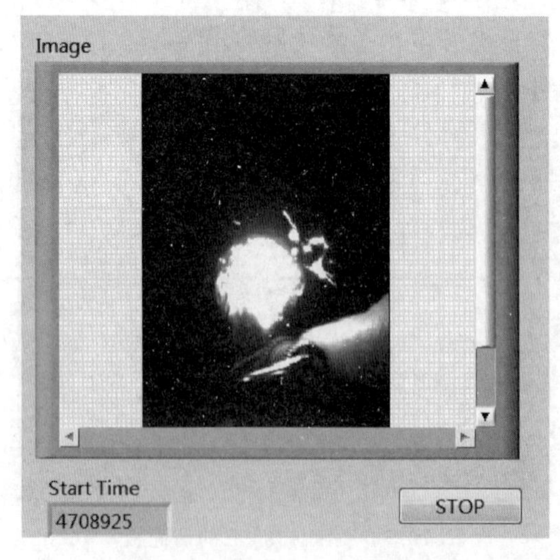

图 10.36　例 10.10 VI 的前面板

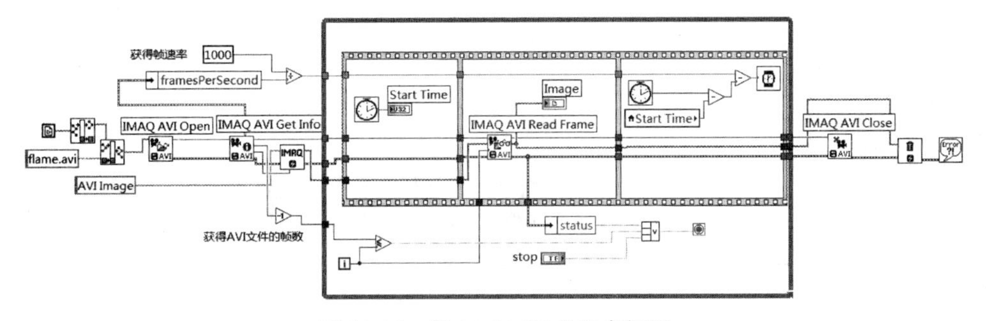

图 10.37　例 10.10 VI 的程序框图

10.6 本章小结

本章讲述了基于 LabVIEW 如何操作摄像头，以实现对图像信号的采集，并学习了如何实现对图像的保存和读取。摄像头已是社会生活中常见的信息获取和测量设备，利用摄像头和 LabVIEW 提供的函数，可以很方便地实现图像采集。而为实现对图像信号的分析处理，图像采集只是最初的一步。接下来，要对采集到的图像进行分析和处理，就涉及数字图像处理方面的理论和方法。为此，还需要学习相关知识[1-4]。

本章习题

10.1　利用快速 VI 采集单幅图像。该 VI 的具体功能为：运行 VI，其会采集图像，并将采集到的图像显示在前面板的 Image 控件里；采集图像完成后，该 VI 退出运行。

10.2　利用快速 VI 采集 N 幅图像。

10.3　利用快速 VI 连续采集图像。运行该 VI，它会连续采集图像，并能将当前采集到的图像显示在前面板的 Image 控件里；按下前面板上的 Stop 按钮，采集停止。

10.4　尝试采集一个二维码，并对其进行识别。

10.5　利用 LabVIEW 生成一个二维码。

参考文献

[1]　冈萨雷斯，伍兹. 数字图像处理[M]. 阮秋琦，阮宇智，译. 3 版. 北京：电子工业出版社，2011.

[2]　松卡，赫拉瓦奇，博伊尔. 图像处理、分析与机器视觉[M]. 兴军亮，艾海舟，译. 4 版. 北京：清华大学出版社，2016.

[3]　施特格，乌尔里希，维德曼. 机器视觉算法与应用[M]. 杨少荣，段德山，张勇，等译. 北京：清华大学出版社，2019.

[4]　Nixon M S，Aguado A S. 计算机视觉特征提取与图像处理[M]. 杨高波，李实英，译. 北京：电子工业出版社，2014.

[5]　Johnson G W，Jennings R. LabVIEW 图形编程[M]. 武嘉澍，陆劲昆，译. 北京：北京大学出版社，2002.

第 11 章

仪 器 控 制

从第 8 章开始，本教材讲述了为将被测物理量传送到计算机中，可以利用专用数据采集卡、计算机自带的声卡以及摄像头等设备。在实际中，还经常会遇到如下情况，即，为完成对某个物理量的测量，已经购买了相应的测量仪器设备；在实施具体测量过程中，有些测量是要重复进行的，耗时较长；另外，有些测量环境非常恶劣，可能会对人体健康构成危害。面对这些情况，一个好的解决方案，是利用计算机去控制仪器，由其去自动完成相应的测量任务，而操作人员不必身处测量现场。这些功能的实现，都涉及有关仪器控制的知识。本章将介绍如何利用 LabVIEW 去控制一台测量仪器。

11.1 仪器控制的基本原理

所谓仪器控制，是指将台式智能仪器(或设备)与计算机连接起来协同工作，具体地，是通过在台式智能仪器与计算机之间传送控制命令和数据，以实现计算机对台式智能仪器的控制。如图 11.1 所示，为实现计算机对仪器的控制，在硬件方面要具备相应的连接通路；而在软件方面，计算机中应安装有相应的硬件驱动程序和应用程序。下面将从硬件通路和软件协议两方面进行具体阐述。

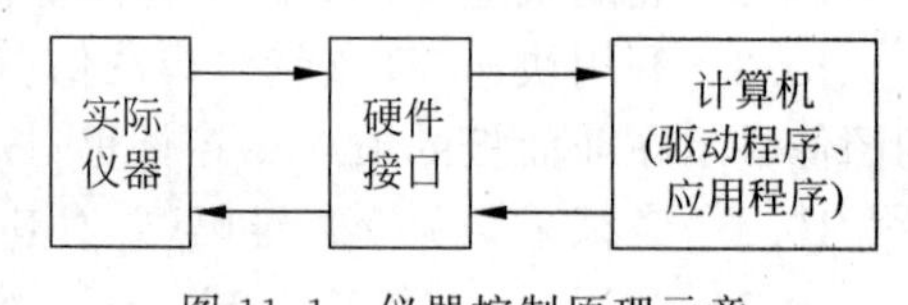

图 11.1 仪器控制原理示意

11.1.1 硬件通路

要利用计算机去控制一台仪器，首先在硬件上要提供被控仪器与计算机之间的连接通路。具体地，仪器与计算机都要具备硬件接口，两接口之间通过相应的总线(有的文献中也称“电缆”，或“连接线”；本教材中，以下统一称其为“总线”)进行连接。当然，不同的接口，需要配备不同的总线，其与计算机相连所采用的总线也会不同。所以，通常也会根据所采用的具体总线的不同对仪器控制进行分类。在仪器控制领域，常用的总线有 GPIB、串行总线、USB 和以太网等。按照接口或总线的不同，相应的仪器又被称为 GPIB 仪器、串口仪器以及 USB 仪器，等等。为配合本教材有关仪器控制知识的讲解，这里主要介绍 GPIB、串行总线和 USB 等 3 种总线。

GPIB 的英文全称是 General Purpose Interface Bus，常被翻译成“通用接口总线”。GPIB 是一种数字的、8 位并行通信总线及接口，其数据传输速率可达 8MB/s。利用 GPIB 总线及接口，可连接多达 14 台仪器，其有效连接的连线长度小于 20 米。如果想利用 GPIB 连接仪器与计算机，就首先要求仪器要带有 GPIB 接口。由于计算机本身很少自带 GPIB 接口，所以若想利用计算机控制 GPIB 仪器，计算机上就要安装 GPIB 卡（如 PCI-GPIB，如图 11.2 所示）或外部转换器（如 GPIB-USB）；计算机与仪器之间通过 GPIB 总线进行连接，GPIB 总线及接头如图 11.3 所示。GPIB 总线接口，专门为测试测量和仪器控制应用而设计，是现代测量仪器都会配备的一种最通用的 I/O 接口[1]。

图 11.2　PCI-GPIB 总线接口卡的实物照片

图 11.3　GPIB 总线及接头

串行总线采用串口通信协议进行通信，每次发送和接收一个比特的信息。对于串行通信，要设置波特率、数据位、停止位和奇偶校验位共 4 个参数。在利用串口进行通信时，这些参数要事先匹配好。对于串口通信，常用的通信标准有 RS-232C、RS-422 和 RS-485 等。在实际中，一般提到的串口通信，就是特指利用 RS-232C 串口进行通信。RS-232C 典型的数据速率低于 20kb/s，有效传输信号的最长距离不超过 15 米，且只能实现点对点的通信。由于计算机一般自带有 RS-232C 串口，如果被控制的仪器上也带有 RS-232C 串口，那仅需购买一条串口总线，就可以进行仪器与计算机之间的通信了。典型的串口总线及接头如图 11.4 所示。

图 11.4　串口总线及接头

由于 RS-232C 串口总线能有效传输信息的距离较短，且实现的是点对点的通信，故并不太适合许多工业现场的具体应用。为此，又出现了 RS-422 和 RS-485 串口。RS-485 串口采用差分方式传输信号，有效传输信号的最长距离可达约 1200 米，且可以连接多台仪器设备。一般计算机上都不带 RS-485 串口，鉴于此，带 RS-485 串口的仪器可通过 USB-485 转换器与计算机相连。

USB的英文全称是Universal Serial Bus,常被翻译为“通用串行总线”。USB是一项即插即用技术。最初的USB 1.1,规范并定义了两种数据传输模式:低速模式和全速模式。USB 2.0定义了一种新的高速模式,在该模式下,数据传输速率可高达480Mb/s(60MB/s)。USB 3.0具有超高速模式,其理论意义的数据传输速率可高达5Gb/s(500MB/s)。USB总线主要用于将计算机的外围设备,如键盘、鼠标、扫描仪和移动硬盘等连接到计算机。目前,越来越多的仪器逐渐采用USB接口。由于计算机一般都自带USB接口,如果要控制的仪器上也带有USB接口,再用一根USB总线,就可以将计算机与仪器连接起来进行通信,USB总线及接头如图11.5所示。

图11.5　USB总线及接头

在实际中,应该根据具体情况和需求选择合适的通信总线和接口。在选择时,要考虑的因素主要有数据的传输速率、仪器与计算机之间的距离、实际的工作环境(电磁干扰)等[1]。

常见问题38:什么是总线?共有几种?

总线是一组信号线的集合,是一个系统的各个部件之间进行信息传输的公共通道。例如,前面介绍的GPIB、串行总线和USB总线,都可用于控制实际的仪器和设备,这些总线又被称为独立总线。与独立总线相对应的是模块化总线,其特征是接口总线被内嵌到仪器中,主要有PCI、PCI Express、PXI和VXI总线。

PCI的英文全称是Peripheral Component Interconnect,常被翻译为“外围器件互联”,PCI总线是当今使用最广泛的计算机内部总线之一。PCI总线提供有高速的传输,理论峰值带宽可达132 MB/s。需要说明的是,PCI总线采用共享总线拓扑连接方式,即其带宽被分配给多台要连接的仪器设备,不同仪器设备之间可通过它进行通信。很明显,如果需要连接的仪器设备增多,那么每台仪器设备的数据信息或控制命令的实际传输速率就会下降。

计算机应用有时需要更大量程的带宽,而PCI总线在许多情况下达到了其物理极限,因此又出现了PCI Express总线。PCI Express总线采用点对点的总线拓扑,即每台仪器设备均可以通过专用通道直接与总线相连。这样,各台仪器设备之间的数据传输不会受到影响。每个通道的带宽能够达到250MB/s。在实际中,PCI Express总线可用作模块化仪器的通信总线。

PXI的英文全称是PCI extensions for Instrumentation,常被翻译为“面向仪器系统的PCI扩展”,即PXI总线是PCI总线在仪器领域的扩展。PXI总线将PCI电气总线特性与坚固、模块化的CompactPCI相结合,并增加了专门的同步总线和关键的软件特性,能够承受恶劣的测量环境。在实际中,PXI总线主要用于模块化仪器,这类仪器也被称为PXI仪器。PXI仪器性能优异,主要应用于工业领域测试系统的构建。

实际中,有时需要在两种接口或两种总线之间实现转换,为此,可以利用转换卡来实现。例如采用 PCI-GPIB 控制卡,可以实现 PCI 总线到 GPIB 总线的转换;而使用 USB-GPIB 控制卡,则可实现 USB 到 GPIB 的转换。

关于总线的更多知识,请参看 NI 公司网站上提供的相关资料[1-2]或其他相关教材。

11.1.2 通信协议

测量仪器要与计算机实现通信,必须遵循相关的通信协议。对于采用基于消息的通信方式,理论上讲,消息的格式可以是任意的,也就是说,通信协议可以由仪器厂家自己制定。但如果这样,不同厂家制作的仪器将有不同的通信协议,这对使用者来说无疑是痛苦的,因为每使用一台新的仪器,就要学习新的控制命令集。针对于此,1990 年国际上推出了 SCPI 来解决这一问题。

SCPI 的英文全称是 Standard Commands for Programmable Instruments,常被翻译为"可编程仪器标准命令"。SCPI 规范了一套标准的命令集,其不仅与硬件无关,也与编程语言无关[3-5]。所以,无论是基于 GPIB、串口还是 USB 的任何仪器,都可以采用符合 SCPI 标准的命令集。而且在程序实现上,可以采用 C、LabVIEW 或者其他编程语言编写仪器控制应用程序。一般地,购买了一台仪器后,可以在其产品说明书中找到它支持的通信协议。目前,大部分测量仪器都支持 SCPI。

利用 SCPI,计算机与一台示波器的通信过程如下:

计算机: * IDN? (意思是:您是谁? 或者您的名称是什么?)

示波器: TEKTRONIX,TDS 1002,0,CF:91.1CT FV:v2.12 TDS2CM:CMV:v1.04\n(返回仪器的名称、型号等信息)

SCPI 规定了仪器与计算机之间的通信协议,当计算机向仪器发送" * IDN?"命令后,示波器就会返回"TEKTRONIX,TDS 1002,0,CF:91.1CT FV:v2.12 TDS2CM:CMV:v1.04\n",以回答计算机向它提出的问题。" * IDN?"是学习仪器控制刚开始时常用的一条命令。在第 11.3 节,将会利用这条命令去检测计算机与所连接仪器之间的通信功能是否正常。

11.2 LabVIEW 中仪器控制的基本概念

从 11.1 节可知,可以根据实际情况选择合适的通信总线及其接口,以让仪器与计算机相连;并且了解了其应遵循具体的通信协议。接下来学习如何在 LabVIEW 环境中进行编程,以实现计算机对仪器的有效控制。

11.2.1 总体介绍

在 LabVIEW 环境下,可以利用 VISA 和仪器驱动程序来实现仪器控制。VISA 的英文全称是 Virtual Instrument Software Architecture,常被翻译为"虚拟仪器软件构架",是用于仪器控制编程的一套标准输入/输出 API,是在 LabVIEW 环境下实施仪器控制的底层函数。利用 VISA,可以控制 GPIB、串口、以太网、PXI 和 VXI 仪器。仪器驱动程序,是指用于控制仪器硬件的一套高层函数;是通过调用 VISA、根据不同仪器、并结合通信协议而创建的,即不同的仪器具有各自相应的驱动程序。一般地,仪器厂商(例如,Tektronix 和 HP 等公司)会为自己生产的各种仪器开发配套的驱动程序。具体的仪器驱动程序代码,可以在相应仪器生产商的网站上找到。如果找不到仪器驱动程序,那就只能利用 VISA,再通过编程来实现对相关仪器的控制。

如图 11.6 所示,在 LabVIEW 中,有关仪器控制的函数,都可以经"函数"选板→"仪器 I/O"途径,在"仪器 I/O"子选板上找到。在"仪器 I/O"子选板上,又细分有"仪器驱动程序"和"VISA"等子选板。如图 11.7 所示,在"仪器驱动程序"子选板上,提供有一些仪器(Agilent 等)的驱动程序。

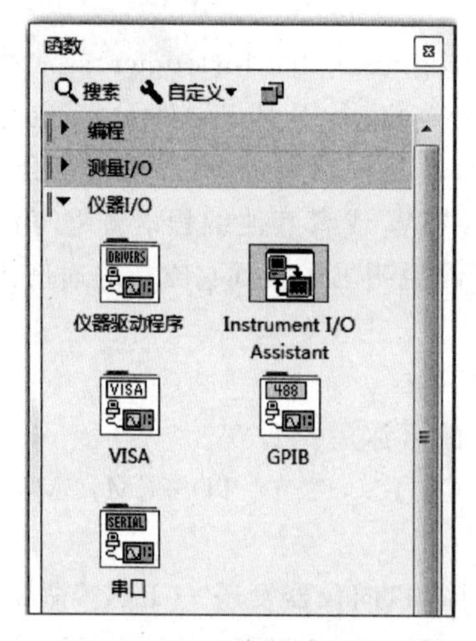

图 11.6 "仪器 I/O"子选板

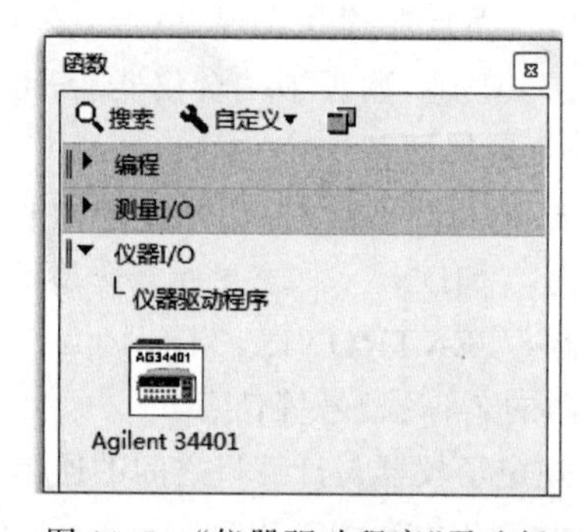

图 11.7 "仪器驱动程序"子选板

利用仪器驱动程序,不需要再学习复杂的底层仪器编程指令,可简化仪器控制,减少仪器测控 VI 的开发时间。但由于高层函数都封装了一些实现仪器控制的具体细节,且因规模较大、结构较复杂,初学者读起来较难抓住要领。所以在刚开始接触仪器控制时,可先利用 VISA 编写一些简单的与仪器进行通信的程序,以利于初学者相对容易地建立起仪器控制的概念。

11.2.2 基本步骤

如图 11.8 所示,利用 VISA 函数开发仪器控制程序的步骤如下:①调用"VISA 打开"函数,选择要与计算机进行通信的仪器;②调用"VISA 写入"函数,向仪器发送指令;③调用"VISA 读取"函数,从仪器中读取数据;④调用"VISA 关闭"函数,释放掉所占用的硬件资源。其中,对于第 2 步,可以查阅仪器使用说明书,找到需要使用的通信指令。

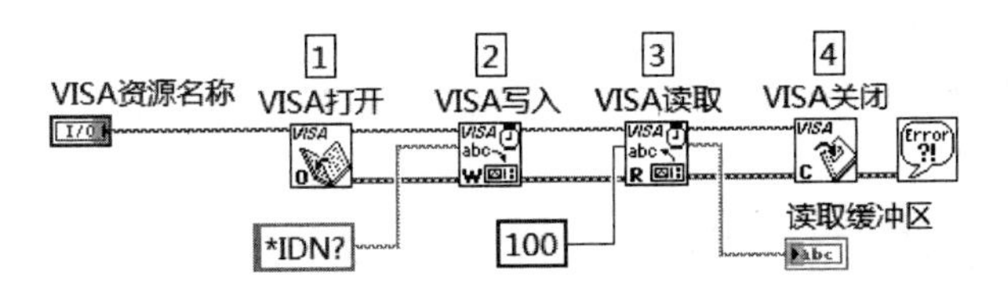

图 11.8　利用 VISA 函数开发仪器控制程序的基本步骤

11.2.3　VISA 函数

在 LabVIEW 中，经“函数”选板→“仪器 I/O”→“VISA”途径，可在“VISA”子选板上找到 VISA 函数，如图 11.9 所示。在这些函数中，经常要用到的有 4 个，如表 11.1 所示。

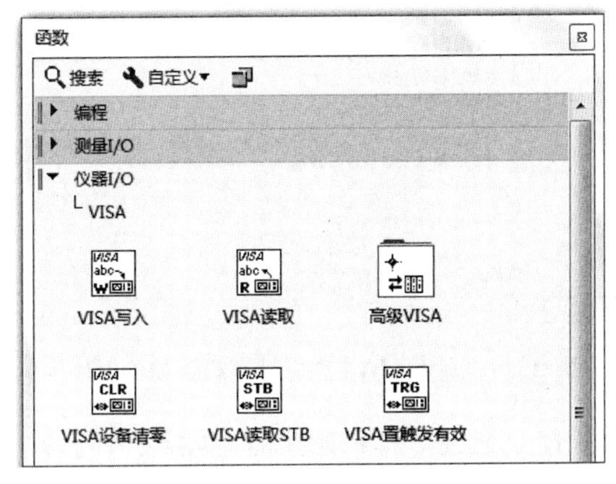

图 11.9　VISA 子选板

表 11.1　VISA 函数

序号	函数名称	图标	功 能 说 明
1	VISA 配置串口		使 VISA 资源名称指定的串口按特定设置进行初始化
2	VISA 写入		使缓冲区的数据写入 VISA 资源名称指定的仪器设备或接口
3	VISA 读取		从 VISA 资源名称指定的仪器设备或接口中读取指定数量的字节，并使数据返回至读取缓冲区
4	VISA 关闭		关闭 VISA 资源名称指定的仪器设备会话句柄或事件对象

11.3　利用 MAX 检测要通信的仪器

在编写仪器控制程序之前，首先要找到仪器，并确认计算机与仪器的通信功能是正常的。这该如何实现呢？可以利用 NI 的设备管理软件 MAX。有关 MAX，曾在第 8 章中介绍过。

运行 MAX 软件，在弹出的界面上，单击左边的“设备和接口”，MAX 会自动检测计算机上当前连接的硬件设备。如图 11.10 所示，可以看到，目前该计算机上已安装有 1 块数据采集卡“NI PCI-MIO-16E-4”。

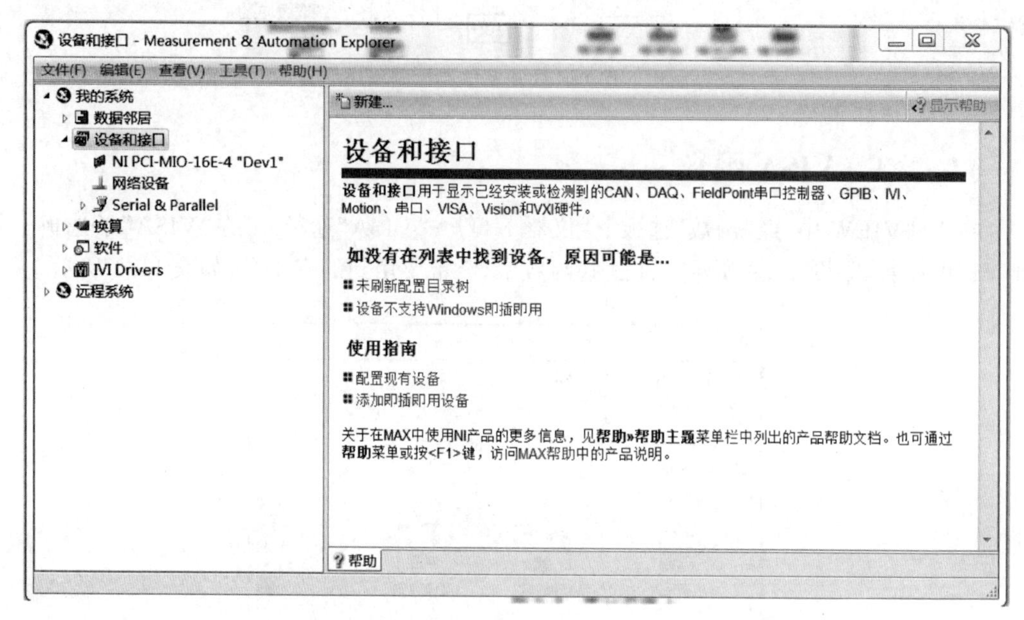

图 11.10 利用 MAX 查看计算机连接的硬件设备

如果仪器与计算机之间是通过串口相连接的，单击设备与接口中的“Serial 和 Parallel（串口和并口）”，会显示计算机中当前的所有串口和并口设备列表，单击“COM1”，界面如图 11.11 所示，然后单击左上方的“Open VISA Test Panel”，弹出的界面如图 11.12 所示。在图 11.12 所示的第一层界面中，是串口的基本参数设置，单击上方的第二个按钮“Input/Output”，进入的界面如图 11.13 所示。在该界面，单击 Write 按键，表示向仪器通过串口发送了指令“ * IDN?”，然后再单击 Read 按键，则在下方窗口中返回仪器的信息“TEKTRONIX, TDS 1002, 0, CF: 91. 1CT FV: v2. 12 TDS2CM: CMV: v1. 04 \ n”，说明串口连接的是 TEKTRONIX 的示波器，型号是 TDS 1002，由此证明仪器与计算机之间的通信是正常的。

现在，越来越多的仪器或设备采用 USB 接口（以下简称为“USB 口”）与计算机进行通信。如果采用的是 USB 口，也可以先运行 MAX 软件，测试所连接仪器与计算机之间的通信是否正常。此时，MAX 的初始界面如图 11.14 所示。可以看出，在“设备与接口”下面有一个带 USB 口的仪器，选中该仪器，单击“OPEN VISA TEST PANEL”，弹出的界面如图 11.15 所示。单击上方的“Input/Output”，弹出的界面如图 11.16 所示。单击“Write”，表示将命令“ * IDN?”发送给下位机，然后再单击“Read”，表示读取下位机返回的信息，此时对应的界面如图 11.17 所示，返回仪器的名称是“TEKTRONIX, TBS 1102B-EDU, C018980, CF: 91. 1CT FV: v4. 06\n”，如此，就证明了 USB 口仪器与计算机之间的通信是正常的。

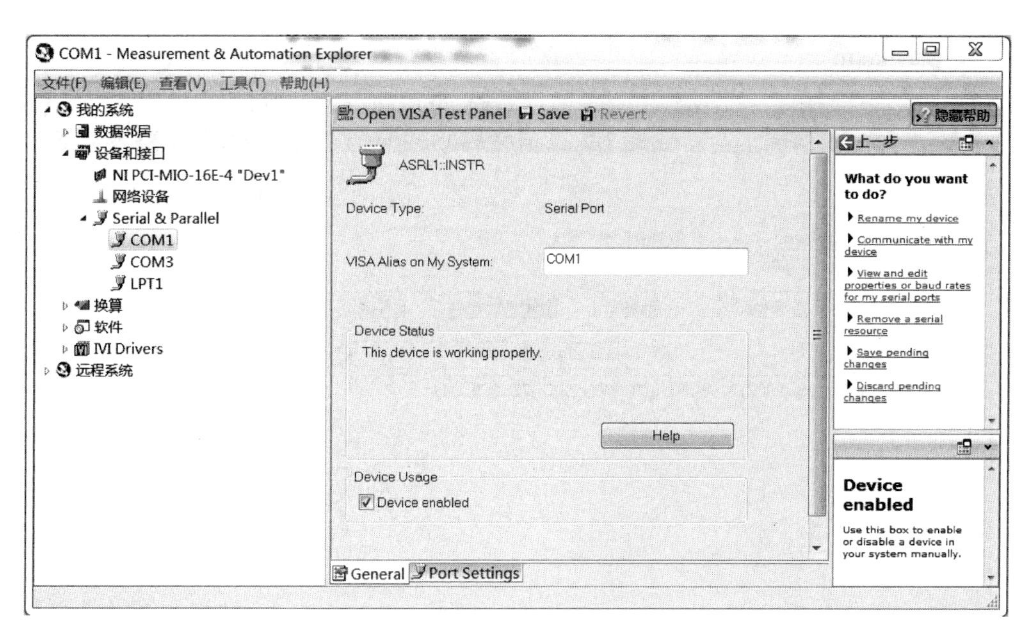

图 11.11　串口界面

图 11.12　串口通信参数设置界面

利用 MAX 检测仪器的通信功能，验证其正常后，就可以放心地在 LabVIEW 中利用 VISA 进行编程，来实现计算机与被控制仪器之间的通信了。

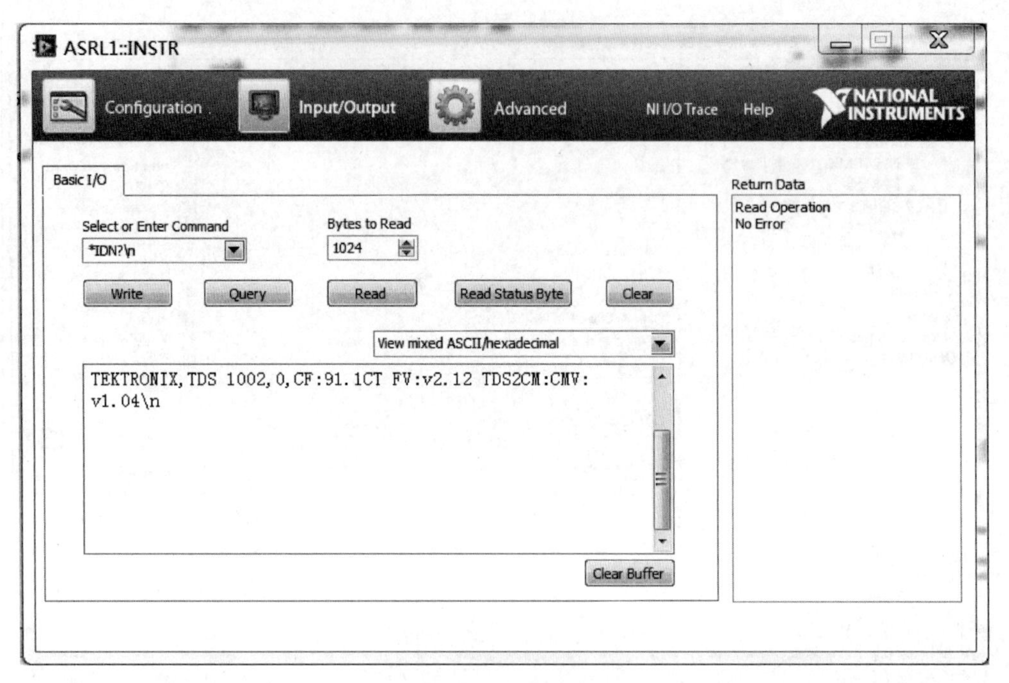

图 11.13　串口通信界面

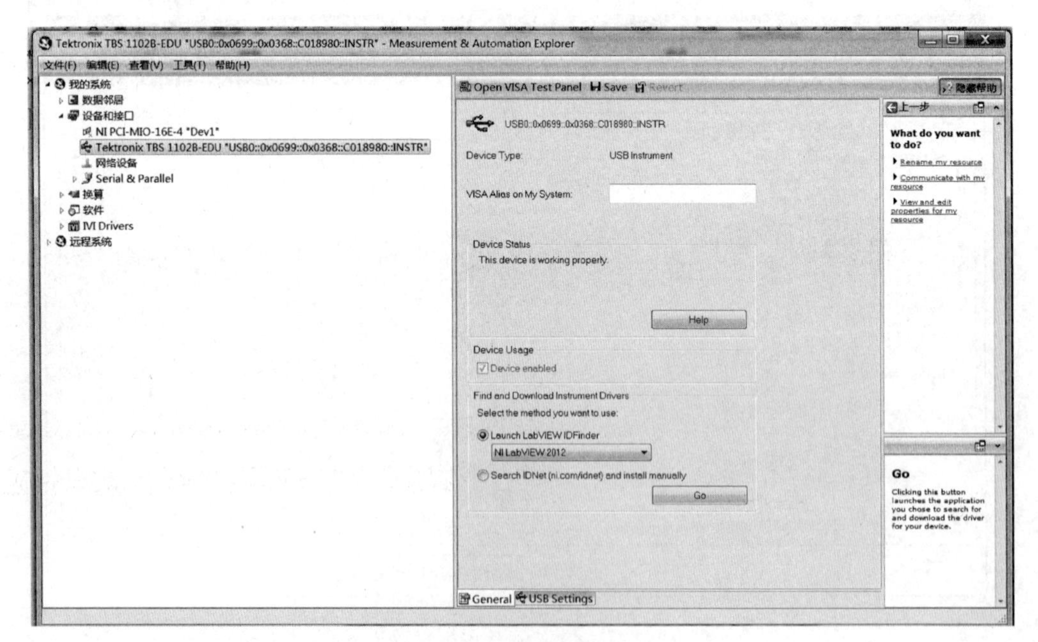

图 11.14　MAX 初始界面

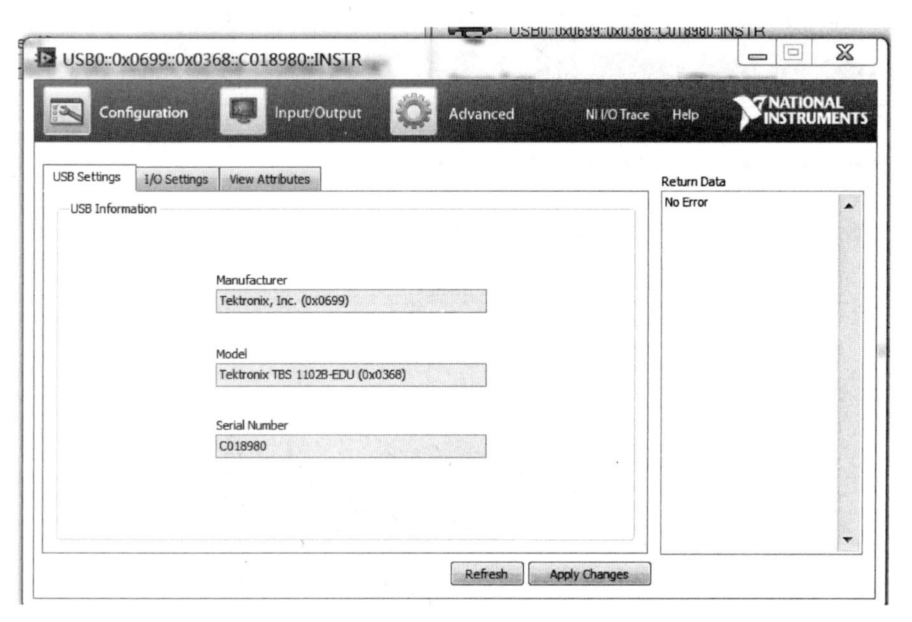

图 11.15 配置参数界面

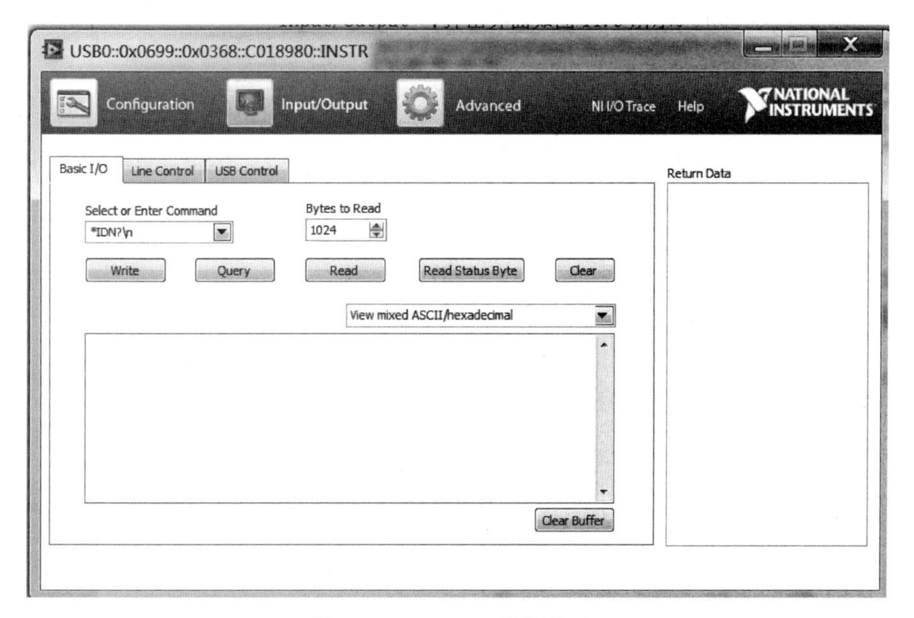

图 11.16 USB 口通信界面 1

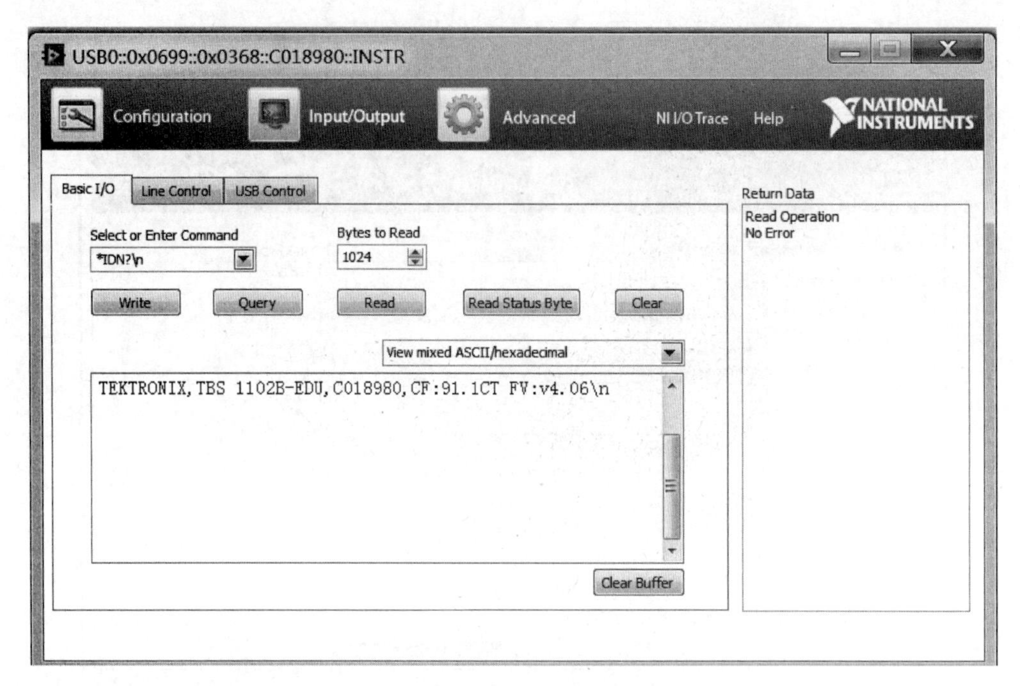

图 11.17　USB 口通信界面 2

11.4　仪器控制示例

要想利用计算机实现对仪器的控制，有很多种总线及其标准接口可以使用，例如，GPIB、串口、USB 口、以太网口等。接下来，将分别给出带串口和 USB 口的仪器与计算机进行通信的示例。示例 VI 的功能，不仅可以实现计算机与台式仪器之间发送和回传字符串命令，还能实现一段波形数据的传送，例如将示波器中当前测量的波形数据传送给计算机，以及将计算机仿真生成的一段波形数据传送给函数发生器。给出的具体 VI 代码中，未利用循环结构和条件结构，目的是着重理解和体会仪器控制的相关知识。

11.4.1　利用计算机控制串口仪器

下面分别给出利用 LabVIEW 实现计算机与电工电子实验室常用示波器 TDS1000 和函数发生器 HP33120A 进行串口通信、仪器控制的示例。示波器 TDS1000 和函数发生器 HP33120A 都带有 RS-232C 串口；在硬件连接方面，都是利用一根串口线将要通信的仪器连至计算机的串口，实际接线如图 11.18 所示。

【例 11.1】 计算机与示波器 TDS1000 之间的串口通信。

计算机与示波器 TDS1000 实现串口通信的接线如图 11.18 所示。具体地，利用函数发生器输出一个正弦信号(图 11.18 中为 1kHz 的正弦信号)，经连接线送至示波器的输入端口,然后将示波器与计算机之间用串口总线连接起来。利用示波器 TDS1000 测量函数发生器产生的信号,然后通过串口将示波器显示的当前测量数据传送给计算机,由计算机完成对测得数据的显示、分析及处理。基于 LabVIEW 实现上述串口通信功能的 VI 的前面板,如图 11.19 所示;该 VI 的程序框图给出在图 11.20 中。这里,仪器控制 VI 包含 3 个子程序,分别是“串口初始化”“X 轴信息”和“Y 轴信息”。

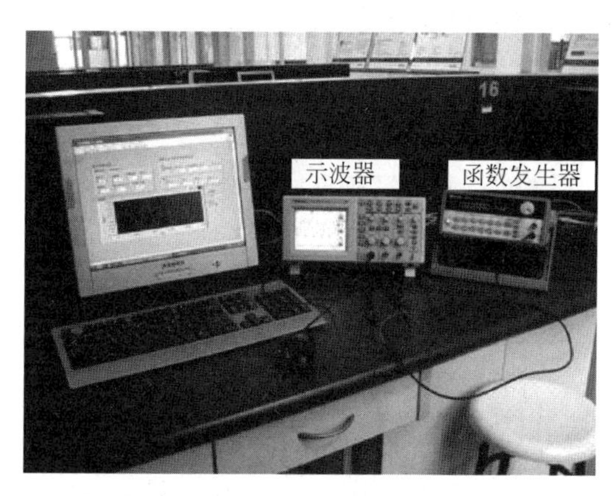

图 11.18　例 11.1 和例 11.2 的仪器与计算机进行通信的接线

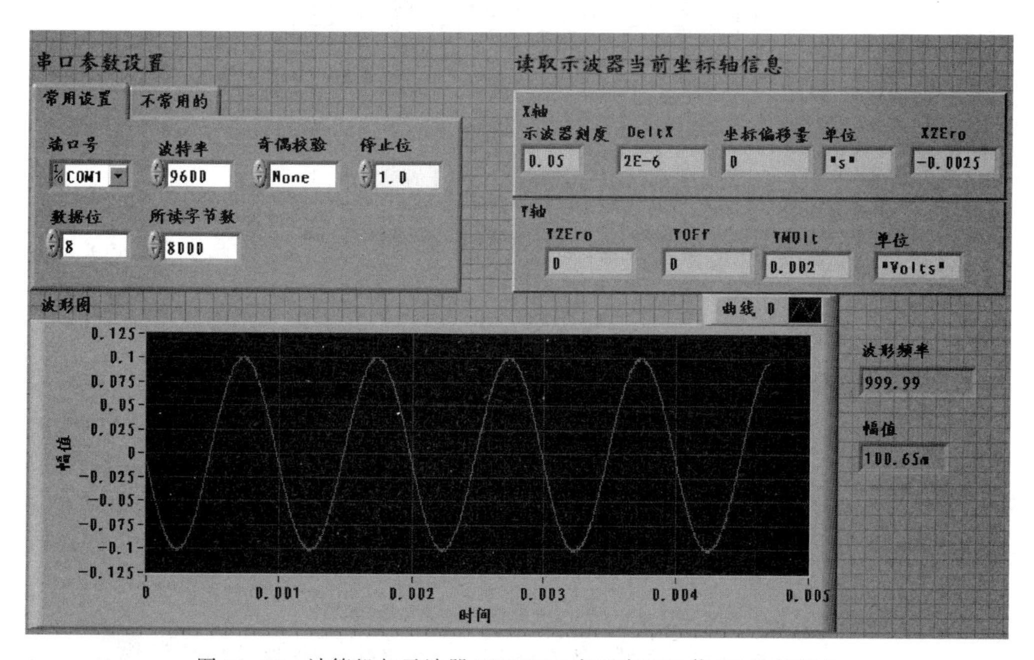

图 11.19　计算机与示波器 TDS1000 实现串口通信 VI 的前面板

“串口初始化”子 VI 的程序框图,如图 11.21 所示。其中,通过调用“VISA 配置串口”函数,可对串口通信的参数进行设置,例如,“端口号”“波特率”“奇偶校验”“停止位”以及“数据位”等。对这些参数的设置,要参考所要通信仪器的使用说明书,例如对本示例的参数设置，就需要与示波器 TDS1000 的串口参数设置保持一致。

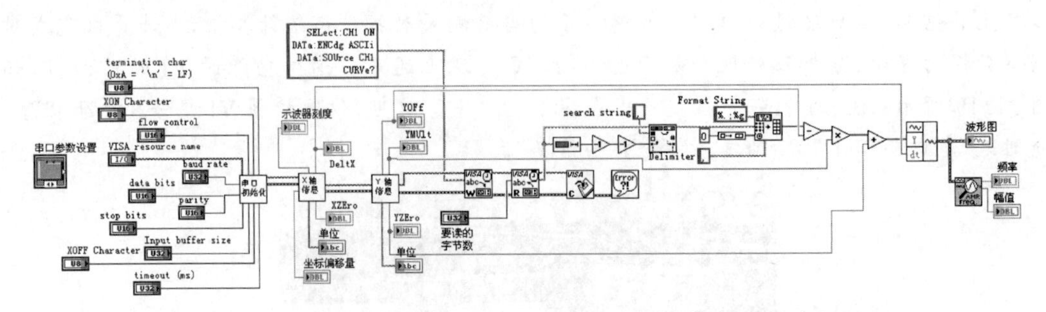

图 11.20　计算机与示波器 TDS1000 实现串口通信 VI 的程序框图

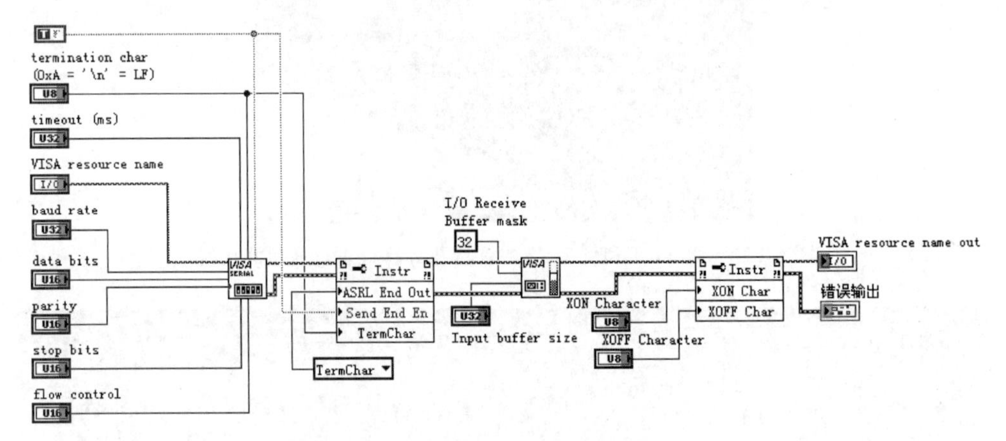

图 11.21　“串口初始化”子 VI 的程序框图

“获取 X 轴信息”子 VI 的程序框图，如图 11.22 所示。可以看出，此子 VI 中主要用到了两个函数，即“VISA 写入”函数和“VISA 读取”函数。先调用“VISA 写入”函数，计算机发送一个命令给示波器，示波器接收到此命令后，会将相应的数据返回给计算机；随后再调用“VISA 读取”函数，以读取示波器回送的数据。例如在图 11.22 中，想得到当前示波器 X 轴的刻度，则需先调用“VISA 写入”函数，以向示波器发送命令“CH1:SCALe?”，然后，再调用“VISA 读取”函数，以读取示波器返回给计算机的数据，并利用显示控件“示波器刻度”在前面板上显示出来。有关示波器 TDS1000 与计算机之间的通信命令，可以在该型号示波器的说明书中查找到。

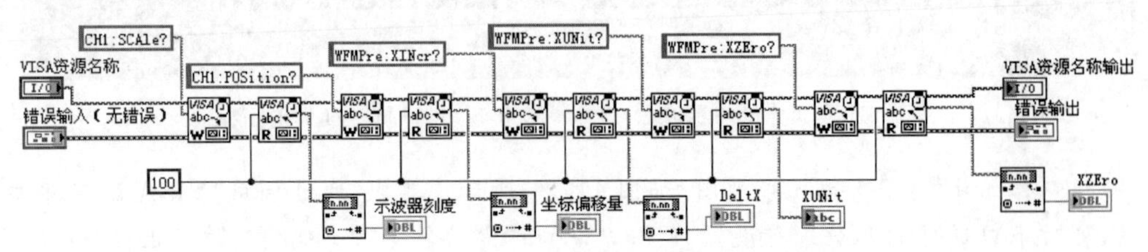

图 11.22　“获取 X 轴信息”子 VI 的程序框图

要实现将示波器当前的测量数据传送给计算机，首先要调用“VISA 写入”函数，为此，要向示波器发送命令“SELect：CH1 ON DATa：ENCdg ASCIi DATa：SOUrce CH1 CURVe?”，然后，再调用“VISA 读取”函数，读取示波器当前测得的数据。需要注意的是，示波器与计算机之间的通信，采用的是 ASCII 码或二进制形式传输数据，所以，要对送来的字符串进行处理和转换，即要先将其转换成数值型的数据，随后才能实现最后的显示、分析及处理。字符串的具体转换过程，如图 11.20 中的代码所示。在图 11.20 中，将转换得到的数值型数据用波形图控件在前面板上显示出来，同时调用 LabVIEW 中的“提取单频信息”函数，计算出当前所测量波形的频率和幅值等信息。

【例 11.2】 计算机与函数发生器 HP33120A 的串口通信。

首先，在硬件上要利用一根串口总线，将计算机与函数发生器连接起来。计算机与函数发生器 HP33120A 之间实现串口通信 VI 的程序框图和前面板，分别如图 11.23 和图 11.24 所示。图 11.23 中，先在计算机中仿真生成一段数值型数据（调用 LabVIEW 中的正弦函数，产生一个周期的正弦信号样本），然后将数值型数据转换成字符串类型，再调用“VISA 写入”函数，将其传送给函数发生器 HP33120A，并利用 HP33120A 具有的自定义波形功能输出周期信号（自定义波形的名称设为 HL1）。函数发生器 HP33120A 产生的周期信号的幅值和频率，最终是通过向函数发生器 HP33120A 发送命令“FREQ 100”和“VOLT 5”实现的。

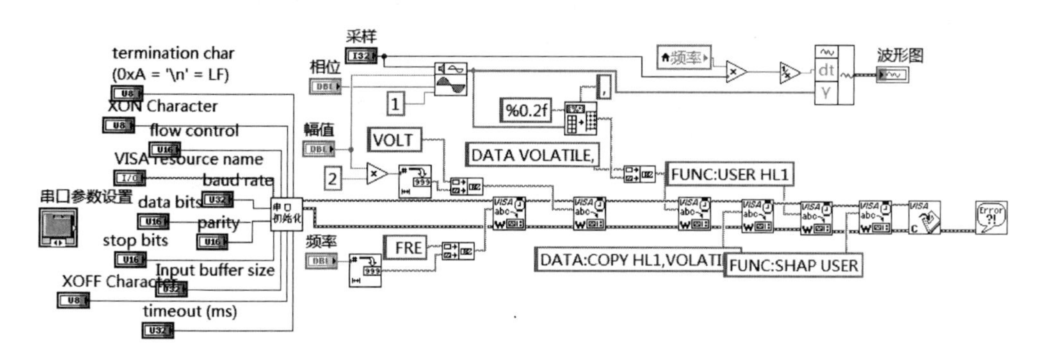

图 11.23　计算机与函数发生器 HP33120A 实现串口通信 VI 的程序框图

需要注意的是，在与函数发生器 HP33120A 进行通信时，若要从计算机传送大量数据给 HP33120A，则先要将串口设置中的流量控制从“无”变更为“DTR/DSR”，否则数据传输会报错。

另外，当出现通信错误时，函数发生器会发出“滴滴”的提示音。这时，可从计算机向函数发生器 HP33120A 发送命令，例如，“SYSTem：ERRor?”，随后，函数发生器 HP33120A 会向计算机返回通信出错的具体信息。根据返回的该错误信息，通过查看函数发生器 HP33120A 的说明书，可找到发生错误的原因，进而对通信应用 VI 做出修改。查看通信错误信息 VI 的前面板如图 11.25 所示，相应 VI 的程序框图见图 11.26。

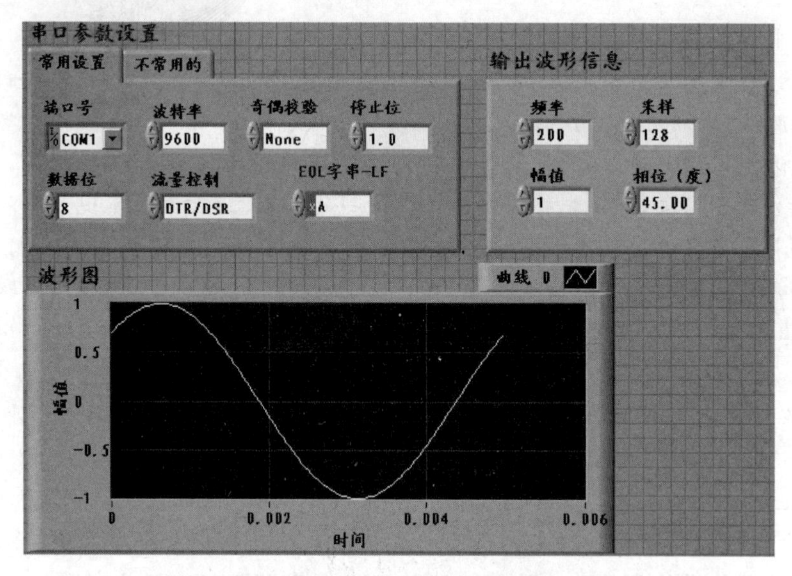

图 11.24　计算机与函数发生器 HP33120A 实现串口通信 VI 的前面板

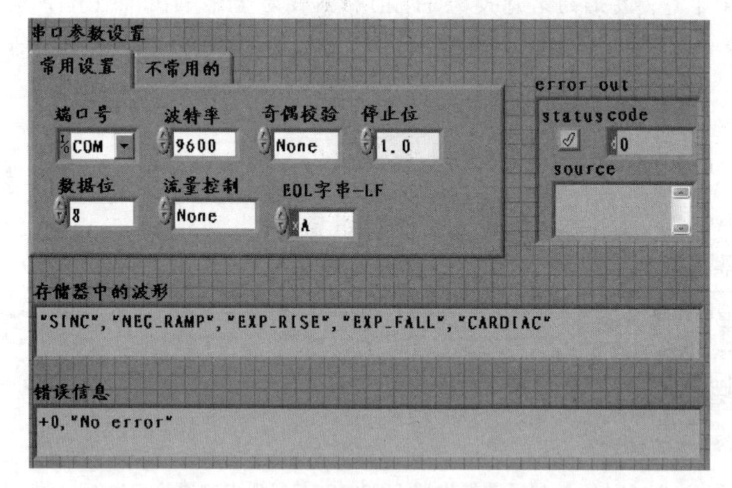

图 11.25　查看错误信息 VI 的前面板

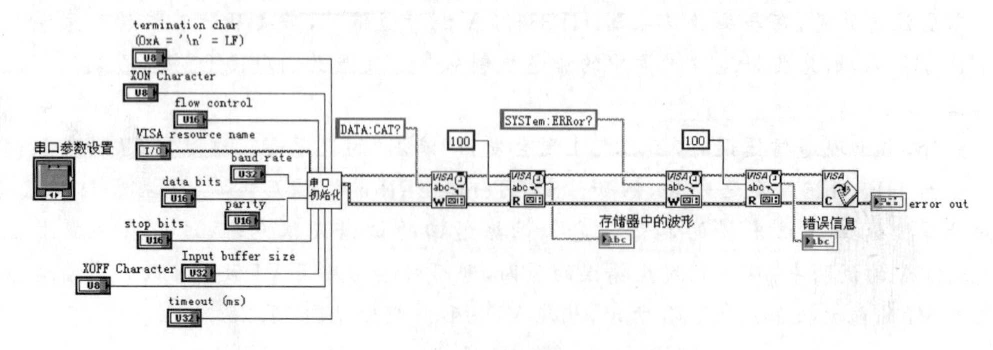

图 11.26　查看错误信息 VI 的程序框图

11.4.2　利用计算机控制USB口仪器

下面分别给出计算机与示波器TBS1102B-EDU和函数发生器AFG1022进行USB口通信、实现仪器控制的示例。示波器TBS1102B-EDU和函数发生器AFG1022都带有USB口，在硬件连接方面，它们都是利用一根USB总线连至计算机的USB口上，实际的接线如图11.27所示。

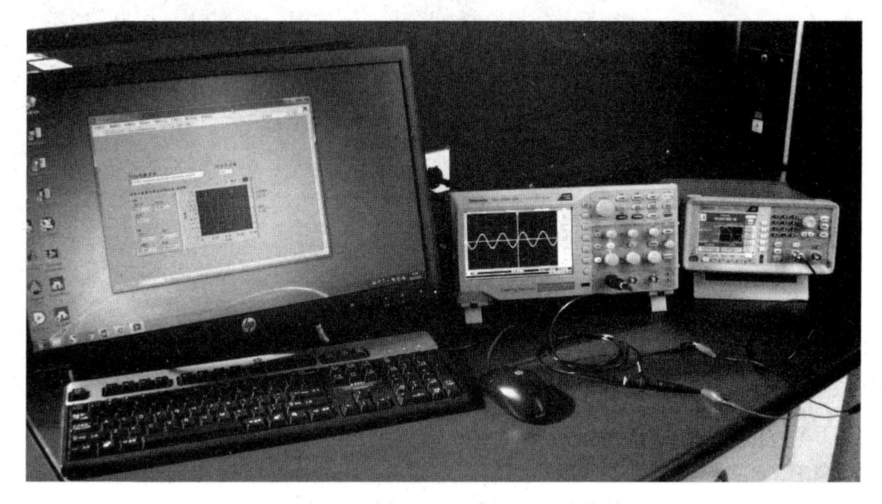

图11.27　例11.3和例11.4的接线

【例11.3】　利用计算机控制带USB口的示波器TBS1102B-EDU。

计算机与示波器TBS1102B-EDU实现USB口通信的接线，如图11.27所示。具体地，利用函数发生器输出一个正弦信号(图11.27中为1kHz的正弦信号)，经连接线送至示波器的输入端口，然后将示波器与计算机之间用USB总线连接起来。利用示波器TBS1102B-EDU测量函数发生器产生的信号，然后，通过USB口将示波器当前测得的数据传送给计算机，由其完成对测得数据的显示、分析及处理。利用计算机控制带USB口示波器的VI的程序框图和前面板，如图11.28和图11.29所示。这个仪器控制VI包含两个子程序，分别是“X轴信息”和“Y轴信息”子VI。其中，它的获取“X轴信息”子VI的程序框图，与例11.1中的子VI是完全一样的，具体如图11.22所示。

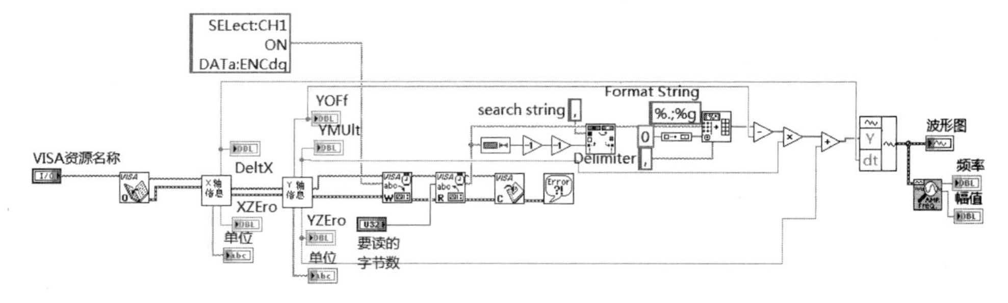

图11.28　利用计算机控制带USB口的示波器TBS1102B-EDU的VI的程序框图

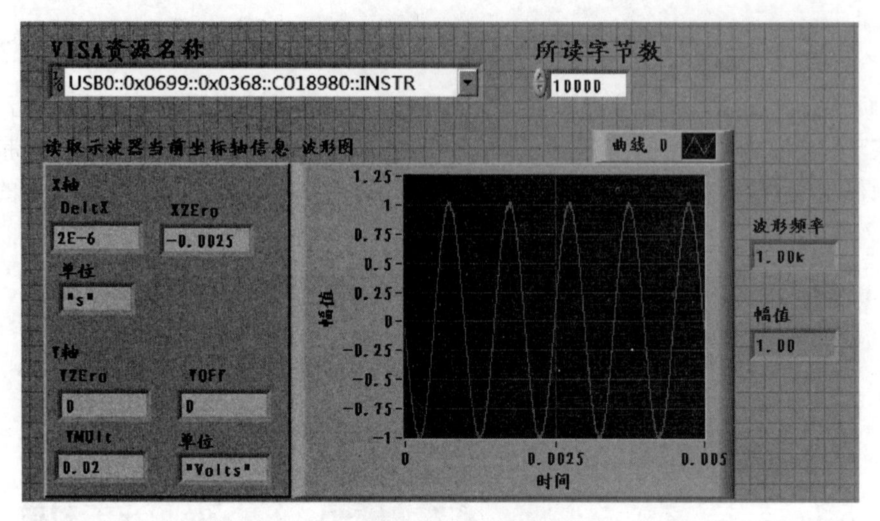

图 11.29 利用计算机控制带 USB 口的示波器 TBS1102B-EDU 的 VI 的前面板

从图 11.28 所示 VI 的程序框图可以看出，在 VI 实现方面，USB 口通信与串口通信只是在调用"VISA 打开"函数、选择要通信的仪器设备这一步上有区别，而其他均是相似的。与例 11.1 的 VI 相比，例 11.3 的 VI 去除了"串口初始化"子 VI，其余部分与例 11.1 的 VI 是一样的。从例 11.1 与例 11.3 的比较可以看出，由于通信协议都是采用 SCPI，虽然通信接口变了，但是 VI 的大部分功能实现在编程上是一样的。

【例 11.4】 利用计算机控制带 USB 口的函数发生器 AFG1022。

首先，在硬件上，要使用一根 USB 线将计算机与函数发生器连接起来。计算机与函数发生器 AFG1022 之间实现 USB 口通信的 VI 的程序框图和前面板，如图 11.30 和图 11.31 所示。在图 11.30 中，先在计算机中仿真生成一段数值型数据(调用 LabVIEW 中的正弦函

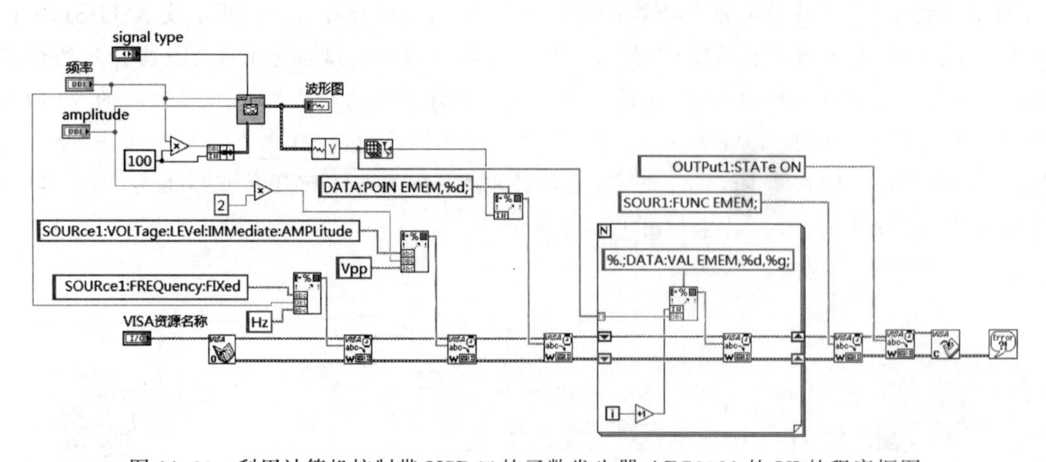

图 11.30 利用计算机控制带 USB 口的函数发生器 AFG1022 的 VI 的程序框图

数，产生一个周期的正弦信号样本），然后，将数值型数据转换成字符串类型数据，再调用“VISA 写入”函数，将其传送给函数发生器 AFG1022。函数发生器 AFG1022 产生的周期信号的幅值和频率，最终是通过向函数发生器 AFG1022 发送命令“SOURce1:FREQuency:FIXed 50Hz”和“SOURce1:VOLTage:LEVel:IMMediate:AMPLitude 2Vpp”实现的。

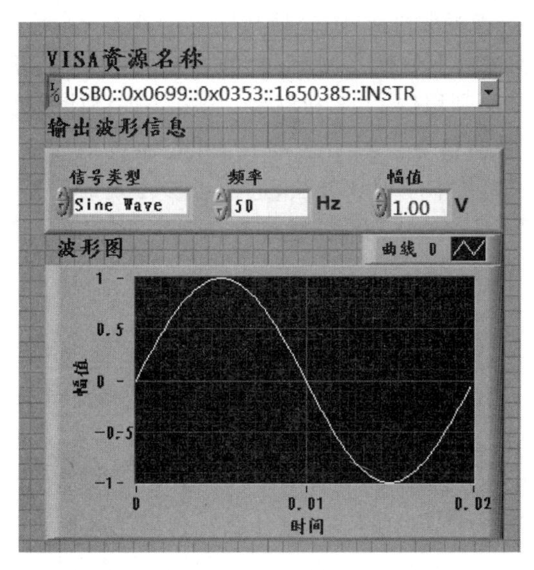

图 11.31　利用计算机控制带 USB 口的函数发生器 AFG1022 的 VI 的前面板

前面学习了在 LabVIEW 中如何利用 VISA 函数实现对仪器的控制。掌握仪器控制的方法后，为完成仪器控制的编程，很多工作其实是在查找通信协议的命令和格式。前面也提到，很多仪器都具有自己的仪器驱动程序，可以从 NI 的官网上下载得到。例如对函数发生器 AFG1022 而言，在 NI 的官网上搜索 AFG1022，就会找到该型号函数发生器的仪器驱动程序。利用仪器驱动程序实现例 11.4 功能的 VI 如图 11.32 所示。可见，在此 VI 中调用了一些函数，它们都是专门针对函数发生器 AFG1022 而开发的。双击这些函数的图标，然后再逐步查看其内部的程序框图会发现，它们也是利用 VISA 函数编写的。

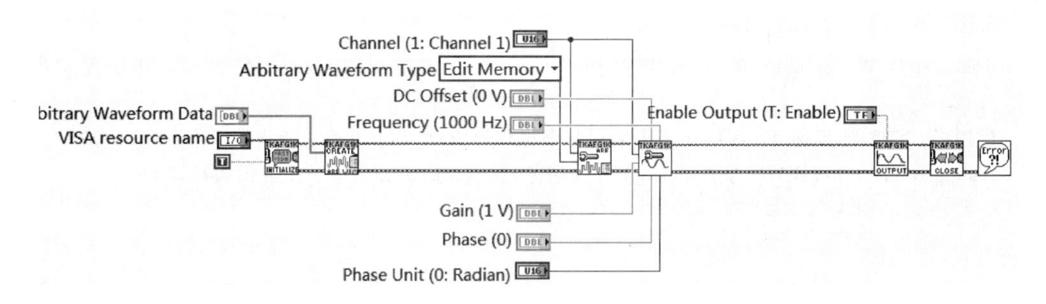

图 11.32　利用仪器驱动程序实现仪器控制

11.5 本章小结

在进行仪器控制 VI 的编写时，可以先利用 MAX 软件检测当前的仪器通信功能是否正常，然后，再调用 VISA 函数实现通信，主要是利用“VISA 写入”函数向仪器发送指令，调用“VISA 读取”函数从仪器中读取数据。例 11.1 和例 11.3，实现了将示波器当前测得的一段波形数据传送给计算机；而利用例 11.2 和例 11.4，可实现将计算机生成的一段波形传输给函数发生器，产生一个周期信号。对于初学者，可先通过这 4 个示例，学习并掌握基于 LabVIEW 实现仪器控制的基本原理和方法，进而可参考现成仪器驱动程序和查阅相关仪器手册等，找到相应的通信指令，从而尽快地编写出符合自己实际需求的仪器控制 VI。

本章习题

11.1 什么是总线？共有几种？它们各自的特点是什么？实际中该如何为测试系统选择合适的总线？

11.2 什么是 SCPI？

11.3 在仪器控制领域，VISA 的含义是什么？它与仪器驱动程序有什么区别？

11.4 编写 VI，实现计算机与函数发生器的通信。在计算机中生成一段带噪声的正弦波，将其传输给函数发生器，并观察函数发生器是否输出了设定的波形。

11.5 编写 VI，实现计算机与示波器的通信。利用计算机控制示波器的刻度参数设置，将示波器测得的波形数据读取到 LabVIEW 环境中，并将其保存在计算机中。

参考文献

[1] National Instruments. 仪器控制总线的比较[EB/OL]. [2020-12-06]. http://www.ni.com/white-paper/3965/zhs/.

[2] National Instruments. 如何为仪器控制系统选择合适的硬件总线[EB/OL]. [2020-12-06]. http://www.ni.com/white-paper/12117/zhs/.

[3] Johnson G W, Jennings R. LabVIEW 图形编程[M]. 武嘉澍，陆劲昆，译. 北京：北京大学出版社，2002.

[4] 侯国屏，王珅，叶齐鑫. LabVIEW 7.1 编程与虚拟仪器设计[M]. 北京：清华大学出版社，2006.

[5] Bishop R H. LabVIEW 8 实用教程[M]. 乔瑞萍，林欣，译. 北京：电子工业出版社，2008.

第 12 章

利用 LabVIEW 控制单片机

通过前面的章节,学习了如何将外界真实的信号采集进计算机,即,可以通过专用的数据采集卡(第 8 章)、计算机自带的声卡(第 9 章)、摄像头(第 10 章)和仪器控制(第 11 章)等方式实现。实际中,除上述几种方法外,还可以利用 LabVIEW 实现计算机对载有真实世界相关信息的单片机或嵌入式仪器的控制。鉴于很多个性化的测量仪器或测控单元就是基于单片机开发并实现的,所以,利用计算机去控制单片机,实际上就相当于利用计算机控制测量仪器。因此,本章将学习如何利用 LabVIEW 去控制单片机。

12.1 基本概念

学习本章内容,无须对单片机硬件的具体原理做深究,学习者只需具备单片机的基础知识即可。

12.1.1 单片机及其开发板

单片机是一种集成电路芯片,集成了中央处理单元(CPU)、存储器(RAM 和 ROM)以及各种输入输出接口。这样的芯片因具有计算机的属性而被称为单片微型计算机,简称单片机(微控制器或嵌入式控制器)。要想利用单片机,还需搭建必要的外围电路,即需要以微控制器为核心构建一个可开发利用其功能的原型系统(也称开发板)。一块开发板至少应该包含以下 4 个部分,即微控制器(单片机)、电源、晶振和复位电路[1-3]。

由于现在很多计算机硬件已经是开源的,很多电子爱好者都是自己基于微控制器搭建开发板。但如何构建开发板,已经超出了本教材的讲授范围。因此,本教材选择一款现成的开发板,主要讲解如何利用 LabVIEW 去控制单片机。实际中,使用者可以根据自己的实际需求去选择合适的单片机及其开发板(以下简称“单片机开发板”)。虽然单片机开发板的种类很多,但它们在使用上具有相似的步骤和模式。本教材中选择使用的单片机开发板是 DIGILENT 公司的 chipKIT WF32,其实物照片如图 12.1 所示。

图 12.1 DIGILENT chipKIT WF32 的实物图

12.1.2 接口或引脚

在对单片机开发板进行操作前,需要了解单片机开发板各个接口的功能。当然,不需要记住这些接口,只需要学会如何查看单片机接口的功能即可。在实际操作时,可以根据所选用单片机的说明书,找到自己所需要的接口。

在提到所谓接口或者引脚时,首先要弄清楚对象是微控制器(单片机)还是开发板。如果是微控制器,搜索其型号,会得到其引脚的编号图;如果是开发板,可以从仪器商那里得到它的使用手册,然后从中找到它的接口图。弄明白各个接口的位置、标识和作用,这在后面的使用中是非常重要的。单片机开发板 chipKIT WF32 的接口,如图 12.2 和图 12.3 所示。

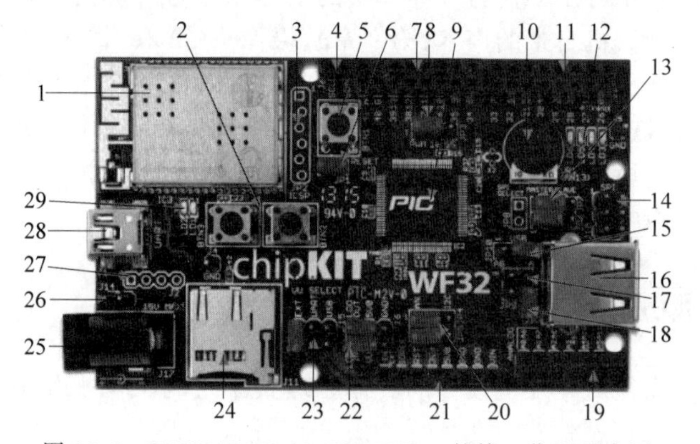

图 12.2 DIGILENT chipKIT WF32 的接口位置示意图

标号	描述	标号	描述
1	IC3-Microchip MRF24WGOMA WiFi 模块	16	J13-USB接口
2	按钮	17	JP9-USB过电流检测
3	JP3-Microchip调试工具接口	18	JP11-Hos USB电源
4	J6-I^2C信号	19	J8-模拟和数字信号接口
5	BTN1-复位	20	JP5,JP4-Analog or I^2C选择跳线
6	JP1-禁止复位	21	J3-屏蔽电源接口
7	J7-数字信号接口	22	J16-5.0V电源
8	JP3-Pin 10信号选择跳线	23	J15-电源选择跳线
9	PIC32微控制器	24	J11-Micro SD接口
10	电位差计	25	J17-外部电源接口
11	J9-数字信号接口	26	J14-外部电源接口

图 12.3 chipKIT WF32 的接口名称及功能注释

12.1.3　将单片机与计算机相连

选好单片机开发板后，怎么使用它呢？为此，要做一些前期准备工作。

首先，利用数据线（例如USB总线）将单片机开发板与计算机相连。一般情况下，当将一块单片机开发板连至计算机时，该开发板上会有指示灯出现闪烁，这表明，计算机识别了所连接的单片机开发板。如果识别不了，就需要另外安装单片机开发板的驱动程序。为此，可以与单片机开发板制造商联系，找到相应的驱动程序并安装它。

另外，还可以在计算机的“设备管理器”中进行查看，以确认计算机与单片机开发板是否已连接成功。计算机的设备管理器的界面如图12.4所示，单击其中的端口，查看是否新添了端口；对于本书作者使用的计算机而言，新添的端口是COM5。请记住这个端口号，因为在后面的操作中会用到。

为了更快地建立通信，选择COM5，双击它，弹出的界面如图12.5所示。单击“端口设置”，弹出的界面如图12.6所示。再单击“高级”，弹出的界面如图12.7所示，将其中“BM选项”中的“延迟计时器”的参数设置为“1ms”，单击“确定”按钮并退出[4]。如此，就可以实现更快的通信。

图12.4　设备管理器中的端口

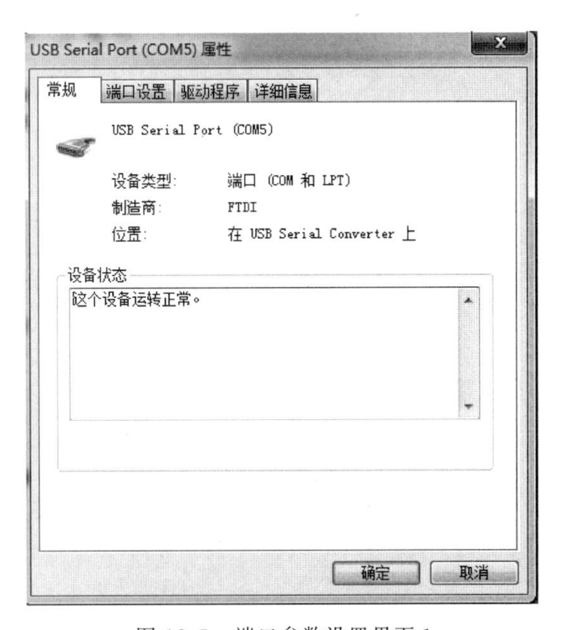

图12.5　端口参数设置界面1

12.1.4　单片机开发板的使用步骤

要想将单片机开发板利用起来，需要完成以下3件事：①搭建必要的硬件电路；②将程序上传到单片机中；③实现计算机与单片机的通信。

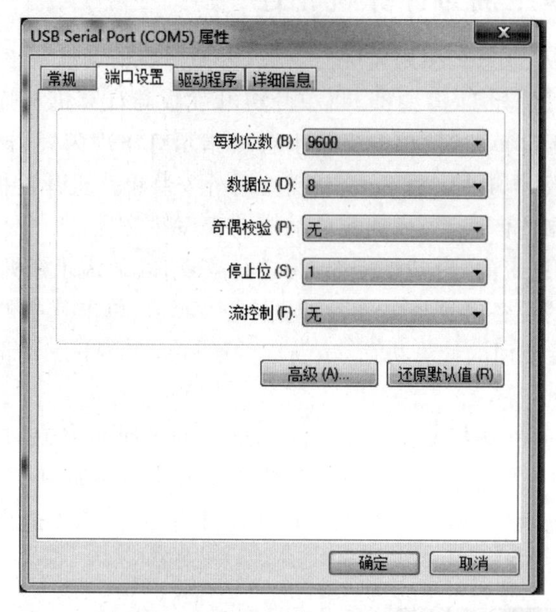

图 12.6　端口参数设置界面 2

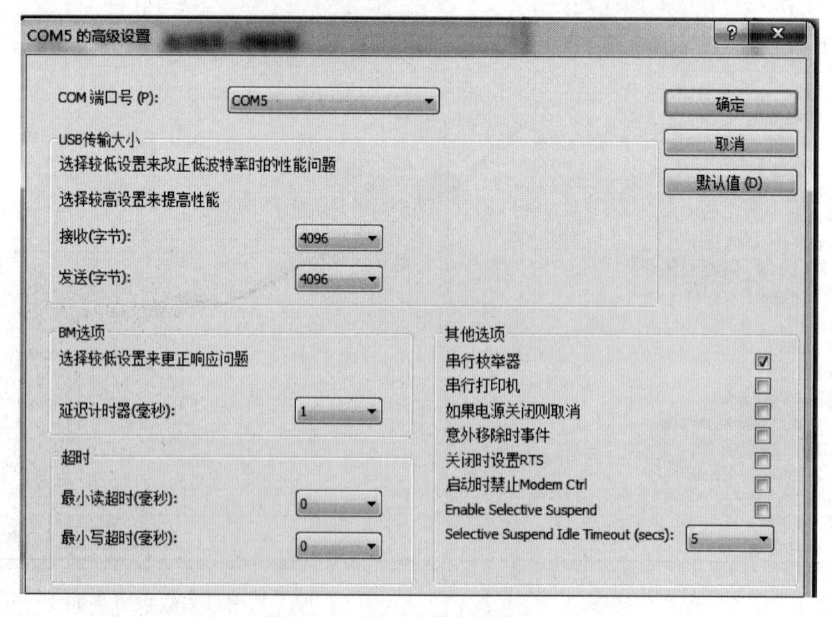

图 12.7　端口参数设置界面 3

对于第一件事情，要根据项目或任务的实际需求来设计电路。例如，要弄清楚所连接的各个接口的具体位置，各个端口可接受的电压的量值有多大，电路可以承载的电流有多大；

要计算出应串接多大的电阻，等等。在实际动手方面，要学会使用面包板、跳线、排线及万用表等，必要时，还要用到电烙铁进行焊接。此部分内容可参考文献[3]，其中有较详细的介绍。

对于第二件事情，要弄明白如何将程序上传给单片机，为此，要利用一些编译软件来完成。根据所采用编程语言的不同，分为以下 3 种：①汇编语言；②C、C++语言，例如 Arduino IDE，keil IDE 等；③图形化编程语言，例如 LabVIEW。早期，单片机是利用汇编语言进行开发的；现在，大部分单片机都可以利用 C 语言完成开发，不同类型的单片机受不同 IDE 的支持。另外，还有一些类型的单片机，可直接利用 LabVIEW 将程序上传到它当中，例如在开源硬件领域非常知名的“树莓派”（Raspberry Pi），以及 TI 设计的开源硬件 Beaglebone Black 等。本章中所用到的单片机开发板 chipKIT WF32，是利用 Arduino IDE 将程序上传到单片机中。

对于第三件事情，本教材将介绍如何利用 LabVIEW 实现计算机与单片机的通信。

需要说明的是，对于有些单片机开发板，制造商已经开发出了相应的仪器驱动程序，安装这些仪器驱动程序，就可以更方便地对单片机开发板进行操作。例如对 chipKIT WF32 而言，可以安装 LINX 进入 MakerHub，利用此软件，可以对 chipKIT 进行操作。安装 LINX 的方法及步骤，请见本书的附录 B。LINX 由 DIGILENT 公司开发并维护，它不仅支持 chipKIT，还支持 DIGILENT 的“LabVIEW 树莓派嵌入式组合套装”，以及 DIGILENT 的“LabVIEW Beaglebone 嵌入式组合套装”，即所有的图形化 LabVIEW 代码，均可以通过 LINX 部署到上述开发板中，并最终独立于上位机单独运行。

12.2 软件环境

硬件连接好后，要确保计算机中安装有相应的软件环境，具体地，除了 LabVIEW 外，还应安装可对单片机进行开发的 IDE（集成开发环境），例如本章中使用的 Arduino IDE。

12.2.1 Arduino IDE

Arduino IDE 主要是针对 Arduino 开发板的，利用 Arduino IDE，也可以对其他类型的开发板进行编程，但需要对一些参数进行设置。

1）Arduino IDE 的安装及参数设置

首先下载 Arduino IDE（本教材使用的是 Arduino IDE1.6.7）并安装此软件。安装好 Arduino IDE 后，还需要设置一些参数，才能利用它实现对 chipKIT WF32 开发板的编程。具体的参数设置过程如下：首先，在图 12.8 所示的界面中单击“文件”→“首选项”，弹出如图 12.9 所示的界面。在“附件开发板管理器网址”中输入“https://github.com/chipKIT32/chipKIT_core/raw/master/package_chipKIT_index.json”，单击“好”按钮，退出该界面。

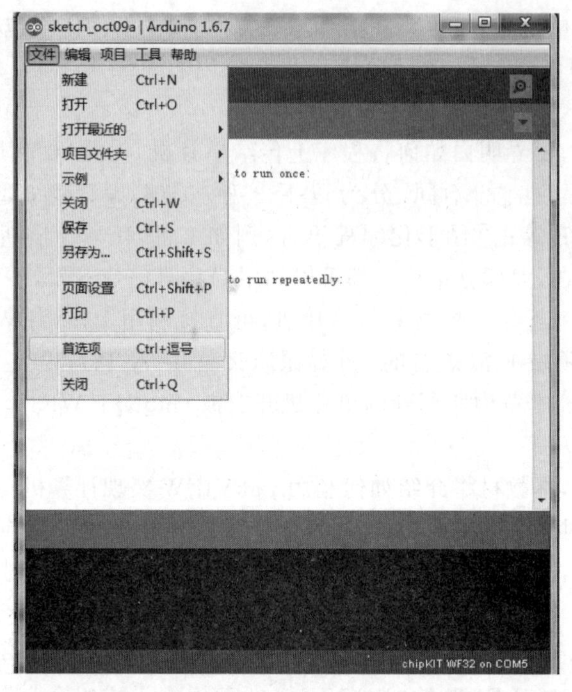

图 12.8 Arduino IDE 参数设置界面 1

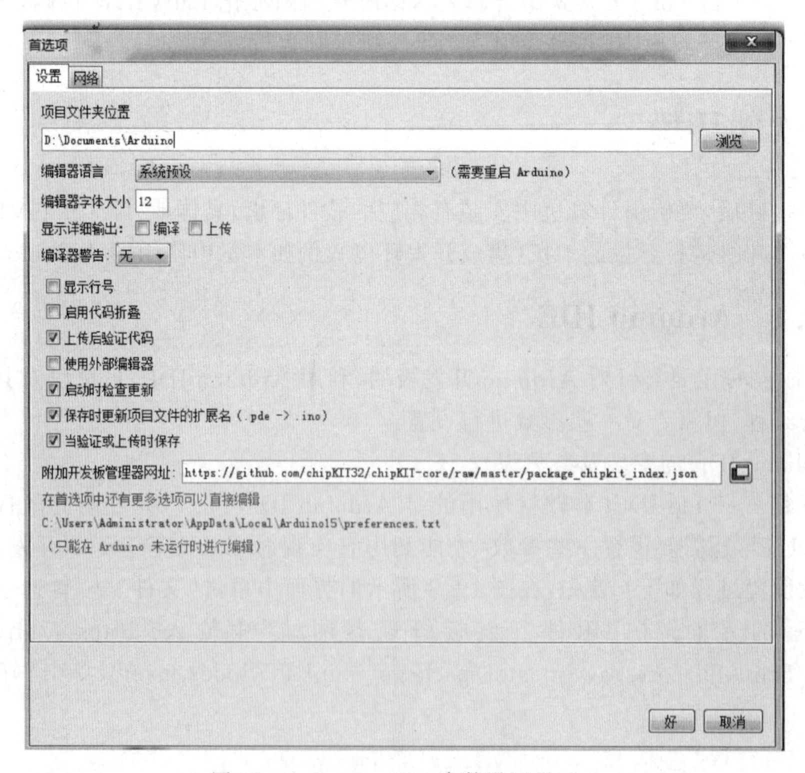

图 12.9 Arduino IDE 参数设置界面 2

如果采用的是 Arduino 开发板,可以跳过上面的参数设置这一步骤;如果采用的是其他开发板,但也想利用 Arduino IDE 对其进行编程,对于"附件开发板管理器网址"的信息,可以联系开发商获得。

2) Arduino IDE 编译环境简介

安装好的 Arduino IDE 的界面,如图 12.10 所示。在 Arduino IDE 中,程序包括三个部分,分别是"程序结构""值(变量和常数)"以及"函数"。其中,"程序结构"具体又可分为两部分,分别是"setup()"和"loop()"。具体地,"setup()"中的程序只会执行一次,而"loop()"中的程序代码则会循环执行。

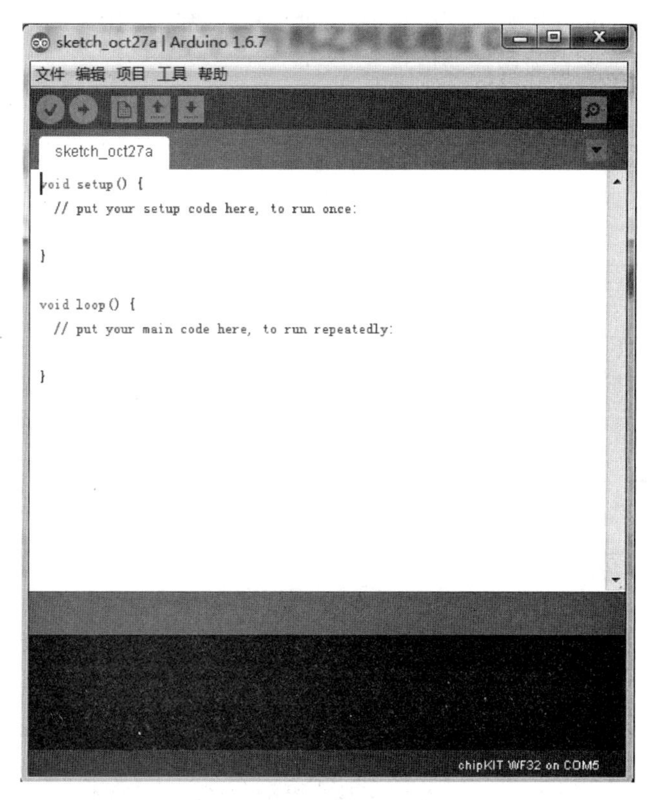

图 12.10 Arduino IDE 主界面

表 12.1 介绍的是 Arduino IDE 中的 14 个常用函数。在使用这些函数时,需要注意以下几点:①在使用函数 digitalRead 和 digitalWrite 之前,需调用 pinMode 函数,设置数字引脚是输入或输出状态。②在使用函数 analogRead 之前,无须调用 pinMode 函数。③向串口写数据,共有五个函数可以实现,分别是 Serial. write()、Serial. print(val)、Serial. print(val, format)、Serial. println(val)和 Serial. println(val, format)。其中,函数 Serial. write()写入的是二进制数据;Serial. print(val)和 Serial. print(val, format)写入的是 ASCII 码;Serial. println(val)和 Serial. println(val, format)写入的是 ASCII 码加上回车符和换行符。④对

Serial. print(val)函数而言，如果输出的为浮点数，默认保留两位有效数字；其还可以输出整数、字母和字符串等。举例如下：Serial. print(78)输出“78”；Serial. print(1.23456)输出“1.23”；Serial. print("N")输出“N”；Serial. print("Hello world.")输出“Hello world.”。⑤如果想设置输出数据的格式，可以用 Serial. print(val, format)函数。其中，如果 val 为整数，format 可以是 BIN(二进制)、OCT(八进制)、DEC(十进制)和 HEX(十六进制)；如果 val 为浮点数，format 就是要保留的小数位数。举例如下：Serial. print(78, BIN)输出“1001110”；Serial. print(1.23456, 2)输出“1.23”。⑥函数 Serial. available()，经常用于判断串口缓冲区中是否有数据。

另外，可以在 Arduino IDE 界面中单击“帮助”→“参考”，会找到有关 Arduino IDE 的帮助文件，从而可获得更多相关函数的信息。

表 12.1 Arduino 函数

序号	函数名称	功能说明	参数
1	pinMode(pin, mode)	将指定的引脚配置成输入或输出状态	pin：引脚编号 mode：INPUT 或 OUTPUT
2	digitalRead(pin)	读取指定数字引脚的值	pin：引脚编号 返回值：HIGH 或 LOW
3	digitalWrite(pin, value)	从指定引脚写入 HIGH 或者 LOW	pin：引脚编号 value：HIGH 或 LOW
4	analogRead(pin)	读取指定模拟引脚的值	pin：引脚编号 返回值：0～1023 的整数值
5	analogWrite(pin, value)	从指定引脚输出模拟值(PWM)	pin：引脚编号 value：0～255 的整数值
6	Serial. begin(speed)	串口通信初始化	Speed：波特率
7	Serial. read()	从串口缓冲区内读取一字节的数据	返回值：传入的串口数据的第一字节(如果没有可用的数据，则返回－1)
8	Serial. print(val)	输出数据到串口，数据格式为 ASCII	val：输出的内容
9	Serial. print(val, format)	输出数据到串口，数据格式为 ASCII	val：输出的内容 format：如果 val 为整数，可设置进制类型；如果 val 为浮点数，设置小数位数
10	Serial. println(val)	输出数据到串口，数据格式为 ASCII 加上回车符和换行符	val：输出的内容
11	Serial. println(val, format)	输出数据到串口，数据格式为 ASCII 加上回车符和换行符	val：输出的内容 format：如果 val 为整数，可设置进制类型；如果 val 为浮点数，设置小数位数
12	Serial. write()	写入二进制数据到串口	

续表

序号	函数名称	功能说明	参　数
13	Serial. available()	获取从串口读取的有效字节数	返回值：可读取的字节数
14	Serial. end()	停止串口通信	

12.2.2　LabVIEW 中相关的函数

对几乎所有种类、型号的单片机，在 LabVIEW 中都可以利用 VISA 函数编写串口通信程序，以实现对单片机的控制。对有的类型或型号的单片机开发板，生产厂商已经开发好了相应的驱动程序，即只要利用这些驱动程序，就可以很方便地实现串口通信。这些专门的驱动程序，可以与单片机开发板生产厂商联系并获得。

1）VISA 函数

在 LabVIEW 中，经"函数"选板→"仪器 I/O"→"VISA"子选板途径，可以找到 VISA 函数，具体如图 12.11 所示。这些函数中，使用较多的主要有 4 个，即"VISA 配置串口""VISA 写入""VISA 读取"和"VISA 关闭"，有关它们的功能，提供在表 12.2 中。

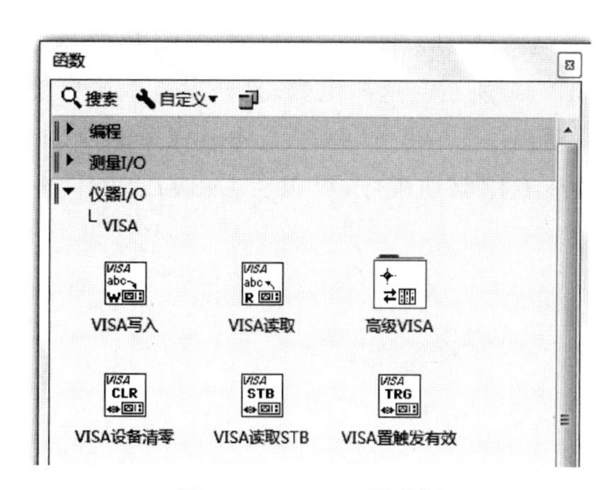

图 12.11　VISA 子选板

表 12.2　VISA 函数

序号	函数名称	图标	功能说明
1	VISA 配置串口		使 VISA 资源名称指定的串口按特定设置初始化
2	VISA 写入		使写入缓冲区的数据写入 VISA 资源名称指定的设备或接口
3	VISA 读取		从 VISA 资源名称指定的设备或接口中读取指定数量的字节，并使数据返回至读取缓冲区
4	VISA 关闭		关闭 VISA 资源名称指定的设备会话句柄或事件对象

如图 12.12 所示，利用 VISA 函数开发串口通信程序的步骤如下：①调用“VISA 配置串口”函数，选择单片机与计算机相连的串口，并对串口参数进行初始化；②调用“VISA 写入”函数，向单片机发送指令，或者调用“VISA 读取”函数，从单片机中读取数据；③调用“VISA 关闭”函数，释放掉占用的硬件资源。需要注意的是，对于第 2 步，计算机与单片机之间的通信协议，要由使用者自己事先规定好。

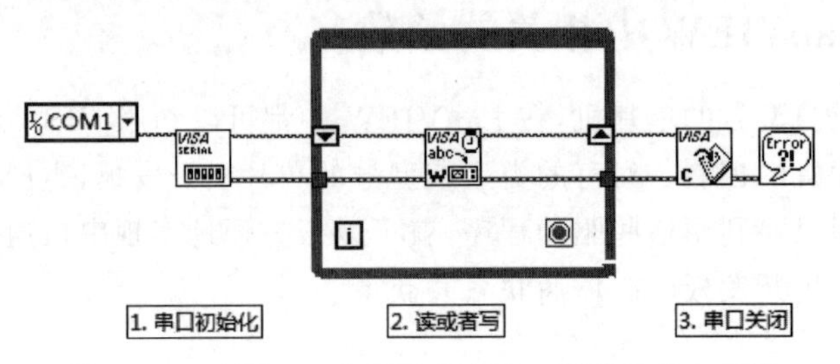

图 12.12　利用 VISA 函数实现串口通信的基本步骤

2）专用驱动程序

对于单片机开发板 chipKIT WF32 而言，当按照本书附录 B 安装好 LINX 后，再按照本书附录 C 在 LabVIEW 中运行 MakerHub，会在 LabVIEW 的函数选板中自动添加一个 MakerHub 子选板，如图 12.13 所示。这些函数，是开发板生产厂商事先开发好的，针对此款单片机开发板的专用驱动程序。它们的功能，与本教材第 11 章中所讲述的仪器驱动程序是类似的。利用这些函数或专用驱动程序，可以在 LabVIEW 环境下实现计算机与单片机开发板的通信。

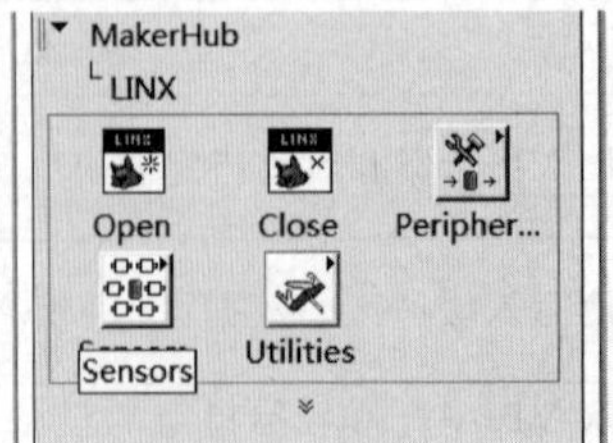

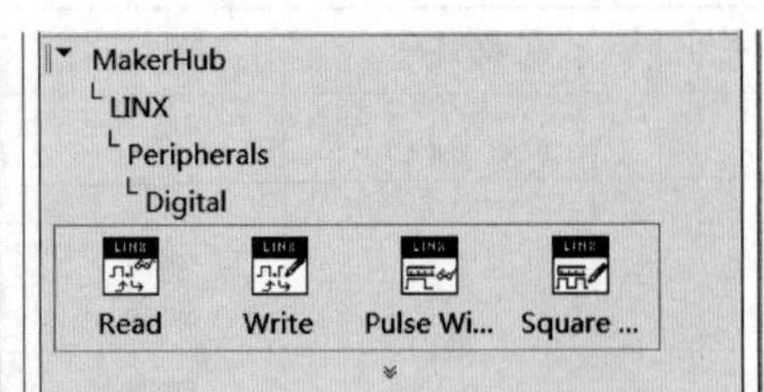

图 12.13　MakerHub 子选板

12.3 示例

将单片机开发板与计算机连接成功后，就可以开始操作和控制开发板了。开发板主要有以下几种功能：①输出；②输入，包括模拟输入和数字输入；③定时；④中断；⑤串口通信。

下面将通过9个例子，来学习如何将单片机利用起来。其中，借助例12.1～例12.4，主要学习如何在Arduino IDE中编写程序以控制单片机；通过例12.5和例12.6，介绍如何利用LabVIEW中的VISA函数实现计算机与单片机的通信；而例12.7～例12.9，将介绍如何在LabVIEW中利用专门的驱动程序来控制单片机（主要针对chipKIT WF32）。

例12.1～例12.6的内容，适合几乎所有类型和型号的单片机。不同类型单片机的区别主要在于：①IDE的选择不同；②硬件接口编号不同，需要查阅说明书确认。

【例12.1】 点亮一盏LED灯（数字输出）。

利用Arduino IDE编写程序，其具体代码如图12.14所示。在硬件连线方面，在“数字引脚13”与“地”之间接入一盏LED灯。注意，LED灯的长管脚要连至数字引脚13上，而短管脚则连至“地”上，具体连线如图12.15所示。

```
int led = 13;                   //使用数字引脚 13
// void setup()里的代码只运行一次;
void setup() {
  // put your setup code here, to run once:
pinMode(led,OUTPUT);
}
// void loop ()里的代码会循环执行;
void loop() {
  // put your main code here, to run repeatedly:
digitalWrite(led,HIGH);         //数字引脚设为高电平,则点亮 led 灯
delay(1000);                    //延时 1s
digitalWrite(led,LOW);          //数字引脚设为低电平,则熄灭 led 灯
delay(1000);                    //延时 1s
}
```

图12.14　例12.1的Arduino IDE代码

上传程序之前，在图12.16所示的界面上经“工具”→“开发板”途径，要选择chipKIT WF32，因为接下来要利用chipKIT WF32。这里，应根据自己的实际情况选择所要连接开发板的型号。选定单片机开发板后，如图12.17所示，单击“工具”→“端口”→选择COM5，其结果意味着：计算机与单片机之间通过COM5进行通信。COM5就是第12.1.3节中提到的将单片机与计算机相连后，计算机中新添的串口。

设置完上述参数后，按照图12.18所示，单击“项目”→“验证/编译”，可以对所编写的程序进行编译。程序编译成功后，单击“上传”，就可以将编写好的程序上传到单片机中。或者，可以直接单击“上传”，IDE会自动先编译代码，然后再将程序上传到单片机中。

程序上传成功后，观察开发板会发现，连在“数字引脚13”上的LED灯开始闪烁起来，如图12.19所示。

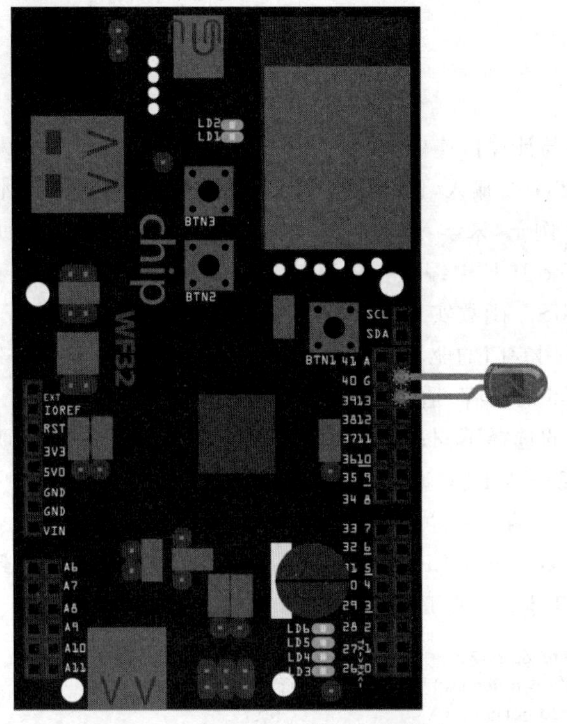

图 12.15　例 12.1 的硬件接线图

例 12.1 是一个很简单的程序。通过它，应掌握以下 4 个知识点：①熟悉利用 Arduino IDE 向一个单片机上传程序的基本过程。②掌握 Arduino IDE 的编程模式，共有变量定义、void setup()和 void loop ()三大块。其中，void setup()里的代码只运行一次；void loop()里的代码会循环执行。③使用 Arduino IDE 编写程序时要注意，由于其对符号的大小写敏感，所以要注意变量函数所用字母的大小写。④熟悉单片机的数字引脚，例 12.1 中使用的是“数字引脚 13”，可以将其变成 1、2 或者其他的数字引脚，并将 LED 灯连至相应的引脚上，运行程序，看自己是否找到了单片机上对应的数字引脚。

常见问题 39：二极管正、负极的判断。

如果不知道二极管的正、负极，可以利用万用表进行测试。将万用表的功能挡位选择到二极管，将万用表的两个表笔分别连在 V 和 COM 端上。如果连至 V 端的表笔连接的是二极管的正极，连至 COM 端的表笔接的是二极管的负极，那么二极管就会被点亮。

【例 12.2】　使一盏灯的点亮和关断可控(数字输入与数字输出)。

利用 Arduino IDE 编写程序，其代码如图 12.20 所示。在硬件连线方面，将一盏 LED 灯连至“数字引脚 13”与“地”之间。同时，在此电路中串入一个 220Ω 的电阻。将一个按键连至“数字引脚 2”与“地”之间，接线如图 12.21 所示。程序上传成功后，按下按键，会发现 LED 灯被点亮；松开按键，LED 灯就会熄灭。

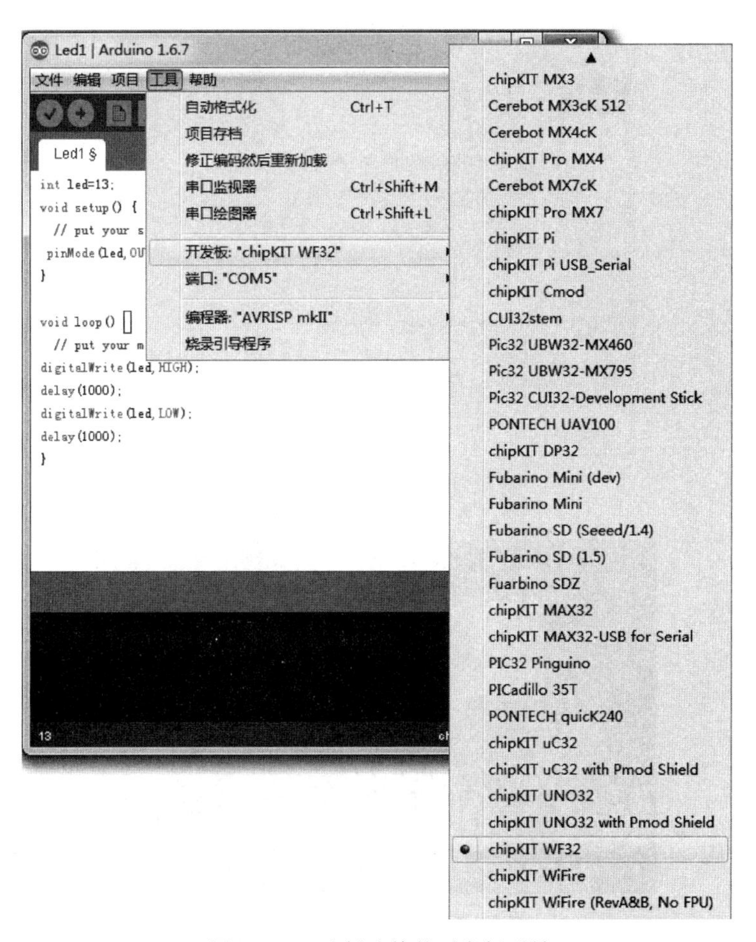

图 12.16　选择连接的开发板型号

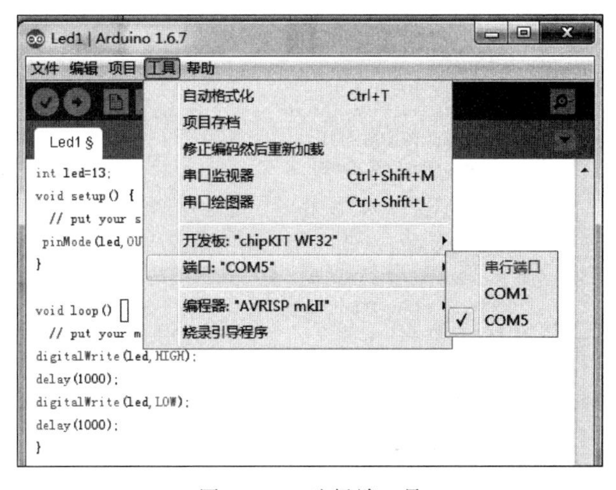

图 12.17　选择端口号

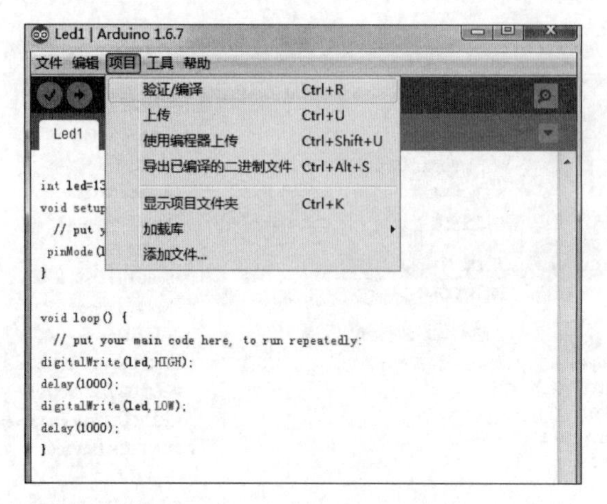

图 12.18 向单片机上传程序

图 12.19 例 12.1 的运行效果

```
byte Led = 13;
byte Button = 2;
byte I = 0;
void setup() {
  // put your setup code here, to run once:
pinMode(Led,OUTPUT);
pinMode(Button,INPUT);
}

void loop() {
  // put your main code here, to run repeatedly:
I = digitalRead(Button);
if(I == 0)
{
  digitalWrite(Led,HIGH);
  }else
  digitalWrite(Led,LOW);
}
```

图 12.20 例 12.2 的 Arduino IDE 代码

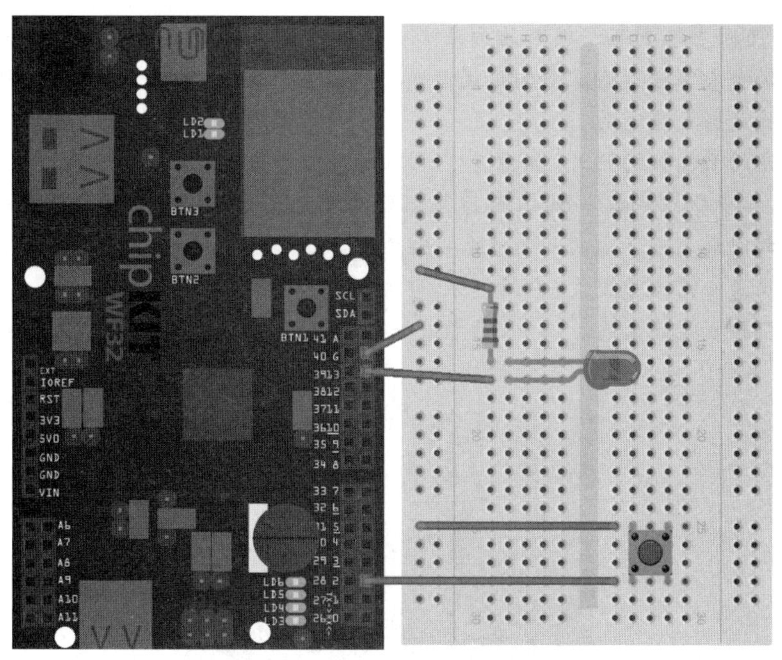

图 12.21　例 12.2 的硬件接线图

常见问题 40：数据类型 byte 与 int 的区别。

不同于例 12.1，在例 12.2 的 VI 中定义变量时，使用了 byte 类型。byte 与 int 有什么区别呢？数据类型 byte 能存储 0～255 的数，占用一字节；而 int 能存储 −32 768～32 767 的数，但要占用两字节。当程序规模很大时，内存的使用效率变得很重要，所以在编程时，最好选择合适的数据类型来存储数据。对于此例中的 led、button 等变量，用 byte 数据类型就足够了。

常见问题 41：按键的接法。

有的按键提供了 4 个管脚，这相应于两对管脚，每对管脚都是导通的。可以用万用表测试出不导通的两个管脚，将它们分别连至数字引脚与地之间。

常见问题 42：关于电阻的接入。

例 12.2 中，在“数字引脚 13”与“地”之间，不仅接了一盏 LED 灯，同时还串联了一个电阻。接入电阻后会发现，LED 灯被点亮时，其亮度比不接入电阻时变暗了一些。这是因为串入电阻使通过 LED 灯的电流减小了。为了安全起见，在设计电路时，最好接入一个一定阻值的电阻。

常见问题 43：面包板的使用。

当拿到一块面包板时，首先要弄清楚，在它上面，有哪些引脚是电气连通的。如果不知道，可以使用万用表来判断。判断的方法是：将万用表的功能挡位选择在“蜂鸣”挡，然后，将万用表的两个表笔分别连至要测试的两个引脚上，如果万用表发出蜂鸣声，则表示当前连接的两个引脚是电气连通的。

一块常见的面包板的照片，如图 12.22 所示。可以看到，面包板上两侧的引脚标都有“＋”和“－”，其中“＋”的这一列引脚彼此之间都是连通的，“－”的一列也都是连通的，而“＋”与“－”之间则是不连通的；中间的引脚共有 30 行，它们的行与行之间是不连通的；这些行由一条隔离凹槽又分成左、右两部分，即左、右两部分的引脚是不连通的，但相同侧的同一行的所有引脚则是连通的。例如，对于第一行(标号为 1)，左侧的 a、b、c、d 和 e 五个引脚是连通的，右侧的 f、g、h、i 和 j 是连通的。

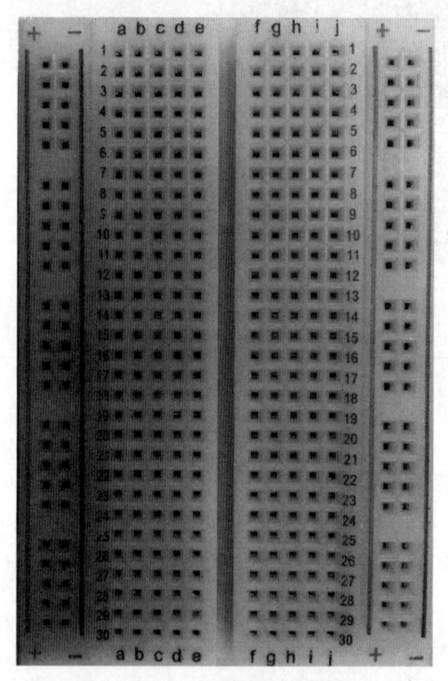

图 12.22　面包板的实物照片

【例 12.3】 改变 LED 灯的亮度(模拟输入与模拟输出)。

在实际生活中，经常会通过旋动旋钮来控制灯的亮度。例 12.3 就要求实现这个功能。在本例中，将用一个电位器来实现旋钮的功能。所以，程序要实现的功能是：先得到电位器的状态，由电位器的状态，可以调整通过 PWM 输出口的电压大小，从而控制 LED 灯的亮度。

利用 Arduino IDE 编写程序，其代码如图 12.23 所示。本例中，将调用 analogRead(Pin)函数，以获得电位器的状态；analogRead(Pin)函数的返回值为 0～1023 的整数。将 analogRead(Pin)的返回值赋给变量 SensorValue，再将 SensorValue 除以 4，即令结果值处在 0～255，然后再将做除法运算的结果作为 analogWrite(pin，value)的输出值。

在硬件接线方面，将一盏 LED 灯的正极连接至“数字引脚 3”上，将其负极串接一个电阻器，然后连接至“地”上。将电位器的左端子连接至“5V”，右端子连接至“地”上，中间的端子连接至“A0”，接线如图12.24所示。程序上传成功后，旋动电位器上的旋钮，可以看到LED灯的亮度会跟着做相应改变。

```
int SensorPin = A0;
byte Led = 3;
int SensorValue = 0;
void setup() {
  // put your setup code here, to run once:
  pinMode(Led,OUTPUT);
}
void loop() {
  // put your main code here, to run repeatedly:
   SensorValue = analogRead(SensorPin);
   analogWrite(Led,SensorValue/4);
}
```

图12.23　例12.3的Arduino IDE代码

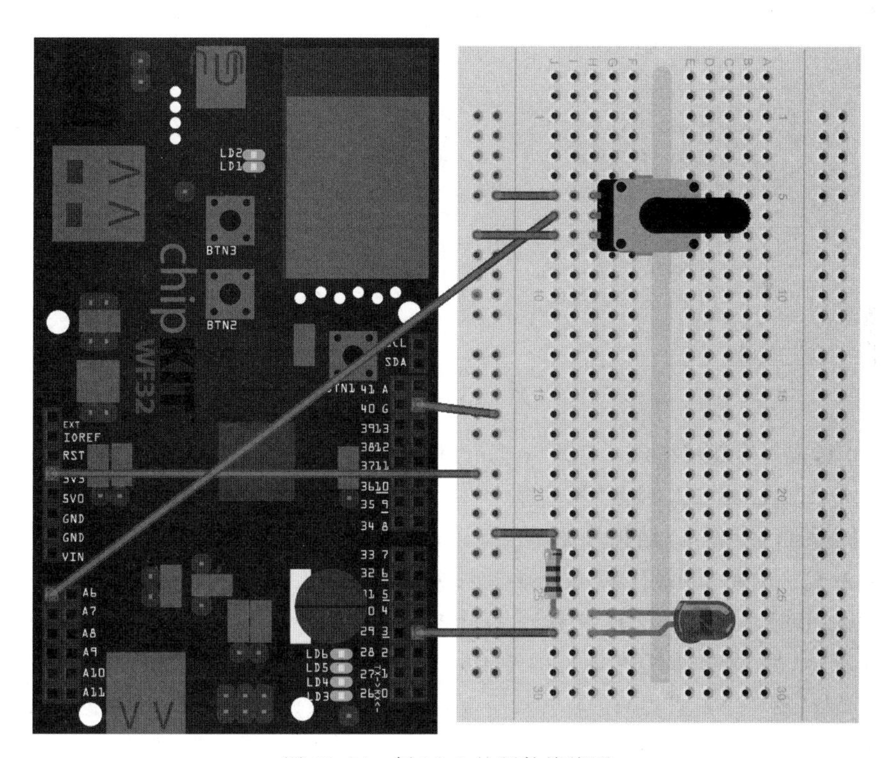

图12.24　例12.3的硬件接线图

常见问题44：如何使用PWM引脚。

若想利用PWM的功能，在Arduino IDE环境中需要调用analogWrite(pin,value)来实现。其中，pin为指定的引脚号；value为0～255。函数analogWrite执行后，在指定引脚上将产生一个稳定的具有确定占空比的方波，PWM 信号的频率大约为 490Hz，占空比为 value/255，对应的电压值为 value/255×5。

需要注意的是，在硬件上 PWM 引脚与数字引脚是同一个。例如，在例 12.3 中，对于引脚 3，既可以当作数字引脚，也可以通过调用 analogWrite 输出 PWM 信号。可以查阅开发板的说明书，找到具有 PWM 功能的其他数字引脚。

【例 12.4】 实现串口通信。

Arduino IDE 中的串口通信程序代码，如图 12.25 所示。此程序实现的功能是，当单片机的串口接收到数据后，会对数据进行"+1"的运算，然后将计算结果从串口发送出去。在硬件连线方面，用 USB 总线将单片机连至计算机上，然后，再将图 12.25 所示的代码上传到单片机中。

```
void setup() {
  // put your setup code here, to run once:
  //初始化串口波特率为 9600
Serial.begin(9600);
}

void loop() {
  // put your main code here, to run repeatedly:
  while(Serial.available())        //判断串口缓冲区是否有数据
  {
    char c = Serial.read();        //从串口缓冲区读取一字节的数据
    char f = c + 1;                //对读取的数据进行加 1
    Serial.write(f);               //对运算的结果通过串口发送出去
    }
}
```

图 12.25 例 12.4 的 Arduino IDE 代码

程序上传成功后观察结果。打开 Arduino IDE 中的"工具"→"串口监视器"，如图 12.26 和图 12.27 所示。在"串口监视器"界面输入一个字符串，例如"123"，在"串口监视器"的窗口观察单片机返回的字符串，结果如图 12.28 所示。

【例 12.5】 利用 LabVIEW 控制单片机去点亮一盏 LED 灯。

Arduino IDE 中，编写好的该程序的代码，如图 12.29 所示。在硬件接线方面，如图 12.30 所示，用 USB 总线将单片机连至计算机上，将一盏 LED 灯连接至单片机的"数字引脚 13"与"地(GND)"之间，其中间串联接入一个 220Ω 的电阻。将图 12.29 所示的代码上传到单片机中。

程序上传成功后观察结果。打开 Arduino IDE 中的"工具"→"串口监视器"，在发送口输入字符"2"，单片机上的 LED 灯被点亮；在发送口输入字符"1"，LED 灯被熄灭。

利用 Arduino IDE 自带的"串口监视器"，通过向串口输入字符"1"和"2"来控制 LED 的亮灭。之所以有这样的效果，是因为之前已经在单片机中写入了程序(图 12.29 所示的代码)，所以单片机才知道如何控制 LED 灯。

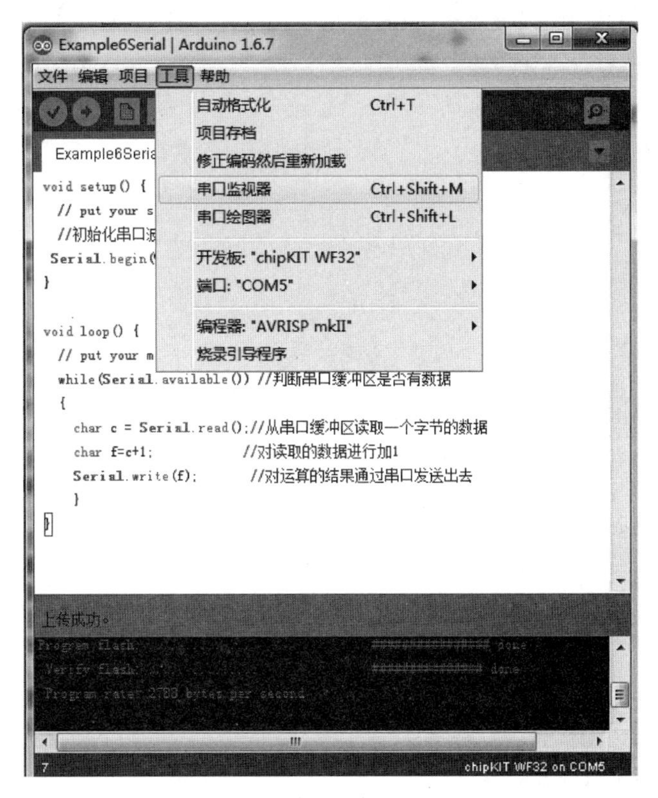

图 12.26　打开“串口监视器”

图 12.27　“串口监视器”界面

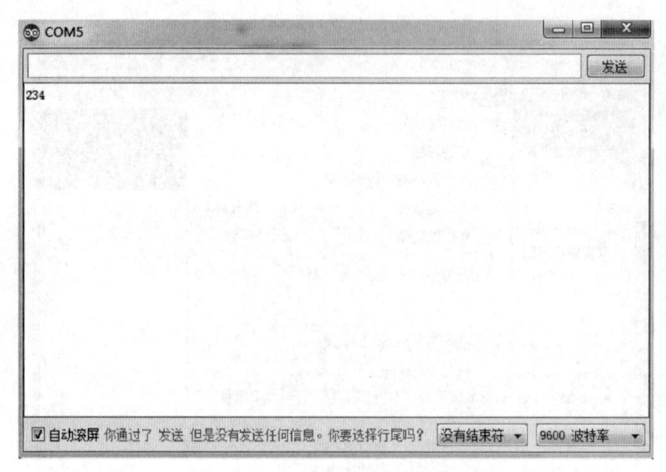

图 12.28 单片机返回的数据

```
char comdata;                              //定义变量,用于存放串口读取的数据
int LED = 13;                              //定义数字引脚 13 为 led 的控制引脚
void setup() {
  Serial.begin(9600);                      //初始化串口波特率为 9600
  pinMode(LED,OUTPUT);                     // 将 led 控制引脚设置为输出
}

void loop()
{
  if(Serial.available() > 0)               //不断检测串口缓冲区是否有数据
  {
        comdata = Serial.read();           //从串口缓冲区读取一字节的数据
        if(comdata == '1')
          {
             digitalWrite(LED,LOW);        //关闭 led 灯
          }

         if(comdata == '2')
         {
                digitalWrite(LED,HIGH); //打开 led 灯
          }
    }
}
```

图 12.29 例 12.5 的 Arduino IDE 代码

下面要利用 LabVIEW 编写 VI，以控制单片机上 LED 灯的点亮与熄灭。利用 LabVIEW 编写的 VI，如图 12.31～图 12.33 所示，LabVIEW 中的串口通信程序，是利用 VISA 函数实现的。当前面板上布尔量的值为真时，向单片机写入字符“2”，则开发板上的 LED 灯也会被点亮；而若前面板上布尔量的值为假时，向单片机写入字符“1”，则开发板上的 LED 灯会被熄灭。

运行此 VI，用鼠标单击前面板上的布尔指示灯，当指示灯亮时，单片机上的 LED 灯被点亮；当指示灯暗时，单片机上的 LED 灯被熄灭。

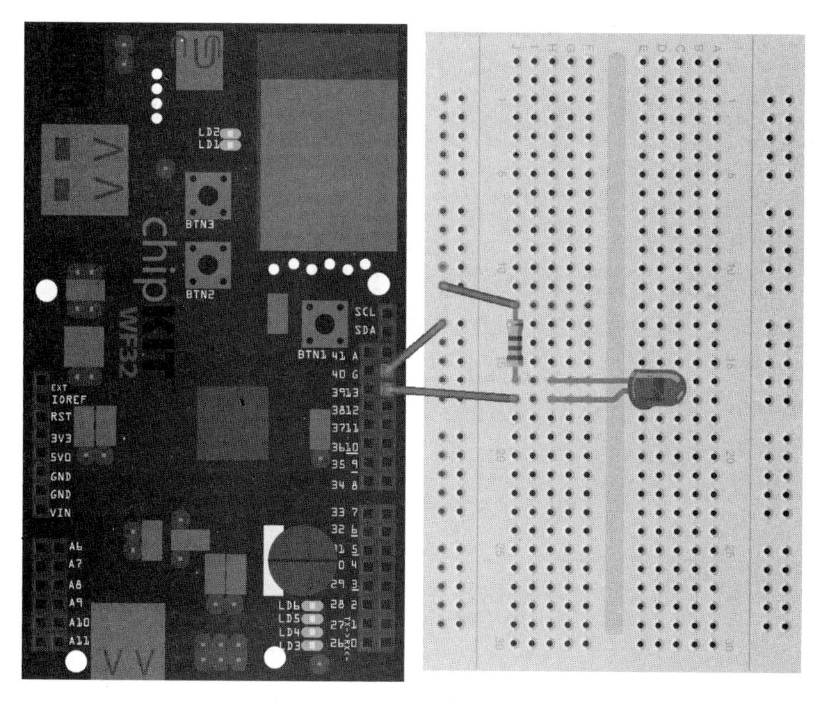

图 12.30 例 12.5 的硬件接线图

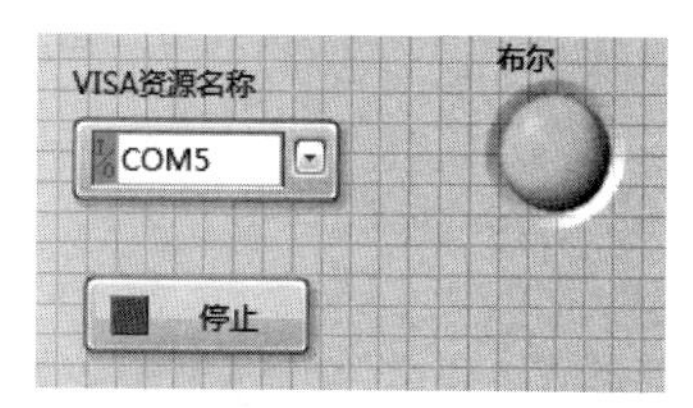

图 12.31 例 12.5 VI 的前面板

【例 12.6】 构建一块虚拟电压表。

利用 Arduino IDE 编写程序，其代码如图 12.34 所示。在硬件接线方面，将一个可调直流电压源的正极接到单片机的“A0”，负极接到“GND”。如果手头没有可用的可调直流电压源，也可以利用单片机上自带的 5V 直流电源与一个电位器共同来完成。具体方法是：将电位器的左端子连至直流电源的“5V”端子，右端子连接至“地”，中间的端子连接至“A0”，具体接线情况如图 12.35 所示。

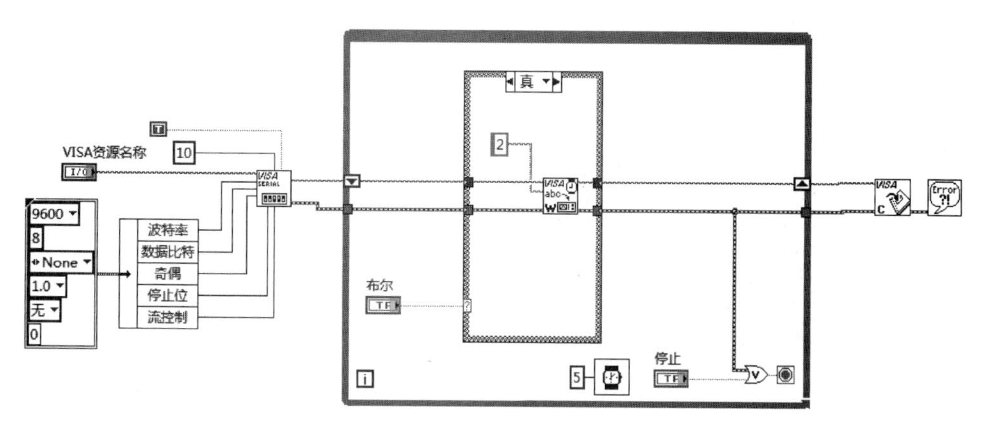

图 12.32 例 12.5 VI 的程序框图(真分支)

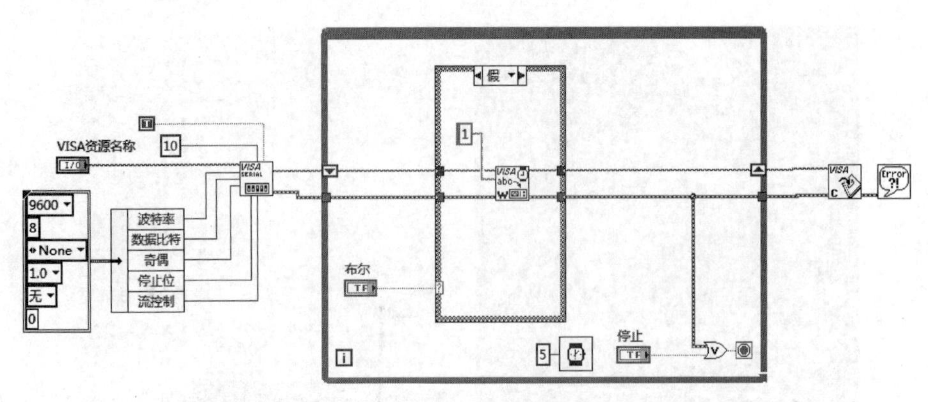

图 12.33　例 12.5 VI 的程序框图(假分支)

```
int SensorValue = 0;
float float_SensorValue;

void setup() {
  // put your setup code here, to run once:
  Serial.begin(9600);
}
void loop() {
  // put your main code here, to run repeatedly:
  SensorValue = analogRead(A0);
  float_SensorValue = (float)SensorValue/1023 * 5.00;
  Serial.print("55");
  Serial.print(float_SensorValue,2);
}
```

图 12.34　例 12.6 的 Arduino IDE 代码

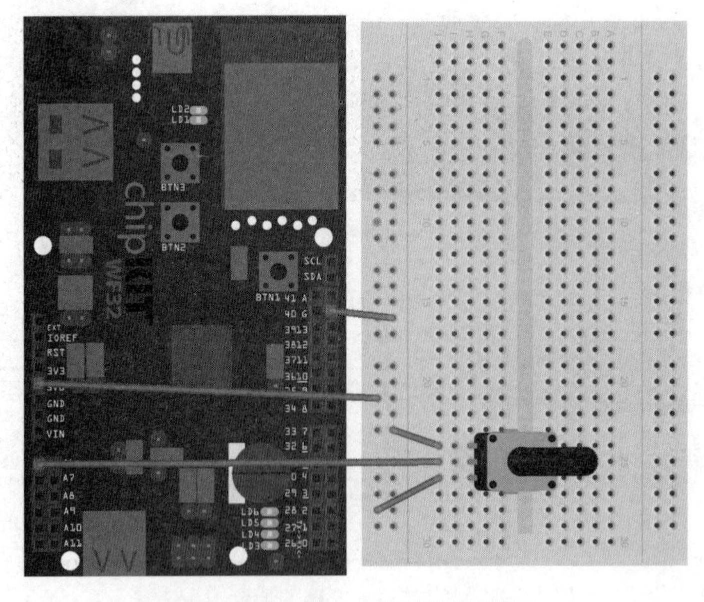

图 12.35　例 12.6 的硬件接线图

对此例，在 LabVIEW 中编写的 VI，如图 12.36～图 12.38 所示。将图 12.34 所示的代码上传至单片机中，上传成功后，运行图 12.36～图 12.38 所示的 VI。旋动电位器上的旋钮，在前面板上观察电位器输出的电压值。VI 运行后，结果如图 12.39 所示。

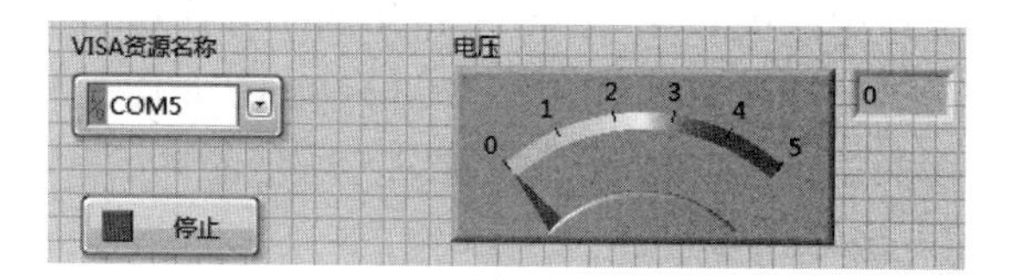

图 12.36　例 12.6 VI 的前面板

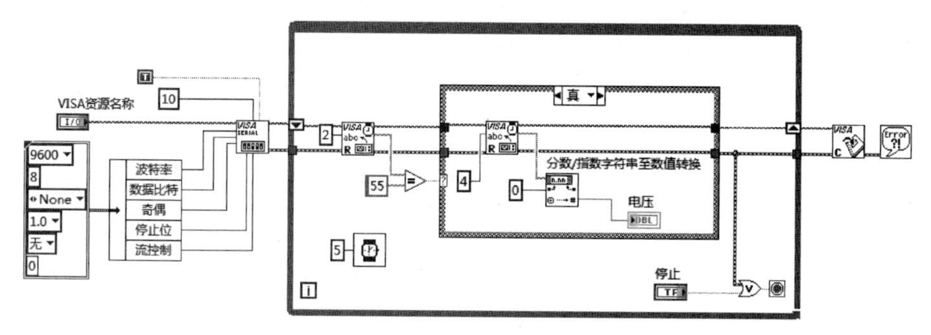

图 12.37　例 12.6 VI 的程序框图(真分支)

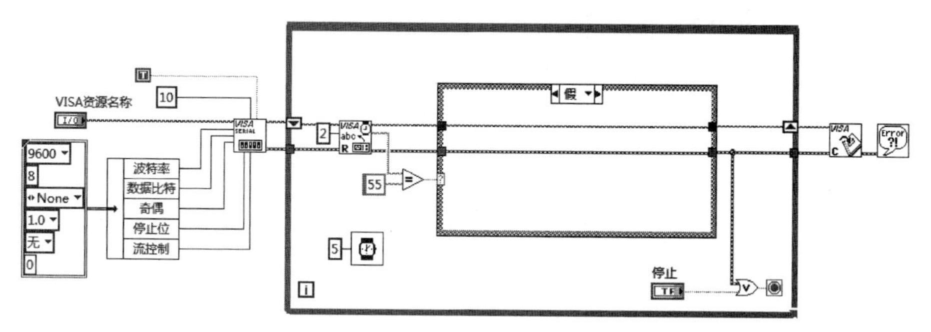

图 12.38　例 12.6 VI 的程序框图(假分支)

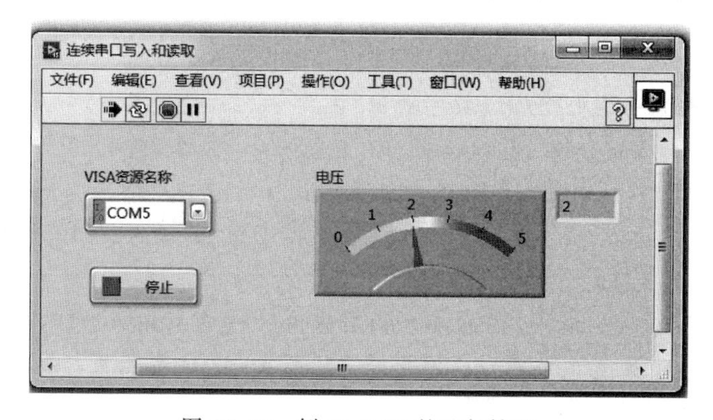

图 12.39　例 12.6 VI 的运行情况

上面介绍的方法,原则上适用于几乎所有类型的单片机。如果对所选用的具体单片机开发板,生产厂商已开发出了驱动程序,也可以使用驱动程序来实现计算机与单片机之间的通信。下面以 chipKIT 为例进行阐述。

首先,按照本书附录 C 中的图 C.1～图 C.6 所示的步骤运行 MakerHub。这个过程,是在向单片机中写入一些程序,其功能类似于例 12.1～例 12.6 中先将 Arduino IDE 中编写的代码上传到单片机中。到达本书附录 C 中的图 C.5 所示的界面后,单击 Launch Example,就可进入例 12.7“点亮一盏 LED 灯”。

其实,上述这些示例都能在 LabVIEW 的帮助中找到。具体地,从 LabVIEW 的帮助中找到该示例的途径如下:首先打开 LabVIEW,选择“帮助”,进入“查找范例”,搜索 LINX,如图 12.40 所示,可以看到,中间的界面中已经出现了很多有关 chipKIT 的示例,选择其中的 LINX-Blink(Simple).vi,就会进入示例“点亮一盏 LED 灯”。通过这种方式,可以找到并了解更多的其他示例。

图 12.40　LabVIEW 中的范例

【例 12.7】 点亮一盏 LED 灯(数字输出)。

为此例编写好的 VI,如图 12.41 和图 12.42 所示。在图 12.41 所示的该 VI 的前面板上,要输入的参数有 serial port 和 digital output channel。对于 serial port,应设置为“COM5”;而对 digital output channel,查阅说明书可知,其编号是 13。编号 13 对应的是 chipKIT 开发板上的 LD6。

如图 12.42 所示,该例的 VI 在程序结构上使用了一个 While 循环,其进行串口通信有三个步骤,分别是:①设置串口参数;②进行读或者写;③任务结束后关闭串口。具体实现上，首先，在循环外调用了一个“open. vi”，完成对端口的初始化，它是一个多态VI，且目前选择的是串口实例。在循环内，则调用了一个“Digital Write. vi”，利用它实现数字端口的输出。此VI也是一个多态VI，目前选择的是其中的“Digital Write 1 Chan”，意思就是只输出给一个数字引脚。最后，退出循环后调用了“Close. vi”，利用此VI，可以关掉所占用的串口资源。

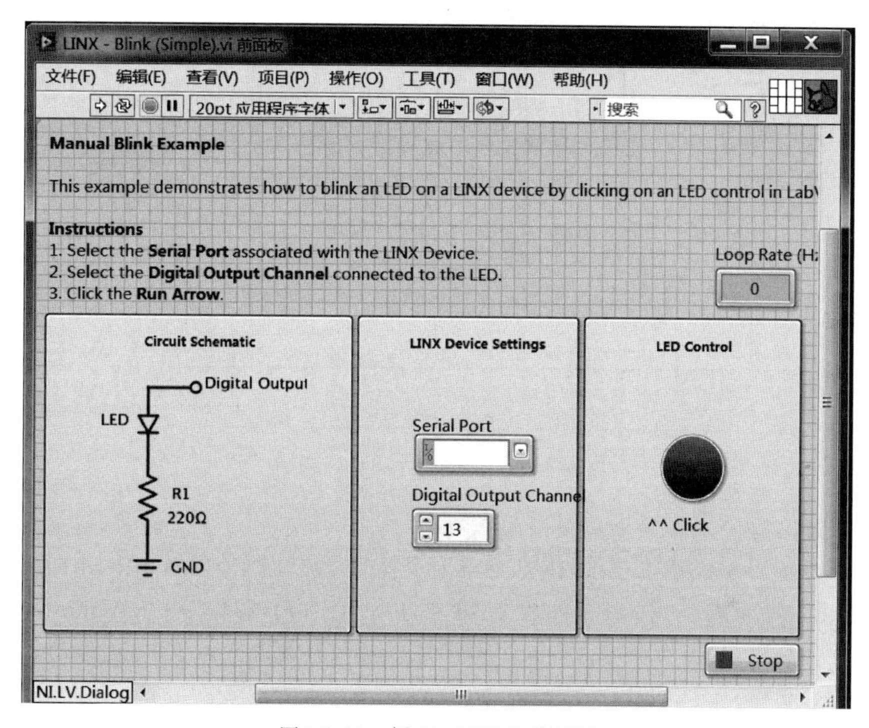

图 12.41　例 12.7 VI 的前面板

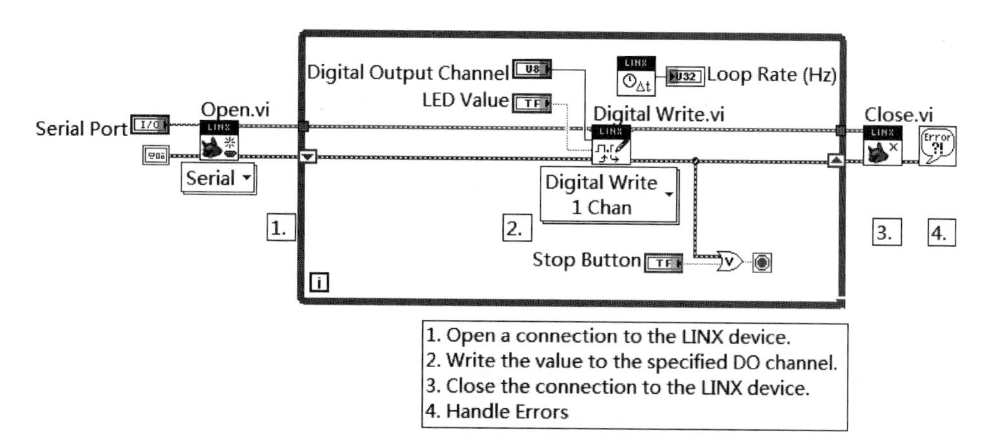

图 12.42　点亮一盏 LED 灯 VI 的程序框图

参数设置完成后，运行此 VI，并观察 chipKIT 开发板上的变化，其中，LD1 和 LD2 两个指示灯不停地闪烁，这表示串口通信是正常的。然后，在图 12.43 所示的前面板上，按下绿色的圆形按钮，并随着按钮状态的改变，去观察 chipKIT 开发板上 LD6 灯的亮灭。如此，就完成了点亮一盏 LED 灯的操作。

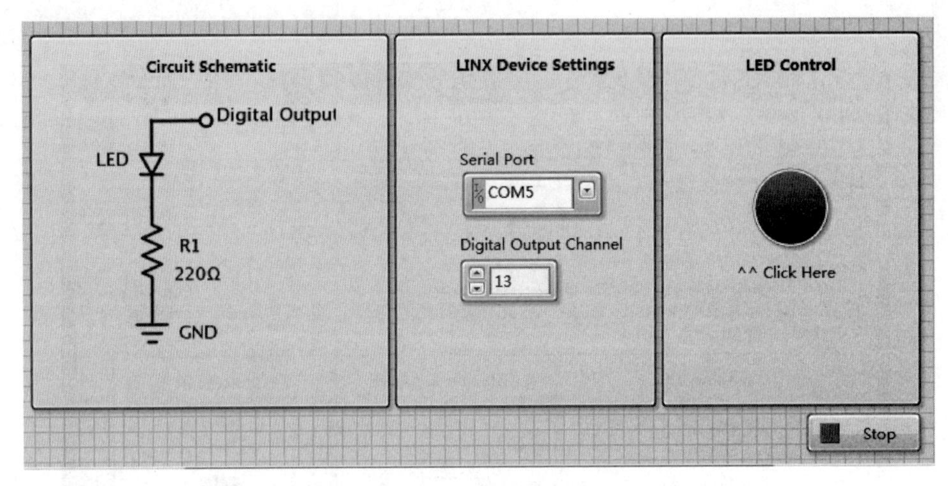

图 12.43 例 12.7 VI 的运行结果

【例 12.8】 单个物理按钮的使用(数字输入)。

按照上面提供的方法，在 LabVIEW 的帮助中找到示例“LINX-Digital Read 1 Channel. vi”，其 VI 如图 12.44 和图 12.45 所示。该 VI 在程序结构方面，调用了一个 While 循环，首先在循环外进行初始化，然后在循环内调用了数字输入的 VI(在这个例子中，选择的是其中的单个数字引脚的实例)。

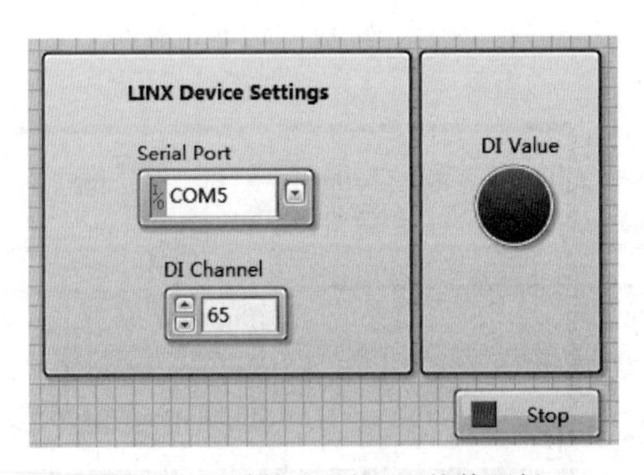

图 12.44 例 12.8 的 VI 的前面板

在如图 12.44 所示的该 VI 的前面板上，需要设置的参数有串口号，仍然是“COM5”；数字输入通道号，这需要查询生产厂商提供的说明书，查到的与开发板上的按钮 BTN2 对应的端口号是“65”，即应将“65”输入 DO Channels 中。然后运行此 VI。运行中，按下开发板上的按钮 BTN2，观察开发板上的 LED 灯的亮与灭是否跟着发生相应变化，以确认该 VI

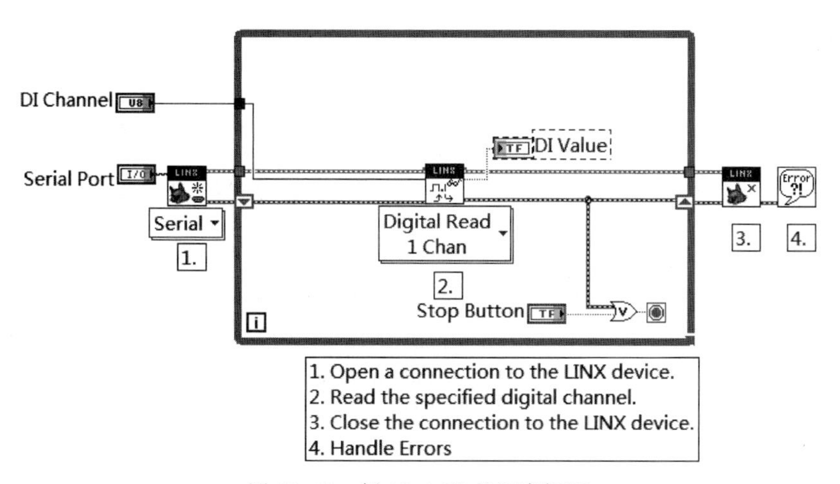

图 12.45 例 12.8 VI 的程序框图

的编程是否正确。

【例 12.9】 模入一个电压(模拟输入)。

按照上面学到的方法,在 LabVIEW 的帮助中找到示例"LINX - Analog Read 1 Channel. vi",为此例编写好的 VI,如图 12.46 和图 12.47 所示。可见,在 While 循环内调用了模拟输入的 VI,且在这个例子中选择的是单个模拟通道的实例。图 12.46 所示为该 VI 的前面板。需要设置的参数有串口号,仍然是"COM5";在这个例子中,要用到开发板上的一个与电位器相连接的模拟输入引脚号,查询说明书发现,对应的模入引脚编号是"13",即要将"13"输入该 VI 前面板的 AI Channel 控件中。

然后运行此 VI,旋动开发板上的电位器旋钮,观察前面板上波形图表控件中模拟电压特性曲线的变化。

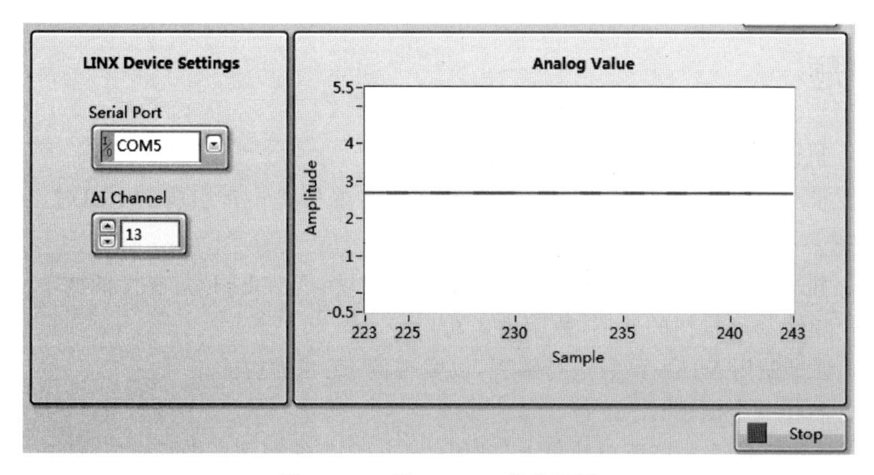

图 12.46 例 12.9 VI 的前面板

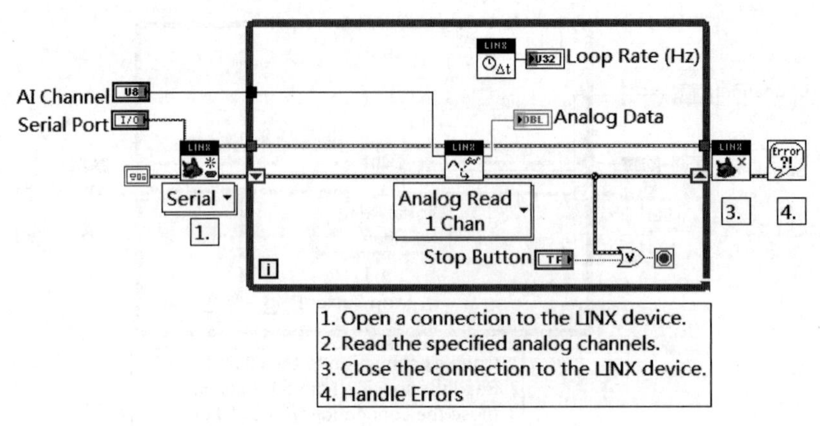

图 12.47 例 12.9 的 VI 的程序框图

12.4 本章小结

本章学习了利用 LabVIEW 控制单片机的方法和步骤，主要有三步：①搭建必要的硬件电路；②利用编译软件向单片机上传程序；③在 LabVIEW 环境下编写 VI，以实现计算机与单片机之间的通信。

从本章提供的例 12.5 和例 12.6 可以看出，要想实现计算机与单片机之间的通信，在向单片机上传的程序中必须包含有关通信方面的程序代码。只有事先规定好通信协议，在 LabVIEW 中才能知道如何利用 VISA 编写 VI，以实现相应的通信。

当然，如果选用的单片机开发板已经具备了驱动程序，也可利用它们来编程实现想要的功能，本章提供的例 12.7～例 12.9 就是采用的这种实现方式。

本章习题

12.1 制作一个“流水灯”VI。

具体要求：利用 LabVIEW 编写 VI，控制连接在单片机多个引脚的 LED 灯，实现多个 LED 灯依次点亮、依次熄灭，形成“流水灯”的效果。

12.2 利用 LabVIEW 编写的 VI 控制单片机，以实现对 LED 灯亮度的调节。

12.3 单个物理按钮的使用(数字输入)。

提示：尝试使用 VISA 函数进行编程，以实现例 12.8 的功能。

12.4 制作一个温度计。

提示：将温度传感器接至单片机上，利用 LabVIEW 编写 VI，将所处环境的温度值在前面板上显示出来。

12.5 实现数码管的显示。

提示：将一个数码管接至单片机上，利用 LabVIEW 编写 VI，将前面板上输入的数字显示在数码管上。

参考文献

[1] 张毅刚. 新编 MCS-51 单片机应用设计[M]. 哈尔滨：哈尔滨工业大学出版社，2006.

[2] 郭天祥. 新概念 51 单片机 C 语言教程[M]. 北京：电子工业出版社，2009.

[3] 沈金鑫. Arduino 与 LabVIEW 开发实践[M]. 北京：机械工业出版社，2015.

[4] DIGILENT. chipKIT WF32＋LabVIEW 起步教程[EB/OL]. [2020-12-06]. http://www.digilent.com.cn/studyinfo/40.html.

第 13 章

算法及信号处理

虚拟仪器技术出现后，计算机更快速、更深入地被引入各个测量领域中。当人们利用传感器和数据采集卡等设备将真实的物理量采集进计算机后，一般都要对这些反映被测对象的采样数据信息进行分析、计算和处理，因为通常只有这样，才能从原始的可能含有干扰或噪声污染的测得数据信息中提取出真正关注和感兴趣的有用信息。为了实现这样的目标，相应的计算、分析和处理的工作量可能是非常大的。而对采集到的原始数据信息进行分析、计算和处理，就涉及算法的设计及其实现软件的编写等。

13.1 程序的灵魂——算法

著名的计算机科学家尼古拉斯·沃斯(Niklaus Wirth)曾经提出过一个公式：程序＝数据结构＋算法。其中，数据结构描述了程序中要指定数据的类型和数据的组织形式；而算法，则描述了解决问题的方法、步骤和过程。算法是所有程序的核心和灵魂。一般地，算法被设计用于以最小代价高效地解决特定的问题[1-5]。

13.1.1 算法的效率

解决一个问题，可能有很多种不同的算法可以实现。通常，为评价算法的有效性，主要是考虑它们的资源需求——使用的时间和占用的空间[1-5]。

下面将通过一个具体的例子来体会一下不同算法的性能差别。例 13.1 是作者讲授的虚拟仪器课程中，在讲授完 LabVIEW 的基础知识后，为学生布置的一个算法题目。为解这个题目，教学实践中注意到，不同学生给出的算法是不同的。需要说明的是，教学中安排的算法练习题目，主要目的之一，是为了检验学生使用 LabVIEW 这种图形化编程语言的熟练程度。所以在教学中，要求学生在完成该算法题目过程中，不使用公式节点、MathScript 节点等文本语言节点。

【例 13.1】 找出既是回文数又是质数的数字。

回文数：一个数从左边读和从右边读都是同一个数，例如 6886；质数：一个大于 1 的自然数，除了 1 和它本身外，不能被其他的自然数整除，换言之，就是该数除了 1 和它本身以外，不再有其他的因数。

请找出 $1\sim10^7$ 内的既是回文数又是质数的数字，在前面板上将它们显示出来，并给出符合题目要求的这些数字的个数。具体编程要求：①不允许利用 LabVIEW 中的公式节点、MathScript 节点等文本语言节点；②要有算法及其实现的 VI 编程代码，而不是直接给出答案。

算法一：拿到这个题目，最容易想到的就是采用轮询的做法，即先找出 $1\sim10^7$ 中的回文数，然后再在这些回文数中找到是质数的数字。按轮询的思路，有以下两处需要注意：①回文数和质数的寻找顺序，由于回文数的判断比质数要简单，所以应采取先找回文数、再找其中的质数的思路，这样，算法的计算量会更小；②在判断该数字是否是质数时，轮询的次数取到该数字的平方根大小即可。

判断回文数的算法如下：先将数值转换成字符串，得到字符串 A，再将字符串 A 经反转字符串函数进行反转，得到字符串 B，将 A 和 B 都再转换成数值 a 和 b，然后进行比较，如果 a=b，则该数即为回文数。

按照上述算法编写的 VI 的程序框图如图 13.1 所示，即先搜索回文数，然后再进行质数的判断。

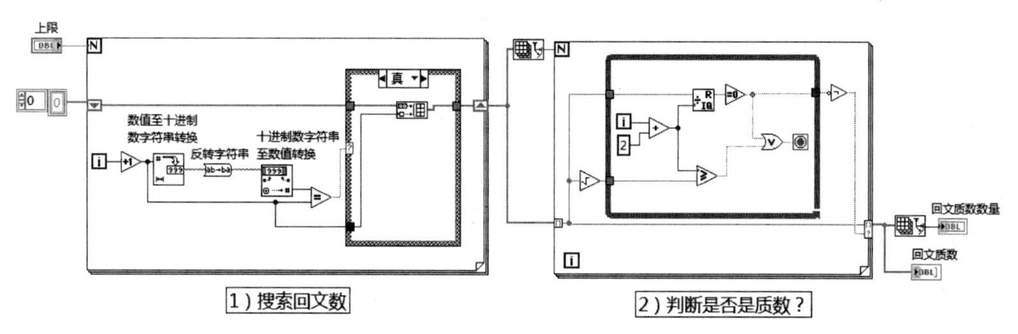

图 13.1　算法一的 VI 的程序框图

算法一的改进版本 VI 的程序框图，如图 13.2 所示，它与原算法一的区别在于判断回文数的具体算法。在算法一的改进版本中，首先也是将数值转换成字符串、得到字符串 A，之后，将 A 利用反转字符串函数反转得到字符串 B，然后直接将字符串 A 与字符串 B 进行比较，而未再将字符串 B 转换成数字，如此，运算量会有所减少。

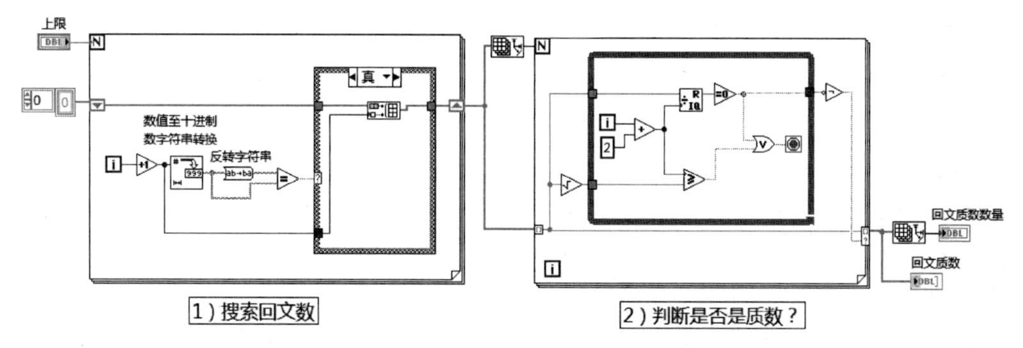

图 13.2　算法一改进版本的 VI 的程序框图

算法二：算法一比较容易想到，但效率其实不高。例如，当扫描到五位数时，具体地，当扫描到12 300～12 399这100个数时，轮询算法至少要判断100次。而实际上，可以直接从回文数的条件看出，只需要判断一下12 321是否是质数即可。由此可见，轮询的方法对回文数条件的使用是不足的，而这可能会造成判断回文数算法代码的过多运行，这在数字较大情况下是非常耗费资源的。考虑到回文数的结构特征非常明显，人为构造是非常容易的，因而不难想到另一种算法思路：生成指定范围内的所有回文数，再逐一筛选出其中的质数。

例如，对上限为10^7的数字范围，如果采用轮询的方法找出所有的回文数，需要判断10^7个数。而实际上，其中的回文数只有9+9+90+90+900+900+9000+9000=19 998个，再考虑位数为偶数的回文数肯定不是质数这个条件，则需要生成的回文数只有19 998/2=9999个。如此，按照生成数字的思路，所需的运算次数只是轮询方法运算次数的$9999/10^7$=0.1%，可见，其循环次数可大大减少。所以，采用"先生成回文数再判断其是否为质数"的算法，明显优于"先搜索回文数再判断其是否是质数"的算法。

在算法二中，生成回文数后，再去判断一个数是否是质数的算法部分，与算法一中的相应算法部分是一样的。

至于如何生成回文数，在构造中不难发现，可以通过限定数字前半部分的数，就可确定整个回文数。但回文数有两种类别。例如，用123构造回文数，可得12 321和123 321，记为A类和B类。如此，可引入阶、类两个变量对回文数进行分类，得到如下结果（灰色是构造基数），如表13.1所示。可以看出，对于B类，由于其位数是偶数，可以被11整除，一定不是质数，根据原命题，构造回文数时只需要构造出A类的回文数即可。

表13.1 回文数的结构

数位	阶	类	回文数字						
1	0	A	1	2	3	4	5	…	9
2		B	11	22	33	44	55	…	99
3	1	A	101	111	121	131	141	…	999
4		B	1001	1111	1221	1331	1441	…	9999
5	2	A	10001	10101	10201	10301	10401	…	99999
6		B	100001	101101	102201	103301	104401	…	999999
…	…	…	…						

对于n阶的回文数，其基数为$10^n, 10^n+1, \cdots, 10^{n+1}-1$。对于某个基数，都是将其先转化成字符串，随后利用字符串的反转和拼接功能得到回文数。注意，对于A类回文数，要舍弃基数的最后一位数字。构造A类回文数VI的程序框图，如图13.3所示。基于上述的分析，算法二的VI的总体程序框图，如图13.4所示，可见，它的功能是先生成回文数，之后，再判断这些回文数是否是质数。需要注意的是，由于生成回文数时只生成了奇数位的回文数，所以在最后要将数字11补上。

在相同的计算机条件下，对上述三种算法的性能进行比较，具体结果提供在表13.2中。

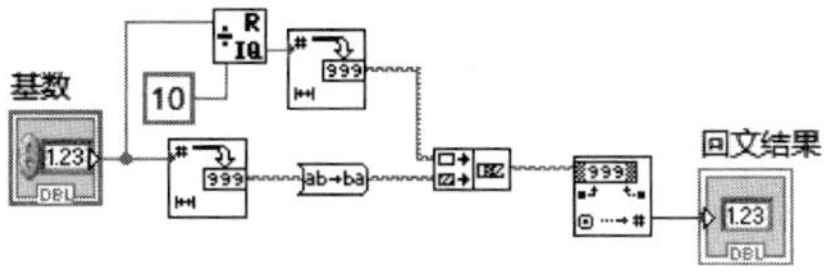

图 13.3 构造 A 类回文数的 VI 的程序框图

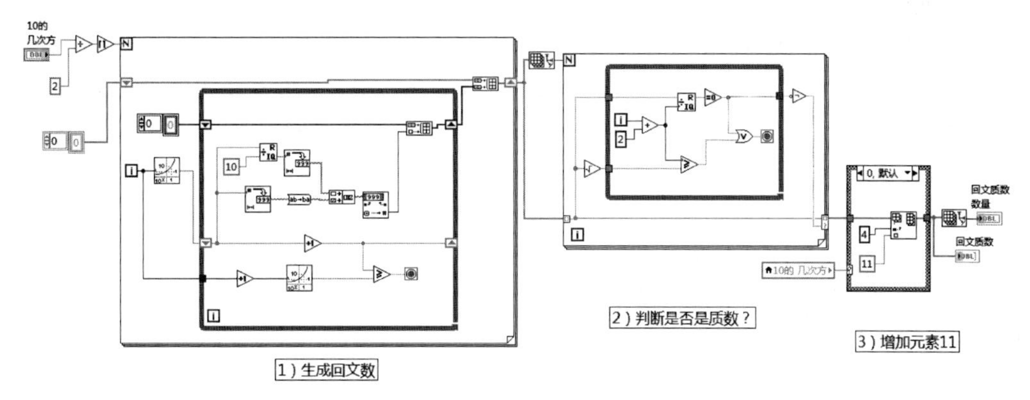

图 13.4 算法二 VI 的程序框图

表 13.2 三种算法的性能比较结果

	内存大小/kB	计算时间/s
算法一	136.3	3.281
改进算法一	134.8	1.844
算法二	185.1	0.067

对不同算法的运算时间进行测试的 VI 的程序框图，如图 13.5 所示。具体地，首先对上述算法都建立相应的子程序，然后，搭建如图 13.5 所示 VI 的程序框图，调用顺序结构，并在其中间的一帧调用不同算法的子程序，这样，就可以测试出不同算法所耗用的时间了。

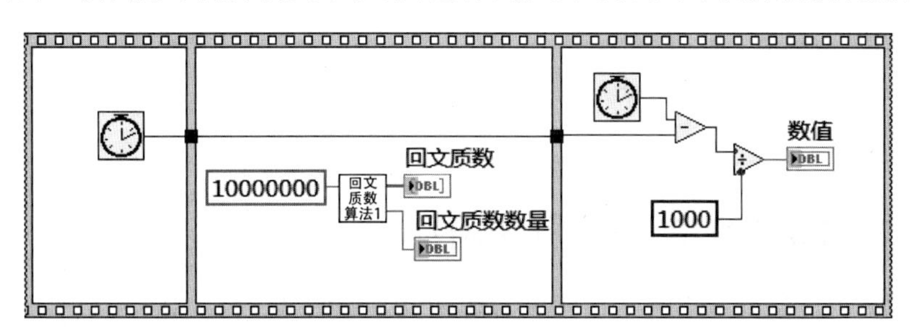

图 13.5 测试算法计算时间 VI 的程序框图

从表 13.2 可以看出，算法二虽然需要使用的内存比算法一稍大，但是其计算速度快了 49 倍，即计算时间从秒级变到了毫秒级。当然，对于上述算法，还可以根据一些条件做进一步优化，例如，尾数为 2 或者 5 的一定不是质数，等等。针对这方面的数学考虑，本书不再展开阐述，感兴趣者可自行做更深入的思考。

从例 13.1 可以体会到，为实现同一个目标，有多种不同的算法可以实现；各种算法有优劣之分；而一个好的算法，可以让计算量大为减少，从而可能使计算速度大大加快。

常见问题 45：如何查看 VI 内存的使用情况？

在 LabVIEW 中，查看 VI 内存使用的一种方法如下：在前面板工具条中选择"文件"→"VI 属性"，会弹出"VI 属性"对话框，在"类别"下拉菜单中选择"内存使用"，界面如图 13.6 所示。该页用于显示 VI 占用的磁盘和系统内存，均以 KB 为单位。其中，内存数据仅显示 VI 使用的内存，而并不反映子 VI 使用的内存。

该页包括以下部分：①前面板对象：显示该 VI 前面板对象使用的内存容量；②程序框图对象：显示该 VI 的程序框图对象使用的内存容量；③代码：显示 VI 已编译的代码字节数；④数据：显示该 VI 的数据空间字节数；⑤总计：显示 VI 占用的内存容量；⑥磁盘中 VI 大小总计：显示 VI 的总文件大小。

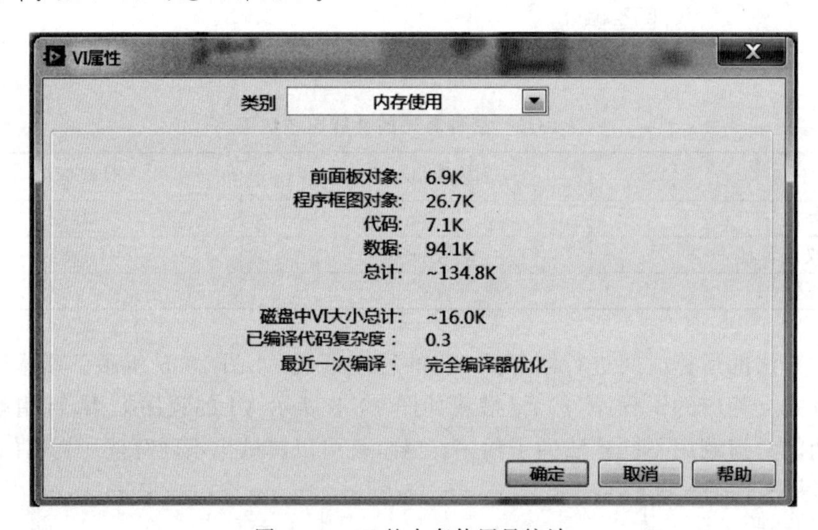

图 13.6　VI 的内存使用量统计

13.1.2　LabVIEW 中的算法函数

LabVIEW 为一些成熟的算法已经编写出了相应的函数，所以在相关 VI 的编写中，就可以直接使用这些函数。这些函数都位于函数选板上，具体又分别位于"数学""信号处理"和 Express 三个子选板上，具体如图 13.7 至图 13.9 所示。

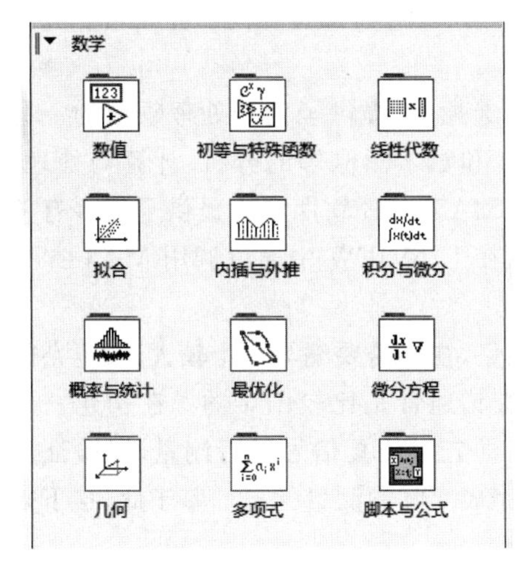

图 13.7 “数学”子选板

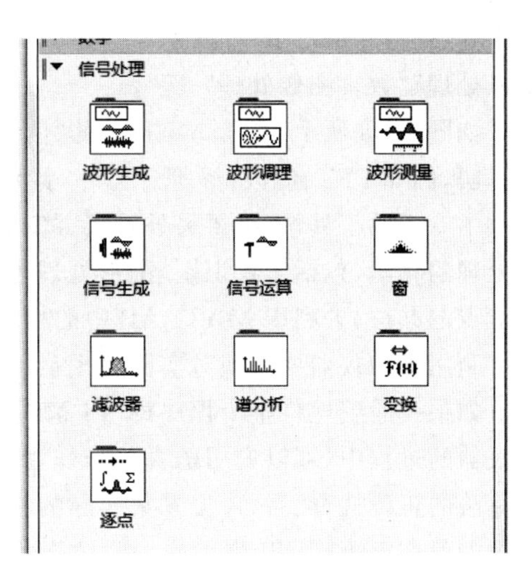

图 13.8 “信号处理”子选板

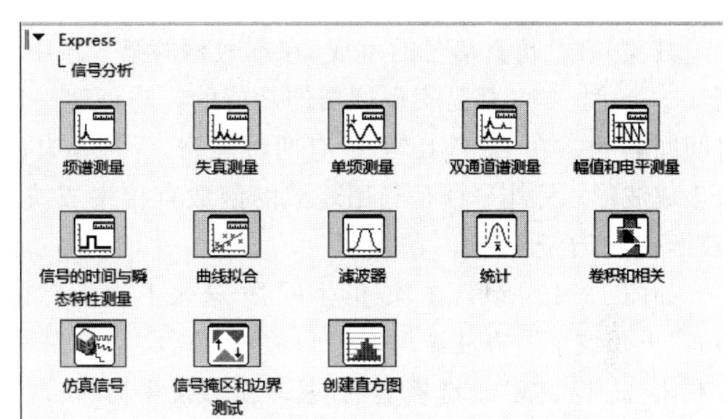

图 13.9 Express 子选板

在“数学”子选板上，提供了“拟合”“内插与外推”和“积分与微分”等函数，这些函数最为基本，它们的输入和输出一般多为数组。“信号处理”子选板又分为“波形生成”“波形测量”和“滤波器”等子选板，利用这些函数，可以直接生成波形，或者对波形进行分析、计算及处理。选中这些函数，将其拖曳到程序框图面板上，双击其图标，会一层层地看到其内部实现的具体算法。在 Express 子选板上，再进入其“信号分析”子选板，其中提供的 Express VI 的输入和输出，一般多为 DDT 类型的数据[6-7]。对于这些函数的使用，LabVIEW 的帮助中提供了丰富的范例，具体使用时，可以找到相应的范例进行学习并加以借鉴。

13.2 信号处理

虚拟仪器的实际应用背景，一般都是要解决一个实际的测量或测控问题。对于测量问题而言，要设计一个好的算法，需要系统学习“信号与系统”和“数字信号处理”等理论知识[8-9]。在实际中,针对不同的专业,根据被测对象的特征不同,又有专门的算法,例如“语音信号处理”“数字图像处理”,等等[10-14]。

如图 13.8 所示,在 LabVIEW 的“信号处理”子选板上,提供了信号处理领域的一些基本算法,例如 FFT、滤波,等等。另外,针对语音信号和数字图像等的分析、计算与处理,还提供了专门的工具包,需要另外购买并安装。当然,MATLAB 软件中也提供了很多有关信号处理的算法(包括语音识别、图形处理等),也可以在 LabVIEW 中通过调用 MATLAB 脚本节点的办法,去利用 MATLAB 中的相关函数。

利用虚拟仪器要实现对实际物理量的采集和测量,往往需要编写一个较大、较复杂的程序。如果一股脑地将整个程序即 VI 都编写出来,查错通常是比较困难的。在构建一个虚拟仪器的过程中,可以先用仿真信号作为分析对象,即先对仿真信号进行测量,以验证所构建算法的正确性,然后,再去采集实际的物理量,以完成实际的测量任务。鉴于此,接下来先学习如何在 LabVIEW 中生成一段仿真信号。

13.2.1 仿真信号的生成

其实,有关仿真信号的生成,在本教材的第 5 章中已经有所涉及,即如何生成一段波形,例 5.13～例 5.18 都是实现这样的功能的。为创建一段波形,关键是要生成一个数组 Y 和时间间隔 dt。在 LabVIEW 中有两种思路,一种是自己生成 Y 和 dt,再利用“创建波形”函数生成波形;另外一种是利用现成的函数直接生成波形,这些函数主要位于“信号处理”→“波形生成”子选板上。

如图 13.10 所示,在“波形生成”子选板上提供有很多函数,可以用于直接生成波形,例如有“正弦波形”“方波波形”“三角波形”以及“均匀白噪声”,等等。接下来,在例 13.2 中,将会利用“波形生成”子选板上的“基本函数发生器”实现稍微复杂些的功能。

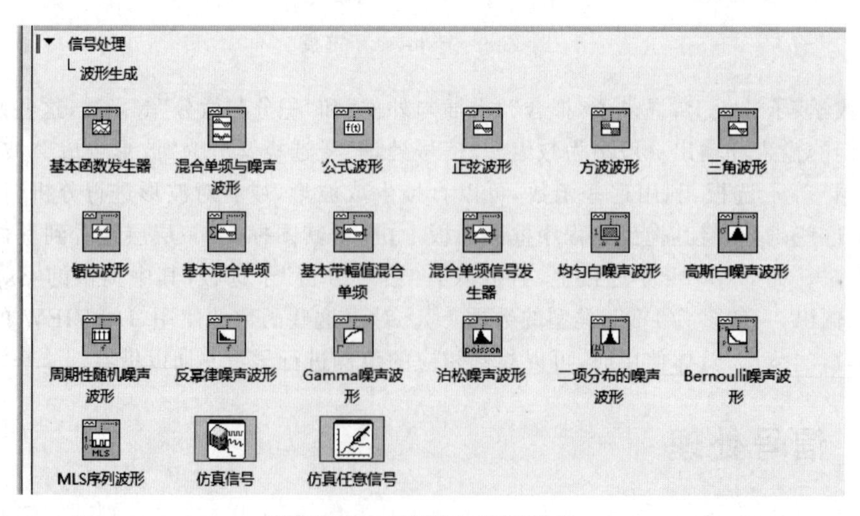

图 13.10 “波形生成”子选板

【例 13.2】 制作一个波形发生器，可以按需求选择发生波形的形状，例如，方波、三角波和正弦波等；可以设置所产生波形的参数，包括频率、幅值和初相位等；还可以在产生的典型信号波形上叠加噪声信号；要求将所产生的波形在前面板上用波形图控件显示出来。

针对例 13.2 提出的要求，编写出的 VI 的程序框图和前面板，如图 13.11 和图 13.12 所示。从程序框图可见，该 VI 调用了一个 While 循环，并在该循环内又调用了顺序结构。在顺序结构的第 0 帧，利用属性节点对前面板上的控件是否可用进行了设置。

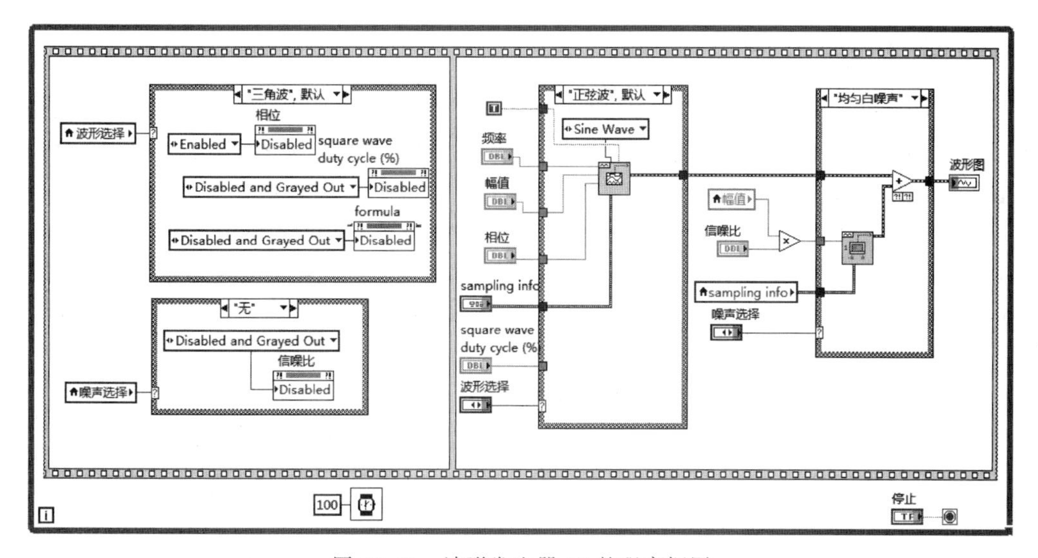

图 13.11　波形发生器 VI 的程序框图

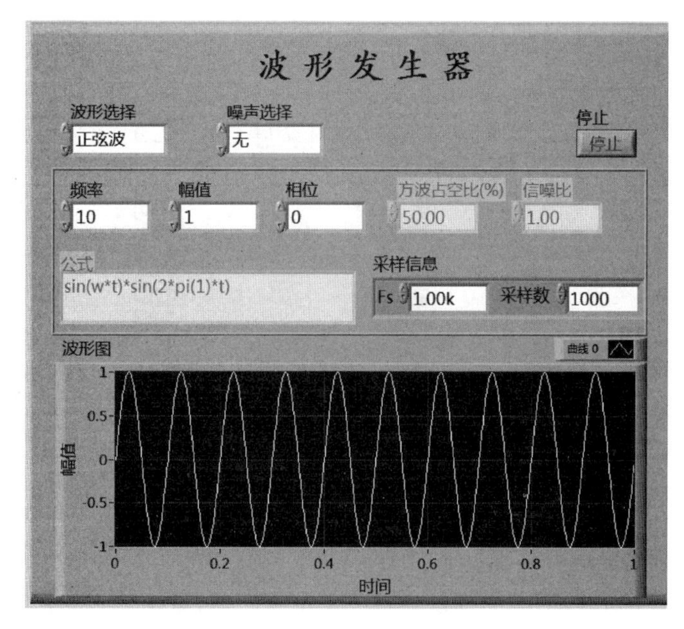

图 13.12　波形发生器 VI 的前面板

例13.2与第5章的例子比较起来，主要是程序结构复杂了一些，其中利用到了条件结构、属性节点和局部变量等，使得波形发生器的功能更为完善。

例13.2实现了在计算机中生成一段仿真信号波形，若将这段仿真信号波形通过数据采集卡的模出端送到计算机外，就可以为某个测试系统提供激励信号，即，可以实现真实的信号发生器或函数发生器的功能。

本教材在第14章，将具体介绍如何利用虚拟仪器技术制作函数发生器。

13.2.2 波形测量

当借助数据采集卡将真实世界的物理量采集进计算机后，一般都需要对采集到的数据进行分析、计算和处理，以获取其中所感兴趣的信息。例如，通过运算，要判断出被采样的信号是否是周期信号，若是，还希望知道它的具体频率的高低。而这些信息，都可以通过计算得到。选择什么样的算法，需要深入学习"信号与系统""数字信号处理"等方面的理论知识。下面，将以一个常见的信号处理问题为例，介绍如何利用LabVIEW从采集到的数据中获取所关注的有用信息。例13.3是要求测量出一段信号波形的频率，其中被测信号由例13.2所完成的波形发生器产生。

为了测得周期性信号波形的频率，读者可以自己编写算法去实现，也可利用LabVIEW中提供的函数来完成。这些函数，主要位于"信号处理"→"波形测量"子选板上，如图13.13所示。这些函数所能分析的数据类型是波形或者DDT。可以看出，"波形测量"子选板上提供有多种函数，每种函数实现的算法都不一样，有的是时域的方法，有的是频域方法。有关每个波形测量函数的具体使用，可以查看LabVIEW的帮助，以获取更多的相关信息。

图13.13 "波形测量"子选板

【例13.3】 测量正弦信号的频率。

为测量正弦信号的频率，首先可以画出一段正弦波形，并观察它有什么特征。为测量周期信号的频率有很多种方法，有时域的，也有频域的方法。下面给出三种算法。

1）时域方法——过零比较法

如果知道周期信号两个相邻过零点之间的时间间隔 t，则其周期 $T=2t$，频率 $f=1/T$，这就是过零比较法的基本原理。对过零点的判断方法是：如果该点左、右相邻两个点的波形数据量值的乘积小于 0，则认为该点为过零点。

找到过零点后，对两个相邻的过零点之间的时间间隔 t 如何计算呢？由前述的相关知识已经知道，波形数据是由一个 Y 数组和时间间隔 dt 组成的，所以，只要找到两个相邻的过零点在数组中的索引号 index1 和 index2，则 $t=(\text{index2}-\text{index1})\times \text{dt}$。

实现过零比较法的 VI 的程序框图，如图 13.14 所示。采用过零比较法测量周期信号波形的频率的 VI，如图 13.15 和图 13.16 所示。

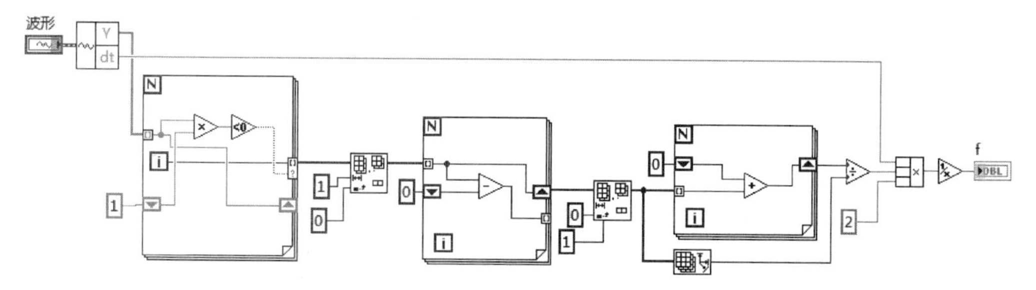

图 13.14 实现过零比较法的 VI 的程序框图

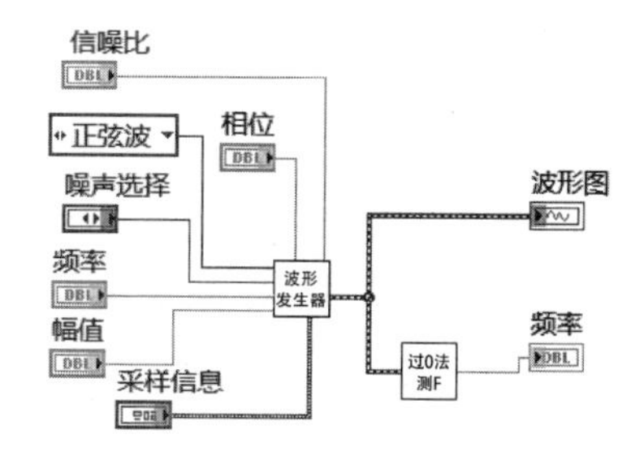

图 13.15 采用过零比较法测量周期信号频率的 VI 的程序框图

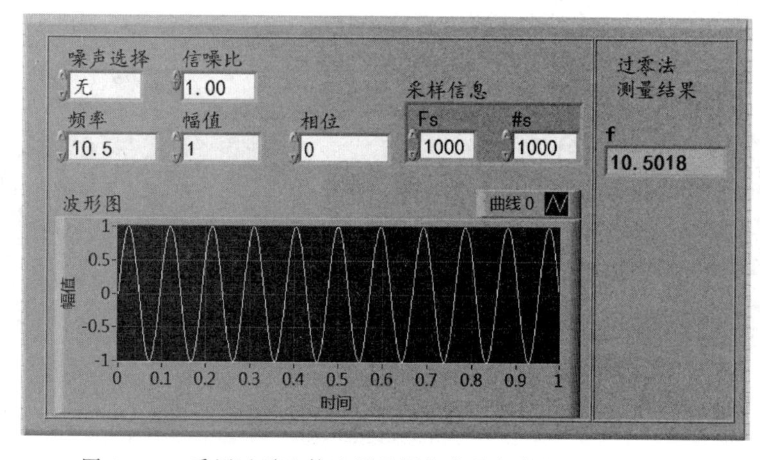

图 13.16 采用过零比较法测量周期信号频率的 VI 的前面板

2）频域方法——快速傅里叶变换(FFT)

对于频域方法，很容易想到的就是进行傅里叶变换，即进行 FFT 计算。为实施 FFT，可以调用 LabVIEW 中的"FFT 频谱"函数来实现，该函数位于"函数"选板→"信号处理"→"波形测量"子选板上。该函数输出的是一个簇，簇中元素为 f0、df 和一个数组 Y。其中，f0 为频率初始值；df 为频率分辨率，df=Fs/#s=采样率/样本数；数组 Y 为频域中被测信号每个频点处的大小值。为了得到频率，首先需要将上述的簇解除捆绑，找到其中数组 Y 中最大值的索引 index，则频率 f= f0+df×index。利用 FFT 算法测量频率的子 VI 的程序框图，如图 13.17 所示。利用 FFT 算法测量频率的 VI 的程序框图和前面板，如图 13.18 和图 13.19 所示。

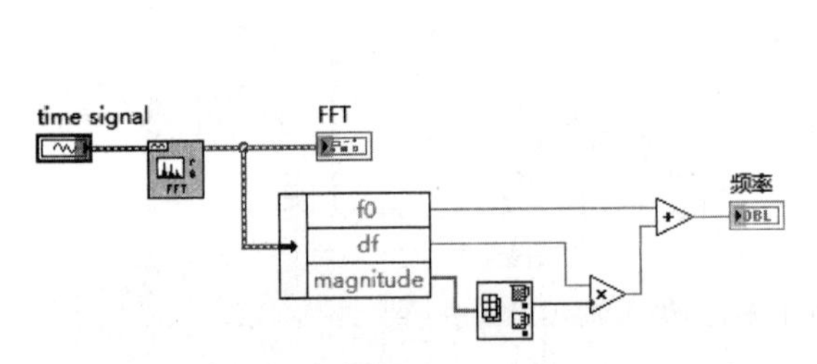

图 13.17　FFT 算法测量频率的子 VI

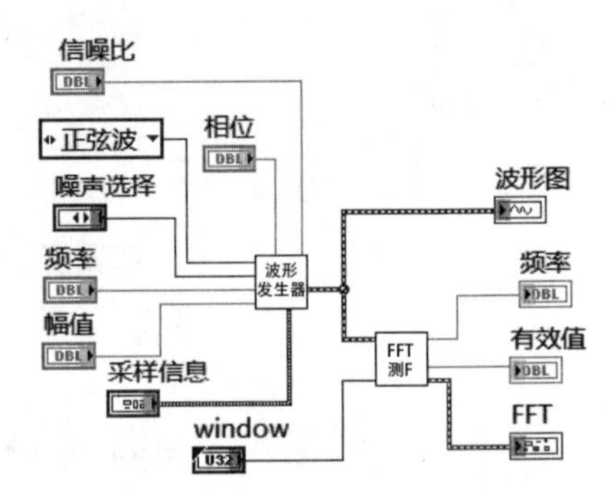

图 13.18　FFT 算法测频率 VI 的程序框图

从前面的算法描述中可以看出，利用 FFT 算法测量频率的准确性，会受到 df 的影响。在被测信号的频率为 10Hz，采样率为 1000，采样样本数为 1000 的条件下，FFT 可以得到准确的谱线，如图 13.19 所示。可以看出，频率 10Hz 处谱线的有效值为 0.707，这与真实被测信号的幅值是相对应的。

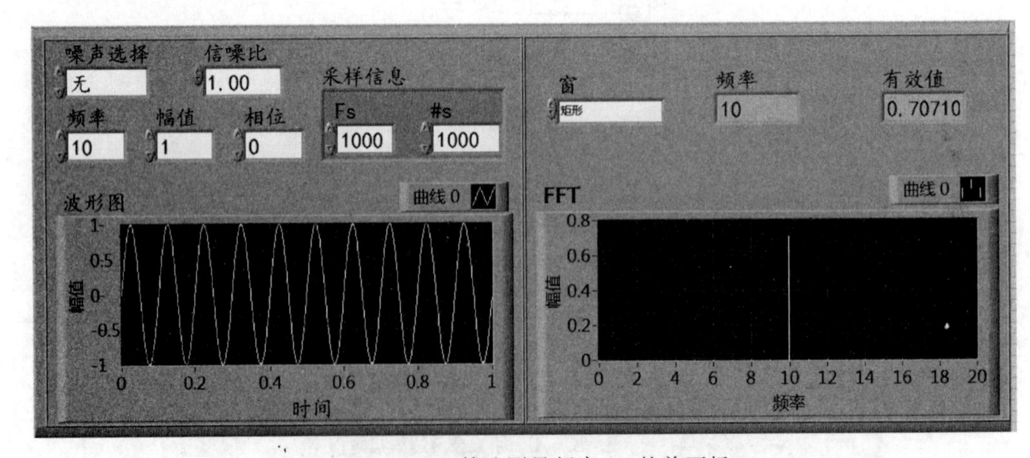

图 13.19　FFT 算法测量频率 VI 的前面板 1

假设信号的实际频率改为 $f=10.5\text{Hz}$，如果还以上述的采样率和样本数进行采样，那么以 FFT 算法就得不到准确的谱线了，如图 13.20 所示。因为，沿用之前的采样率和采样样本数，频率分辨率为 1Hz，即所能得到的测量频率只能是 10Hz，而不会得到 10.5Hz，亦即做不到整周期采样。可见，与过零比较法相比，FFT 算法更容易受到非整周期采样的影响。那么，在采样率和采样样本数不变的条件下，如何得到更精确的频率测量结果呢？对此，可以采用加窗插值的方法来解决该问题。如此，就引出了 FFT 的改进算法。针对施加不同的窗函数，以及采用不同的插值方法，可得到多种不同的改进算法。对此，可以查阅相关文献获得；在本教材的第 15 章，将介绍两种改进的 FFT 算法。

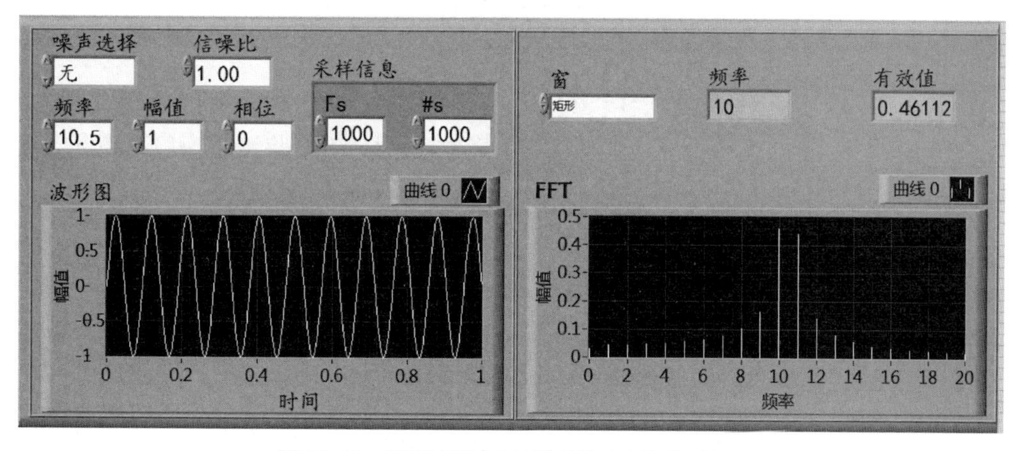

图 13.20 FFT 算法测量频率的 VI 的前面板 2

3）频域方法——利用“提取单频信息”函数

在“波形测量”子选板中，还提供有多个其他函数，例如，“提取单频信息”函数。在下面提供的 VI 中将调用这个函数，以完成对周期信号中某个频率成分的测量，该 VI 的程序框图，如图 13.21 所示。对于被测的单频率正弦波仿真信号，仍然设置其频率为 10.5Hz，采用样本数为 1000，采样率为 1000，运行该 VI 的结果如图 13.22 所示。可见，利用“提取单频信息”函数，在非整周期采样条件下，也可以获得正确的测量结果。双击此函数的图标，打开其内部实现的程序框图，可以发现，此函数也采用了 FFT 算法的思路，但它还在 FFT 算法基础上添加了另外的算法，以进行必要的修正。

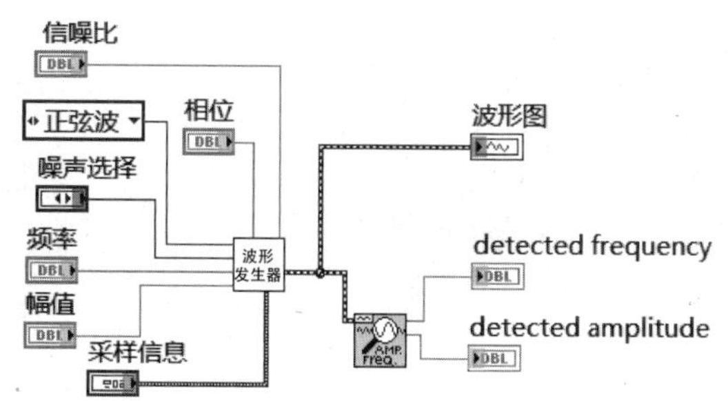

图 13.21 利用“提取单频信息”函数测量正弦信号的频率和幅值的 VI 的程序框图

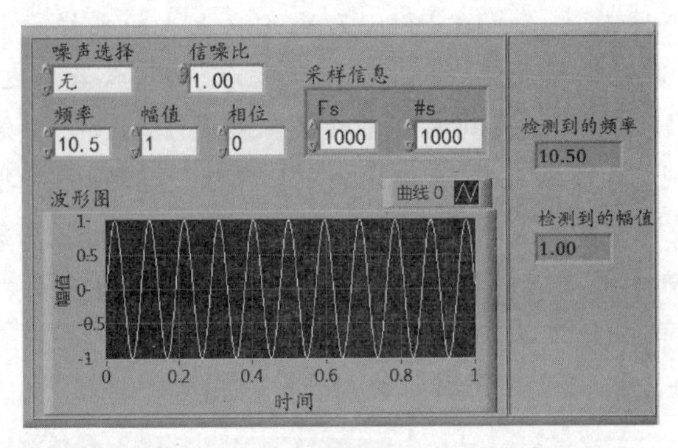

图 13.22 利用“提取单频信息”函数测量正弦信号的频率和幅值的 VI 的前面板

从例 13.3，可注意到直接利用“FFT 频谱”函数存在的不足，而若利用“提取单频信息”函数或采用“过零比较法”，则受非整周期采样的影响不大。下面将测量一段稍微复杂的信号波形。而对模拟它的仿真信号，仍然利用例 13.2 所编写的信号发生器 VI 来产生。

【例 13.4】 测量一段公式信号波形的频率。

当改变所要测量信号波形的形状，使其有多个过零点、多个频率分量、多个极值时，再测量其中某个频率分量的频率，就会存在一定的困难。这里以一个典型的信号波形为例，此信号波形的数学表达式为 $\sin(2\omega t)+\sin(3\omega t)$，$\omega=2\pi f$。当 $f=1\text{Hz}$ 时，该信号的 5 个周期和 1 个周期的波形分别如图 13.23 和图 13.24 所示。可以看出，该信号波形在一个基波周期内有多个过零点和多个极值点；从波形图中可以直观地看出，此类周期非正弦信号中基波成分的频率应为 f。

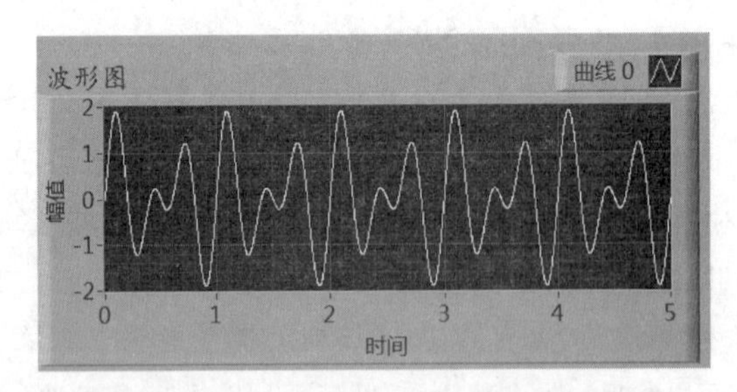

图 13.23 信号 $\sin(2\omega t)+\sin(3\omega t)$的波形图 1

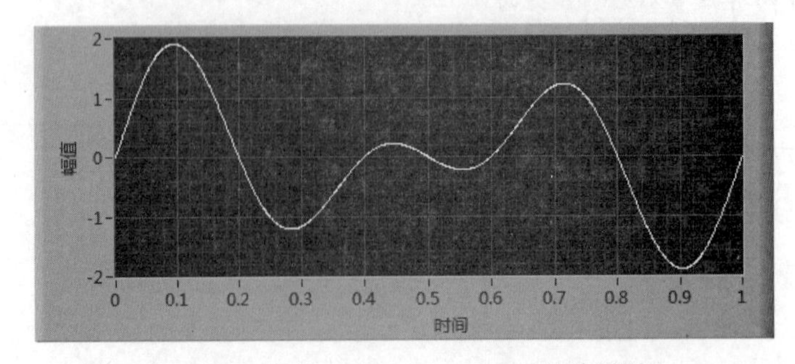

图 13.24 信号 $\sin(2\omega t)+\sin(3\omega t)$的波形图 2

接下来，将调用例 13.3 中编写的测量频率的算法对这类周期非正弦信号进行测量。可以利用输入公式的办法产生这类信号，具体实现的 VI 的程序框图，如图 13.25 所示。

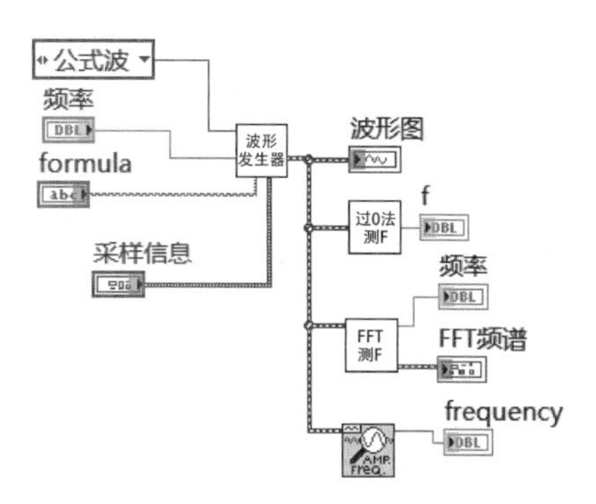

图 13.25　例 13.4 VI 的程序框图

为测量这种信号波形中基波成分的频率，这里列举了三种算法，分别是“过零比较法”“FFT 频谱”函数和“提取单频信息”函数。测量结果如图 13.26 所示。由于此例被测信号中基波成分的频率 f 被设为 1Hz，所以对被测信号即公式 $\sin(2\omega t)+\sin(3\omega t)$ 而言，其真实的基波成分的频率应为 1Hz。但观察测量结果会发现，由三种算法给出的测量结果都不对。观察 FFT 的频谱图会发现，谱线最高的点落在了 $2f$ 和 $3f$ 上，所以利用频域的算法（“FFT 频谱”函数和“提取单频信息”函数）测量时，会根据测量的误差限值在 $2f$ 和 $3f$ 中选择一个值输出，但均是错误的结果。而对于“过零比较法”而言，由于此信号波形在一个基波周期内有多个过零点，所以得到的结果也是不可信的。那么对这类信号波形中基波成分频率的测量，又该如何解决呢？对此，本书留给读者自己去思考。

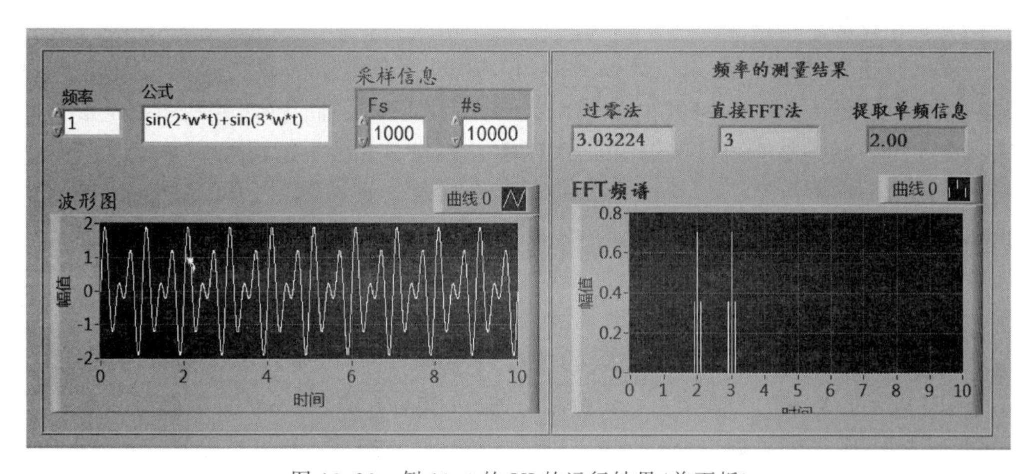

图 13.26　例 13.4 的 VI 的运行结果（前面板）

例 13.4 中，被测信号的波形要比例 13.3 复杂。通过例 13.4，读者也体会到某种算法并不一定适合于所有情况。需要指出的是，例 13.3 和例 13.4 分析的还只是纯净的单一成分或多个频率成分的周期信号波形，还未添加噪声或干扰信号。而在实施测量的许多实际场合，采集到的信号中往往夹杂着噪声干扰。为模拟真实的情况，可以在仿真信号中添加噪声，之后就会发现，测量的准确度可能会明显下降。那么，对于含有噪声的信号波形的测量，有什么可以改善或者确保测量准确度的办法吗？对这个问题，也先留给读者自己思考。

例 13.3 和例 13.4 都只是抛砖引玉，对学习者而言，更为富有挑战的，是要学会如何利用 LabVIEW 这个工具中提供的丰富的功能函数库等，从最原始、复杂的信号波形或信号数据信息中去筛选、挖掘出自己感兴趣的有用信息。在面对实际问题时，需要查阅相关文献，从中找到合适的算法，并利用 LabVIEW 去实现它们。

13.3 本章小结

本章的目的，主要是帮助学习者建立起对算法的初步认识和概念，并在编写出一个 VI 后，能够基于相关原则去判断其性能的优劣，进而想办法通过优化和改进等去提高其性能。通过例 13.3 和例 13.4 对信号波形频率的测量，完成了利用 LabVIEW 进行信号处理的一个基本过程，希望学习者掌握如何从最原始的信号数据信息中去筛选、挖掘出自己感兴趣的有用信息。数字信号处理是一个内容非常丰富且目前仍是研究热点的领域。数字信号处理的算法非常多，在实际应用中，要根据被测对象特征的不同以及实施测量的实际要求，去选择合适的、可靠的算法[①]。

本章习题

13.1 寻找水仙花数。

所谓水仙花数，是指一个 n 位数（$n\geqslant3$），它的每位上的数字的 n 次幂之和等于它本身，（例如：$1^3+5^3+3^3=153$）。请找出 100～100 000 范围内的水仙花数，并利用数组形式将它们显示在前面板上。要求：①不采用 LabVIEW 中的公式节点；②所编写的 VI 要有算法，而不是直接给出结果。

13.2 寻找完全数。

各个真约数的和等于它本身的自然数叫作完全数（Perfect number），例如：$6=1+2+3$。换言之，列出某数的约数，去掉该数本身，剩下的就是它的真约数。请找出 $1\sim10^5$ 正整数范围内的完全数，同时给出各完全数的真约数，并将它们在前面板上显示出来。要求：①不采用 LabVIEW 中的公式节点；②所编写的 VI 要有算法，而不是直接给出结果。

13.3 寻找卡布列克数。

若正整数 X 在 n 进位下可以分割为两个数，而这两个数相加的平方恰等于 X，那么 X 就是 n 进位下的卡布列克数。以 2025 为例，2025 可拆为 20 和 25，$20+25=45$，$45^2=2025$，因此 2025 即为卡布列克数。请找出 $10\sim10^6$ 正整数范围内的卡布列克数，同时给出所找出的各卡布列克数的拆分数，并将它们在前面板上显示出来。要求：①不采用 LabVIEW 中的公式节点；②所编写的 VI 要有算法，而不是直接给出结果。

13.4 寻找梅森素数。

所谓梅森素数，是指形如 2^p-1 的素数。素数是一个大于 1 的自然数，除了 1 和它本身

① 本章部分内容的选用，参考了阮广春、小山嘉和周旋等学生完成的虚拟仪器课程大作业，在此，特向他们表示感谢。

外，不能被其他的自然数整除。请找出 p 在 1～50 范围内的梅森素数，在前面板上将它们显示出来，并给出符合要求的梅森素数的个数。要求：①不采用 LabVIEW 中的公式节点；②所编写的 VI 要有算法，而不是直接给出结果。

13.5　对某电压信号波形 $\sin(2\omega t)+\sin(5\omega t)$，请通过编写实现相应测算方法的 VI，测量出它当中二次谐波成分的频率 $2f$。假设理想的 $f=3\text{Hz}$。

13.6　对例 13.5 所给定的被测信号波形，请通过 LabVIEW 编程，为其分别添加 5%、10%的白噪声，再测量它当中二次谐波成分的频率；并通过对算法的改进，试降低噪声对测量的影响，改善测量的准确性。

参考文献

[1] 谭浩强. C 程序设计[M]. 北京：清华大学出版社，2000.

[2] Kleinberg J, Tardos E. 算法设计[M]. 张立昂，译. 北京：清华大学出版社，2007.

[3] Brassard G, Bratley P. 算法基础[M]. 邱仲潘，译. 北京：清华大学出版社，2005.

[4] Shaffer C A. 数据结构与算法分析(C++版)[M]. 张铭，刘晓丹，等译. 北京：电子工业出版社，2013.

[5] Binstock A, Rex J. 程序员实用算法[M]. 陈宗斌，译. 北京：机械工业出版社，2009.

[6] 侯国屏，王珅，叶齐鑫. LabVIEW 7.1 编程与虚拟仪器设计[M]. 北京：清华大学出版社，2006.

[7] 黄松岭，吴静. 虚拟仪器设计基础教程[M]. 北京：清华大学出版社，2008.

[8] 郑君里，应启珩，杨为理. 信号与系统[M]. 北京：高等教育出版社，2014.

[9] 胡广书. 数字信号处理[M]. 北京：清华大学出版社，2011.

[10] 冈萨雷斯，伍兹. 数字图像处理[M]. 阮秋琦，译. 3 版. 北京：电子工业出版社，2011.

[11] 桑卡，赫拉瓦奇，博伊尔. 图像处理、分析与机器视觉[M]. 艾海舟，苏延超，译. 3 版. 北京：清华大学出版社，2011.

[12] 斯蒂格，尤里奇，威德曼. 机器视觉算法与应用[M]. 杨少荣，译. 北京：清华大学出版社，2008.

[13] Nixon M S, Aguado A S. 计算机视觉特征提取与图像处理[M]. 杨高波，李实英，译. 北京：电子工业出版社，2014.

[14] Quatieri T F. 离散时间语音信号处理[M]. 赵胜辉，译. 北京：电子工业出版社，2004.

第 14 章

实际应用 1——函数发生器

前面的章节讲述了设计虚拟仪器必备的基础知识。其中，第 2 章～第 7 章，学习了如何利用 LabVIEW 进行虚拟仪器编程；第 8 章～第 12 章，讲解了如何利用 LabVIEW 将真实世界的被测信号与计算机联系起来。具备了上述这些知识，就可以着手于一个有实际应用背景的虚拟仪器的设计和开发了。从本章开始，分两章，介绍两个实际的虚拟仪器制作任务，它们都源于本书作者开设虚拟仪器课程过程中，要求学生完成的虚拟仪器设计选题。本章先学习如何利用虚拟仪器技术制作函数发生器。

14.1 概述

实验室中常见的函数发生器，如图 14.1 所示。函数发生器是电工电子实验室中常用的仪器设备之一，它可以为测试系统提供激励信号。本章的任务，就是希望学生学会利用 LabVIEW 和数据采集卡(例如 MyDAQ)，自己制作一台基于计算机的函数发生器。

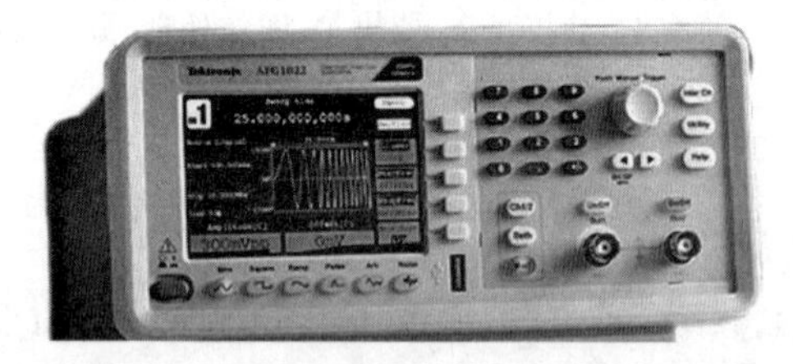

图 14.1 实验室中常用的函数发生器

这台函数发生器应具备以下功能：①单通道；②产生的信号波形可选择，或可自己定义，即除了可发生正弦波、方波、三角波和锯齿波等典型、常用的信号外，还可以通过输入公式、输入坐标以及手绘等方式，产生任意形状的所需信号波形；③可以在基本、典型的周期信号上叠加噪声；④在所构建的虚拟函数发生器运行过程中，其所产生的信号波形的频率、幅值等参数均可调节。

14.2 算法介绍

构建虚拟函数发生器这个选题的算法，主要体现在程序框架的设计上。首先，可以根据任务要求，将要产生的信号波形分为“标准波形”和“自定义波形”两大类。这两类波形在程序实现上的区别如下：为产生标准信号波形，可直接调用 LabVIEW 中自带的函数来实现，对其参数的设置，均可放置在主程序的前面板上；而为产生自定义的信号波形，就需要在弹出的子VI面板上进行参数的设置，然后，再将生成的信号波形返回到主程序中。在本章中，"标准波形"类的信号波形，有正弦波、方波、三角波和锯齿波共4种；而"自定义波形"，有输入公式、输入坐标和手绘共3种方式。

所构建的虚拟函数发生器的VI的设计框架，如图14.2所示。可见，该VI首先要进行初始化。在这一步，要对所用到的控件的初始状态进行设置，同时调用相应的DAQmx函

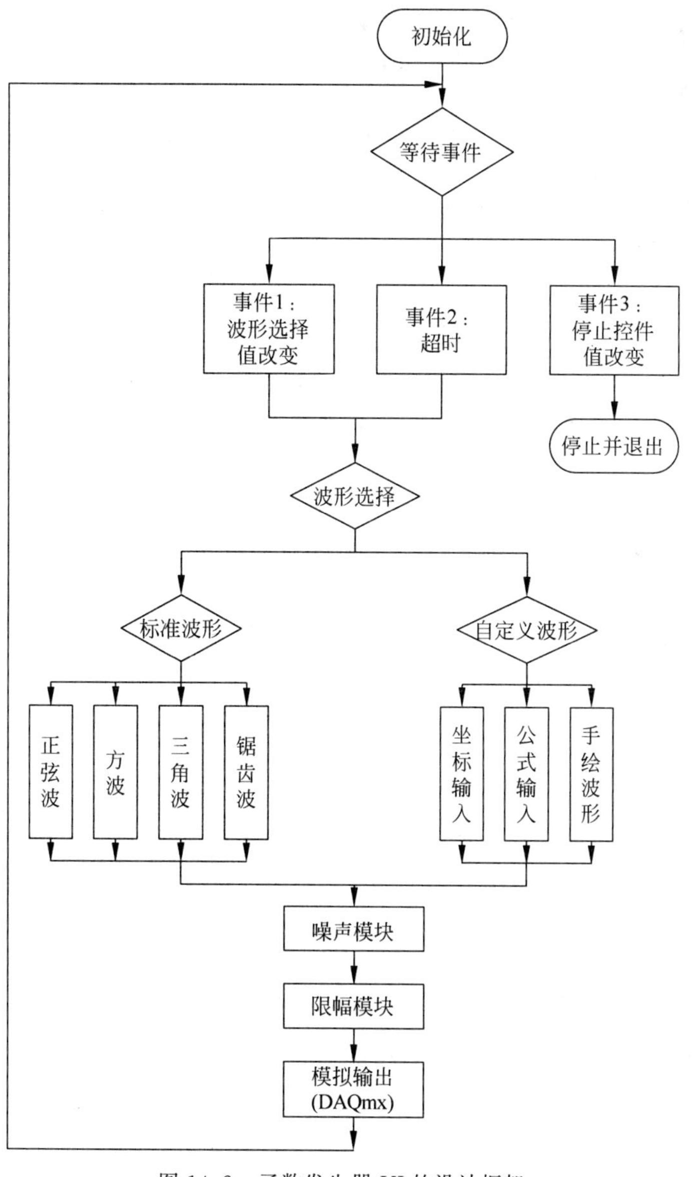

图14.2　函数发生器VI的设计框架

数，对模拟输出的一些参数也需要进行设置。然后，调用事件结构，此事件结构有三个分支，分别是"'波形选择'值改变""'停止控件'值改变"和"超时"。当前面板上的"停止控件"的值改变后，整个程序停止并退出；否则，会根据"波形选择"的状态，产生"标准波形"或者"自定义波形"。

对4种标准波形，在程序实现上，可以通过枚举或者滑动杆等控件进行选择。而对于自定义波形，则要打开子VI的面板，在子VI中设置参数，然后，再将产生的波形返回到主程序中去。这时，如果利用枚举或者滑动杆控件进行状态的选择是有问题的。例如，如果采用轮询方式，会一直在反复打开子VI的面板；如果采用"事件结构中的值改变"方式，虽然可以解决上述子VI面板一直不断反复被打开的问题，但又出现了新情况，即必须当值改变后，才会弹出子VI。例如，如果当前选择的是"坐标输入"，此时如果想再次进入"坐标输入"子VI，就必须先选择别的状态例如"手绘"，进入"手绘"子VI并又退出后，才可再选择"坐标输入"，但这样，就多了弹出"手绘"子VI面板这一步骤。为解决此问题，在自定义波形的选择上，使用了3个布尔按钮，分别代表"公式输入""坐标输入"和"手绘"。如此，当单击按钮，按钮的值发生改变(真或假)时，相应的子VI会被执行，然后，就弹出相应的子VI面板。

如图14.2所示，产生了基本信号波形后，会再利用"噪声"模块向信号波形添加噪声。噪声的有无和大小，可以通过前面板上的控件进行设置。如果只想产生噪声，可将"标准波"或者"自定义波"的幅值设为0。波形经过了"噪声"模块后，还要再通过一个"限幅"模块。因为数据采集卡模出电压的范围为－10V～10V，利用"限幅"模块，可判断产生的信号波形中有无超出幅值范围的数据点，如果有，"限幅"模块会将这些数据点的值强制修改为－10V或者10V。波形经过限幅处理后，就要调用相应的DAQmx函数去实现模拟输出，即要将产生的信号波形输出到计算机外。

可见，函数发生器的整个程序中，共建立有6个子程序，分别是标准波形、坐标输入、手绘输入、公式输入、噪声以及限幅。其中，手绘输入子程序最为复杂。鉴于此，下面主要对手绘输入子程序的算法进行介绍。

手绘输入的程序设计框架，如图14.3所示。可见，该子程序首先也是要进行初始化，然后是等待事件，且共有5个事件。当鼠标在绘图区单击时，会保存当前它所在点的坐标值，并将绘图标识设为"真"，表示开始绘图。当鼠标在绘图区移动且绘图标识为"真"时，会向历史数据中追加当前点的坐标值，并将所有坐标值赋给绘图区。当鼠标在绘图区被释放，不再记录新的坐标值时，绘图标识设为"假"。当单击前面板上的"幅值"和"时间"控件，使其值发生改变时，绘图区会被清空，表示重新开始绘制波形。绘制波形完成后，单击"绘制完成"按钮，随后，首先会对保存在移位寄存器中的值进行判断，删除其中回画的点。由于此时得到的分别是存有坐标数据的数组，故还需要利用插值函数将其转换成波形，然后才退出子VI。

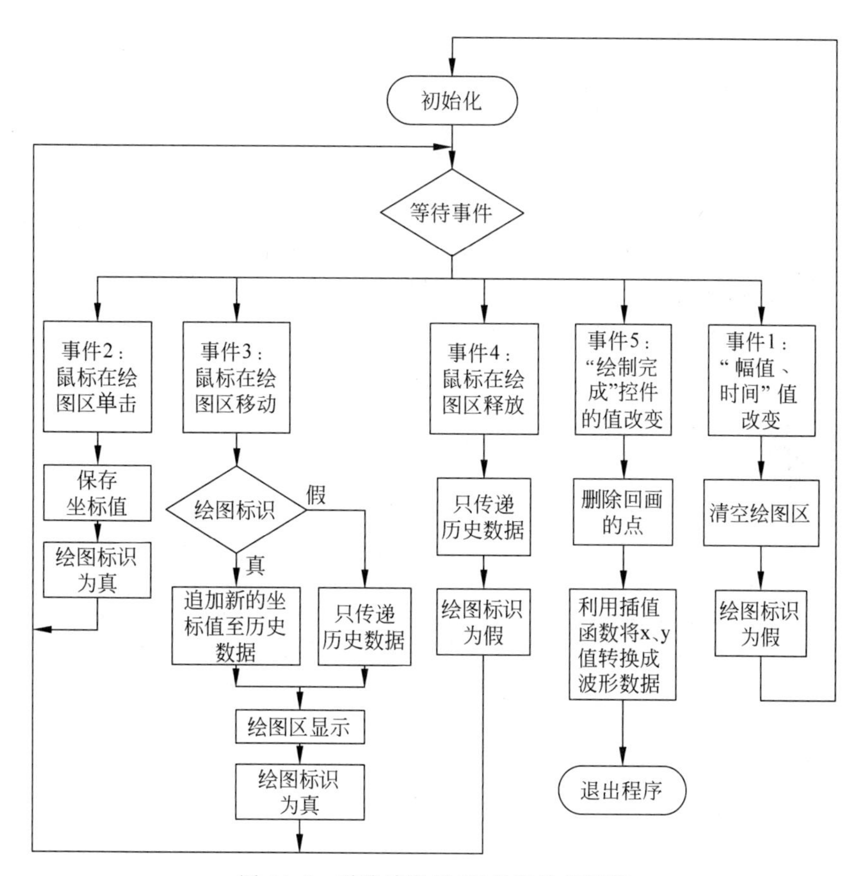

图 14.3　手绘波形子 VI 的设计框架图

14.3　程序说明

虚拟函数发生器 VI 主程序的前面板，如图 14.4 所示，其主程序框图，如图 14.5～图 14.9 所示。该主程序采用 While 循环＋条件结构的架构。其中，条件结构的状态选择是由一个枚举型移位寄存器决定的。条件结构共有三个分支，分别是"初始化""等待事件"和"波形发生"。可以看到，在外层的 While 循环上，共设置了 4 个移位寄存器。第一个移位寄存器保存条件结构的状态；第二个保存生成的信号波形；第三个保存 DAQmx 的任务信息；第四个保存 DAQmx 的错误信息。

图 14.5 显示的是"初始化"分支的程序框图。在这一步，会完成主程序的前面板上控件的参数设置，以及属性的初始化设置；并通过调用 DAQmx 函数，对模出参数进行初始化设置，例如，指定模出通道为 AO0，设置"采样模式"和"采样信息"等。

图 14.6 和图 14.7 显示的是"等待事件"分支的程序框图。在这一步，将"波形发生"赋给了保存条件结构状态的移位寄存器。此分支中调用了事件结构，当主程序前面板上的"波

形选择"值改变后，要对主程序前面板上的控件属性进行设置，如图 14.6 所示。当前面板上的"停止按钮"值改变后，会退出主程序，如图 14.7 所示。

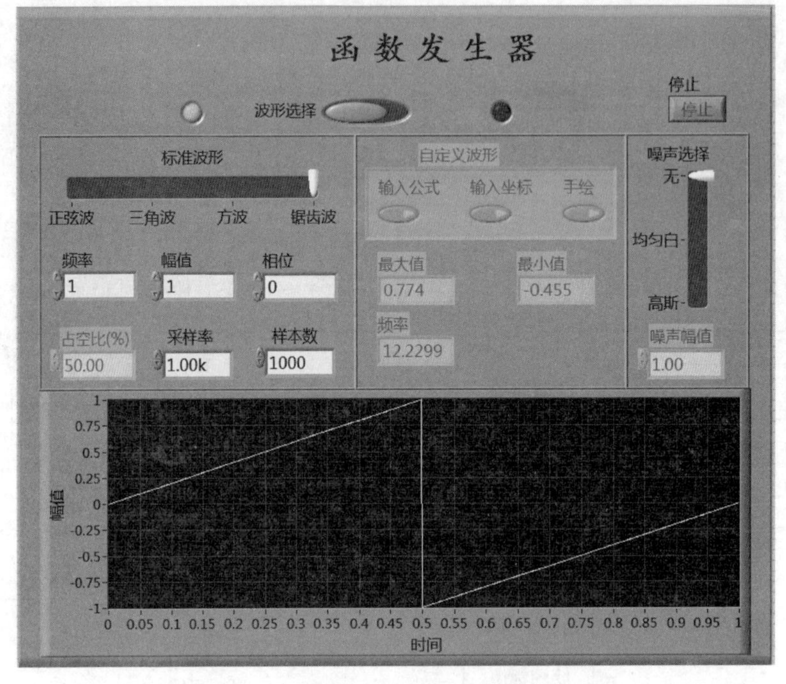

图 14.4　函数发生器 VI 主程序的前面板

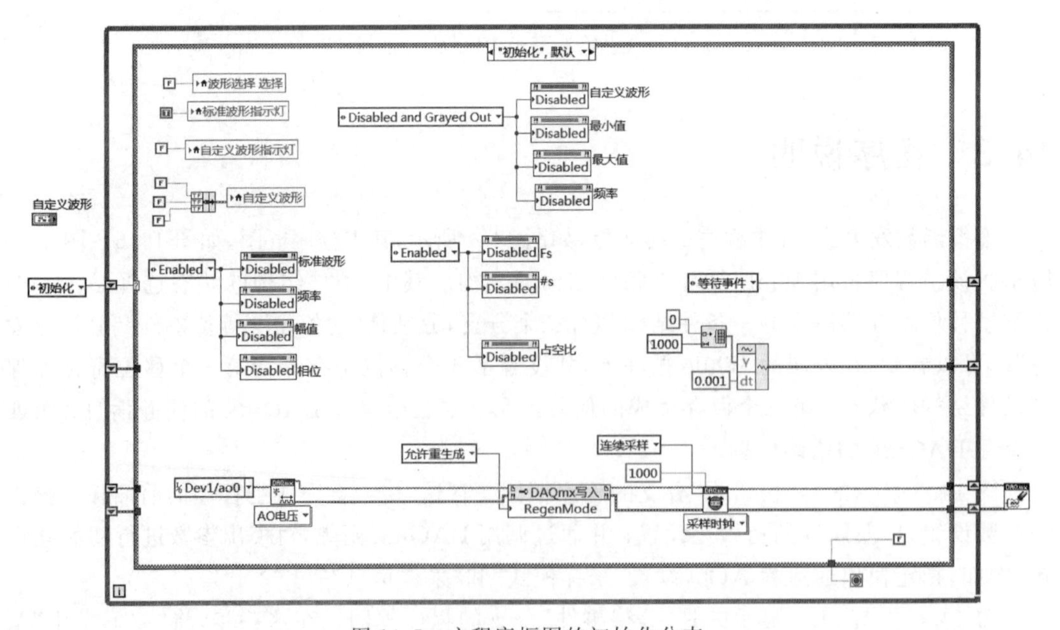

图 14.5　主程序框图的初始化分支

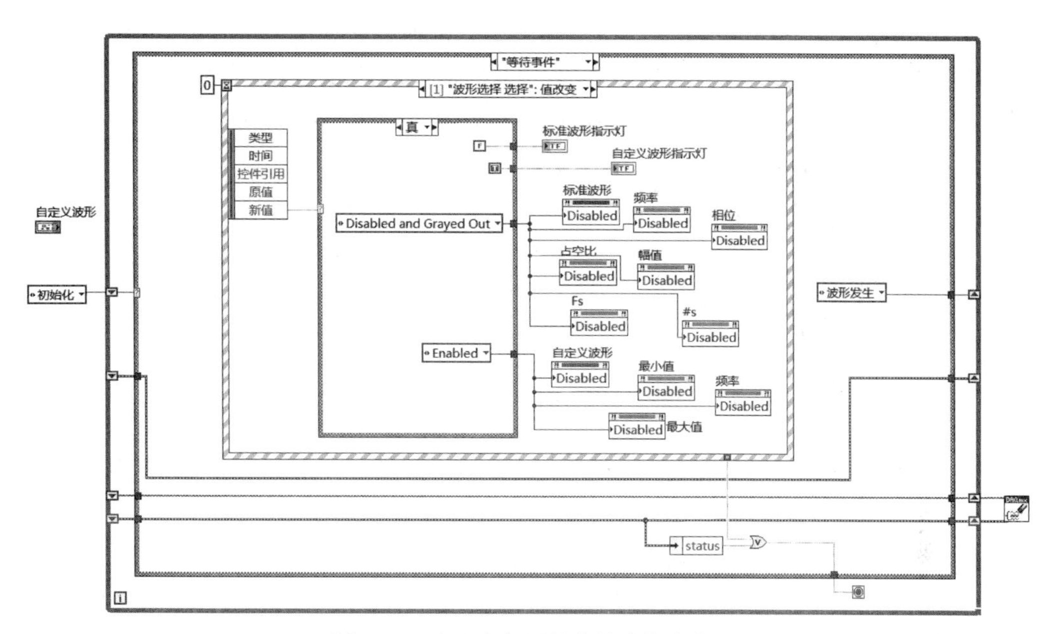

图 14.6　主程序框图的等待事件分支 1

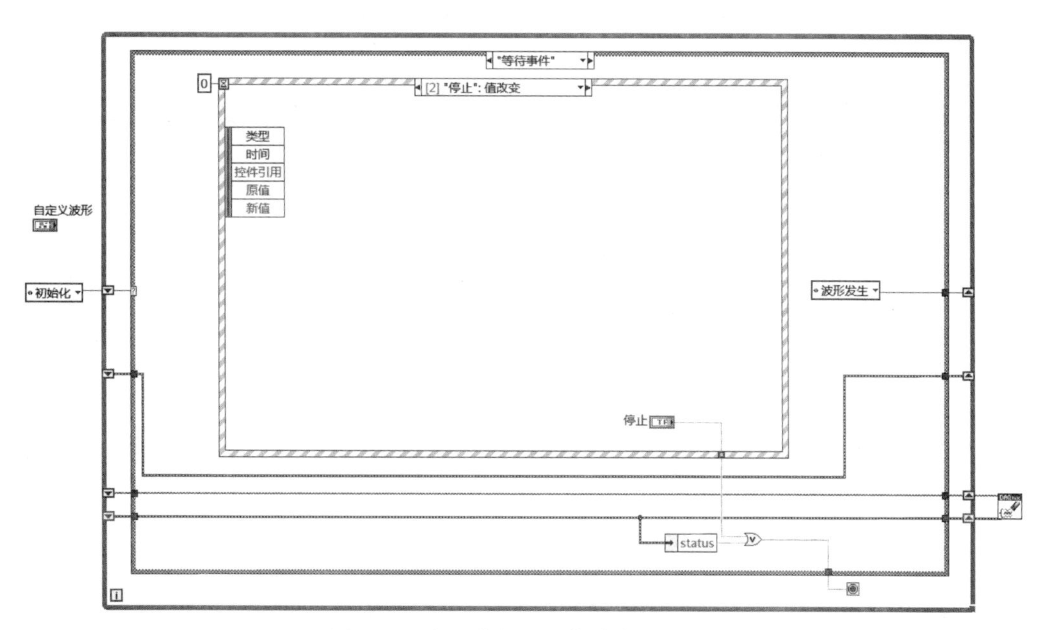

图 14.7　主程序框图的等待事件分支 2

图 14.8 和图 14.9 显示的是“波形发生”分支的程序框图。在这一步，将“等待事件”赋给了保存条件结构状态的移位寄存器。此分支又分为以下 4 个功能模块。首先，通过“波形选择”的值来决定，是产生标准波形，还是自定义波形；然后，调用噪声子 VI 和限幅子 VI；

最后，再调用 DAQmx 函数，将仿真波形输出到计算机外。具体地，图 14.8 显示的是“自定义波形”分支的程序框图，而图 14.9 显示的，则是“标准波形”分支的程序框图。

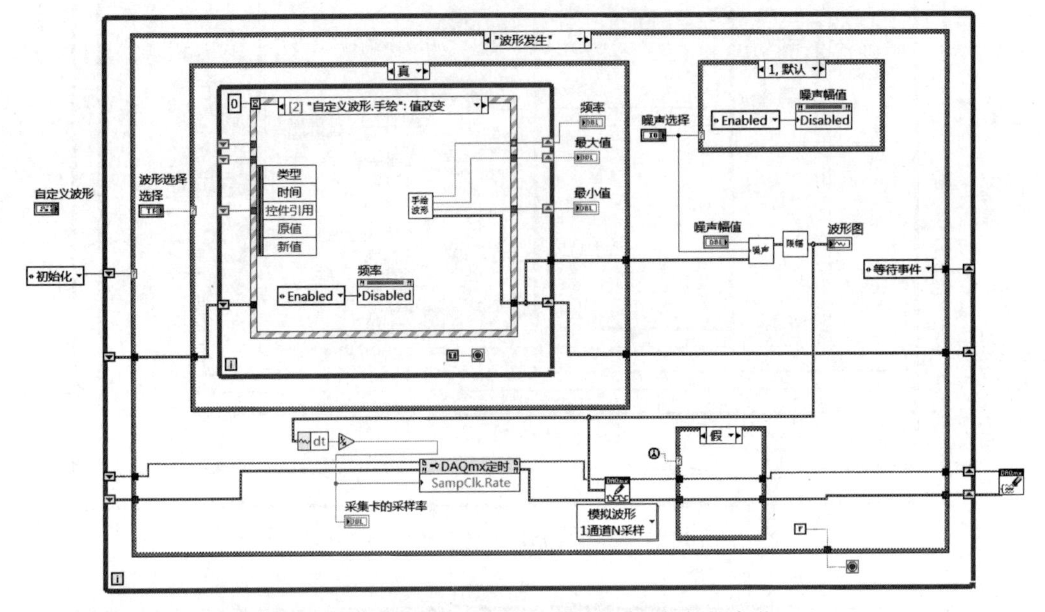

图 14.8　主程序框图的波形发生分支(自定义波形)

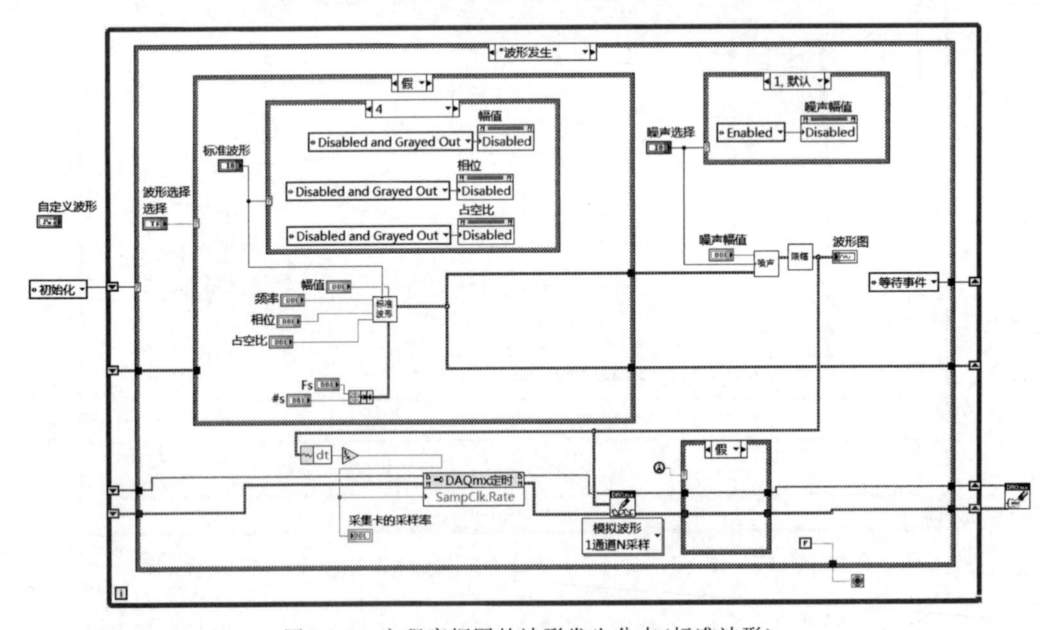

图 14.9　主程序框图的波形发生分支(标准波形)

在“波形发生”分支中，共调用了 6 个子 VI，分别是“标准波形”“坐标输入”“手绘波形”“公式输入”“噪声”和“限幅”。其中，较复杂的是“手绘波形”和“坐标输入”。下面，将分别对这6个子VI进行介绍。

“手绘波形”子VI的前面板，如图14.10所示，绘图区为一个XY图控件。该子VI的程序框图，如图14.11所示，其主要分为三个功能模块，第一个模块是在XY图控件中画波形，并将得到的所画波形的点坐标信息都保存在一个数组中，该数组的元素为簇，簇是由坐标X和Y打包生成的。第二个模块是通过将当前点的X坐标值与前面所有点的X坐标值中的最大值进行比较，从而删除回画的点。第三个模块是先将X数组减去最小值，使得时间平移至0；再将X数组的最大值减去最小值，得到实际所画波形的时间长度；然后利用插值函数，选择“线性插值”，并规定一个周期插值1000个点，进而生成相应的信号波形。

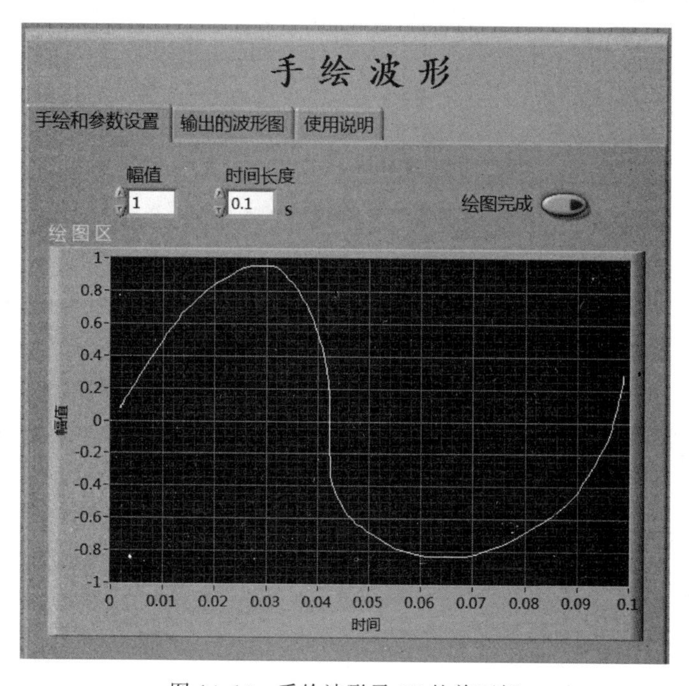

图14.10　手绘波形子VI的前面板

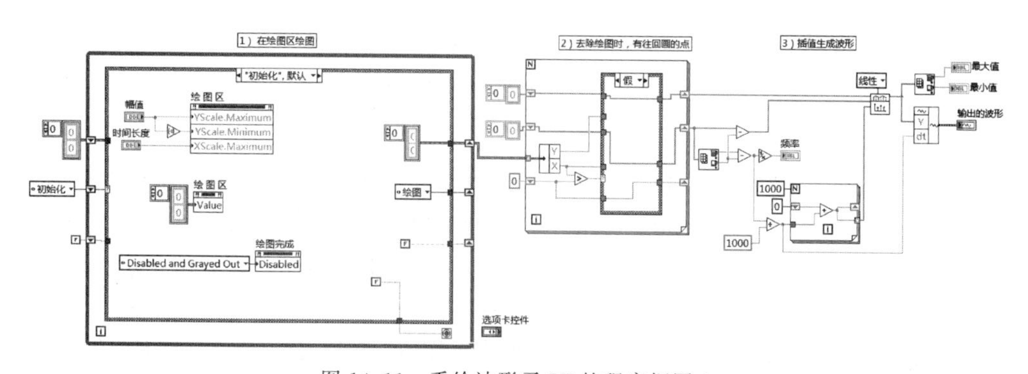

图14.11　手绘波形子VI的程序框图1

手绘波形子 VI 的程序框图如图 14.11～14.17 所示。该程序采用 While 循环＋条件结构的编程架构。其中，条件结构的状态选择，由一个枚举型移位寄存器决定。此条件结构共有 2 个分支，分别是“初始化”和“绘图”。在条件结构的“绘图”分支中，利用事件结构实现坐标的获得和处理。这里，事件结构共有 5 个分支，分别是“‘时间长度’‘幅值’值改变”“‘绘图区’鼠标按下”“‘绘图区’鼠标移动”“‘绘图区’鼠标释放”和“‘绘图完成’值改变”。

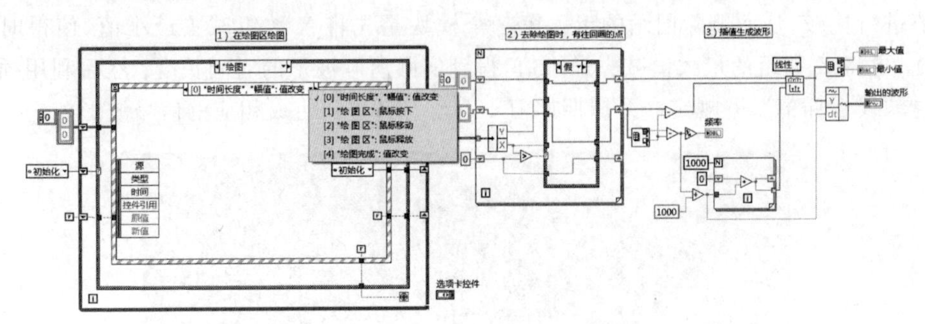

图 14.12 手绘波形子 VI 的程序框图 2

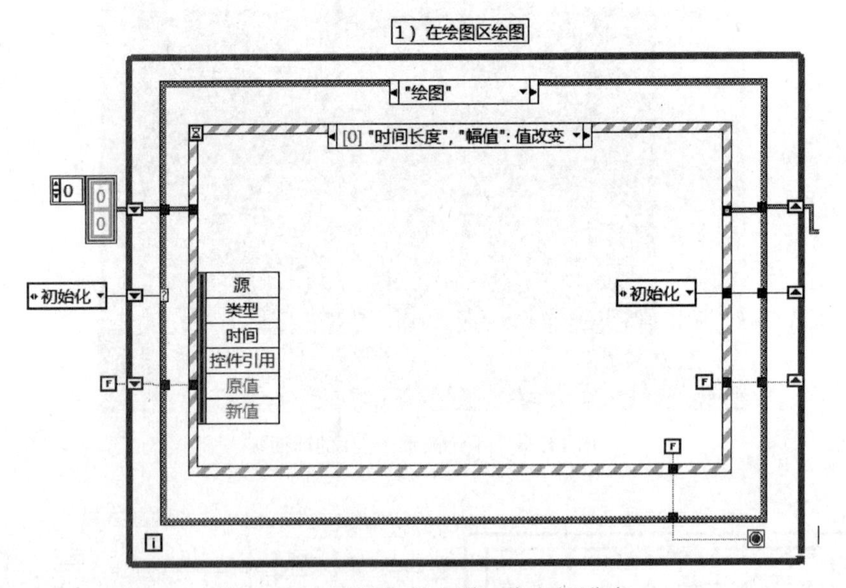

图 14.13 “时间长度，幅值；值改变”分支

在外层的 While 循环上，共设置了 3 个移位寄存器。其中，第一个移位寄存器用于保存所绘制点的坐标信息，其数据类型是以簇为元素的数组，而簇的元素为点的坐标值；第二个用于保存条件结构的状态，其数据类型是枚举；第三个则用于保存是否开始画图的标识，其数据类型是布尔量。

利用鼠标在绘图区绘制信号波形子 VI 的程序框图，如图 14.14～图 14.16 所示。具体绘制波形的过程如下：当鼠标在绘图区被按下后，获得此时刻鼠标的坐标值，并将该坐标值赋给保存坐标值的移位寄存器，同时，将布尔移位寄存器设为“True”。当鼠标在绘图区移动时，

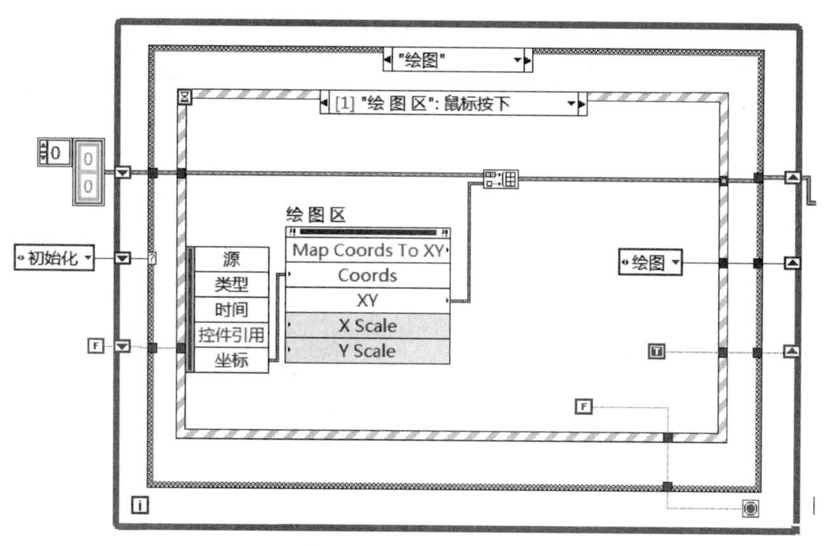

图 14.14 “鼠标按下”分支

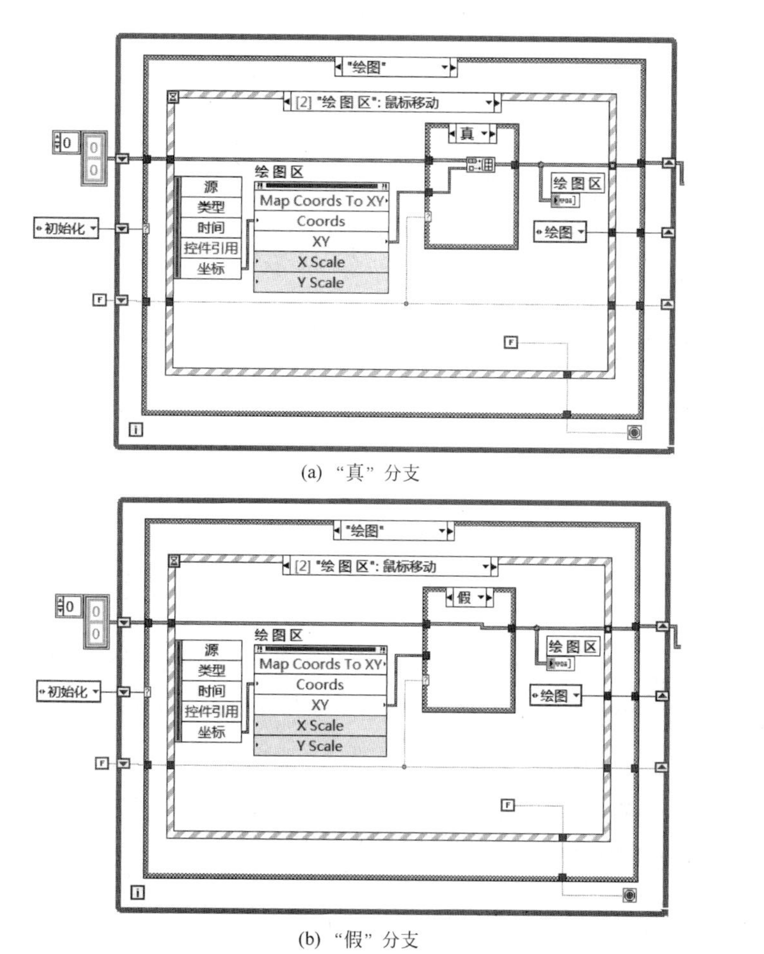

(a) “真” 分支

(b) “假” 分支

图 14.15 “鼠标移动”分支

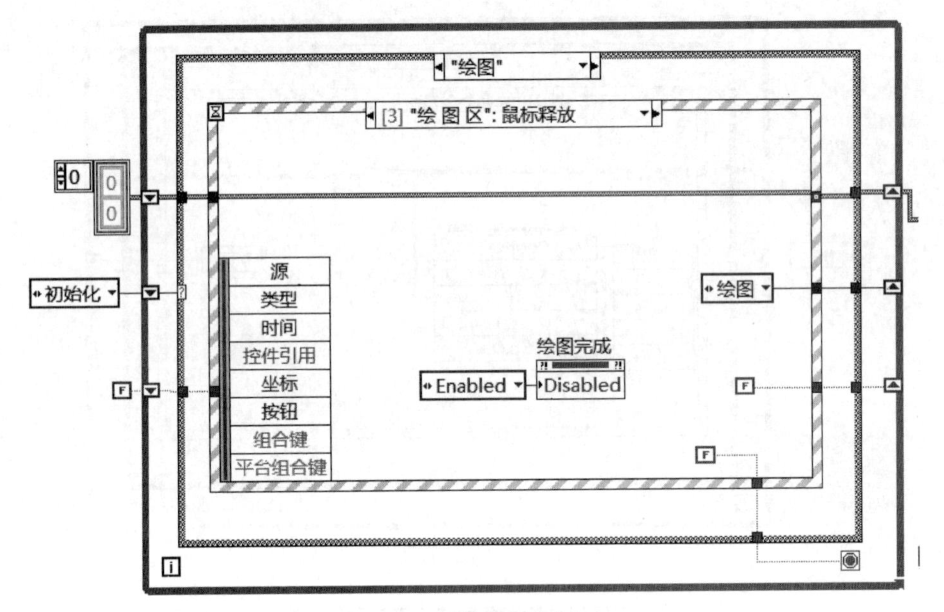

图 14.16 “鼠标释放”分支

1）在绘图区绘图

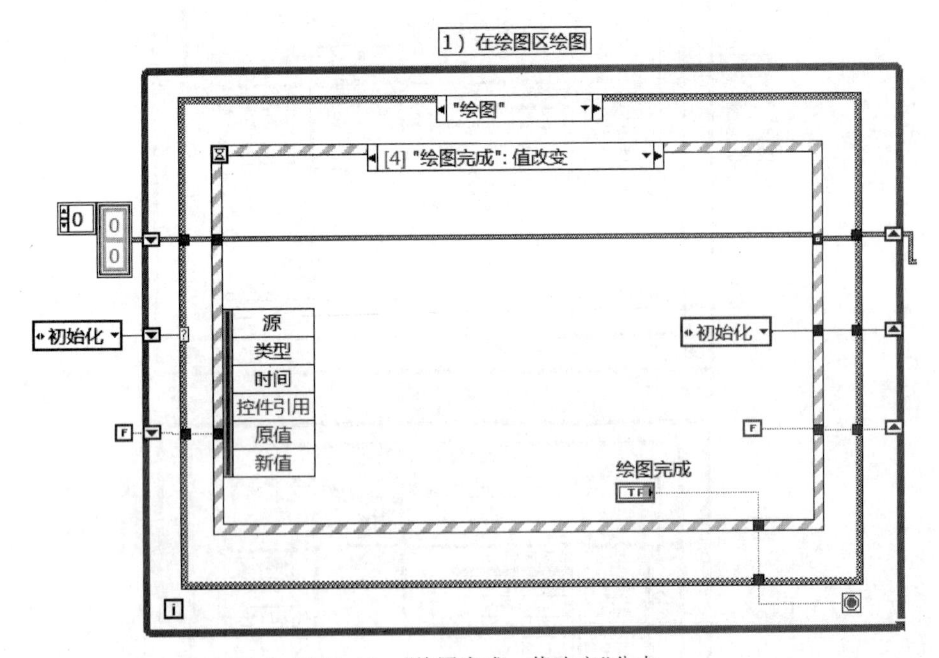

图 14.17 “绘图完成 值改变”分支

如果布尔移位寄存器的值为“True”，则获得此时刻鼠标的坐标值，并将新的坐标值追加在历史数据的后面，赋给保存坐标值的移位寄存器；而如果布尔移位寄存器的值为“False”，则不会保留鼠标新的坐标值，且同时会将坐标值在 XY 图上显示出来，即用户在手绘波形子 VI 的前面板上，就可以看到自己画出的波形。当鼠标在绘图区被释放后，只将历史数据赋给移位寄存器，布尔移位寄存器的值为"False"，如此，就保证了只有当鼠标按下后，才会开始绘制波形曲线。

如果想重新绘制波形，可以单击手绘波形子 VI 前面板上的"幅值"和"时间长度"，当"'幅值''时间长度'的值改变"时，会将空的簇赋给保存坐标信息的移位寄存器，从而清零绘图区，同时回到初始化分支，VI 的这一步的程序框图，如图 14.13 所示。波形曲线绘制完成后，单击"绘图完成"，子 VI 退出，相应 VI 的程序框图，如图 14.17 所示。另外，在设计此子 VI 时，为了避免用户在还未绘制波形时就按下了"绘图完成"按键从而导致错误，当用户还未绘制波形时，"绘图完成"按键是处在禁用状态的，这个功能，可以利用属性节点来实现。

坐标输入子 VI 的前面板，如图 14.18 所示。坐标输入子 VI 的程序框图，分别如图 14.19～图 14.21 所示。该子 VI 首先利用顺序结构，初始化其前面板上一些控件的值和属性。然后，利用 While 循环结构＋事件结构，实现随后的功能。其中，事件结构共有 3 个分支，分别是"终止时间值改变""输入时间、输入 Y 和插值方式值改变"以及"超时"。

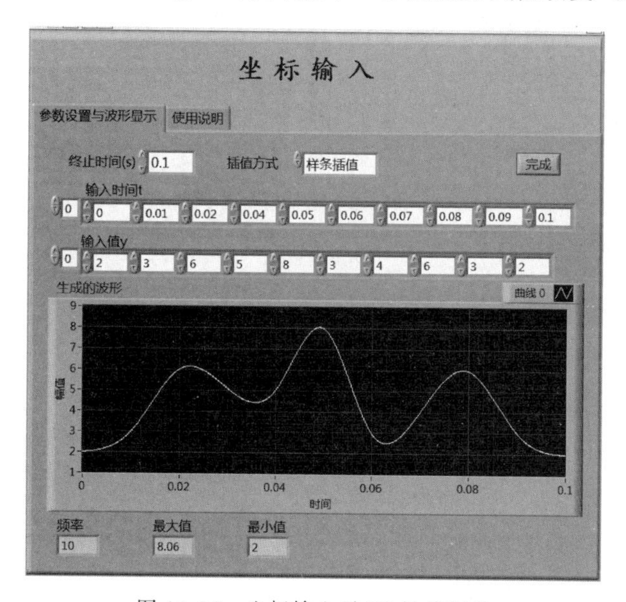

图 14.18　坐标输入子 VI 的前面板

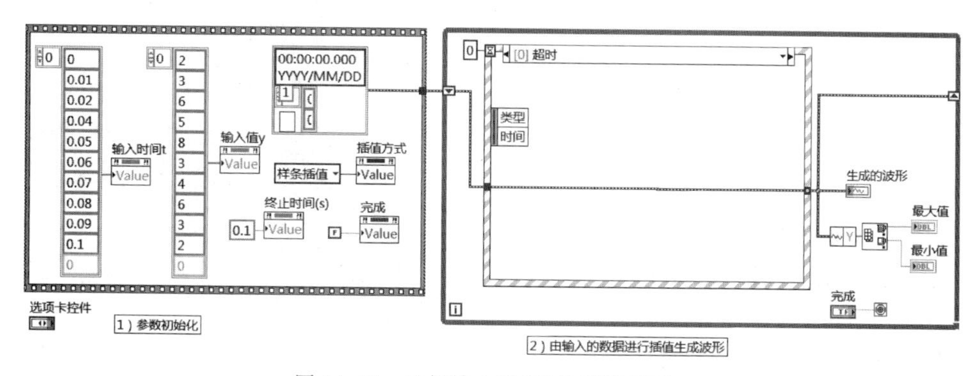

图 14.19　坐标输入子 VI 的程序框图 1

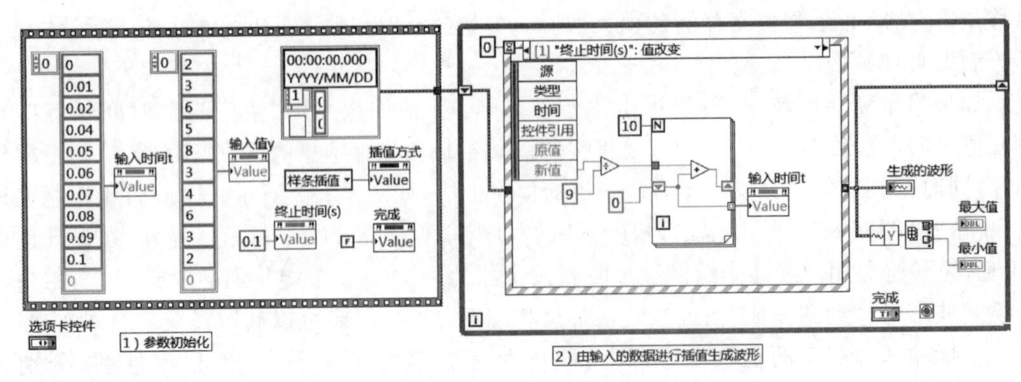

图 14.20　坐标输入子 VI 的程序框图 2

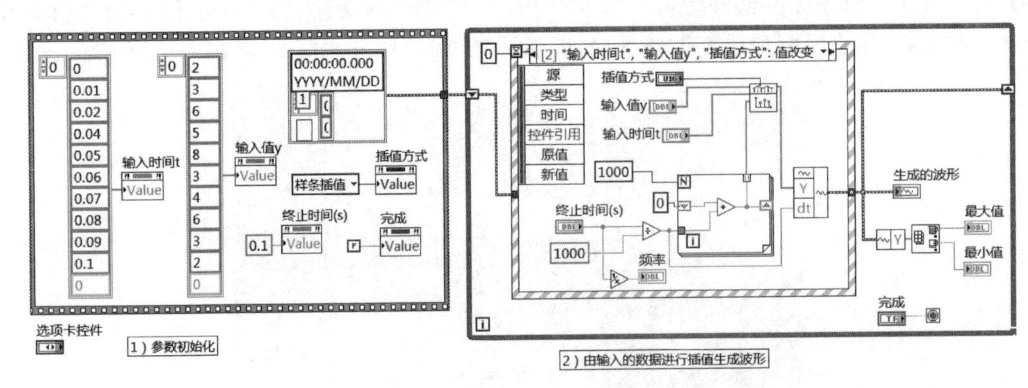

图 14.21　坐标输入子 VI 的程序框图 3

当改变“终止时间”的值后，波形图区内的波形会自动清零。然后，在“输入时间 t”和“输入值 y”中输入波形曲线的坐标点信息，并选择“插值方式”，在波形图区会显示出当前的波形。为了方便用户输入，该子 VI 在初始化时，已经为“终止时间”“输入时间 t”和“输入值 y”设置了初始参数；而且当用户改变“终止时间”的值时，下方的“输入时间 t”会自动生成均匀的 10 个点的时间 t 的坐标。确认所要绘制波形的坐标点的信息输入正确后，单击“完成”按钮，则会退出坐标输入子 VI。

公式输入子 VI 的前面板和程序框图，如图 14.22 和图 14.23 所示。该子 VI 在程序结构方面调用了顺序结构和 While 循环结构，而且直接调用了 LabVIEW 自带的“公式波形”函数。

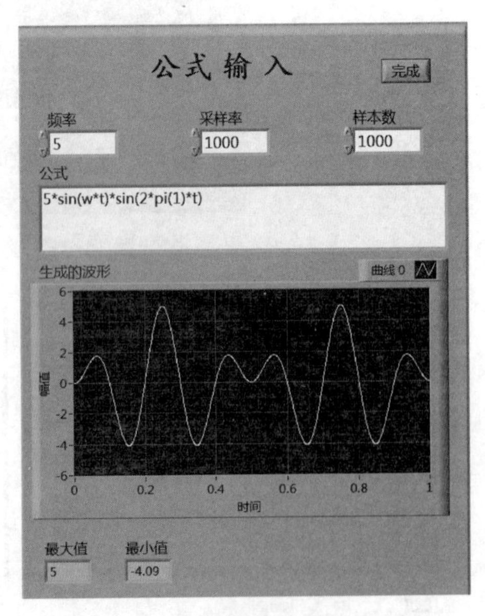

图 14.22　公式输入子 VI 的前面板

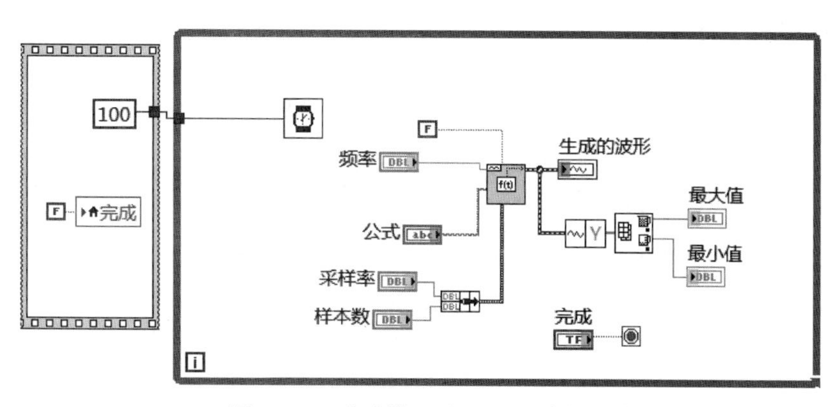

图 14.23　公式输入子 VI 的程序框图

基本波形子 VI 的程序框图，如图 14.24 所示。这个子 VI 比较简单，其中调用了条件结构，并将各种产生波形的函数封装起来。

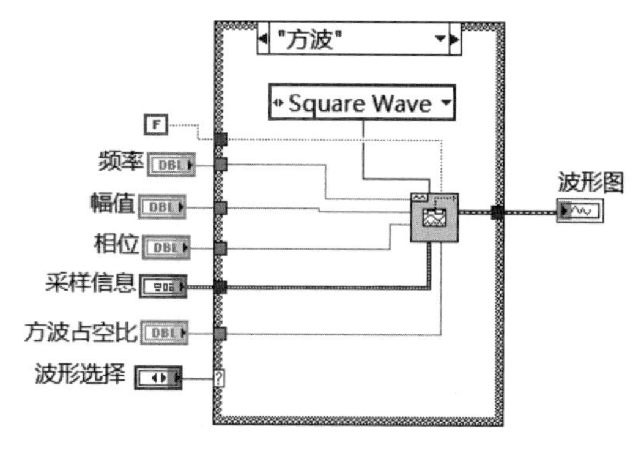

图 14.24　基本波形子 VI 的程序框图

噪声子 VI 的程序框图，如图 14.25 所示。由于在波形相加时，两个相加波形的采样时间信息必须保持一致，所以在噪声子 VI 中，首先应提取出要相加波形的 dt，取其倒数即为采样率，并得到 Y 数组的元素个数即为采样数。然后利用条件结构，可选择添加不同类型的噪声。对于噪声的大小，子 VI 中留有输入接口，用户可以在主程序的前面板上设置噪声的大小。

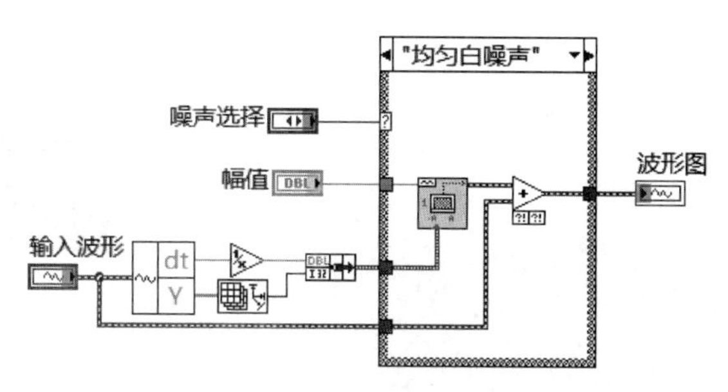

图 14.25　噪声子 VI 的程序框图

限幅子 VI 的程序框图，如图 14.26 所示。该子 VI 将输入的数组连至 For 循环上，并打开其自动索引，使每个元素依次进入循环内，并利用条件结构对每个元素进行判断，如果比－10 小，就将该元素用－10 替代；如果比 10 大，则将该元素用 10 替代。

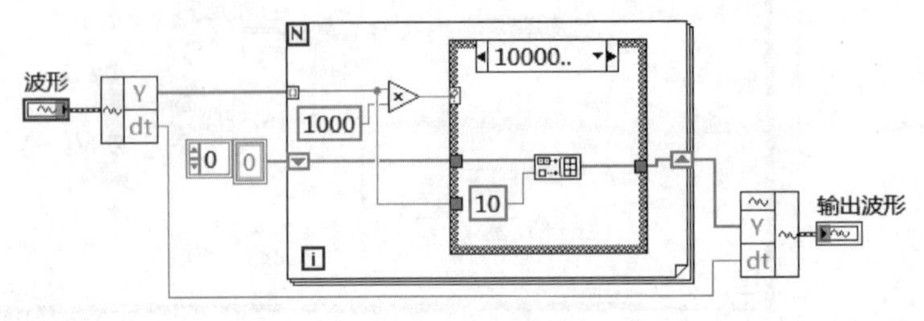

图 14.26　限幅子 VI 的程序框图

14.4　函数发生器 VI 的功能测试

接下来，讲述如何测试所编写函数发生器 VI 的功能是否正常。测试的方法是，首先要将数据采集卡与计算机连接起来，例如将数据采集卡 MyDAQ 连至计算机上，然后将 MyDAQ 的模出端接至一台示波器上。如果没有示波器，可以将 MyDAQ 的模出端接至其模入端上，然后，利用 MAX 测试面板中的模入功能，同样可以观察所编写的函数发生器 VI 所产生的信号波形。

运行函数发生器 VI，“波形选择”初始默认的是标准波形，此条件下，主程序前面板上标准波形处的指示灯亮。然后，选择标准波形中的具体波形形状，例如正弦波、方波等，设置其频率、幅值等参数。再利用 MAX 或者示波器，观察所得到的信号波形是否与函数发生器 VI 中设置的一样。

接下来，给出几种典型信号波形的产生和测量情况。

(1) 需要发生的电压信号为正弦波，其频率为 10Hz，幅值是 1V。对此，函数发生器 VI 的主前面板以及由 MAX 所测得的该信号的波形，如图 14.27 所示。

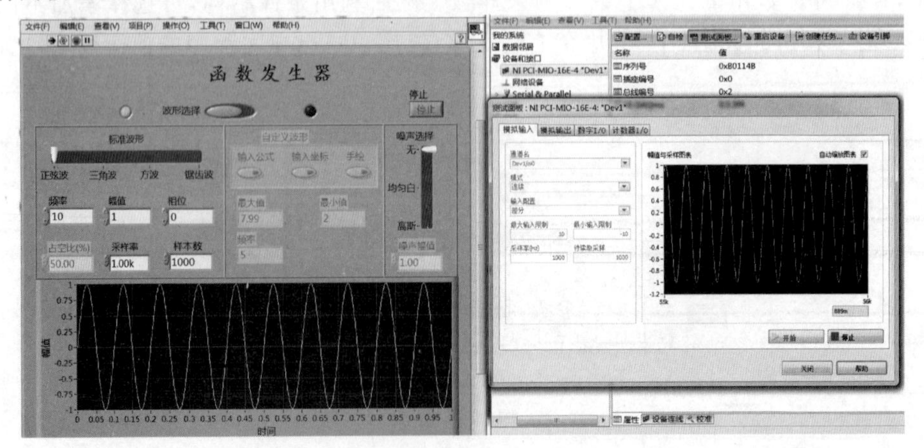

图 14.27　正弦电压信号的产生和测量

(2) 需要产生的电压信号波形为正弦波，频率是 5Hz，幅值为 11V，并还要求在其上叠加噪声。对此，函数发生器 VI 的主前面板以及由 MAX 所测得的该电压信号的波形，如图 14.28 所示。可以看到，相比于(1)中的电压信号，这个电压信号波形的频率、幅值确实都改变了，即说明 VI 中的限幅子 VI 起到了作用，且噪声信号也叠加上去了。

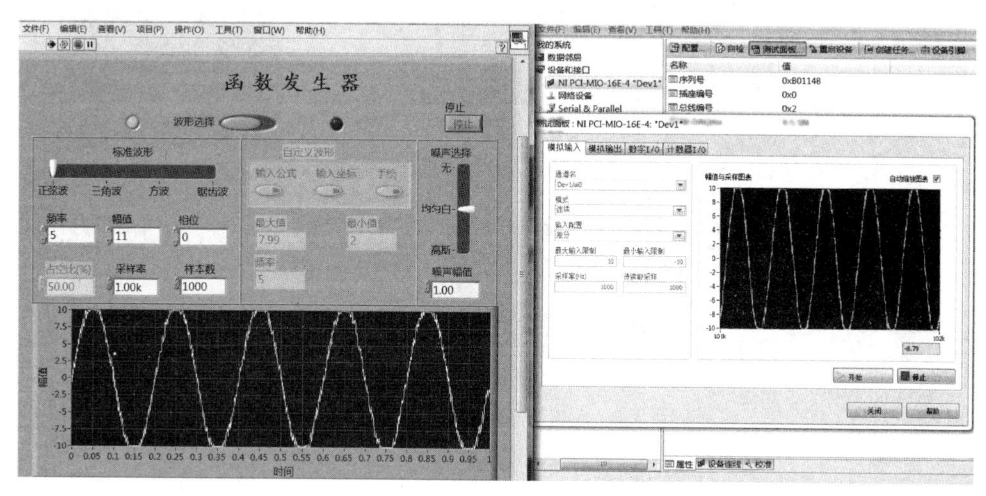

图 14.28 “正弦＋噪声”电压波形的产生和测量

上述的测试表明，所编写的函数发生器中的“标准波形”的功能是正常的。接下来，单击函数发生器 VI 主前面板上的“波形选择”按钮，选中“自定义波形”模式，此条件下“自定义波形”的指示灯点亮。下面，将对该 VI 中自定义波形模式下的“输入公式”“输入坐标”和“手绘”功能进行测试。

(3) 在函数发生器 VI 主前面板的“自定义波形”区域，单击“输入公式”按钮，设置频率为 10Hz，具体公式为 sin(ω * t) * sin(2 * pi(1) * t)，对此，函数发生器 VI 的主前面板以及由 MAX 所测得的该公式信号波形，如图 14.29 所示。

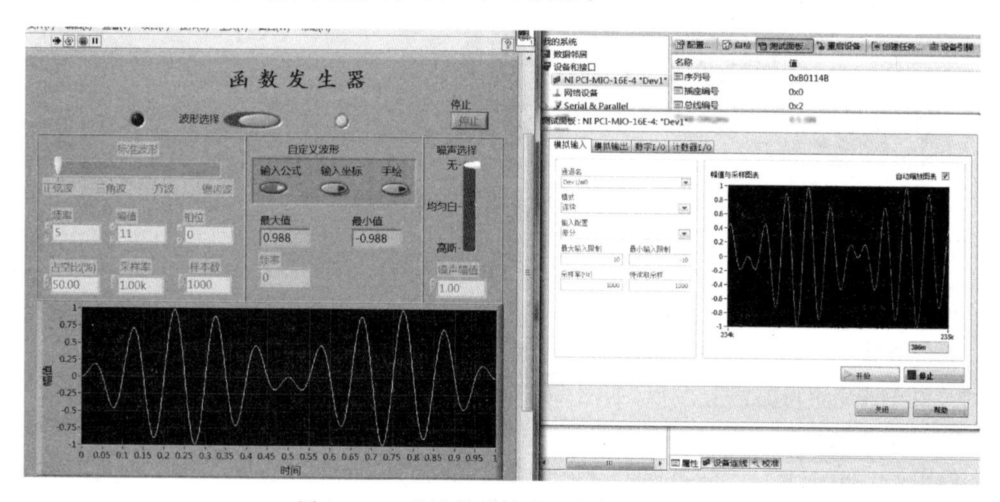

图 14.29 公式信号波形 1 的产生和测量

(4) 将希望产生信号波形的频率设置为 20Hz，公式改为 5 * sin(ω * t) * exp(−t)，对此，函数发生器 VI 的主前面板以及由 MAX 测得的该公式信号波形，如图 14.30 所示。

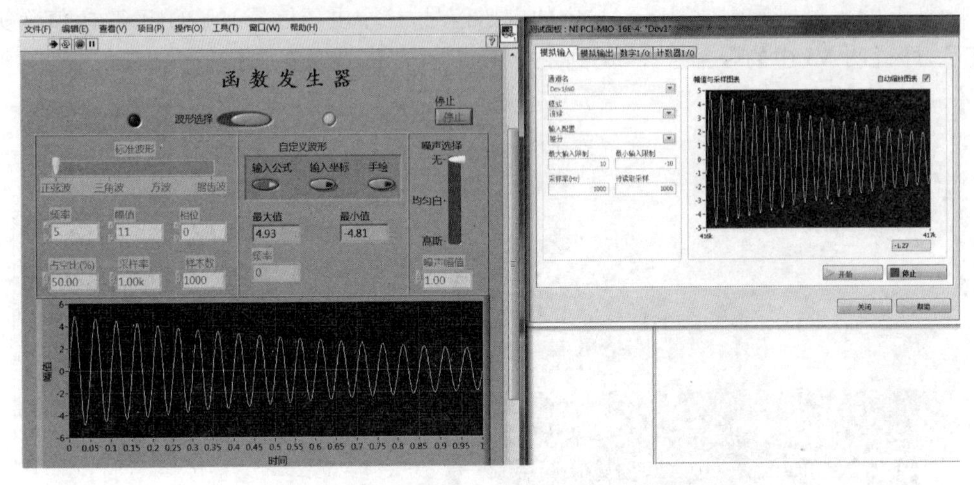

图 14.30　公式信号波形 2 的产生和测量

(5) 将需要产生信号波形的公式改为 t^2，对此，函数发生器 VI 的主前面板以及由 MAX 所测得的该公式信号波形，如图 14.31 所示。

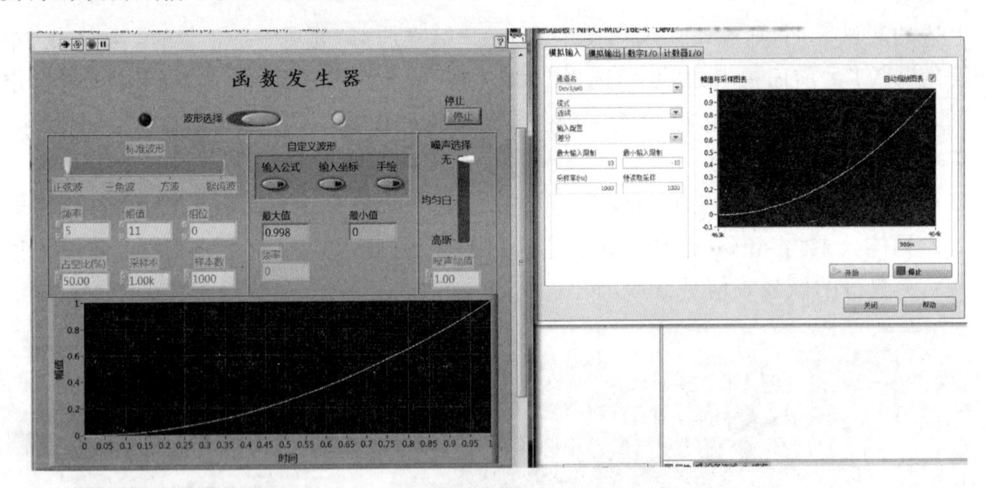

图 14.31　公式信号波形 3 的产生和测量

(6) 在函数发生器 VI 主前面板的“自定义波形”区域，单击“输入坐标”按钮，弹出的该子 VI 的前面板，如图 14.32 所示。在此界面上，相继设置“终止时间”“输入时间 t”“输入值 y”和“插值方式”等参数，单击“完成”按钮，则生成的波形便会返回到主程序的前面板。此条件下，由 MAX 测得的信号波形，如图 14.33 所示。

(7) 在函数发生器 VI 主前面板的“自定义波形”区域，单击“手绘”按钮，弹出的子 VI 前面板，如图 14.34 所示。在此界面上设置“幅值”和“时间长度”等参数，在其中的绘图区单击并拖动鼠标，画出一条曲线，再单击“绘图完成”按钮，则生成的信号波形，便会返回到主程序的前面板，如此，在 MAX 上测得的信号波形，如图 14.35 所示。

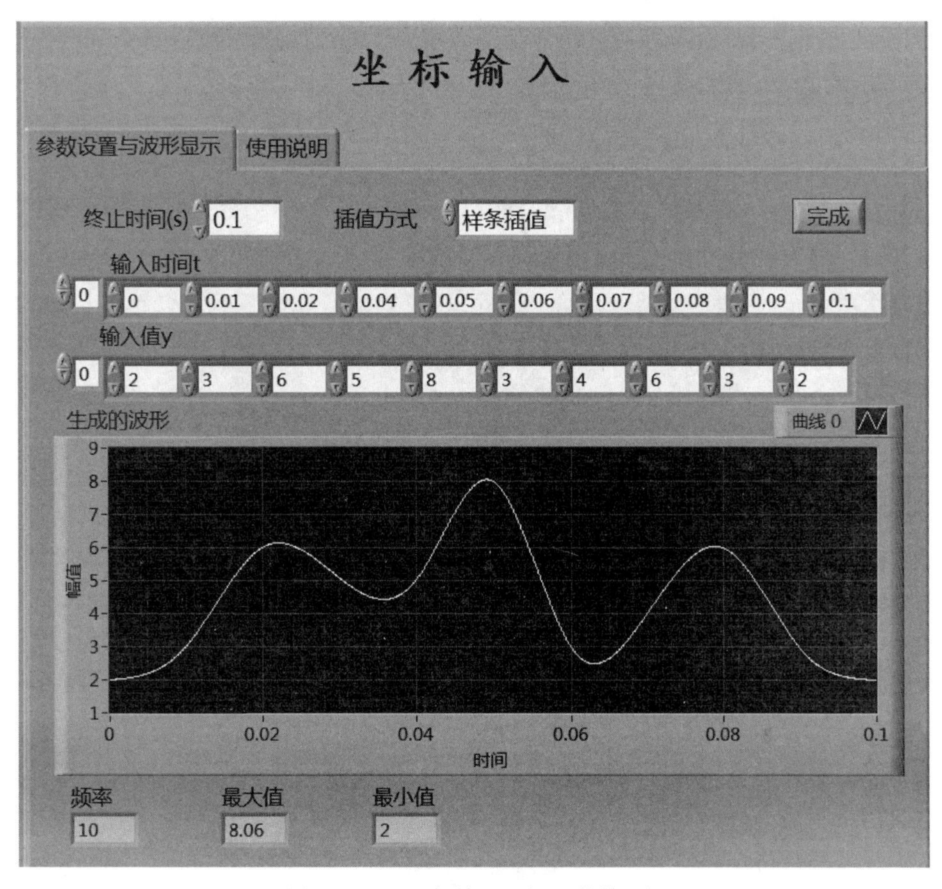

图 14.32 “坐标输入”子 VI 的前面板

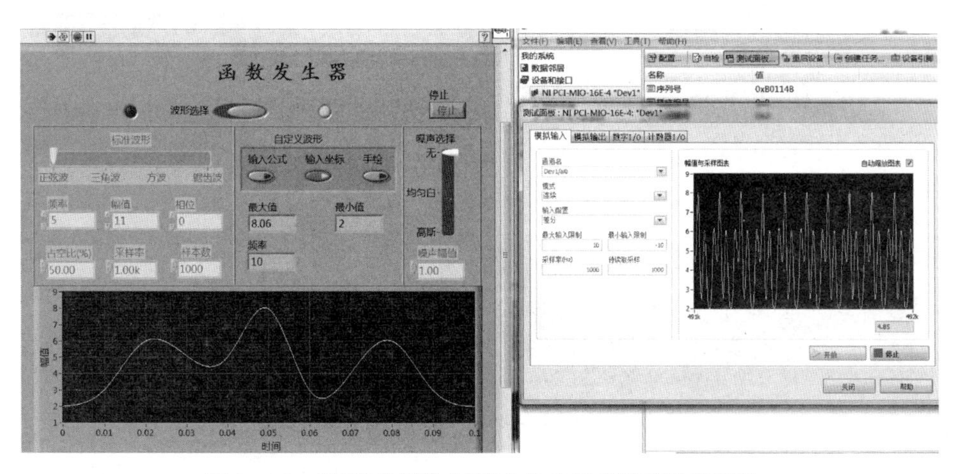

图 14.33 利用“坐标输入”产生的自定义波形及其测量

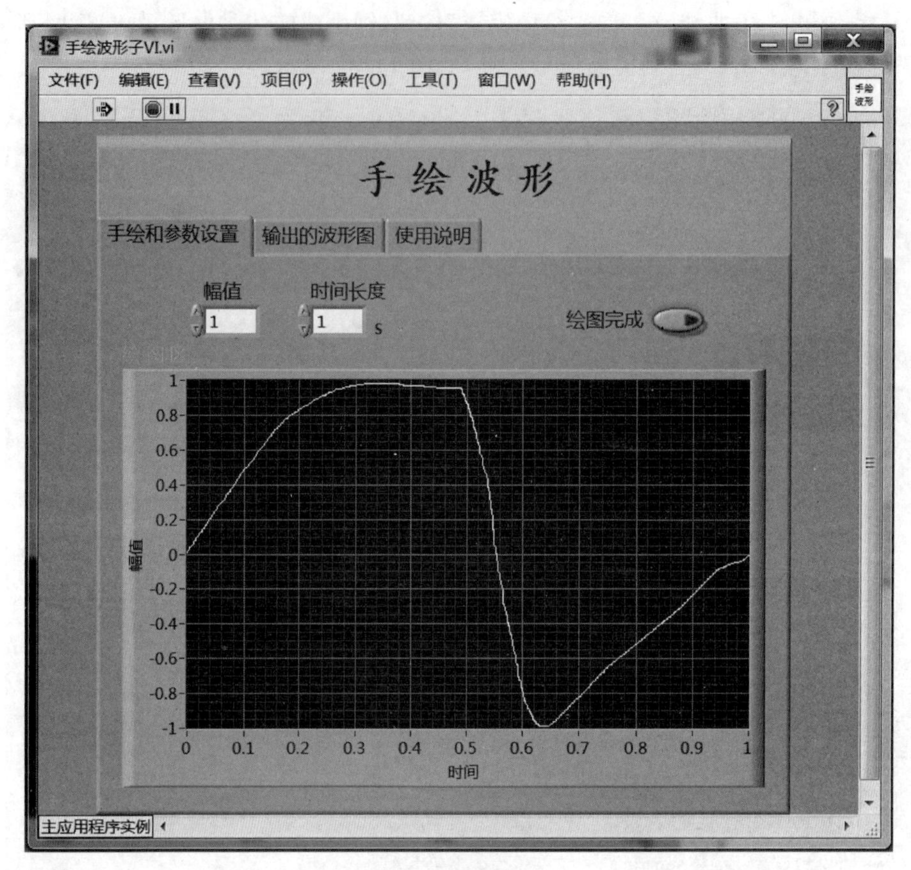

图 14.34 “手绘波形”的产生

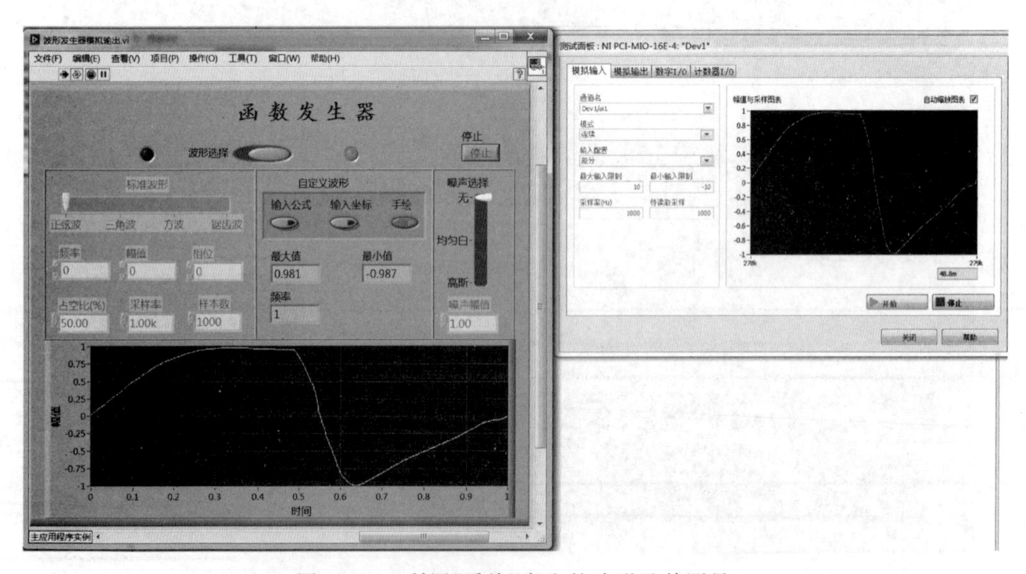

图 14.35 利用“手绘”产生的波形及其测量

14.5 本章小结

本章讲解了虚拟函数发生器的实现过程。相对于前面13章中所提供的练习题，本章的内容源于一个有实际应用背景的任务。从它的实现过程可以看出，其功能更为复杂，要综合运用前面学过的多方面知识。在开始动手用LabVIEW编写VI的代码前，首先应详细分析任务的已知条件和具体需求，并以此为目标，先对VI的整体框架进行设计；然后，分别进行所需各功能模块的实现；最后，再将各个功能模块添加到VI的整体框架中。

本章只给出了函数发生器VI的一种具体实现示例，学习者还可以自己尝试着编写出功能更丰富的函数发生器VI。本章内容的编写，除参考了相关文献外，还参考了选课学生林育艺完成的虚拟仪器课程大作业，在此，特向他表示感谢。

本章习题

14.1 制作一个虚拟信号发生器，使之可以输出PWM信号波形。

14.2 制作一个虚拟信号发生器，使其可输出全波整流信号和半波整流信号的波形。

14.3 制作一个虚拟信号发生器，让它能输出线性调频信号(chirp信号)。要求：chirp信号的起始和终止频率均可以被调节。

14.4 制作一个虚拟信号发生器，它要能输出正弦波组合信号(multitone信号)。

14.5 制作一个虚拟信号发生器，使之可输出Sinc信号。

14.6 制作一个虚拟信号发生器。要求：从文本文件中读取波形的一个周期的Y数组信息，然后产生此波形。

参考文献

[1] Johnson G W, Jennings R. LabVIEW图形编程[M]. 武嘉澍，陆劲昆，译. 北京：北京大学出版社，2002.
[2] 侯国屏，王珅，叶齐鑫. LabVIEW 7.1编程与虚拟仪器设计[M]. 北京：清华大学出版社，2006.
[3] 黄松岭，吴静. 虚拟仪器设计基础教程[M]. 北京：清华大学出版社，2008.
[4] Bishop R H. LabVIEW 8实用教程[M]. 乔瑞萍，林欣，译. 北京：电子工业出版社，2008.
[5] Blume P A. LabVIEW编程样式[M]. 刘章发，衣法臻，译. 北京：电子工业出版社，2009.

第15章

实际应用2——频率计

第14章讲述了利用LabVIEW编写函数发生器VI的整个过程,并且了解到,通过数据采集卡的模拟输出端,可将基于LabVIEW编写的函数发生器VI所产生的仿真信号输出到计算机外,从而可为测试系统提供所需的激励信号。本章将学习如何基于LabVIEW编写频率计VI,即如何利用虚拟仪器完成对所采集周期性信号频率的测量。

15.1 概述

频率是单位时间内周期性重复、循环或振动变化过程的次数,通常记作f。随着电工电子技术的普及,频率早已成为人们所熟悉的一个物理量[1-3]。例如在日常生活中,人们从收音机中听到的不同广播电台的声音,就对应着不同的载波频率。

在现代科技领域中,频率更显示出其重要意义。例如在电力系统中,随着电力电子技术的广泛应用,大量非线性负荷以及风力、光伏发电接入电网,使电网的电流和电压波形产生了畸变(也称出现了谐波污染),恶化了供电电能的质量,对电力系统的安全、稳定、经济运行造成了极大影响。要解决电能质量问题,对电压或电流频率的准确测量就是前提[4-7]。又如,在生物医学领域,脑电信号中包含有大量的生理和健康状况信息;脑部的不同区域,会发出不同频率的脑电波信号。因此,准确测量脑电波信号的频率是诊断和治疗人体疾病的基础。另外,在军事、通信、语音处理和工业产品质量检测等许多领域,对相应信号频率的测量或估计,也是经常会遇到的一个实际问题[7]。

为了准确获得所观测信号的频率,人们已经开展了大量研究。测量频率的传统方法有电桥法、谐振法、拍频法、差频法、脉冲计数法和李沙育图法,等等[1-3]。利用虚拟仪器技术,很容易获得被测信号的波形,同时,还可借助计算机强大的数据处理能力去分析被测信号。基于虚拟仪器技术实现对被测信号频率的测量,各种频率测量方法的主要区别,就变为了只是对采集到的一段被测信号波形处理算法的不同了,这些算法,可以分为时域、频域以及时-频域分析的方法等[7-8]。

本章介绍几种频率测量算法的原理,并给出实现它们、基于LabVIEW编写的其程序框图。同时,鉴于在实际测量时,环境条件通常不是理想的,非整周期采样、谐波和噪声等均会对测量算法的准确性产生影响，故本章也将对这些因素的影响展开分析。

首先，通过例 15.1 讲解什么是非整周期采样。

【例 15.1】 什么是非整周期采样？

假设被测周期性信号的频率为 f，采样率为 F_s，采样样本数为 $\# s$。这三个参数的具体设置，可能会导致非整周期采样，主要体现在以下两个方面：

(1) 采集到的信号波形不是整数个周期，也就是 $\# s/(F_s/f)$ 不是整数。

例如，某被采样的周期信号的频率是 1Hz，采样率为 100Hz，这表示该信号的每个周期会被采样 100 个点。如果采样总样本数设为 200，则一共采集两个周期，采集到的信号波形如图 15.1 所示。可见采集结果为理想的整周期采样。而如果采样样本数被设为 250，则表示一共采样该信号的 2.5 个周期，即采集到的周期数为非整数，采样得到的信号波形如图 15.2 所示。

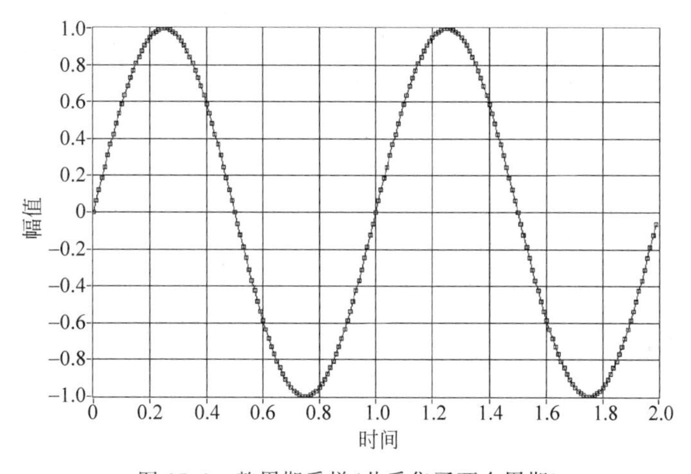

图 15.1 整周期采样(共采集了两个周期)

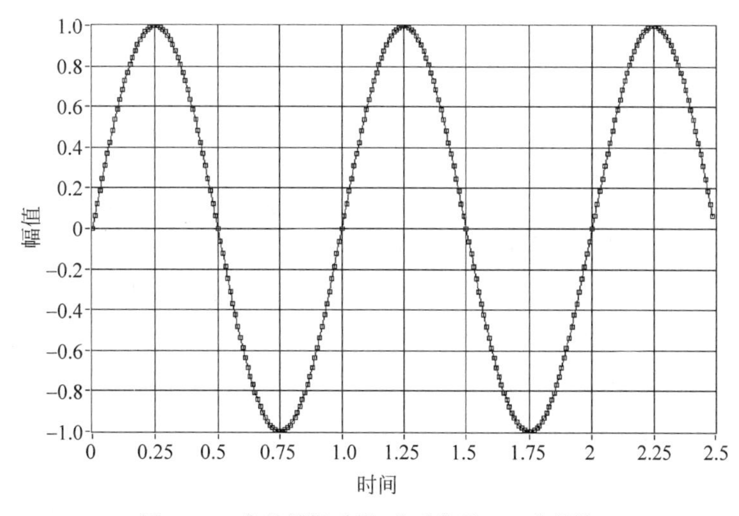

图 15.2 非整周期采样(共采集了 2.5 个周期)

(2) 每个周期的采样点数不是固定的，即 F_s/f 不是整数。假设被测周期信号的频率为 1Hz，采样率设为 15.6，这表示对该信号的每个周期采样 15.6 个点。采集得到的信号波形如图 15.3 所示。可以看出，有的周期里有 16 个采样点，而有的周期里则是 15 个采样点。

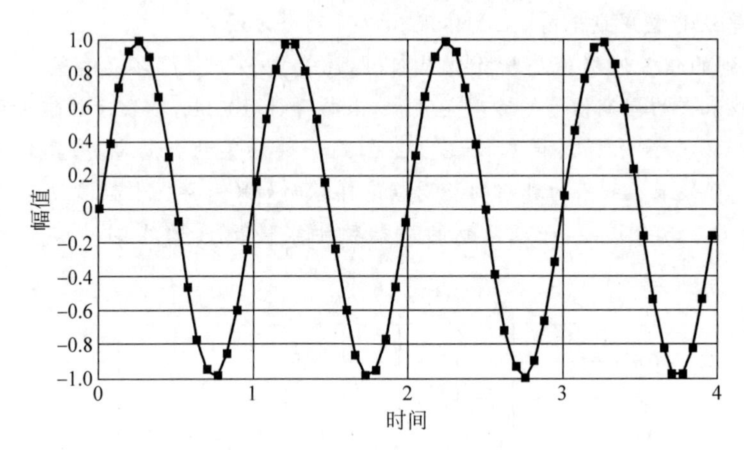

图 15.3　每个周期的采样点数不固定

为了完成对周期信号频率的测量，不论采用时域方法还是频域方法，首先都要完成数据采集，即首先要采集一段被测信号的波形。为完成数据采集，要设置两个参数，分别是采样率和总采样样本数(简称样本数)。这两个参数的设置及其与被测信号真实频率之间的关系，可能会引起非整周期采样，从而影响频率测量算法的准确性。在实际测量时，通常被测信号的频率是未知的，所以，做到理想的整周期采样很困难，即非整周期采样是很普遍的。接下来，在介绍各种测量算法时，还会对非整周期采样问题进行深入讨论。

15.2　算法介绍

如前所述，测量频率的算法可以分为时域的、频域的和时-频域的多种。频率的时域测算方法的基本思路是根据被测波形的时域特征设计出具体算法，其中，典型的算法有过零比较法、峰值检测法、三点法，等等。直接关注信号波形特征本身的时域方法，很容易受到噪声及谐波的影响，鉴于此，又出现了基于自相关的时域算法，即先对被测信号进行自相关运算，滤除噪声和谐波成分后，再调用上述时域算法测量信号的频率。频域方法的基本思路，是将采集到的时域波形进行快速傅里叶变换(FFT)，得到信号的频谱信息，进而测算出信号的频率。但采用 FFT 算法，会受到非整周期采样的影响，使测算的准确性难以提高。鉴于此，又出现了多种基于 FFT 的修正算法。

接下来，将分别介绍若干种典型、常用的时域和频域的对周期信号频率的测量算法。另外，LabVIEW 中提供有一些测量频率的函数，但这些函数的算法原理并不透明。对这些函数，也将在下面的介绍中提及，以供读者学习及使用过程中参考。

15.2.1　时域方法

测量频率的时域方法有很多种，其中最基本的算法有“过零比较法”“峰值检测法”“三点法”和“脉冲测量法”等。

1）过零比较法

假设被测信号的波形为正弦波，“过零比较法”的基本出发点是，通过寻找被测正弦信号时域波形中的过零点，得到两个相邻过零点之间的时间间隔 delt$T$，则该被测正弦信号的周期 $T=2\mathrm{delt}T$，频率 $f=1/T$。本教材第 13 章中采用的算法，就是基于的这个原理。在本章中，将对第 13 章中给出的算法做必要改进。

在本章中，寻找的被测信号时域波形上的过零点是“同方向”的（即信号波形从负到正过零，或从正向负过零），这样得到的两个相邻过零点之间的时间间隔，就等于被测正弦信号的周期 T，从而可求出其频率 $f=1/T$。这种算法的计算流程，如图 15.4 所示。

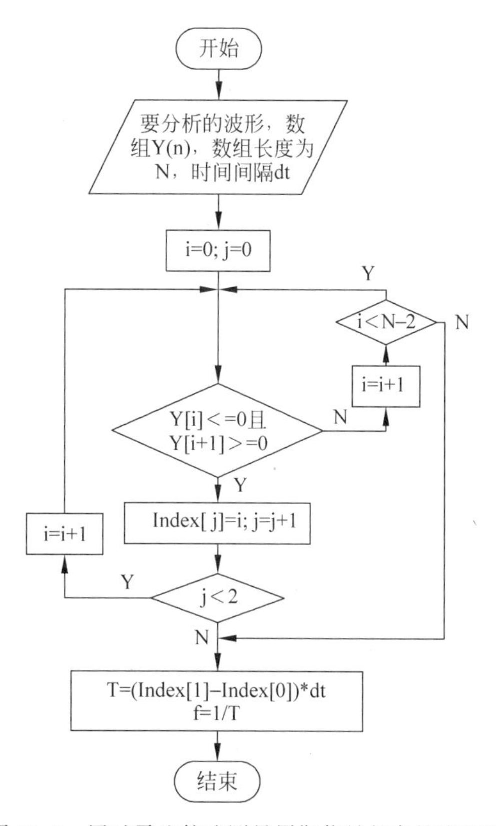

图 15.4　用过零比较法测量周期信号频率的流程图

另外，对过零点的寻找，一个明显的障碍是存在直流成分。所以，在寻找过零点之前，最好先将被测信号中可能存在的直流成分去除掉。如何得到直流成分？一种算法是将被测信号波形的数组 Y 中的所有元素求和，再除以样本数，即可得到该信号中含有的直流成分的大小。LabVIEW 提供有现成的函数，以提取被测信号中的直流分量，该函数名为“基本平均直流-均方根”。

从过零比较法的原理可以看出，要想测量出某被测周期信号的频率，采集到的波形至少要包含两个周期。除了适于测量正弦波信号的频率外，过零比较法也适用于对方波、三角波和锯齿波等典型周期交变信号波形中基波成分频率的测量。

接下来，分析非整周期采样对过零比较法的影响。

由例 15.1 可知，非整周期采样有两类。一类是指采到的信号波形的周期数不是整数，例如图 15.2 所示的波形。从过零比较法的原理很容易理解，这种非整周期采样对其是没有影响的。另一类非整周期采样中，不同周期内的采样点数可能不同，如图 15.3 所示。不难见，此类非整周期采样会对过零比较法的测量结果产生影响。这是因为，过零比较法的原理是找到两个相邻的过零点，记下它们在原数组 Y 中的索引号，将两个索引值相减，即可得到两个相邻过零点之间的采样数据点数(记作 N)。由于两个相邻采样点之间的时间间隔是固定的(为采样率的倒数，记作 $1/F_s$)，那么被测信号的周期 $T=N/F_s$。但在非整周期采样情况下，N 不是固定值，这时，就会出现测量误差。

减小这种测量误差的一种方法是，在采样率不变的条件下增加采样样本数，使采样的周期数增多，算出多个周期，再取其平均值作为测量结果，此种方法被称为“多周期平均法”。这就是过零比较法的一个改进算法，在本章中称为“过零多周期平均法”，其流程图如图 15.5 所示。

减小非整周期采样影响的另一个思路，是进行插值。该方法的原理如下：找到第一个过零点，将其记为 Y(index1)；找到下一个过零点的方法是：当“Y(i)－Y(index1)＜＝0”和“Y(i+1)－Y(index1)＞＝0”同时满足时，表示 i 就是要找到的下一个过零点，记作 Y(index2)。由于是非整周期采样，此条件下的 index2 点并不是与 index1 恰好相差一个周期的点，与一个周期相差Δt，此情况的原理示意图如图 15.6 所示。Δt 可以通过线性插值的方法经计算得到，插值公式如式(15-1)。此种改进的过零比较算法，在本章中被称为“过零插值法”，其计算流程如图 15.7 所示。

$$\mathrm{deltT}=\mathrm{dt}*(\mathrm{Y}[\mathrm{index1}]-\mathrm{Y}[\mathrm{index2}])/(\mathrm{Y}[\mathrm{index2}+1]-\mathrm{Y}[\mathrm{index2}]) \tag{15-1}$$

对“过零插值法”还可进行拓展。其实，对第一个点的寻找并不需要非得是过零点，而可以是波形中的其他点(峰值点除外)。对此，本教材不再展开论述，有兴趣的读者可以自己编程实现。

很容易理解，过零比较法容易受到噪声的影响。在本章中，将学习利用自相关的原理来消除被测信号中夹杂的噪声。自相关的原理如下：一个数字信号可以用 $x(n)(n=0,1,2,\cdots,N-1)$来表征，其自相关序列用 $R_x(n)$来表示，则 $R_x(n)$可由式(15-2)计算得到，即

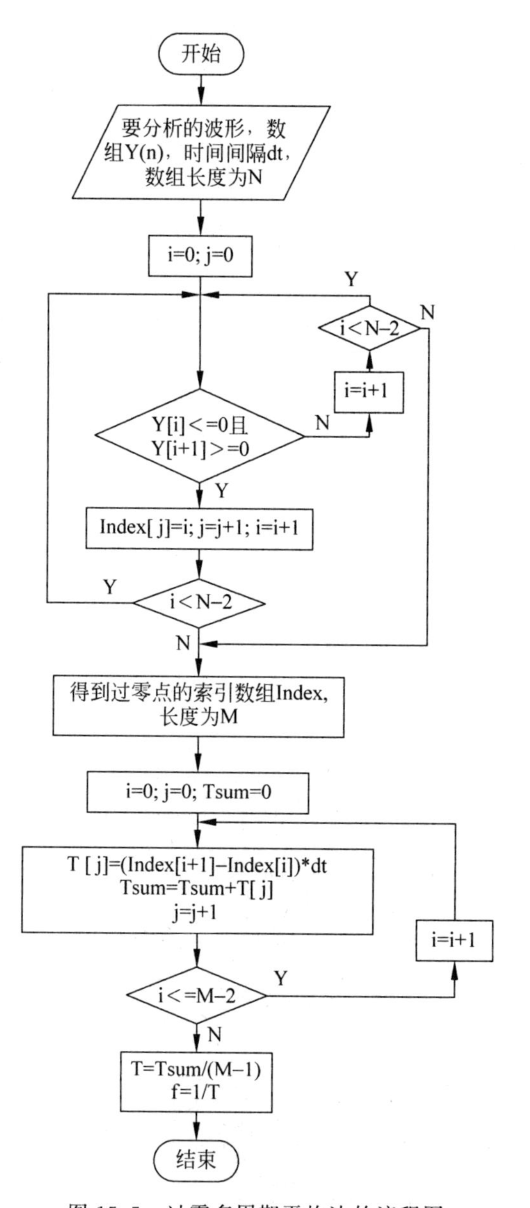

图 15.5 过零多周期平均法的流程图

$$R_x(n)=\sum_{n=0}^{N-1}x(n)x(n+i),\quad i=0,1,\cdots,N-1 \tag{15-2}$$

一个数字信号 $x(n)$的自相关序列的计算流程如图 15.8 所示。LabVIEW 提供有实现自相关的现成函数，其图标如图 15.9 所示，可见，它是一个快速 VI。另外，在 LabVIEW 的“函数”选板→“信号处理”→“波形处理”→“波形运算”子选板上，可以找到实现相关运算的基础函数。

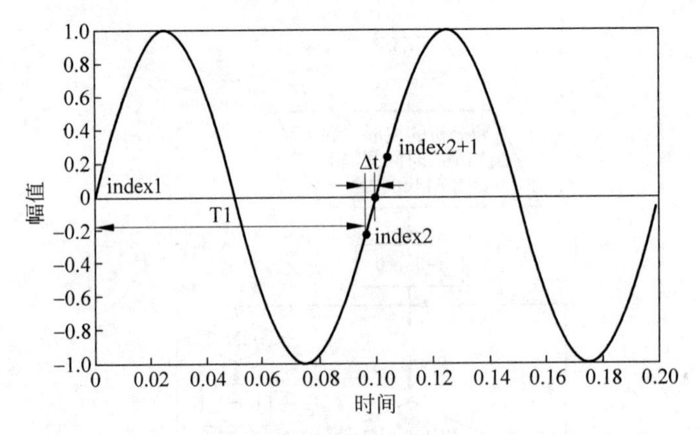

图 15.6 线性插值原理示意

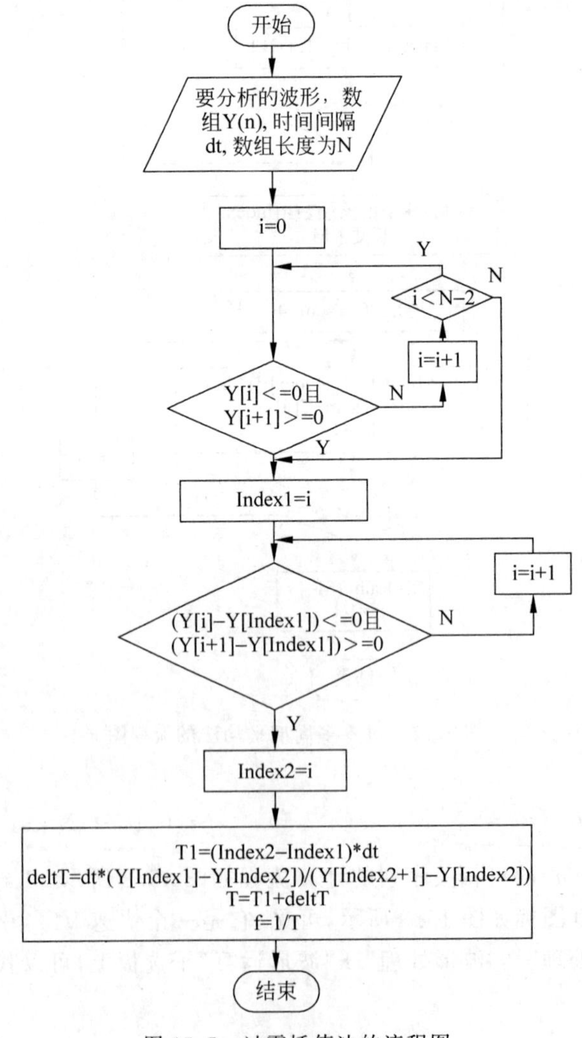

图 15.7 过零插值法的流程图

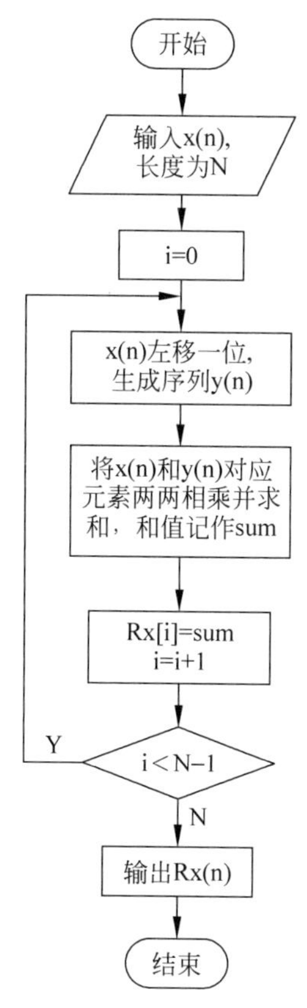

图 15.8　自相关算法实现流程

图 15.9　自相关快速 VI 的图标

周期信号若经过多次自相关运算，得到的结果信号中的谐波和噪声的幅值会远小于基波成分的幅值。因此，借助多重自相关运算，能够有效地抑制周期信号中的高次谐波成分，非常适用于测算存在噪声和谐波干扰环境中有用信号的频率[9]。即对于被谐波和噪声污染的周期性被测信号，可以先对其进行多次自相关处理，然后再利用时域方法测量其频率。

2）峰值检测法

峰值检测法的原理与过零比较法类似，都是从直观上对被测时域信号波形进行观察；过零比较法寻找的是波形中的过零点，而峰值检测法则是寻找波形中的最大值点或最小值点。被测周期交变信号波形的两个相邻最大值点之间的时间间隔，就是该被测周期交变信号波形的周期，其倒数即是频率。显而易见，峰值检测法与过零比较检测法相比，不会受被测信号中直流成分的影响。

与过零比较法的原理相类似，当被测周期信号每个周期的采样点数不是总相等时，也会影响到峰值检测法的测量准确性。在本章中，也是采用多周期平均的方法减小非整周期采样带来的影响，此条件下的算法流程，如图 15.10 所示。对于峰值检测法，也常利用自相关原理减小噪声和谐波对它的影响。

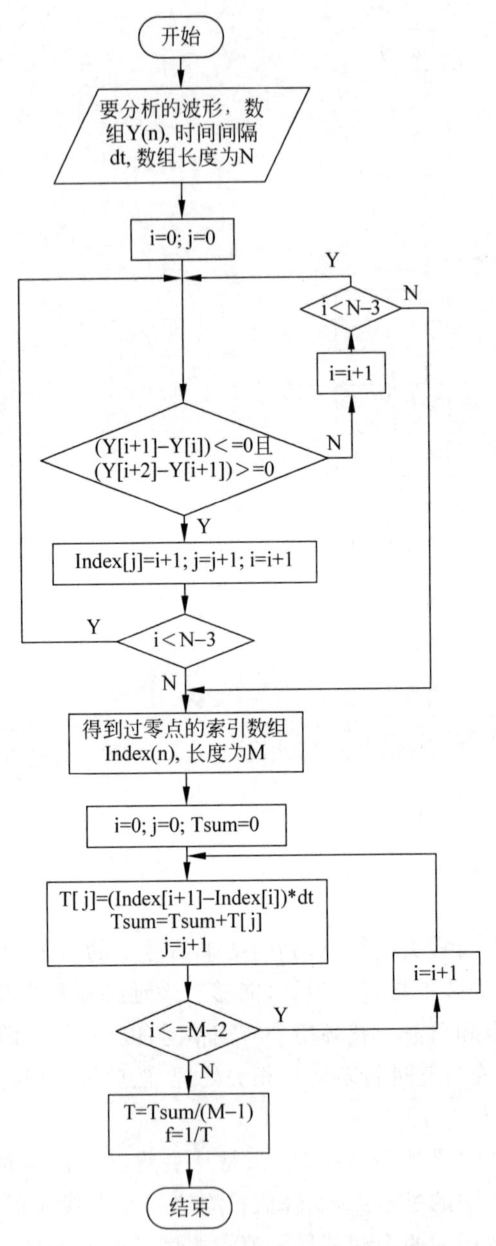

图 15.10　峰值多周期平均法的流程图

3）三点法

三点法是一种建立在三角函数变换基础上的数据拟合方法。它的基本原理如下：以被测周期信号是正弦函数为例，在等间隔采样前提下，可以利用彼此相邻的 3 个数据样本导出求解该正弦信号频率的线性方程，进而拟合出正弦信号方程的系数，从而求出该正弦信号的频率。

设被测正弦信号为 $u(t)=U_m\sin(\omega t+\varphi)$，其频率为 f，则其角频率 $\omega=2\pi f$，若令

$\omega t+\varphi=\alpha$,则有

$$u(t)=U_{\mathrm{m}}\sin\alpha$$

相邻的两个采样点之间的相位差 $\theta=\frac{\omega}{F_{\mathrm{s}}}=\frac{2\pi f}{F_{\mathrm{s}}}$,其中 F_{s} 为采样频率,则有

$$f=\frac{\theta F_{\mathrm{s}}}{2\pi} \tag{15-3}$$

对于相邻的三个采样点数据 u_i、u_{i+1}、u_{i+2},有

$$u_i=U_{\mathrm{m}}\sin(\alpha_i)$$
$$u_{i+1}=U_{\mathrm{m}}\sin(\alpha_i+\theta)$$
$$u_{i+2}=U_{\mathrm{m}}\sin(\alpha_i+2\theta)$$

根据三角变换公式,有

$$u_i+u_{i+2}=U_{\mathrm{m}}[\sin(\alpha_i)+\sin(\alpha_i+2\theta)]=2U_{\mathrm{m}}\sin(\alpha_i+\theta)\cos\theta=2u_{i+1}\cos\theta$$

所以,令序列 $x(n)=2u_{i+1}$,$y(n)=u_i+u_{i+2}$,则有

$$y(n)=\cos\theta x(n)$$

对 n 组 x、y 值,采用最小二乘法进行拟合,可以得到一个较准确的斜率 $\cos\theta$,再根据式(15-3),可以求得被测正弦信号的频率 f。LabVIEW 中提供有最小二乘法线性拟合函数,其函数的图标如图 15.11 所示。为该函数输入序列 $x(n)$和 $y(n)$,就会得到斜率。

由于三点法是一种建立在三角函数变换基础上的数据拟合方法,因此只适用于对理想或比较理想正弦函数信号频率的测量,且其抗噪声和谐波干扰的能力较差。

4) 脉冲测量

脉冲测量函数是 LabVIEW 自带的一种用于测量信号周期的函数,其图标如图 15.12 所示。为该函数输入一段周期交变信号的波形数据,就可以得到其周期;再求其倒数,即可得到被测周期交变信号的频率。

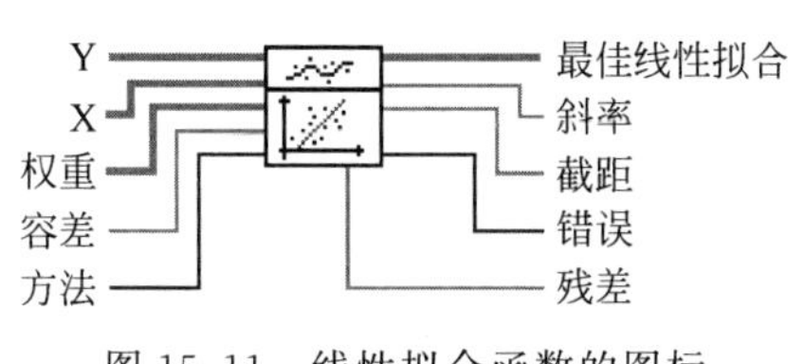

图 15.11 线性拟合函数的图标

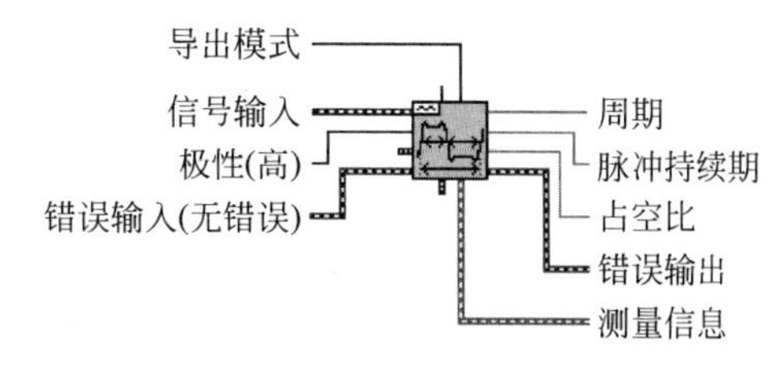

图 15.12 脉冲测量函数的图标

15.2.2 频域方法

数据采集得到的信号波形是时域的数字信号,利用离散傅里叶变换将其转换到频域表示,便得到该数字信号的频谱信息,再经过相应运算,也可得到被测信号的频率。

接下来,首先概述离散傅里叶变换(DFT)的原理,然后介绍实现 DFT 的快速算法 FFT(即"快速傅里叶变换"),并介绍两种基于 FFT 的修正算法,即"加矩形窗 FFT 插值校正法"

和“加 Hanning 窗 FFT 插值校正法”，最后介绍 LabVIEW 中提供的“提取单频信息”函数。

1）离散傅里叶变换(DFT)

频域算法的理论基础是傅里叶变换。对数字信号的傅里叶变换，称为离散傅里叶变换(DFT)。DFT 是指，对于一个用 $x(n)(n=0,1,2,\cdots,N-1)$ 表示的数字信号序列，其离散数据点的个数设为 N，变换到频域后用 $X(k)$ 来表征，则该数字信号序列的 DFT 计算式如下：

$$X(k)=\sum_{n=0}^{N-1}x(n)\mathrm{e}^{-\mathrm{j}\frac{2\pi}{N}kn},\quad k=0,1,\cdots,N-1 \tag{15-4}$$

其中，$x(n)$ 为时域采样数字信号序列；$X(k)$ 表征 $x(n)$ 变换到频域的复数形式的幅值序列(频谱值)；N 为时域采样点(值)的数量；$n=0,1,2,\cdots,N-1$，对应采样点(值)的编号；$k=0,1,\cdots,N-1$，是幅值频谱谱线的编号。

可以看出，对于数字信号序列 $x(n)$ 而言，如果其长度为 N，即离散数据点的个数为 N，则经过 DFT 后，得到的其频域表示 $X(k)$ 也共有 N 个值，且在频域，两个相邻值之间的间隔为 $\frac{2\pi}{N}$ [10-11]。

注意，在上述 DFT 描述中，时域的采样时间间隔(dt)并未出现，频率轴只是按索引号进行标度。而实际中所关心的，是真实的频率，如此，就要将 dt 考虑进来。所以，对于数字信号序列 $x(n)(n=0,1,2,\cdots,N-1)$，其采样时间间隔为 dt，那么经过 DFT 后，它的频域表示 $X(k)$ 共有 N 个角频率值，两个相邻角频率值之间的间隔为 $\frac{2\pi}{N\times \mathrm{d}t}$，记作 $\mathrm{d}w=\frac{2\pi}{N\times \mathrm{d}t}$，由于 $\omega=2\pi f$，$\mathrm{d}t=\frac{1}{F_{\mathrm{s}}}$，所以可得频率分辨率 $\mathrm{d}f=\frac{F_{\mathrm{s}}}{N}$。在 LabVIEW 中，时域信号的采样样本数常用“#s”来表示，所以其频率分辨率常写成 $\mathrm{d}f=\frac{F_{\mathrm{s}}}{\# s}$。

也就是说，对数字信号进行 DFT，相当于将它送入一组 N 个滤波器，滤波器的输出分别给出不同的 k 值，即不同的离散角频率($k\omega$)下的幅值和相位。这些滤波器都是带通滤波器，其中心角频率为 $k\omega$，$k=0,1,2,\cdots,N-1$。即每个滤波器的频率间隔为 $\mathrm{d}w=\frac{2\pi}{N\times \mathrm{d}t}$ [10]。

2）快速傅里叶变换(FFT)

从式(15-4)不难见，信号的离散傅里叶变换中，对应于 k 的一些不同取值，相应项的指数乘积因子的值是相等的。基于此特点，人们就提出了可减少计算量的快速傅里叶变换算法 FFT。LabVIEW 中有现成的函数可以实现 FFT 运算，其图标如图 15.13 所示。接下来，就调用此函数对信号进行 FFT。

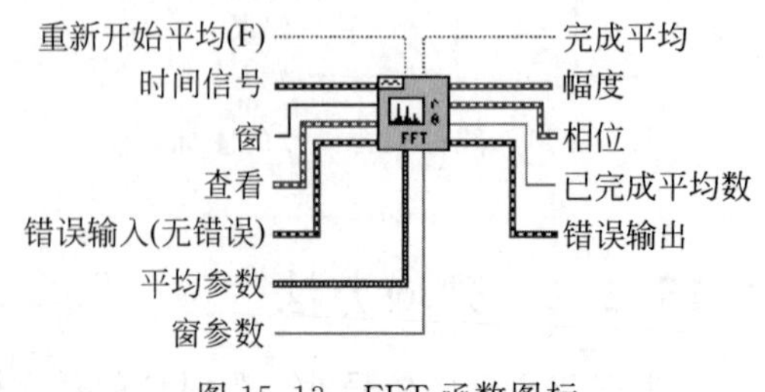

图 15.13　FFT 函数图标

在例 15.1 中提到，非整周期采样有两类，那么究竟哪一类会对 FFT 产生影响呢？

在进行 FFT 时，提到的非整周期采样是第一类，即采集到被测信号波形的周期数不是整数。这是因为，对于信号 $x(n)$，若其真实频率为 f，采样率为 F_s，采样样本数为 $\#s$，经过 FFT 变换到频域，这时得到的是一根根离散的谱线，两两相邻谱线之间的频率间隔 $df=F_s/\#s$，如果 $f/df=\#sf/F_s$ 等于整数的话，则 f 恰好落在其中的一根谱线上。而 $f/df=\#sf/F_s=m$ 反映到时域中，就是采集到信号波形的周期数。具体推导过程如下：$\#sf/F_s=(\#s/F_s)f$，$\#s/F_s=T_{sum}$ 为被测信号波形的总的时间长度，$f=1/T$ 为被测信号的频率（即周期 T 的倒数），所以 $\#sf/F_s=T_{sum}/T$，也就是说，在时域中的含义是采集到信号波形的周期数，即对应例 15.1 中所叙述的非整周期采样的第一种情况。

【例 15.2】 产生一个正弦信号，要求其频率为 50Hz；改变采样率和采样样本数，观察由 FFT 计算得到的频谱图，研究非整周期采样对 FFT 的影响。

（1）信号 1：$f=50\text{Hz}$，$F_s=1280$，$\#s=128$。

此条件下，$\#s/(F_s/f)=5$，表示共采样了 5 个周期，进行 FFT（采用矩形窗）变换后的频谱如图 15.14 所示。共输出 $\#s/2$ 个即共 64 个频点的数值。频率分辨率 $F_s/\#s=10\text{Hz}$。可以看到，只是在频率 50Hz 处出现了数值，而其余频点的值均为 0。

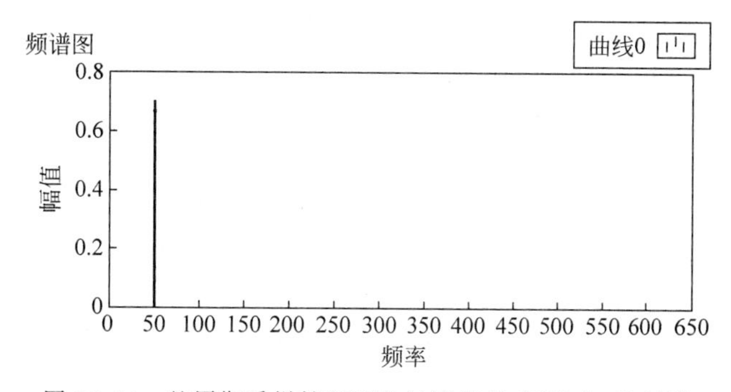

图 15.14　整周期采样情况下的被测信号（矩形窗）的频谱

（2）信号 2：$f=50\text{Hz}$，$F_s=1000$，$\#s=128$。

此条件下，$F_s/f=20$，表示对被测信号每周期采样 20 个点；$\#s/(F_s/f)=6.4$，表示共采样了 6.4 个周期。进行 FFT（采用矩形窗）变换后的频谱如图 15.15 所示。可见，此例对被采信号的频率分辨率虽然提高了，但由于是采集了非整数个周期的信号，所以在频域并未有正好为 50Hz 的频率点。

从图 15.14 和图 15.15 可以得出结论：当 $\#s/(F_s/f)$ 为整数即做到了整周期采样时，其时域中共有整数个周期，变换到频域，其频谱中只在 f 处有值，而在其他频率点的幅值均为 0[11-12]，如图 15.14 所示。而当 $\#s/(F_s/f)$ 不为整数，即未做到整周期采样时，采集到的时域波形的周期数不是整数，如此，其频谱看起来就有“溢出”，称之为频谱泄漏，如图 15.15 所示。这是因为，离散傅里叶变换对应于以 $\#s/F_s$ 为周期的周期性序列的离散傅里叶级数[10]。在进行周期性延拓时，如果 $\#s/(F_s/f)$ 为整数，则延拓后的波形仍然是连续的。图 15.16 是对例 15.2 中的信号 1 做周期延拓后的波形，它仍然是连续的。而如果 $\#s/(F_s/f)$

不是整数，则延拓后的波形会出现不连续点，在频域就会出现频谱泄漏。图 15.17 是对例 15.2 中的信号 2 做周期延拓后的波形，其中就出现了不连续点。

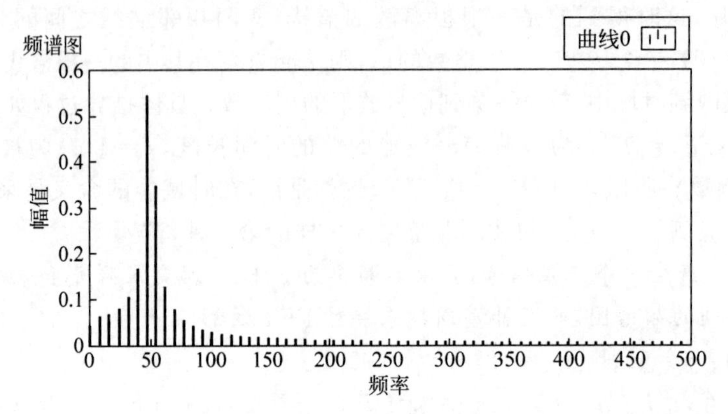

图 15.15　非整周期采样下得到的被测信号(矩形窗)的频谱

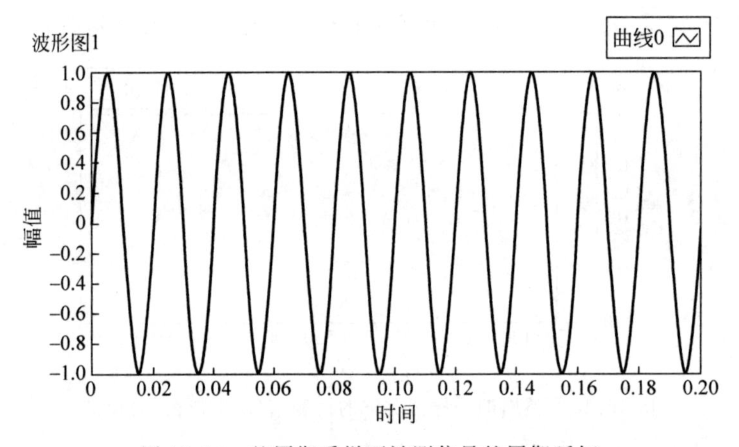

图 15.16　整周期采样下被测信号的周期延拓

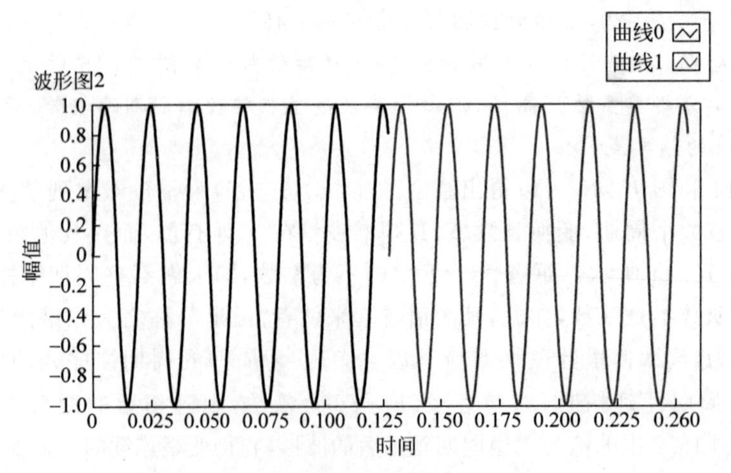

图 15.17　非整周期采样下被测信号的周期延拓

其实，仅采集某周期性信号有限时长的一段，就相当于给该信号加上了一个矩形窗。例如，对例 15.2 中的信号 2，由于进行的是非整周期采样，同时又对其进行了直接截断即施加了矩形窗函数，结果，就出现了明显的频谱泄漏。为了减小泄漏效应，可以改为施加具有一定特征的窗函数[11-12]。LabVIEW 中，为配合对被测信号进行 FFT，提供有 19 种不同的窗函数。仍然对例 15.2 中的信号 2，将窗函数从之前的矩形窗改为 Hanning 窗，再进行 FFT，得到的频谱如图 15.18 所示。相比于图 15.15，可以看出，采用 Hanning 窗函数后，泄漏效应明显减弱。

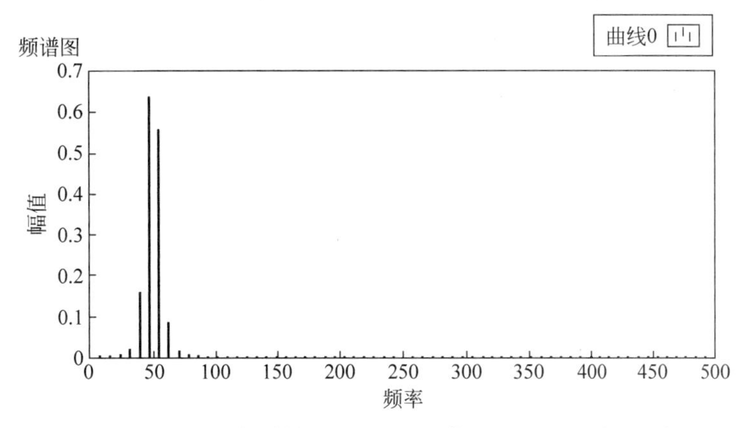

图 15.18 非整周期采样下得到的被测信号(Hanning 窗)频谱图

虽然利用窗函数可以削弱频谱泄漏，但由于 FFT 后输出的是一根根谱线(也称栅栏效应)，而由于 $f/\mathrm{d}f$ 不是整数，所以还是无法准确测得真实的频率 f，即真实的频率往往会位于其中两条相邻的谱线之间。在实际测量时，由于 f 通常是未知的，故要想实现整周期采样是很困难的。在非整周期采样(即采集到的信号波形不是整数个周期)情况下，为更准确得到被测周期交变信号的频率，有如下三种解决思路。

(1) 提高频率分辨率 $\mathrm{d}f$。具体做法是，在保持采样率不变的情况下，增加采样样本数，这也就对应着增加采样时间，从而可使 $\mathrm{d}f$ 变小。

(2) 在采集到的信号波形后面补零[4][11][14]，可以降低栅栏效应，减少短范围泄漏误差。在本章文献[14]中，对此方法有详细论述。

(3) 对非整周期采样得到的频谱图进行插值运算，以得到更准确的频率点。插值算法的基本思路是：根据窗函数的频域表示推导出相应的修正公式。在对 FFT 计算结果的修正方面，人们进行过大量研究，提出了多种基于 FFT 的修正算法[4-6][13]。例如，本章的文献[13]中，就给出了矩形窗和汉宁窗的修正公式；文献[4]利用多项式逼近，得到了不同窗函数的修正公式。在本章中，将实现参考文献[13]提出的算法。

3) 加矩形窗 FFT 插值校正算法

如前所述，在非整周期采样情况下，被测周期交变信号的真实频率很难恰好落在某根谱线上，而往往会位于某两根相邻谱线之间。找到被测信号频谱主瓣范围内的两根谱线，情况如图 15.19 所示。其中，x_0 为真实频率所在的编号，k 为幅值最大的那根谱线的编号，那么，会存在两种可能，一种可能如图 15.19(a)所示，$k+1$ 为主瓣范围内的另外一根谱线；或者如图 15.19(b)所示，$k-1$ 为主瓣范围内的另外一根谱线。

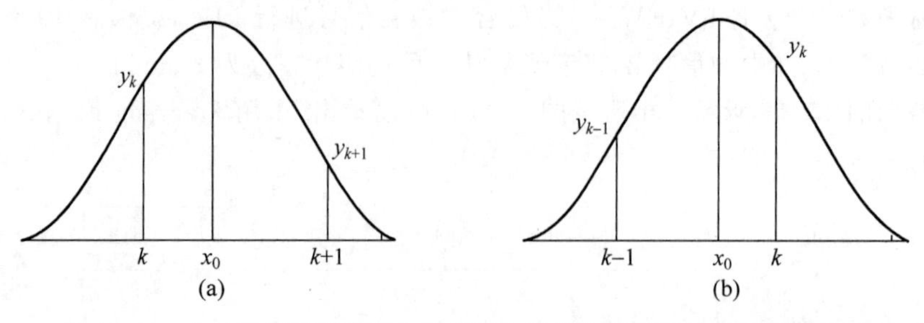

图 15.19　在被测信号频谱图主瓣范围内进行加窗插值校正的原理示意

对于矩形窗，可以推导出式(15-5)和式(15-6)，其中式(15-5)对应于图 15.19(a)，式(15-6)对应于图 15.19(b)，具体推导过程，可详见文献[13]。

$$\frac{y_{k+1}}{y_k}=\frac{x_0-k}{k+1-x_0} \tag{15-5}$$

$$\frac{y_k}{y_{k-1}}=\frac{x_0-(k-1)}{k-x_0} \tag{15-6}$$

整理得，

$$x_0=\frac{ky_k+(k+1)y_{k+1}}{y_k+y_{k+1}}=k+\frac{y_{k+1}}{y_k+y_{k+1}}$$

$$x_0=k-\frac{y_{k-1}}{y_k+y_{k-1}}$$

因此，被测周期信号的频率可以由式(15-7)和式(15-8)计算得到。式(15-7)和式(15-8)即为加矩形窗 FFT 插值校正法的频率校正公式。其中，式(15-7)对应于图 15.19(a)，式(15-8)对应于图 15.19(b)。

$$f=x_0\cdot\Delta f=\left(k+\frac{y_{k+1}}{y_k+y_{k+1}}\right)\cdot\Delta f=f_k+\frac{y_{k+1}}{y_k+y_{k+1}}\cdot\Delta f \tag{15-7}$$

$$f=f_k-\frac{y_{k-1}}{y_k+y_{k-1}}\cdot\Delta f \tag{15-8}$$

4) 加 Hanning(汉宁)窗 FFT 插值校正算法

类似于矩形窗，对于 Hanning 窗，根据其主瓣函数的特征，可以推导出式(15-9)和式(15-10)，具体推导过程也可详见文献[13]。

$$x_0=k+\frac{2y_{k+1}-y_k}{y_k+y_{k+1}} \tag{15-9}$$

$$x_0=k-\frac{2y_{k-1}-y_k}{y_k+y_{k-1}} \tag{15-10}$$

进一步推导可得式(15-11)和式(15-12)。式(15-11)和式(15-12),即为加Hanning窗FFT插值校正算法的频率校正公式。其中,式(15-11)对应于图15.19(a),式(15-12)对应于图15.19(b)。

$$f = x_0 \cdot \Delta f = \left(k + \frac{2y_{k+1} - y_k}{y_k + y_{k+1}}\right) \cdot \Delta f = f_k + \frac{2y_{k+1} - y_k}{y_k + y_{k+1}} \cdot \Delta f \tag{15-11}$$

$$f = f_k - \frac{2y_{k-1} - y_k}{y_k + y_{k-1}} \cdot \Delta f \tag{15-12}$$

5) 提取单频信息函数

提取单频信息函数,是LabVIEW中提供的一种测量周期交变信号频率的函数,其图标如图15.20所示。它的使用非常简单,即,为该函数输入被测周期交变信号的一段波形并运行它,就可以得到被测信号的频率。

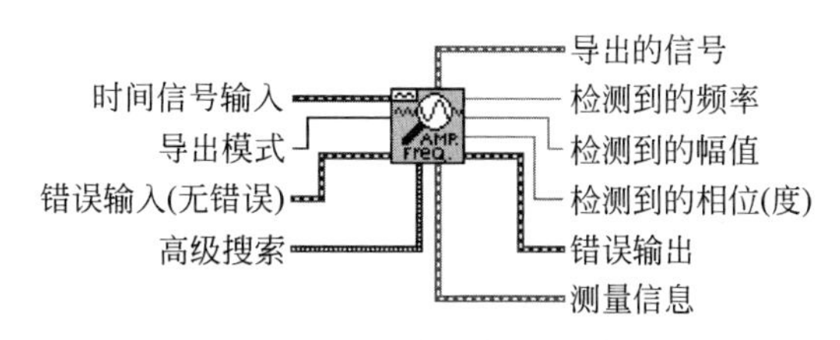

图15.20 提取单频信息函数图标

15.3 程序说明

下面,将给出在15.2节提到的各种算法VI的程序框图。其中时域的方法有,过零比较法、过零多周期平均法、过零插值法、峰值多周期平均法和三点法,这些方法的VI的程序框图,如图15.21至图15.25所示。实现自相关运算VI的程序框图,如图15.26所示,而完成直流成分计算VI的程序框图,则请见图15.27。

除了时域方法之外,频域的方法有FFT算法、FFT矩形窗校正算法和FFT汉宁窗校正算法,这些方法的VI的程序框图,如图15.28~图15.31所示。

1) 过零比较法

过零比较法VI的程序框图如图15.21所示,该程序在结构上,是利用一个While循环嵌套一个条件结构。当找到两个过零点时,While循环退出,并将找到的两个相邻过零点(同方向的)在数组中的索引号保存下来。退出While循环后,将这两个索引号相减,并乘以时间间隔dt,即可得到此段信号波形的周期,对周期再求倒数,即可得到频率f。

2) 过零多周期平均法

过零多周期平均法VI的程序框图,如图15.22所示。首先,利用一个While循环嵌套一个条件结构,找到此周期交变信号波形中所有的过零点(同方向的),并保存下这些过零点在数组中的索引号,形成一个新的数组。然后,再调用一个For循环,对得到的新数组中的所有两两相邻元素做相减，再将相减的结果进行求和，并求其平均数，最后乘以时间间隔 dt，即可得到此段周期交变信号波形的周期，再对周期求倒数，即可得到频率 f。

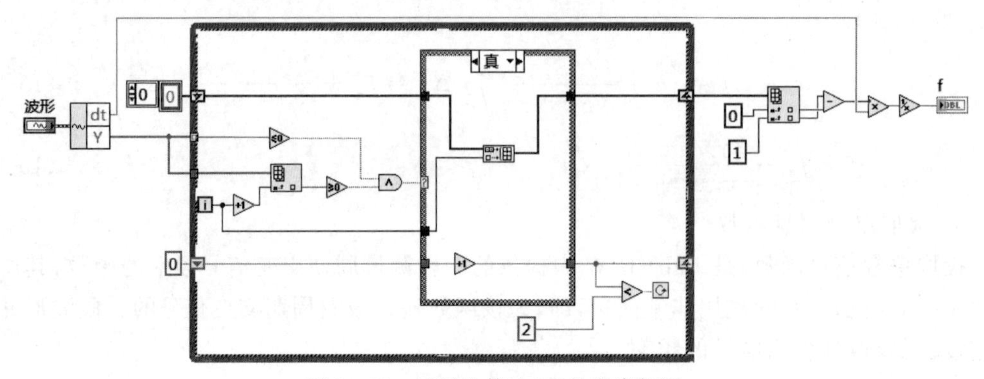

图 15.21　过零比较法 VI 的程序框图

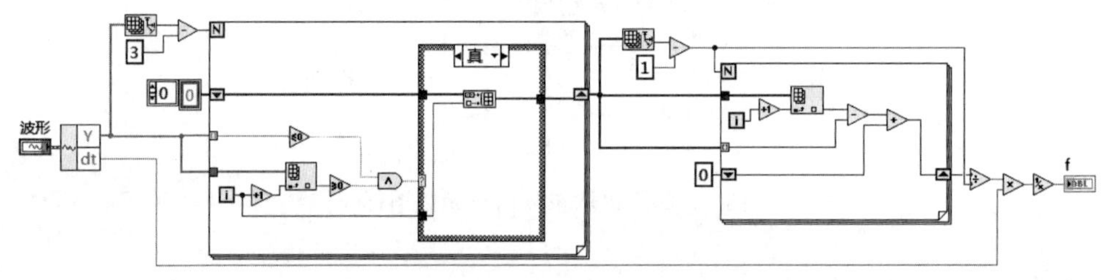

图 15.22　过零多周期平均法 VI 的程序框图

3）过零插值法

过零插值法 VI 的程序框图，如图 15.23 所示。首先，利用一个 While 循环嵌套条件结构，找到第一个过零点；然后，再利用一个 While 循环嵌套条件结构，找到下一个过零点；最后，再调用公式节点，并利用插值法求得 deltT，以减小非整周期采样的影响。

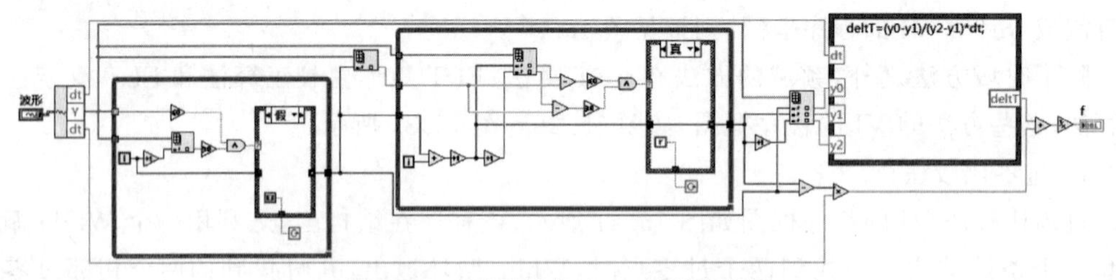

图 15.23　过零插值法 VI 的程序框图

4）峰值多周期平均法

峰值多周期平均法 VI 的程序框图，如图 15.24 所示。首先，利用一个 For 循环嵌套条件结构，找到被测周期交变信号波形中所有的最小值，将其索引号保存下来，形成新的数组；然后，再利用一个 For 循环将新数组中两两相邻元素分别进行相减，再将相减的结果进行求和，并求其平均数，最后乘以时间间隔 dt，即可得到此段周期交变信号波形的周期，再对周期求倒数，即可得到频率 f。

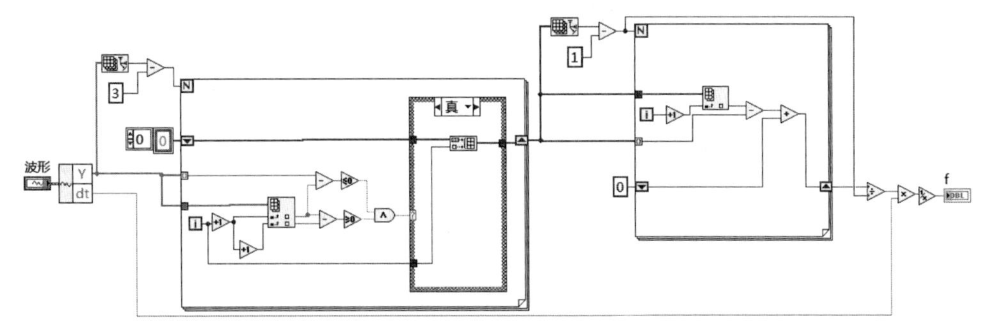

图 15.24　峰值多周期平均法 VI 的程序框图

5）三点法

参考 15.2.1 节中介绍的三点法的算法，在如图 15.25 所示的三点法 VI 的程序框图中，利用 For 循环生成两个数组：一个是序列 $x(n)=2u_{i+1}$；另一个是序列 $y(n)=u_i+u_{i+2}$。然后，调用“线性拟合”函数，求得斜率，再进行反余弦运算等，最终得到频率 f。

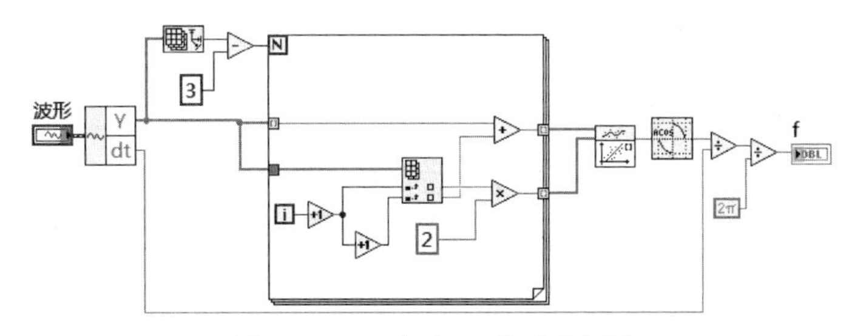

图 15.25　三点法 VI 的程序框图

6）自相关运算

自相关运算的程序框图，如图 15.26 所示。该 VI 在结构上，利用到了两个 For 循环嵌套。

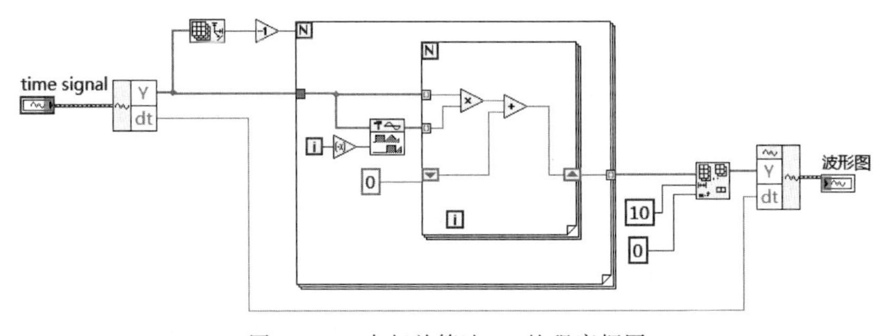

图 15.26　自相关算法 VI 的程序框图

7）计算直流成分

计算直流成分 VI 的程序框图，如图 15.27 所示，其算法很简单。需要注意的是，以此种方法计算直流成分，也会受到非整周期采样(指的是采集的波形不是整数个周期)的影响。很容易理解，采集的被测周期交变信号波形的周期数越多，采用此种方法测算得到的直流成分越准确。

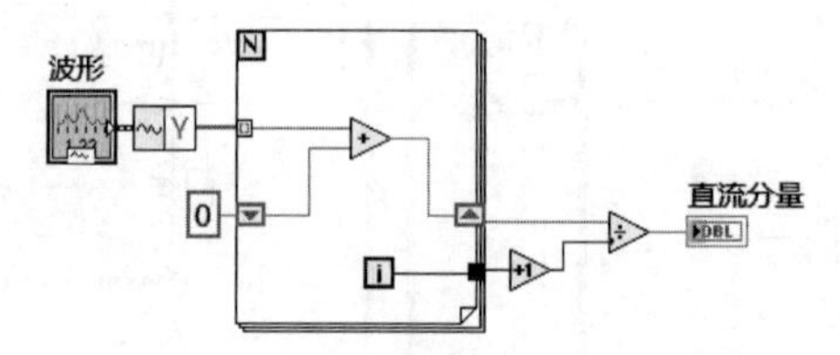

图 15.27　计算直流成分 VI 的程序框图

8) FFT 算法

实现 FFT 算法 VI 的程序框图，如图 15.28 所示。在该程序框图中，先调用"FFT 频谱"函数，该函数的输出参数有幅度和相位，其中，幅度是一个簇，包含三个元素：分别是 f_0、df 和 magnitude。magnitude 是一个数组，找出该数组中的最大值和索引 index，然后利用 $f=f_0+\mathrm{d}f\times\mathrm{index}$，便可计算得到被测周期交变信号波形的频率。

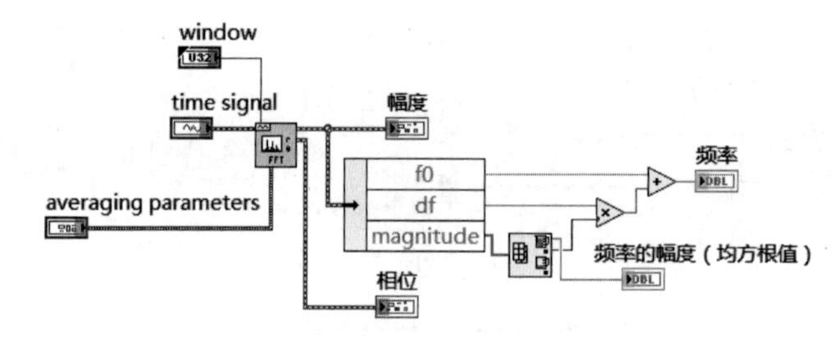

图 15.28　FFT 算法 VI 的程序框图

可以看出，利用该程序得到的是当前幅值最大的频率点。如果被测信号中还含有直流成分，且直流成分的幅值大于基波成分的幅值时，那利用该程序也无法测出基波成分的频率。对此种情况，有两种解决思路，一种是对该程序进行修正，修正后的 VI 的程序框图，如图 15.29 所示，它去除了直流成分；而另一种思路是：在调用图 15.28 所示的 VI 之前，先从被测信号中去除直流成分。本章提供的 VI，就是采用后一种思路编写实现的。

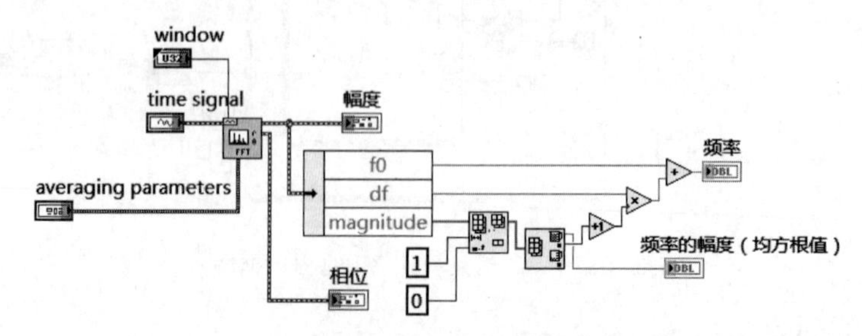

图 15.29　FFT 算法 VI 的程序框图(去除直流成分)

9）FFT 矩形窗校正算法

根据第 15.2.2 节中介绍的 FFT 矩形窗校正算法，编写实现它的程序框图，如图 15.30 所示。它在图 15.28 的基础上增加了校正算法。注意，其中的“FFT 频谱”函数选择了“矩形”窗。

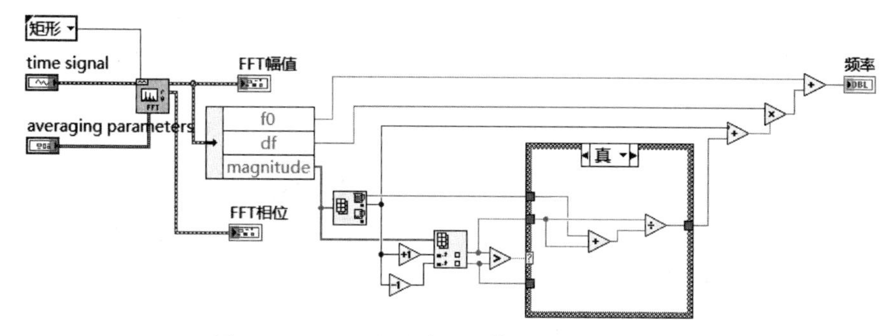

图 15.30 FFT 矩形窗校正算法 VI 的程序框图

10）FFT 汉宁窗校正算法

根据第 15.2.2 节中介绍的 FFT 汉宁窗校正算法，编写实现它的程序框图，如图 15.31 所示，它在图 15.28 的基础上增加了校正算法。注意，其中的“FFT 频谱”函数选择了“Hanning”窗。

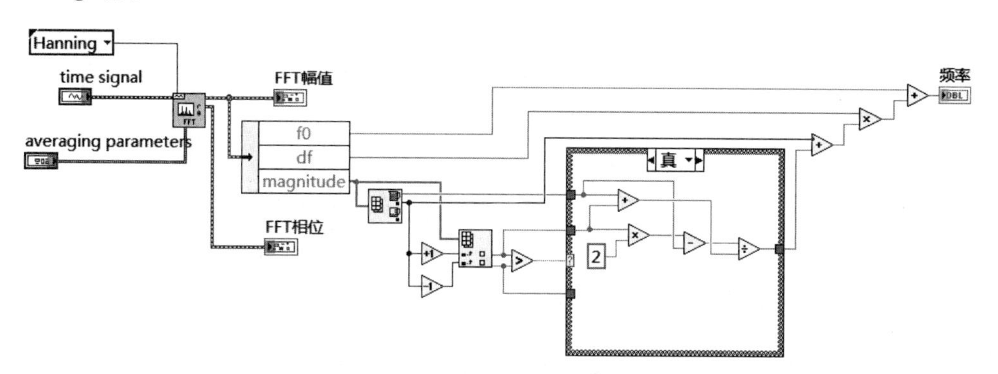

图 15.31 FFT 汉宁窗校正算法 VI 的程序框图

15.4 算法测试和结果分析

本章截至目前，共给出了 10 种算法。其中时域方法共 6 种：①过零比较法；②过零多周期平均法；③过零插值法；④峰值多周期平均法；⑤三点法；⑥脉冲测量法。频率方法共 4 种：⑦FFT；⑧FFT 矩形窗校正；⑨FFT 汉宁窗校正；⑩提取单频信息函数。其中，“脉冲测量法”和“提取单频信息”函数，就直接利用了 LabVIEW 中提供的相应函数。

接下来，先利用这些算法测量几组仿真信号，分析非整周期采样、谐波和噪声等因素对它们的影响；再利用这些算法去测量由数据采集卡采集到计算机中的实际信号。

15.4.1 利用仿真信号进行分析

调用例 13.2 的程序，生成仿真信号，然后，调用上述各种测量频率的算法 VI，相应的程序框图和前面板，如图 15.32 和图 15.33 所示。

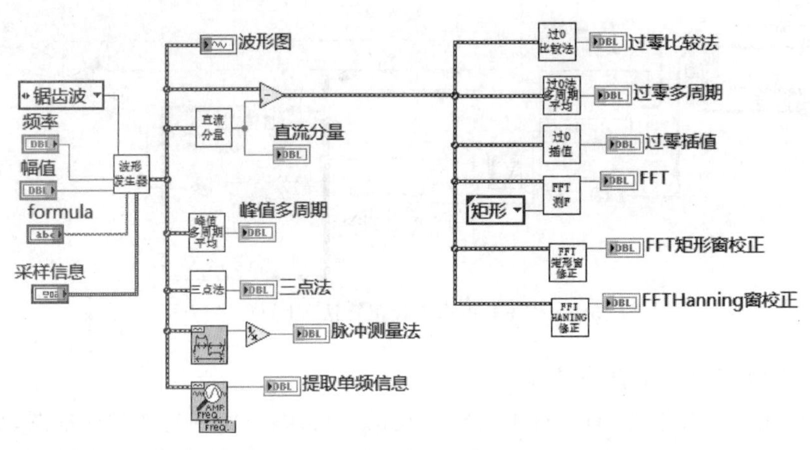

图 15.32 实现仿真实验 VI 的程序框图

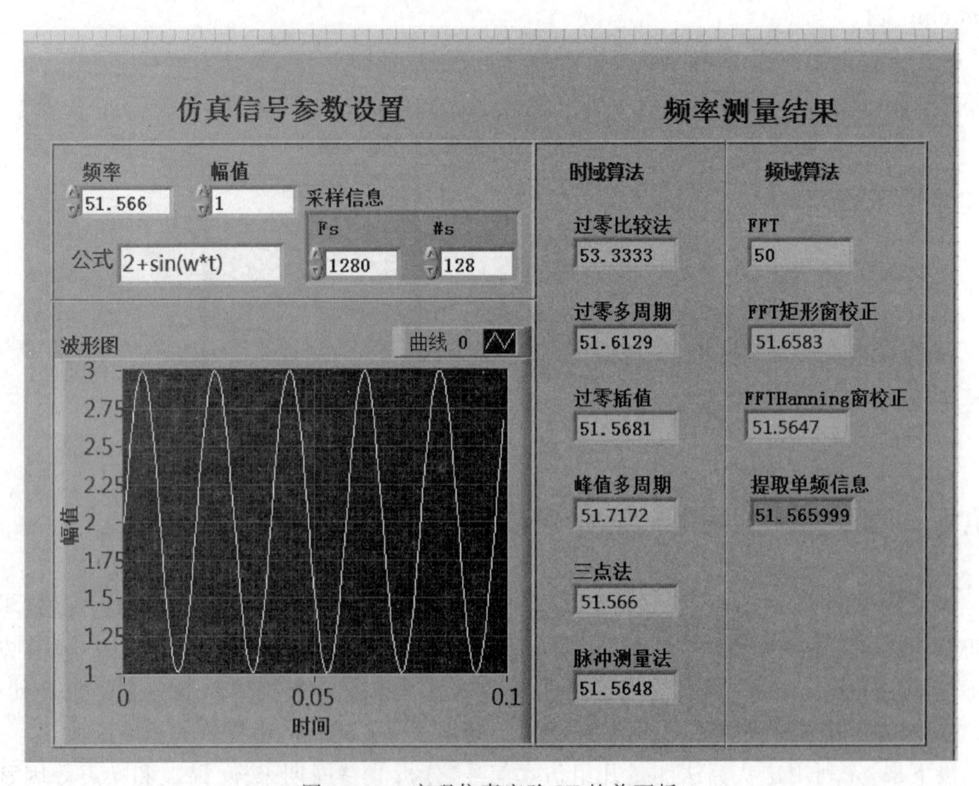

图 15.33 实现仿真实验 VI 的前面板

1）仿真实验1：非整周期采样及直流成分对算法的影响

选定仿真信号为正弦波形，信号幅值为1V，改变频率 f、采样率 F_s、样本数 $\#s$ 和直流成分等参数，观察相应的计算结果。共有3种情况：

（1）$f=50$Hz，$F_s=1280$，$\#s=128$，采集的信号波形为整数个周期，但 F_s/f 不是整数；

（2）$f=50$Hz，$F_s=1000$，$\#s=128$，采集的信号波形的周期数不是整数，但 F_s/f 是整数；

（3）$f=51.566$Hz，$F_s=1280$，$\#s=128$，添加的直流成分的大小为2V，此条件下，要分析的信号波形的周期数不是整数，而且 F_s/f 也不是整数。

上述三种情况下，仿真实验计算结果如表15.1和表15.2所示。

表15.1　仿真实验1频率测量（时域算法）的相对误差（%）

序号	过零比较法	过零多周期平均法	过零插值法	峰值多周期平均法	三点法	脉冲测量
1	−1.5384	−0.2598	0.019	−0.5826	0	−0.0056
2	0	0	0	0	0	0
3	3.4278	0.0910	0.0041	0.2932	0	−0.0023

表15.2　仿真实验1频率测量（频域算法）的相对误差（%）

序号	FFT	矩形窗校正	Hanning窗校正	提取单频信息
1	0	0	0	0
2	−6.25	−0.171	0.0032	2×10^{-6}
3	−3.0369	0.1790	−0.0025	-1.9×10^{-6}

由仿真实验1可以得出如下结论：

（1）“F_s/f 不是整数”，会对时域方法产生影响；可通过多周期平均或插值的方法减少相关影响。而要分析的波形不是整数个周期，会对频域方法产生影响；对此，可通过插值的方法削弱这种影响。当然，如第15.2节所述，增加采样样本数，或提高频率分辨率，也可以使频率的测量结果更接近真实频率。

（2）对时域方法而言，采用“过零比较法”“过零多周期平均法”“过零插值法”等方法，都需要先去除直流成分；而使用“峰值多周期平均法”和“三点法”则无须滤除直流成分。对于频域方法，也需要考虑直流成分的影响。

（3）对于时域方法，如果被测信号为正弦波，在 F_s/f 不是整数的情况下，“三点法”的计算最准确。

2）仿真实验2：噪声对测量结果的影响

选定被测信号为正弦波，频率是51.56Hz，幅值为1V，采样率选定1000，样本数为1024，添加高斯噪声，信噪比选为0.4，此条件下，时域法和频域法的仿真实验测量结果，都通过相应VI的前面板展示出来了，如图15.34所示。可以看出，时域方法受噪声影响是比较严重的，得到的频率测量结果已不可信；而若采用频域方法，仍然可以得到比较准确的频率测量结果。

为了减小噪声对时域方法的影响，在这里，将先对被测信号进行三次自相关运算，再调用

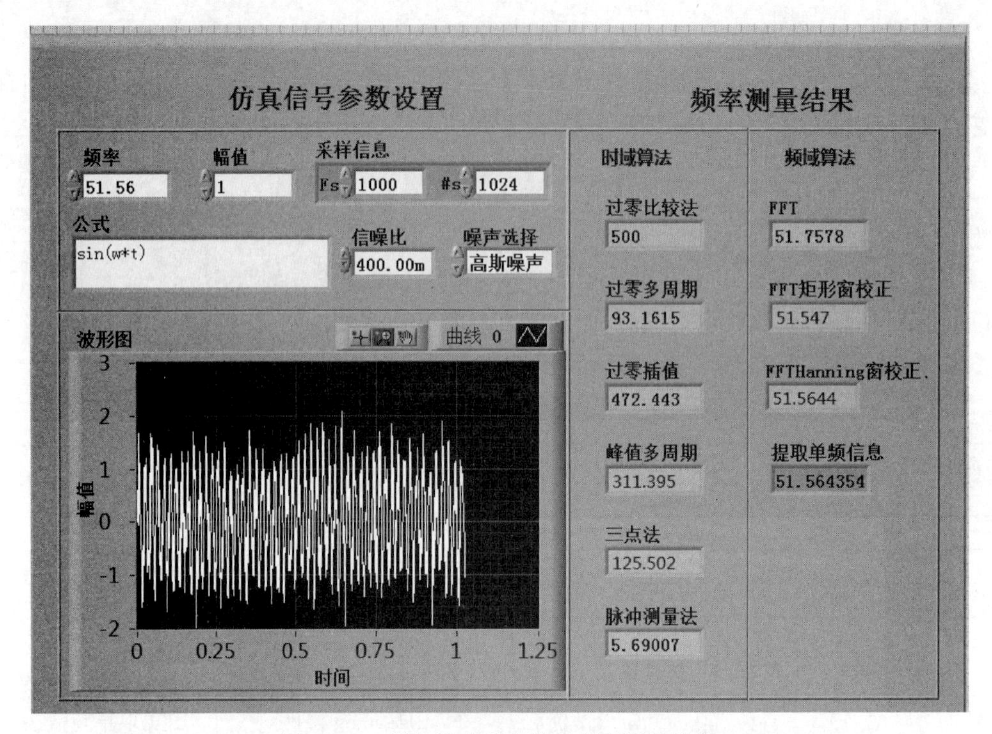

图 15.34　添加噪声后的信号频率测量结果

时域算法对自相关后的信号波形进行测量，编写的 VI 的程序框图，如图 15.35 所示。进行自相关运算后的测量结果，被提供在表 15.3 中，其中第 1 行是未进行自相关的结果，第 2 行是进行了自相关运算后的结果。可以看出，对被测信号波形进行三次自相关运算，的确可明显滤除掺杂在信号中的噪声。之后再调用时域方法进行测量，就可以得到接近实际频率的测量结果。

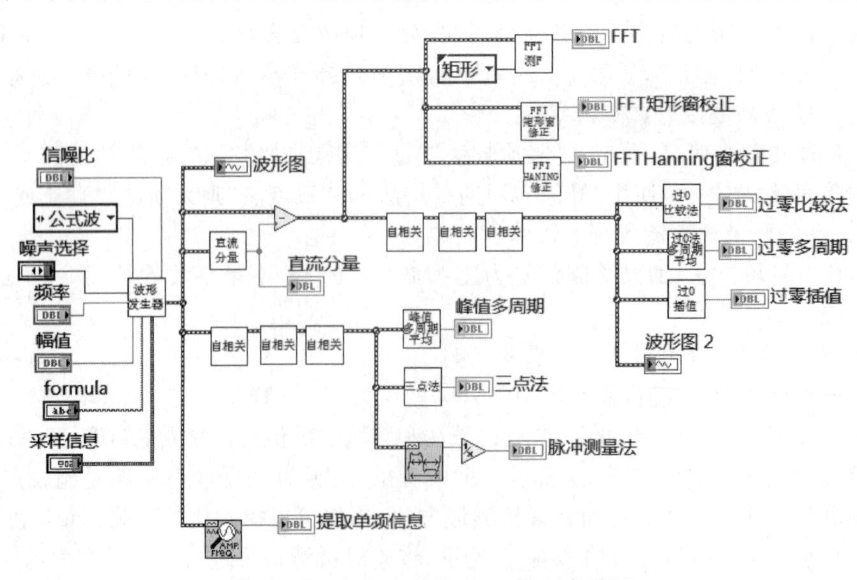

图 15.35　加上自相关后 VI 的程序框图

表 15.3 仿真实验 2 频率测量的相对误差(%)

序号	过零比较法	过零多周期平均法	过零插值法	峰值多周期平均法	三点法	脉冲测量	FFT	矩形窗校正	Hanning窗校正	提取单频信息
1	869.74	80.69	816.30	503.95	143.41	−88.96	0.3836	−0.0252	0.0085	0.0084
2	2.0784	0.1422	0.1604	0.2479	−0.0008	0.0283	—	—	—	—

3）仿真实验 3：谐波对测量结果的影响

选定被测信号为正弦波，频率是 51.56Hz，幅值为 1V，采样率选作 2000，样本数为 1024，添加三次谐波成分的幅值为 0.5V。此条件下，时域法和频域法的仿真实验测量结果，如图 15.36 所示。

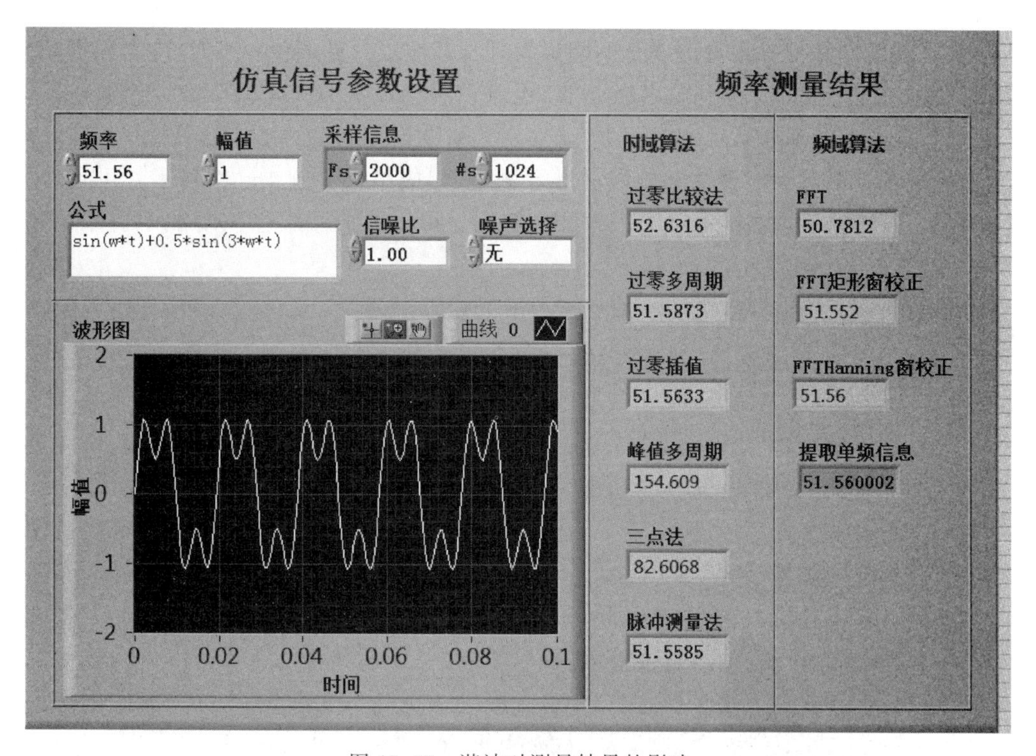

图 15.36 谐波对测量结果的影响

可见，被测周期信号中，当谐波成分的幅值小于基波成分的幅值时，采用频域方法实施测量和计算总能得到正确的结果。其中以“FFT Hanning 窗校正”方法的测量结果最为准确。由于谐波成分的幅值小于基波，波形的一个周期内并不存在多个过零点，所以采用过零比较法仍然可得到接近真实频率的测量结果，时域方法中过零插值法的结果最为准确。

但是，由于被测实际信号的一个周期内存在多个峰值点，所以峰值法的测量结果存在错误。另外，被测信号实际波形已不再是正弦波，故以三点法实施测量的结果也是不对的。所以说，“三点法”仅适用于对理想正弦波或接近理想正弦波的周期交变信号频率的测量。

对该被测信号进行三次自相关运算后，即将谐波成分较好地滤除后，再采用峰值法或三点法，也会得到正确的测量结果，具体如表 15.4 所示。其中，第 1 行是未进行自相关运算的结果，第 2 行则是进行了自相关运算的结果。

表 15.4 仿真实验 3 频率测量的相对误差(%)

序号	过零比较法	过零多周期平均法	过零插值法	峰值多周期平均法	三点法	脉冲测量	FFT	矩形窗校正	Hanning窗校正	提取单频信息
1	2.0784	0.0529	0.0064	199.862	60.2149	−0.0029	−1.5105	−0.0155	0	3.88×10^{-6}
2	—	—	—	−0.2194	−0.0124	—	—	—	—	—

当被测周期交变信号中谐波成分的幅值大到与基波成分的幅值相当时，就会出现问题。此情况下，即便是先进行了多重自相关运算，也难以将谐波成分完全滤除掉。例如，被测信号的表达式为 $\sin(2wt)+\sin(3wt)$，显然，在一个基波周期时间内它有多个过零点和多个峰值，对它以前述的各种时域法和频域法进行测量，相应结果如图 15.37 所示。可见，采用过零比较法、峰值法、三点法和 FFT 等方法实施测量得出的结果都是不对的，只有采用脉冲测量法，才能得到正确的结果。

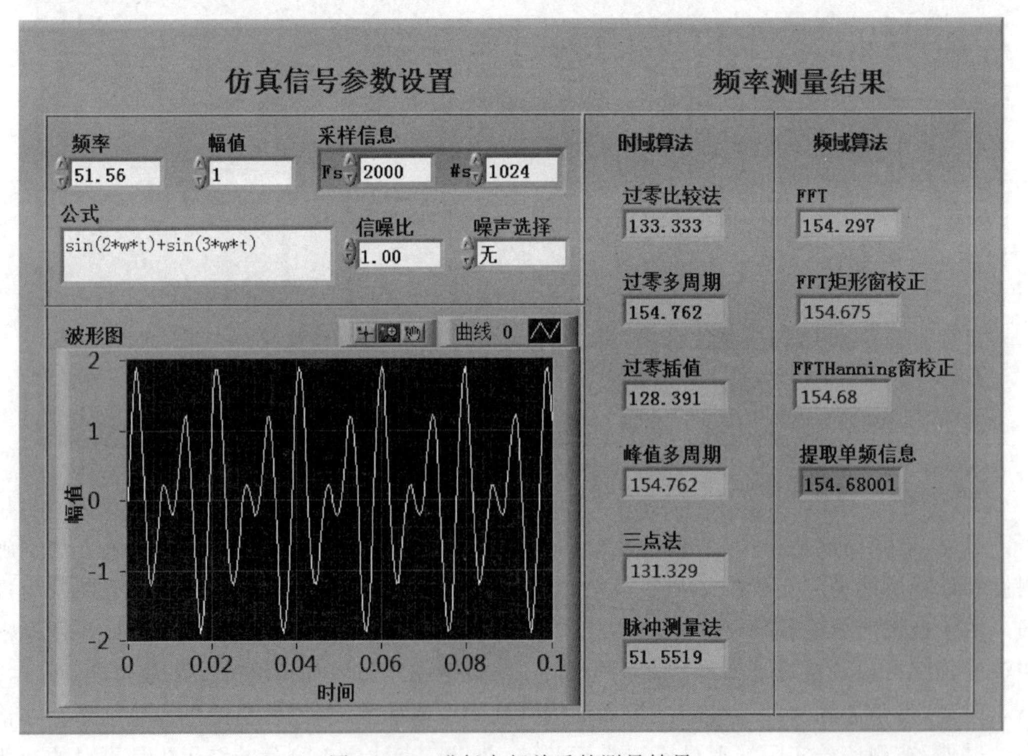

图 15.37 进行自相关后的测量结果

15.4.2　对实采波形进行测量

接下来，将调用上述各种算法，对采集的一段实际信号的波形进行测量。整理上述几种测量周期交变信号频率的算法，并添加上模拟输入部分的程序代码，编写成的“频率计”VI的程序框图，如图15.38所示，相应的“频率计”VI的前面板，如图15.39所示。

在实施测量前，首先需要将数据采集卡的AO端与AI端连接起来，然后，利用本教材第14章完成的函数发生器VI产生被测信号的波形，即让虚拟仪器输出一段频率为51.56Hz的正弦波信号；随后，运行“频率计”VI，观察其测量结果，具体如图15.39所示。

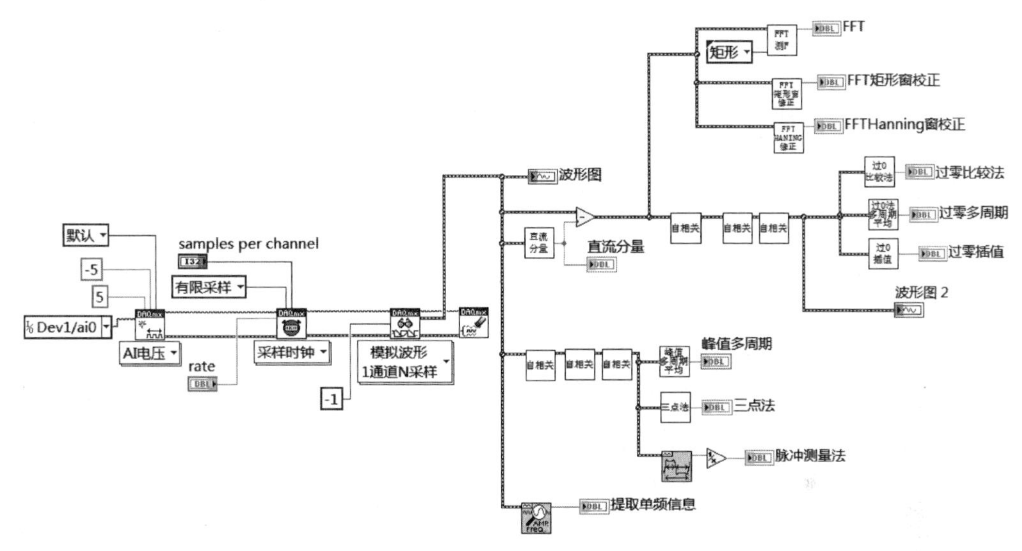

图15.38　“频率计”VI的程序框图

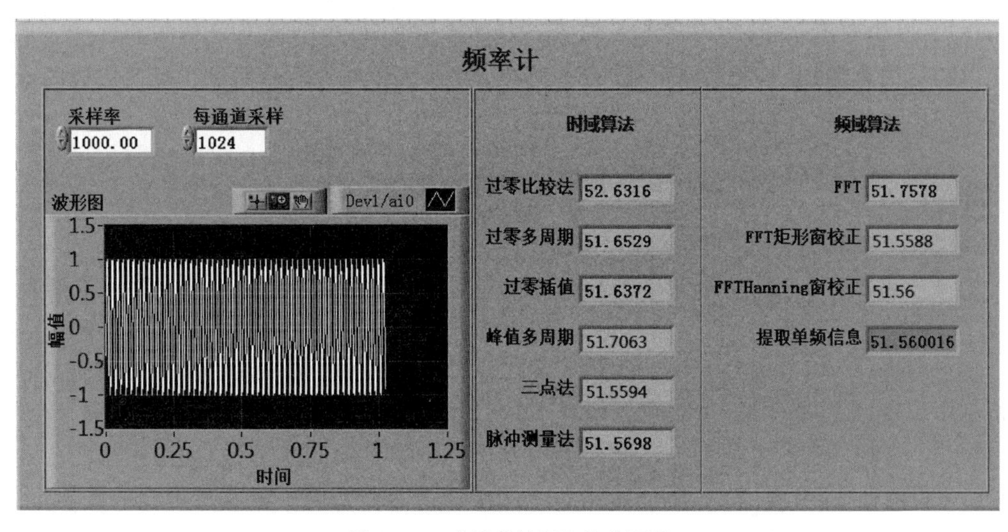

图15.39　“频率计”VI的前面板

可以看出，被测信号的实际频率 f 为 51.56Hz，而实际数据采集时，设置的采样率 F_s 为 1000Hz，样本数 $\#s$ 为 1024。此条件下，F_s/f 不是整数，即每个周期的采样点数不是固定的；同时，$\#s/(F_s/f)$ 也不是整数，即采集到的信号波形也不是整数个周期。由于被测信号的频率是未知的，非整周期采样在实际测量中非常普遍。从图 15.39 所示的测量结果中可以看出，对于被测信号是正弦波且非整周期采样的情况，时域方法中三点法最准确；频域方法中“FFTHanning 窗校正”最准确。

感兴趣的读者，可以改变“函数发生器”VI 的参数，让其提供不同的信号，例如，改变波形形状，添加直流成分或者噪声等，然后再将“函数发生器”VI 输出的信号作为被测信号输入给“频率计”VI 并运行它，观察并分析测算结果。

15.5 本章小结

本章利用 LabVIEW 完成了对虚拟频率计的设计。对于很多物理现象而言，频率是其中一个很重要的特征参数，故测量频率的方法有着广泛的应用场合。为完成对被测对象频率的测量，有很多种算法，本章共实现了 10 种算法，并对每种算法的特点和性能进行了分析、梳理和对比。

从本章的阐述，可以进一步体会到算法的重要性。实际中，每种算法往往都有具体的适用范围，要想利用好它们，就要对其原理有正确的理解和认识。例如，对频域方法，首先要具备 DFT 的基础知识，弄清楚频率分辨率的物理含义以及如何计算，这样，才能理解非整周期采样对 FFT 计算结果的影响；而且明白其原理后，才能设计出相应的算法，以对其进行有效的修正。另外，本章中还涉及自相关、线性插值、最小二乘拟合等算法。同样，若想要编程实现它们，都应该先很好地掌握并理解其基本原理。

为完成对某种周期性变化的被测对象频率的测量，其实还有很多种算法。有兴趣的读者，可以自己编程去实现，或者可在本章相关内容基础上，自己尝试设计出新的算法。本章选用的相关内容，除参考了不少文献外，还参考了清华大学研究生赵敏和丁健民完成的虚拟仪器课程大作业，在此特向他们表示感谢。

本章习题

15.1 编写一个 VI，使之可生成一段方波信号，并能测量其基波成分的频率；而且还可改变所生成信号波形的形状，如三角波、锯齿波等，改变后，再测量其基波成分的频率。

15.2 设计一种测量周期非正弦信号中基波成分频率的时域算法，编写 VI 实现它；并分析采样频率、采样样本数、非整周期采样、噪声及谐波等因素对测量准确性的影响。

15.3 设计一种测量周期非正弦信号中基波成分频率的频域算法，编写实现它的 VI；并分析采样频率、采样样本数、非整周期采样、噪声及谐波等因素对测量准确性的影响。

注：本教材第 14 章（函数发生器）和第 15 章（频率计）讲述并完成的，都是有实际应用

背景的任务。它们是作者所讲授虚拟仪器课程中为学生布置的两个作业选题。下面将罗列出部分其他选题及具体要求，感兴趣的读者，可以用 LabVIEW 编写相应 VI 去实现它们。

选题 1：正弦信号的发生及其频率和相位的测量。

任务要求：①设计一个双路正弦信号发生器，其相位差可调，可叠加噪声及谐波成分；②设计一个频率计和一个相位计。

为完成该选题任务应注意的事项：i)可先仿真研究频率和相位的测量算法，然后再进行实际的测算；ii)应讨论采样频率、采样样本数、非整周期采样、噪声及谐波等因素对测量准确性的影响；iii)在实际测量时，可以用导线将数据采集卡的一路模拟输出通道与数据采集卡的一路模拟输入通道连接起来。运行"双路正弦波发生器"VI，产生两路正弦波，然后再用编写完成的"频率计"和"相位计"VI，测量出这两路正弦波信号的频率和相位差。

选题 2：测量某功能电路或网络的频率特性。

被测对象可以是文桥电路、双 T 网络或有源低通滤波器电路单元等，要求测量出它们的幅频响应和相频响应特性曲线。完成测量后，应注意评价测得的特性曲线是否正确。

选题 3：电能质量测试仪。

要求测量出实际电网电压的频率、有效值、三相不平衡度、电压波动、功率和谐波等参数。

选题 4：设计一款功率表。

要求测量出电压、电流信号一个整周期(或若干个整周期)的平均功率，同时计算出相应的视在功率、无功功率、功率因数及功率因数角(形成功率的电压与电流的相位差)等。

选题 5：制作调琴器。

任务要求：①查阅并学习有关乐理知识文献；②利用计算机中的声卡或 MyDAQ 采集某种乐器发出的声音；③对该乐器的音阶进行校准，给出高或低的调音指示，或能识别和弦。

选题 6：编制一个 K 歌软件。

任务要求如下：①可以播放音乐，并能即时显示歌词；②背景音乐与原唱可以切换；③采集演唱者的声音，可对演唱水平进行评分；④可进行特殊音效的设置。

选题 7：制作一架简易电子琴。

任务要求如下：①查阅有关乐理知识文献，搞清楚每个音阶对应什么信号；②利用 LabVIEW 完成一架简易电子琴的制作，且可通过鼠标和键盘按键两种方式操作该简易电子琴；③使该电子琴具有音乐教学的功能；④该电子琴可设置不同的音色。

参考文献

[1] 张勇瑞. 电子测量技术基础[M]. 西安：西安电子科技大学出版社，2014.

[2] 蒋焕文. 电子测量[M]. 北京：中国计量出版社，1988.

[3] 沈振宇. 电子测量[M]. 南京：南京大学出版社，1988.

[4] 庞浩,李东霞,俎云霄,等.应用FFT进行电力系统谐波分析的改进算法[J].中国电机工程学报.2003,23(6):50-54.
[5] 潘文,钱俞寿,周鹗.基于加窗插值FFT的电力谐波测量理论[J].电工技术学报.1994,1:50-54.
[6] 赵文春,马伟明,胡安.电机测试中谐波分析的高精度FFT算法[J].中国电机工程学报.2001,21(12):83-87.
[7] 曹燕.含噪实信号频率估计算法研究[D].华南理工大学.2012.
[8] 侯国屏,王珅,叶齐鑫.LabVIEW 7.1编程与虚拟仪器设计[M].北京:清华大学出版社,2006.
[9] 王海,楼梅燕,郑胜峰.一种基于多重自相关的电力系统频率测量方法[J].仪器仪表学报.2009,30(6):661-665.
[10] 孙仲康.快速傅里叶变换及其应用[M].北京:人民邮电出版社,1982.
[11] Meyer M.信号处理——模拟与数字信号、系统及滤波器[M].马晓军,肖晖,熊其求,译.北京:机械工业出版社,2011.
[12] 奥本海姆A V,谢弗R W.离散时间信号处理[M].黄建国,刘树棠,译.北京:科学出版社,1998.
[13] 谢明,丁康.频谱分析的校正方法[J].振动工程学报.1994,7(2):172-179.
[14] 胡广书.数字信号处理[M].北京:清华大学出版社,2003.

附录A

LabVIEW软件和驱动程序的安装说明

对于 LabVIEW 软件，可以按照下面的步骤找到相应的程序并进行安装。

(1) 访问 NI 官网：http://www.ni.com/zh-cn.html。

(2) 在 NI 官网上注册一个用户账号，并登录。

(3) 在 NI 官网主页的下方，在“技术支持”栏下，单击图 A.1 中的“下载”，弹出如图 A.2 所示界面。

NI
Engineer Ambitiously.™

解决方案	订单	公司	技术支持
半导体	订单状态和历史记录	领导团队	下载
汽车	按产品编号订购	招贤纳士	产品文档
航空航天、国防和政府	激活产品	投资者关系	论坛
院校与科研	报价查询	新闻中心	提交服务申请
无线	服务条款	企业责任	网站反馈
电子		供应链/质量	
能源		活动	
工业机械			
重型设备			
合作伙伴			

图 A.1　NI 主页界面(最下方)

(4) 单击图 A.2 中的“NI 软件产品”，此时界面如图 A.3 所示。

(5) 单击图 A.3 中的 LabVIEW，此时界面如图 A.4 所示。

(6) 在这个界面，可以选择 LabVIEW 的版本(例如 2019SP1)，“语言”选择“中文”，“包含驱动软件”选择“是”。选择完之后，可以单击图 A.4 右侧栏中的“下载”，然后按照提示进行操作，以完成 LabVIEW 2019 和驱动程序的安装。

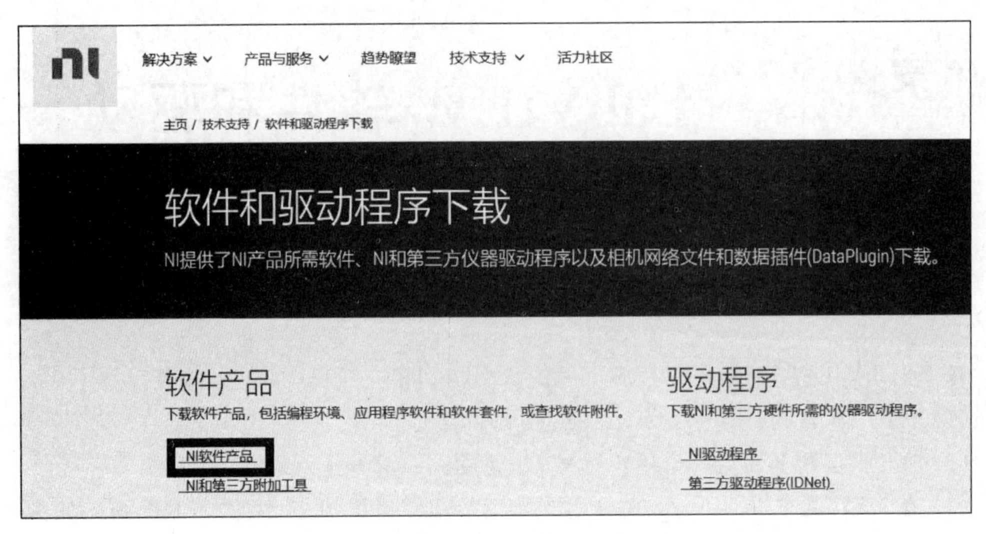

图 A.2　单击图 A.1 中"下载"后的界面

图 A.3　单击图 A.2 中"NI 软件产品"后的界面

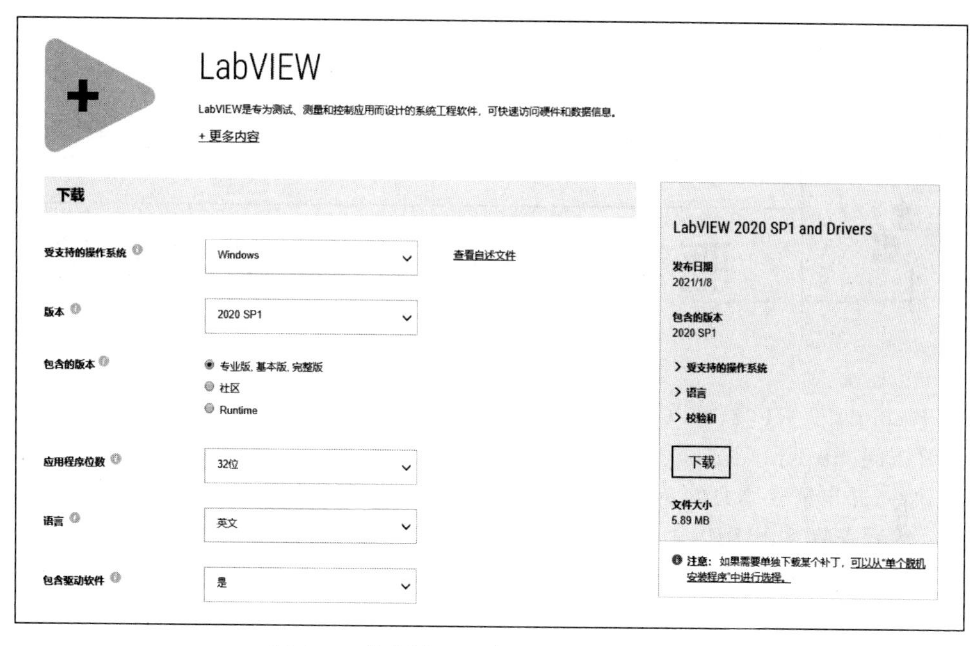

图 A.4 单击图 A.3 中 LabVIEW 后的界面

附录 B

DIGILENT chipKIT WF32 驱动及 LINX 的安装步骤

对于 chipKIT WF32，可以按照下面的步骤找到驱动程序并进行安装。

(1) 访问 https://decibel. ni. com/content/docs/DOC-30610，下载正版的 LabVIEW 学生版软件，并申请 6 个月的免费 License。(需要在 ni. com 上免费注册一个 ID，登录后才能下载；然后安装 LabVIEW)。

(2) 访问网盘 http://pan. baidu. com/s/1dDRqL3r，直接下载并安装 VIPM(VI packagemanager)。

(3) 访问 http://www. ni. com/download/ni-visa-15. 5/5846/en/，下载并安装 NI-VISA(需要在 ni. com 上免费注册一个 ID，登录后才能下载)。

(4) 访问 https://www. labviewmakerhub. com/doku. php? id=libraries: linx: start，下载 LabVIEW LINX (单击图 B. 1 中的 Download Now)。

下载页面如图 B. 2 所示(需要在 ni. com 上免费注册一个 ID，登录后才能下载)。

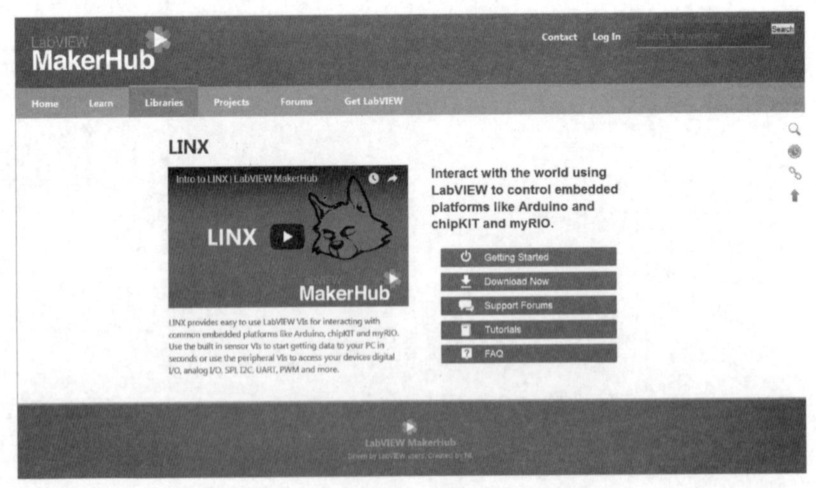

图 B. 1　下载 LabVIEW LINX 界面

在安装 LINX 时，系统会自动打开 VIPM，如图 B. 3 所示。

在打开的对话框左侧，选择已经安装的 LabVIEW 版本，并单击 Install。成功安装之后的界面如图 B. 4 所示。

图 B.2　下载界面

图 B.3　系统自动打开 VIPM 界面

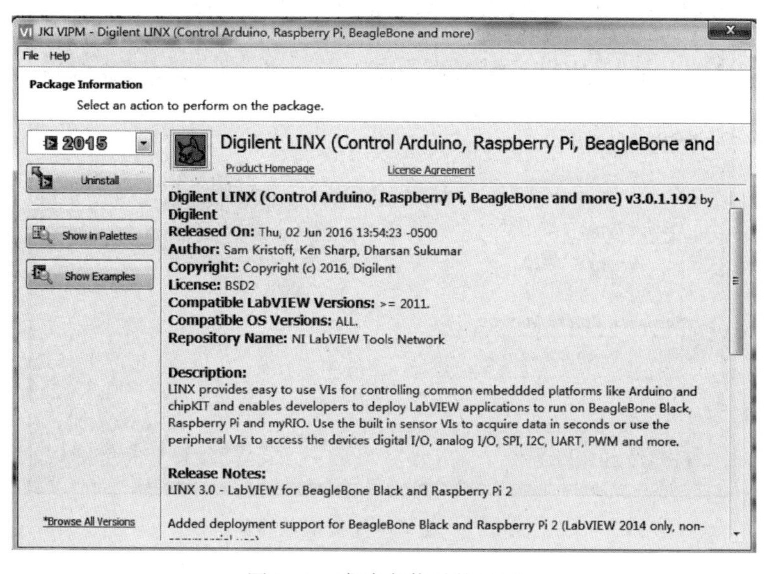

图 B.4　成功安装后的界面

附录 C

在 LabVIEW 中如何运行 MakerHub

完成 LabVIEW 安装后，打开 LabVIEW，经工具→MakerHub→LINX→LINX Firmware Wizard途径，在图 C.1 所示界面中选择单片机的型号，本教材中选用的是 Digilent 的 chipKIT WF32。单击 next，在图 C.2 所示界面中选择单片机与计算机相连的串口号，本教材作者的计算机中是 COM5。单击 next，注意在图 C.3 所示的界面中，对于 Upload Type 选择的是 Pre-Built Firmware，意思是将事先编好的 VI 上传到单片机中。单击 next，然后出现图 C.4 所示的界面，表示 VI 正在安装。VI 安装成功后，会出现图 C.5 所示界面，随后就可以单击 Launch Example 进入示例，也可以单击 Finish 退出。

关于 WF32 的视频起步课程，可以访问 http://www.digilent.com.cn/studyinfo/40.html。

有关嵌入式硬件＋LabVIEW 使用的更多视频教程(DIGILENT 树莓派，DIGILENT Beaglebone Black)，可以访问 http://www.digilent.com.cn/studyinfo/56.html。

图 C.1　选择单片机型号界面

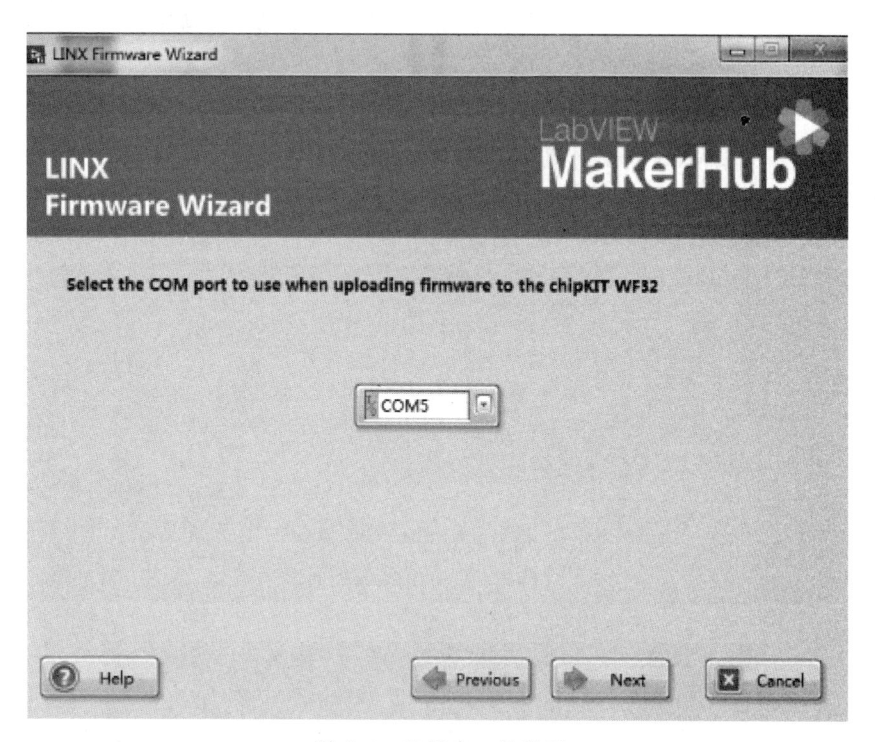

图 C.2 选择串口号界面

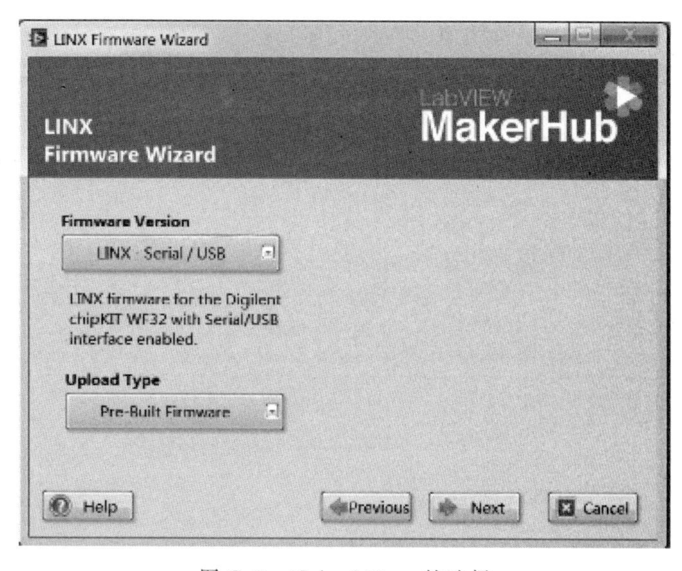

图 C.3 Upload Type 的选择

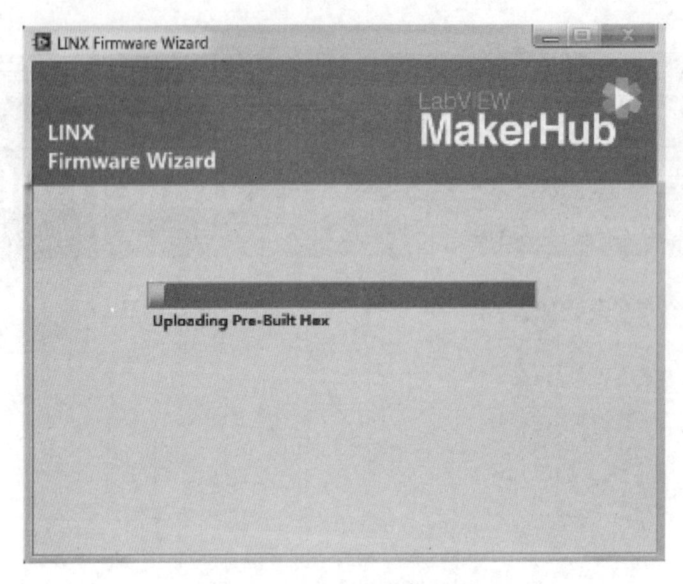

图 C.4　VI 正在安装界面

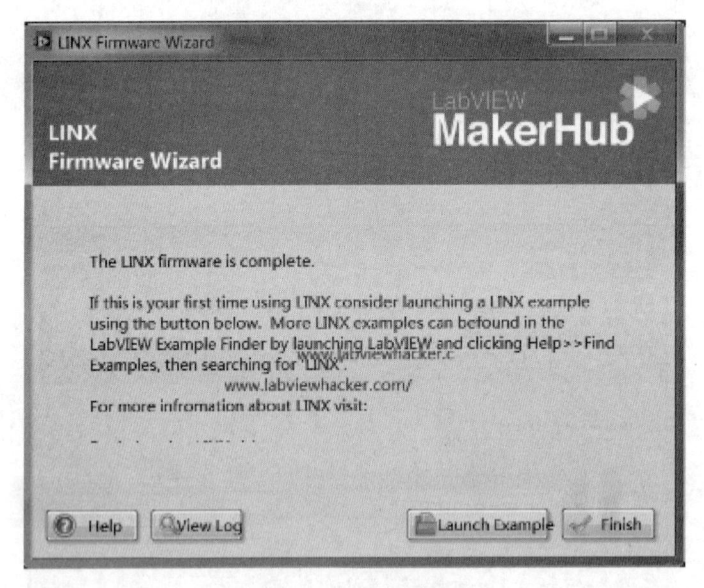

图 C.5　VI 成功安装界面

附录D

示例索引

1. 例2.1　理解数据流机制，判断函数的执行先后顺序。

2. 例2.2　输入两个参数A和B，求其平均数，并将求得的结果显示在名称为Result的输出控件中。

3. 例3.1　查错示例："求平均数"。

4. 例3.2　输入参数A，求其平方根，结果为B；然后再对B进行平方运算得到结果C，请问A和C相等吗？

5. 例3.3　"随机数"函数和"表达式节点"的使用。

6. 例3.4　"格式化写入字符串"函数的使用。

7. 例3.5　字符串的分解。

8. 例3.6　利用"匹配正则表达式"函数进行字符串的分解。

9. 例3.7　设计一个简易的计算器，当在其前面板上选择不同的功能时，它应给出相应的计算结果。

10. 例3.8　提取当前VI的路径。

11. 例4.1　求两个数的和与差。

12. 例4.2　计算一段程序的运行时间。

13. 例4.3　编写一个比较两个数大小的VI。

14. 例4.4　编写一个比较两个整数大小的VI。即，要求输入x和y，判断其大小。具体地，如果x>y，弹出对话框显示x>y；如果x=y，弹出对话框显示x=y；如果x<y，则弹出对话框显示x<y。

15. 例4.5　构建一个可显示随机信号波形的VI，其显示随机信号的速度应可调节。

16. 例4.6　带条件端子的For循环。

17. 例4.7　循环结构内外数据交换举例。

18. 例4.8　自动索引例1。

19. 例4.9　自动索引例2。

20. 例4.10　编写一个求和(n从1到100)的VI。

21. 例4.11　已知一个有5个元素的一维数组(2,0,−1,−2,3)。要求编写一个VI，将该数组中小于0的元素去除掉,用剩下的元素组成一个新数组,并在前面板上显示出来。

22. 例4.12 创建一个可以弹出界面的子VI。

23. 例4.13 编写一个简易加法器VI,其输入参数有“加数1”和“加数2”,输出结果是“和”。要求一旦VI运行后,在前面板上改变“加数1”或“加数2”的值,结果“和”的值便会做相应改变。

24. 例4.14 通知型事件与过滤型事件的区别。

25. 例4.15 动态事件注册示例1——制作一个加法器。

26. 例4.16 动态事件注册示例2。

27. 例4.17 完成用户输入提示。具体要求:在一些实际应用场合中,有时对前面板上控件的输入是有要求的,例如要求必须输入大于0的数,如此,如果用户输入了小于或等于0的数,希望VI能自动给出提示:“请输入大于0的数”。

28. 例4.18 根据波形的实时变化,动态修改图形显示控件纵坐标的最大值和最小值。

29. 例4.19 利用局部变量读取循环结构外的数据。

30. 例4.20 利用局部变量将循环结构内的数据读出到循环外。

31. 例4.21 利用局部变量实现无else的if语句,当x>0时,对y赋值3。

32. 例4.22 利用局部变量同时控制两个While循环。

33. 例4.23 利用全局变量使两个VI同时停止运行。

34. 例4.24 单进程共享变量示例:用同一个停止按钮控件同时停止运行中的两个VI。

35. 例4.25 利用属性节点读取循环结构内的数据。

36. 例4.26 求一元二次方程的根,方程的形式为$ax^2+bx+c=0$,设$b^2-4ac\geqslant 0$,则方程的根为:$x=\frac{-b\pm\sqrt{b^2-4ac}}{4a}$。要求通过计算机编程实现对它的求解。具体地,$a$、$b$和$c$由键盘输入,输出两个根的值,即$x_1=\frac{-b+\sqrt{b^2-4ac}}{2a}$,$x_2=\frac{-b-\sqrt{b^2-4ac}}{2a}$。

37. 例4.27 利用MathScript节点实现求和运算。

38. 例4.28 利用MATLAB脚本节点实现求和运算。

39. 例5.1 数组的索引。

40. 例5.2 “数组大小”函数。

41. 例5.3 “索引数组”函数。

42. 例5.4 “数组子集”函数。

43. 例5.5 “删除数组元素”函数。

44. 例5.6 “初始化数组”函数。

45. 例5.7 “创建数组”函数。

46. 例5.8 利用循环结构创建一个一维数组,数组元素从1到5。

47. 例5.9 “捆绑”函数。

48. 例 5.10 “解除捆绑”函数。

49. 例 5.11 “按名称捆绑”函数。

50. 例 5.12 “按名称解除捆绑”函数。

51. 例 5.13 生成一段随机信号，并将其随时间变化的波形在前面板上显示出来。

52. 例 5.14 生成一段正弦波形，要求其频率为 50Hz，幅值为 2，初相位为 60°。

53. 例 5.15 生成一段正弦波形，并获得它的波形成分。

54. 例 5.16 生成两路波形，一路是正弦波，另一路是方波，并提取出各自的波形成分。

55. 例 5.17 将动态数据类型 DDT 转换成波形或数组。

56. 例 5.18 生成两路正弦信号并显示出来。

57. 例 5.19 变体与基本数据类型的转换。

58. 例 5.20 变体与复合数据类型的转换。

59. 例 5.21 生成一个一维的随机数组，该数组的单位是 V(电压的单位“伏特”)。

60. 例 5.22 生成一段正弦波，其幅值为 1V，频率为 10Hz，该波形是从模入通道 0 采集进来的，单位是 V。

61. 例 6.1 利用“文本文件 I/O”函数进行数据保存。

62. 例 6.2 利用“二进制文件 I/O”函数进行数据保存和读取。要求能够存储 1 个字符串控件、1 个数值控件、1 个数组和 1 个开关量，将这些数据保存到当前 VI 路径下，文件名为“data.dat”；而且保存后，再将保存的数据读回到 LabVIEW 中，并将其显示在前面板上。

63. 例 6.3 以电子表格格式存储和读取数据。

64. 例 6.4 保存和读取波形文件。

65. 例 7.1 波形图控件能接受的数据格式举例 1。

66. 例 7.2 波形图控件能接受的数据格式举例 2。

67. 例 7.3 利用 XY 图绘制李沙育图形(封闭曲线)。

68. 例 7.4 利用 XY 图控件显示单条曲线。

69. 例 7.5 利用 XY 图控件显示多条曲线。

70. 例 7.6 利用波形图表控件显示单条曲线。

71. 例 7.7 利用波形图表控件显示多条曲线。

72. 例 7.8 利用强度图控件显示一个二维数组。

73. 例 7.9 使用属性节点控制屏幕的初始化和指示灯的闪烁。本示例的具体要求是：制作一个 VI，要产生 10 个随机数，并将它们在一个波形图表控件上，以一条连接了所有随机数的折线形式显示出来；且当产生的随机数大于 0.5 时，前面板上的指示灯闪烁；若重新运行此 VI，应先清屏，再重新画曲线。

74. 例 8.1 测量一个直流电压，并显示出其量值的大小。

75. 例 8.2 在有限的时间段内，采集 2 路随时间变化的信号，并在前面板上显示出它们的波形。具体地，实现上述功能的 VI 应做到：运行后，会采集指定时间长度的被测信号波形的数据，并将其显示在前面板上的波形图控件里；当采集完成后，程序自动退出。

76. 例 8.3 要求连续采集 2 路信号的波形，且在构建该 VI 的具体方法上，要求利用 DAQ 助手 Express VI 来完成。

77. 例 8.4 要求以选用具体 DAQmx 函数的方式构建 VI，以实现连续采集 2 路信号的波形。

78. 例 8.5 输出一个直流电压。

79. 例 8.6 输出一段正弦波。

80. 例 8.7 利用“DAQ 助手”Express VI 实现连续模出（允许重生成）。

81. 例 8.8 以直接选用所需具体 DAQmx 函数方式编写 VI，以连续模出正弦波。

82. 例 8.9 利用“DAQ 助手”Express VI 实现连续模出（允许重生成），要求信号的幅值可调节。

83. 例 8.10 利用“DAQ 助手”Express VI 实现连续模出（不允许重生成）。

84. 例 8.11 要求以选用相应 DAQmx 函数的方式编写 VI，以连续模出正弦波信号，且其频率、幅值等参数均可调节。

85. 例 8.12 利用数字输入检测开关的状态。

86. 例 8.13 点亮一盏 LED 灯。

87. 例 8.14 利用按键控制 LED 灯的亮、灭（数字输入、数字输出和软件定时）。

88. 例 8.15 利用计数器输入测量输入信号的频率。

89. 例 8.16 利用计数器输出单脉冲。

90. 例 8.17 利用计数器输出有限个脉冲。

91. 例 9.1 采集一段声音信号。

92. 例 9.2 采集一段正弦波和三角波信号。

93. 例 9.3 连续采集声音信号。

94. 例 9.4 连续采集正弦波和三角波信号。

95. 例 9.5 产生一段正弦波或播放一段声音信号。

96. 例 9.6 播放一段音乐。

97. 例 9.7 连续产生正弦波和三角波信号。

98. 例 10.1 利用底层函数采集单幅图像。该 VI 的具体功能为：运行该 VI，其会采集图像，并将所采集的图像显示在前面板上的 Image 控件里，采集图像完成后，VI 退出运行。

99. 例 10.2 利用高层函数采集单幅图像（snap）。

100. 例 10.3 利用底层函数采集 N 幅图像。

101. 例 10.4 利用高层函数采集 N 幅图像（sequence）。

102. 例 10.5 利用底层函数连续采集图像。运行此 VI，它会连续采集图像，并将当前采集到的图像显示在前面板上的 Image 控件里；按下前面板上的 stop 按钮，采集会停止，VI 将退出。

103. 例 10.6 利用高层函数连续采集图像（Grab）。

104. 例 10.7　将摄像头采集到的单幅图像保存在计算机中。

105. 例 10.8　将摄像头采集到的视频信号保存在计算机中。

106. 例 10.9　读取单幅图像。

107. 例 10.10　读取一段视频信号。

108. 例 11.1　计算机与示波器 TDS1000 之间的串口通信。

109. 例 11.2　计算机与函数发生器 HP33120A 的串口通信。

110. 例 11.3　利用计算机控制带 USB 口的示波器 TBS1102B-EDU。

111. 例 11.4　利用计算机控制带 USB 口的函数发生器 AFG1022。

112. 例 12.1　点亮一盏 LED 灯(数字输出)。

113. 例 12.2　使一盏灯的点亮和关断可控(数字输入与数字输出)。

114. 例 12.3　改变 LED 灯的亮度(模拟输入与输出)。

115. 例 12.4　实现串口通信。

116. 例 12.5　利用 LabVIEW 控制单片机去点亮一盏 LED 灯。

117. 例 12.6　构建一块虚拟电压表。

118. 例 12.7　点亮一盏 LED 灯(数字输出)。

119. 例 12.8　单个物理按钮的使用(数字输入)。

120. 例 12.9　模入一个电压(模拟输入)。

121. 例 13.1　寻找既是回文数又是质数的数字。

122. 例 13.2　制作一个波形发生器,可以按需求选择发生波形的形状,例如,方波、三角波和正弦波等；可以设置所产生波形的参数,包括频率、幅值和初相位等；还可以在产生的典型信号波形上叠加噪声信号；要求将所产生的波形,在前面板上用波形图控件显示出来。

123. 例 13.3　测量正弦信号的频率。

124. 例 13.4　测量一段公式信号波形的频率。

125. 例 15.1　什么是非整周期采样?

126. 例 15.2　产生一个正弦信号,要求其频率为 50Hz；改变采样率和采样样本数,观察由 FFT 计算得到的频谱图,研究非整周期采样对 FFT 的影响。

实战项目 1：第 14 章　实际应用 1——函数发生器。

实战项目 2：第 15 章　实际应用 2——频率计。

附录 E

常见问题索引

（第 2 章）

常见问题 1：初学者有时不小心把工具选板关闭了，那该如何将其再调出来呢？

常见问题 2：初学者有时不小心把控件选板和函数选板关闭了，那该如何将其再调出来呢？

常见问题 3：如何创建一个空白的 VI？

常见问题 4：如何在 LabVIEW 中查找控件或函数？

常见问题 5：在 LabVIEW 编程中，如何进行连线？

常见问题 6：断线产生的原因以及如何处理？

常见问题 7：如何快速整理连线？

常见问题 8：如何使用“帮助”功能？

（第 3 章）

常见问题 9：如果两个数是浮点数类型，如何判断它们是否相等？

（第 4 章）

常见问题 10：设置条件结构中条件选择器接入数据的注意事项。

常见问题 11：移位寄存器有哪些特点？使用移位寄存器时需要注意什么？

常见问题 12：反馈节点与移位寄存器有什么异同？

常见问题 13：前面板无法响应其他事件。

常见问题 14：如何避免过多占用 CPU 资源？

常见问题 15：关于“停止”按钮的使用。

常见问题 16：事件结构中超时分支的作用。

常见问题 17：如何实现定时？

常见问题 18：LabVIEW 中的延时函数有哪些？

常见问题 19：如何转换所创建的局部变量的状态？

常见问题 20：公式节点与 MathScript 节点的区别。

常见问题 21：MathScript 节点与 MATLAB 脚本节点的区别。

（第 5 章）

常见问题 22：“创建数组”函数的“连接输入”选项。

常见问题 23：如何为簇中的元素添加标签？

常见问题 24：什么是 Express Ⅵ？

（第 6 章）

常见问题 25：高层文件 I/O 函数与底层文件 I/O 函数的区别。

（第 7 章）

常见问题 26：例 7.1 中的第二种数据格式和第三种数据格式有区别吗？对于第三种数据格式，为什么要先打包生成簇，然后再创建数组、生成两条曲线呢？

（第 8 章）

常见问题 27：什么是模拟输入？其原理是什么？

常见问题 28：如何设置采样脉冲的频率（即采样率）？

常见问题 29：数字线、端口和端口宽度是什么？

常见问题 30：在图 8.42 所示的 VI 中有两个样本数，一个是“DAQmx 定时”函数的设置参数 samples per channel，另一个是“DAQmx 读取”函数的 number of samples per channel。从名称上看，这两个参数都是要设置读取的样本数，那它们有什么区别吗？为什么要设置两个样本数？

常见问题 31：关于缓冲区（计算机内存缓冲区）大小的设置。

常见问题 32：“连续采集”模式下的缓冲区。

常见问题 33：波形图和波形图表的区别是什么？

常见问题 34：模拟输出时的数据传输过程。

常见问题 35：关于由 LabVIEW 模出所产生信号的频率。

常见问题 36：当在软件上调用“DAQmx 清除”函数，将创建的数据采集任务停止并清除后，数据采集卡模出端的电压是否为 0？

常见问题 37：什么是 TTL？

（第 11 章）

常见问题 38：什么是总线？共有几种？

（第 12 章）

常见问题 39：二极管正、负极的判断。

常见问题 40：数据类型 byte 与 int 的区别。

常见问题 41：按键的接法。

常见问题 42：关于电阻的接入。

常见问题 43：面包板的使用。

常见问题 44：如何使用 PWM 引脚？

（第 13 章）

常见问题 45：如何查看 VI 内存的使用情况？

图书资源支持

感谢您一直以来对清华大学出版社图书的支持和爱护。为了配合本书的使用，本书提供配套的资源，有需求的读者请扫描下方的“书圈”微信公众号二维码，在图书专区下载，也可以拨打电话或发送电子邮件咨询。

如果您在使用本书的过程中遇到了什么问题，或者有相关图书出版计划，也请您发邮件告诉我们，以便我们更好地为您服务。

我们的联系方式：

地　　址：北京市海淀区双清路学研大厦 A 座 701

邮　　编：100084

电　　话：010-83470236　010-83470237

资源下载：http://www.tup.com.cn

客服邮箱：tupjsj@vip.163.com

QQ：2301891038（请写明您的单位和姓名）

教学资源 · 教学样书 · 新书信息

人工智能科学与技术
人工智能|电子通信|自动控制

资料下载 · 样书申请

书圈

用微信扫一扫右边的二维码，即可关注清华大学出版社公众号。